不朽のコスモロジー
宇宙の調和
ヨハネス・ケプラー
Harmonice Mundi / Johannes Kepler

岸本良彦＋訳

工作舎

Ioannis Keppleri
HARMONICES
MVNDI
LIBRI V. QVORVM

Primus GEOMETRICVS, De Figurarum Regularium, quæ Proportiones Harmonicas conftituunt, ortu & demonftrationibus.

Secundus ARCHITECTONICVS, feu ex GEOMETRIA FIGVRATA, De Figurarum Regularium Congruentia in plano vel folido:

Tertius propriè HARMONICVS, De Proportionum Harmonicarum ortu ex Figuris; deque Naturâ & Differentiis rerum ad cantum pertinentium, contra Veteres:

Quartus METAPHYSICVS, PSYCHOLOGICVS & ASTROLOGICVS, De Harmoniarum mentali Effentiâ earumque generibus in Mundo; præfertim de Harmonia radiorum, ex corporibus cœleftibus in Terram defcendentibus, eiufque effectu in Natura feu Anima fublunari & Humana:

Quintus ASTRONOMICVS & METAPHYSICVS, De Harmoniis abfolutiffimis motuum cœleftium, ortuque Eccentricitatum ex proportionibus Harmonicis.

Appendix habet comparationem huius Operis cum Harmonices Cl. Ptolemæi libro III. cumque Roberti de Fluctibus, dicti Flud. Medici Oxonienfis fpeculationibus Harmonicis, operi de Macrocofmo & Microcofmo infertis.

*Cum S.C. M*ᵗⁱˢ. *Priuilegio ad annos XV.*

Lincii Auftriæ,
Sumptibus GODOFREDI TAMPACHII Bibl. Francof..
Excudebat IOANNES PLANCVS.

ANNO M. DC. XIX.

Johannes Kepler (1571. 12. 27 - 1630. 11. 15)
［1610 画家不明 クレムスのベネディクト派修道院所収］

ヨハネス・ケプラー『宇宙の調和』●全5巻

【第1巻】
幾何学の書。調和比を構成する正則図形の起源と作図法

【第2巻】
幾何学図形の組み合わせによる造形の書。平面もしくは立体に展開する正則図形の造形性

【第3巻】
本来の調和つまり音楽の書。図形にもとづく調和比の起源および歌唱に関わる事柄の本性と差異。古人に対する反論

【第4巻】
形而上学、心理学および占星術の書。調和の知的本質と宇宙における調和の種類。特に天体から地球に下ってくる光線の調和および自然つまり地上にある物と人間の精気における調和の作用について

【第5巻】
天文学および形而上学の書。天体運動の完璧な調和と調和比にもとづく離心率の起源

【付録】
この著作と、クラウディオス・プトレマイオスの『調和論』第3巻およびフラッドと呼ばれるオクスフォードの医者ロベルトゥス・デ・フルクティブスの大宇宙と小宇宙をめぐる著作に含まれた調和に関する考察との比較対照

☆

皇帝陛下から15年間の特典をいただき
オーストリアのリンツで
フランクフルトの書籍商ゴットフリート・タンパハの出費により
ヨハネス・プランク印刷す。
1619年

至高の権力者にして気高き支配者、大ブリテン、フランス、アイルランドの王、

信仰やさまざまな事柄の擁護者にして最も慈悲深きジェームズ陛下に[001]

　この『宇宙の調和』を公刊するにあたり、やんごとなき神聖ローマ皇帝たるわが君の宮廷と、世襲のオーストリア諸州さらには全ドイツから、海の彼方の陛下にお送りしてご高覧に供する理由は、現在のことと過去のこととにわたるのでございます。

　まず第一に、私は数学の仕事で皇帝より禄を賜っておりますので、キリスト教国の宗主たる皇帝が、神に深くかかわる研究にいかに深甚な配慮をされているかを国外の人々にも示すことは、私の務めに無縁ではないと考えました。こうしてわが州全体に平和の女神の旗印が粛々と進んでいけば、内戦の不吉な知らせもその事実もおそらく雲散霧消するでしょう[002]。そして悲壮な旋律に出てくるような甲高すぎるこの不協和音も、やがては甘美な終曲に至ることがわかるでしょう。まさしく帝王の徳を正しく評価するのに、偉大な王よりふさわしい方がおられるでしょうか。ピュタゴラス[003]とプラトン[004]の香り漂うこの天体の調和に関する著作の庇護者として、陛下よりふさわしい方はおられません。陛下は、プラトンの英知を深く愛されていることを、手ずからの著作で明らかにされたのではないでしょうか。その著作は臣下たちに尊ばれたことでわれわれにも知られております。私のこの著作のもとになっているティコ・ブラーエの天文学[005]を、まだ少年の身でありながらご自身の才能を顕すのにふさわしいと考えられたのではないでしょうか[006]。最後に、成人した後に王国の舵を操りながら、占星術を公然と非難してその空虚なことを示されたのではないでしょうか。占星術のことは、この著作の第4巻で見出した星の作用の真の基礎から明々白々になります。陛下がこの著作を全体も各部分も非常によく理解されることを疑う者などおりません。

　私が献辞を書くに至ったさらに大きな理由は、過去のことにあります。それは以下の

とおりです。ほぼ20年近く前、私はこの仕事の題材を心に抱き、表題も公にいたしましたが、まだ惑星に固有の運動は知られていませんでした。けれども、自然の直観は惑星運動の中に調和があることを示唆していました。この仕事を思いつくや、私は首尾よく完成したあかつきには、陛下に庇護していただこうと心に決めておりました。それをいわば私の誓約として、帝国宮廷付きの陛下の大使の方々に繰り返し表明してまいりました。私が自らの調和論に対するこうした庇護を考えるのは、世事における多種多様な不協和音のせいであります。この不協和音は、耳についてたまらず不快に感じてきました。けれども、きちんと識別される諸調的音程から構成されており、この音程の自然な性質は、不調和な響きの中にありながら、やがて続く甘美な調和の響きを約束して聴覚をなだめるものです。また調和の響きに対する期待によって励ましも与えます。実際、人間の生活のあらゆる旋律を調整する神が存在するというのは、キリスト者にふさわしい確信でした。不協和音の広がりに腹も立てず希望を棄てもしない辛抱強さは、神の偉大さに適ったものです。神は、その摂理のはたらき方が遅いのではなく、われわれ各人の生涯のほうが飛ぶように速やかに去ると考えていらっしゃるからです。私が聖なることばから学んだのは、万物が神によって一定の有益な用途に当てられているということです。あの不協和音さえも甘美な協和を明らかにして薦めるためのものでしょう。高名なる陛下、私が特に陛下のダヴィデの竪琴が協和を回復する序奏を奏でることを切望するのには、理由があります。冗長な説明はこの場に合いません。賢明な人々のそうした忠告は軽視すべきではありませんが、久しい以前から世界中に認められた陛下の功績の栄光の一端にふれることを妨げるような人はいないでしょう。すなわち、陛下は継承権と民衆の同意によってイングランド王国を得られましたが、速やかにスコットランド王国と合わせて、それに大ブリテンという共通の呼称を与えられました。両国からひとつの王国、ひとつの調和（王国とは調和にほかならないでしょうから）を巧みに作りあげ、激しく敵対し合う国民の間に代々継承されてきた不協和を取り除き、非常にみごとな成果をあ

げられました。時代を画す実に血生臭い多くの戦禍の記憶をすっかり消し去られました。陛下がご自身の国内で成し遂げられたこの功績こそ(かなり重大な事柄の中でも)信頼できる前兆ではないでしょうか。陛下は、王の中の王、キリスト教徒の信仰の擁護者として、国外においてもさらに偉大ですばらしい、より恒久的な功績を成し遂げられると拝察いたしました。私はそれを心の中で希求しつづけてきたのです。また新星に関する著書〔『新星について』1606〕の中で「石炭のように赤々と燃える」(スコットランドの有名な詩句です)予言もしました。そうした望みや予言が実現したあかつきには、かくも称賛に値する支配者(Harmostes)のためにひときわ力強く、わが宇宙の調和(Mundanae Harmoniae)の歌を捧げようと心に決めておりました。

　今や、3声に分裂してがなりたてる世の中の不協和音がいささかなりとも鎮まり、真心こめた私の説に耳を傾ける人が現れることを願うばかりです。どのような事柄に願いをかなえるような結果が認められたのか。頭部にいかなる傷を受けたか。それをどのような調和で直そうとしたか。どんな医者の手によってか。さらに新星に関する著書でずっと以前に私がこの医者のことをいかに活写したか。それを聞いて欲しいのです。とはいえ、ひとり声をあげ調和をもたらそうとしても、脆弱な肺の力では世の中の騒音に勝てもせず、ただ調子外れの合唱に不快感を募らせるばかりだとすれば、苦労したところで何になるでしょうか。残念ながら、複雑な縁のあるX字の傷が今でも腫れていることを認めざるをえません。すなわち信仰と恩寵にかかわることばで言えば、聖十字の傷です。どんな傷口も塞がらないので、医術は今までのところ効果がなく、あまねく嘲笑されてきました。錯乱した病人を騙して薬を投与するために医者がでたらめを言い散らし、良識を逸脱したことを並べ立てるからです。一方、われわれの傷の最高の癒し手〔神〕はご自身の医術を頼みとし、いかなる治療をされようと必ず効果があると考えれば、元気が出ます。世の災厄の治療を企て、傷の癒着を世の中に示したい者は差し当たり腐食剤を用いるでしょう。これは腐れ果ておぞましい肉が落ち、痛みの感覚が深部の生き

た肉に浸透するまでのことです。おそらく彼は腫脹を抑えるために直ちに緩和剤も用いるでしょう。次に癒着剤を用いるきっかけを作り、最後に（上にあげた例に戻ると）このしつこく続く不協和音が純粋で恒久的な調和となって終わるようにするのです。★010 そういう期待があるからこそ、思いどおりにならなくても調和の思索の成果で自らを励ましているのです。大胆に研究を進めると運よく得られる成果が非常に大きいからです。でも私を励ますのはそれだけではありません。この仕事の完成に必要なものの中でもまず第一に、長きにわたって変わらず、仕事に着手する前から庇護者と決めさせていただいた国王陛下が、これほど完全無欠のまま栄光を極めていらっしゃるのを拝見できたことが大きいのです。陛下のご尊命とご威光を喜ばしい成就の時まで無事お守りくださるよう、敬虔な祈りを捧げつつ、平和と協和をもたらす神に懇願してやみません。

改めて畏れ多くも陛下に伏してお願い申しあげます。陛下の御名に捧げられたこの調和論の著作を晴れやかなご尊顔でご覧ください。陛下に対する私の衷心よりのこの忠誠の表明に満足くださいますように。王国に必須な職務の合間に神の御業（みわざ）に思いをいたし、王者にふさわしいその御心を楽しませてくださいますように。神の目に見える御業から輝き出ている協和を範として、御心のうちで教会と政治の協和と平和に対する熱意をたかめてくださいますように。最後に、私と私の研究を王者たる陛下の非常に寛大な庇護にふさわしいとお考えくださいますように。

　　　　　ドナウ川沿岸ノリクム★011のリンツにて
　　　　　西暦紀元1619年2月13日識す

　　　　やんごとなき陛下とその王国を謹んで敬う
　　　　皇帝マティアスと忠実なる大公領家臣の
　　　　　上オーストリア州数学官

　　　　　　　　　　　　　　　　ヨハネス・ケプラー

『宇宙の調和』全5巻 ◉ 総目次

献辞————006
凡例————014

第1巻
**調和比のもとになる正則図形の可知性と
作図法から見た起源、等級、序列、相異**————015

序————016
正則図形の作図法————025

第2巻
調和図形の造形性————089

序————090
正則図形の造形性————092

第3巻
調和比の起源および
音楽に関わる事柄の本性と差異————121

〔序〕ピュタゴラス派のテトラクテュスについての余談————125

第 1 章　協和の原因————134
第 2 章　弦の調和的分割————152
第 3 章　調和平均と協和の3要素————161
第 4 章　協和音程より小さな諧調的音程の起源————167
第 5 章　協和音程の諧調的音程への自然な分割と名称————181
第 6 章　調性、長調と短調————186
第 7 章　各調性における1オクターブの完全な分割とすべての諧調的音程の自然な順序————189
第 8 章　1オクターブ内の最小音程の数と順序————192
第 9 章　記譜法すなわち線と文字と符号による弦や音の表記および音組織————197
第10章　テトラコードとウト、レ、ミ、ファ、ソル、ラの用法————205
第11章　音組織の複合————210
第12章　不純な協和音程————213
第13章　自然に諧調する適切な歌唱とは————215
第14章　いわゆる調つまり旋法————224
第15章　どの旋法ないし調がどんな情調に役立つか————238
第16章　和声による歌唱つまり装飾的な歌唱とは————248

3つの平均についての政治論的余談————258

第4巻
地上における星からの光線の調和的配置と
気象その他の自然現象を引き起こす作用――287

序言および順序変更の説明――288

第1章　感覚的調和比と思惟でとらえられる調和比の本質――291
第2章　調和に関わる精神の性能はどのようなものがいくつあるか――313
第3章　神もしくは人が調和を表現した感覚的もしくは非物質的対象の種類と表現
　　　　――318
第4章　第4巻の調和と第3巻で考察した調和の相異――326
第5章　有効な星位の原因および星位の数と星位の等級の序列
　　　　――334
第6章　数とその原因において星相と音楽的協和にはどんな親縁性があるか
　　　　――359
第7章　結語。月下の自然と精神の下位の性能ごとに占星術を支える性能
　　　　――370

第5巻
天体運動の完璧な調和および離心率と軌道半径と公転周期の起源―――403

序―――404

第1章　5つの正多面体―――408
第2章　調和比と正多面体の親縁性―――412
第3章　天の調和の考察に必要な天文学説の概略―――416
第4章　創造主は調和比をどんな惑星運動の事象にどのように表現したか―――429
第5章　（太陽から見た）惑星の視運動の比に表れる音組織の位置
　　　　つまり音階のキイと長短の調性―――444
第6章　惑星の極限運動に表現されているいわゆる音楽の調つまり旋法―――451
第7章　全6惑星の普遍的調和は一般の対位法同様4声部からなる―――453
第8章　天の協和でディスカント、アルト、テノール、バスになるのはどの惑星か―――460
第9章　各惑星の離心値の起源は惑星運動間の調和への配慮にもとづく―――462
第10章　終章　太陽推論―――515

付録―――524

訳注―――536

解説　岸本良彦―――604

索引―――615

著者・訳者紹介―――620

【凡例】

◉――この訳書の底本は、Max CASPAR編 *Johannes KEPLER Gesammelte Werke*, Band VI, *"Harmonice Mundi"* 全5巻、C. H. BECK'SCHE VERLAGSBUCHHANDLUNG, München. 1940である。

◉――カスパー編の原著には多くの注が付けられているので、この訳書にもそれをできるだけ取り入れた。ただし、ドイツ語で書かれた注を逐語訳したわけではないので、特にカスパーのものによったことをことわらなかった個所も多い。また注の中でも内容があまりに専門的なものや本文の理解に支障を来さないようなものは削除し、一般の読者の理解を助けるようなより基本的な注を多く加えた。

◉――本文中の（　）は、ケプラー自身が挿入したことば、もしくは欄外の注として掲げたことばである。ただし、欄外の注でもかなり長いものはそのまま欄外に残した。

◉――〔　〕内のことばは、本文の理解に便利なように訳者が補ったものである。

◉――ギリシア語やラテン語をカナ書きする場合、原則として母音の長短の区別はしなかった。

◉――原文中に出てくるギリシア文字を使用したギリシア語は、ラテン文字に改めた。ただし、特に o と ω の区別が必要な場合、ラテン文字ではそれができないので o の上に長音記号を付けたり、γ を発音の仕方に合わせて n に改めるなどの工夫をした。またギリシア語長音のウは、人名では u、それ以外では ou とした。ただし、ケプラーが原典でラテン文字表記にしたギリシア語はそのまま残した。

ヨハネス・ケプラー『宇宙の調和』全5巻

【第Ⅰ巻】

調和比のもとになる正則図形の、可知性と作図法から見た起源、等級、序列、相異[012]

●

数学は自然の考察に最も大きな貢献をする。万物を構成しているロゴスの[013]優れた秩序を明らかにし、……単純な基本要素がどこでも均整と均一性によって結び付いていることを証明するから、宇宙全体もこういう要素を通じその各部にふさわしい形を受け入れて完全なものになったのである。

———プロクロス・ディアドコス[014]
『ユークリッド原論第Ⅰ巻注解』第Ⅰ巻[015]

第Ⅰ巻

序

調和比は、定規とコンパスを用いる幾何学的な方法による円の等分から求めるべきである。つまり、作図できる正多角形が調和比のもとである。そこでまず指摘したいのは、刊行された書物から明らかになるかぎり、当今は、幾何学の対象の知的種差が[016]まったく無視されていることである。古人の中でも、幾何学的対象のこの種差を正確に知っていたように見えるのは、ユークリッドとその注解者のプロクロスしかいない。アレクサンドリアのパッポス[017]や彼の私淑する先人が問題を面と立体と線に関する事柄に分けたのは、幾何学的課題に取り組むときの考え方を説明するには確かにふさわしかった。しかし、その分け方は簡潔なことばで表され実用的であっても、分類のための理論には何もふれていない。ところが、この理論的研究に専心しないかぎり、調和比は決して把握できないのである。

プロクロスはユークリッドの第Ⅰ巻に関して4巻の書を公にし、数学分野の理論に取り組む哲学者となったことが知られている。プロクロスがユークリッド第10巻[018]の注解も残してくれたら、その説を無視しないかぎり、今日の幾何学者も無知を免れたであろう。また私も、幾何学の対象の種差を説明する苦労からすっかり救われたであろう。プロクロスが思惟の対象となる実体の区別を知っていたことは、序文からも容易に明らかだからである。すなわち、数学の本質全体の根源的な原理は同一で、この原理がすべての実体に浸透しており、実体はすべてこの原理から生じるのである。この原理は、限定と無限定、ないし有限と無限である。有限つまり周囲を取り囲むものを形相とし、無限を幾何学の対象の質料とする。

幾何学で扱う量に特有のものは形と比である。形は個々のものの大きさを、比は2つ以上のものの大きさの関係を表す。形は境界に

<small>プロクロスと幾何学的対象の知的本質について</small>

よって決まる。直線の境界は点、平面の境界は線、立体の境界は面である。周囲を囲まれると形になる。限定され周囲を囲まれて形になったものは知ることができるが、無限定で境界のないものはそのままではまったく知られない。定義によって境界を決めて初めて知られるからである。また境界のないものは作図することもできない。ところが、形は作られた物よりも前にまず原型の中にある。被造物よりも前にまず神の御心の中にある。形を与えられる物の種類はさまざまだが、その本質となる形相は同一である。したがって、量にとって形は知的な本質になる。つまり量の本質的な違いは知のはたらきによってわかる。そのことは比からいっそう明らかである。形は複数の境界によって決まる。複数の項があるから形は比を取ることになる。[*019]

　比が知のはたらきの及ばないようなものだとしよう。そういうものはどうしても理解できない。こうして、大きさに本質的な原理としての境界があることを認める者は、形になった大きさに思惟によってのみ得られる本質があると考える。こういうことはあえて議論するまでもない。プロクロスの書を読み通せばよいからである。そうすれば、プロクロスは幾何学の対象に知的な種差があるのを熟知していたことが、十分に明らかになる。ただし、その点だけをことさらに強調しているわけではないので、注意しなければわからない。プロクロスのことばはいわば広い河床を滔々と流れ、至る所で深淵なプラトン哲学の非常に豊かな思想に被われている。本書の特有な議論もその流れに連なるものにほかならない。[*020]

　だが、われわれの時代においては、これまでそれほど深く隠れたことを突き止める余裕がなかった。ペトルス・ラムスはプロクロスの書を読んだが[*021]、哲学の核心にふれることについては、ユークリッド第10巻もプロクロスの説も同じく無視して打ち捨てた。ユークリッドの注解を著したプロクロスは、ユークリッドを弁護したとして斥けられ、沈黙を強いられた。容赦ない検閲官ラムスはユークリッドを被告として弾劾した。厳しい判決によってユークリッド第10

ユークリッドに対するペトルス・ラムスの敵意ある未熟な批判

巻は有罪と宣告され、読むことを禁じられた。だがこの第10巻を読んで理解したら、哲学の秘密が明らかになっただろう。読者はラムスのことばを読まれるとよい。そのことばによって、彼はまさにラムス〔小枝〕という名にふさわしい〔枝分かれして本筋から外れている〕ことを公にした。『数学講義』第21巻ではこう言っている。

> 第10巻で提出された題材は、人間の文芸において類まれなほど曖昧に語られている。ユークリッドの教えが曖昧でわからないというのではない（その教えは、そのまま現に記されていることだけに注意を払えば、無知無学な者にも明らかになるだろう）。そうではなくて、その著作にどんな目的と用途があるのか、その主題の類と種と種差は何か、調べて明らかにしようとすると、曖昧なのである。私はこんなに混乱紛糾したものを読んだことも聞いたこともない。どうもピュタゴラス風の迷信がこの洞窟の中に入りこんだように思われる。

ラムスよ、君がこの書をかくも曖昧だと中傷したのは、この書を見くびりすぎたからである。著者の意図がわかるようになるまでには、もっと大きな苦労が必要だし、平静さも、心遣いも、ことに念入りな集中も必要になる。高邁な精神を抱いて懸命にこの書と取り組んで初めて、自分が真理の光の中に包みこまれるのに気づき、信じられないような喜びに満ちあふれ、恍惚となる。そして高みから眺めるように、世界全体とその各部のあらゆる違いとを非常に正確に見渡せるのである。だが君は、信仰も世事も欲得ずくの大衆と無知の保護者になっている。君や君の一派にとっては、ユークリッドの第10巻は「途方もない詭弁」で、「ユークリッドは際限もなく時間を浪費し」、「その巧妙な説は幾何学にふさわしくない」かもしれない。わかりもしないことを咎めるのは君たちに任せよう。物事の本源を突き止めようとする私にとっては、ユークリッド第10巻以外には、本源に至るどんな道も開けていなかった。

| | ★022
ラザルス・シェーナー | ラザルス・シェーナーは幾何学ではラムスに従ったが、私の著書『宇宙の神秘』を読むまでは、5つの正多面体が宇宙でどのように用いられているかには、まったく無知だったことを認めた。同書の中で私は惑星の数とその相互の間隔とが5つの正多面体から選び取られたことを証明した。先生のラムスが弟子のシェーナーにどういう害をおよぼしたか、ご覧あれ。まずラムスはアリストテレスの著書★023を通読した。これは、5つの立体から導き出された元素の性質に関するピュタゴラス哲学を論駁したものだった。★024そこで直ちに内心、ピュタゴラス哲学のすべてを軽視しはじめた。次いでラムスは、プロクロスがピュタゴラス派の系列に入ることを知ると、プロクロスがまったく正当なことを主張していたのに、耳を貸そうともしなかった。すなわち、ユークリッドがその著書の最終目的とし、(完全数に関係するものを除く)各巻のすべての命題が全体としてめざしていたのは、実は5つの正多面体だったのである。それがわからなかったので、ラムスは、ユークリッドの『原論』各巻の目的から5つの立体を除き去るべきだという無謀な確信を抱くにいたった。

まるで建物の外形を取り去るように著作の目的を取り除いてしまったので、ユークリッドの書には一定の形を成さない命題の堆積だけが残った。亡霊にでも向かうように、ラムスは口を極めてののしりながら、これほどの人物にまったくふさわしからぬ粗暴さで、『数学講義』全28巻〔実際は31巻〕をもってこの堆積に立ち向かっていったのである。

ラザルス・シェーナーの5つの立体に関する考え | シェーナーはラムスのこの確信にならって、やはり正多面体には何の用途もないと思いこんだ。そればかりか、ラムスの判断に従ってプロクロスも無視ないしは軽視した。しかし、シェーナーがプロクロスを読めば、ユークリッドの『原論』と宇宙の構成において5つの立体にどんな用途があるか、学べただろう。確かに、弟子の彼のほうが師のラムスより幸運だった。私が明らかにした宇宙の構成における立体の用途を、祝福のことばとともに受け入れたからである。こういう用途をラムスはプロクロスが挿入したものとして斥けてい

た。では、ピュタゴラス派がこれらの図形を、私のように宇宙の天球に当てずに、元素に当てていたとしたら、どうすべきだったか。私がそうしたように、ラムスも図形本来の主題をめぐるピュタゴラス派のこうした誤りを取り除こうと努力すべきで、その哲学すべてを一刀両断してはならなかった。

　では、ピュタゴラス派は私と同じことを教えたが、その考えをことばのベールで覆い隠したとしたら、どうだろうか。コペルニクス的な宇宙の形状は、アリストテレスの書にも出てくるではないか〔『天体論』第2巻13〕。ピュタゴラス派は太陽を火〔中心火〕、月を対地球（Antichthona）と呼んだので、名称が異なるからアリストテレスはこの宇宙の形状を誤って論駁したのではないだろうか。ピュタゴラス派の軌道の配列がコペルニクス説と同じで、5つの立体とその立体から5という数が必然的に出てくることがすでに知られており、ピュタゴラス派の人たちは皆いつも5つの立体が宇宙の構成要素の原型だと教えていたとしよう。そうすると本当は正しいことなのに、謎めいた表現のピュタゴラス派の考えを読んで、アリストテレスはそのことばを文字どおりに受け取り論駁したと考えても的外れではない。アリストテレスは、ピュタゴラス派が立方体を配したものを土〔地球〕と読み取ったが〔『天体論』第3巻8, 307a8〕、ピュタゴラス派は、おそらく、土星のことを考えていた。土星の天球は立方体を間に挟んで木星から隔てられているからである。確かに、人々は土〔地球〕に静止を当てるが、土星は運行の仕方が最も遅く、静止にいちばん近い動きを選んだ。そこで、ヘブライ語では土星は「静止」という語からきた名称を得た。またアリストテレスは、正8面体が空気に当てられたと読み取ったが、ピュタゴラス派は、おそらく水星のことを考えていた。水星の天球が正8面体に内接しているからである。動きやすい空気は速く動くと見なされているが、水星も同様に動きが速い（すべての惑星の中で最も速い）。火ということばでは、おそらく火星をほのめかしていた。火星にはほかにも火に由来するピュロイス〔火を表すギリシア語pyrの形容詞〕という名称がある。火には正4面

★025

ピュタゴラス派の5つの図形の秘密に関する解釈

体が当てられた。おそらく火星の天球が正4面体に内接するからである。正20面体を割り当てた水のベールの下には、(金星の天球が正20面体にすっぽり入るので)ウェヌスという名の金星を覆い隠すことができた。ウェヌスは水に属するものを支配しており、ウェヌス自身も海の泡〔aphros〕から生まれたと言われる。そこでこの女神を表すギリシア語のアプロディテ(Aphrodite)という語ができた。最後に、世界(Mundus)という語は地球も表すことができた。この世界つまり地球には正12面体が外接する。正12面体が周囲全体を12の面で囲まれるように、地球の軌道はその長さが12の部分〔つまり12か月〕に分けられ、正12面体に含まれるからである。したがってピュタゴラス派の秘義では、5つの図形が、アリストテレスの考えたように各元素ではなく、各惑星に配分されていた。その何よりの証拠は、プロクロスが、幾何学の目的は何よりも天体がどのようにして特定の各部にふさわしい図形を受け入れているか教えることにある、と伝えていることである。

しかも、われわれがラムスから受けた被害はそれだけでない。例えば今日の幾何学者の中で最も賢明なスネル★026を見るとよい。彼は、ルドルフ・ファン・ケーレンの『問題集』★027に対する序文で全面的にラムスに賛同している。スネルはまず「無理量を13種に分けた分類〔ユークリッド『原論』第10巻命題111に見える〕は何の役にも立たない」と言う。もしスネルが日常生活に役立たないかぎり、どんな用途も認めず、また自然学の考察が実生活には何の役にも立たないのであれば、私も彼の主張を認めよう。だが、スネルはなぜ自らが引用するプロクロスに従わないのか。プロクロスは幾何学に、実生活に必要な術よりも何かもっと崇高な効用を認めているではないか。プロクロスに従えば、第10巻の用途が図形の種類の可知性による評価にあることも明らかになっただろう。スネルは権威ある保証人として、ユークリッド第10巻を用いないような幾何学者をあげる。確かにそういう人々は皆、線の問題とか立体の問題を扱っている。しかし彼らは、図形や〔それを構成する線分の〕大きさについては、それ自体

> スネルの2項線分に関する考え

に本来の目的があるわけではなく、明らかに何か別の用途があり、そういう用途がなければ研究されないようなものとして扱っている。一方、正多角形は原型としてそれ自体のために研究の対象となり、それ自体の内に完全性があり、平面の問題の基本になっている。立体も平面に囲まれるかぎり例外ではない。同じく第10巻の題材も特に平面に関連する。では、なぜ異なる種類の平面をあげているのか。コドロスが空腹を満たすためではなく、クレオパトラが耳を飾るために買うものが、なぜ商品価値が低いと見なされるのか。〔実用にならない幾何学の問題は〕「才能ある人々に負わされた十字架にすぎない」のか。数値つまり有理数で表すことによって無理量を乱暴に扱う人々にとっては、確かにそうだろう。しかし私は、この種の無理量を代数学によって数値で扱うのではなく、思惟による論証を用いる。私がこういうものを必要としているのは、商取引の場での勘定を計算するためではなく、物事の本源を説明するためだからである。スネルの考えでは、そういう精緻な事柄は『ストイケイオシス〔原論〕』から分離して書庫の中に隠さなければならない。彼は、まったくラムスの忠実な弟子として振る舞い、ふさわしい仕事を果たしているのである。ラムスはユークリッドの建物から外形を取り去って、棟木となる5つの立体を壊した。それらを失い、全体を結合する枠組が解体してしまい、ひび割れた壁が立ちつくし、アーチは今にも崩れ落ちようとしている。さらにスネルは漆喰も取り去った。5つの図形をもとに組み立てた家を堅固にする以外に、漆喰には何の用途もないからである。弟子の浅知恵の何とおめでたいことか。彼はラムスからどれほど器用にユークリッドの理解の仕方を学んだことか。彼らは2人とも、ユークリッドの書ではさまざまな多くの命題と問題と定理があらゆる種類の幾何学的な量と量に関連する実用的な術のためにあるから、その書がギリシア語でストイケイア（Stoicheia「基本原理の集成」）と言われたと考えた。ところがその書は、いつでも後に続く命題が先行する命題にもとづき、先行するどんな命題も欠かせない最終巻（と部分的には第9巻）の最後の命題に至るから、そ

の形態からストイケイオシス（Stoicheiosis「基本原理の教説」）と言われたのである。ラムスもスネルも、ユークリッドはどんな家も自身のために構築せず、ひたすら他人の便宜を図るためにその書を著したと考えて、建築家を森番か材木商にしている。しかし、以上の点については、ここで十二分に述べたので、議論の初めに戻る。

第I巻を書いたきっかけ　すでに見たように、私が調和比を取り出す源とする幾何学的対象の真に正しい種差は、一般にはまったく知られていない。かつてその研究をしたユークリッドは、ラムスの中傷により斥けられた。揶揄する声に遮られて誰も主張を聞き届ける者はいない。あるいは耳の聞こえぬ者に哲学の秘密を語るようなありさまである。プロクロスは、ユークリッドの英知を明らかにし、深く隠されていたものを引き出し、難解なことを明確にしたのに、ばかにされて彼の〔『原論』に対する〕注解も第10巻まで続けられなかった。そこで全体に以下のようにすべきことが判明した。初めに、私の現在の企てに特に役立つことをユークリッドの第10巻から書き写す。さらに一定の区分を設けて第10巻の一連の課題を明らかにし、ユークリッドがその区分のいくつかの部門を省略してしまった理由を示す。その後に初めて直接に図形について論じることにしよう。その場合、ユークリッドの証明が非常に明らかであれば命題の単純な引用でよいとした。ただし、ユークリッドは多くのことを違う方法で証明したので、それらについては私の目的に合わせ、知りやすい図形と知られない図形〔第I巻定義8参照〕の比較対照のために、ここでやり直したり、離れていたものを結びつけたり、順序を変えたりする必要があった。引用の便宜をはかるために、『屈折光学』[031]でしたように、一連の定義、命題、定理に通し番号を打ってまとめた。また補助定理にはあまり厳密な注意を払わず、ことばにもそれほど心を砕かず、むしろ事柄そのものに気をつけた。今は哲学において幾何学者の務めを果たすのではなく、幾何学のこの分野で哲学者の務めを果たすつもりだからである。明晰判明を旨として、幾何学の問題についてできるかぎり平易に論じたいと思った。だが、私が幾何学を通俗的に述べたり、

題材の曖昧さに圧倒されたりしていても、公正な読者が私の仕事を喜んで受け入れてくださるよう希望する。最後に読者に助言しよう。数学の問題にまったく不案内であれば、解説を飛ばして30から最後までの命題を読むだけでよい。そして証明がなくても命題をそのまま正しいと信じて、他の巻、ことに最後の巻へと進むように。幾何学的な論証のむずかしさにためらって、調和の考察から得られる非常に快い成果を失うことのないようにされたい。それでは、神のご加護のもとに課題に取り組んでいこう。

第Ⅰ巻

正則図形の作図法

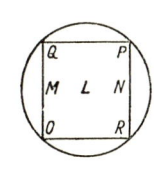

1.定義

正則平面図形というのは、あらゆる辺が等しく、あらゆる角も等しい図形である。

　例えばこのQPROがそうで、辺QP、PR、RO、OQは等しく、かつ角QPR、PRO、ROQ、OQPも等しい。

2.定義

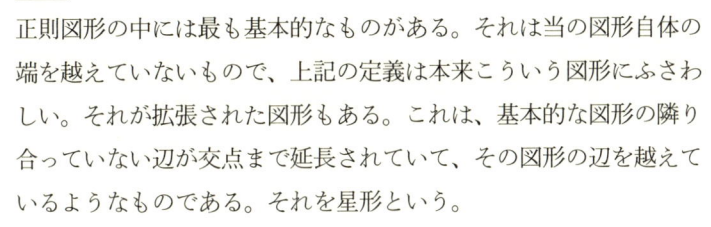

正則図形の中には最も基本的なものがある。それは当の図形自体の端を越えていないもので、上記の定義は本来こういう図形にふさわしい。それが拡張された図形もある。これは、基本的な図形の隣り合っていない辺が交点まで延長されていて、その図形の辺を越えているようなものである。それを星形という。

　例えば、このABCDEは完全な5角形で、第一の図形である。その辺を延長することによってこの図形を生ずるような他の完全な図形を必要としない。

　一方、FGHJKは5角星形で、例えば、ABとDCのような隣り合っていない2本の辺を交点Jまで延長してできた拡張図形である。

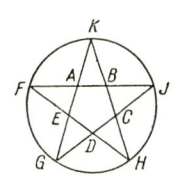

3.定義

半正則図形は、角が異なるが4つの辺が等しいもので、例えば菱形NMPO、GEKDである。

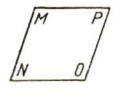

4.命題

あらゆる正則図形は同時にそのすべての角を同一の円周上に置くことができる。

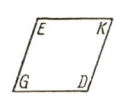

ユークリッド第3巻21によって、等しい角はすべて同一の弓形に、したがってまた同一の円の等しい切片に、内接させることができる。正則図形の角はすべて等しい。故に、ひとつの図形の角はすべてひとつの円の等しい切片に内接させることができる。だが、ひとつの角を内接させると、実際にはすべての角も必ず内接する。すなわち、ユークリッド第3巻24によって、辺はすべて等しく、したがってひとつの角を作る2辺によって切り取られる円の切片もまた等しい。故に、辺の端も角も同時に同一の円の上にくる。ところが辺の端はまた角そのものでもある。たとえ角が等しくても、辺が等しくなければ、そうはならないだろう。その場合にはもちろん、すべての角が必ずしも内接するわけではない。

5.定義

作図するとは、角に相対する線分と角を作る辺の比を定規とコンパスを用いる幾何学的なやり方で決め、決まった線分から図形の基本となる3角形を作り、その3角形を組み合わせて当の図形を完成することである。

　すなわち、DAとAE、EDの比が与えられると、3角形DAE、DAC、CABができあがり、これらから当の図形が作られる。

6.定義

図形を円に内接させるとは、当の図形の辺とその図形を内接させるべき円の直径の比を、上と同じ幾何学的なやり方で決めることである。この比を作ることができれば、円の中に与えられた図形の輪郭を容易に描ける。

　例えば、半径LDもしくはその2倍の直径が与えられている場合、それを用いて何を作れば辺DEの正しい長さを与えることができるかわかれば、後はそのDEを円周に沿って繰り返し取っていくと、その図形を作れる。

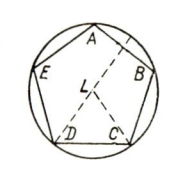

7. 定義
幾何学において「知る」とは、既知の尺度によって測ることである。その既知の尺度は、円に図形を内接させるというこの問題においては、円の直径である。

8. 定義
「可知」(scibile) とは、線分の場合は線分そのものを直径によって直接に測れること、面積の場合は直径の平方によって測れること、あるいは少なくとも、幾何学的な決まった方法によって、たとえどれほど長いつながりをたどろうと、最後には直径もしくは直径の平方にもとづくような大きさから作られることを意味する。ギリシア語ではこの「可知」をgnorimonという。

9. 定義
作図法とは、描くべき、ないし知るべき大きさを、しかるべき中間項を立てることによって直径から導き出すことである。これをギリシア語でporima（実際にできる）という。

　こうして作図法から一般に作図もしくはその図形についての知識が生じる。作図はたんに大きさだけを、知識のほうは大きさとともに性質つまり特定の大きさかどうかも明らかにする。その線分がどういう性質のものかがまだ知のはたらきによって知られていなくても、線分の大きさを幾何学的なやり方で決めることはできる。大きさの決まったこの線分をギリシア語でtakteという。それに対して、一本もしくは複数の線分の性質を知ることはできても、その性質によって当の線分の大きさを決められないか、あるいは必ずしも決まった大きさが与えられないことがある。確かに、当の性質が大きさの異なる他の多くのものに共通する場合はそうなる。さらに線分の中には、作図は簡単でも大きさの性質を知るのが非常にむずかしいものもある。最後に、何らかの幾何学的なやり方で作図はできるが、その本質が少なくとも先に可知として記したような形では知る

ことができないものも多い。

10. 定義
固有の作図法があるのは、当の図形の角の数か、その図形と類縁関係にあって辺の数が2倍か半分になっている図形の角の数が、直径に対する辺の比を決定するための中間項になる場合である。
　すなわち、あらゆる正則図形は、それ自体が3角形であるか、対角線を引くことで3角形に分解される。そのような3角形はすべて3つの角の総和が2直角に等しい。したがって、正3角形の角は2直角の3分の1、正方形の基本となる3角形の最小角は2直角の4分の1、正5角形の場合はそれが5分の1、正7角形の場合は7分の1、等々となっていく。そしてこの角の大きさからそれぞれの正則図形の作図法が始まる。

11. 定義
固有でない仮の作図法しかないのは、辺の数が当の図形の2倍でも半分でもないような別の図形の辺を用いないと、直径に対する辺の比を、直接に当の図形の角の数を用いて幾何学的なやり方で決めることができない場合である。

12. 定義
可知性 (scientia) の段階はさまざまに異なっており、低いものもあれば高いものもある。いちばん高い第1段階は、ある線分が直径に等しいこと、もしくは直径を用いずに作られた面積であっても、その面積が直径の平方に等しいことが知られ、作図できる場合である。
　この場合には既知の尺度で完全に、つまりそれだけでしかも一度測るだけで、直接に大きさを知ることができる。

13. 定義
第2段階は、直径を一定の数に等分するか、直径の平方をそのよう

に分けたとき、与えられた線分もしくは面積がそのひとつないしは複数の部分に等しい場合である。このような線分をギリシア語でrete mekei「長さにおいて有理な線分」と言い、同様にしてこのような面積をギリシア語でreton「有理面積」と言う。実際、数は幾何学者の言語である。[*034]

　可知性のこの段階までは作図や内接によって到達できる。さもなければ作図や内接を介して到達した他の大きさとの類縁によって到達できる。したがって、この性質はあるひとつの大きさを決定しない。大きさを決定するには、ある大きさが同一尺度で測れるからこれこれの大きさと対比される、とわかるだけでは十分でなく、どのようにして、つまりどういう数によって表現可能（Effabile）か、ということも知る必要があるからである。[*035]

14. 定義
第3段階は、線分が長さにおいては無理だがその平方が有理で、第2段階とも関連する場合である。これをギリシア語でrete dynamei「自乗において有理な線分」と言う。

15. 定義
これに続く段階のものはすべてalogoi「無理線分」（Ineffabiles）〔言い表せないもの〕と呼ばれる。ラテン語を用いる解釈者はこれをIrrationalesと訳してきたが、これでは意味が曖昧で道理に反する危険が大きい。[*036] われわれはこの語を用いるのを控えよう。無理線分であってもきちんと計算のできる、つまり非常にすぐれた合理性のある、線分が多いからである。算術家は同じような翻訳をして、これを「聾数」（numeri surdi）つまり音を聞けない聾者のように、ものを語らない数と呼んでいる。しかしこういう名称では、自乗においてのみ有理な大きさも無理な大きさと同じように見なすことになる。

　順序から言うと第4段階となるが、無理線分の中で最初の段階となるのは、線分もその平方も有理ではないが、平方が、自乗によっ

幾何学でいうラテン語のIrrationaleとは何か

て初めて有理となるような辺をもつ長方形に変換できるものである。この線分を中項線分(Mese)と言う[*037]。自乗によってのみ有理となる通約可能な2線分の比例中項だからである。そこで、線分の一方が有理で他方が自乗においてのみ有理であろうと、両方とも自乗においてのみ有理であろうと、それぞれの自乗は互いに平方数が平方数に対するようには比例しない。

このような線分は不可知である。つまりその大きさは直径を等分した一定の部分によって測れないし、その平方も直径の平方の部分によって測れない。しかし、中項線分が比例中項となっている2本の線分はともに直径によって測れなくても、それらの線分の平方だけは直径の平方によって測れる。

中項線分の平方は、平方の形をとるか長方形に変換される場合、やはり同様に中項面積(Meson)と言われる[*038]。これが有理面積の後に続くもうひとつの種類の面積である。そして以下に続く種類の面積はそれぞれに有理面積と中項面積というこの2つの型の面積に区別される。

16. 定義

可知性の新たな段階を持ちこむ2本の線分を組み合わせることによって、さらに異なる個々の線分に行き着く。すなわち、直径か、少なくとも自乗において直径と通約できて有理線分になるものか、もしくは中項線分を、2つの不等な部分に分割する。あるいは、このような2本の線分をさらに分割して生じた任意の2本の線分か、そういう部分の平方を加減したものの平方根となるような線分、つまり種において異なる2つの線分を組み合わせるとする。前者の場合、その線分は相互に長さにおいて通約できるか、長さにおいては通約できなくても自乗において通約可能となるだろう。後者の場合、個々の線分は同一尺度で測れる性質からはまったく遠のいてしまっているが、それでもなおいくつかの線分をつなげば、平方をひとつの和にまとめるか、いっしょにして長方形を作ると、これまで相互

に通約できる前者の線分で明らかにしたように、平面を構成する。しかもこのようにまったく通約できない2本の線分の組み合わせ方は多様であり、不可知の程度もそれぞれに異なるので、すべての2線分の組み合わせをひとつの可知性の段階に入れることはできない。

17. 定義

そこで、可知性の第5段階とされるのは、2本の線分が、両方とも有理線分でも中項線分でもなく、しかも相互にまったく通約できないが、平方の和も2本を辺として作る長方形もどちらも有理面積となる場合である。これは、ユークリッド第10巻20によって、長さにおいて有理な2本の線分が平方の和と長方形の両方を有理面積とし、またユークリッドの同所によって、平方においてのみ有理であるが長さにおいては相互に通約可能なだけの2本の線分がやはりその両者を有理にするのと同様である。例えば、面積の大きさ2の正方形の辺と大きさ8の正方形の辺の相互の比は1対2となる。正方形の相互の比が1対4だからである。したがって、それらの辺は長さにおいて無理だが、互いに通約できる。これらの線分の平方である2と8を足すと有理面積の10になる。また辺自体を掛け合わせると（これが長方形を作ることである）やはり有理面積4の長方形になる。すなわち、有理線分でも中項線分でもなく、また相互にまったく通約できない2本の線分もやはりこれと同じになる。そのために、先にあげたあの線分のようなものは、可知性の第2もしくは第3段階に入れずに、第5段階に入れなければならない。

そこで、この段階では、線分自体も個々の線分の平方も測らずに、線分自体が共同して作る長方形と各線分の平方の和を測るので、平方ひとつでは有理にならない部分があっても、もうひとつの平方を組み合わせればそれを相殺できることに注意されたい。

18. 定義

さらに可知性の低くなる第6段階は、有理線分でも中項線分でもな

くて両方とも相互に通約できなくても、その2本の線分を組み合わせると、平方の和と長方形のどちらかひとつが有理面積となり、もうひとつが中項面積となる場合である。これには2つの場合がある。すなわち、ひとつは、平方の和が有理面積となり、長方形が中項面積となる場合であり、もうひとつは、平方の和が中項面積となり、長方形が有理面積となる場合である。

　前者の結果は、2本とも自乗においてのみ有理で通約できる線分に似ている。2本の線分の自乗つまり有理面積となる平方は、各々の総和もまた有理となるからである。一方、ユークリッド第Ⅰ0巻22により、長方形〔2線分の積〕は中項面積となる[★040]。

　後者の結果は、2本が中項線分で、自乗すれば通約できるものに似ている。こういう線分は、ユークリッド第Ⅰ0巻26および28によれば、2本の中項線分の最初のものを比例中項とする2本の有理線分のように、相互に比例する[★041]。それらは自乗において通約できるので、自乗の和は、その部分となる自乗と通約できるからである。ところが、その部分のほうは中項面積で、ユークリッド第Ⅰ0巻24により、中項面積と通約できるものは、それ自体もまた中項面積である[★042]。

　この場合、2本の線分の作る長方形は確かに直径を平方した面積で測れるが、平方の和までは測れない。測れるとしたら、平方の和に等しい長方形を作るような2線分しか見出せない。こういう線分の平方の和なら、直径の平方で測れるだろう。

19. 定義

なおいっそう可知性の低い第7段階は、相互に通約できない2本の線分からできる平方の総和もその積である長方形も、どちらも有理面積にならないが、それでも各々が中項面積となる場合である。

　結果としてこういう線分に似ているのは、自乗においてのみ通約できる2本の中項線分で、その一方の線分と他方の線分の比が、ユークリッド第Ⅰ0巻29により[★043]、まさしく他の線分を比例中項とし

て、自乗においてのみ通約できる2本の線分の中のひとつと、やはり他の線分と自乗においてのみ通約できる別の第3の線分の比に等しくなるものである。

　以上にあげた2種の平面〔平方の和つまり正方形の和と長方形〕によって区別される3組の線分は、特に、以下に続く種類の線分の組み合わせと構成のために役立つから、ユークリッドはその見出し方を教えている。

20.定義

可知性の第8段階は、先に述べた個所で持ちこまれた線分から派生する。この段階もまた個々の線分に関わってくる。ただしこういう線分は、2つの項つまり先行する組み合わせから出てくる2本の線分のさらなる組み合わせか、もしくは「重なり合う線分」(Epharmozusa)と呼ばれる1本の線分をそれと対になったもう1本の線分から取り去ることによって構成され、新種の線分となる。そこで先行する定義18および19の場合と同様、この線分の場合も、線分全体や線分全体の平方や各線分の両項を測る(知る)ことはできないが、それらの項の平方を合わせたものとそれが共同して作る長方形を測る(知る)ことができる。★044 なお、やがて現れてくる線分の種類と同じだけの可知性の段階を数え上げることができても、そういう線分の種類においては、常に先行するもののほうが後に続くものよりも可知性の程度は高い。しかし、何らかの合成もしくは除去が独自の可知性の段階と関連しても、合成もしくは除去の操作そのものによっては段階の相異はまったく生ぜず、すべての新たな線分がその項もしくは要素となった2本一組の線分に対して同等の関係にあるから、その線分の可知性の段階はただひとつのものとするが、それに属する種類の可知の程度には相異があることを知らなければならない。

21.命題

心得ておかねばならないのは、有理線分であろうと中項線分であろ

うと、さらに可知性の低い線分であろうと、相互に長さにおいて通約できる2本の線分からは、ここで考慮に入れるべき事柄は何も生じてこないことである。

　すなわち、2線分が長さにおいて通約できれば、合成された線分の全体もその部分と通約できるだろう。ところで、ユークリッド第10巻20より前の定義によって、有理線分と通約できるのは有理線分であり、一方、同巻24によって、中項線分と通約できるのは中項線分である。★045 そして66、67、68、69、70、103、104、105、106、107により、中項線分の後に続く無理線分のそれぞれについても、それと通約できるのはやはり当の線分と同じ種類の線分である。さらに、ユークリッドが言及しなかった、もっと可知性の低い段階となる他の種類の線分についても同様である。しかしそういう線分については、ここでは対象外とする。そういう線分は、通約不可能な線分によって構成する線分の種類のひとつに入るので、段階の数を増やすことにならないか、もしくは独自の類か、別の類のより不可知な種となるので、可知の程度において先に述べた線分と最も近い諸段階を立てるこの個所の課題にはならないからである。

22. 定義

そこで長さにおいて通約できる線分のことはこれでよいとして、自乗においてのみ通約できる線分に進もう。さて、そのような2本の有理線分の和を取れば2項線分となり、差を取れば残ったその差から余線分ができる。第10巻の命題48以下および85以下により、その各々の線分の種類の下にさらに6種の線分がある。★046

　有理面積か中項面積となるような長方形を作る2本の中項線分を組み合わせる場合、和を取ることによって双中項線分となり、差を取ることによって中項余線分となる。そして有理面積となる場合は第1のもの〔第1双中項線分および第1中項余線分〕、中項面積となる場合は第2のもの〔第2双中項線分および第2中項余線分〕と名付けられる。★047

　ここで有理線分を中項線分と結合することはできない。このよ

な2本の線分はまったく通約不可能であり、こういう類のものについてはこの後に続く個所で論じるべきだからである。

23. 命題

残るのは、相互にまったく通約できない線分である。そのような線分2本の組は、2本とも中項線分でも、中項線分1本と有理線分1本の組み合わせでも、要求された結果をもたらすことができない。

　前者はその組が不可知の程度が高いために、後者はそれぞれの線分の本性が食い違うために、そうなる。ユークリッド第10巻71、108、109を参照。したがってこの場合、組み合わせによる新たな種類は何も得られない。残るのは、有理線分と中項線分を除けば、もっと可知性の低い線分だけである。

24. 命題

まったく通約できないそのような線分の最初の組つまり先に述べた定義17で可知性が第5段階にあるとした線分の組からも、その和もしくは差を取ることによって有理線分が生じる。この組の線分は必然的に2項線分と余線分である。ユークリッド第10巻112、113、114を参照。なお、2項線分と余線分の平方の和も2線分が共同して作る長方形も有理面積になる場合は、2項線分の各項が余線分の各項と通約できなければならないが、これはすべての2項線分と余線分に起こるわけではない。

　〔平方の和も積も有理という〕2つの要件をもたらす、このような2線分が必然的に2項線分と余線分になることは、第10巻33の証明と同じやり方で証明される。ただし、自乗においてのみ有理となる2線分の代わりに、長さにおいて有理となる2線分を当てはめ、中項面積という語が現れる個所を有理面積と置き換え、最後に2項線分と余線分の定義を比較する必要がある。

　2つの要件をもたらす2項線分と余線分の和と差を取ることからも有理線分ができることは、以下のようにして明らかになる。すな

わち、平方の和が有理となり長方形も有理面積となるから、これら2線分をひとつの和にした線分の平方は、各線分の平方とそれらの線分が共同して作る2つの長方形から、つまり2種の有理な部分から成り立つことになる。したがって、平方全体も有理となる。それ故、両者の和となる線分も、自乗するとその平方になるから、やはり有理である。$\lambda\mu$を2項線分とし、その正方形をκoとする。また$\lambda\theta$を余線分とし、その正方形を$\theta\kappa$とする。さらに$\theta\kappa$とκoを加えたものも有理面積とし、$\theta\lambda$と$\lambda\mu$からなる長方形も有理面積としよう。そのような線分の作る2つの長方形$\kappa\mu$と$\kappa\xi$は2線分の和となる$\theta\mu$全体の平方つまり正方形θoを満たしている。

差については以下のように証明される。すなわち、$\theta\lambda$と$\mu\lambda$の和つまり$\theta\mu$が有理だとすれば、その半分の$\theta\pi$も有理であり、これを大項とすると、小項の$\pi\lambda$も、半分の片方である$\pi\mu$も有理であろう。その$\pi\mu$から$\theta\lambda$に等しい$\mu\sigma$を引く。そうすると残った$\pi\sigma$も、$\pi\sigma$の2倍の$\lambda\sigma$も有理であろう。ところで$\lambda\sigma$は、2項線分$\lambda\mu$から余線分$\mu\sigma$を引いた後の残りである。それ故、この残りは有理線分となる。

25. 定義

先に定義18で述べた第6段階に属するものの中で、平方の和が有理で長方形が中項面積となる、相互にまったく通約できない線分の第2の組からは、その和を取れば優線分（Mizon）つまり大きな線分と言われるものが、差を取れば劣線分（Elasson）つまり小さな線分が生ずる。平方の和が中項面積となり長方形が有理面積となる場合の第3の組から和によって生ずるものは「有理面積と中項面積の和に等しい正方形の辺」という名をもち、差から生ずるものは「中項面積と有理面積の差に等しい正方形の辺」と言う。最後に、先に述べた定義19の第7段階にある、平方の和も共同して作る長方形も中項面積になる場合の第4の組からは、和を取れば「2つの中項面積の和に等しい正方形の辺」が、差を取れば「2つの中項面積の差に等しい正方形の辺」ができる。[★049]

これがユークリッドの12種の線分の起源とその数が出てくる理由である。[★050] すなわちユークリッドは、平方の和か共同して作る長方形か、もしくはその両者を、有理面積と中項面積を越えてさらに不可知な種にまで拡大し、より可知性の低い段階にある線分に探究を進めていくべきではないと考えたのである。[★051]

26.定義と比較

これまで検討した特性からもはや別の特性は出てこず、逆にまた可知性をめぐる論証の段階を積み重ねていくための、もっと可知性の高い別の特性が、今まで検討してきた特性に先行もしないとすれば、調和論のために必要な図形の辺を可知性によって区別する論証は、以上でつくしたとしてよい。

すでに線分の和と差を取るところにまできていたが、その場合、和ないしは差を作る線分を自由に選んで、その線分に特定の大きさを与える必要はなかった。これからはさまざまな条件を付けて、線分の組に一定の比を与えよう。この場合、線分の組は、組み合わせで12種のひとつとなるようなものではなくて、別の形を取る。すなわち、1本の線分とその大きいほうの部分となる線分の組で、小さい部分と大きい部分の比が大きい部分と大小両方の部分の和の比となるようなもの、あるいは逆に、大きい部分と小さい部分の比が小さい部分と大小両方の差の比となるようなものを見出さなければならない。[★052] そうすると、2線分の差として残るものが必ずしもより低い別の段階になるわけではない。むしろ必要に応じてすでに説明した12種の線分のひとつに戻り、それ自体として第8段階に入るできあがった線分を、さらに前に戻って第4段階の線分と比べることになる。

すなわち、定義15の第4段階で、2線分が共同して作る長方形の面を正方形に変換すると、その辺が中項線分と言われるものになったように、今度は、線分全体とその一部に当たる2線分が、差として別の部分を作るか、あるいは2つの部分が和として線分全体を作

る。先の場合は面を作る線分が自乗においてのみ相互に通約できたが、今度は通約性に代わって線分全体とその部分の比の同一性が現れる。先の場合は、小さな線分と作られるべき線分の比が、作られるべき線分と大きな線分の比と等しかった。今度もやはり等比がある。差を取る場合には、作られるべき2線分の比が、そのひとつと与えられた線分全体の比と等しく、和を取る場合には、作られるべき線分のひとつと与えられた線分の比が、与えられた線分ともうひとつの作られるべき線分の比と等しい。したがって先の場合には、2線分が与えられると、作られるべき正方形に等しい長方形が与えられたことになり、正方形の辺より面のほうが先にあった。今度は逆に、ユークリッド第6巻17および第2巻11により、作られるべき2線分ができると、初めて外項に囲まれた長方形と中項による正方形の面積が等しいことが出てくる。

　先の場合には、長方形を作る線分が与えられた線分の平方と通約できる平方をもっていた。今度は、ユークリッドが第6巻命題30で教示するように、与えられた線分の平方と通約できる平方、つまりその正方形の4分の5の大きさの正方形を取り、この正方形の一辺から与えられた線分の2分の1を引く。そうすると、与えられた線分上に求めるべき部分が残り、与えられた線分からこの部分を引くと求めたもう一方の部分が残ったのである。（または、この部分を線分全体に加えるとやはり第3の求める部分になる）。そしてこれだけの理由がある以上、これらの部分は第4段階に入れるべきものと思われる。

　確かにこの点では、こういう比を取るいかなる線分も、中項線分より可知性が高い。中項線分は、4つの輪からなるかなり長い鎖によって与えられた有理線分につながるのに対して、この線分の部分は、直接に与えられた有理線分に対する比をもつからである。中項線分は数多くありうるし、すべてが有理線分から同じ段階だけ低くなるが、有理線分と直接このような比をもつ大きな部分はただひとつであり、しかも全体に、同じ比で順次線分がひとつずつ定まることになる。そのためにその作図法は、可知性において、ある意味で

は第Ⅰ段階に等しい。

　そこで、与えられた線分を全体とし、上述のような2つの部分を求める場合、幾何学者はこれを外中比による分割と言う。すなわち、線分全体を分割するとき、比を考慮しないでごく普通に2分割する場合と、線分の大きな部分と全体の比が小さな部分と大きな部分の比になるようにする場合がある。先の場合は、〔できる比が不等なので〕外項と内項が各2つで項は4つになるが、後の場合は、線分全体とその小部分という2つの外項と、大きな部分というただひとつの中項の3項だけになる。このような比の性質から、外中比と称される。

　同じ理由から、これを比例分割とも言う。今日の人々は、それに神聖分割ないしは神聖比という異名を付けている。★058 驚嘆すべき性質とさまざまないわば特権的性質のためである。中でも主要な性質は、いつでも大きな部分を全体に加えると、できあがった線分が再び同じように分割されることである。その場合、ユークリッド第13巻5により、大きな部分だったものが今度はできあがった線分の小さな部分となり、線分全体だったものができあがった線分の大きな部分となる。★059

27.命題

このような分割は、長さにおいて有理な線分、自乗においてのみ有理な線分、中項線分、先に検討した12種の線分、その他あらゆる線分に行えるが、現在の仕事に必要なのは、分割すべき2線分に応じて、これまで説明した種類の線分と合致する2種の線分、つまり長さにおいて有理な線分かもしくは優線分のみである。分割すべく与えられた線分が長さにおいて有理であれば、分割した線分の大きな部分は第4種の余線分になる。そして同じく第4種に属し余線分と共通な項をもつ2項線分が、余線分に対応する。しかし、混乱に陥らぬように注意されたい。先に大きな部分と言ったのは与えられた線分との関係からで、同じものをここで余線分というのは、与えられた線分との関係からではなく、その性質としてである。何の余

線分かとたずねられたら、与えられた線分と自乗においてのみ通約できる線分つまりその平方が与えられた線分の平方の4分の5になる線分の、余線分だと答えられる。

　GAが分割すべく与えられた線分で、長さにおいて有理だとする。GAMが直角になり、AMがGAの半分の長さになるようにし、GとMを結び、Mを中心にGMを半径として半円PGXを描き、AMをその円周上の点PとXまで延長して、PA上に正方形POができるようにする。そうすると線分GAは点Oで比例分割されたことになる。したがってこのAOが比例分割されたGAの大きな部分となる。またAOもしくはこれと等しいAPは、GAの余線分ではなくて、MPもしくはMGの余線分で、このMGの自乗がGAの自乗とその半分のAMの自乗の和に等しい。そこで例えばGAの自乗を4とすると、AMの自乗は1となる。したがってGMの自乗は5となる。さて、AOないしはAPが余線分だから、2項線分AXがそれに対応する。そしてこれらに共通する項は、MXないしMPないしMGと、AMである。

　APが余線分、AXが2項線分で、両者が第4種に属することは、以下のように証明される。すなわち、MXとMAは各々有理だが、ただ自乗によってのみ通約できる。MAの自乗を1とすれば、MX（つまりMG）の自乗は5だからである。だが、1対5は平方数対平方数という関係にはなっていない。結局、自乗として得た1と5の差が平方数の4で、その正方形の一辺が長さにおいて有理な2であり、つまりは与えられた線分GAに等しい。ところで、これらの線分は、ユークリッド第10巻命題48の前の定義にある第4種の2項線分と、命題85の前の定義にある第4種の余線分に属することが知られていた。
★060

　最後に、有理線分GAが比例分割されると、その大きな部分OAと、OAとAGの両方からなる線分は、可知性の第5段階になる。これらの線分のそれぞれの平方を加えるとその和は有理つまりユークリッド第13巻4により、有理線分GAの平方の3倍になるからで

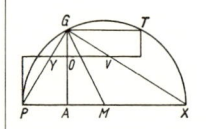

ある。一方、これらの線分の作る長方形〔つまりOA・(OA+AG)〕も有理となる。前提に従って、GAは、大きな部分OAと、OAとAGの両方からなる線分の比例中項なので、この長方形は有理線分GAの平方に等しいからである。

28. 命題

それに対して、長さにおいて有理な線分がこのように比例分割されると、その小部分は第Ⅰ種の余線分になる。

　例えば先の場合と同様、GAが有理線分で、比例分割されたときの大きな部分がAO、小さな部分がOGとすると、ユークリッド第13巻6により、OGも余線分になる。

　そしてまたOGが余線分と言われるのはその性質からで、これがその小部分となる長さにおいて有理な線分GAとの関係からではなく、AOつまりAPがその余線分となるMGつまりMPとの関係からでもない。だがGOは固有な項をもつ。すなわち、ユークリッド第10巻命題97によって、先の場合の正方形POも同様だが、任意の余線分上の正方形に等しい長方形を、有理線分（例えばこの場合はGAに等しいGT）を一辺として作ると、その幅となるGOは第Ⅰ種の余線分になる。これに対して、AOは第4種の余線分だった。したがって、前者の余線分GOの大項は長さにおいて有理だが、後者の余線分AOの大項MPは自乗においてのみ有理だった。今度は逆に、それぞれの余線分の項は自乗においてのみ通約できるから、GOの小項すなわちプロサルモズッサ（Prosharmozusa）は自乗においてのみ有理でなければならない。ところがAOの小項AMは長さにおいて有理だった。しかし、いずれの余線分においても、それぞれの項によって描かれた正方形の面積の差が、長さにおいて有理な線分を辺とする正方形になることには変わりがない。

　この第Ⅰの余線分GOの項がどんなものかは、研究課題として他の人々に委ねよう。ともかく第Ⅰの余線分としてのGOのプロサルモズッサは、ユークリッド第10巻79によれば、ただひとつしかない。

そしてこれは、その平方が有理ではあるが平方数を取ることがないようなものでなければならない。また一方で、これはGOとともに長さにおいて有理なひとつの線分を作るものでなければならない。さらに第10巻30によって、このひとつの線分全体を円の直径、例えばPXとする場合、そして（線分全体がPXに等しいとするかぎり）PAよりいくらか長いプロサルモズッサを直径の一端Xから円周上のXGに取った場合、GとPを結ぶ線分は線分全体としてのPXと長さにおいて通約できなければならない。[★066][★067]

29. 命題

ある優線分を比例分割したとする。この優線分の平方は、与えられた有理線分と、その自乗がこの与えられた線分の自乗の4分の5になる線分とから合成された線分を長さとし、その自乗がこの与えられた線分の自乗の4分の5になる線分を幅とする、長方形に等しいとする。このとき、分割された小部分は劣線分になる。この場合、劣線分というのは比較からくる名称ではなく、その性質からの名称である。一方、分割された大きな部分は優線分になる。これも、その構成要素がどんなものであろうとそれとは関係なく、やはりその性質からの名称と解される。[★068]

　先の場合のように、与えられた有理線分の半分の長さがGAで、さらにその半分がAMとする。そうすると、このGAの自乗が4であればAMの自乗は1になる。またGAMは直角とする。したがってこのMGの自乗は5になる。MAを両端に延長し、Mを中心にMGを半径として半円PGXを描く。そうするとPXはGMの2倍になる。故に、PXの自乗も、GAの2倍に相当する与えられた線分の自乗の4分の5になる。ところがPGの平方とGXの平方を加えたものはPXの平方に等しい。故に、これもまた与えられた有理線分の平方の4分の5である。さらにPGとGXを合わせて1本の線分にすると、その平方は、PGの平方とGXの平方という2つの正方形と、PGとGXを辺とする長方形2つ分から作られる。この長方形2つ分

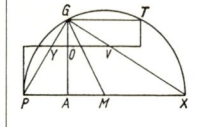

は、GAとPXを辺とする長方形2つ分つまりGAの2倍の与えられた線分とPXを辺とするひとつの長方形に等しい。この長方形の2辺は有理線分だが自乗において通約できる。したがって、ユークリッド第10巻22により、この長方形は中項面積である。故に、1本の線分全体としてのPGXの平方は、有理面積であるPXの平方と、同じくPXを幅とする中項面積の長方形からなる。そこで、このPXの平方と、2GAとPXを辺とする長方形の和は、有理線分PXと、自乗において通約できるPXと2GAを足した線分とを2辺とする、ひとつの長方形に等しい。この長方形の大きな辺となるPXの自乗は、小さい辺（2GA）の自乗よりも、PXと長さにおいて通約できない線分の自乗の分だけ大きい（2GAの自乗を4とするとPXの自乗は5で、超過分は1になるが、1対5は平方数対平方数にはならないので、これはPXと通約できない線分の平方だからである）。したがって、PXと2GAから合成された線分は第4種の2項線分と言われたものである。すなわち、線分全体としてのPGXの平方は、第4の2項線分と有理線分とを辺とするこのような長方形に等しい。故に、線分全体としてのPGXは優線分になる。この優線分の構成要素は、部分としてのPGとGXである。さらにPAは余線分、AXは2項線分だから、互いに長さにおいては通約できない。だが、PA対AXはPGの平方対GXの平方に等しい。故に、PGとGXは自乗においてもまったく相互に通約できないが、その平方の和は、PXの平方に等しいから有理となる。一方、PGとGXを辺とする長方形は中項面積である。故に、第10巻39により、PGとGXからなる線分は優線分である。また第10巻76により、GXからPGを引くと劣線分が残る。ところで、線分全体としてのPGXはGで比例分割される。PA対AGがPG対XGに等しいからである。さらにPAは、比例分割されたGAの大きな部分OAである。MPの自乗はMAの自乗の5倍であり、余線分APは、ユークリッド第2巻11により、AOに等しいからである。故に、PGも比例分割されたGXの大きな部分である。そして第13巻5により、大きな部分PGをGX全体に加えると、Gで比例分割

された新たな線分全体としてのPGXが生じる。そこで今度はPGがこの合成線分PGXの小部分となり、GXが大きな部分となる。こうして、生じてくる優線分PGXは、同じひとつの点Gで、優線分という命名のもとになるその要素に分割されると同時に、神聖分割の各部分にも分割される。

　また比例分割された線分のこれらの部分は、劣線分であるとともに優線分でもあると言える。APは第4の余線分なので、余線分APと有理線分PXを辺とする長方形はユークリッド第10巻94により[★077]劣線分の自乗となり、またAXは第4の2項線分なので、このAXと有理線分PXを辺とする長方形は優線分の自乗となるが、PGの平方とGXの平方はそれぞれAPとPXを辺とする長方形およびAXとPXを辺とする長方形に等しいので、PGは劣線分、GXは優線分だからである。

　したがってここでは、性質からくる名称と比の分割による名称とが一致する。すなわち、PGは、Gで比例分割された線分全体PGXから見て小さな部分と言われるが、このPGXが性質の上で優線分だから、線分全体PGXの小線分つまり小さな要素とも言われる。最後に、その2線分の一方から他方を引くことによってPGを作る、ここには表されていない別の2線分から見ると、PGは性質の上で劣線分、つまり小さなほうを意味するギリシア語を用いて、ラテン語でエラッソン（Elasson）と言われる。

　同様にして、GXはまず比例分割された線分全体PGXの大きな部分と言われる。次に、PGXがその固有の権利によって性質の上で優線分だから、GXは線分全体PGXの大線分つまり大きな要素と言われ、線分全体PGXと同様に優線分とも言われる。ただし、その合成によって優線分GXを作る2線分は、ここでは示されていない。

　比例分割することと優線分をその要素に分割することが一致しているので、そのためにこの種の線分に優線分と劣線分という質的な名称を適用したと思われる。

ここではものごとの区別を混同しないように注意しなければならない。比例分割は絶対的な比で、有理線分として与えられた最初の基準となる1本の線分にはしばられない。だが、優線分と劣線分という種は、与えられた最初の有理線分から一定の段階を経て作られたものである。したがって神聖分割はどこまでも続けられるが、優線分と劣線分の性質は同様には続かない。神聖分割では、先に大きな部分だったものが次の段階では小部分になる。だが、線分のあり方としては、性質の上で劣線分だったものはどこから見ても決して優線分にはならないし、優線分もまた劣線分にはならない。したがって、優線分GXを再び比例分割すると、その大きな部分はPGに等しくなり、したがって質的には相変わらず劣線分である。与えられた有理線分がGAであるかぎり、量的に大きな部分になるのと同じように質的に優線分になることは決してない。

　PGXが質的に優線分で、GXも質的に優線分ならば、優線分PGXの大きな要素がGXで、GXも優線分だったように、なぜGXの大きな要素も優線分とならないのか、問題であろう。そうならないのは、PGXもGXも両方とも優線分ではあっても、それぞれ優線分としてのでき方が異なるからである。すなわち、PGXの平方になるのは、PXの平方全体と、2GAとPXを辺とする長方形全体の和である。だが、GXの平方になるのは、PXの平方の半分つまりMXとXPを辺とする長方形と、2GAとPXを辺とする長方形のわずか4分の1つまりAMとPXを辺とする長方形の和である。それ故、中項面積対有理面積の比が、前者と後者とでは異なる。だが、われわれのこの命題は、ただ初めのPGXについてのみ、線分の同一部分と中項面積対有理面積の固有の比において、この神聖分割と質的構成の一致があることを証明しようとするもので、後の線分についても同様であることを証明するものではない。

　類推を補完するために次のことにも注意されたい。すなわち、GXを神聖分割すると大きな部分となるPGを優線分GXに加えて神聖比を合成すると、別のより大きな優線分つまりPGXになる。

正則図形の作図法

逆に、これと同種の劣線分PGを神聖比で分割すると、それよりも小さな別の劣線分つまりPGを比例分割した場合の大きな部分PY、あるいはGXを比例分割した場合の小さな部分GVが出てくる。だから、最大の線分PGXが神聖分割によって優線分XGと劣線分GPになるように、第2の優線分GXは2本の劣線分XVとVGになる。このXVとVGは、それぞれGPとPYに等しい。こうして、2本の劣線分が1本の優線分を構成し、その一方で、優線分と劣線分が別のより大きな優線分を構成する。

30.命題
図形の各等級を決めるのは、辺が取るそれぞれの素数である。そして連続的にもとの素数の2倍になっていく辺数をもつ図形も、そのもとの等級の中に入る。

　これは本巻の定義10からの結果である。すなわち、辺の数が連続的にあるひとつの数の2倍になっていくすべての図形は、それに固有な作図法の形式が同一だから、その作図法により、それらすべての図形の等級も同一である。個々の図形に行った2等分は、方法の単純さと等分であることとが相まって、図形の類もしくは等級を変えることがない。もとの図形のそれぞれの弧から、2つの等しい部分しか作らないからである。だが、3等分、5等分ないしはそれ以上の〔奇数〕等分を行う場合は、部分を2つに限るには不等にせざるをえないし、各部分を等しくするには、多くの部分つまり2つ以上の部分を作らざるをえない。例えば、3の大きさの弧を3等分する場合、2と1という2つの不等な部分に分かれるか、もしくは1と1と1という等しいけれども多くの部分に分かれる。

　先にあげた命題の証明は以下のとおりである。本巻の定義10により、作図法は辺の数から出てくる。素数にはまとめて数えられる部分がない。素数が共有する単一性〔つまり1〕は分割を許さないので、ある数からなる部分でもなく、数〔単位によって数えられるもの〕でもないからである。したがって、素数を介して行う作図法にも相互に共
*078

通性がない。故に、各素数によって決まる等級が相互に異なる。この中で、以下の辺数つまり2. 4. 8. 16. 32. 等々と続く数〔$2×2^n$〕[*079]からなる正多角形(もしくはそれに類する図形)[*080]を含むものが、第1の等級となる。第2の等級には、3. 6. 12. 24. 48. 96. 等々と続く数〔$3×2^n$〕の多角形がある。第3の等級には、5. 10. 20. 40. 80. 160. 320. 等々と続く数〔$5×2^n$〕の多角形がある。以下、このようにして他の素数の多角形が続く。

31.命題

図形のその他の各等級を決めるのは、辺数になる(2以外の)2つの素数の最小公倍数である。

　これは本巻の定義11からの結果である。すなわち、このような図形は、その辺の作図に当の図形の角数を用いないから、その作図法の形が上述のすべての図形と異なり、それ故、等級も異なる。他方、2をある素数に掛けても新たな等級を生じることはなかった。角の2等分は幾何学的な作図でできるので、2等分によって各等級は同じようにどこまでも広がっていくからである。さもなければ、どんな等級もなく個々の図形しかなかっただろう。この新たな等級の第1のものは3と5の公倍数からなり、15. 30. 60. 120. 240. 480. 等々と続く多角形である。第2の等級は3と7の公倍数からなり、21. 42. 84.等々と続く多角形である。以下、等級はどこまでも続く。例えば、5と7の公倍数から導かれるのは、35. 70. 140. 等々の多角形である。

32.命題

しかし、2の平方以外の素数の平方や、平方と素数もしくは素数の平方の積もそれぞれの等級を生じ、その等級はもとの数の等級とは異なる。

　素数の平方がその素数と同じ等級にならない理由は以下のとおりである。本巻30により、素数そのものが円周全体を分割する新た

な正則図形の等級を作るのに対して、今度は同じ素数が円周全体ではなく円周の一部を分割する。そこで、作図できるとしても、辺の作図法はまったく別のものになる。辺となる線分の種類やできあがった図形から見て、円の部分と全体が大きく異なるからである。そして、この図形が作図法を決めるので、われわれが取り組んでいるのはこの図形である。

　2の平方を除く理由は、2の2倍の角をもつ図形すなわち4角形が第Ⅰの等級に入り、素数と4の積が、4が2の2倍なので当の素数と同じ等級に入るからである。すなわち、もとの辺の2倍の辺数になる図形はすべてもとの辺数の図形と同じ等級に入れられる。

　以上に述べたこの新たな等級の中で第Ⅰのものは、9. 18. 36. 72. 144. 288. 等々と続く辺の図形を含む。

　第2の等級は、25. 50. 100. 200. 400. 等々と続く辺の図形を含む。

　第3の等級は、49. 98. 等々と続く辺の図形を含む。

　その他に、平方との積から図形の無限の等級が生じる。

　例えば、3と9から 27. 54. 108. 216. 432. 等々の辺の図形ができ、

　3と25から 75. 150. 300. 等々の、

　3と49から 147. 294. 等々の、

　5と9から 45. 90. 180. 360. 等々の、

　5と25から 125. 250. 500. 1000. 等々の、

　また 2つの平方数 9と25から 225. 450. 900. 等々の辺の図形が生じる。

　他にも素数とその平方の積あるいは素数の平方どうしの積から図形の無限の等級が現れる。

33. 命題

正多角形の角数を2倍して4を引くと、その正多角形の一角が何直角に相当するかを示す分数の分子が得られる。分母になるのはその正多角形の角数そのものである。

　例えば3角形の場合、3の2倍は6で、そこから4を引くと2が残る。

したがって、正3角形の一角は3分の2直角に相当する。同様に正20角形の場合、20の2倍は40で、そこから4を引く。したがって正20角形の一角は1直角の20分の36つまり5分の9に相当する。証明は以下のとおり。任意の多角形の角はその図形の辺数より2だけ少ない数の3角形に分けられる。また3角形はすべて内角の総和が2直角になる。故に、任意の多角形の角の総和はその図形の角数の2倍より4少ない直角に相当する。この直角の数値が正多角形の角数に分けられる。故に、図形の角数が1直角の何分のいくつかを示す分数の分母となり、上述の直角の数値が分子となる。

34.命題

円は幾何学的な作図によって2等分される。円を2等分するこの直線は可知性の第I段階になる。これが直径にほかならない。

　円において図形を作る出発点は、指示された点を通って必要なところまで直線を引くことである。

　円を2等分する線分が直径つまり中心を通って引いた線分である。相互に等しい円の部分の中で最大のものは半円であり、したがって、ユークリッド第3巻14により、円を2つの半円に分かつ線分も最も長く、同巻15と定義により、これが直径である[081]。

　さらに直径はそれ自体が有理線分で、他の線分を計る尺度として与えられたものである。すなわち直径そのものが、それ自体の完全な尺度であり、幾何学的な可知性の出発点である。

35.命題

正方形の辺は円の外では角から定規とコンパスで幾何学的に作図できる。正方形が円に内接する場合は、辺となる線分が可知性の第3段階に属し、その平方はこの図形の面積とともに可知性の第2段階に入る。

　OQPRが正方形とすると、その一角は本巻33により直角である。故に、ユークリッド第I巻46により、与えられた一辺から容易に正

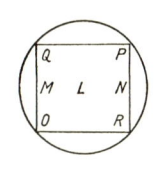

方形を描ける。

　正方形は4つの角と4つの辺をもつ。したがって、相交わる2辺は2つの4分円つまり半円を切り取る。故に、本巻34により、円周上のこの2辺の端を結ぶと円の直径になる。例えば、QO、QPが半円OQP上に直角OQPを作る場合、両端O、Pを結ぶと円の直径OLPになる。したがって、ユークリッド第I巻47により、2辺OQ、QPのそれぞれの平方の和は直径の平方に等しい。そしてユークリッド第2巻14により、直径の平方の2分の1を正方形の形になおすと、その辺が正方形の一辺になる。故に辺の平方は有理である。

　またOPの平方対OQの平方は2対1となるが、これは平方数対平方数とならず、他方、OPは長さにおいて有理なので、ユークリッド第10巻9により、辺OQは自乗においてのみ有理となる。だが、正方形の面積は、この図形では辺の平方と同じなので、この図形の面積も有理となる。

36. 命題

正8角形の辺も、8角星形の辺つまり8分円3つ分の弧に張る弦も、その角から幾何学的に作図できる。これらの辺はそれぞれ可知性の第8段階に入り、正8角形の辺は劣線分、8角星形の辺は優線分である。また各々を合わせた線分は第6段階に入り、独自の比をもつ。最後にその面積は、中項面積になるので無理面積である。

　UQTOXRSPが正8角形で、UOSQXPTRUが8角星形だとする。例えば8角形の一角QTOを挟む2本の線分QT、TOを取り上げ両端QとOを結ぶと、8の半分が4だから、両端を結ぶ線分は正方形の辺となる。

　そこで、円内に正方形を描き（正8角形を作図するその他の方法は省略する）、ユークリッド第I巻12により、中心Lから正方形の辺OQに垂線を下ろし、辺との交点をM、円弧との交点をTとする。すると、ユークリッド第3巻30により、4分円OQの等しい2つの部分つまり2つの弧OTとTQができる。そこで点OとTを結ぶと線分OT

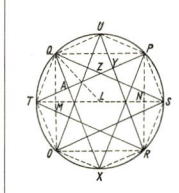

が正8角形の一辺となり、OとSを結ぶと、OSが8角星形の一辺となる。

　中心LとQを結ぶと、QMLは直角だから長さにおいて有理な線分QLの自乗はQMの自乗とMLの自乗の和に等しく、半径QLの自乗は正方形の一辺の半分QMの自乗の2倍である。故に、QMとMLは等しく、本巻35により、両方とも自乗においてのみ有理である。そこでLQの自乗は、LQと長さにおいて通約できないMQの自乗の分だけLMの自乗より大きい。ところがLQとLSとLTは等しい。故に、合成線分SMは、ユークリッド第10巻48の前の定義により、SLとLMを項とする第4の2項線分で[★088]、残りの線分MTは、ユークリッド第10巻85の前の定義により、TLとLMを項とする第4の余線分である[★089]。

　そしてMSが第4の2項線分、STが有理線分だから、ユークリッド第10巻57により[★090]、その自乗がMSとSTを辺とする長方形に等しい線分QS〔つまり8角星形の一辺〕は優線分となる。同様に、TMが第4の余線分で、TSが有理線分だから、ユークリッド第10巻94により[★091]、その自乗がMTとTSを辺とする長方形に等しい正8角形の一辺TQは劣線分である。

　ここに描いた図では、以上の線分の要素は、大きいほうがPA、小さいほうがATである。すなわち、PAにATを加えると星形の辺PTとなり、またPAつまりYTからTAを引くとAYが残る。それが8角形の一辺QUである。つまり劣線分TQの自乗はプロサルモズッサ〔小さい要素〕TAの自乗の2倍であり、正方形の一辺QPの自乗は大きい要素PAと小さい要素AQすなわちATのそれぞれの自乗の和に等しい。

　また優線分PX対大きい要素PAは劣線分TQ対小さい要素TAとなり、これに対して大きい要素PA対小さい要素ATは優線分PX対劣線分TQとなる。そこで、大きな部分対小さな部分が線分全体対2つの部分の差の比となる。

　さらにこれらの辺SQとQTは、それ自体が優線分と劣線分とい

うだけでなく、両者を加えたり差を取ったりすることによって、別な同種の線分を生じる性質の線分でもある。すなわち、まず第1にこれらは相互に通約できない。第2にTQとQSの各々の自乗を加えたものは有理線分TSの自乗に等しい。第3にTQとQSを辺とする長方形は中項面積である。自乗においてのみ有理な正方形の辺の半分QMと、長さにおいて有理なTSを辺とする長方形に等しいからである。したがって、QSとTQを加えたものはやはり可知性の第6段階に入る。そこで、第10巻39により[*092]、これを合成して一本の線分TQSとしたものは優線分となり、第10巻76により[*093]、TQつまりQZをQSから引くと劣線分ZSが残る。こうして、一対の劣線分と優線分がもう一対の線分の要素となり、劣線分をそれに対する優線分から引くともう一対の線分の劣線分が残ることになる。

　正8角形の面積についていうと、その面積はLQTと同類の8つの3角形からなる。長方形QTRSは同類の3角形4つからなる。故に、先の面積の半分である。少し前に証明したように、この長方形は中項面積である。故に、その2倍つまり8角形の面積も、ユークリッド第10巻命題24の系により[*094]、中項面積である。この点に関してクラヴィウスは[*095]『応用幾何学』第8巻命題31で、正8角形の面積が、相互に1対2となる、同じ円に内接する正方形の面積と外接する正方形の面積の、比例中項であり、こうして一定の大きさが決まるので、正8角形の面積が中項面積になることを証明している。

37.命題

正16角形の辺はその角から幾何学的に作図できるが、辺の可知性は、先に述べたあらゆる線分よりもさらに低い段階になる。この星形の辺つまり円周を16分割した弧の3つ分、5つ分、7つ分に張る弦は、さらに可知性が低い。

　16は8の2倍だから、正16角形は、先に8角形を正方形の辺を介して描いたのと同じ方法に従い正8角形の辺を介して作図される。

　QOが今度は正方形の一辺ではなく正8角形の一辺、QTとTO

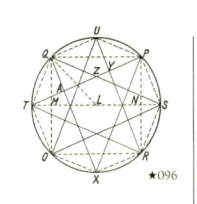

が今度は正16角形の辺で、QPが8角星形の一辺とする。8角星形の辺は先には優線分だった。故に、その半分のLMも優線分だった。したがって、有理線分STと優線分LMを辺とする長方形はまったく新しい種類のもので、より可知性の高い上に説明した段階の範囲では言及できない。このような新たな種類の長方形を、長さにおいて有理な2線分LTとTSを辺とする長方形から引くと、再びより可知性の低い種類の長方形つまりMTとTSを辺とする長方形が残る。この長方形が正16角形の一辺TQの平方に等しい。これは、この等級に入る正多角形、例えば32, 64, 128等々の角をもつ正多角形にさらにいっそうよく妥当する。

正16角形の一辺つまり円周の16分の1の弧に張る弦については以上のとおりだから、今度はこの自乗を直径の自乗から引いたときにその自乗が残る弦つまり16分の7の弧に張る弦は、さらに低い段階にある。

また円周の16分の3に張る弦は、8分の3に張る弦を2等分することによって出てくる。故に、その段階も8分の3の弦より低くなる。そして16分の3の弦の自乗を直径の自乗から引くと、16分の5の弦の自乗が残る。したがって、これもまたさらに低い段階にある。

38. 命題

正3角形と正6角形の辺は図形の角から幾何学的に作図できる。2つの図形を円に内接させると、その可知性は3角形が第3段階、6角形が第2段階になる。これらの図形の面つまり面積は中項面積で、両者の比は1対2である。

正3角形を円の外に作図するのはユークリッド第1巻1により非常に簡単である。円に内接させるのは、別の方法のことは言わずにおくとして、正6角形の辺を利用すれば非常に簡単にできる。6の半分は3だからである。正6角形の作図と円に内接させる方法は、ユークリッド第4巻命題15にある。だが、角の比率から辺の大きさを導き出す方法を示しておく。

BHCGDFが正6角形とする。角が6つあるので、正6角形の面も、中心Aを頂角として集まる6つの3角形に分けられる。そのような3角形のひとつがCAGである。そこで中心Aを取り囲む角の総和としての4直角が6つの頂角に分割され、ひとつの頂角CAGは6分の4直角つまり3分の2直角になる。ところで、3角形CAGの3つの角をすべて足すと2直角つまり3分の6直角に等しい。故に、Aを頂点とする角の大きさである3分の2直角を総和の3分の6直角から引くと、角Cと角Gの和として3分の4直角が残る。ところがこれらの角はすべて等しい。故に、角Cと角Gのそれぞれには頂角Aと同じく3分の2直角が残る。3つの角が等しいと3角形の3辺も必ず等しい。したがって、正6角形の一辺であると同時にその6分の1となる3角形の一辺でもあるCGは、円の半径CAないしはAGに等しい。故に、正6角形の一辺は長さにおいて有理つまり直径の半分である。これは本巻I3により可知性の第2段階に入る。

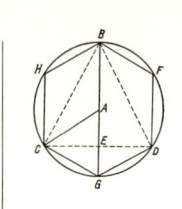

　今度はBCDを正3角形とする。その一辺BCは、Hで交わる正6角形の2辺CHとHBを結ぶものである。弧BHCは半円の3分の2、CGは3分の1だから弧BCGは半円であり、BGは直径でAを通る。したがって、この3角形の角BCGは、ユークリッド第3巻31により、直角である。故に、ユークリッド第1巻47により、BCの平方とCGの平方の和はBGの平方に等しい。ところがCGは半径であり、その平方はBGの平方の4分の1である。したがって、BGの平方からその4分の1を引くと、正3角形の一辺BCの平方が残る。故に、この平方は有理である。しかしBCの平方対BGの平方は平方数対平方数とはならず、3対4になるので、BCは自乗においてのみ有理である。この線分は本巻I4により可知性の第3段階である。

　BCとBDは等しく、角BCDと角BDCも等しいので、CDに垂線BEを下ろすと、ECDを等しい線分CEとEDに分ける。CD全体は自乗においてのみ有理だった。故に、その半分のCEもそうである。したがってCEとAGを辺とする長方形は中項面積である。2辺は自乗においてのみ通約でき、そのひとつAGが長さにおいて有

理だからである。ところでこの長方形は、（正6角形の中に6つ含まれる）CGAに等しい3角形2つ分の面積に等しく、正6角形の面積の3分の1に当たる。故に、正6角形の面積は中項面積である。また3角形BCAとBCHは、それぞれの辺BAとBH、CAとCHが等しく、一辺BCを共有している。故に、等しい面積をもつ。ところで3角形BCH、BDF、CDGは正6角形の面積の一部で、正6角形は、これらの3角形の分だけ、等しい3角形BAC、CAD、DABからなる3角形BCDの面積よりも大きい。故に、正6角形の面積は正3角形の2倍である。したがって3角形の面積も、その2倍で中項面積だった正6角形の面積と通約できるので、やはり中項面積である。

39.命題

正12角形の辺と12角星形の辺つまり円周を12分割した弧5つ分に張る弦は、幾何学的に作図できる。同一の円に内接させた場合、それぞれの辺は可知で、第8段階の中の可知性の程度が高いものに属し、両辺を合わせたものは第5段階になる。また正12角形の面積は有理面積である。

BMHLCKGQDPFNが正12角形で、BKFLDMGNCPHQBが12角星形であるとする。

6の2倍が12だから、この図形は、先に正8角形を正方形の辺を介して描いたのと同じ原理で、正6角形の辺を介して作図できる。すなわち、中心Aから正6角形の一辺HCに垂線を下ろして交点をOとし、それを円周上の2点LとPまで延長する。LとHを結ぶと正12角形の一辺となり、HとPを結ぶと12角星形の一辺となる。

正6角形の辺HCは長さにおいて有理だから、その半分のHOも有理である。HCに等しいACの自乗はその半分のOCの自乗とAOの自乗の和に等しい。故に、AOの平方対ACつまりAPの平方は3対4となる。これは平方数対平方数ではない。したがって、PAとAOも、LAとAOも、自乗においてのみ通約できる。CAつまりPAないしALは大きな有理線分で、その自乗は、これと通約で

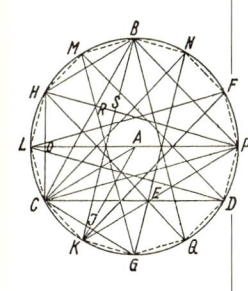

るCOの自乗の分だけ、小さいほうの線分OAの自乗よりも大きい。故に、ユークリッド第10巻48の前の定義により、PAとAOの合成線分POは2項線分、85の前の定義により、ALからAOを引いた残りの線分OLは余線分で、しかも両方ともそれぞれの第I種である。その項は、有理な線分APと自乗においてのみ有理な線分AOである。ところがHPの自乗は第Iの2項線分OPと有理線分PLを辺とする長方形に等しいので、ユークリッド第10巻54により、HPは2項線分である。正12角形の一辺HLの自乗は第Iの余線分OLと有理線分LPを辺とする長方形に等しいので、同巻91により、HLは余線分である。こうしてそれぞれの図形の辺は、第8段階の中の可知の程度が高いものに入る。

　この和としてのPHと差としてのHLを作る項は、PSとSHである。またHBは正6角形の辺、KPは正3角形の辺、BPは正方形の辺なので、HBの自乗は小さな項の自乗の2倍つまりHSの自乗とSBの自乗の和に等しく、KPの自乗は大きな項の自乗の2倍つまりKSの自乗とSPの自乗の和に等しい。さらにBPの自乗は大きな項と小さな項のそれぞれの自乗を加えたもの、つまりBSの自乗とSPの自乗の和に等しい。

　2項線分PHはまた正方形の辺PRと正12角形の辺RHからなる。だがPHは、PRとRHからなるから2項線分と言われるのではない。ユークリッド第10巻42により、ただ一点以外に、PHを2項線分として分かつ点はないが、それはここではSだからである。

　HOとLPは長さにおいて有理だから、これを辺とする長方形、つまりLHとHPを辺とする長方形は有理面積になる。LHの平方とHPの平方の和も、LPの平方に等しいからやはり有理である。したがってLHとHPを合わせた線分は可知性の第5段階に入る。両者を加えたものは新たな線分を何も作らないし、2項線分も余線分も作らない。LHをHPに加えると自乗においてのみ有理な線分になるからである。すなわち、この線分の平方はLPの平方の1倍半になる。他方、HPからLHつまりHRを引くと、自乗において

有理な正方形の一辺PRができる。すなわち、この平方は、LPの平方の半分である。

　さらに正12角形の面積は、3角形LACと同じ12の3角形からなり、有理面積をもつ長方形LHPDにはこの3角形が4つ含まれる。つまりこの長方形は正12角形の面積全体の3分の1である。したがって正12角形の面積全体も有理で、HOとLPの積の3倍がその大きさになる。故に、その面積は直径の平方の4分の3で、これは同一の円に外接する正方形と内接する正方形の面積の算術平均であり、正8角形の面積はこの両者の幾何平均だった。

40.命題

24の辺をもつ正多角形と辺数を連続的に2倍することによって出てくる図形はすべて幾何学的に円内に作図できるが、辺の可知性は先にあげた図形よりずっと低い段階に至る。この星形の辺、つまり円周を24分割した弧5個分、7個分、11個分に張る弦の可知性も同様である。

　証明は先の正16角形に関する命題37と同様だが、以下の点が異なる。すなわち、ここでは12角星形の辺とその半分が第1の2項線分なので、12角星形の辺の半分と有理線分である直径を辺とする長方形からは新種の線分ができない。第10巻54により、その自乗がこの長方形に等しい線分もやはり2項線分だからである。だが、この長方形を、直径全体とその半分を辺とする有理面積をもつ長方形から引くと、これまで言及しなかった新たなものが残る。その構成はいっそう複雑なので、その分だけ可知性も低い。そしてこの長方形の面積に等しいものが正24角形の一辺の自乗となる。

　これは、例えば正48角形、正96角形等々といった、この等級に属する正多角形について、いっそうよく妥当する。

　円の24分の5に張る弦は12分の5の弦が張る弧を2等分した弧に張るものである。24分の5の弦の自乗を直径の自乗から引くと、24分の7に張る弦の自乗が残る。同様にして、正24角形の一辺つ

まり24分のIに張る弦の自乗がやはり同じやり方で24分のIIに張る弦の自乗を作る。故に、これらすべての線分はさらに可知性の低い段階に入る。

41. 命題

正10角形の辺と、10角星形の辺つまり円周の10分の3の弧に張る弦は、角から幾何学的に作図でき、この図形を円に内接させることもできる。これらの辺は可知で、それぞれの辺は別々の線分としては可知性の第8段階に入るが、両者を合わせた線分は第5段階になり、半径と合わせた線分は第4段階になる。

BCDEFGHJKLが正10角形で、BEHLDGKCFJBが10角星形とする。角が10あるから、この図形の面は、Aを中心にして集まっているFAGと同じ3角形10個からなる。したがって、一点Aの周囲にある角の総和としての4直角が上述の10個の3角形の頂角に分かれ、各頂角は10分の4つまり5分の2直角になる。ところが、このひとつの3角形の内角の総和は2直角つまり5分の10直角である。ここから頂角Aの5分の2直角を引くと2つの底角に5分の8直角が残る。2つの底角は等しいから、それぞれの底角は5分の4直角になる。故に、底角は頂角の2倍である。これが、以下に続く論証の端緒となる。

ユークリッド第I巻9によれば、角AFGは線分FOによって2等分されるので、角AFOとOFGは互いに等しく、5分の2直角になる。故に、両方とも角FAOに等しい。したがってユークリッド第6巻3により、AF対FGはAO対OGである。[★104]

角OFGは5分の2直角であり、角OGF（つまりAGF）は5分の4直角だったから、角FOGも5分の4直角になる。したがって、角OとGは等しく、それらの角に相対する辺FGとFOも等しい。

同様にして、3角形AOFにおいても、角AFOも角FAOも5分の2直角だったから、AOとFO（これが正10角形の一辺FGである）も等しい。だがすでに証明したように、AF対FGはAO対OGである。故

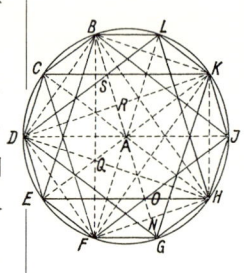

に、AG対その一部AOは、AO対残るOGに等しい。したがって、3角形の辺AGはOで比例分割される。故に、ユークリッド第13巻5によって、OAつまりOFをJまで延長すると、OJは全線分AGと等しくなり、FJもOで比例分割され、点AとJを結ぶと、3角形AJOは初めの3角形FAGと合同だから、角OAJは角FAOの2倍となり、角FAJは5分の6直角である。そこでAを中心にAGを半径として円FGJを描くと、正10角形の辺FGは比例分割された半径AGの大きな部分となり、10角星形の辺つまり10分の3の弦FJはFOとOJつまり正10角形の辺と半径を足したものからなる。

以上のような理由で、これらの辺は、半径を加えると、本巻26によって第4段階に入れることができる。

比例分割されたAGは長さにおいて有理で、正10角形の辺はその大きな部分、10角星形の辺は全線分とこの大きな部分からなるので、本巻27によって、10角形の辺は余線分、10角星形の辺は2項線分で、これらはそれぞれその第4種である。この点を考慮に入れると、これらの辺は可知性の第8段階に属し、正12角形とその星形の辺のすぐ後に続き、正8角形とその星形の辺とまったく同じ序列になる。

本巻28により、AGからAOを引いた残りのOGも、その半分のNGも、第1種の余線分である。しかし余線分NGの項は、大きなものがAGで小さなものがANだと間違えないよう注意されたい。

最後にまた本巻27により、10角形の辺GFつまりOFと10角星形の辺FJを、半径とではなく、相互に合わせると、それぞれの平方の和も2線分を辺とする長方形も有理面積をもつので、可知性の第5段階に入る。

したがって、正10角形の辺と10角星形の辺からなる線分は自乗においてのみ有理となり、その合成線分の自乗は直径の自乗の4分の5である。先に掲げた命題27の図では、この合成線分に当たるのがPXで、これは（OAに等しい）PAとAXからできていた。そしてこのPAとAXの比例中項になるのが有理線分GAである。

それに対して、正10角形の辺OFを10角星形の辺FJから引くと

有理線分OJつまり半径が残る。したがって、それらの辺からはどんな新種の線分もできない。

42.命題

正5角形の辺と5角星形の辺つまり円周の5分の2の弧に張る弦は角から幾何学的に作図できて可知であり、個々の線分は第8段階になる。両者を組み合わせてみると可知性の第6段階と同時に第4段階になる。

　この図形を円の外に作図するには次のようにする。5角形の一辺となる線分の長さが与えられたら、ユークリッド第2巻11もしくは第6巻30によってそれを比例分割し、分割した大きいほうの部分をもとの線分に加える。こうして合成した線分に等しいものを2つの等辺、最初に与えられた線分を底辺として、正5角形の内部の3角形を決める(例えば右図ではFBとBHが等辺、FHが底辺である)。合成された等辺は与えられた線分全体とそれを神聖分割した大きな部分からなるから、こうして合成された線分も比例分割され、与えられた線分がその大きな部分となり、したがってこの3角形の底角は頂角の2倍になる。これは先の正10角形の〔3角形AFGの〕場合と同じである。そして先に述べたこの3角形の2つの等辺をそれぞれ底辺として、与えられた辺に等しい等辺をもつような3角形を、その外側に2つ加えればよい(その3角形は、例えば右図ではFB上の3角形FDBとBH上の3角形BKHである)。

　円に内接する正5角形を描くのは、正10角形の辺を用いれば非常に簡単である。10の半分が5だから、Gで交わる正10角形の2辺FGとGHの両端FとHを結ぶと、線分FHが正5角形の辺となる。HKも同様である。そしてこの2辺の両端FとKを結ぶと、線分FKが5角星形の辺となる。そこでBDFHKを正5角形、BFKDHBを5角星形とする。

　ユークリッドは第13巻命題10で、正5角形の辺FHの自乗が、正6角形の辺FAと正10角形の辺FG、つまり半径AGとそれを比例分

割した大きいほうの部分GOの、それぞれの自乗の和に等しいことを証明している。ユークリッドのこの証明はわかりにくい。そこでもっと簡単な証明をしてみよう。

　正5角形の一辺の両端BとDから、中心Aを通って直線BGとDJを引く。そしてDBを10分の2の弧に張る弦、隣接するDLを10分の3、DKを10分の4に張る弦とし、BGとの交点をS、Rとする。そうすると角LDJつまりSDAは5分の2直角になる。弧LJはFHと同じく円周の5分の1だが、ユークリッド第3巻21および27により、弧が等しいとその円周角も等しいからである。またDBはAを中心に4直角となる円の5分の1の弧だから、角DABつまりDASは5分の4直角となる。故に、角SADと角ADSを足すと5分の6直角になる。だが、3角形の内角の総和は5分の10直角である。故に、残る角DSAも5分の4直角となる。そこで角DSAと角DASは等しく、したがって線分DSは半径である線分DAと等しい。そこで先の論により、比例分割した半径DAの大きな部分がSAに等しいので、先に述べたことによりSAは正10角形の辺に等しい。そしてDAは半径つまり正6角形の辺である。正5角形の辺DBの自乗はこのSAとADのそれぞれの自乗に等しい、と主張する。★108

　すなわち、KとS、KとAを結ぶと、DAとAKは等しく、DSとSKもそれらと等しいので、SRとRAは等しく、DRBは直角である。故に、DBの自乗はDRの自乗とRBの自乗の和に等しい。ところが、DRの自乗はRAの自乗の分だけDAの自乗より小さく、BRの自乗は、BRとRAを辺とする長方形の2倍とRAの自乗の和の分だけBAの自乗より小さい。したがって、DRの自乗とRBの自乗の和は、RAとABを辺とする長方形の2倍つまりSAとABを辺とする長方形ひとつ分だけDAの自乗とABの自乗の和より小さい。ところが、SAとABを辺とする長方形とSBとBAを辺とする長方形は2つ合わせるとBAの平方全体と等しい。そこでDAの平方とABの平方の和からSAとABを辺とする長方形を引くと、DAの平方とSBとBAを辺とする長方形が残る。この残りの和がDBの平方に等しい。とこ

061　　　　　　　　　　　　　　　　　　　　　　　　　　　　正則図形の作図法

ろが、半径BAはSで比例分割され、その大きな部分がASだから、SBとBAを辺とする長方形はSAの平方に等しい。故に、正5角形の辺の自乗はDAの平方とASの平方の2つからなる。このDAとASはそれぞれ正6角形の辺と正10角形の辺にほかならない。

5角星形の辺BFについていうと、これは正5角形の辺BDつまりBQと、これを比例分割した大きな部分QFからなる。証明はユークリッド第13巻8によってもよいが、しかし同じことは、上述のような5角形内の3角形FBHからも証明できる。

したがって、正5角形の辺の自乗は、長さにおいて有理な半径の自乗と半径を比例分割した大きな部分の自乗の和に等しいので、先に掲げた半円の図でいうと、PGの自乗がPAとAGの自乗の和に等しいのと同様になる。そしてPA対AGは、正5角形の辺としてのPG対5角星形の辺に等しい。だが、PA対AGはPG対GXである。故に、GXが5角星形の辺となり、GXの自乗は、正10角形を囲む円の半径としてのGAの自乗と、〔正10角形の辺としての〕PAとAGからなる線分AXの自乗の和に等しい。そこで、先の図で証明したことによって、GXは優線分、GPは劣線分である。したがって、それぞれの線分は可知性の第8段階となり、その段階の第2の序列に属する。だが、PGとGXのそれぞれの平方の和は、有理線分GAの平方の5倍になるPXの平方に等しいので有理だから、これらの線分PGとGXは組み合わせると中項面積の長方形を作る。こうして、PGとGXは組み合わせると可知性の第6段階になる。これについては18ですでに述べた。最後に、正5角形の辺と5角星形の辺は神聖分割の大きな部分と全体だから、組み合わせれば可知性の第4段階になる。これについては本巻の29を参照。以上の結論として次のような特性が出てくる。すなわち、正5角形の辺が劣線分、5角星形の辺が優線分で、両者の合成線分もまた優線分である。5角形の辺は、優線分であるこの合成線分の小さな要素であり、5角星形の辺は、大きな要素である。そしてまた本巻29により、この両線分の差つまりDQないしはQFもやはり劣線分である。

43.命題

正10角形と正5角形の面積はさらに可知性の低い段階に入る。正20角形の辺や同じ等級の他の図形の辺も同様である。

正5角形の辺FHとANの積は正5角形の面積の5分の1に相当する3角形FAHの2倍になる。FHは劣線分で、ANは、自乗が有理線分AFの自乗から劣線分FNの自乗を引いたものになる、線分である。だが、劣線分の自乗を有理線分の自乗から引くと、自乗がそれらの自乗の差となる新種の線分が残る。こういう新たな線分と劣線分を辺とする種類の長方形の面積は可知性がさらに低下する。ところが正5角形の面積はこういう長方形と通約できて、この長方形との比が5対2になる。したがって正5角形の面積もやはり低位の種に属する。同様にして、正10角形の辺FGを中心からこの辺に下ろした垂線と掛けると、正10角形の面積の10分の1に当たる3角形FAGの2倍つまり10角形の5分の1になる。FGは第4の余線分で、中心からこの辺に下ろした垂線は、自乗が半径の自乗からFGの自乗の4分の1を引いたものに等しい線分である。だが、余線分の自乗を有理線分の自乗から引くと、自乗がこの差となる線分はこれまでにあげた線分をこえた新種である。こういう線分と余線分を辺とする長方形の面積はさらに低位の種になる。したがって、その5倍となる正10角形の面積も同様である。

最後に、正10角形の辺の半分は第4の余線分だから、この余線分の自乗を(長さにおいて有理である)直径を一辺とする長方形に変換すると、長方形のもう一辺は第1の余線分つまり円の10分の1の弧の矢となる。正20角形の辺の自乗は、第4の余線分である10角形の辺の半分の自乗と第1の余線分であるこの矢の自乗の和に等しい。だが、種が異なって通約できない2つの余線分を辺とする長方形の面積は、すでにあげたどんな線分の自乗にもならず、むしろまったく別の新種の線分の自乗に等しく、それ故に可知性はさらに低い。

これは正40角形や同じ等級に属する他の図形にずっとよく当てはまるだろう。

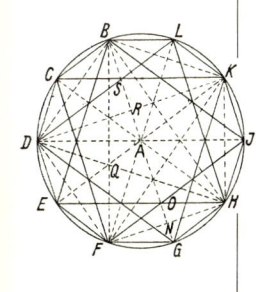

44. 命題

正15角形の辺とその星形の辺つまり15分の2、15分の4、15分の7の弧に張る弦は幾何学的に作図できるが、円の外では作図できない。円内においても角からは作図できず、それ故に作図法はこの図形に固有のものではない。[*113]そしてこれらの辺の可知性は先にあげたあらゆる図形の辺とは異質のもので、それらよりも低い段階に属する。正30角形およびこの等級に属する他の図形は、さらに可知性の低い段階にある。

　この図形は先にあげた図形から作図されるが、15は奇数で、その半分になる自然数がないから、先立つ図形は15の半分になる数と異なる辺数をもつはずである。それは同一の点Bから始まる正3角形BCDと正5角形BJFHKである。すなわち、5分の2の弧BJFから3分の1の弧BCを引くと、15分の6の弧から15分の5の弧を引くことになるので、15分の1の弧CFが残る。そこでCとFを角として2点を結ぶと、線分CFが正15角形の一辺になる。この場合、作図を行うために角の大きさや当の図形の角数に頼ったりはしない。上にあげた図形の場合のように、辺数に応じて3角形を作ることもない。ここにいう方法による以外には作図もできない。したがって、その可知性もはるかに低い。さて、正3角形も正5角形も奇数の辺をもち同一の点Bから始まっているから、5角形の辺FHと3角形の辺CDは平行である。そこでFから垂線をLに下ろし、Bから中心Aを通ってEとNで2辺と交わる直径BGを引く。そうすると、正15角形の辺CFの自乗は、CLとFLのそれぞれの自乗の和に等しい。ところがCLは、自乗において有理な線分CEが劣線分FNつまりLEより大きい分に相当する。故に、CLはまったく新種の線分である。これに対してANは、その自乗が有理線分の自乗から劣線分の自乗を引いた残りに相当する線分である。したがってこれも新種の線分である。ところがENは、この新種の線分から長さにおいて有理な線分AEを引いた残りである。故に、ENは2段階低くなる。[*114]最後に、正15角形の辺CFの自乗は、新種の線分であるCLとEN

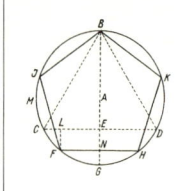

のそれぞれの自乗の和である。したがって、CLで2段階、ENで3段階、合わせて5段階も低い。しかも正15角形の特性は、正3角形と正5角形という異なる等級の図形の性質をひとつに合わせたものである。故に、その可知性は異質になる。先行する図形の辺数を倍増するにつれて可知性の段階も絶えず低下し不可知になっていくから、正30角形の辺についてどう考えるべきかは、言うまでもない。

　15分の7の弦は30分の14の弦で正30角形の辺を用いるから、序列はその辺より低くなる。30分の7の弦は、30分の14の弦を2等分することによって得られる。同様にして、30分の8つまり15分の4の弦が生じ、やはりそれを2等分すると15分の2の弦になる。しかしこの弦には別の起源もある。例えば（弧JCの中点をMとすると）弦MFの平方は、正15角形の辺CFの平方と、CFと正5角形の辺FJを辺とする長方形の和である。どちらの方法によっても、序列は上述の図形より低位となる。★115

45. 命題

正7角形および7角形より後の、辺数が（いわゆる）素数であるすべての正多角形、その星形、さらにそういう図形から派生したあらゆる等級の図形は、円の外に幾何学的に作図できない。円に内接させる場合、辺の大きさは必然的に決まっても、その大きさもやはり必然的に不可知である。★116

　この命題は重大な事柄に関わっている。神が宇宙を構成するために上に説明した可知の図形を採用しながら、正7角形や他のこの種の図形を用いなかったのは、この命題の結果によるからである。

　BCDEFGHを正7角形とし、すべての角を相互に結ぶ。Aを円の中心、BAPを直径とし、AをEと結ぶ。

　まず、こういう図形は、上述の固有でない仮の作図法がない。図形の辺と角の数が素数なので、上にあげた正多角形の2つをどう組み合わせてみても、円全体をその素数の数に等分することはできず、むしろ組み合わせから得られるのは各正多角形の辺数の倍数だから

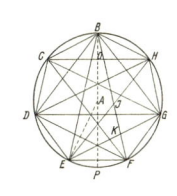

である。

　だが、この種の図形には、角の数からくる固有の作図法もない。こういう数から出てくるものはすべて曖昧で多岐にわたり特定できないからである。

　正7角形は5つの3角形に分かれる。両端の2つの鈍角2等辺3角形BDC、BGHと真ん中のひとつの鋭角2等辺3角形BEF、その中間にある2つの不等辺3角形BED、BFGである。円の弧によってその上に立つ円周角の大きさが決まってくる。角BEFは3つの弧BH、HG、GFの上に立ち、角BFEも同じく3つの弧BC、CD、DEの上に立つが、角EBFはひとつの弧EFの上に立つ。故に、BEFはひとつの頂角に対し両底角の大きさが3倍となるような3角形である。同様にして、BEDは3つの内角が連続的に2倍になる不等辺3角形であることが、証明される。角Bの大きさを1とすると角Eは2、角Dは4、つまり角Eの2倍だからである。

　先の正5角形の場合と同様に、この図形にも円外での固有の作図法があるとすれば、(すでにかつてカンパヌスやジロラモ・カルダーノやフルサテス・カンダラが指摘したとおり)5角形より先に両方の底角が頂角の2倍になる3角形を作図したように、まず最初に〔7角形内の〕3角形が作図できなくてはならない。しかし、5角形内の3角形の場合には角から辺どうしの一定の比が得られたが、この7角形内の3角形では一定の比がまったく得られない。すなわち、角BEFを3等分するEHとEGがBFと交わる点をJ、Kとする。3角形FEJにおいて、角FEJは2等分されているので、FE対EJがFK対KJに等しい。ところがEFはFJ全体に等しい。角FEJは7分の4直角、角EFJは7分の6直角なので、角EJFも7分の5直角となり、等角に対する2辺FE、FJも等しいからである。同様にして、EJとJBも等しい。故に、FJ対JBもFK対KJに等しい。さらに3角形KEBにおいて、角KEBは線分EJHに2等分されているので、KE対EBはKJ対JBに等しい。ところで、2等辺3角形KEFは3角形EBFと相似なので、KEとFEは等しい。ところがEFはJFと等しく、EBはFBと等しい。したがっ

第Ⅰ巻——調和比のもとになる正則図形の可知性と作図法から見た起源、等級、序列、相異　　066

てJF対FBもKJ対JBと等しい。そこで円周の7分の3に張る弦BFにおいて、3つの部分の中の2つずつの比が見出された。まず中間の線分KJ対最小の線分KFは、最大の線分JB対小さな両線分の和JFつまり7角形の一辺FEに等しい。次に最大のJB対中間のJKは、全線分BF対両小線分の和FJに等しい。この比は確かに、FBに対するEFの特定の比をひとつだけ必然的に決定するかのように見える。この比にカルダーノもだまされてしまった。彼は不等辺3角形BEDの辺にそのような関係を認めたので、それを反射比例（Proportio Reflexa）と呼び、正7角形の辺を見出したと誇ったが、それはむなしかった。ここからEFないしJFの特定の大きさはまったく出てこない。2番目の比例関係で新たに得られるように思っているものは、最初の比と一致するからである。すなわち、第1項対第2項が第3項対第4項となるような4つの比例項があり、最初の2項の和が第3項に等しい場合はいつでも、第1項対第3項ないしは第2項対第4項が、第3項対第3項と第4項の和に等しくなり、この和が第5項になることが起こる。こういう事例は、その項が通約できる場合もできない場合も含めて、無限にたくさんある。特に比例項が通約できる事例をあげると、単位分数付加比（proportiones superparticulares）つまり奇数の平方数と同じ数だけある。

> カルダーノの7角形の反射比例

BF.	9.	BJ.	6.	JK.	2.	KF.	1.
または	25.		15.		6.		4.
または	49.		28.		12.		9.
または	81.		45.		20.		16.
または	121.		66.		30.		25. 等々

さらにまた分数付加比（proportiones superpartientes）もそうである。

	49.	35.	10.	4.
または	64.	40.	15.	9. 等々

すなわち、15対9は、40対24（15と9の和）であり、また40対15は、（40と15と9の和）64対（15と9の和）24に等しい。[★121]

　多くの比に共通な特性を見られたい。確かにこういう特性は正7角形を作図すれば必ず結果として出てくる。しかしこういう特性だけが与えられても、正7角形内の3角形は作れない。正5角形の場合は辺の比が角にもとづいて決まり、円外にも作図できた。正7角形や他のこういう正多角形ではそうではない。その理由は上に述べたことから容易に明らかになる。正5角形内の3角形BFKでは、角BKFが2等分されることによってただちに3角形BFKを構成する2等辺3角形BKTとKTFが現れる。そしてそれらの3角形の角BFKとBKTが等しいことから、辺BK、KT、TFが等しいことがわかる。ところが正7角形の3角形では（先の正7角形の図を参照）、角が3等分されて、その3角形の3つの要素すなわち2つの2等辺3角形BEJとKEFおよびひとつの不等辺3角形JEKができる。幾何学において周知のとおり、この3角形では角の比から辺の比は出てこない。円外ではこの図形の角からそれ以上のことが何もわからないので、円外に求める3角形を作れない。この図形は、可知性もしくは作図の点で先行する図形を介して円に内接させることもできない。むしろともかく内接させて描くことによって初めて漠然としたその比が唯一の事例に限定されてくる。こうして論点の先取りが行われる。円への内接を完全に行う手立てを見出すためには、それが可能であるかのように内接させる作図を用いざるをえない。

　したがって、星形の辺FBと7角形の辺EFの比はわからない。その比はいわば量という質料の中に隠れている。そこで、量を質料と見て不確定な大きさを扱う基本的な方法〔一種の近似法〕によれば、円の直径に対して正しい比を取る7角形の辺を作図することができるかもしれない。円内に7角形の辺より大きな線分と小さな線分は作れるからである。そしてさらにそういう分割を限りなく続けていくと、常に辺EFに限りなく近いがそれより大きな、もしくは小さな線分を作れる。しかし、量に形相を与えるような方法では辺の作

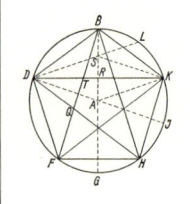

図はまったく不可能である。7角形と類似の図形には、辺の一定の比を証明したり見出したりするためのどんな手立てもなくて、その図形を描いたり、それとわかる限定をしたりすることがまったくできないからである。そこで、APを半径とする円にEPを一辺とする正14角形を内接させることもできず、その円に内接する7角形の一辺の弦EFに接する14角形の2辺を作ることもできない。この7角形の辺を直径と比較することもできない。この辺は本質的に直径に対する比の不可知なものだからである。

したがって、自らの知識と意図に従い一定の方法で正7角形を作図した人は、これまで誰もいなかった。一定の作図法はなく、まったく偶然に作図することはできるかもしれないが、しかし当然のことながら、この図形を本当に作図できたかどうかは、わからない。

代数学

ここで、アラビア人のゲベルにちなんでアルゲブラ(algebra)と名付けられ、イタリア語でコッサ(cossa)と言われる解析の教説〔代数学〕をあげて、対抗する人もあるかもしれない。[★122] この教説では、あらゆる種類の正多角形の辺を決めることができるように思われるからである。この分野で非常に巧妙な驚くほど多くの発見をした、皇帝と

ビュルギの代数学

ヘッセン方伯の機械技師ヨスト・ビュルギは、例えば7角形について次のような議論を展開する[★123] (以下、この命題の冒頭にある正7角形の図を参照)。まず彼は、ABを全体の単位とし、この単位を限りなく等分してその部分によって辺BCの長さを数値で表せるように、円の直径BPに2という数を当てる。次に、AB対BCの比は最後に出てくるが、その比がすでに知られたと仮定する。彼はこの比で、ABのIに対してBCがIRとなり、以下同様にIRに対してIZ、IZに対してIK、IKに対してIZZ、IZZに対してIZKと続くような連続性を想定する。[★124] ここではもっと便利なように、I、Ij、Iij、Iiij、Iiiij、Iv、Ivj、Ivij等々と表記することにしよう。[★125]

このように想定した記号によってまず4角形BEDCを考える。円に内接する4角形において、対角線CEとDBの積が、相対する辺どうしの2つの積つまりDCとEB、CBとDEの積の和に等しいこ

とは、プトレマイオス、コペルニクス、レギオモンタヌス[★126]、ピティスクス[★127]や正弦の教説に関する著述をした他の人々がすでに証明している[★128]。弦CHの半分のCOと矢OBのそれぞれの自乗の和が辺CBの自乗に等しいことも幾何学によって確かである。

そこでBPを2、CBをx、その平方をx^2とすると、この平方をBPで割ればBOとしてx^2を2で割ったものが生じる。BOの平方はx^4を4で割ったもので、これをCBの平方x^2から引くと、COの平方として$4x^2-x^4$を4で割ったものが残る。一方、CHはCOの2倍だから、CHの平方は$16x^2-4x^4$を4で割った、$4x^2-x^4$となる。

BDとCEの積であるBDつまりCHの平方を得たので、CBとDEを掛けてx^2を得たら、これをBDとCEの積$4x^2-x^4$から引くと、CDとBEの積$3x^2-x^4$が残る。これをCDつまりxで割れば、BEの大きさ$3x-x^3$が得られる。

4角形DBHEに移ると、BEが$3x-x^3$だから、BEとDHの積つまりBEの平方$9x^2-6x^4+x^6$になる。ここからBHとDEの積x^2を引くと、BDとEHの積$8x^2-6x^4+x^6$が残る。これをEHつまり$3x-x^3$で割れば、BDとして$8x^2-6x^4+x^6$を$3x-x^3$で割ったものが得られる。このBDの平方$64x^4-96x^6+52x^8-12x^{10}+x^{12}$を$9x^2-6x^4+x^6$で割ったものが先には$4x^2-x^4$だった。後者に前者の分母をもってくると、以下の等式が成り立つ。すなわち、

$36x^4-33x^6+10x^8-x^{10}$が$64x^4-96x^6+52x^8-12x^{10}+x^{12}$に等しい。

したがって、$63x^6+11x^{10}$は$28x^4+42x^8+x^{12}$に等しい。

故に、$63x^2+11x^6$が$28+42x^4+x^8$に等しい。この等式から7角形の辺の大きさが得られる。

さらにDB、EGに移ると、DGつまりEBの平方は$9x^2-6x^4+x^6$、DBつまりEGの平方は$4x^2-x^4$で、これをEBの平方から引くとDEとBGの積は$5x^2-5x^4+x^6$となり、これをDEつまりxで割ればBGが$5x-5x^3+x^5$になる。その平方は$25x^2-50x^4+35x^6-10x^8+x^{10}$で、これが先には$4x^2-x^4$だった。

したがって、$49x^4+10x^8$ は $21x^2+35x^6+x^{10}$ に等しい。

故に、$49x^2+10x^6$ は $21+35x^4+x^8$ に等しい。

　この等式からも7角形の辺の大きさが得られる。ところがビュルギは完全な円の全体から目を逸らし、たんに7等分される円弧だけを考察する。そうすると弧2つ分に張る弦の大きさはここにあげた代数学的方法で得られるから、今度は4つ分に張る弦の大きさを求め、（上述の場合と同じ方法で）それが $16x^2-20x^4+8x^6-x^8$ の平方根になることを見出した。これを、3つ分の弧に張る弦を2辺とする新たな4辺形の対角線として用いる。この4辺形では、この2辺の積が $9x^2-6x^4+x^6$ だから、それを対角線どうしの積 $16x^2-20x^4+8x^6-x^8$ から引くと、残る2辺の積として $7x^2-14x^4+7x^6-x^8$ が残る。ビュルギはこの弦を利用して、それを、7等分したある弧に張る弦の大きさを示す数値、つまりこの場合のように円全体が7等分されるときには0と、比べる。そうすると、その数値つまり0と $7x-14x^3+7x^5-x^7$ もしくは $7-14x^2+7x^4-x^6$ で表される大きさとが、等しいことになる。[★129]

　だが、彼は機械的に等式を援用して、そこから根の数値をひとつだけではなく、5角形の場合は2つ、7角形の場合は3つ、9角形の場合は4つ得る。この数は角が増えるにつれて多くなる。7角形の場合には、この数値のひとつはBC、もうひとつはBD、3つ目はBE〔つまり正7角形の辺とその星形の辺〕の大きさを表す。

　図形の辺をこういう方法で探究するのは、先に述べた定義1、2、3とまったく共通点のないことを明らかにするために、まずビュルギの代数的なこの弦が何を表すか、注意されたい。確かにそれは、7角形の辺と円の半径の比において、相互に続いていく7つの比例項を作り、その最初の比例項が7角形の一辺だとすれば、その場合には、7つの初項と7つの第5項の和が14の第3項とひとつの第7項の和と等しくなること〔すなわち、$7x+7x^5=14x^3+x^7$〕を表す。[★130]

　この主張は上に述べた命題と同じように幾何学的に証明できる。先には正8角形の面積が中項面積であることや正12角形の辺がある

線分の余線分であることを証明した。つまり面ないしは線に関する事柄を述べた。ここでは、線分どうしの比に関する事柄が述べられている。

ところが、面積を知り大きさを測るためには、中項面積であることを知るだけでは不十分だし、線分の大きさを測るには、ある線分の余線分であることを知るだけでは不十分である。この種の面積や線分は数多くあり、こういう一般的な知識からはどんな作図もできず、面積や線分の特定の大きさを引き出せないからである。むしろ以上のような性質は、大きさが決まり作図した後に初めて結果として出てくる。それと同じように、求める比例式の中で連続する7つの比例項を作るとどうなるかを知るだけでは不十分である。むしろ幾何学的な作図でできた比例式がないから、誰かがその比例式の作り方を教えてくれることを期待していたのである。先に述べたあらゆる図形でも、作図や円への内接、大きさの特定、決まった大きさを表す幾何学的な方法がまずあった。図形どうしの比較に役立つ特性が知られるのは、その結果にすぎなかった。

2つの事柄の相異をより明らかにするために正5角形の辺を取り上げよう。上に見たその作図法は次のようなものだった。半径と半径の半分のそれぞれの平方の和に等しい正方形を作り、この正方形の辺から半径の半分を減じる。こうして得た線分の平方と半径の平方を加えたものに等しい正方形を作ると、この正方形の辺が正5角形の一辺になる。これはすべて実際に行うことができるし、コンパスを操作する人ならわかるように、言うよりも行うほうが簡単である。直角GAMを作る。それを挟む一辺に任意の線分AMを取り、もう一辺をその2倍の線分AGとする。コンパスの中心をMに置き脚をGに伸ばして円GPを描き、MAをPまで延長する。最後に、コンパスでGPを測り取り、GAを半径とする別の円にそれを移す。非常に簡単なことではないか。

今度はビュルギの代数学で正5角形の辺について何がわかるか見てみるとよい。先に導入した方法によれば、$5x - 5x^3 + x^5$が 0 に

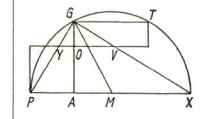

なる弦に等しいことになる。つまり、続けて順番に並ぶ比例項を5つ作り、初項を正5角形の辺とし、半径と5角形の辺の比例式を立てると、5つの初項とひとつの第5項の和が5つの第3項に等しいこと〔すなわち $5x+x^5=5x^3$〕が出てくる。

　ここでも7角形の場合と同じく、ビュルギの代数学は、正5角形になるための連続する比例式の作り方を教えてくれず、既知の大きさによって比例項の長さを表すこともなく、むしろ比例式を作るとどういう性質のものになるか、教えるだけである。したがって勧めるのは、まず性質を表してみよ、そうすれば比例式も得られよう、ということである。だが私は、いかにして、いかなる幾何学的な作図によって、その性質を表せようか。教わるのは、求める比例式を用いるほか、そうすることができないことである。これは論点の先取りである。そこで哀れな算術家は、どんな幾何学的な補助手段もなしに数値の錯綜する薮の中で途方に暮れて、むなしくその代数学を見やることになる。これが、代数学と幾何学の解法の相異のひとつである。

　2番目の相異は、ビュルギ流のこの方式全体が非連続的な量つまり数の本質にもとづくことである。直径を何度でも思いどおりの回数だけ細かく等分するが、普通は2等分する〔つまり2という数で表示する〕。すべての手順はこの数にもとづき、直径に、異なる表示つまり別の数値を与えると手順も変わることになる。しかしすでに述べた図形を対象とする幾何学はそうではない。幾何学では、辺が長さにおいて有理であれば数値で表示するが、無理線分は決して数値で出さず、幾何学独自の種類に区分して表すので、非連続的ではなく連続的な量つまり線分や面を問題にしていることが明らかになる。

　第3に、これまでは、正多角形の辺とその星形の辺には各々に特定の作図法があったが、代数学的な解析では、一度きりの手順で〔ひとつの〕解を求められないのは（特に幾何学者はこれに反発する）非常に不思議である。規則性がまったくないわけではなく、すでに多少述べたように、求められたことを表す数値は、正多角形における長さの

異なる弦ないしは対角線の数と同じだけ出てくる。例えば5角形では2つ、7角形では3つあり、そのひとつの数値が辺、残る数値が対角線に張る弦を表す。そこで結局、図形に固有の比例式について言えることはどんなことでも、直径対図形がとるすべての線分の比にも共通する。

　第4に、求められたことをただひとつの比が表すと仮定しても、その比の作り方がわからず、暗中模索するしかない。線分の種は可知性については無理線分の類（つまり数値で表せないもの、数値を拒むものの類）に入るので、いくら計算を繰り返しても計算しつくせず、いつも不確定な部分が残る。それどころか2番目の相異点の所で述べたように、この方式には数値以外の補助手段がなく、計算をより正確にするために、いつも直径をさまざまなやり方で無数に細かく等分する。しかしそれでも計算は決して完全に正確なものとはならない。要するに、これは事実そのものを知るのではなく、程度の差はあれ事実に非常に近いことを知るものである。後の計算者ほどより事実に近付くことはできるが、目標に到達することはない。こうしたものはすべて、量という質料の可能性に潜むだけで、現実態として可知性をもつには至らない。

　第5に、特に正7角形と同類の正多角形について問題にするとしたら、それぞれの図形が順に続いていくことで連続する比例式が辺数につれて長くなる。そこで、特に最終項、例えば7角形では第7の比例項が知られても、それによって中間の項は得られないだろう。例えばある線分とその3乗、5乗などのように連続する比例式の中の2つの数のような比をもたない2線分の間に、中間の比例項となる線分を任意の数だけ幾何学的に作図することはできないからである。ここでは平面図形が問題になっていても、平面に作図できるのは項が1、3、7、15 などになる線分だけで、2、4、5、6、8、9 などになる線分は作図できない。★131

　半径1と正7角形の比例式の第7項となる線分 x^7 の間には6つの比例項となる線分があるが、1対 x^7 は同じ長さで続く比例式の中の自

然数対自然数の比ではない。すなわち半径と正7角形の辺の比は2つの自然数で表せない。つまりこの比は有理（Effabilis）でない。この比が有理であれば、先に説明した種に入り、もっと前の等級になって、7角が7ではなく3とか4になるだろうが、これは矛盾だからである。基本の正則図形では角から辺の比が出てきた。したがって、1とx^7の間の6つの比例項のすべての線分がただ1回の処理で作れなければならなかった。またx^6の大きさが与えられたら1とx^6の間に5つの比例項が入るだろう。そのとき1対x^6が立方数対立方数の比になっていたら、最初に1回の処理でx^2とx^4を、次に3回の処理で1とx^2とx^4とx^6の間の3つの比例項の線分を作れただろう。だが、x^5の大きさが与えられたら再び中間にある4つの比例項の線分がすべて1回の処理で作れなければならなかった。先に述べたように、それは有理な比の場合でなければ不可能だった。他の事例はこれによって自ずとわかるだろう。

そこで、代数学的解析は現在の考察と関連がなく、上にあげた命題で説明したものと比較できるような可知性の段階を立てられないと結論される。

代数学にふれたついでに、形而上学者たちに一言述べておきたい。無いものにはどんな性状も属性もないと言うとき、その公理を明らかにするために代数学が役に立つようなことがあるかどうか、考えてみてほしい。ここで取り組んでいるのは知ることができる有るものだが、7角形の辺は無いもの〔これこれであると判断できないもの〕つまり知ることのできないものになる、と主張するのは正当だろう。すなわち、7角形の辺は決まった形で作図することができないので、人間の知性には知られない。作図できて初めて知ることができるからである。また無条件に永遠にはたらく全知の神の知性にも知られない。7角形の辺は本質的に知ることができないものだからである。しかし、知ることができないものにも知ることのできる属性はある。これはいわば条件付きで有るものである。すなわち、もし円に内接する正7角形が作図されたとすれば、弦である辺どうしの比には上

＊数学に造詣の深い友人は、これが神の神聖を汚す記述だと思われないように、省略したほうがよいと考えた。しかし神学者たちにはかなり知られていることだが、矛盾のあることは成り立たない。特に幾何学的対象の形相となるこの比例関係は神の本質にほかならないから、神の知はそういう成り立たないことまで対象としない。永遠のむかしから神の中にあるものは何であれ唯一不可分な神の本質だから、もし神が伝達不可能なことを伝達可能なこととして知るのであれば、神は自らをいわば実際の姿とは違ったものとして知ることになるだろう。したがって、書物を読もうとしない未熟な者のためにそういう追従をしてまで他の人々を欺くべきではなかろう。

のような性質がある。これだけ言えば十分だろう。

　この類の図形の辺に関する幾何学者の誤った命題は他にもある。しかしそういうものは、機械的にできるから未熟な若者たちには成り立つように思いこませることができても、いっそう巧妙に機械的な作図を行えば誤りが明らかになる。例えば、アルブレヒト・デューラーは正7角形の辺ACが同じ円内にある正3角形の辺の半分ABに等しいとしている。これが短すぎることは機械的な作図によってもわかる。それでも粗雑な手先の操作によって騙されないようにするために、手先であれこれやってみる前に推論だけでも誤りを見つけることができる。すなわち、正3角形の辺は角数から自乗において有理であることが証明される。故にその辺の半分もやはり自乗において有理である。ところが正7角形の辺は自乗において有理ではない。7角形は7角形で、角数が6でも5でも3でもなく7だからである。素数から各種の辺が生じるが、それらの種類の線分は相互に通約できずひとつひとつが異なる。

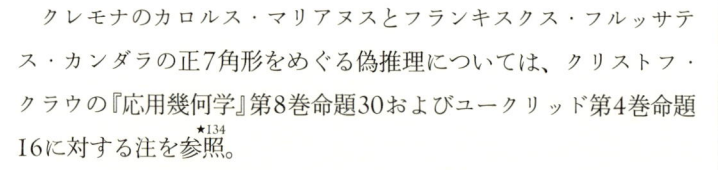

　クレモナのカロルス・マリアヌスとフランキスクス・フルッサテス・カンダラの正7角形をめぐる偽推理については、クリストフ・クラウの『応用幾何学』第8巻命題30およびユークリッド第4巻命題16に対する注を参照。

　パルマ大公の1614年度帝国宮廷付き公使で名士のデ・マラスピーナ侯爵も、この困難な分野に誘われた。彼は工夫を凝らした図表によって他の人々のどんな作図にもまさった。円周の14分の3の弧に張る弦は半径の4分の5に等しく、長さにおいて有理だと考えたのである。この論証の道具立ては非常に巧妙なので、ユークリッド自身にも、証明しない仮定として何があったか、わからなくなるほどだった。

　正11角形の辺には次のような作図法が伝えられている。円周上の同一の点Aから円周上の一方に正方形の一辺ACを、反対のほうに正3角形の一辺ADを引き、それぞれの側に向かって正6角形の辺ABとAFを引く。その正6角形の2辺が作る角FABは別の正3角

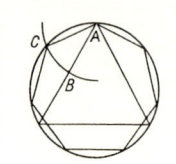

アルブレヒト・デューラーによる正7角形の作図法

他の作図法

正11角形の作図法

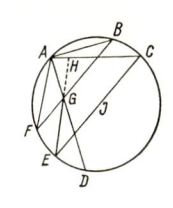

形の一辺BFを弦とする。この弦は先の正3角形の辺ADとGで交わる。また正方形の辺の一端Cから中心Jを通る直径CEを引き、この直径の一端Eから2つの正3角形の辺の交点Gを通って直線EGを引き、この直線と正方形の辺ACの交点をHとする。この2つの交点の間にある線分GHが正11角形の辺だと主張される。ところが機械的に作図してもわかるようにこれは長すぎる。しかも巧妙な幾何学者なら、たとえ低位の段階にあろうと必ず正3角形や正方形の辺と何か共通性のある種類の線分を考える。しかし11は素数として出てくるもので、どんなやり方をしてもこれらの図形にはつながらない。11が素数で3や4と共通性がないからである。だから幾何学者はこの作図が誤りだと確信し、わざわざ計算する苦労を簡単に避けられる。

　したがって、どんな異議を申し立てようと、またあらゆる人々がどんな空疎な試みをしようと、この種の図形の辺はそれ自体の自然な性質によって、不可知のものにとどまる。こうして宇宙の原型〔幾何学的対象〕の中に見出せなかったものが宇宙各部の組み立ての中に表されていないのも、何ら不思議なことではない。

46.命題

任意の円弧を3、5、7などに等分しても、連続的に先に証明された等分の仕方の2倍にならないような割合に等分しても、幾何学的に可知性のあるような線分を作り出すことはできない。

　2等分、4等分、8等分など、弧を連続的に2倍の数に等分することは幾何学的にできるし、これまでもそういう等分の仕方を用いてきた。3等分は、円周全体であれば正3角形によって、半円であれば正6角形、4分円であれば正12角形、5分円であれば正15角形、135度の弧であれば正8角形、108度の弧であれば正10角形によってできる。5等分は、同じように、円周全体であれば正5角形によって、半円であれば正10角形、3分円であれば正15角形、150度の弧であれば正12角形によってできる。同じことが、これらの弧の半分、

4分の1、さらに連続的に半分になっている他の円弧にも妥当する。しかし、これは3等分や5等分に固有の性質によってできるのではなく、これまでに述べた図形の別の性質によって偶然にできるのである。

　無条件の3等分もしくは連続的に2倍にならないような任意の割合に等分することができないのは、実際に可能な2等分と対比すれば明らかである。2等分では、弧と弧によって大きさの決まる角を2等分する補助手段は、幾何学的に2等分できる線分つまり弧に張る弦である。その弦の2つの部分が等しいと、円全体から見て小さくても大きくてもその弧の部分は等しくなる。〔円に内接する〕3角形において、辺の等しいことからその辺に対する角が等しいことを論証できるのも、これにもとづいている。ところが2等分以外の等分ではこの補助手段が使えない。弧に張る弦としての線分を幾何学的に任意の数に等分することはできても、(2等分に続き)弦の各部の比から弧の各部の比が出てくるわけではないからである。正3角形においても、(2等分の場合を除き)辺を任意の比に分ければ辺に対する角の比もそれと同じになるとは言えない。例えば、弧に張る弦を3等分し、その分割線を弦の垂線として引いたら、その垂線で3分された弧の真ん中の部分が両端の部分より小さくなる。逆に、円の中心から弦に分割線を引くと、3分された弧の真ん中の部分が両端の部分より大きくなる。したがって、弦と弧を3等分するために引く2本の分割線の出発点は、無限の遠方と円の中心の間にある。その点は、3等分すべき円弧が小さければ小さいほどその円弧から遠く離れた所にあるが、弧の大きさとその点の距離は一定の比を取らない。さて、弧は無限に小さくしていけるから分割線の出発点の距離も無限に遠ざかっていく。ところが、無限なもの無限に変化するものには可知性がない。まだ単純で2等分に近い3等分にもこういう困難が付きまとう。弧を3等分に続いてさらに例えば5、7、9、11などに等分する場合には、さらにいっそう大きな困難が生じる。そのときにはもはや同一の点が、弦を指定の数に等分し弧も同じ数に

等分するために引く分割線の出発点となることすらありえない。

　分割の分母となる数から、どんな分割にも応用できる補助手段を導き出した場合、その補助手段はどんなものでも必ず一般に通用し、その弦との相異の多少にかかわらず大きな弧の弦にも小さな弧の弦にも共通するものでなければならない。弦の部分と弧の部分の比が曖昧なままでは、わかるように決めたことにはならない。これは特に先の命題で長々と論じたビュルギ流の代数学的解析による3等分、5等分などに関してはすでに述べた。そこで述べたことはすべてここでも当てはまる。けれども、その中のいくつかの事柄はこの場合にはいっそうよく当てはまり、円全体よりも弧の分割のほうで明瞭になり奇異な感じが強くなる。そこで、先の場合と共通することを省いて言うと、いかになすべきかが問題になっていることをなすように指示するのは論点の先取りである。連続的な量の性質は非連続的な量つまり数値でわかるような形では出てこない。弧の指定された部分を決める辺のためにどんな数値を出しても、その数値からはその辺が適切な辺より大きいか小さいかということしかわからない。したがって、形のない生の素材ときちんとした形のあるものとの関係、決まっていない不定な量と図形との関係と同じような関係が、代数学的な解析と幾何学的な決定との間にもある。特に半ば機械的なやり方をする代数学ではわかりやすくて優れているが、系統だった幾何学では価値のないつまらない点がある。すなわち、直径より小さな弦は半円より小さな弧と半円より大きな弧の2つの不等な弧をもつ。そこで同じ数に等分しても、小さな弧の部分に張る弦は小さく、大きな弧の部分に張る弦は大きい。ビュルギ流の解析は、これら2つの不等な弦だけでなく、円内に張る複数の弦について、あらゆる弦を近似的に数値で表すのに役立つような一般的な事柄について教えてくれる。例えば3等分する場合の規則は以下のようになる。弧(中心角48度としよう)とそれに張る弦が与えられたとし、その弧を3等分して16度になるようにする、つまり3等分した弧に張る弦もしくはこの弦と48度の弧に張る弦全体の比を見出さなければ

<small>ビュルギ流の弧を任意の数に等分する工夫</small>

ならないとする。そのとき代数学では、もとの弧に張る弦全体と等分した弧に張る求める弦の比が、求める弦と第2項の比に、さらに第2項と第3項の比に等しくなるようにする。[*137]今度は3分した弧の弦を3倍し、そこから第3項を引く。その残りがもとの弦全体に等しいとする。すなわち、与えられた弦の3分の1を3乗して分数にし、出てきた数をもとの弦全体に加える。こうして得た和の3分の1は求める弦の大きさよりもやや小さい。そこで今度はこの値を3乗してもとの弦全体に加える。そうするとその和の3分の1は真の値にいっそう近くなる。これを無限に繰り返し続けていく。確かにこの手順で徐々に16度の弦の大きさに近付ける。3乗すべき数値をもっと大きくして、コンパスを用い、ほぼ完全に48度を引いた残りの円弧312度の3分の1すなわち104度にする。その場合もやはり104度の弧の弦とその優角である256度の弧の弦は上と同じ方法で作れるだろう。それだけではない。48度と312度に円全体に相当する360度を加えた場合、その和である408度と672度の3等分である136度と224度に対する弦もやはり同じ代数学的な式で求められる。さらに一般に、2を除いても分割の分母となる多くの数が残るが、いずれの場合でも分割すべく与えられた弧に円全体としての360度を加えられるから、それらの新たな弧に張る弦も同じ代数式で求められる。以上のことから、代数式と上の命題で説明した可知性の系統だった段階との相異が途方もなく大きいことが明らかになる。

　だが、弧を自由自在に分割できるようなもっとわかりやすい技法を見出せないのだろうか。答えは以下のようになる。分割すべき弧の弦がすべて共通の考え方でとらえられ、弦を比例式で求めたとき求める弦の数に応じてそれが連続的に比例項になるような、求める弦のすべてに共通する補助手段があればよい。そうすれば、それよりわかりやすい技法は考え出せないだろう。だが、この課題に努力するのはむだなことである。混乱してことばの上で自家撞着に陥っている。すべてに共通のものからは個々の事柄に固有の結論が何も出てこないからである。

ところが、分割すべき弧の弦である線分の種差について論じる場合には問題の立て方が変わる。さまざまな弧の分割に代わって正則図形による円全体の分割が問題になり、その図形によって与えられた弦は固有の特性をもつようになる。その正則図形についてはすでに論じたが、以下においても重ねて論じよう。この問題の中に正則図形の作図を可能にするような手立てを求めてきたからである。当然そういう手立てはそれによって果たすべき事柄に先行しなければならない。したがってその手立てを得る補助手段として正則図形を用いれば、論点の先取りを犯すことになる。

パッポスとクラウのさまざまな弧の分割法

しかし私に反対する人は以下のような異議を唱えるだろう。アレクサンドリアのパッポスは『数学集成』第4巻命題31で双曲線による角の3等分を、命題35で円積曲線と螺線によって角を所定の比率に分割する問題を述べており、クラウも『応用幾何学』第8巻命題25でニコメデスのコンコイド[★139]によって角の3等分を行っている。[★138]

だが、そういう学者たちの創案は、幾何学的な可知性を見るために行うことができる多様な分割の仕方の確立には結び付かない。それを明らかにするために、まず3等分の問題をめぐるパッポスの工夫を説明し、次にそういう工夫と可知性を示すための作図との違いを述べよう。

パッポスの角の3等分法

まずパッポスは命題31の序文で問題(彼はこれらの問題をことばの一般的な意味において「幾何学的対象」と呼ぶ。しかしわれわれにとっては「幾何学的対象」ということばは特別な意味をもつ)を平面と立体と線に関するものに分ける。そして角の3等分の問題は平面(この平面が私にとっては、すでに説明したさまざまな段階をもつ可知性に関わる特別な意味での「幾何学的対象」である)を介しては解くことができないと認める。そこでパッポスは、この問題でむなしく苦労した古代の幾何学者たちを無分別な試行をしたと責める。

彼自身は3等分の問題を立体を介して解き、また多種多様な分割の問題を立体図形から生じる曲線を介して解く。

角の3等分の方法は以下のとおりである。[★140] 3等分すべき角が与え

られたら、その角を挟む一辺のある点からもう一方の辺に垂線を下ろし、この垂線によって2辺の長さが定められたと考える。こうしてできた短い第2の辺の平行線と垂線の平行線を、前者は最初の点、後者は与えられた角の頂点を基点として引く。そうすると2本の線は交わって直角を作る。そこで立体図形である円錐の表面が、下ろした垂線の足を通るようにする。こうして当てはめた円錐を傾けていく。つまりお辞儀をさせていって、その表面が平面上に断面として、先に引いた2本の平行線を漸近線とするようないわゆる双曲線を描くようにする。それから、下ろした垂線の足を中心として初めの辺の2倍の大きさを半径とする、円錐曲線を切る弧を平面上に描く。そして弧の中心〔垂線の足〕と、弧と円錐曲線の交点とを結び、それと平行な直線を与えられた角の頂点から引く。パッポスは、この方法で、切り取った角が与えられた角の3分の1であることを証明する。

　パッポスはこのように立体図形の円錐を用いて問題を立体に関係付ける。だが円錐を用いなくても、平面上で直角を作る与えられた漸近線（垂直に交わるように引いた線）の間に与えられた点を通る双曲線と言われる円錐曲線を描くことができるかぎり、この問題はやはり線に関わる問題に還元すべきように思われる。そういう線は幾何学的な運動や間隔の連続的な変化によって生じる。つまりこの線は無数の点によって表される。パッポスが命題35で角の3等分やその他の多様な等分を行うのに用いる円積曲線や螺線も同様である。パッポスの工夫はこのようなものである。

　これについて何が言えるか。円錐の傾斜によるにせよ無限の点の連続によるにせよ、与えられた漸近線の間に与えられた点を通る一本の双曲線が描けるのではないか。平面上の一方向には円と双曲線の交点はひとつしかないのではないか。双曲線上の点どうしを結ぶ線がこの図形の軸に対して取る傾きはただひとつに決まっているのではないか。

　双曲線が描かれていたら、以上のことはすべて必然的で確かだと

認めよう。先のビュルギの解析的手法による3等分においても、3等分された弧のひとつに張る弦を作れば、その長さもしくはもとの弧に張る弦との比は必然的で確かなものだった。だが問題は、作図を行ったらどうなるかではなくて、長さや比がそうなるために、どのように作図を行うかということである。したがって、線分の可知性を調べるのに役立つことについては、古人の立体や線に関する問題からも、現代の人々の代数学的解析論から得られる以上のことは何も得られない。確かに同一平面上で指定された漸近線の間に指定された点を通る一本の双曲線を引くことはできる。だが双曲線をまだ引いていない場合は、円錐を当てた点を基準にして、その双曲線が現れて引けるようになるまで円錐を傾けていくよう指示する。または円錐を用いない場合には、連続する点で双曲線を描く線を、双曲線が十分に延びるまで変えていき、できた点の間にくる双曲線の部分も、できたものと想像するよう指示する。いずれの場合も、際限もなく分割できるものをただ一回の処置もしくは動作によって通り過ぎ、この通過によって無限の可能性の中に潜むことも達成するよう指示するので、古人が「平明」と形容した問題にふさわしい完全な知の光がない。[141]

　フランス人のフランソワ・ヴィエト[142]や今日のベルギーの幾何学者たちは[143]、問題の本質から言って、数値を用いるか際限もなく変化させられる幾何学的な運動を用いて、ぎこちないやり方でしか解くことができない問題を解くときに、こういう類の公準をしばしば利用する。

　理解を確実にするのに役立つと思われることがすべて自明になったら、求める解より大きいか小さいかしても、それに近く、さらに絶えずもっと近くなる解を決められるだろう。それは、先に解析的手法による3等分について述べたことと同様である。

　3等分というこの立体の問題に関する私の主張が真実であることは、おそらく立体ということばそのものからもわかる。すなわち、立体相互の比が2つの立方数の比の形で与えられなかったら、大き

平面の問題を立体の問題に簡単に移し換えることはできない

さを知るために与えられた立体を既知の別の立体で測ることはできないだろう。中間の2つの比例項を平面上に正確に作ることはできないからである。立方体には比例項があるかもしれないが、やはり2つの比例中項がなければ、橋が壊れているようなもので、平面図形から立方体を作り出すことはできない。[★144]

幾何学的な運動を用いて2つの比例中項を見出すよう教える人もいるが、適切な幾何学的処置だけを確実なものとするかぎり、それは何にもならないことを指示するにすぎない。パッポスも円錐曲線を用いるよう教えるが、円錐も立体の一種だから円錐曲線は2つの比例項によって決められるはずである。こうしていつも論点が先取りされ、橋も向こう岸に横たわっている。

> 2つの比例中項をわかりやすい形で見出すことはできない

47. 命題
(正15角形以外の)5より大きな奇数辺の正多角形とその複数の辺に張る弦、その等級の図形はすべて正7角形や他の素数辺の多角形と同じ部類になる。

辺数が奇数だが素数でないとすれば、奇数である2つの素数の最小公倍数か、素数の平方数か、素数の平方数と他の素数の積か、素数の倍数どうしの積または平方数どうしの積か、倍数と平方数の積である。

こういう図形が作図できて円に内接もし可知であれば、角からの固有の作図法をもつか、関連する複数の図形の組み合わせからくる固有でない仮の作図法をもつ。ところが固有の作図法はない。辺数が、作図法が出てくるような素数ではないからである。固有でない仮の作図法もない。例えば正21角形のように辺数が2つの素数の最小公倍数となる第1の図形にもそういう作図法はない。上にあげた命題45により、2つ組み合わせようと、どちらかひとつを取ろうと、関連する図形には(正15角形を作る3角形と5角形の後にくる)正7角形のように、どんな固有の作図法もないからである。正9角形のように変数が素数の平方数となる第2の図形にもやはり作図法はない。上

の命題46により、円周を等分した弧、例えば3等分した弧をさらに同数に等分することはできないからである。上述の第3組、第4組にも作図法はない。これらの組の図形に関連する先行の図形が作図できないからである。

正9角形の辺は作図不可能

　素数の中の最初の奇数3の平方数の9を辺数とする正9角形については、これまで幾何学者の間で論争があった。多くの人がこの図形の辺も作図しようと努力したがすべてむなしかった。解ける課題と解けない課題の相異に注意したら、彼らもこの問題には手を付けなかっただろう。

カンパヌスの9角形

　カンパヌスは角の3等分によって正9角形を作図しようとしたが、3等分が解けない課題であることは命題46で明らかにした。それに、必要に迫られてパッポスやクラウのやり方に従い幾何学的な運動を考えて角を3等分しても、ここで論じている平面図形には何の関係もない。角の3等分の補助手段となる線つまり双曲線、円積曲線、螺線、コンコイドを作るためには立体が必要だからである。カンパヌス自身も、角の3等分を試みながら、求めていたはずの角の3分の1がすでに確定したように想定していると気付かなかった。なおここにあげた『原論』第4巻末尾に関する個所は、私の所有するカンパヌスの『ユークリッド著作集』では586頁の末尾に見える。[145]

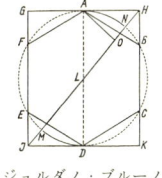

ジョルダノ・ブルーノの9角形

　ノラの人ジョルダノ・ブルーノは、正6角形ABCDEFの相対する辺BCとEFを両側に延長して、これと垂直に交わりAとDで円に接する線分GHとJKを引く。できあがった平行4辺形〔実際は長方形〕の対角線JHを引くとM、Nで円と交わり、円との接点A、Dと交点M、Nの間に円の9分の1の弧ANとDMができると考えた。[146]さらにこの図から次のことを証明する。先の対角線の半分LHの平方は有理で直径の平方の16分の7になる（角ABHが60度だからBHはABつまりALの半分になる。故にその自乗はALの自乗の4分の1である。そこでAHの自乗はALの自乗の4分の3になるが、LHの自乗はLAの自乗とAHの自乗の和に等しいからである）。したがって、40度の正弦つまり円の9分の2の弧に張る弦の半分は、自乗において有理な線分つまり直径

の平方の28分の3の平方根となるだろう。すなわち、AからLHに垂線AOを下ろすと、LHの自乗つまり直径の16分の7対HAの自乗つまり直径の16分の3が、LAの自乗つまり直径の16分の4対AOの自乗となるので、AOの自乗は16分の1の7分の12つまり直径の28分の3になる。こうして正9角形の辺に張るこの弦は、すでに述べた正多角形の線分のあるものより可知性が高く、そういう線分とも共通性があるという。しかし、正9角形は辺が奇数つまり素数である3の平方数であり、正多角形の中でこの可知性の段階に近い正方形や正3角形に現れる弧を2等分しても、これらの図形との関連は何も出てこない。[★147]

48. 系

結果として、第Iの序列の図形の中では、その概念、可知性、限定、作図、作図法の証明の区別が立てられ、可知性のある図形の等級は4つ以上ではないことになる。その中の3つの等級の図形には固有の作図法があり、それぞれのいわば家長は、第1の等級では円の直径の後にくる正方形で、その特徴を示す数は2であり、第2の等級では正3角形で、その特徴は3であり、第3の等級では正5角形で、5を特徴とする。残るひとつは固有でない仮の作図法しかない図形の等級で、その数は3と5の積つまり15であり、この等級の第1の図形は正15角形である。

49. 命題

2等分は(第Iの等級に固有のものだが)第2の等級や第3の等級にも共通する。したがって明らかに、第Iの等級は他の2つの等級と異なる権利をもつが、第Iの等級と2つの各等級には親縁性がある。しかしそれらの等級は図形の表れ方が相互に異なり、真に固有の作図法があるのは、ある意味では2種類だけになる。

　すなわち、4角形と8角形はただちに3角形系列のほぼすべての図形と結び付く。円の6分の1と12分の1を足すと4分の1になり、12

分の1と24分の1を加えると8分の1になるからである。4角形はある程度は5角形の系列にもつながる。円の5分の1に20分の1を加えると4分の1になるからである。理由は、数としての3と5が連続的に2倍の比になる数〔1, 2, 4〕に分けられることにある。3の部分は1と2、5の部分は1と4だからである。このような関連は3角形と5角形を主とする等級間にはない。円の6分の1に30分の1を加えると5分の1になるが、30分の1の弧は固有の作図法がない15角形の等級のものだからである。同様にして、円の10分の1の弧に15分の1（ここにもやはり第4の等級が混入している）を加えると6分の1になる。種類間のこの二重性による特性数は、第1のものでは12〔つまり4×3〕、第2のものでは20〔つまり4×5〕もしくはその半分の10となる。第3巻〔第6章〕で再びこの命題に言及し、調性の種類を区別するために利用することになる。

50. 正則図形すなわち円の分割の比較

直径は長さにおいて有理だから、まず基本になるのは直径である。2番目は、半径に等しいから長さにおいて有理な6角形の辺である。3番目には、その辺が自乗においてのみ有理な4角形と3角形がくる。4番目は12角形と10角形の辺で、その星形の辺も同族である。これらの辺は自乗において無理で、2項線分と余線分という、第1種の合成線分からなる。12角形の辺は第6種、10角形の辺は第4種になる。5番目は5角形とその星形の辺、8角形とその星形の辺で、優線分と劣線分という第4種の合成線分からなる。

10角形の優れた特徴が5角形にとって不利にならないように、また8角形の辺の種が同じことによって、この図形が5角形や10角形と肩を並べないように、線分のでき方の点で5角形には新たな長所が加わる。すなわち、10という数と関連するこの系列を通じて、至る所で神聖比〔外中比〕が支配する。神聖比は5角形とその星形の辺に直接に具わっているが、10角形とその星形では、6角形の辺を介在しないと出てこない。8角形と星形にはこの比は出てこない。

以上にあげた辺の特性のほかに、他の部類の可知性がある。すなわち、図形は囲む面積の性質や完全さにもとづいて区別される。この場合、直径（プトレマイオスが言うように、直径は面積が0で円の面積と円周を2等分するだけである）に次ぐ第I位にくるのは4角形と12角形で、いずれも有理面積だが、ことに4角形には優れた特典がある。その面積が辺の平方だからである。すなわち、この面積の種は平方で、直径の平方の半分の面を囲む。12角形が直径と4角形の後に続き、直径の平方の4分の3の面を囲む。その後に続くのは3角形と6角形と8角形で、その面積は中項面積の種になる。5角形と10角形の面積にはその概念を表す名称がない。

ヨハネス・ケプラー『宇宙の調和』● 全5巻

【第2巻】

調和図形の造形性

第2巻

序

　　正則図形の知的本質つまり思惟によって把握される本質を以上に説明した。続いてそういう図形を組み合わせたときの性質と、いわば幾何学上の効用、すなわち幾何学的な模様となる造形性(Congruentia)を述べる。作図の可能性と造形性とは等級の範囲が重ならない。すなわち、作図の可能性は各図形がもつもので、ひとつの図形の辺数を連続的に2倍にするにつれて無限に広がっていくが、造形性は複数の図形を組み合わせて統一のある形にまとめるときの規則に制限されていて、角が増大すると自ずと妨げられ急速に終息する。作図法と可知性の段階には区別があり、説明した図形と命名もしなかった図形とでは図形としての卓越性に非常に大きな相異があるけれども、作図法がわかりやすいほど造形性も連動して大きくなるというわけではない。まして一方が他方の原因ではない。むしろ両方の性質は、それぞれ独自の規則によってはいるけれども、(図形の角の特性という)共通の同じ原因から出てくる。われわれの考察にこういう分野の事柄が必要なことは、この著作全体の構想からわかる。すなわち、調和の起源と全宇宙における非常にみごとなその効用を明らかにしようとするからには、調和比の源泉である図形の造形性について言及せざるをえない。ラテン語のCongruereやCongruentiaがギリシア語のharmotteinやharmoniaと同じ意味を表すからであり、幾何学と、原型を扱う造形芸術の分野でのこの図形の効用は、幾何学と知性の抱く観念を越えて自然の万物や天体そのものにおける効用のある種の似姿、序曲のようなものだからである。ある構造を作り具体的な形にするこの造形性に助けられて、思弁する知性は外の世界にも何かを作り創造し形を与える。この造形性は永遠の昔から祝福された神聖な知性の中に潜み、イデアの序列によれば分有される最高のものである善のように、抽象的なままにとど

まれず創造の御業の中に突然現れて、神を同じく図形で囲まれた物体の創造主とする。そこで、この図形の造形性について手短に論じたい。作り方の論証は決してむずかしくないし、図形を描くこと以外の準備はほとんど必要ないからである。

正則図形の造形性

1. 定義
造形性は平面と空間において成り立つ。複数の図形のひとつずつの角が一点に集まってどんな隙間も残らないようになるのが平面的な造形性である。

2. 定義
完全な造形性というのは、各図形の集合する角がすべて集合する点で同じ形になって、集合部分がみな相似になり、その集合の形の配列を無限に続けられる場合である。

3. 定義
平面上に集合する図形も同種ならば造形性は最も完全である。

4. 定義
大きな図形が四方八方で相似の集合部に囲まれるが、それが無限に続かないか、続いても相異なる種類の集合部が混合せざるをえないとき、造形性は不完全である。大きな図形のすべての角で集合部を相似の形にはできないとき、造形性はさらに不完全な段階になる。

5. 定義
複数の平面図形の各々の角が立体角を構成し、正則図形ないしは半正則図形を配置したとき、立体図形の相対する部分で向かい合う図形の辺と辺の間に、用いられた平面図形の一種か少なくとも正則図形によって塞ぐことのできないような隙間がまったく残らないのが、立体的な造形性で、それによって立体図形ができる。

立体図形を形作る平面図形の造形性以外に、一点をめぐる空間を満たす立体図形の造形性もあることに注意されたい。こういう立体図形は立方体と斜方12面体の2つしかない。すなわち、立方体の8つの角は一点に集合して余すところなく空間を満たす。斜方12面体には2種の角がある。8つの3面鈍角と6つの4面鋭角である。それ故、4つの3面鈍角を組み合わせても6つの4面鋭角でも空間を満たせる。蜜蜂は隣接し合う蜂窩(ほうか)でそのような構造の巣を作る。そうするとひとつの蜂窩を、下方から底面に向かう3つの蜂窩が、脇から6つの蜂窩が取り囲む。出入口を開ける必要がなかったら、前方からもさらに3つの蜂窩が取り囲んで、図形を完成させることができるだろう。この立体図形の造形性については本書では論じない。[★003]

6. 定義

造形性を成り立たせる側面もすべて同一図形のものであるとき、立体的な造形性もできた立体図形も、最も完全である。

7. 定義

側面が正則図形だとできた立体図形全体も正則図形〔正多面体〕であり、この立体図形の角はすべて同一球面上にあって、相似である。

8. 定義

側面が半正則図形(第1巻定義3を見よ)で、立体角も稜数が異なり非相似だが、その種類が2つ以下で、しかもその角が2つ以下の同心球面上に配置され、それぞれの種類の角数が正多面体のひとつの角数と同じとき、この立体は半正則図形である〔以下の命題27を参照〕。

　この立体的な造形性は非常に完全なものと言ってもよい。立体図形の側面にある不完全性は、平面図形の立体的な組み合わせ方に帰せられるべきではなく、むしろ偶然に起こるものだからである。正しくは、この半正則形である立体は、きわめて完全に近いものと言うべきであろう。

9. 定義

側面が正則図形で立体角もすべて同一球面上にあり相似でも、面の種類が多様で各種の面の数が非常に完全な立体図形〔正多面体〕のひとつと同数つまり4以上だと、造形性は完全ではあるが劣る段階になる。なお4というのは、少なくとも4つの面がなければ立体図形の境界を決められないからである。

10. 定義

他の要件はそのままでも、側面の中に大きな正多角形が1度もしくは2度だけ現れるとき、造形性ないし立体図形は不完全である。[*004]

　立体図形は、先の場合には全体よりも部分が、後の場合には立体よりも側面が相似になる。すべての立体図形は少なくとも4面によって境界が定まるからである。例えば右の図のAとBでは、大きな正多角形は正7角形である。大きな正多角形の辺数とともにこの2つの等級は無限に拡大していく。それぞれの場合において正3角形から始めたとすると、図Aの等級ではその出発点が最も完全な正則図形からなる造形性のひとつとなり、正方形に移ると、図Bの等級でもまたその出発点で最も完全な正則図形からなる造形性のひとつに出会う。その他の造形性はすべて不完全である。[*005]

11. 定義

定義5のすべての要件を満たすわけではない造形性は半立体的である。例えば平面図形を配置したとき組み合わせが完全にはつながらず隙間が残るような場合である。他のことについては定義6と7で規定したことを参照されたい。

12. 定義

それ自体が正則図形か半正則図形で閉じて立体図形を構成するか平面を隙間なく満たすとき、その平面図形には造形性がある。

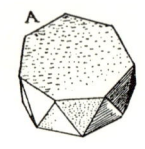

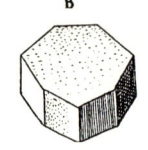

I3. 定義

正則平面図形で円に内接しても（これは確かに円に内接する）非造形性の図形と言われるのは、その図形だけでも、あるいはそれと同じ等級か他の等級の別の図形と合わせても、不完全な立体以外に球面に内接する立体図形を作れず、また当の図形を個々に組み合わせるか、周囲に同じ等級の星形もしくは他の等級の多角形と星形を合わせて配しても、平面を覆いつくせないものである。

　ここで正7角形や同類の多角形が排除されることに注意されたい。このとき、平行な2つの正7角形が7の正方形もしくは14の正3角形に助けられて完全に閉じた立体を作ることは、差し障りにならない。正7角形を2つだけ集めれば円盤状の平べったい図形になっても、球体状つまり角が球面上にくる立体図形には決してならないからである。図のA、Bを参照。同様にして正15角形もやはり排除される、同類の図形と合わせればいくつかの角で平面上のある個所を満たすことは、差し障りにならない。この図形の周囲のすべての角でそうなるわけではないからである。

I4. 命題
*006

平面角は3つ以上ないと平面的な造形性をもたない。

　角の集合する点の周囲の総和は4直角だが、どんな正則図形の1角も2直角より小さい。したがってそういう角2つもやはり4直角より小さい。故に定義Iにより2つの角は平面を満たさない。

I5. 命題

平面角は3つ以上ないと組み合わせや立ち上げによって立体角を作れない。

　平面角が2つでは辺だけでなく面全体も重なり合い、どんな立体も取り囲めないからである。これはユークリッドの立体角の定義に反する。
*007

16. 命題

平面的な造形性を作り出す角の総和は常に4直角であり、それ以上になることは決してない。立体的な造形性を作り出す角の総和は4直角より小さい。

　平面では4直角以上が一点の周りを取り囲むことはない。したがって、総和が4直角に等しいときはどんな隙間も残らず、このとき定義Iにより平面的な造形性が成立する。角が平面を覆いつくすと立ち上がって立体角にはならない。それに対して、平面に配置された角に隙間が残ると、つまり4直角より小さいと、隙間の周りの2辺を引き寄せて接合し隙間を閉ざせば必ず角は立ち上がって立体角になる。図のHには平面上に広がって隙間のできた3つの5角形が描かれている。

17. 命題

辺に2種類の図形を配置した奇数辺の多角形は、すべての角で等しい形になるような集合部を平面上にも立体的にも作れない。

　この場合、その多角形の角のひとつで両側に同じ種類の図形を置くことになり、他の角ではそうならないからである。この実例については図のCを参照。

18. 命題

同じ形のものでは3つの図形の面だけが平面の一か所を完全に満たす。6つの正3角形、4つの正方形、3つの正6角形である。

　すなわち、第I巻命題33により正3角形のI角は3分の2直角だから6つの3角形の角6つで3分の12直角つまり完全な4直角になる。図Dを参照。

　同様にして正方形のI角はI直角だから4つの正方形の角4つで4直角になる。図Eを参照。同じく正6角形のI角は6分の8直角だから3つの6角形の角3つで6分の24直角つまり4直角になる。図Fを参照。ところが、正5角形のI角は6角形のI角より小さい。したがっ

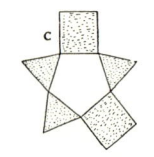

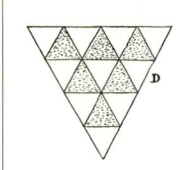

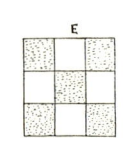

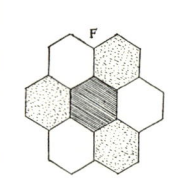

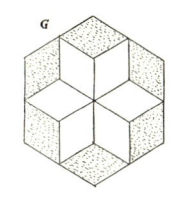

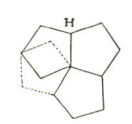

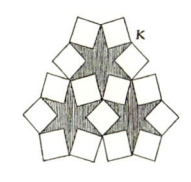

て、3つだと4直角より小さいから、5角形3つでは隙間ができる。また5角形の1角は正方形の1角より大きい。そこで5角形の角4つだと4直角より大きくなる。故にこの巻の命題16により平面上の一か所に収まりきれない。これについては点線で表された第4の5角形を付した図Hを参照。同様にして正7角形およびそれより角の大きなすべての図形の1角は正6角形の角より大きい。故に7角形の角3つでは4直角より大きくなる。図Iを参照。その図では2つの7角形の一部が平面上の同一か所で重なる。

　ひとつひとつが2つの正3角形からなる菱形をここに入れてよい。こういう菱形は、それ自体としては半正則図形だが、正則図形の正6角形のように完全な造形性をもつからである。図Gのこの造形性を参照。

　図Kの正12角形から6つの尖頭を切除した6角星形もここに入れてよい。この場合、切除した尖頭の代わりに直角のくぼんだ角がくる。そこで、3つの正方形とこのような星形の3つの尖頭が一か所を満たす。正6角形はこういう星形ひとつと正方形の半分6つに分けられるからである。

19. 命題

2つの異なる図形の面を用いて平面の一か所を満たす方法は6通りある。5つの角を用いる方法が2通り、4つの角を用いる方法が1通り、3つの角を用いる方法が3通りである。

　すなわち、2つの図形のどちらかの角が正3角形の1角より大きくなるようにして6つの面を組み合わせることはできない。正多角形の最初にくる正3角形の1角の大きさは3分の2直角だから、これを6回用いると3分の12直角つまり4直角になる。したがって、この6つの角のひとつがそれより大きいと、つまり3角形より辺数の多い正多角形の1角を取ると、4直角より大きくなる。このときは本巻の命題16により平面を過不足なく覆うことができない。

① 　正3角形の4つの角に、正3角形の角2つ分に等しい1角を合わ

せると、5つの面が組み合わさる。そういう1角は正6角形のものである。その形は図Lのようになる。

② あるいは正3角形の3つの角に正方形の2つの角を合わせてもよい。正方形の角2つ分は3角形の角3つ分と等しいからである。その形は図MないしはNのようになる。この場合は連続する形が一様になる。あるいは図Oのようにもなる。この場合は連続する形が一様にならない。

だが、正3角形の角2つと正方形の角3つを取ると、4直角を越える。正3角形の角2つに正方形のものより大きな角を3つもってくると、さらに大きく4直角を越える。[*008]

③ 正3角形の角2つに正6角形の角2つを合わせると、2種の図形の4つの角が組み合わさる。その形は図PもしくはRのようになる。

別のやり方では、4つの角をどう組み合わせても常に4直角より大きいか小さくなり、それによって平面の一か所を過不足なく覆うことはできない。

用いる図形が2種を越えないように気を付けながら3つの角を合わせる場合、まず正3角形の角が2つになることも正方形の角が2つになることもない。これらの角は2つでは2直角以上にならないので、第3の角がくる位置には正多角形の角がひとつだけでは満たせない隙間が残るからである。

④ 3つの角のひとつに正3角形の角を置いた場合、正12角形の角2つで造形性が成立する。これは連続することができて、別の形の集合部が混入することもない。こういう平面の形は図Sに見られる。

12角星形をここに入れてよい。この星形は、そのくぼんだ角が正3角形の1角に等しいことをもとにして作られる。こうして正12角形は、この星形と12の正3角形に分けられる。したがって、正3角形の角5つと2つのこの星形から取った2つの尖頭が組み合わさる。その形は連続できる。図Tを参照。

⑤ 3つの角のひとつに正方形の角を入れると、正8角形の角2つと合わせて造形性が成立する。この形も連続できる。図Vを参照。

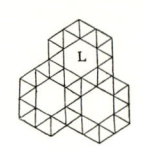

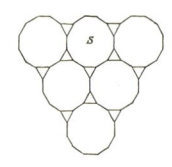

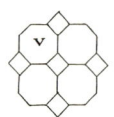

8角星形をここに入れてよい。この星形は、そのくぼんだ角が正方形の1角に等しいことをもとにして作られる。こうして正8角形は、この星形と、2つで正方形になる8つの直角2等辺3角形に分けられる。そこで正方形の角3つと2つのこの星形から取った2つの尖頭が一か所を満たす。この形は図Xのように混合的である。あるいは図Yのような別の混合の仕方もある。

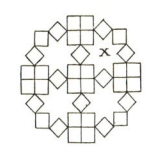

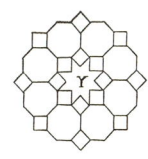

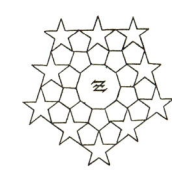

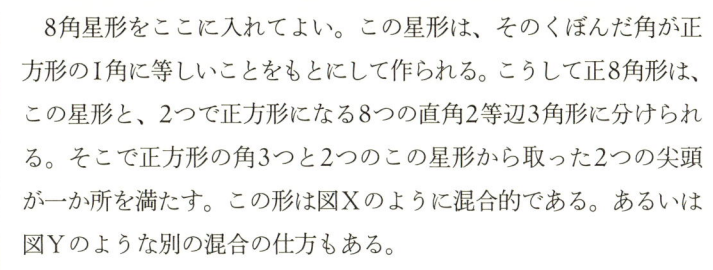

⑥　3つの角を組み合わせる場合、正3角形や正方形をやめて正5角形に移ると、正5角形の角2つを取ることができる。2つ合わせると2直角を越えるからである。残った隙間には正10角形の1角がきて造形性が成立する。すなわち正10角形を10の正5角形が取り囲む。しかしこの形は純粋な連続性がない。図Zの内部のほうを参照。

　そこで、5角星形をここに入れるとよい。そのときには正5角形の角3つと星形の尖頭ひとつになる。星形のくぼんだ角には正5角形の1角が収まり、正5角形の角3つの隙間にも星形の尖頭が収まるからである。同じ図Zの外側のほうを参照。

　それでも連続性はやはり無限には広がらない。この一派は少数の仲間を受け入れるとただちに周囲の守りを固めて、その版図に他との交流性がないからである。この2つの形が別の組み合わせにもなることは図Aaを参照。

　この形状に完全な連続性をもたせようと思ったら、ある奇怪な図形を持ちこまなければならない。それは、互いに重なり合ってそれぞれの2辺が消えてなくなった2つの正10角形の組み合わせである。そうすると無限の連続性の中にさらに一連の5角形的な構造ができる。まず最初の層の最も狭い5角形的な構造の列には5つの正10角形があり、その間には奇怪な図形はひとつも現れない。それより広い第2層の列では、2つの正10角形が並んで作る5角形の辺の間に、互いに重なり合う2つの10角形の組み合わせがそれぞれひとつずつ入ってくる。第3層の列では、5角形の各角に当たる場所を互いに重なり合う2つの10角形の組み合わせがひとつずつ占める。そしてこの組み合わせの占める角の間に正

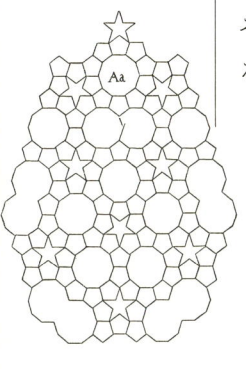

正則図形の造形性

10角形がひとつくる。第4層の列では、再び角に当たる場所に完全な正10角形が立ち、2つの角の間に互いに等距離に配された2つの10角形の組み合わせがくる。第5層の列では、それぞれの角に相当する場所にひとつの尖頭の先端を向けた星形が立ち、辺に当たる所は2つの完全な正10角形が満たし、その間に重なり合った10角形の組み合わせが2つ入ってくる。こうして連続していき、5角形状の構造を作る層の列が変わると新しい要素が入ってくる。この構造はきわめて苦心を要する手の込んだものである。同じ図Aaを参照。

正5角形の1角がそのくぼんだ角と合わさる10角星形をここに入れてよい。そうすると今度は10分の3の弧に張る弦を結んでできる星形の2つの尖頭が正5角形の角2つと組み合わさって、平面の一か所を満たす。この形には大きさの異なる正5角形が入る。形状は連続的だが、空きのある欠けた10角形が中間にくる。この形については図Bbを参照。[★009]

3つの面の組み合わせの中に正5角形をひとつだけ入れることはできない。第1巻命題33により正5角形の1角は5分の6直角で、他の2角には5分の14直角が残り、それぞれの角が5分の7直角となるが、こういう角をもつ正多角形はないからである。2つの正6角形を入れることもできない。残る角もやはり正6角形の1角で、その形状は上に述べたようなもの〔図F参照〕になるが、ここで求めているのは2種の図形からなる構造であり、ただ一種の図形からなるものではないからである。それより辺数の多い正多角形を用いると、その角は正6角形の1角より大きいので、その2角を4直角から引くと残った所に正6角形の1角より小さな角がくる。1角を4直角から引くと残った2つ分の所に正6角形の2角より小さな角がくる。ところが、正6角形より角の大きさが小さく角数も少ない図形については、それを3つ用いて平面を過不足なく覆う場合、その形がどうなり、それがいくつありうるかを、すでに述べ終えた。

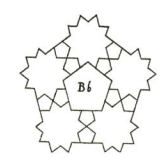

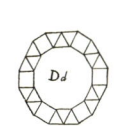

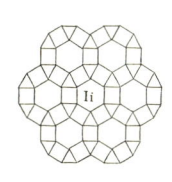

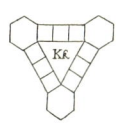

20. 命題

3種の図形の平面角によって、4通りの仕方で造形性が成り立つように平面の一か所を満たせる。

ここには正3角形の角を3つもしくはそれより多く入れられない。正3角形の角は3つで2直角となり、正3角形に続く最小の角をもつ正多角形つまり正方形と正5角形の1角の総和より小さな空所しか残らないからである。同じ理由で正3角形の2角に正方形の2角もしくは正方形より大きな角2つを組み合わせることもできない。3番目の図形の角を入れる十分な空所が残らないからである。

① そこで正3角形の2角と正方形の1角を取れば、正12角形の1角を組み合わせられる。ただしその形は連続的ではない。図Cc、Dd、Eeを参照。これら3つの形はすべて第1の事例に属する。

先の場合と同様ここには12角星形も入ってくる。正3角形の角4つ、正方形の角ひとつとこの星形の尖頭ひとつが一か所を満たすからである。図Ff、Gg、Hhの形を参照。

正3角形の2角を正5角形の1角と合わせると、残りが15分の22直角となって造形性はなくなる。どんな正多角形の1角も15分の11直角にならないからである。正3角形の2角に正6角形の1角を加えると残りも正6角形の1角となり、その形状は上にあげた図のひとつ〔図PもしくはR〕になる。したがって正3角形が2つとなる事例はもはやありえない。

正3角形の角がひとつの場合、これに3つの正方形を加えることはできない。角の総和が大きくなりすぎて、3番目の図形の角に十分な空所が残らないからである。

② 正3角形の1角に正方形の2角を加えると、残った所に正6角形の角がひとつきて4直角となり、造形性が成立する。その形状は2つある。図Iiは連続的だが、図Kkは別の形状を混入しないと連続的にならない。これが第2の事例である。

正3角形の1角を正5角形の2角と合わせることはできない。残る15分の14直角の隙間は正則図形とは関わらないからである。正5

角形の1角と合わせることもできない。15分の32直角が残るが、15分の16直角の角をもつ正則図形はないからである。正6角形の1角と合わせることもできない。こうすると2直角となるが、正多角形のどんな角もひとつだけで2直角にはならないからである。2直角の半分は正方形の1角の大きさになるが、これについてはすでに述べた〔図Ii、Kk参照〕。正3角形の1角を、正7角形、正8角形、正9角形の1角と合わせることもできない。3番目の図形の角の大きさとしてそれぞれ21分の40直角、6分の11直角、9分の16直角が残るが、どんな正則図形もこういう角をもたないからである。

　正3角形の1角を正10角形の1角と組み合わせると15分の26直角の隙間が残る。これは正15角形の1角の大きさである。この場合、造形性はあっても組み合わせはじめるとすぐに行き詰まる。正15角形は辺が奇数なので、命題17により同一図形の角に異なる種類の集合部が混合するからである〔定義4を参照〕。正10角形は辺が偶数で正3角形と正15角形が交互にその周りを囲むことができるが、すぐに周囲のそういう正15角形2つが互いに侵入し妨げ合う。

　正3角形は正11角形と合わせることができない。残る33分の56直角の角をもつ正則図形はないからである。

　最後に正3角形を正12角形と合わせると正12角形の1角に相当する隙間が残る。その形状についてはすでに述べた〔図S参照〕。

　正3角形の1角を正12角形のものより大きな角と合わせると、隙間は正12角形の1角より小さくなる。そういう角についてはすでに論じた。これで3種の図形の中に正3角形を入れる場合については完了した。

　正方形の角を2つ以上用いる場合、それを4直角から引くと2種類の図形の2角には十分な空所が残らない。正方形の角を2つ以上合わせると総和が2直角を越えるからである。

③　正方形の1角を正5角形の1角と合わせると、正20角形の1角に相当する隙間が残る。そこで正20角形をすべての角でこれらの図形と組み合わせて、規則どおりの造形性をもたせることができる。

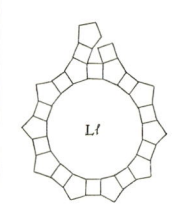

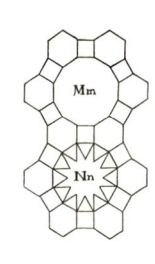

しかしこの配列はさらに外側のほうに連続していかない。したがって造形性は不完全である。図Llを参照。これが第3の事例である。

④　正方形の1角と正6角形の1角を合わせると、正12角形の1角分の隙間が残る。図Mmを参照。これが最後の第4の事例である。

　12角星形をここに入れてよい。この星形のくぼみには12の正3角形がすっぽり入る。こうして4種の角が集合して全体を満たす。すなわち3角形の2角、正方形の1角、正6角形の1角、それにこの星形の尖頭ひとつである。図Nnを参照。

　正方形の1角を正7角形の1角に加えると7分の11直角の隙間が残るが、そういう角をもつ正則図形はない。正8角形の1角に加えると正8角形の1角に相当する隙間が残る。その形状については上に述べた〔図V、Y参照〕。これで正方形の1角を用いる場合については完了した。

　正5角形の1角を正6角形の角と合わせると15分の22直角の隙間が残り、正7角形の角と結び付けると35分の48直角、正8角形の角と合わせると10分の13直角の隙間が残るが、どんな正則図形の角もこういう大きさにはならない。ここまでくると残る隙間が正8角形の1角である10分の15直角より小さくなりはじめる。ところが、正8角形より小さな角をもつ図形のことはすでに済ませた。故に、正5角形の1角を用いる場合については完了した。

　正6角形の1角は3つで平面の一か所を満たす。したがってそれより大きな2角と混合することはできない。これで3種の図形を混合する場合については完了した。

21. 命題

4種もしくはそれ以上の平面図形では、それぞれの角を組み合わせて平面の一か所を満たせない。

　すなわち、4つの図形の角を合わせていちばん小さくなるのは、正3角形、正方形、正5角形、正6角形の角を取ったときである。ところが、この中の最初と最後の角の和は2直角に等しく、2番目

の角は1直角で、3番目の角は1直角と5分の1である。したがって合わせると4直角より大きくなる。故に命題16により造形性は成立しない。そこでこれらより大きな角を取ると総和は4直角をさらに大きく越える。

22. 公理
2つの平面角を合わせたものが第3の平面角より大きくないと、第3の角とともに立体角を形成しない。[★010]

23. 命題
奇数辺の図形の2つの平面角を別の種類の図形の1角と組み合わせると、どんな正則立体図形も形成しない。

　命題17によりその立体角が同一の形状を取らないので、5から10までの定義に反するからである。

24. 命題
奇数辺の図形をひとつだけ含む種類の異なる3種の図形の3つの平面角を組み合わせても、完全な立体図形はできない。

　再び命題17により立体角がさまざまに異なる形状を取るが、これは先の定義に反するからである。

25. 命題
立体図形を形成する最も完全で規則正しい造形性をもつ平面図形の組み合わせ方は5通りである。

　この命題は、ユークリッド最終巻の最終命題の注釈である。[★011]すなわち、本巻命題15により角を3つ用いることから始め、16により正3角形の角6つ、正方形の角4つ、正6角形の角3つで終わった。18によりこれらの総計がそれぞれ4直角になるからである。

　さて、3つの正3角形の1角を組み合わせても4直角より小さくて、平面角で2直角になる。そこで3つの正3角形を組み合わせると、

開口部が第4の正3角形で塞がれる。こうして正4面体ないしは正3角錐ができる(左図および次頁の図の2)。

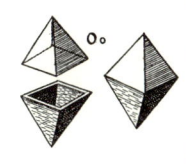

　4つの正3角形の1角を組み合わせると3分の8直角になり、3分の12直角つまり4直角より小さい。そこで正3角形の辺を接合すると、開口部が正方形となる角錐ができる。この開口部に反対側から同様の開口部をもつ同じような角錐を組み合わせると図形は完全に閉ざされる。こうして正8面体ができる(図Ooおよび次頁の図の5)。

　5つの正3角形の1角を組み合わせると3分の10直角になり、3分の12直角より小さい。そこで1角を共有するように10の辺どうしを接合すると正5角形の底面をもつ角錐ができる。この底面にくる1角を同じように頂点として5面体を形成するためには、その底面の2つの平面角にさらに3つの平面角が必要である。こうして先の10の平面角にさらに15の平面角が組み合わさり、もう一方の側にも15の平面角が口を開けて広がる。この総計30の平面角は10の正3角形で、それによって上下に正5角形の開口部をもつ帯もしくは柱状体を中間に作る。この柱状体にさらにもうひとつの正5角錐を組み合わせると図形は完全に閉ざされる。こうして正20面体ができる(図Ppおよび次頁の図の4)。

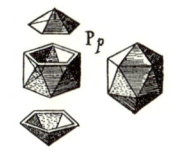

　これで、正3角形だけを用いる場合は完了した。

　正方形の角3つは3直角で、平面角の4直角より小さい。したがって組み合わせると立体角となる。3つの正方形を組み合わせたものには平面角で3直角分のへこみと3面の出っ張り3つができる。そこで別の3つの正方形を各々の角でひとつの立体角になるように組み合わせるとぴったり重なって、へこみが出っ張りで塞がれ、出っ張りがへこみにはまる。こうして正6面体つまり立方体ができる(図Qqおよび次頁の図の1)。

　正方形の角4つは4直角になる。したがって命題16により立体角にならない。これで正方形だけを用いる場合は完了した。

　正5角形の角3つは平面角にすると5分の18直角で、5分の20つまり4直角より小さい。したがって組み合わせるとひとつの立体角

105　　　　　　　　　　　　　　　　　　　　　　　　　　　正則図形の造形性

になる。底面のひとつの正5角形を別の5つの正5角形がこうして立体角を作るように取り囲むと、できあがった図形の上方には平面角にして5角形の角5つ分のへこみと5つ分の出っ張りができる。そこで反対側からこれと同じもうひとつの図形をかぶせて組み合わせる。そうすると一方の図形の5つの出っ張った角がもう一方の図形の5つのへこみにうまくはまり、逆に後者の出っ張りは前者のへこみにはまる。こうして正12面体が生じる（図Rrおよび右下図の3）。これで正5角形だけを用いる場合は完了した。同時に全体を一種類の図形だけで組み立てる場合も終了した。命題16により正6角形の角3つは立ち上がって立体角にならないからである。

　これが、ピュタゴラス派やプラトン、ユークリッドの注釈者プロクロスが宇宙図形と呼んでいた、あの5つの立体である。第I巻の序で述べたように、この立体がどのように天体に適用されたか確かでない。アリストテレスの説にもとづく普通の考えでは、正多角形の数が5だから、以上の哲学者たちは、これらの立体の特徴を単純物体の性質と比較して、宇宙を構成する5つの単純物体である火、空気、水、土の4元素といわゆる第5元素の天空物質〔アイテール〕に関連させた。すなわち、立方体は、正方形の底面に直立しているときに安定感がある。これはその重さのためにいちばん下をめざして進む土という物質の特徴でもあるが、地球全体も一般の人々には宇宙の中心に静止すると思われている。一方、正8面体が見た目に適切な配置になるのは、相対する2つの角を支えて回転する工作機械の中に吊るしたように置かれるときである。またこの2角の真ん中にはこの立体を2等分する4角形が隠れており、大円が2つの極で吊るした球を2等分するのに似ている。これは可動性の象徴で、空気が元素の中では速度と方向転換において最も動きが激しいのと同様である。

　正4面体は、少ない側面が火の乾いた性質を象徴するように思われる。自らの境界の中に閉じこもることが乾燥の定義だからである。一方、正20面体は、多数の側面が水の湿った性質を象徴するよう

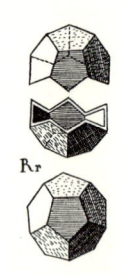

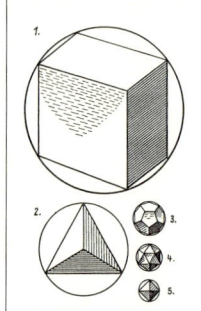

*012

宇宙図形

立方体は土の象徴

正8面体は空気の象徴

正4面体は火の象徴

第2巻──調和図形の造形性　　106

正20面体は水の象徴

正12面体は天の象徴

に思われる。自身と異質の境界に囲まれることが湿潤の定義だからである。すなわち、少なさは自らに固有のものをもつこと、多さは異質のものも借用したことのしるしである。言い換えると、正4面体は全体が立体として見ても完全な3角形だから、正4面体に固有な図形は3角形だけである。ところが、正20面体のもつ3角形は固有のものというより借り物のようである。立体として見た正20面体は3角形ではなく5角形に似ているからである。またひとつの底面から立ち上がる正4面体の頂点は貫通し切断する火の力を、正20面体の5つの稜からなる鈍角は液体の満たす力、濡らす力を思わせる。正4面体の小ささと細さは火の本性を、正20面体の球状の豊かな塊は水の本性と滴のような形を想像させる。正4面体は表面積が非常に大きいが体積は非常に小さい。正20面体は体積の量が表面積に比べてずっと大きい。こうして火は外形が主、水は実質が主である。

　天体に残るのは、黄道12宮と同じ数の側面をもつ正12面体である。天が万物を包容するように、この図形は他の図形に比べて最も大きな包容力のあることを示す。

　こういう類推はそれなりに納得できるが、アリストテレスには合わない（彼は宇宙が被造物であることを否定したから、大きさをもつ図形に原型としてのはたらきを認められなかった。実際、建築家としての創造主がいなければ、図形には具体的な物を作るための原型となるはたらきなどなくてよい)。むしろ私を含むすべてのキリスト教徒にふさわしい。われわれは、宇宙がかつてはなかったけれども、神が度量衡と数とで、つまり神とともに永遠なイデアによって創造された、という信仰を抱いているからである。ただしこういう類推が全体としてはそれなりに納得できても、上のような特殊な形にしてしまうと裏付けとなる必然性がなくて、さまざまな解釈ができる。この類推にいくつかの特徴の不一致があるためだけでなく、正12面体と正20面体には火のほうがふさわしいからでもあり、最後に、元素の数や地球が静止していることについては、こういう図形の数をめぐる問題以上に議論の余

地が大きいからである。

　もしピュタゴラス派の人々が上のような説に反対してくれたなら、ここでラムスやアリストテレスを批判したりしない。あれこれの議論によって歪められてしまったこういう類推を、彼らが斥けただろうから。しかし私は24年前に、まったく別の方法で宇宙の構造の中に5つの正多面体を見つけ出した。さらに、古人の教説も私の説と同じだったが、ピュタゴラス派の慣習によって秘密にされてきたと見るのが妥当なことを、本書第1巻の序で述べた。コペルニクス天文学や古のピュタゴラス派のサモスのアリスタルコスの天文学では、運動する宇宙の配列は、以下のようになる。すなわち、宇宙には6つの天球ないし軌道があって、不動の太陽を中心に旋回しており、その天球は相互に不等で大きな間隔によって隔てられている。そのいちばん外側から順に土星、木星、火星、次いで月を従えた地球、金星、そしていちばん内側に最後の水星の天球がくる。5つの正多面体は、各々の角が球面にくるように球に内接し、各側面の中心が球面に接するように球に外接する、固有の本質をもっていて、各正多面体が2つずつの天球の間隔を決めている。したがって創造主は、6つの天球間の5つの間隔を5つの正多面体から選び出し、土星球と木星球の間に立方体、木星と火星の間に正4面体、火星と地球の間に正12面体、地球と金星の間に正20面体、金星と水星の間に正8面体のあることがわかるような順序にした。この考えが私には最も納得のいくように思われた（第5巻第3章の図を参照）。

　この配列は数値によって確かめられ、必然性があり、無理に数合わせをしたのではなく、既知の数を取っている。最後に、こうした配列には、この22年の間、反対者がいなかっただけでなく、ユークリッドの批判者たる軽率なラムス先生の弟子たち〔ラザルス・シェーナーなど〕も関心をもち、今日でも多くの人々が関心を寄せている。だからこそ、数学者たちはずっと以前から『宇宙の神秘』第2版の刊行を懇願してきた。しかしこの問題についてこれ以上論ずるのは、この第2巻の課題ではない。もっと詳しいことは後の第5巻で述べ

る。また『コペルニクス天文学概要』第4巻〔この巻が印刷されたのは1620年〕でもふれ、5つの正多面体の真の起源を形而上学によって説明した〔『概要』第4巻第I部参照〕。正多面体は実際には角の組み合わせによって生じたのではなく、角の組み合わせのほうが正多面体の特徴から自ずと後にくるものとして得られるからである。

26. 命題

規則的で最も完全な造形性のあるものに、さらに12の5角星形面からなる2つの立体のもつ造形性と、8角星形と10角星形の2つの半立体図形の造形性とを加えることができる。

　5角星形は閉じてあらゆる方向に尖端の突き出た立体図形となる。そのひとつは5稜からなる12の立体角を、もうひとつは3稜からなる20の立体角をもつ。前者は3つの立体角、後者は同時に5つの立体角に支えられて立つが、前者は1角を下にして立てたほうが美しく、後者は5角を下にして立てたほうが座りがよい(図Ssと第5巻第I章の図および図Ttを参照)。これらの立体は、外側の正多角形の側面が現れず、代わりに5角星形の一部の等辺3角形が見える。けれども、この種の5つの等辺3角形は常に同一平面上にあり、突き出た立体の下に隠れた、いわば自らの心臓部である5角形を囲む。そしてこの5角形といっしょにいわゆる5角星形、テオフラストス・パラケルススにとって健康の象徴である、ドイツ語でいうDrudenfuß〔魔女の足：魔除けの5芒星形〕を作る。立体の基本型はある意味ではその側面の基本型と同じである。すなわち、この場合の側面である5角星形では、常に2つの3角形の辺が一直線上にあり、その直線の中央部が外に突き出たひとつの3角形の底辺となるが、それがまた内奥の5角形の一辺でもある。同じく立体においても、5つの立体角の各等辺3角形が同一平面上にあり、この5つの3角形もしくは5角星形の内奥の髄であり心臓部である5角形が底面となり、その上に、ひとつの立体〔図Ss〕ではひとつの立体角が、もうひとつの立体〔図Tt〕では5つの立体角がそそり立つ。これらの図形の一方は正12面

体、もう一方は正20面体との類縁関係が強い。中でも特に正12面体は、上述の尖端が突き出た立体と比べてみると、その尖端を切り落とした形に見える。*016

　8角星形と10角星形は、2つの尖端を飛び越えて最初の尖頭と4番目の尖頭の辺が常に一直線上に重なる。この光芒部の辺でいつでも2つずつが組み合わさり、8角星形はある種の立方体、10角星形はある種の正12面体を作るが、これらは立体角ではなく耳状突起をもつ立体となる。平面角を2つ組み合わせると、必ず閉じることのできない隙間が生じるからである。したがって、定義11により、造形性は半立体的なものにすぎない。

　先のは立体的造形性、後のは半立体的造形性だが、いずれもきわめて完全な造形性と言える。立体としての性質に関するかぎり、これには本巻の定義6が妥当し、その側面の性質には第I巻2の完全な図形の定義が妥当するからである。すなわち、その側面は副次的に完全なものである。また半立体的な造形性を非常に完全と言ってもおかしくはない。われわれが合意の上で取りかかったのは、定義9ないしは10ではなく、完成すれば定義6が妥当するようなものだったからである。

27. 命題

半正則図形の菱形にもきわめて完全な造形性があり立体図形を作る。その組み合わせは2通りだけである。

　対角線どうしが一定の比〔$1:\sqrt{2}$〕をもつ12の菱形から斜方多面体ができる。これは、6辺で3稜からなる立体角が底になることからいうと蜂窩の形〔斜方12面体〕である〔定義5参照〕。すなわち、鈍角どうしと鋭角どうしが重なるように6つの菱形を組み合わせると、上下それぞれに同じく3つの鈍角のへこみとそれと対になる3つの鋭角の出っ張りができる。そこで、上下に3つずつの菱形をもってきて先の図形の鈍角に接合すると、3つの出っ張りがへこみに重なり、先の図形の出っ張りがへこみにはまる（図Vvおよび右上の小さいほうの

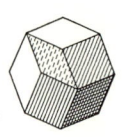

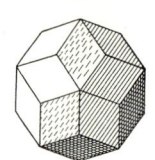

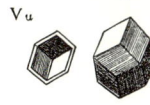

図参照)。

　同様にして、対角線どうしが別の比〔$1:\frac{\sqrt{6-2\sqrt{5}}}{2}$〕を取る30の菱形は斜方30面体を作る(図Xxおよび前頁の大きいほうの図参照)。すなわち、5つI組の菱形を2組取って鋭角どうしを合わせ、2つの立体角を作って向かい合わせにすると〔左頁下図の真ん中にある5つの菱形からなる部分がそのひとつ〕、合わせた鈍角の所にへこみができるので、さらに5つI組の菱形を2組取ってそれぞれの鈍角で先のへこみを塞ぐ〔こうすると図Xxの左右にある蓋のような形になる〕。最後に、この2つのタイル張りの殻のような図形の真ん中に10の菱形からなる帯をその縁に沿って廻らし両方のタイル張りの殻を接合する。
★017

　菱形に完全な造形性がこれ以上ないことの証明は以下のとおりである。菱形には2つの鋭角と2つの鈍角があり、常にひとつの鋭角とひとつの鈍角の和が2直角になるから、4直角を越えないようにするには4つ以上の鈍角を組み合わせられない。鋭角を3つだけ接合すると立方体のような斜方6面体ができる。その立体鋭角は2つだけで、相互の間隔が非常に大きく離れており、この立体の中間にある他の立体角はそれほど離れていない。したがって定義8の規則を守れない。2つの立体角だけが同一球面上にあるのはこの定義に反するからである。しかも残る6つの立体鈍角はいずれも2つの平面鈍角とひとつの平面鋭角によって塞げるが、この不規則性も定義に反する。それ故、平面鋭角3つだけでは組み合わせられない。しかし6つの菱形の6つの鋭角も組み合わせられない。もしそれぞれの鋭角の大きさが3分の2直角であれば、鈍角はその2倍の大きさつまり3分の4直角となる。そこでこの鈍角3つも鋭角6つもそれぞれ4直角となる。そうすると、これらの鈍角も鋭角も立体角を作らず、連続的に平面を覆いつくして、先の図Gのようになるからである。また3分の2直角より小さな鋭角を取ると、鈍角は3分の4直角より大きくなる。そこで3つで4直角より大きくなる。したがって、最も完全な造形性をもつ菱形の組み合わせは2つだけである。その

ひとつでは菱形の4つの鋭角が組み合わさって立体角となり、もうひとつでは5つの鋭角が立体角となる。ただし、これらの立体図形の仲間にはいわばすべての菱形立体図形の始原である立方体が加わる。立方体の側面は斜方多面体の側面と同じく4つの等辺からなるからである。

28. 命題

完全な立体的造形性でも劣位にくるのは13種あり、こういう造形性から生じるのが13のアルキメデス立体[018][019] (Archimedea Corpora) である。

　相異なる図形の混合するのがこの段階の造形性の特徴で、命題21により2種類か3種類の図形が入り混じる。2種類の図形が混じる場合、その中に正3角形が入るものと入らないものがある。

　正3角形と正方形からは定義9が該当する3つの立体ができる。定義9により、正方形の平面角ひとつと正3角形の平面角2つないしは3つ、あるいは正方形の角2つと正3角形の角ひとつが閉じて立体角となるような3つの形は、斥けられる。初めの事例では立体の側面に正方形がひとつしかなくて正8面体の半分の形になり、立体角の形が相互に異なるからである（図Oo参照）。第2の事例では立体の側面に正方形が2つだけ[020]、第3の事例では正3角形が2つだけ[021]しかないが、こういう図形の造形性は定義10により不完全だからである。したがって、平面角が閉じて立体角となる以下のようなものが残る。まず、正3角形の角4つと正方形の角ひとつの組み合わせがある。この角の和は4直角より小さい。そこで正方形6つと正3角形32（20と12の和）が組み合わさって38面体ができる。私はそれを変形立方体 (Cubus simus) と名付ける。これは図Iに描かれている。

　正3角形の平面角5つと正方形の角ひとつだと4直角を越えるが、命題16により、閉じて立体角となるには4直角より小さくなければならない。同様にして、正3角形の角4つと正方形の角2つも4直角を越える。正3角形の角3つと正方形の角2つだと4直角になる。[022]

　2番目に、正3角形の角2つと正方形の角2つは4直角より小さい。

アルキメデスの13の立体

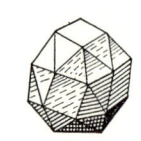

I. 変形立方体

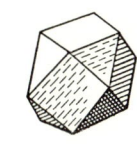

2. 立方8面体

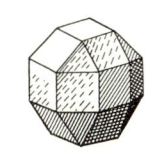

3. 斜方立方8面体

4. 変形12面体

そこで正3角形8つと正方形6つを組み合わせると14面体になる。これを立方8面体（Cuboctaedron）と呼ぶ。これは図2に描かれている。正3角形の角2つと正方形の角3つだと4直角を越える。

3番目に、正3角形の角ひとつと正方形の角3つは4直角より小さい。そこで正3角形8つと正方形18（12と6の和）を組み合わせると26面体になる。これを切割立方8面菱面体（Rhombus Cuboctaedricus sectus）もしくは斜方立方8面体（Rhombicuboctaedron）と呼ぶ。これは図3に描かれている。

以上3つの立体では正方形が正3角形と並んでいる。そこで次に正方形の代わりに正5角形を入れる。

正3角形の平面角5つは正5角形の1角と並べられない。正5角形の1角より小さな正方形の1角すら並べることができなかったからである。正3角形の角4つと正5角形の角ひとつは4直角より小さい。そこで80（20と60の和）の正3角形を12の正5角形と組み合わせると92面体になる。これを変形12面体（Dodecaedron simum）と呼ぶ。これは図4に描かれている。この変形体の序列の中に第3の立体として正20面体を入れることもできる。これはいわば変形4面体だからである。

正3角形の平面角3つを正5角形の角ひとつと合わせると、上述の場合と同様に、立体に5角形が2つだけ入ってくる。また正3角形の角2つを正5角形の角ひとつと合わせると、立体に正5角形がひとつだけ入ってくる。前者は正20面体の一部として中間にくる帯もしくは柱状体になり、後者は正20面体の角錐の部分になる。そしてこの場合、立体角は同一種類にならない。正20面体の場合のように、ひとつの立体角が5つの正3角形の角に囲まれるからである。これで正5角形の角をひとつだけ用いる場合は完了した。

正3角形の角3つと正5角形の角2つだと4直角を越える。したがって、正3角形の角3つを正5角形の角と組み合わせる場合はこれで完了した。

正3角形の角2つと正5角形の角2つは4直角より小さくなる。そ

113　　　　　　　　　　　　　　　　　　　　　　　　　正則図形の造形性

こで20の正3角形と12の正5角形を組み合わせると32面体になる。これを20面12面体（Icosidodecahedron）と呼ぶ。これは図5に描かれている。正5角形の角ひとつと正3角形の角2つの組み合わせはすでに斥けたので、これで3角形2つの場合は完了した。

5. 20面12面体

　正3角形の角ひとつと正5角形の角3つだと4直角を越える。正3角形の角ひとつと正5角形の角2つでは、命題23により、正則的な形は何もできない。正5角形は奇数辺の図形だからである。これで正5角形と正3角形を組み合わせる場合は完了した。

　正3角形の角4つと正6角形の角ひとつ、正3角形の角2つと正6角形の角2つは、いずれも平面を満たす〔先の図L、P、R参照〕。正3角形の角3つと正6角形の角2つだと4直角より大きい。正3角形の角3つと正6角形の角ひとつだと立体に正6角形が2つだけ入る。これで正3角形の角3つの場合は斥けられた。正3角形の角を2つにすると、これは正6角形の1角に等しいので、公理22により、やはり斥けられる。そこで正3角形の角ひとつと正6角形の角2つの組み合わせが残る。そうすると4つの正3角形と4つの正6角形が組み合わさって8面体になる。これを切頂4面体（Tetraedron truncum）と呼ぶ。この形は図6に描かれている。

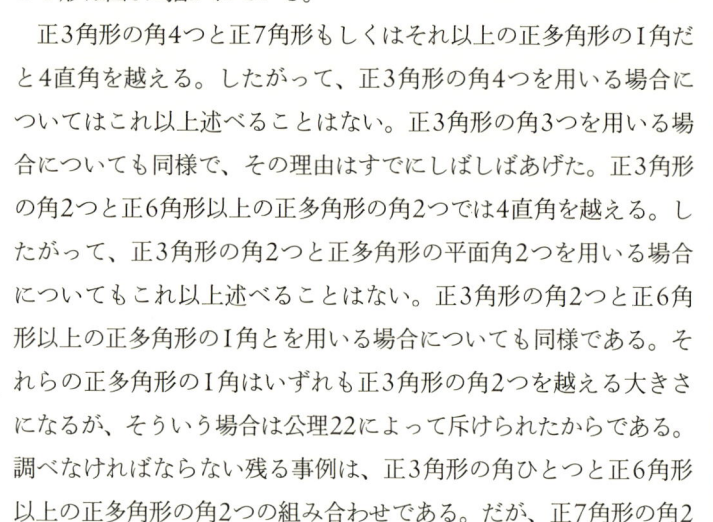

6. 切頂4面体

　正3角形の角4つと正7角形もしくはそれ以上の正多角形の1角だと4直角を越える。したがって、正3角形の角4つを用いる場合についてはこれ以上述べることはない。正3角形の角3つを用いる場合についても同様で、その理由はすでにしばしばあげた。正3角形の角2つと正6角形以上の正多角形の角2つでは4直角を越える。したがって、正3角形の角2つと正多角形の平面角2つを用いる場合についてもこれ以上述べることはない。正3角形の角2つと正6角形以上の正多角形の1角とを用いる場合についても同様である。それらの正多角形の1角はいずれも正3角形の角2つを越える大きさになるが、そういう場合は公理22によって斥けられたからである。調べなければならない残る事例は、正3角形の角ひとつと正6角形以上の正多角形の角2つの組み合わせである。だが、正7角形の角2

第2巻——調和図形の造形性　　114

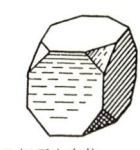

7. 切頂立方体

8. 切頂12面体

9. 切頂8面体

つと組み合わせた場合は命題23によって斥けられる。奇数辺のすべての正多角形の角2つとの組み合わせもやはり斥けられる。だが、正8角形の角2つと組み合わせると立体になる。この場合、8つの正3角形と6つの正8角形が組み合わさって14面体になる。これを切頂立方体（Cubus truncus）と呼ぶ。この形は図7に記した。正10角形の角2つと組み合わせても立体となる。この場合、20の正3角形と12の正10角形が組み合わさって32面体となる。これを切頂12面体（Dodecaedron truncum）と呼ぶ。これは図8に記した。正3角形の角ひとつと正12角形の角2つだと平面を満たして立体角を作らない〔先の図Sを参照〕。正12角形以上の正多角形の角2つではとても立体角にならない。これで2種類の図形の組み合わせに正3角形を用いる場合は全体として完了した。

　2種類の正多角形の中にもはや正3角形はないので、最少辺の正多角形は正方形になる。ところが、正方形の角3つとそれ以上の正多角形の1角では4直角を越える。正方形の角2つとそれ以上の正多角形の1角の組み合わせは、定義9によってできない。辺数の多い正多角形が立体の中に2つだけ入ることになるからである。正方形の1角と正5角形の2角の組み合わせは命題23により斥けられる。正方形の1角と正6角形の2角は組み合わさり、6つの正方形と8つの正6角形の組み合わせによって14面体ができる。これを切頂8面体（Octaedron truncum）と呼ぶ。これは図9に描かれている。正方形の1角と正7角形ないしはその他の奇数辺の正多角形の2角との組み合わせは命題23により斥けられる。正方形の1角と正8角形の2角を組み合わせると平面を満たす〔先の図V、Y参照〕。それ以上の正多角形の2角と組み合わせると4直角を越えてしまい、立ち上がって立体角とならない。これで正多角形が2種類だけのときに正方形を用いる場合は完了した。

　正5角形の2角と正6角形もしくはその他の正多角形の1角とを組み合わせるのは、命題23によって斥けられた事例に着手することになる。これは先に正3角形や正方形の1角と正5角形の2角を組み
★029

115　　　　　　　　　　　　　　　　　　　　　　　　　　　　　　正則図形の造形性

合わせた場合についてすでに論じておいた。正5角形の2角と正10角形の1角だと平面を覆い尽くすことになり〔先の図Z、Aaを参照〕、正10角形やそれ以上の正多角形の1角との組み合わせは立ち上がって立体角にならない。

　正5角形の1角と正6角形の2角だと4直角より小さくなり、12の正5角形と20の正6角形の組み合わせから32面体ができる。これを切頂20面体（Icosihedron truncum）と呼ぶ。この形は図10に記されている。正5角形からこれ以上の組み合わせは期待できない。正5角形の1角と正7角形の2角ではすでに4直角を越えているからである。

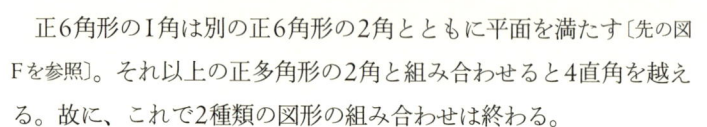

10.切頂20面体

　正6角形の1角は別の正6角形の2角とともに平面を満たす〔先の図Fを参照〕。それ以上の正多角形の2角と組み合わせると4直角を越える。故に、これで2種類の図形の組み合わせは終わる。

　3種類の正多角形の角を集めるとひとつの立体角になる。まず、正方形と正5角形の2つの平面角では2直角を越える。それ以上の正多角形の角の組み合わせでは2直角をさらに大きく越える。正3角形の角を3つ合わせると2直角に等しい。したがって、角の総和が4直角を越えないようにするためには、正3角形の角3つを入れられない。正3角形の2角と正方形の1角および正5角形の1角もしくは正6角形あるいはそれ以上の正多角形の1角との組み合わせは、命題23によって斥けられる。奇数辺の正3角形を正方形と正5角形、もしくは正6角形等々で囲んではならないからである。

　正3角形の1角と正方形の2角と正5角形の1角を組み合わせると4直角より小さくなり、20の正3角形と30の正方形と12の正5角形の組み合わせから62面体ができる。これを斜方20面12面体（Rhombicosidodecaedron）もしくは切割20面12面菱面体（Rhombus Icosidodecaedricus sectus）と呼ぶ。これは図11に描かれている。

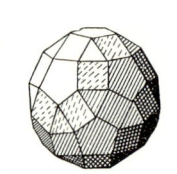

11.斜方20面12面体

　正3角形の1角と正方形の2角と正6角形の1角では4直角に等しい〔先の図Kkを参照〕。正6角形以上の正多角形の1角と組み合わせると4直角を越え、立ち上がって立体角にならない。正方形の角を2つ用いる場合は以上で終わる。

第2巻──調和図形の造形性　　　　　　　　　　　　　116

正3角形の1角と正方形の1角と正5角形の2角だと4直角を越える。正5角形より辺数の多い正多角形の2角を混ぜると4直角をさらに大きく越える。そこで、平面角4つを混合してひとつの立体角を作ることは終わる。したがって、3種の図形の中に正3角形を混合するのもこれで終わる。正3角形の1角と正方形の1角および正5角形もしくはそれ以上の正多角形の1角との組み合わせは、正3角形が奇数辺の図形なので、命題24によって斥けられるからである。

　さらに平面角が3つだけということになると、同じく命題24により、その図形の中に奇数辺の正多角形は入れられない。

　正方形の1角と、それ以外で最少の偶数辺をもつ正6角形の1角と正8角形の1角を合わせると、4直角より小さい。そして12の正方形と8つの正6角形と6つの正8角形の組み合わせから26面体ができる。これを切頂立方8面体 (Cuboctaedron truncum) と呼ぶ。その理由は、この立体が、実際に切り取りによって生じるからではなく、立方8面体を切り取った形に似ているからである。これは図12に描かれている。

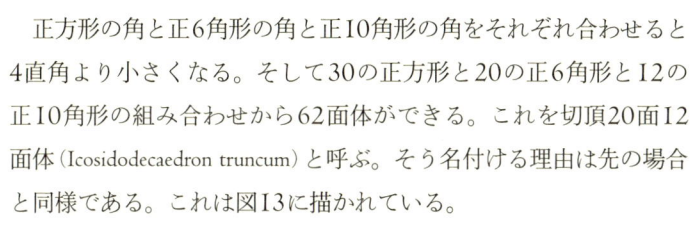

　正方形の角と正6角形の角と正10角形の角をそれぞれ合わせると4直角より小さくなる。そして30の正方形と20の正6角形と12の正10角形の組み合わせから62面体ができる。これを切頂20面12面体 (Icosidodecaedron truncum) と呼ぶ。そう名付ける理由は先の場合と同様である。これは図13に描かれている。

　正10角形の代わりに正12角形の1角を加えると4直角となって立体角にならない〔先の図Mmを参照〕。同様にして、正6角形の代わりに正8角形の1角をもってきたり、第3の角として正8角形以上の正多角形の角をもってきたりすると、4直角を越える。正方形の角以外に、相異なる偶数辺の正多角形の中からもっと辺数の多いものを3つ組み合わせても、やはり4直角を越える。したがって、アルキメデス立体の一族すべては13にとどまる。これが証明すべきことだった。

12. 切頂立方8面体

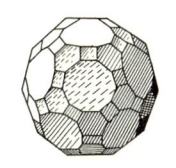

13. 切頂20面12面体

29. 結論

造形性のある図形は全体として12で、その中の8つは根源的ないし基本的図形、4つは拡張図形ないし星形である。

- ①　正3角形
- ②　正方形
- ③　正5角形
- ④　正6角形
- ⑤　正8角形
- ⑥　正10角形
- ⑦　正12角形
- ⑧　正20角形
- ⑨　5角星形
- ⑩　8角星形
- ⑪　10角星形
- ⑫　12角星形

造形性の段階には相異がある。第1段階にくるのは3角形と4角形である。この2種は、それぞれでも、一緒にしても、またこれ以外の図形とでも、平面的にも立体的にも造形性をもつからである。

　第2段階にあるのは5角形とその星形である。これらの図形はそれだけでも立体的な造形性をもち、平面では互いに相補い助け合うはたらきをする。しかし、造形性のより高いのは5角形である。平面においても立体においても、他の図形との造形性をもつからである。

　第3段階にあるのは6角形である。この図形はそれだけで平面的な造形性をもち、他の図形と組み合わせると平面的にも立体的にも造形性をもつからである。

　第4段階にくるのは8角形と10角形およびその星形である。根源的な図形の8角形と10角形は他の図形との立体的な造形性をもち、その星形は各種類の星形どうしである程度の立体的な造形性をもつからである〔命題26参照〕。平面においてはこの4図形のすべてが他の図形との造形性をもつ。ただし、8角形の一族のほうがより多様で完全な造形性をもつ。

　第5段階にくるのは12角形とその星形である。これらの図形には立体的な造形性がないが、他の図形との多様な平面的造形性をもつ

からである。すなわち、立体的な造形性ではただ辺数の多さが障碍になる。平面的造形性に関しては、この一族のほうが第4段階の図形より優位にある。

　最後の段階になるのは20角形である。この図形は、他の図形と組み合わせて初めて平面的な造形性だけをもつが、他の図形と組み合わせても造形性は不完全だからである。

　平面的な造形性だけを考えるならば、図形の序列は以下のようになる。

　　① 6角形 ② 4角形 ③ 3角形 ④ 12角形 ⑤ 12角星形 ⑥ 8角形 ⑦ 8角星形 ⑧ 5角形 ⑨ 5角星形 ⑩ 10角形 ⑪ 10角星形 ⑫ 20角形

　他の図形はすべて非造形的だが、造形性に最も近いのは15角形である。これは他の図形との平面的造形性をもつものの、命題20により、20角形と同じように四方八方を同じ集合部で囲むことはできないからである。15角形の後に続くのは、16の辺をもつ図形と類似の図形である。これは他の正則図形との造形性をまったくもたない。角が多すぎて組み合わせられないからである。7角形および類似の図形は、まったく別の理由によって非造形性の図形となる。これらの図形は、すべての角も図形に固有の角の部分も他の正則図形とは組み合わせられないからである。

　そこで造形性は、それ自体で作図可能な3つの等級の図形においては8角形、12角形、20角形で終わる。非嫡子系の第4の等級では組み合わせを始めることもできない。以上に述べたことは、第4巻の星位の選定に利用される。

30. 結論

以上の議論によって、広がり方から見た図形の作図法と造形性の本来の相異が明らかになる。

　① 固有な作図法の段階は、8角形、10角形、12角形を越えて、辺の数が2倍になっていく図形にまで無限に広がるが、造形性は、8角形、20角形、12角形で終わる。② 5角形とその星形は、作図法

と可知性に関しては12角形よりも順位が低いが、立体的な造形性に関しては12角形よりずっと順位が高い。③8角形は作図法と可知性では5角形の後にくるが、造形性では5角形をしのぐ。④16角形は作図法と可知性では20角形より優位にあったが、16角形が非造形性の図形なのに、20角形はある程度の造形性をもつ。⑤15角形においては、作図法・可知性と造形性との一致が顕著で、同じ類比性をもつ。作図法ではこの図形に固有のものがなくて、たんに〔他の図形を利用した〕偶有的なものしかないが、造形性もこの図形だけでは完全ではなくて初めのうちだけで、図形全体には及ばないからである。以上の点は、第3巻の半音の起源と用法のところで留意される。

第2巻　終わり

　続く第3巻では各丁のアルファベットと番号が新たに始まる。印刷が第3巻から開始されたからである。[★032]

ヨハネス・ケプラー『宇宙の調和』● 全5巻

【第3巻】

調和比の起源および音楽に関わる事柄の本性と差異

哲学には多くの分野があり、数学も同様である。数学の「調和論」(Harmonice)★001と言われる一部門と、(調和の根源とされた)数について、プロクロス・ディアドコスは『ユークリッド原論第I巻注解』第I巻で、次のように述べている。

●

数学は知性が神学に取り組もうとするのを助けてくれる。数学の論証は、神々に関する真理の初心者には一見理解しがたい高尚な事柄を、形にすることによって、確実で明白で論争の余地がないと証明するからである。すなわち、数学は現実の存在を越えたものの特徴を数で示し、知性だけでとらえられる図形のはたらきがどのようなものかを思考される対象で明らかにする。そこでプラトンも数学によって神々の本性に関する多くの驚嘆すべき教説を教え、ピュタゴラス哲学も数学を帷として用い神学の秘伝を覆い隠す。あの「聖な★002るこどば」全体も、ピロラオスが『バッ★003カスの女信者たち』で説くことも、神について教えるピュタゴラス派の方法全体も、こういう類のものである。

●

また数学は、われわれの品行に秩序と礼儀作法と調和ある振る舞いを植え付けて、倫理学の完成へと導き、さらにはいかなる態度、いかなる歌唱、いかなる行動が徳にふさわしいか語る。〔プラトンの『法律』に登場する〕アテネの客人も、若いときから倫理的な徳に与ろうとする人々がこういう教説によって自らを教化し完成するよう望んで★004いる。しかも数学は、算術比、幾何比、調和比とそれぞれ異なりはすが、徳に密接な関連のある数の★005比を提唱し、悪徳にどもなう過剰と欠如を示す。これらすべてによって、われわれは品行に節度をもち★006礼儀正しく振る舞うよう導かれる。

第3巻

調和比の起源および音楽に関わる事柄の本性と差異〔序〕

　これまでは問題の本質に従って、まず平面正則図形について述べ、次いでそういう図形の造形性に移った。

　以下では、違った考え方をしてみて初めて納得する人間の知性に応えるために、自然な方法からいくらか逸れる。すなわち、問題の本質上必要だったのは、第3に、円周と正多角形の一辺が切り取った円弧の間に作られる比を抽象的に説明し、こういう比の合成と分割からさらにどういう結果が生じるか明らかにすることである。第4に、創造主たる神がこういう比に適合させた宇宙のはたらき、あるいは星の光線の角度に表れるこういう比の規則に従って月下の自然が日々行う世界のはたらきに移るはずだった。そして最後に人間の音楽のことを追加し、聴覚で判断を行うとき人間の知性は自然の直観により、どのようにして、神が好んで天体運動の調整に用いたのと同じ比を音声から選び出し推賞することで創造主を模倣するのか、示すはずだった。ところが、調和比の差異と種類と様式を頭の中で音声と楽音から切り離すのはむずかしい。事柄を説明するのに必要なことばとして音楽用語以外のものを自由に使えないからである。そこで本巻では、第3の課題を最後の第5の課題と結び付けて、抽象的な調和比について述べるだけでなく、人間が歌唱で行う創造の模倣についてもあらかじめ考えておくことにする。一方、天体創造の仕事は、高尚で信じ難いものだから、最後に回したほうがよい。こうして先に本書の表題に記した順序になった。以上は議論の順序に関することである。

　さて、互いに対立する見解にもっとよく光を当てるために、古人が協和の起源をめぐって立てた説を思い起こして、人間の歌唱に関する議論の出発点としよう。

　人間に関するあらゆる事柄を見ると、確かに、人は自然が授けて

くれたことを理由もわからないまま利用する。音楽をめぐる事柄も同様で、聖堂や本格的な合唱隊だけでなく、技法の熟練もないままに津々浦々で、今日ふつうに旋律の歌唱に用いるのと同じ拍子や音程を、発生の当初からずっと理由を考えたり理解したりすることもなく用いてきた。

　歌唱のこの由来の古さは創世記第Ⅰ巻から明らかである。人の音声による歌唱から得られる楽しみは大きかったに違いない（私が楽しみというのは、調和音程と諸調的音程〔本巻で後述〕の意味である）。[★008] アダムから第8代のユバルはこの楽しみに心を動かされて、人々の歌唱を素朴な楽器で模倣することを学び教えるようになった。私の思い違いでなければ、このユバルは文字を少し変えただけでアポロンになる。ユバルは、牧畜業の創始者で牧笛を好む兄のヤベル（ギリシア人は彼を牧神のパンと考えた）を、〔腹違いの〕兄弟トバルカインから弦の材料を借りて考案した堅琴の澄んだ響きによって打ち負かした。トバルカインは、名前をこじつければウルカヌスである。[★009]

　しかし、調和音程あるいは諸調的音程から構成された人間の歌唱の形が古いものであっても、音程の原因のほうは人間にはわからなかった。ピュタゴラス以前にはそれを探究する者さえいなかったくらいである。そして2000年にわたって探究されてきた原因を非常に正確に明らかにするのは、おそらくこの私が初めてである。

　伝承によれば、鍛冶場のそばを通りかかって鎚音が調和の取れた[★010]響きを発しているのに気付き、音の相異は鎚の大きさからくること、大きな鎚は低音を、小さな鎚は高音を発することを初めて発見したのは、ピュタゴラスである。鎚の大きさの間に比と言ってよいものが認められるので、彼は鎚の大きさを測って、調和の取れた音程と調子はずれの音程、諸調的音程と非諸調的音程を構成する比があることに、容易に気付いた。彼はただちに鎚から弦の長さに移った。そうすると、弦のどれだけの部分が全体と協和し、どれだけの部分だと不協和になるか、耳によってかなり正確にわかる。

　「そうであること」〔調和は比であること〕つまり事実として一定の比

123　　　　　　　　　　　　　　　　　　　　　　　　　　　　　　　〔序〕

が発見されたが、まだその原因つまり「何故か」、なぜこれらの比が諧調的で快い調和の取れた音程を定め、他の比は調子はずれで耳障りでなじまない音程となるのか、探究することが残っていた。2000年にわたって同意されてきた見解に従うと、比は非連続な量つまり数の作る項で決まるから、比そのものの特性から原因を探し出すべきだった。ピュタゴラス派は、等しい力で張った弦相互の長さが2倍と3倍と4倍の比を取る場合、つまり1対2、1対3、1対4という数の比になる場合に、完全な調和になることを認めた。この比を算術では倍数比という。弦の長さが1倍半の比（Hemiholia）と1倍と3分の1の比（Epitritos）になるとき、すなわち2対3、3対4という数の比になるとき、弦相互の協和がいくらか不完全になることも認めた。この2つの比を合わせると〔$\frac{3}{2} \times \frac{4}{3}$〕、2対4つまり1対2という数の2倍比になり、3対4の小さい比で2対3の大きい比を除すると〔$\frac{3}{2} \div \frac{4}{3}$〕、1倍と8分の1の比つまり8対9の比が残る。ピュタゴラス派は、この比の大きさこそまさにあらゆる歌唱に最も広く用いられる全音の音程であることを発見した。8は2の立方数、9は3の平方数である。そこで1、2、3、4、8、9という数が出てきた。単位としての1は平方数も立方数も同じく1だが、2は平方数が4、立方数が8になるので、3にも平方数の9の他に立方数の27を加えた。全宇宙とあらゆる発音体は空虚な平面ではなく実質の具わった立体からなるので、立方数まで進んでいくべきだと考えたからであろう。次いで、これらは素数とその平方数と立方数だから、以上の出発点からさらにこの数の教説を展開して、数をもとにして哲学全体を立てようと考えた。すなわち彼らにとって、単位としての1はイデアと知性と形相を表した。単位は不可分で平方も立方も同じく1のままだが、イデアもまた不可分で普遍的で常に同一だからである。そこで単位としての1を自然の同一性の象徴とし、他の数を自然の相異の象徴とした。したがって、2は相異と質料を表した。2も質料も分割できて、2は平方が4、立方が8となり、2とは異なる数になるが、質料も不安定で多様な形を取りうるからである。また、

ピュタゴラス哲学における数のはたらき

1.
2. 3.
4. 6. 9.
8. 12. 18. 27.

2は魂も表した。知性は不動のままか、ないしは均一の運動つまり円運動を好む。それに対して魂は肉体に由来する多種多様な運動を受け入れ、〔上下左右前後の〕6通りに異なる直線運動に深く関わるからである。最後にピュタゴラス派にとって、3は物体〔肉体〕を表した。3が2と1からなるように、物体〔肉体〕も形相と質料からなり、宇宙にある物体は3がもつ単位と同じ3つの次元をもつからである。

ピュタゴラス派にとって魂は数であり調和である

数はたんに〔知性、魂、物体ないしは肉体という〕3原理の象徴であるだけでなく、ピュタゴラス派にとっては、魂自体もこの数と、この数のあらゆる比と、この比を細分した1倍半〔2対3〕、1倍と3分の1〔3対4〕、1倍と8分の1〔8対9〕の比とから構成された。したがって知性と肉体の絆としての魂は、その本質において調和にほかならず、まさに調和から構成されたものだった。彼らをこういう教義に導いたのはおそらく、人間の魂が、音程の大きさに従って調和比を形成し保持する音声に非常に強く魅せられる、という考えだった。

ピュタゴラス派のテトラクテュス(Tetractys)についての余談

いま上にあげた原理からテトラクテュスが引き出せるように思う。テトラクテュスは人間の魂の永遠の源泉で、ピュタゴラス派はテトラクテュスにかけて誓いをした。私見では次のようになる。すなわち、1、8、27という3つの立方数の中の2つ、例えば1と8の間には2と4という2つの比例中項がある。そこで総和が15になる1、2、4、8や総和が40になる1、3、9、27はテトラクテュスを作る。なお、2つの立方数には2つの比例中項があり、同様に2つの平方数にはひとつの比例中項がある。これは幾何学により周知のことである。★012

またⅠ、2、3、4もテトラクテュスだったようである。1は数の原理、2は数の初めで最初の偶数、3は合成された数の初めで最初の奇数である。1と3をかけると3の大きさの長方形で奇数、2を自乗すると4の大きさの正方形で偶数となる。この正方形の構造では言うまでもなく縦と横の大きさも等しいが、先の長方形ではその大きさが異なる。1、2、3、4の総和は10で、人間の魂もよく10進

法を用いる。数が4つあり、4番目の数の単位数が4つだったように、4つの数によって4種類の調和が現れる。すなわち、1と2の間はオクターブ（Diapason）で2と4の間も同様であり、1と4の間は2オクターブ（Disdiapason）だが、これらは同じひとつの種類とされる。1と3の間は12度（Diapason Epidiapente）で、ピュタゴラス派はこれを基礎音階最大の調和とした。これが第2の調和である。第3の調和は2と3の間の5度（Diapente）、第4の調和は3と4の間の4度（Diatessaron）である。彼らはこれ以上の調和を認めなかった。

以上は私見である。ヨアヒム・カメラリウス[★013]は、テトラクテュスについてこれと少し異なった考え方をする。しかし、古代の著述家の書物を読みすぎて思い違いをしないかぎり、それは正当化できない。彼はピュタゴラスの『金言集』(Aurea carmina)に対するギリシア語の注釈で、次のように書き記している。

まずピュタゴラス派は10を特別に「数」という語で言い表した。この意味でプラトンも『パイドン』〔104A-B〕において数の半分は全体が奇数だと言った。1から10までの数を2列にして交互に書き表してみるとよい。そうするとひとつは奇数の列、もうひとつは偶数の列となって、次のようになる。

1、3、5、7、9（総和は奇数の25で、5の平方数であり、これも奇数）
2、4、6、8、10
また原理としての単位1と特別に数と言われた10を省略すると以下のようになる。

2、4、6、8
3、5、7、9（総和は偶数の24）
これが、奇数は偶数であるという、あの謎の意味である。つまり3、5、7、9は奇数なのに、全体は4つで4という偶数に等しい（総和も偶数の24である）。

ピュタゴラス派が特別に数と称した10には、単位の集合として単位を連続的に2倍、3倍、4倍としたものからできている、と

```
        1
       1 1
      1 1 1
     1 1 1 1
    1 1 1 1 1
   1 1 1 1 1 1
  1 1 1 1 1 1 1
 1 1 1 1 1 1 1 1

  1 1 1 1 1 1
  1 1 1 1 1 1
  1 1 1 1 1 1
  1 1 1 1 1 1
  1 1 1 1 1 1
  1 1 1 1 1 1


  1 1 1 | 1 1 1
  1 1 1 | 1 1 1
  1 1 1 | 1 1 1
  1 1 1 | 1 1 1
  1 1 1 | 1 1 1
  1 1 1 | 1 1 1
        | 1 1 1
        | 1 1 1
        | 1 1 1


      1 1 1
      1 1 1
      1 1 1
      1 1 1
      1 1 1
      1 1 1
      1 1 1
      1 1 1
       2 7
         8
         1
      ─────
        36
```

いう特性がある。すなわち10は数の等辺3角形となり、底辺は4で頂点は単位の1である。それによってピュタゴラス派はこの数全体をテトラクテュス (Tetractys) と名付けた。最初のテトラクテュスの辺を2倍にするともうひとつのピュタゴラスのテトラクテュスとなり、ピュタゴラス派で非常に高い評価を受けて多用される36という数ができる。このテトラクテュスも数の3角形で底辺は8である。こうして彼らは多くの論証、ことに調和論に関わる論証の中で、36という数を用いた。この数を図形になるように配列すると、すべての調和的な協和が音程の比に従って把握されることの証明に用いた、12、9、8、6という数が見出される。すなわち、36という数は、6を一辺とする正方形であり、8を一辺とする正3角形である。また縦が9となったり12となったりする縦長の長方形でもある (9を4倍しても12を3倍しても36になるからである)。6、8、9、12 を足して和を取ると35という数が現れる。ピュタゴラス派はこれを調和 (Harmonia) と称した。これに単位1を加えると再び36になる。さらにまた先行する数から自然な順序で並べていった単位の集合からなる数 (つまり1、3、6、10、15、21、28 という3角数) の中では、36が最初の (また1225に至るまでは唯一の) 平方数〔正方形となる数〕で、その辺として最初の完全数 (つまりその約数である3、2、1のすべてからなる数) の6を取る。36はまた最初の2つの平方数4と9を掛けると出てくる。それに36は最初の2つの立方数8と27に単位1の立方数を足したものからなる。この考えは広く応用できるので、ピュタゴラス派はテトラクテュスを特に考察と感嘆に値すると見なした。こうしてテトラクテュスを自然学やことに魂の研究、倫理学にも転用した。そこに神学的要素もいくらか混入してきた。すなわち、エピパニウスがエイレナイ[★014]オスの反ヴァレンティヌス派論を引いて示しているように、ピュ[★015] [★016]タゴラス派はテトラクテュスを宣誓の拠り所としたが、それを深遠、沈黙、知性、真理の4つと解した。『金言集』ではテトラクテュス自体は宣誓の決まり文句ではないが、テトラクテュスを介して

〔序〕

魂にその本質の永遠不変性を授けたのは、かのピュタゴラスである。プルタルコスも魂のテトラクテュスの本性を説明して、感覚、信念、学識、知性とした。そして次のような一句を加えた。

永遠の水脈に満ち溢れる自然の源泉。

宇宙的なテトラクテュスは、次のような方法でいっそう細心に考察される。すなわち、単位1から出発して3角になるようなやり方で拡張し、真ん中に間隙を満たす単位1を加え、4つ一組の単位を直線としてそれで周囲を囲むと、結局そのテトラクテュスが10になる。そのとき10はこうして発生した第3の3角形でもある（単位1に次ぐ最初の3角形は3で底辺は2、2番目の3角形は6で底辺は3である。このとき2つの3角形の外縁に、先には2つ、後には3つの点を通る、3角形の辺となる3本の線を引いても真ん中には何もない。ところが3番目の3角形は10で底辺は4となり、4つの点の代わりに外周となる各直線を引くと、真ん中にはひとつの点が残る。この点は図形を構成するどんな線にも入らず、図形の芯か核のように内奥の空間を作る）。こういうわけで、プロクロスの言うところによれば、ピュタゴラス派は10を

万物を取り囲む、一切を包容する母、
消滅することを知らぬ不敗にして無垢のもの

と呼んだ。ピュタゴラス派の言い伝えでは、10個の単位のひと揃い、つまりこのテトラクテュスが集まってできた10はまた全宇宙の装飾を内に含み仕上げて完全なものにする。プラトンもその説に従う。すなわち、① できあがった宇宙は有形で知覚できる。② 宇宙は自らの中にある万物を類比ないしは均斉の絆によって解体しないようにしっかりと保持する。③ 宇宙はあらゆる元素からできているから全体である。④ 宇宙の形体は丸い。⑤ 宇宙は自らの中において自身からあらゆる作用を受ける。⑥ 円運動

をする。⑦ その体には生気がある。⑧ 天体の回転運動を通じて時間を創始する。⑨ 宇宙には特定の聖なる星がある。その星は神々の中に数えられ、完全なものとしての大いなる一年を作り出す。⑩ 万物からなる宇宙はあらゆる点で完全であり、そこには4つの形態を取って現れたすべての生あるもの（天空の星、大気中の鳥、水中の魚、地上の4つ足動物）がある。こうして単位（ピュタゴラス派によると空洞から生じた単子）からテトラクテュスにまで（ピュタゴラス派によると神聖なるテトラクテュスそのものに至るまで）進んでいき、万物の母と言われたような10が生じる。単位の進行の仕方は次のとおりである。すなわち、1は宇宙である。2は宇宙に内包された最初の多様性を表す。3は物の接合に必要な絆であり結び目である。物が2つだけで3の助けがないとひとつに結合することができないからである。

　　4は元素を限定し列挙する数である。宇宙は立体であり、2つの立体を連続する比の形で組み合わせるためには常に2つの中間項が必要だからである。以上の（1、2、3、4の）和が10である。これについてはすでに述べた。これが宇宙の装いであり、宇宙の作り主が宇宙に与えた嫁資である。

ヘルメス・トリスメギストスの数の哲学

　以上は、カメラリウスが古人の説から読み取ったものだが、この説と合致する大部分のことを、ヘルメス・トリスメギストス（彼が誰であろうと問題ではない）が息子のタートに繰り返し説いている。[020] 彼のことばには「単位1は理性に従って10を抱擁し、10も単位1を抱擁する」とある。次いで彼は、魂のもつ激しい欲望の性能を獣帯の12宮に合わせて12の復讐者つまり倫理上の悪徳で構成し、肉体と肉体に引かれる魂の性能を獣帯に従属させる。また魂の理性的性能を10の倫理的な徳で構成する。ピュタゴラス派はテトラクテュスを魂の源泉として讃える。カメラリウスはテトラクテュスが複数組あり、4の底辺から立ち上がり和が10となるテトラクテュスだけでなく、8の底辺から頂点までの和が集まって36となる別の特殊なテト

ラクテュスもあったと言う。このタートも、父ヘルメスの教えに従い同じ説に同意する。タートは、まだ8の段階にある時機になったところだと言う。父は息子を8の歌を歌うポイマンドロスのもとに行かせる。この8の歌には魂の8つの倫理的なあり方が現れる。その7つは明らかに月から始まる7惑星に対応する。より神聖で静穏な第8のあり方は、私見では恒星天球の観念に対応する。以上はすべて調和を通じて行われる。繰り返し沈黙を教え、頻繁に知性と真理を述べ、空洞、深遠、内奥、魂のクラテル〔酒を水で割るための器〕、その他多くのことを説く。こうしてピュタゴラスがヘルメス化し、あるいはヘルメスがピュタゴラス化していることは明らかである。さらに、ヘルメスは一種の神学と神性に対する崇拝を語る。ことに生まれ変わりについては、時にはモーセを、時には福音書の著者ヨハネ（ヨハネ伝3）を自分なりの意味に解釈し、弟子に特定の礼拝を繰り返し教える。著述家たちもピュタゴラス派について同じことを主張し、ピュタゴラス派の一部は神学とさまざまな礼拝と宗教的事物に対する崇拝に専念してきた、と言う。ピュタゴラス派のプロクロスも神学を数の研究に入れている。

　閑話休題。調和比についてのピュタゴラス派の証明に戻ろう。

　ピュタゴラス派は数による哲学研究に熱中しすぎた。そこで初めは耳で聞いたことをもとにしてこの哲学に至ったのに、もはや耳の判断にさえよらず、諸調的なものと非諸調的なもの、協和と不協和が何か、独自の数だけで決め、聴覚の自然な直観を無視した。★021 こうして調和論はプトレマイオスが現れるまで数の専制下にあった。しかしプトレマイオスは1500年前に初めてピュタゴラス派の哲学に反対して聴覚を擁護した。そして諸調的音程の中に上述の比と、〔大〕全音として1倍と8分の1の比〔9：8〕を取っただけでなく、小全音として1倍と9分の1の比〔10：9〕や半音として1倍と15分の1の比〔16：15〕を取り入れた。さらに耳で聞いて認めた1倍と何分の1かになる比、例えば1倍と4分の1〔5：4〕や1倍と5分の1の比〔6：5〕を加えただけでなく、他にも例えば3対5や5対8 $\left[\frac{5}{3}や\frac{8}{5}\right]$ などのような、1

調和的な数に関するピュタゴラス派の誤り

倍と何分のいくつかになる比からも若干を採用した。

調和的な数と諸調的な数に関するプトレマイオスの誤り

　こうしてプトレマイオスは、調和比の起源に関するピュタゴラス派の思索には無理があると見て修正したが、誤りとして完全に取り消したわけではない。言説でも教義でも耳の判断を本来のふさわしい位置に戻しはした。けれども、彼も抽象的な数の研究に固執して耳の判断を放棄した。調和比の数と個々の調和比の原因がその結果とうまく合わず、協和を決めるのには不十分なのに、諸調的音程を決めるには多すぎるからである。さらにプトレマイオスは、長短3度と長短6度（この4つは4対5、5対6および3対5、5対8の比で成り立っている）が協和ではないとする。ところが今日の耳の良い音楽家はみなそれを協和とする。逆にプトレマイオスは、6対7、7対8やその他の比を音楽における諸調的音程に入れるので、歌唱がド（UT）からファ（FA）に進むときに、6と8の中間項として7がある比になって、レ（RE）とミ（MI）の間に中間的な音声を立てることになる。その特徴を表すためにこの音声をリ（RI）とすると、ド、レ、ミ、ファと歌えるのと同様に、ド、リ、ファとも歌えるだろう。確かに弦には生命がないから自らの判断を挟まず逆らいもせず不器用な音楽家の手に従う。しかし弦をそのように調律できるとしても、これはすべての人の耳に非常に不快で、歌唱の慣例からもはずれている。

原因でないものを原因とするプトレマイオスの誤り

　また抽象的な数に求めた原因と協和という結果がほぼ一致するとし、万物の父にして永遠の知性が上述の数のことを考えたうえで、音声と音程のイデアを抽象的な数から選び出し、それを喜ぶように人の魂を作り上げようとしたことが証明され、こうして抽象的な数が原型となる原因と見てもおかしくないとしよう。けれども、なぜ1、2、3、4、5、6などの数は音程になるのに、7、11、13 やそれと同類の数はそうではないのか、という問題はまだ明らかにはならない。また数はそのままでは直接にこの事柄の原因とはならない。すなわち、1、2、3 という根本原理と、その数から導き出した平方数や立方数の類から得た原因は原因にはならない。音程の起源のひとつで市民権を奪うことのできない5がそこには入っていないか

131　　　　　　　　　　　　　　　　　　　　　　　　　　　　　　　　　　　〔序〕

らである。

　また、1、2、3という数が自然の事物を構成する根本原理の象徴だとわかるだけでは、思索家にとって不十分である。音程は自然の事物ではなくて幾何学に関わるものだからである。したがって、こういう数が音程ともっと密接な関係のあるものを数える数でなければ、哲学者は原因とされる数を信ぜず、そいうものは原因ではないと疑いをもつだろう。

　こういうわけで私は20年来、原因としてふさわしいものを発見して数学と自然学のこの分野をより明らかにすべく努力してきた。協和と諸調的音程の数を決めるとき耳の判断にもかない、耳から入ってきたことを逸脱もせず、また、音楽の音程を形成する数とそうでない数を峻別でき、さらに原型から見ても原型を用いてそれに合う事物を作る知性から見ても、音程と密接な関係がある原因を、できるだけ確実性に依拠しつつ明かそうとした。すなわち、協和音程を決める項は連続的な量だから、協和音程と不協和音程を分ける原因も不連続な量である抽象的な数ではなく、連続的な量の類に求めなければならない。また人間の魂がこういう音程を喜ぶ（喜びを感ずるかどうかが協和と不協和の真の定義である）ようにしたのはかの知性〔神〕であるからには、音程どうしの相異にも、音程を調和的にする原因にも、やはり知性の対象となり理解できる本質があるはずである。言うまでもなく、本質的に協和音程の項はもともと可知だが、不協和音程の項は可知とするには不向きか不可知である。その項が可知であれば知性に届き、原型を形成するのに採用できる。しかし不可知（この意味については第I巻で説明した）だとしたら、永遠の創造主の知性の外にとどまったままで、原型にはまったく与ることがない。このことについては、各章を通じこの教説を述べたところでもっと詳しく論じる。さて、神の力を頼りにこの教説に取りかかろう。以下では確かに常に歌唱、つまり抽象的なものではなく音を伴う具体的な調和音程について語るが、終始よく訓練された知性の耳で、音を伴わない抽象的な音程を聴き取ることになる。抽象的な音程は、

音と人の歌唱のみならず音のない他の事物にも特有の優美な魅力を生み出すからである。第4巻と第5巻でそれを聴くことになるだろう。

第3巻各章

第1章―――協和の原因

第2章―――弦の7つの調和的分割および7つの小協和の形式

第3章―――調和平均と協和の3要素

第4章―――慣用の音程ないしは諸調的音程の起源と名称

第5章―――慣用の音程による協和の分割と名称

第6章―――調性、長調と短調

第7章―――1オクターブの8つの慣用的なすべての音の比

第8章―――半音の切断と1オクターブにおける最小音程の配列

第9章―――記譜法、譜線、音符、音名を表示する文字について、音組織、キイ、音階

第10章―――テトラコード〔4音音階〕と階名のウト(ut)、レ(re)、ミ(mi)、ファ(fa)、ソル(sol)、ラ(la)

第11章―――大きな音組織の構成

第12章―――その構成から生じた真正でない協和

第13章―――単純な諸調的歌唱

第14章―――旋法ないしは調

第15章―――どの旋法がどういう感情に使われるか

第16章―――装飾的つまり和声による歌唱[★022]

第I章

協和の原因

定義

古人はモノポノン(monophonon)、アンティポノン(antiphonon)、ホモポノン(homophonon)、ディアポノン(diaphonon)、シュンポノン(symphonon)、アシュンポノン(asymphonon)という語を用いた。アシュンポノンは不協和、シュンポノンは協和と同じ意味になる。協和にはホモポノンの意味で用いられる同音とディアポノンの意味で用いられる異音がある。同音にも同一音(モノポノン)と対置音(アンティポノン)[★023]の2種類がある。

定義

幾何学では「部分」(Pars)と「諸部分」(Partes)という語は異なる[★024]。すなわち、「部分」というのは、全体がその大きさの倍数つまり2倍、3倍、4倍となるもので、「諸部分」とは、その大きさの倍数がただひとつの全体ではなく、いくつかの全体の和となる場合をいう。例えば、7分の1は「部分」と言う。円周全体が部分となるこの弧の7倍だからである。しかし7分の3は「部分」ではなく「諸部分」と言う。この弧の7倍は3つの円周の和の大きさになるからである。

けれども、ここではこういう区別をせず、取り上げた部分のひとつないしはもう一方のいずれも「部分」と言うことにする。すなわち、長さにおいて有理な部分をすべて「部分」と言う。ただし、半円より大きくない場合という限定をつける。

また有理な部分を全体から取り去ったものを「残り」と言うことにする。これは半円より小さくはならない。

「残り」と「部分」を区別することはぜひとも必要である。やがて見るように、「部分」は協和、「残り」は不協和となるからである。

定義

ここでは「弦」(Chorda)を幾何学の場合のように円弧に張る弦の意ではなく、音を出すことのできるすべての長さつまり弦の意とする。音は運動によって生じるから、弦は抽象的には動きの長さもしくは知性でとらえられる長さについていうものと理解されたい。

公理 I

円の直径と、第I巻で説明した固有の作図法がある根源的な図形の辺が、円周全体と協和する円の部分を決める。

　円を弦としてどのように張ったら音が出るか。中空の物体にどのように固定したら共鳴するか。全体が鳴り響くようにひとつの印を付けて固定したらよいのか、それとも部分どうしが鳴り響くように2つの印で固定したらよいのか。ここでこういうことを説明すると冗長になる。ただし、こういう問題から始めるべきではあった。音に表された具体的な調和である歌唱を問題にするだけでなく、音から離れた抽象的な音程も暗黙裡に理解する必要があるからである。しかし歌唱に関しては、まっすぐに張った弦を曲げて円にしたときに内接する図形の辺で分割するように分割できるとするだけで十分である。

系

作図可能な図形は無限にあるから協和も無限にある。

　ただし協和の選別については、ずっと先に延ばすわけでもないがまだ述べる時ではない。この点について、ピュタゴラス派は協和音程の数が限定されていることを数の哲学で理由づけたが、実際にはこの限定は無限の能力をもたない人間の聴覚のみに由来する。したがって、協和が一定の数に制限されることは、抽象的な調和音程にとってはたんなる偶然で、因果関係はない。天体の調和については今は言わずにおくとしても、今日の音楽家もピュタゴラス派の限界を踏み越える。

公理 2

図形の辺の作図法が最初の段階から遠のくのと同じ分だけ、辺によって切り取られた円の一部と円全体との協和の仕方も同一音の最も完全な協和から遠のく。あるいは、その辺をもつ当の図形が他の図形の間で占める順位と同じものが、その図形に由来する協和が他の協和の間で占める順位である。

　快さから協和の選別をするために、以下でこの公理を用いる。

公理 3

正多角形とその星形の辺で作図不可能なものは、円全体と不協和な円の一部を決める。図形の辺が作図可能でもその図形から直接にはできなかったり作図法が固有のものでない場合も、やはり同様である。あるいは固有の作図法がないという代わりに、第2巻によって造形性がないということをもってきてもよい。いずれの方法によっても、正15角形は排除される。

　この公理によって、ピュタゴラス派の抽象的な数は斥けられ、代わりに私が立てた協和の原因が完全なものとなる。

系

そこで以下の部分は、以下の数に分けられた全体とは不協和である。

部分	全体
1. 2. 3.	7
1. 2. - 4.	9
1. 2. 3. 4. 5. . . .	11
1. 2. 3. 4. 5. 6. . .	13
1. - 3. - 5. - - .	14
1. 2. - 4. - - 7. .	15
1. 2. 3. 4. 5. 6. 7. 8. .	17
1. - - - 5. - 7. - .	18
1. 2. 3. 4. 5. 6. 7. 8. 9. .	19

以下、こうして無限に続く。[★025]

公理 4

辺どうしの作図法に密接な関係がある図形は、やはり密接な関係のある調和を生じる。

　さらにこの公理によって調和比の起源と原因が証明される。

公理 5

等しい力で張った弦つまり円弧は、相互の長さの比が円全体と円の「部分」ないしは「残り」の比と同じであれば、その比が異なる項つまり音どうしのものでもやはり同じ協和ないしは不協和をもつ。

　抽象的には、その項が音であろうと音を伴わない動きであろうと、異なる任意の項に見出される比が調和比であれば、円はその部分とともに同じ一定の調和比を構成する、と理解される。

　なお、この公理を付け加えるのは、すべての調和比が必ずしも正則図形による円の最初の分割によって円から直接に生じるわけではないからである。むしろ先行する調和比を敷衍すると比が一定の限界にまで広がる。これはやがて命題で見る。

　この公理は命題7、8で用いる。

公理 6

2本の弦が同音を発する場合、いかなる協和であれ不協和であれ、2本の弦の一方に協和する第3の音はもう一方とも協和し、一方と不協和な音はもう一方とも不協和になる。

　主語には同音という種概念、述語には協和という類概念がくることに注意されたい。そうすると以下の2点が理解される。まず、2本の弦がどのように協和しようと、協和さえしていれば第3の音はその両方と協和するか、もしくは両方と不協和である、という結論にはならない。これは同音という種概念について正しくても、類概念については誤っているからである。次に、第3の音がある一定の協和を取って同音の一方と協和すれば、同一種の協和によってもう一方とも協和する、という結論にもならない。これも必ずしも正し

くはない。先回りすることになるが、実例によって示そう。ここにIオクターブとなる2つの音Gとgがあるとする。第3の音dがあれば、これはGとは5度になるからgとも協和するが、gとは5度ではなく4度で協和する。

　この公理は特に命題4で用いる。

公理7
2本の弦ないし音が同音を出す場合、第3の音がその中のひとつの同音になれば、もう一方とも同音として協和する。

　先の公理では一般論として主張できなかったことが、同音については種概念においても正しい。

　これは命題3で用いる。

以上の公理、特に最初の5つの公理に関する思索は高遠でプラトン的であり、キリスト教の信仰にもかない、形而上学と魂に関する教説とに関わる。先行する2巻ではこれと関連する幾何学の分野を扱った。幾何学は、神とともに永遠で神の知性の中で光を放つ。そして本巻の序で述べたように、宇宙が最も善き美しいものとなって創造主に最もよく似るように宇宙を整える雛形を、神に提供した。精神、魂、知性はいずれも創造主である神の似姿であり、身体を支配し活動させ成長させ維持し繁殖させるべく、それぞれの身体に配された。

　これらの神の似姿は各自の務めとして創造の仕事の類型に従ったので、創造主と同じく幾何学から選び出された規則を遵守してはたらき、神が用いたのと同じ比を至る所に見出しては喜ぶ。あるときは純粋な思弁によって、また感官を介して事物の中に、さらには知性による論証もなく生得の直観によって。神ご自身がこういう比を物体と運動の中に不変の形で表されたかもしれない。あるいは無限分割の可能な質料とこの質料の量的な運動を支配する幾何学的な必然性によって、限りなく多くの非調和的な比の中に適当な時機に調和比が存在（ESSE）としてではなく生成（FIERI）として現れてくるか

調和の形而上学的な原因

もしれない。神の似姿である知性はたんにそういう比を喜ぶだけでなく、それを標準にして自らの務めを果たし、できるだけ自らの身体の運動にその比を表現しようとする。そのみごとな2つの実例は後に続く巻で示すが、そのひとつは、調和比によって天体の運動を配分した創造主たる神ご自身の例であり、もうひとつは、星辰の光の放射の中に現れる比の規則に従って大気現象を引き起こす、月下の自然と呼ばれる魂の例である。3番目の、本巻に固有のものとされるのが人間の魂の例で、いくぶんかは動物の魂もこれに該当する。すなわち、人の魂は音声の調和的な比を知覚すると喜びを感じ、非調和的な比によって悲しい気持になる。魂に起こるこういう情調によって調和的な比は協和、非調和的な比は不協和と呼ばれる。さらにもうひとつ音声や音の時間的な長短の調和比も加わると、魂がはたらき、先の場合と同じ規則に従い身体が踊り出し、舌がうきうきとしゃべり出すようになる。これに合わせて工人は鎚を打ち、兵士は行進の歩調を取る。調和が続くかぎり万事が生き生きしているが、調和がかき乱されると沈み込む。

弦に起こるふしぎな事象

　以上のようなことは思慮もしくは直観、つまり知性のはたらきとしてよい。図形の調和比からできた均斉以外に感覚に快いどんな均斉もないのは元素の本性と質料からの必然的な結果なのか、ということは哲学者たちがさまざまに論じてきた。彼らはみな、均衡のとれた音から耳に入り込んでくる快さ、協和を決めるもとになる快さが何に由来するか考究している。元素の運動や質料に注目する人々は、それ自体としては非常にふしぎなことを実例にもちだす。弦をかき鳴らすと、それと協和するように張った別の弦はかき鳴らさなくても共鳴するが、不協和になるように張った弦は動かないままである、という例である。こうして起こった音には知性も知力もないから、この現象が知性のはたらきによって起こるはずがない。そこで、運動の同調によって起こるということになる。すなわち、開放された弦全体の長さが振動するときの振動の緩急によって、弦の発する音に高低が生じる。この音の相異は、本源的に直接に弦の長短

第I章　協和の原因

そのものにあるわけでなくて、付随的に長短によるにすぎない。明らかに、弦の長さが減少すると振動の遅さが減り速さが増すからである。したがって、開放された弦の長さが変わらない場合、弦を張る力が強ければ音は高くなる。弦の緩みを少なくしてぴんと張ると、弦が上下もしくは左右に振動できる幅も減少するからである。★026

　そこで、2本の弦を同じ力で張って同一音が出るようにした場合、1本の弦の音、つまり振動状態にある弦という物体の非物質的な形象★027が、もとの弦を離れてもう一方の弦を動かす。それは、人が竪琴や空洞に向かって大声を出す場合と同様である。その人は大声で空洞を揺すり、竪琴のあらゆる弦を共鳴させる。先の振動の形象は第2の弦を同じ速さのリズムで動かし、2番目の弦もそのリズムで運動する。この弦も等しい力で張られていたからである。こうして個々の振れ（振動はこういう個々の振れに分かれると考えられる）が、鳴らされた第2の弦の波状の動きの中に絶えず現れる。そこで、最初の弦と同一音を出すように張った弦が何よりもよく運動する。ところが、速さが2倍ないし半分になるような弦も運動する。振動の2つの振れが合わさって弦のひとつの動きとなり、こうしていつも先行する弦の3番目の振れがいずれもひとつの波状の動きの端と重なり合うからである。最後に、速さが1倍半になる弦もいくらかは運動する。3つの振れがこの弦の2つの波状の動きになるからである。しかし前者の振れと後者の波状の動きがより頻繁に相反し、互いに妨げ合うようになりはじめる。前者の2つの振れは後者の波状の動きの端からずれて、端の重なり合って現れる振れが3番目のものひとつしかないからである。その他の弦の運動は、こういう衝突によって、振動した弦に指を当てたように止まってしまう。以上のことがこのふしぎな事象の原因であるように思われる。知性による探究能力において私より恵まれた人がいれば、その人に勝利の栄冠を授けよう。

　するとどうなのか。1本の弦の速さが、目に見えるかぎりでは接触がないままなのに、適切な比例関係にあるもう1本の弦の運動に作用を及ぼすとしたら、聴覚器が各々の弦によっていわば一律に動

和音からくる歓喜の原因は何か

かされ、2つの音もしくは振動のもつ2つの振れが同じ瞬間に合致して現れるから、2本の弦相互の同一の速さが聴覚の快い刺激に作用を及ぼすのではないか。否、この問題は決してそれほど簡単には片付けられない。プトレマイオスの『調和論』の注釈者ポルピュリ★028オスは非常に深い探究能力のある哲学者だった。それなのに彼がこの事象の原因についてここにあげたようなことで満足できたことに驚かされる。ただし、原因を詳細に探究するのが困難なので心行くまで深く知るには至らなかったこと、沈黙は哲学者にとって不名誉だと言われるから、すっかり沈黙するよりは何か主張するほうがよいと考えたことは、ありうる。それなら、目に見える形をもつ聴覚器の快い刺激と、魂の内奥で調和的な協和から感じ取る信じ難い歓喜との関係がどういうものか、問題になる。もし歓喜が快い刺激からくるのであれば、刺激を受容する身体の器官がその歓喜に主要な役割を果たしているのではなかろうか。

　感覚とは何か

　『屈折光学』〔命題61〕ではすべての感覚について、以下のように定義すべきだと思われた。すなわち、器官が外部にある物から作用を受けるやいなや、その感覚作用に携わる器官の捉えるべき形象が神気に運ばれて内部の共通感覚の法廷にやってくる。そうするとそのとき初めて歓喜ないし苦痛が生じて感覚作用が完結したことになる。ところが、協和する音声ないし音を聴く場合、歓喜のどういう部分が耳に固有のものか、問題になる。協和に耳を澄まし甲高すぎる響きのために耳に手を当て、それでもなお協和を感じ取ろうとして心が弾むと、時折、耳から苦痛を受けるのではないか。運動から引き出した先の説明が同一音では非常に有力なことも、これに加えてよい。しかし、快さは特に同一音にあるわけではなく、むしろ他の協和や協和の組み合わせにある。

　調和の快さの原因を知性の承認に求めるべきこと

　ここで提示した協和からくる快さの説明を覆すために、多くの事柄をもちだすこともできるだろう。だが、差し当たりそれを入念に書き記すのは止める。ただ、先にふれておいた、あらゆる議論の代わりとなるような見解をひとつだけあげておく。調和比を模倣する

身体のはたらきと運動は、協和が喜びをもたらす原因を魂と知性に帰することで魂と知性の味方をしている、ということである。古人の重要な証言もこれと矛盾しない。彼らは魂を運動と定義したり、調和と定義したりするが、それほど不合理なことを言ったわけではない。むしろ、むずかしい問題では、ことばの外皮の下にしばしば玄妙な意味が隠れ潜んでいるから、古人の説が正しく理解できなかったのである。序で述べたような、魂が調和比からどのように構成されたかを説くロクリスのティマイオス[★030]の哲学は、ことばどおり[★031]の意味においてはアリストテレスによって反駁された。[★032]けれども、そこにはことばどおりの意味のほかに何も深い意味はない、と断言するつもりはない。むしろかの哲学者が少なくとも、ここで私が立てた、聴覚が快い比つまり協和する比を不快で不協和な比と識別するときの判断ないし直観のもとは人の魂と知性である、という説を採っていることは否定できないと思う。比が理性の対象となる実在で、感覚ではなく理性によってのみ知覚でき、比つまり形相を比が適用される物つまり質料と区別するのは知性のはたらきである、と熟慮のうえ判断したからである。

すでに正則図形の2つの特性を明らかにした。個々の図形の辺が可知で作図できることと図形全体が相互に組み合わさり造形性があることである。この作図の可能性と造形性は範囲がすっかり重なるわけではない。先の公理は、特に作図法に関わることを述べている。作図法は音の源泉ともなる運動の比にいっそう密接な関係があるからである。

> つまり図形が可知で作図可能なことに求められる

すなわち、造形性は形を具えた全体としての図形にある。だが、運動（この運動によって調和比が発生する）は（ほとんどすべての運動が直線的なものと考えられるから）、比の淵源となる図形の辺を真っ直ぐに引き伸ばし、蛇が母親にするように自らの母体となった図形を破壊し滅ぼしてしまう。図形は、造形性があるものであれば円全体を部分に分かつ。調和比のほうは分割された円を直線に引き伸ばし、図形の行った分割の結果を消し去る。こうして協和は作図可能な図形とと

もに無限に展開するが、造形性のある図形の数は12に限られる。最後に、各図形は円の分割を一度だけ行うが、円にできた部分は常に円全体と2つの協和を構成する。

<small>造形性にも求められる</small>

　この第3巻では、辺が可知で作図できるかどうかが全体の形を残す図形の造形性より重要だが、やはり造形性も密接な関係があるから、しかるべき個所では等閑にすべきでない。理由は、まず第1に、造形性を表すラテン語のCongruentiaの意味は、あらゆる点を吟味すれば、この巻でこれから論じる主題である調和を表すギリシア語のHarmoniaと同じだからである。ただし、論じる対象に応じて、2語を使い分けてはいる。第2に、図形の造形性は（本巻と第5巻で論ずる）運動に一種の調和を与えるからである。第3に、ここでは形ある全体としての図形よりもむしろ図形の一辺に注意を向け、その辺が切り取る部分が協和するかどうかを考えようとしている。しかし同時にまた、円のどれほどの大きさの部分を切り取ったかではなく、むしろどのような種類の図形によってそれを切り取ったか、作図可能な造形性のある図形によってか、それともそうでない図形によってかを考察しようとしている。各図形はどれも、第2巻で見た造形性のもとになった角から、第1巻で見た作図法も得ていた。したがって、図形の造形性の観点を調和の考察から除外すべきではない。

命題 I

半分と全体との協和は、同一音の次に第1段階に入る、ただひとつの単純で完全な同音（Identica）、つまり対置音（Identica ex Opposito）である。

　[★033] 図形に関わるものはさまざまな要素から構成されており、したがって単純でも同等でもない。[★034] 図形には面積と面積に応じたいくつかの部分と位置の相異のある角があるからである。だが、図形に関わらないもの、つまり面積の広がりがなく面積に応じた部分も角もなく、一本の線分としてあり、しかもその線分が基準となる与えられた大きさに等しいものは、そのことによってやはり単純で、基準となる

大きさと同一であり、つまりは同等である。円に内接する正則図形は先の種類に属し、円の直径は後の種類に属する。すなわち、① 正則図形の辺はすべて中心から等距離にあり、直径は中心を通る。② 尺度となる図形の一辺で一点から始めて円を切っていき、何回か繰り返し続けると、最後にその一辺の他の一端が最初の出発点に戻る。直径は中心を通るので、一度繰り返せばただちに最初の点に戻る。③ 図形の辺には長さがあり、辺が囲む面には面積がある。直径は平面のどんな部分も囲んだり閉ざしたりせず、繰り返し取ると2回目にはまったくそれ自体と合同になる。④ 図形は円を分かち多くの部分を作る。直径は最少の部分つまり2つの部分しか作らない。実際、全体を部分に分けようとすると2つより少ない部分にすることはできない。⑤ 直径は可知性と作図法から図形の辺を比較するときの基準となる大きさである。したがって、図形の辺は作図に骨が折れ、完全ともいえない作図法の段階で可知になるが、円の直径は非常に単純な規則によって、円周上の一点から中心を通って反対側の一点へ線を引くだけで描け、常に等しく基準の大きさである。⑥ 図形の辺で円を一度分割するかひとつの部分を切り取ると、不等な部分ができて「部分」は「残り」より小さくなる。ところが、直径で「部分」を切り取ると「残り」もこれと等しくなる。この同等の比は純粋で単純で完全である。互いに等しい部分が測定の基準と同一だからである。⑦ 最後に、図形も円周を複数の等しい部分に分かつが、円の面を不等な部分に分かつことになる。中にくる図形の面積は、残る弓形の面積より大きいからである。ところが、直径は円周だけでなく円の面積も2等分する。

　公理2によると、円を協和するように分かつ辺もしくは線分の性質は協和にも移る。したがって、直径が円から切り取った「部分」つまり半円と円全体の協和は、単純で完全な同音である。さらに公理5によって、相互の比が円全体対その半分となる他のすべての長さも同一の協和つまり完全で単純な同音的協和を作る。そして数（演算を行うときの抽象的な数ではなく、算出された長さとしての数をいう）[035]にお

いて2倍の比となるもの、つまり1と2やその等倍の比も同音的協和を生じる。[★036]

　ここでは以下のことに注意されたい。直径は非常に単純で完全ではあるがやはり点ほど単純ではなく、依然として線分であり、円周上の2点を端とし円を相対する等しい2つの部分に分かつ。部分と全体は、大小に応じて、同一音ではないが同音的に協和する音声を生ずる。すなわち、小〔部分〕は高音、大〔全体〕は高音と響きあう低音である。そこで、この協和を対置音と言う。

　したがって、一本の弦全体の音とその半分の弦の音が、相互に異なってはいても、他の協和と比べると聴覚によっていわば同じ音であるように把握される真の理由は、円の直径から得られる。

　この同音の原因を8音の数に求めようとする人もあるが、それは徒労である。同音は本来、この音程を8音の選定に用いる7つの諸調的音程に分割することより先行するからである。

　しかし、まだこの協和やその他の協和に名称を与えるときではない。これは第5章に回すべき課題である。

　ただし以下の点に注意されたい。すなわち、直径によって作れない他の「部分」も同音的に協和するが、しかしそれは第1段階にならないし、正則図形によって作られるようなものでもない。むしろ連続的な拡張によって作られるようなものである。以下は、その拡張に関する命題である。

命題2

円の2つの部分を取ったとき、小さい部分対大きい部分の比が大きい部分対円全体の比になるが、その比が連続的に2倍になる形の比と異なる場合、大きい部分が円全体と協和するならば、小さい部分は円全体とは不協和である。

　すなわち、2倍の次は3倍の比になるが、連続的に3倍になる比では〔円全体を最初に置くと〕3番目が円全体の9分の1になり、5倍の比では25分の1になる。6倍の比には9分の1が、10倍の比には25分

の1が含まれる。6の6倍は36だが、これは9の4倍であり、10の10倍は100だが、これは25の4倍だからである。他の倍数比についても同様である。ところが9分の1、25分の1や同様の「部分」は、公理3によって、円全体とは不協和である。第I巻命題47を参照。

命題3
連続的に2倍の比となる弦はすべて同音として協和するが、弦の長さの隔たりが大きくなるほど、その協和の段階も遠のく。

すなわち、最初の近接した3本の弦は、円全体と半円と4分円がもつような比を相互にもつ。ところが、公理1により半円も4分円も円全体と協和する。また公理5により4分円は半円と協和する。したがって、これらの近接した3本の弦はすべて協和し合う。ところが、命題1により円全体と半円は同音として協和するから、4分円と円全体の協和も同音である。同じく命題1により4分円と半円も同様の協和を作る。故に、公理7により4分円と円全体も同音として協和し、公理5により4倍と1倍は同音として協和する。

さて、第1と第2と第3の比例項の比率と同じものが第2と第3と第4の比例項にもあり、同じように連続して相互に近接した3つの比例項にもある。*037 したがって、連続的に2倍となる比の形のすべての比例項は互いに同音として協和する。

こういう場合、類概念としての協和と種概念としての同音の区別に注意されたい。4分の1、8分の1、16分の1のようなものが協和するのは公理1と正方形、8角形などの図形のためだが、同音として協和するのは、そのうえさらに、この図形の仲間が円の2等分から漸進的に増えていくためである。

こういう増殖がなかったら、それらの図形による同音的な協和もなかっただろう。すなわち、正則図形はすべて円を等分して多くの部分を作る。あるいは辺で2分するだけなら不等な部分を作る。円内の面積を囲むが円の面積を等分はしない。辺も中心を通らず、重なりもせず、直径と等しくもない。それ故に、4角形の仲間の図形

から生じた協和もやはりいわば聴覚の中に広がり、音声の明らかな変化と多様性によって心を満たしただろうし、こういう効果なら、命題1によれば、2の累乗となる辺数をもたない他の図形に由来する協和によっても得られる。

けれども4角形の仲間の図形にも、協和を変化させ（この仲間の図形自体が直径の単純さから離れていたように）協和を同音の純粋さから引き離す作用がいくらかはある。第1に、図形が円から切り取った部分の協和が（全体の2等分から始まる上述の円の部分の漸進的な増大のために）純然たる同音になるとしても、同音の段階がだんだん遠のくからである。すなわち、小さい部分は、それに近接した大きい部分と対置音として協和するが、対置の回数だけの乗法が行われて常により高音になり、音程が広がっていく。第2に、同音は（直径による分割と同様）「部分」には〔2等分を進めていっても〕保持されるが、「残り」には保持されないからである。すなわち、この「残り」が、調和の性質に関するかぎり、後から出てくる図形では常に劣ったものになる。このような「残り」についての特殊な命題は以下に続く。

これに対して、同音的な協和を生じるのは4角形の仲間だけではない。他の図形の仲間もやはり2等分に与るかぎりは同音的な協和を生じる。すなわち、後から出てくる図形の辺で切り取った円の部分は、以下に続く命題が示すように、常に先行する仲間の図形の辺で切り取った部分と同音として協和する。したがって、類比は協和のあらゆる構成要素にある。

この命題は次の命題に用いる。

命題4

連続的に2倍になる比の倍数が2つあって、弦がそのひとつと協和すれば残るひとつとも協和する。そのひとつと不協和であれば他のひとつとも不協和である。

すなわち、命題3によって連続的に2倍になる比を取る音は互いに同音である。また公理6によって、同音の弦の一方と協和するも

147　　第1章　協和の原因

のは他方とも協和するということなどが言える。

　公理6はこの命題のために立てたものである。この命題が今度は円の「部分」と「残り」を調べるのに役立つ。浅学者は命題と公理を短絡的にひとつにまとめないように注意されたい。これは決して類語反復ではない。すべて必要なことである。問題をもっと簡単にかたづけようとするとかえって紛糾するだろう。

命題 5

その他に星形の作図可能な辺でも、円に作図することができるから、初めの公理にあるような星形のもとになる基本図形と同じように円をもとに全体と協和する部分を作れる。けれども、部分と全体を表す数が共通の約数をもたない場合、(基本図形が切り取った部分に換算したとき)作図できない図形に特有な数になる部分を円から切り取るようであれば、その星形の辺は除外される。

　この命題の前半部は公理である。この公理が一般化しすぎないように、命題の後半部によって限定する必要があった。この命題の証明は以下のとおりである。作図可能な図形、例えば正20角形によって円を分割したとする。辺が20角形によって作られた20の弧の9に張る弦となる20角星形があるとする。そうすると共通の約数がない9と20が出てくる。さて、部分は円から切り取ったので全体より小さくなる。しかし、半円か4分円か8分円より大きいかもしれない。そこで分割し続けて連続的な2等分によってできた円の部分が、問題となるこの星形の辺が切る部分の半分より小さくなるようにする。この例では全体が20で問題となる部分が9だから、全体の半分の10、さらに半分の5、3度目に8分円の 2.5の部分を取る。この 2.5は、9の半分より小さい。9対8分円の 2.5の比は、作図できない図形によって分割した円とその分割部分の比つまり18対5になる。ところが公理3の系から明らかなように、18分の5は全体の18分の18とは不協和である。故に、公理5によって、分割部分の9は8分円(つまり分割によって得た 2.5)とは不協和である。したがって命

第3巻──調和比の起源および音楽に関わる事柄の本性と差異　　148

題4により、問題となった9は、たとえこの部分に張る弦が作図できたとしても、円全体の20とも不協和になる。なお、この弦は作図可能でも非常に可知性の低い段階にあり、星形にも造形性がない。

命題6
円ないし弦から全体と協和する「部分」を切り取った「残り」が、連続的に2倍になる比によって協和する「部分」の「残り」であれば、それは切り取った「部分」とも協和し、円ないし弦全体とも協和する。

切り取った「部分」と協和することは命題1、全体と協和することは命題4によって明らかである。

命題7
このような「残り」と円ないし弦の半分もしくは4分の1との比が、円全体とそれに協和する部分との比に等しければ、この「残り」は円全体とも協和する。その比が全体と不協和な部分との比に等しければ、円全体とは不協和である。

すなわち、円と半円と4分円は連続的に2倍になる比の関係にある。故に（命題4によって）、円のこういう部分と協和する「残り」は円全体とも協和し、こういう部分と不協和な「残り」は円全体とも不協和である。ところが「残り」と半円ないしは4分円との比が、全体と協和する部分との比に等しいと、その「残り」は半円ないし4分円と協和し、「残り」とそういう部分との比が、円全体と不協和な部分との比に等しいと、その「残り」はそういう部分とは不協和である。これは公理5による。

したがって、以上のような「残り」は円全体と協和し、それに反するような「残り」は円全体と不協和である。

これは次の命題8のための命題である。

命題8
「残り」と切り取った「部分」の比が、円全体とそれに協和する部分

第I章　協和の原因

の比に等しければ、この「残り」は、先の命題によって全体と協和したように、切り取った「部分」とも協和する。その比が、全体とそれに不協和な部分の比に等しければ、「残り」は切り取った部分とも全体とも不協和である。

　この命題の前半部も、「残り」が切り取った「部分」と不協和であるという後半の一部も、公理5にもとづく。そのような「残り」が全体とも不協和であることは、以下のように証明される。

　すなわち、既述の命題の「作図できない図形によって分割した円」の代わりに「残り」がくる。故に、そのような「残り」はもとの円全体よりも小さいけれども、「残り」の定義からいって半円より大きい。「残り」が半円より大きければ、4分円は半円の半分だから、この「残り」の半分より小さい。そこで、「残り」と4分円の比は、作図できない図形によって分割した円とその分割部分の比に等しくなる。ところが、公理3によってこういう円の全体はこうしてできた部分と不協和である。したがって、上に述べた「残り」も、公理5によって4分円と不協和である。故に、命題7によって円全体とも不協和である。

これらの命題の系

そこで以下のようになる。

協和する部分	協和する残り	不協和な部分	不協和な残り	部分全体の数
1.	1.	.	.	2.
1.	2.	.	.	3.
1.	3.	.	.	4.
1. 2.	3. 4.	.	.	5.
1.	5.	.	.	6.
1. 3.	5.	.	7.	8.
1. 3.	.	.	7. 9.	10.
1. 5.	.	.	7. 11.	12.
1. 3. 5.	.	7.	9. 11. 13. 15.	16.
1. 3.	.	7. 9.	11. 13. 17. 19.	20.
1. 5.	.	7. 11.	13. 17. 19. 23.	24.

以下に続く。[★038]

151　　第I章　協和の原因

第2章

弦の調和的分割

　　以上で調和比の起源を明らかにした。それは2つある。ひとつは直接に作図可能で造形性もある図形に由来し、もうひとつは間接的に同音的協和のもとになる2倍比を介したものである。調和比は限りなくたくさんあり、われわれの知るかぎり、こういう比はなお素材のまま彫琢されることもなく区別も命名もされず山積みにされ、あるいはむしろ散点し、たくさんの未加工の石材や木材のような状態にある。そこで、こういう比に磨きをかけて名称を与え、最後にこういう比からなる調和の体系ないし音階の非常にみごとな建築物の建立へと進んでいこう。この建築物の構造は、傍から考えるほど恣意的なものではなく、変更ができるような人工的発明でもない。創造主たる神ご自身が天体の運動を調整するときに表現された非常に合理的で自然なものである。調和比をひとつの体系に集約することは弦の調和的な分割を通じて行われる。この分割の仕方がどれほどの数になるかを、この章で十分に検討しなければならない。

定義

弦全体を、それぞれが相互に協和し、また全体とも協和するような部分に分割するのを調和的分割と言う。音楽的な（つまり協和するような）比の形をもつこの分割の中数は、2つの等しい部分の一方か、部分が互いに等しくないときは大きい部分である。また協和する比の極値は、残った部分か小さい部分と弦全体である。

　幾何学者は、全体と大きい部分の比が大きい部分と小さい部分の比と等しい、神聖比つまり外中比との類似を考えてみるとよい。すなわち、幾何学的なこの黄金分割で比が同一であることが、音楽上の分割では音の性質が同一であることになる。この性質を協和

全体　　　　2. 3. 極値
大きい部分　1. 2. 中数
小さい部分　1. 1. 極値

（Consonantia）、協調（Concordantia）、適合（Congruentia）、調和（Harmonia）という。ただし、黄金分割において比がただひとつであるのと同じように考えて、協和を同一の種概念に入れることのないよう注意されたい。

　古人はこの意味では調和的な分割に言及していない。協和の真の原因を知らなかったからである。なお、古人の弦の分割については後で論じよう。

命題9
弦を2等分する分割の仕方は調和的である。
　すなわち、等しい部分は張力が一定であれば公理2によって同一の音を発する。また弦全体は各部分の2倍だから命題1によって全体は各部分と同音として協和する。そこで3つは協和になる。故に、定義により弦は調和的に分割された。★039

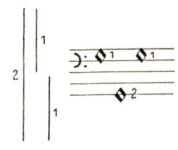

命題10
弦を2倍の比になるような2つの部分に分ける分割の仕方は調和的である。 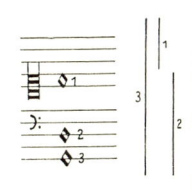
　すなわち、こういう比を作る2つの部分は命題1によって同音として協和する。また大きな部分は小さな部分の2倍だから、弦全体は小さな部分の3倍である。そこで全体と小さな部分の比は、円全体と内接する3角形の辺によって切り取った部分の比に等しくなる。先の章の最後の系によればこれらは協和する。したがって公理5により弦全体も小さな部分と協和する。そこで命題4により全体は小さな部分の2倍つまり「残り」とも協和する。故に、この分割によって3つの協和ができる。こうして上記の命題が成立する。

命題11
弦を互いに3倍の比になるような2つの部分に分ける分割の仕方は調和的である。

第2章　弦の調和的分割

すなわち、1と3の部分相互の関係が円の協和する部分と全体との関係に等しいので、公理5によりこれらの部分は協和する。また1と3を足すと4になるから、公理1と命題3により1の部分は全体の4と協和する。
　最後に「残り」の3は1の「部分」と協和するので、「部分」の4倍の4つまり弦全体とも協和する。故に、この場合も3つは協和である。

命題12
弦を互いに4倍の比になるような2つの部分に分ける分割の仕方は調和的である。

　すなわち、部分どうしが4倍の比だから、命題3により互いに同音として協和する。また1と4を足すと5になるから、公理1と上述の系により1の部分は全体の5と協和する。そこで全体の5は命題4により1の部分の4倍の4とも協和する。故に、3つは協和になる。故に上述の命題が成立する。

命題13
弦を互いに5倍の比になるような2つの部分に分ける分割の仕方は調和的である。

　すなわち、「部分」が1で「残り」が5だから、両者の比は、公理1と上述の系により円全体とそれに協和する「部分」の比と等しい。そこで公理5によりこの両者も互いに協和する。また1の「部分」と「残り」の5を足すと全体の6になるから、(公理1と系により)1の「部分」は全体の6と協和する。また「残り」の5と円全体6の4分の1(つまり6等分によって生じる部分の1倍半)の比は、系によって円全体10と協和する3の「部分」の比に等しい。そこで命題7により「残り」の5も全体の6と協和する。あるいは同じことになるが、「残り」の5と円全体6の2倍の12は、系によって協和する「部分」と全体の関係と同じである。したがって公理5によりこの「残り」5も全体の2倍の12と協和する。そこで命題4によりもとのもの、つまり全体の6と

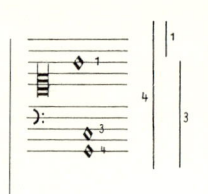

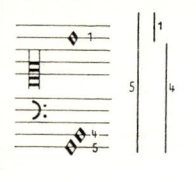

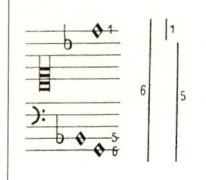

も協和する。故に、3つは協和になる。こうして上の命題が成立する。
★040

命題14
弦を互いに1倍半の比になるような2つの部分に分かつ分割の仕方は調和的である。

　すなわち、「部分」の2と「残り」の3は1倍半の比を作るので、「部分」と「残り」の関係が系によって協和する「残り」の2と円全体の3の関係と同じになる。そこで公理5によりこの2の「部分」は「残り」の3と協和する。また2の「部分」と「残り」の3を足すと全体の5になるが、1の「部分」と「残り」の4は系により全体の5と協和する。そこで命題4により、全体の5も、協和する「部分」1の2倍でここで「部分」として取った2とも協和する。あるいは協和する「残り」4の半分2と協和するとしてもよい。同じ結論は単純に命題5前半部の公理となる個所からも得られる。つまり、5分の2の弧に張る弦は作図可能だから協和もする。最後に、「部分」2の「残り」3と全体5の4分の1の関係は、系によって12の円全体と協和する「部分」5の関係と同じになるので、命題7によりここで「残り」として取った3も全体の5と協和する。故に、3つは協和として現れる。そこで上の命題が成立する。

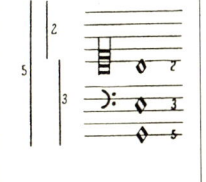

命題15
弦を互いに$1\frac{2}{3}$つまり3対5の比になるような2つの部分に分ける分割の仕方は調和的である。

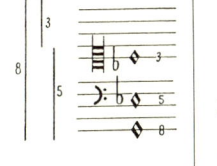

　すなわち、「部分」3と「残り」5の比は、系によって協和する「残り」3と全体5の比と同じなので、公理5によりここに取った「部分」3も「残り」5と協和する。また「部分」3と「残り」5を足すと全体の8になるので、系により「部分」3は全体8と協和する。最後に、「残り」5と全体8の半分4の関係は、系によって円全体の5と協和する「残り」4の関係と同じである。あるいは「残り」5と全体8の4分の1で

ある2の関係は、系によって5の円全体と協和する「部分」2の関係と同じである。したがって命題7によりここに取った「残り」も全体の8と協和する。故に、ここでも3つは協和となる。そこで上の命題が成立する。[*041]

命題16
弦を有理数で表せる2つの部分に分けた場合、その部分と全体の3つの項の中に不協和がひとつあったら、その3項の中にはさらにもうひとつの不協和がある。

　すなわち、不協和の原因は、弦全体もしくは部分を分割の単位となる小部分で表したときの数値が作図できない図形に固有のものとなることである。そういう数は、公理3と5および命題5と7により、作図可能な図形に固有の数で当の数より大きなものとも小さなものとも、協和の関係にならない。故に、そういう小部分の数からなる項は、分割によって生じた残る2つの項と不協和になる。こうして同時に2つの不協和が出てくる。

　幾何学でこの命題と似ているのは、線分を有理数で表せる部分に分けた場合、そのひとつが第3の線分（それはこの場合のように各々の部分からなる全体ではない）と通約できなければ、もうひとつの部分もこの同じ第3の線分とは通約できないことである。

　あるいは、線分を相互に通約できない部分に分けると、各々の部分は全体とも通約できないことである。

命題17
弦を長さにおいて有理な2つの部分に分けた場合、その部分と全体の3つの項の中に2つの協和があったら3番目も協和である。

　すなわち、2つが協和である場合、比は3つより多くないから、不協和が2つになることはありえない。2つが不協和でなければ、命題16の換位により残るひとつも不協和でない。故に、3つの比はすべて協和する。

同じように幾何学でも、線分を相互に通約できる部分に分けた場合、全体も各々の部分と通約できる。

命題 18
弦を長さにおいて有理な2つの部分に分割したとき、全体か2つの部分の一方が作図できない図形に固有の数となる単位小部分をもつならば（部分と全体の数に共通の約数がない場合）、この分割の仕方は非調和的である。

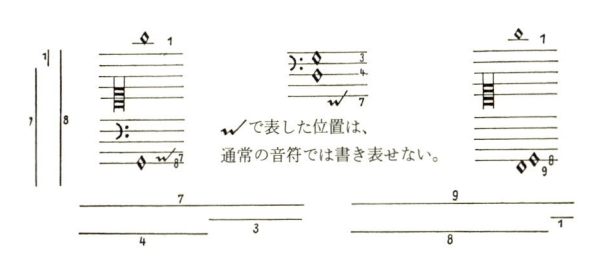

証明は命題16と同様である。すなわち、3項の作る3つの比の少なくとも2つが不協和になり、先にあげた定義に反する。
　ここでは3つの例を示す。最初の例では大きい部分が8分の7、最後の例では小さい部分が9分の1で、真ん中の例では全体が7の単位部分になるが、これらはすべて不協和である。

命題 19
8角形による分割の後にはもはや弦の調和的な分割の仕方はひとつもない。
　すなわち、8角形より辺数の多い正多角形による分割として、ひとつは、作図できない図形とその星形によって行われるものがある。その場合、たとえ部分どうしは協和することができても、公理3により弦全体とは不協和である。もうひとつは、正15角形のような作図はできても固有の作図法がない図形によって行われる。その場

合、公理3の系によりこの分割に固有の部分は全体と不協和である。さらにもうひとつは、作図可能で固有の作図法がある図形によって行われる。5角形より辺数の多いこういう図形はすべて辺が偶数である。これについては第I巻を参照。[*042] したがって、そのような分割に固有の部分は奇数の単位部分からなるはずである。偶数からなるのであれば、「部分」はこの分割に固有のものではなく先行する分割に固有のものとなるからである。例えば、弦を10等分して4ないし6に相当する「部分」を取れば、これは弦を5等分して2ないし3に相当するものを取るのと同じことになる。そこで「部分」は奇数となり、全体は偶数個となる。この場合、(命題5により)5より大きくなければ「部分」は確かに全体と協和するかもしれない。しかし定義から明らかなように、協和するものがひとつでは調和的な分割には不十分である。ところがこの場合は「残り」が不協和となる。全体が8より多い単位部分からなると仮定するので、「残り」は全体の半分より大きいという定義から「残り」が4より大きいことになる。したがって、「残り」は8分割では最小でも5で、もっと数を大きくすれば5より大きくなる。そこで8分割以上だと、どんな場合でも「残り」は5より大きな奇数となる。ところが5より大きな奇数は、第I巻の命題45と47により作図できない図形に固有の数である。故に、本巻の命題18によりこういう「残り」は分割を非調和的なものにするもとになる。

系

I. 一本の弦の調和的な分割の仕方は7つあり、それ以上はない。

II. 分割の仕方の特徴となる数の展開は以下のように行われる。最初に全体を分数の形に置く。つまり単位Iを分子として上に置き、単位Iを分母として下に置く。次に分子と分母の数をそれぞれ別々に分子として上に置き、もとの分子と分母の和を新たな両方の分子の分母に置く。こうしてひとつの分数が2つに枝分かれするようにし、分子と分母の和となる数が作図できない図形の辺数になるまで

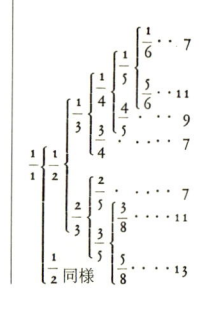

$$\frac{1}{1}\begin{cases}\frac{1}{2}\begin{cases}\frac{1}{3}\begin{cases}\frac{1}{4}\begin{cases}\frac{1}{6}\cdots 7\\ \frac{5}{6}\cdots 11\end{cases}\\ \frac{4}{5}\begin{cases}\\ \frac{3}{5}\cdots 7\end{cases}\end{cases}\\ \frac{2}{5}\begin{cases}\frac{3}{8}\cdots 7\\ \frac{5}{8}\cdots 11\end{cases}\\ \frac{1}{2}\text{同様}\begin{cases}\frac{5}{8}\cdots 13\end{cases}\end{cases}\end{cases}$$

	続ける。
分割の仕方が7になる原因発見の経緯	この弦の7通りの分割の仕方は、最初に聴覚を手がかりにして発見した。これは1オクターブ内の調和の数と同じである。次いでかなり苦労した末に、個々の分割の仕方とその総数の原因を幾何学の根本にある非常に深い源泉から探し当てた。知識欲の旺盛な読者は、私が22年前にこの分割について『宇宙の神秘』第12章で書き記したことを読み、その個所で分割と調和の原因をめぐり私がどのようにして錯覚に陥り、誤ってその数と比を5つの正多面体から引き出そうとしていたか、見てほしい。実際はむしろ、5つの正多面体でも音楽の調和と弦の分割の仕方でも、平面的な正則図形が共通の原因となっている、というのが正しかった。[★043]
プトレマイオスもポルピュリオスもその原因を知らなかった	『宇宙の神秘』第12章で言及したポルピュリオスの注解付きプトレマイオス『調和論』の写本を、バイエルンの宰相ハンス・ゲオルク・ヘルヴァルト氏の厚意によって入手できた。その書の第3巻から取った主要な部分を本書第4巻と第5巻の付録として訳出した。しかし、調和の真の原因はこの書にも見出せなかった。さらにこの分割の仕方とその数が7であることもまったく言及されていない。[★044]
	上にあげた『宇宙の神秘』第12章に萌芽があることからわかるように、私は種々の原因を平面図形に求めるべきことにかなり早くから気付いていた。けれども、心中のあらゆる疑念がすっかり晴れるまで長い間にわたって苦労してきた。まず、作図できる図形を作図できない図形と区別しなければならなかったからである。次に、分割の仕方が図形に由来するなら、なぜ分割の仕方が7にとどまるのに図形の数は無限に多くなるのか、その理由を見つけなければならなかった。第3に、聴覚という証人によって、15角形が調和を作るものから除外されることがわかったので、15角形と他の作図できる図形との区別を明らかにしなければならなかった。しかも各章には詳細な裏付けが必要で、長い間にわたってひとつひとつの裏付けに専念せざるをえなかった。一例として命題5をあげよう。この命題は、最後に本書を浄書するときになって初めて根本原理に加える

べきだと気付いたもので、それまではわからなかった。この命題がないと、例えば20分の7も（それと合わせると半円になる）20分の3を介して作図できるので、調和を作るのに適したものとなってしまう。そうすると10分の7も7分の5も、さらには7分の2も7分の1も、調和を作ることになってしまう。それは耳によってもわれわれの公理によってもまったく認められない。

　詭弁家は、非常に細かな分割と微妙な協和の判定に関しては耳を信用すべきでないと敢えて言いたがるだろう。しかし、おそらく私の著書『宇宙の神秘』の証言を引くだけで詭弁家のこういう誹謗に対抗して聴覚を十分に擁護できる。読者にはわかるだろうが、私はまだ原因がわからず苦労していた頃でも、分割法の数を定めるときに耳を信じて従い、この点では古人と袂を分かったからである。古人はある程度まで耳の判断に従って進むが、やがてそれを軽んじて誤った推論に従うようになり、残る道程を終える。敢えて耳をふさいだのである。しかし、私は本巻の第8章以下で、誰もが弦のあれこれの分割の仕方について自身で聴覚に諮り、さまざまな証言を調べられるよう努めた。私の探究が、非常に確実な感覚的経験に支えられており、恣意的に案出して真実として押しつけたもの（ピュタゴラス派もこの問題の一部分ではこういう非難に値する）でないことを確信してほしいからである。

7通りの分割の仕方は聴覚の真の証言と一致する

第3章

調和平均と協和の3要素

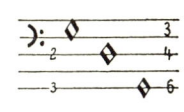

調和比は、小さい順に3数を配列したとき、隣り合う2数の差の比が両端の数の比と等しいものと定義される。例えば3、4、6という数で、最大の6は最小の3の2倍で、大きいほうの隣り合う数4と6の差2は小さいほうの数3と4の差1の2倍となるような場合である。ところが、こういう調和比の定義は誤っている。

古人のいう調和比を作る方法

けれども、専門家たちが音楽比と称するこのような比を作る数の発見の仕方を以下に付け加えておこう。こういう比はしばしば音楽の調和論から倫理学や政治学に転用されるからである。(古人のいう音楽的調和となる3項の)両端の数の比と、その各々と中間の数との差の比を作る、互いに共通の約数をもたない2つの数が与えられたとする。このとき各々の数を自乗し、また掛け合わせる。こうしてできた3数の小さい2つを加えると求める最小数となり、大きい2つを加えると最大数となる。そして掛け合わせた中間の数を2倍すると古人のいう音楽平均となる。例えば、両端の項が3対5となる比をもつような、古人のいう音楽比となる3数を求めるものとする。そうすると3の3倍は9、5の3倍は15、5の5倍は25だから、9、15、25が出てくる。9と15を足すと24、15と25を足すと40、15の2倍は30になる。そこで求める3数は24、30、40であり、(2つの両端と中間の数の)差は6と10である。こうして実際に24対40も6対10も3対5になる。そこで共通の約数をなくすと最小数として12、15、20になる。★045

その方法に対する反駁

3と5の間に与えられた比〔12対20〕は命題8の系によって調和比になるだけでなく、出てきた中間の数15も同じ系によって両端の数12、20と協和する比を作る。したがって、これは確かに私から見てもやはり実際に調和比である。しかし、いつもそうなるわけではない。こうして与えられた2つの数の算術平均が両端の2つの数と

不協和な比を作るときはいつでも、最初に与えられた2つの数がそれだけでは調和比になるとしても、この演算からはやはり実際には不調和な比になる3つの数が生じるからである。すなわち、1と6、1と8、3と4、4と5、5と6、2と5、3と8、5と8の場合がそうである。例えば、2と5〔の比〕つまり4と10の算術平均は7で、7は命題5により4とも10とも協和しないから不調和である。そこで、先の規則に従って計算してみると、それぞれの差が6と15になる数14、20、35が出てくる。この場合、14対35（つまり2対5）は6対15だから、古人の説では20が調和平均と言われることになる。しかし、耳は20対35（つまり4対7）も14対20（つまり7対10）も調和としてはまったく受け入れない。

けれどもそのために、このような比を調和比として国家論に取り入れる著述家[★046]を非難してはならない。こうして形成された比で純粋な調和になるものは少数にすぎず、他の比はみな調和に関わらないとしても、こういう定義の当てはまるすべての比には算術比と幾何比の両方の適切な混合としての面があり[★047]、この混合的な性質によって国家論に応用するのにふさわしいところがあるからである。翻って言うと、国家論の中に調和比のような調和の関係にあるもののはたらきがあるならば、調和平均もないがしろにはできないだろう。そこで、調和平均をもっと広く定義して次のようにいう。すなわち、2つの協和する音の間にあって、それ自体も2つの音のいずれとも協和するすべての音である。[★048]

さて、第2章の調和的な分割の仕方では、その分割の仕方よりひとつ少ない数の平均が現れる。なお、この分割では平均（Medietas）という語はより限定した意味で、不等だが調和するように2分した弦の大きい部分ないしその部分を表示する数を表す。そうすると2は1と3〔これが全体を表示する数である。以下、同じ〕の、3は1と4および2と5の、4は1と5の、5は1と6および3と8の調和平均である。

弦全体を2分するというこの規則からは外れるが、これ以外にもわれわれの一般的な定義に含まれる平均がある。この平均[★049]は、前章

第3巻——調和比の起源および音楽に関わる事柄の本性と差異　　162

のように一本の弦を分割するのではなく、弦どうしの比を協和する
もっと小さな比に分割する。

　まず、2倍よりも大きな比はすべて、2倍比〔2：1つまり$\frac{2}{1}$〕で割る
とその基本的な構成要素に分解される。例えば、1対24は4つの2
倍比（つまり1対16の比）と1倍半の比〔2対3〕からなる。そこでこの意
味での調和平均として、1と24の間には、初めに1対16の比〔つまり
4つの2倍比〕を立てると2、4、8、16がくる。先頭にひとつの2倍比
を立て後に3つの比を置くと12、6、3、2がくる。すなわち、この
数はさまざまに変えられる。

　次に、2倍比は、協和する比である3対4と2対3、あるいは3対4
と4対5と5対6、あるいは4対5と5対8、あるいは5対6と3対5に
分解される。最後に、1倍半の比つまり2対3は4対5と5対6に分解
される。同様にして5対8は5対6と3対4に、3対5は3対4と4対5
に分解される。

したがって、3対4、4対5、5対6という3つの比は協和を作る比の
中で最小のもの、つまり直接的ないし調和平均のないものであり、
他の比の基本的な協和的要素である。

　以上から結論として、ひとつの2倍比には互いに協和する2つの
平均があり、その現れ方は6通りになる。2倍比には最小の協和的
要素が3つあるので、その要素の並び方は6通りに変えられるから
である。すなわち、3対4が小さい弦から見て最初にくるか真ん中
か最後にくる。さらにその各々の場合においても、残る要素の中で
小さい弦の側に大きな4対5があるか、小さな5対6があるか〔$\frac{5}{4} > \frac{6}{5}$である〕、で異なる。

　以上のそれぞれの場合は数を4つ組にした各々の形で表せる。そ
の結果は以下のような表になる。

2つの調和平均各種

ひとつの2倍比における最小の協和比の並び方。		2倍比になる弦の間に2つ調和平均を入れたもの。		この6組の調和平均の中で、10、12、15、20という数の組だけが古人の調和平均の定義に合う。12は10と15の（古人のいう意味での）音楽平均であり、15も12と20の音楽平均だからである。すなわち、4つの数の各々の差は2、3、5であり、先の3項の両端の数は10対15つまり2対3、後の3項の両端の数は12対20つまり3対5である。

	$\frac{3}{4}$ $\frac{4}{5}$ $\frac{5}{6}$	3.4.5.6.	
小項つまり最高音の弦の位置	$\frac{4}{5}$ $\frac{5}{6}$ $\frac{3}{4}$	.4.5.6.8.	大項つまり最低音の弦の位置
	$\frac{5}{6}$ $\frac{3}{4}$ $\frac{4}{5}$	.5.6.8.10.	
	$\frac{5}{6}$ $\frac{4}{5}$ $\frac{3}{4}$	....10.12.15.20.	
	$\frac{4}{5}$ $\frac{3}{4}$ $\frac{5}{6}$	....12.15.20.24.	
	$\frac{3}{4}$ $\frac{5}{6}$ $\frac{4}{5}$	....15.20.24.30.	

協和の3要素について

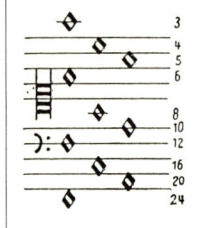

2倍比の弦どうしは同音として協和するが、その弦の間には互いに協和し2倍の関係にある弦とも協和する平均を一度に2つ以上は取れない。ここから音楽家たちのよく知られた観察が生まれた。彼らは、あらゆる和音が3音からなることに驚いたのである。その他にどれほど多くの音を加えても、それぞれの音は2倍比の同音的協和を介して3音のひとつに還元される。

すなわち、3、4、5、6、8、10、12、16、20、24で表示される長さをもつすべての弦からひとつの協和が現れたとしても、3、4、5の弦の後にくるものはみな同音を介して〔つまり2、4、8によって〕この3、4、5のひとつに還元される。例えば、6は3に、8は4に、10は5に還元される。さらにまた12は6と3に、16は8と4に、20は10と5に、24は12と6と3に還元される。

その原因を、立体が長さと幅と高さに展開しているから立体すな

第3巻──調和比の起源および音楽に関わる事柄の本性と差異

164

わち完全な量が3次元になることに求める人がある。また3の数としての完全性に求める人もあり、崇拝の対象である神性の三位一体に求める人もある。しかし原因を他に求めるのは徒労である。

　繰り返し言うが、彼らの努力はみな徒労である。すなわち、まず立体的な量はこの問題に関係ない。すでに示したように調和比の起源は平面図形に由来するからである。立体的な量は2つの比例中項を取るが、それを一般的な形で知ることはできない。だから可知性についても、立体的な量と平面的な量とでは非常に大きな違いがある。また数をたんにものを数える記号として考えるかぎり、数にはどんな作用もありえない。さらにこの3つぞろいの起源は、原型としての三位一体が原因となって直接に神の本質からきているわけでもない。先に明らかにしたように、この事柄の原因はすでに説明した基本原理の組み合わせにあるからである。その原理は本来は決して一定数の音を目標にしたわけではない。むしろそれぞれの音自体を相互に調和的に関連付け、こうしていわば別のことをしながら数が同じになることから偶然に神的な事柄と似たことをしたのである。これと同じことは他の非常に多くの事柄にもしばしば起こる。

　要するに、3という数は、和音の作用因ではなくて作用因のはたらいた結果すなわち結果として生じた和音に伴うものである。和音の形相因ではなくて形相を映す輝きである。和音となる音の質料因ではなくて質料からの必然的な所産である。「めざされるもの」つまり目的因ではなくて作用の結末である。結局、いずれにせよ直接にはまったく調和的な事物でない。むしろ理性の副次的な対象で、知性の把握する概念であり、2次的観念のひとつである。なぜ3音だけが調和的に協和し、4番目やその他の音はすべて2倍比の協和を介していわば同一物に還元されるのか問うことは、なぜ1オクターブには6組つまり6つの形の3つ組みの協和しかないのか問うこととまったく同じなのである。すなわち、6という数が天地創造の6日からきているのではないように、3という数も神の位格としての三位一体に依るわけでない。むしろ3という数が神的な事柄とこの

世界の事物に共通しているので、3が現れるといつも人間の知性がはたらき、原因がわからないまま、この一致に驚嘆するのである。

第4章

協和音程より小さな諧調的音程の起源

重い、鋭い、深い、高いとは何か

　弦を等しい力で張ると、長い弦ほど発する音は重く（gravis）、短い弦ほど鋭い（acutus）ことが、感覚によってわかる。そこで、これに高（Acutum）と低（Grave）の2語を結び付けると、調和論〔音楽〕に固有の相異になる。すなわち、これらの語は単独ではそれぞれ異なる学問分野の語となり、他の反対語と対をなす。幾何学では鈍角（Obtusum）に対する鋭角（Acutum）、自然学では軽い（Levi）に対する重い（Grave）になる。また力学では「鋭い」（Acutum）は微細で透過性のあることを意味し、感覚的な事柄では「重い」（Grave）は重い荷重（gravia pondera）のように強烈で耐えがたい臭いについて用いる。AcutumとGraveという反対語は音声にしか用いないが、上にあげた意味の一部を保持している。すなわち、幾何学で鋭角が鈍角より小さいように、音楽でも鋭い音声（vox acuta）は小さくて、それ故に透過性があり高く響く音声、ドイツ語に固有の語法では一種の軽さのためにいわば高所に舞い上がる音声を意味する。また自然学ではGraviaは大きな重さ、Leviaは小さな重さをさすように、音楽でも重い音（vox gravis）は大きな音を意味し、また天秤で重いものが下方の底に向かい、軽いものが高い方に上がるように、音楽でも重い音はその大きさのために重々しく、それ故に下方に響く音ないしは深い音（イタリア語でいうbassoバス）と見なされ、上述のように鋭い音声は高く響くものと見なされる。竪琴で低音を発するヒュパテ（Hypate）[★053]つまり最高弦は、今日と同様に、たんに楽器におけるこの弦の位置からそう言われるだけで、発する音に軽くて上を飛び回るものとの類似性があるからではない。なお、楽器におけるこの弦の位置には構造上の根拠がある。すなわち、ネテ（Nete）[★054]つまり最後の最低弦は、最も高く響くので最も頻繁に掻き鳴らさなければならない。小さなものには速い動きがふさわしいからである。ところが、

人の親指の形態から上よりも下に向かってこの指を動かすほうが楽に掻き鳴らせるのである。その他の理由として人の喉による経験も加わる。すなわち、一般に男性は女性より背が高く成人は子供より背が高いが、発する音声もいわば深い所から得たように重々しい。個々の人間も、触覚によってわかるように、低い音声ほど深い所から、高い音声ほど上のほうから出している。また重低音で歌う人は、音声ができるだけ深い所から出るように体を伸ばす。高音で歌う人も確かに首を伸ばすが、これは首を長くするためではなくて喉のいちばん上の環状部をよく締め付けるためである。

　音楽では以上のような理由から高い(Altum)と深い(Profundum)という概念が生まれた。われわれはその代わりにしばしば高(Acutum)と低(Grave)という語を用いる。さて、「高い」と「深い」は他では場所に関することばだから、この原則に従って言語上の慣用から場所に固有な他のことばつまり「隔たり」(intervalla)、ギリシア語のdiastemata(音程)も音声に適用される。これは場所が互いに隔たっていること(ギリシア語でdiistanai)をいう。最後に、音楽ではこういう音声を表つまり線の高低からなる五線譜(これについては以下に述べる)に書き写した。この方法によって音楽〔調和論〕は幾何学的な意味を回復したのである。

　そこで、これまでは弦どうしの比と呼んでいたものをこれからは不等な長さの弦が発する音の隔たりつまり音程ということにする。すなわち、等しい力で張った等しい長さの弦に対応する同じ響きの音は、等しい高さになるので音程を作らない。

　ただし、第5巻では「隔たり」(intervallum)という語をこの意味では用いない。そこでは、このことばを天文学的な意味で、惑星本体と太陽の間の直線距離やさまざまな惑星軌道間の空間的な距離に関して繰り返し使用するからである。

　また先の章では比を2通りの形で考察した。すなわち、個々の比と、組み合わせた比の小項つまり小さな弦から大項つまり長い弦に及んだり逆になったりする順序を考えて組み合わせた比である。同

音程とは何か

音程の上下とは何か

じょうに音程についても、個々の音程と、調和になる位置を考えて組み合わせた音程とを考察する。そのために（常に隣接する2音程が共通の項をもち、その項が一方の音程の大項であるとともに、低音に下降していく他方の音程の小項でもあるようにした）いくつかの音程が連続して順番に並んでいるとき、常に低い音声の間にあるものを下の音程、高い音声の間にあるものを上の音程と呼ぶ。

等しい音程とは何か

また幾何学では、ある比の項と他の比の項が不等で、かつ一方の比の項の差と他方の比の項の差が不等でも、等しいと認められる比がある。例えば、3本の弦が4、6、9の数値で表せる比の関係にあるとき、4と6の比は6と9の比と同じと考えられ、項自体や項の差の2と3が不等でも差し支えない。

同じように音楽でも、同じ比を取る弦の出す音程はすべて等しいと考えられ、同じ数値の番号の音符で記される。また五線譜ではその音程は線の間の等しい間隔によって表される。こうしてさまざまな弦の差が不等なことをまったく無視する。

その結果、対応する比の項の大小を考慮することなく、小さな比の音程を短音程、大きな比の音程を長音程と呼ぶ。

協和音程と不協和音程とは何か

定義の代わりに以上のことをあらかじめ述べ、さらに音程の相異について検討しなければならない。これまでのところ、協和することを明らかにした比は、等倍の比を除けばすべてそれだけの数の協和音程と見なし、不協和とした比は同じように不協和音程と見なしてよい。

名称から考えて諧調的音程と非諧調的音程とは何か

しかし不協和音程の間にも大きな違いがあるから、自然はたんに協和音程を教え、自然の直観から聴覚に認められるようにしただけでなく、いくつかの小音程も同じく聴覚に認められるようにした。この小音程は不協和であっても歌唱を展開するのにふさわしいものである。そこで、音楽では自然に従ってこの音程に諧調的音程という名称をつけ、整然とした歌唱の展開にまったく関与しない非諧調的音程と区別する。ギリシア語では前者の音程をemmele（楽音に入るもの）、後者をekmele（楽音から外れるもの）という。

古人は諸調的音程と非諸調的音程の区別の中に自然の巧妙な趣向を見て取り、あらゆる諸調的音程と協和音程に共通する最小の要素について、探究を進めた。大小さまざまな協和音程や諸調的音程に先だち発生源となる単純な最小音程が存在し、あらゆる協和音程や諸調的音程はこの最小音程の一定の数から構成されると考えたのである。

　ところが事実はまったく異なる。それは多くの実例によって示せる。すなわち、大きさの異なるあらゆる種類の個体がひとつの共通な最小要素からなるとしたら、種類としての人間にもひとつの最小量があって、どんな人間もいわば要素となる一定数のそういう小人から構成されることになる。背の高い人にはそれがたくさんあり、背の低い人には少ししかないというように。調和にもとづく音楽では協和という質が弦の比ないし音程の形を取る。同じように人間の姿形も人の皮膚に包まれた素材の塊の形を取るからである。古人はなぜ幾何学を忘れてしまったのか。幾何学にはあらゆる種類の通約できない量の例が非常にたくさんある。そして通約不可能の定義は、〔長さ、面積、体積などそれぞれ〕量的に同種でも一定量の構成要素として括られるような公約数がまったくないことである。

　したがって（一方の音程が他方の音程の倍数である場合を除き）協和音程は、それを示す比と同じく通約不可能であることを心得ておく必要がある。自然数には通約性という特徴があるが、協和音程の違いを数で表しても、その違いは自然数ではなく分数の形になるから、ある数の約数にはならないのである。例えば、1対2〔$\frac{2}{1}$〕と1対4〔$\frac{4}{1}$〕の2つの比は互いに数として1対2の関係になるから通約できる。すなわち1対4は1対2の2倍である。これはただ連続的に2倍になる一連の比だけに当てはまる。3倍ないしその他の倍数となる一連の比では協和する2つの比がない。例えば、1対9〔$\frac{9}{1}$〕は1対3〔$\frac{3}{1}$〕の3倍だが、公理3によれば1対3だけが協和する比で、1対9は不協和な比である。同様のことは倍数でない比にも見られる。例えば1倍半の比2対3は協和する。この比の場合、完全にその倍数となり

たいていの音程は通約できない

第3巻——調和比の起源および音楽に関わる事柄の本性と差異　　170

通約できる比がある。すなわち、4対9〔$\frac{9}{4}$〕と2対3〔$\frac{3}{2}$〕は数として2対1〔2乗〕の関係にある。ところが、4対9は協和する比ではない。逆に連続的に2倍になる一連の比以外に1対4〔$\frac{4}{1}$〕と2対3〔$\frac{3}{2}$〕のような協和する2つの比があっても、この2つの比は互いに通約できない。つまり自然数どうしの関係にならない。2対3〔$\frac{3}{2}$〕と1対4〔$\frac{4}{1}$〕の差〔$\frac{4}{1}\div\frac{3}{2}$〕である3対8〔$\frac{8}{3}$〕は1対4でも2対3でも測れないからである。[055]

　したがって、協和音程は本質的に諧調的音程と称した小さな音程より先にある。協和音程は、より小さな量、いわば要素としてのこういう小音程から構成されるわけではない。逆に、小音程のほうが協和音程から出てくる。

　この場合、構成という語が曖昧なことに注意しなければならない。この語は事物の自然発生のもとを表す一方で、事物を量的に分割していくことも意味する。後者は起源に遡るのではなく、むしろ分解である。例えば、円が3つの3分円からなると言うときは、心の中であらかじめ円を3つに分解する。また人体は身体各部から構成されていると言うが、これは、身体各部が人体より先にあって、家屋が石材と木材からできるように人体もその各部を寄せ集めて作られるからではない。人体を塊として見ると人体がこういう部分に分けられるからである。各部分を別々に切り離してしまったら、もはや有機体ではない。

　最初の意味では、協和音程が他の協和音程や諧調的音程から構成されるとは言えない。しかし後の意味では、確かに大きな協和音程は小さな協和音程から、最小の協和音程は諧調的音程からなるというふうにして、前者は後者から構成されるように言える（これまでの記述では、われわれもこの意味で〔構成という語を〕用いたところがあった）。前者はいわば要素のような後者に分解されるからである。しかし、相互に異なるさまざまな音程が最小の共通なただ一種の音程を適当に寄せ集めたものからなるわけではないし、そのような音程に文字どおり分解できるわけでもない。

また協和音程に同類の原因があるとしても、すべての協和音程に同一の原因があるわけではなく、先に明らかにしたように、どの音程にも他の音程の原因とは異なる特有の原因がある。協和性は音程に固有のものだが、それは、音程が単純にある大きさつまり量だからではなく、たんに関係だからでもなく、むしろ音程が質的な（つまり図示できるような）関係であることによるからである。したがって、そういう関係に共通する最小音程を作ろうとするのは見当違いである。最小と最大は質の領域ではなくて純粋な量どうしおよび量相互の比の領域で考えられるからである。ところが協和音程について、例えば協和音程を分解するというのは、その協和音程の特性を廃棄して代わりに別の協和音程の特性か不協和な諸調的音程か、もしくは純然たる非諸調的音程を立てることである。したがって音程には、原理となるような部分からできた協和の原因もしくは要素というものはない。通約できる量は、公約数となるものを掛けて大きくしても公約数をもちながら同一の種類のままだが、協和音程はそうではない。むしろ逆に、古人が協和音程の原理と見なしたもの（例えば全音や半音、4分音）は、その真正の原理としての協和音程から出てくる。

　協和音程が協和しない諸調的音程からなる（ただひとつの共通な音程ではなくて、さまざまな仕方で組み合わせた複数の音程からなる）場合、それを音程の協和性に直接に関連付けてはならない。諸調的音程がそれからなる大きな音程に協和性を与えるとしたら、大きな音程は常に諸調的音程の倍数になり、その音程の中に諸調的音程がたくさんあるほど、協和性も優ることになるだろう。ところが、これは誤っている。以下に見るように、2つの全音を組み合わせると協和音程になるが、3つ組み合わせると不協和音程になるからである。

　協和音程が不協和な諸調的音程に分解できることは、後に見るように、本来はまったく偶然で、それぞれに固有の原理からなる複数の協和音程を相互に対比したときに初めて可能になる。

　したがって、2倍つまり1対2の音程より小さな協和音程どうしの差はすべて諸調的音程と定義される。聴覚の自然な能力では協和音

協和音程の特性は部分としての諸調的音程から出てくるようなものではない

諸調的音程の定義

程間のこの減法から生ずるもの以外の諸調的音程を認められない。そこで、協和音程の起源が幾何学と作図できる図形にあるのに対して、諸調的音程の起源は直接に協和音程にあり、諸調的音程と協和音程の関係は、ちょうど幾何学における余線分（無理線分）と自乗において有理な線分の関係のようになる。余線分も有理線分から有理線分を減じた差として定義されるからである[＊]〔ユークリッド『原論』第10巻73参照〕。

〔協和音程から諸調的音程を作る〕対比すなわち除法〔割り算〕は、一面では一般的ないし算術的だが、他面では音楽に固有で特殊なものである。実際、算術的な方法で、2倍の音程〔1オクターブ〕より小さな協和音程を選別し、そのひとつが、前章の調和平均が示したような、他の協和音程の部分にならないようにできる。

> 諸調的音程の起源が協和音程にあること

＊本文は相異なる時期の原稿から収集したものだが、十分に整合するようにまとめていないので、内容はすべて妥当だが、区別すべき事柄を混同し、基本的な命題を繰り返したことによって曖昧になった。個々の問題を分けると以下のようになる（★056）。
問I．協和音程には、それ自体協和音程であるか少なくとも諸調的音程であるような部分があるか。答えは以下のとおり。協和音程では、まず幾何学の対象となる比が、次に協和となる比の性質が、それぞれ異なる。したがって、協和音程が比である以上、大きい比と小さい比に差があり、ある比が他の比の部分となりうる。しかし、協和音程が協和する性質を作図可能な図形から得ている以上、協和音程には部分の組み合わせというものはない。論証は次のとおり。① 種としての特性は不可分のただひとつのものである。② 特性を決定するのはその原因である。ところが、それぞれの協和の原因は相互に異なる。したがって、協和そのものも種において互いに異なり、大きなものをひとつの協和としての同種の別の協和に分解することもできない。むしろ種の異なる小さな部分に分解するほうがよい。③ 部分を倍増すると量が増えるのと同じように、協和音程の協和的ないし諸調的部分が全体の協和性ないし諸調性を増すのであれば、結局、それを積み重ねても不協和音程や非諸調的音程にはならないだろう。
問II．協和音程にはひとつの公約数となるようなもの、例えば、全音、4分音、コンマ（★057）などのようなものがあるか。ない。協和音程が比であるときもそういうものをもたない。その比は通約できない、つまり通約のための約数となるものがないからである。また協和音程が種であるときもそういうものをもたない。種は、起源となり定義となる原因によって互いに異なるものとして区別されるからである。すなわち、協和音程にはいわば図形的な本性がある。ところが、すでに正3角形と正5角形は同一円上にあっても、その辺の長さは互いに通約できない。最後に、約数となるものは約数を含む大きさより先にあるが、全音や4分音などのような諸調的音程は協和音程より後にくる。なお、大全音、小全音、半音など部分となるものは協和音程に共通するが、部分がみなあらゆる協和音程に共通するわけでなく、またその部分のひとつが単独で協和音程の公約数となるようなものでないことにも、注意されたい。

そうすると楽譜で仮に表すと以下のようになる。

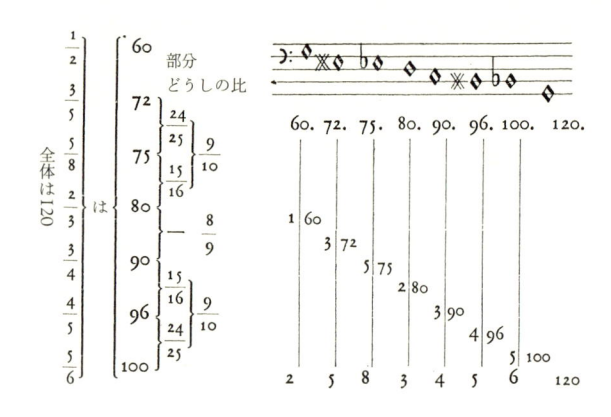

前者の協和音程の間に後者の諧調的音程がくる。

$\frac{2}{3}$ と $\frac{3}{4}$ ‥ $\frac{8}{9}$

$\frac{2}{3}$ と $\frac{3}{5}$ ‥ $\frac{9}{10}$

$\frac{2}{3}$ と $\frac{5}{8}$ ‥ $\frac{15}{16}$

$\frac{3}{4}$ と $\frac{4}{5}$ ‥ $\frac{15}{16}$

$\frac{3}{4}$ と $\frac{5}{6}$ ‥ $\frac{9}{10}$

$\frac{4}{5}$ と $\frac{5}{6}$ ‥ $\frac{24}{25}$

$\frac{3}{5}$ と $\frac{5}{8}$ ‥ $\frac{24}{25}$

音楽で協和音程の対比をするときは、協和音程の起源と、各協和音程がその起源から獲得する音の高さを考慮する。すなわち、対比すべき比のあらゆる大項に応じて、全体となる同一の円と、それに準えた、すべての調和的分割に共通の整数で表示できる弦を想定する。そこで、7通りの調和的分割から生じる大項のあらゆる数値つまり2、3、4、5、6、5、8の最小公倍数を求めると120になる。弦全体の音を、分割によってできたあらゆる協和音程に共通の大項として立てるために、弦全体も同じく120に等分する。さらにそれに合わせて小項を換算し、相互に対比した項が、本章で求める諧調的音程になるようにする。そうすると先に算術的な方法で得たのと同じ数値が出てくる。

楽譜で仮に表したものを参照。

第3巻──調和比の起源および音楽に関わる事柄の本性と差異

したがって、これが不協和な諸調的音程の起源である。少し後でこれらの音程に名称を付ける。

第3の音程の生成について

次に第3の音程の起源についても述べる必要がある。この音程は正確には諸調的ではないが、諸調的な楽曲に役立ち、また諸調的音程の役割を担う。なお、この第3の音程は（諸調的音程が協和音程から生じたのと同じように）諸調的音程どうしの減法〔割り算〕すなわち対比から生じる。すなわち諸調的音程つまり第2の音程の間に以下の第3の音程がある。

$\dfrac{8}{9}$ と $\dfrac{9}{10}$ ・・・・・・ $\dfrac{80}{81}$

$\dfrac{8}{9}$ と $\dfrac{15}{16}$ ・・・・・・ $\dfrac{128}{135}$　この音程は24対25と80対81の2つの音程からなり、15対16の音程よりほんの少しだけ小さい（★058）。

$\dfrac{9}{10}$ と $\dfrac{15}{16}$ ・・・・・・ $\dfrac{24}{25}$

これらの音程にさらに15対16の倍〔2乗〕の音程225対256を加えることができる。この音程と8対9の音程の差は15対16の音程と128対135の音程の差より小さい。[★059] さらに初めの3つの第3の音程は相異なる諸調的音程間の減法〔割り算〕から生じるが、この4番目の音程は等しい2つの諸調的音程の加法〔掛け算〕から生じる。ただし、この方法はあまり用いられない。

算術的な系

以上から算術的な系が明らかになる。この系は数値にして以下のように図示すると非常にみごとである。

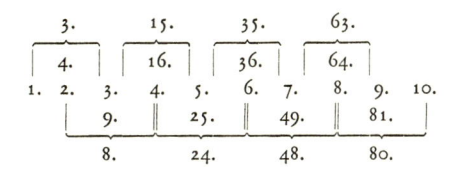

```
              3.       15.       35.       63.
             ┌──┐    ┌──┐    ┌──┐    ┌──┐
             │4.│    │16.│    │36.│    │64.│
  1. 2.  3.  4.  5.   6.   7.   8.   9.  10.
             │9.│    │25.│    │49.│    │81.│
             └──┘    └──┘    └──┘    └──┘
              8.       24.       48.       80.
```

第4章 協和音程より小さな諸調的音程の起源

10未満の数では各数の平方（正方形）は隣りにあって当の数を取り囲む2つの数の積（長方形）とともに協和音程か諸調的音程か第3の音程を作る。7の平方の49と7を含む2つの積35と63は除外される。しかし、9対10の諸調的音程と3対4以外の大部分の協和音程はここに入らない。したがって、数の順序とこの図示を考えるとこれは偶然の結果である。

　それ故、算術家が音程の原因をここに求めてもむだである。またピュタゴラス信奉者が数える数としての7に盲目的に執着してもむだである。幾何学と図形として表される数えられる数、正7角形をはじめとする作図不可能な図形から、事実をもっと深く探究すべきである。諸調性に従ってもこの図式が10を越えて続かないのは、7ではなくて作図不可能な図形の数で7より後にくる9と11のせいである。これらの積は99で、この数と10の平方の100とは楽曲の自然な本性とはまったく相容れない音程になるからである。憶測による公理と真の学知にもとづく公理の違いはそれほどに大きい。

完全さにもとづく諸調的音程の順序と名称
　以上で協和音程より小さな音程の起源と順序について述べた。そこでこういう音程の相異と名称についても述べることにする。われわれは当の事柄とその原因について古人とは見解を異にせざるをえなかったので、名称についても古人と同じものをそのまま用いることはできない。

　諸調性のあるこういう音程がそれぞれもとになった協和音程の本性を保持することは、上に述べたこと、特に公理2と符合する。そうすると、2倍の音程〔1オクターブ〕より小さな協和音程の中で最も完全なのは、起源となっている図形のすぐれた性質から2対3と3対4の音程である。そこで、諸調的音程の中ではこの協和音程の共通の所産となる8対9の音程が、他の音程より優位にある。それ故、この音程を、古人と共通の名称を用いて全音（TOTUM）と呼ぶ。この音程の卓越性から完全音（Tonus perfectus）、比の大きさから大全音

★060

大全音とは何か

(Tonus Major) ともいう。

　それに対して、大きな完全音程2対3を高くて大きな不完全音程3対5と対比する〔差を取る〕か、もしくは小さな完全音程3対4を低くて小さな不完全音程5対6と対比すると、この組み合わせから8対9より小さくて不完全な諧調的音程9対10が生じる。理論家はあらゆる音程を上に定義した全音で表したので、この音程はプトレマイオス以前の古代音楽ではほとんど認められなかった。この音程の不完全さを示すために、これに小さい全音 (Tonus minor) ないし小全音 (Tonus parvus) という名称を付ける。ここで一言すると、読者はかつて別の音程にこういう名称を与えた人もいたことを思い起こす必要がある。くれぐれもそういう人の著作を読んで、混乱することのないように。

　大きな完全音程2対3を高くて小さな不完全音程5対8と組み合わせるか、小さな完全音程3対4を低くて大きな不完全音程4対5と組み合わせると、この対比から生じる諧調的音程15対16も、不完全性を帯びる。これを半音 (semitonium) という。今日広く行われている音楽でもこの音程に同じ名称を付けている。大全音の半分〔2乗根〕より少し大きいからである。小全音をこの名で呼ぶ人もあるので、読者はくれぐれも用心されたい。

　これら3つの音程は、完全音程どうしの対比もしくはそれと不完全音程との対比から出てきた。そこで、もともと常に諧調的であることを特徴とする。

　他方、正5角形ないし正10角形に由来する不完全音程、つまり高い3対5を5対8と、あるいは低い4対5を5対6と対比したとする。そうすると、この対比から生じた音程24対25は不完全性がまさるので、ほとんど諧調的音程の中に入らなくなる。この音程を古来の用語に従い4分音 (Diesis) と呼ぶ。ディエシスは〔ギリシア語で〕いわ

ば弦の弛緩を意味する。このことばで古人と同じ音程の大きさを示しても心配ない。この点については注意を喚起しただけで十分としよう。[*061] この音程が不完全な原因は3つある。起源と小ささ（大全音の3分の1〔3乗根〕にもならない）、それに、小全音と半音の対比からも生じるので、この音程が先には第3の音程つまり調性を整えるのに役立つ音程の中にも入れられていたからである。実際、この音程はそれだけでは諸調的でないし、常に諸調的であるわけでない。人の音声が反復進行によって歌唱を展開するとき、他の音程と同じようにこの音程を用いる習慣はなく、むしろこの音程を無視し飛ばす。ただ転調のときだけ特殊な効果をあげるために用いる。このとき4分音は特別に諸調的になるが、そのために新種の歌唱が始まったようになる。なお、楽器を用いず人の音声によってこの音程を適切に表すのは、非凡な労苦と熟練の業である。そこでこの音程はただ諸調的音程の種類を分かつだけで、それによって諸調的音程に役立つ。

すでに第3の音程を説明しはじめたことになる。24対25つまり4分音は第3の音程の最初のものだからである。また同時にこれが諸調的音程の最後のものだった。こうして残る第3の音程の名称が続いて現れる。すなわち、15対16と8対9から生じる128対135の音程は、大きくて不規則な4分音と呼んでよい。上述のように、この音程は諸調的音程の半音よりほんのわずか（2025対2048）だけ小さく〔$\frac{16}{15} \div \frac{135}{128} = \frac{2048}{2025}$〕、かろうじて半音から識別されるからである。そのために諸調的音程にも入れられる。特に転調のさいに正当な4分音の役割を担うからである。すなわち、この音程は自然に発生したというよりも、歌唱にさまざまな特別の効果を与えるために半音と4分音をどこでも自由に使えるようにしようという実際の演奏の必要から発生した。そこで、大全音を正当な半音で割ったときにこの音程が残ることから、ギリシア語の用語に従ってこれをリンマ（Limma）つまり「残り」〔より正確にはleimma〕とも呼べる。

大きな4分音ないしリンマ

最後に、諸調的音程の8対9と9対10の差〔$\frac{9}{8} \div \frac{10}{9}$〕80対81をわれわれは〔ギリシア語で〕コンマ（Comma）、ラテン語で「切片」(segmen-

コンマ

第3巻── 調和比の起源および音楽に関わる事柄の本性と差異

tum) もしくは「断片」(concisio) と呼ぶ。古人は彼らの4分音を4つの部分に切断したので、そこからこれをコンマと呼び、このコンマを協和音程すべての共通要素と考えた。しかし、この音程はわれわれの4分音の4分のI〔4乗根〕より少し大きく、3分のI〔3乗根〕より少し小さい。すなわち、24対25は72対75もしくは96対100となる。その3分のIをほぼ74対75、4分のIをほぼ96対97としてよい。そうすると80対81はこの両者の中間にある〔正確には$\sqrt[4]{\frac{25}{24}} < \frac{81}{80} < \sqrt[3]{\frac{25}{24}}$〕。さらなる近似値によってコンマを大全音8対9の8分のI〔8乗根〕と定義できるかもしれない。それは以下のようにしてみると明らかである。左の表では、大全音8対9が4分音72対75と半音75対80とコンマ80対81に分けられる。ところが、先ほどコンマは4分音のほぼ3分のIだった。そうすると、コンマ4つでほぼ全音の半分〔2乗根〕に等しく、8つで大全音に非常に近くなるが、完全に等しくはならない。したがって、この音程は明らかに相前後して歌われる諧調的音程の中には入らない。コンマは聴覚によってはほとんど知覚できず、まして人間の歌唱ではそれだけを個別的に相前後する2つの音声によって表現することができないほどに、小さいからである。しかしそのためにコンマが、11対12やそれと似た音程のように諧調的音程でなくなるわけではない。われわれは位置や時間によって離れ離れになっているその音程もやはり対比するからである。そこで

2重半音 2重半音を立てなければならない。相前後して並んだ全音を分割するとき、2つの半音を相前後して置くこともあり、また激情を表現するために変化を求め破格の方法を試みる音楽家が、時おり2つの半音をくっつけて全音の代わりに用いるからである。

2重コンマ さらに、半音15対16と4分音24対25の間〔$\frac{16}{15} \div \frac{25}{24}$〕には125対128があり、これがほぼ42対43つまり2重コンマ〔$\frac{43}{42} \fallingdotseq \left(\frac{81}{80}\right)^2$〕になることに注意されたい。これにコンマ80対81を加える〔掛ける〕

3重コンマ と625対648になるが、これはほぼ27対28つまり3重コンマである。コンマ80対81を4分音24対25から除くと243対250が残るが、こ

8. 72. 24.
 75. 15. 25.
 80. 16.
9. 81.

れは35対36にきわめて近い〔減4分音〕。同じくこのコンマを半音15対16から除くとプラトンのリンマ243対256になる。これはほぼ19対20である。コンマを15対16に加えると25対27になる〔増半音〕。これは12対13と13対14の間にある。また2つの大全音8対9を加える〔$\left(\frac{9}{8}\right)^2$〕と64対81になる。プラトンはこの音程を3対4から除いて自らのリンマを作った。この243対256をリンマとして大全音から除くとプラトンの音程2048対2187が残る。プラトンはこの音程をアポトメ（Apotome）と呼んだ〔『原論』ではこれは余線分のことだった〕。彼のアポトメは、われわれのリンマ128対135よりもコンマひとつ分80対81だけ大きく〔$\frac{2187}{2048} = \frac{135}{128} \times \frac{81}{80}$〕、半音15対16をほんのわずかだけ上回る〔$\frac{2187}{2048} > \frac{16}{15}$〕。

　以上は一般には使用されない音程だが、以下の第5巻でそのいくつかに言及するだろう。

―

減4分音

プラトンのリンマ

増半音

プラトンのアポトメ

第5章

協和音程の諧調的音程への自然な分割と名称

諧調的音程とは、歌唱を歌ったとき人の耳に知覚でき、歌う人の音声によって模倣もできる音程である。これは前章で述べた。そこで特に注意して、自然に従うと任意の協和音程はどのような諧調的音程に分解されるか、検討しなければならない。

一本の弦のあらゆる自然な調和的分割を一望できるように配列したときの数値を再び取り上げてみる。音程を75と100の間に作り80と90を間に挿めば、半音75対80つまり15対16と大全音80対90つまり8対9と小全音90対100つまり9対10という、3つの諧調的音程になることがわかる。

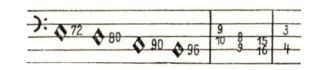

音程を72と96の間に作り80と90を間に置いてもやはり同じことになる。72対80は小全音9対10、80対90は上と同じく大全音で、90対96は半音15対16だからである。いずれの場合も、両端の数つまり75と100、72と96の間には3対4の音程がある。こうして自然は作図可能な図形による円の分割をもとにこれらの数を適当に組み合わせるよう教えた。したがって、2様の比の2項の間の決まった位置にくる2つの3対4の音程を分割という行為によって直接に大全音、小全音、半音という3つの完全な諧調的音程に分けたのも自然である。隣り合う3つの音程を作る〔五線譜上の〕位置もしくは音もしくは弦は4つなければならない。そこから、3対4の音程を4度（Quarta）と言いはじめた。これは上ないし下の最初の音から4番目の音の意である。同じ理由でギリシア人はこの音程を「ディアテッサロン」〔「4弦にわたる協和」の意。以下の名称についてもギリシア語の数は弦の数を表す〕と呼んでいる。これをラテン語で慣用的に Diatessaron

4度

と綴る。

　続いて2対3の音程は（2対3と3対4の差が8対9だったから）この4度に大全音をひとつ加えるとできるので、5度（Quinta）もしくはギリシア語の言い方にならってディアペンテ（Diapente）と言われる。この場合、2対3の音程が調和的分割の仕方によって直接に5つの諸調的音程に分けられなくてもよい。またそれ故に、この完全な分割に必要な数がまだひとつ欠けていることになる。第5巻でわかるように、この欠如を創造主たる神ご自身は惑星運動の中に表現した。

　同様にして、5対8と3対5の音程も2対3の音程に、上述の要素のひとつ、すなわち前者には半音15対16、後者には小全音9対10を加えるとできる。そこでこれを6度と呼び、前者を短6度、後者を長6度という。

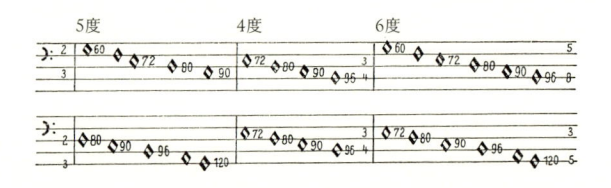

> 5度

> 長6度と短6度

　上の場合と逆に、4対5と5対6の音程は、前章で明らかにしたように、3対4の音程から上述の要素をひとつ、すなわち前者は半音15対16、後者は小全音9対10を除くとできる。したがって、これらの音程には要素としての諸調的音程が2つだけ、すなわち前者には大全音と小全音、後者には大全音と半音が残る。そこで、これらの音程をギリシア語でディトノス（Ditonos）〔2音程からなるものの意〕と呼び、大小を区別して小さいほうをセミディトヌス（semiditonus）〔つまり半ディトノス〕ともいう。また2つの音程は3つの項もしくは音を必要とするから、これを長3度と短3度とも言う。弦の自然な分割によってできるこれらの音程を直接にそのように分けても、最高音程と最低音程だけはまだ直接には分けられていない。

> 長3度と短3度

> *ガリレイ（★062）はディトノスという語を、協和する長3度とは異なる非常に古い音楽の別の音程を表すために用いている。第12章参照。

第3巻──調和比の起源および音楽に関わる事柄の本性と差異　　182

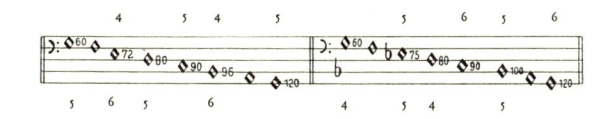

硬3度、硬6度、柔3度、柔6度ということばの起源

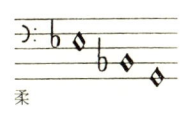

柔

硬

調和比3対5と4対5〔長6度と長3度〕は無理線分を辺とする正5角形に由来するが、5対8と5対6〔短6度と短3度〕にもいくらか正5角形の性質が混じっている。そこで、この2組の音程はともに不完全な協和音程となる。協和音程は小さいほど耳には柔らかく心地よく聞こえるが、小さな協和音程は5対6と5対8にある。これらの音程は円全体を、より完全な図形（つまり一辺が長さにおいて有理な正6角形）によって分割するか、または（同音的音程である）連続的に2倍になる比の部分に分割するからである。すなわち円を6または8に等分する。したがって、5対8と5対6は柔らかい6度と3度、3対5と4対5は硬いないしは鋭い6度と3度と見なされ、名称もそのように〔sexta mollis, tertia mollis, sexta dura, tertia dura と〕なる。

　最後に、2倍比〔1対2〕の音程は、上述のように5度つまり2対3と4度つまり3対4の2つの音程からなる。この2つを組み合わせたものはひとつの共通項を真ん中にもち、その項が同一方向に展開する音域で一方の音程の最後、他方の音程の最初になるようにすると、次のようになる。

第1音　第2音　第3音　第4音　第5音　6　　　7　　　8
　　　　　　　　　　　　　　　第1音　第2音　第3音　第4音

オクターブ

したがって、後の音程の最後の音は初めからの通し番号で8番目になる。そこから、この音程はオクターブ（8度）という名称を得た。ギリシア人はその同音としての協和に注目してこれを「ディアパソン」〔すべての弦にわたる協和〕と呼ぶ。そこでラテン語でもDiapason

と綴る。さまざまな音を発するあらゆる音声を使いきってしまうと歌う者の音声が8番目の音で本来の自分自身の音に戻り、そこから新たな始まりがあって、以前のものとあらゆる点で類似した新たな一連の諸調的な音が生ずるかのようである。命題Iを参照。

ここで、8番目の音声がすべての音声を使いきってもとに戻る理由を数に関する哲学上の問題として探究しても徒労である。実際にそういうことを試みる人たちには、論点先取の虚偽を犯すことになると答えればよい。この章で証明したように、第I章で同音とした2倍比の音程が8つの音によって決まる7つの諸調的音程に分けられるのは、自然なこととすべきだからである。ところが彼らは、8という数が最初の立方数で〔単位に対して2×2×2の大きさの〕最初の立方体を作るからそうなると考える。しかし、弦の分割は立体と何の関係もない。それに〔2番目の立方数となる〕27番目の音声がもとの同じ音に戻らない説明もつかない。

したがってまた基礎音階〔Systemaつまり体系〕という名称も、7つの諸調的音程に分けられ、8つの音声ないしは弦によって表され、楽器で表現される2倍比の音程に本来の意味でまず第Iに妥当する。これについては以下の第9章を参照。

Iオクターブつまりディアパソンを越える音程では、オクターブの倍数であれば2オクターブ、ギリシア語で「ディスディアパソン」〔2ディアパソン〕、3オクターブ、「トリスディアパソン」〔3ディアパソン〕と言うことになっており、以下それにならう。それ以外の音程では、まずディアパソンもしくはその倍数を言い表し、超過分を添える。こうしてIオクターブと5度あるいは5度とIオクターブ、「ディア

> 基礎音階とは何か

> ディスディアパソン

パソンエピディアペンテ」〔エピはギリシア語で「～の上に」の意〕またはギリシア語で「ディアペンテエピディアパソン」という。時には通し番号をそのまま続けて9度、10度、12度などということもある。

　したがって、協和音程をこういう諸調的音程に分けるのは自然であり、3を越えない諸調的要素の数〔半音、大全音、小全音の3つ〕とその大きさはたんに耳の習性にもとづくだけでなく、聴覚が自然の直観に従ってこれをとらえる。3要素以外の音程を想定したり、協和音程を分けると出てくる諸調的要素が異なる数になると想定したりすることはできない。例えば4分音を要素のひとつに加えようとしても、これはやはり不協和な諸調的音程の所産である。たとえ4分音を協和音程の所産だからという理由で要素のひとつに加えようとしても、4分音だけを加えることはできない。4分音にはリンマすなわち不協和音程のみから生じる小半音がついてくるからである。当然のことながら、聴覚は協和音程の所産を嫡子として歌唱の第2の音程を委ねるが、リンマはいわば私生児として斥ける。したがって、4分音はオクターブの主要音程には入らない。

第6章

調性、長調と短調

　図形の種類については第Ⅰ巻命題49で述べた。本巻公理2により弦の分割の仕方もやはりこれらの図形に則る。そうすると以下のようなことが言える。連続的に2倍になっていく比による分割と正3角形による分割および連続的に3の2倍になっていく分割は、有理線分を辺とする第Ⅰの図形つまり正3角形と正方形に由来する。正5角形による分割は無理線分の辺によって行われる。したがって、公理4により3角形と4角形による分割からひとつの調性が、5角形による分割からもうひとつの調性が出てくる。後者の調性には2等分も混じるが、それは正方形によるのではなく、たんに2等分の同音的協和によるにすぎない。

　そこで、ここから分割による2つの調性が生まれる。

　一方には以下のような分割の仕方が含まれる。

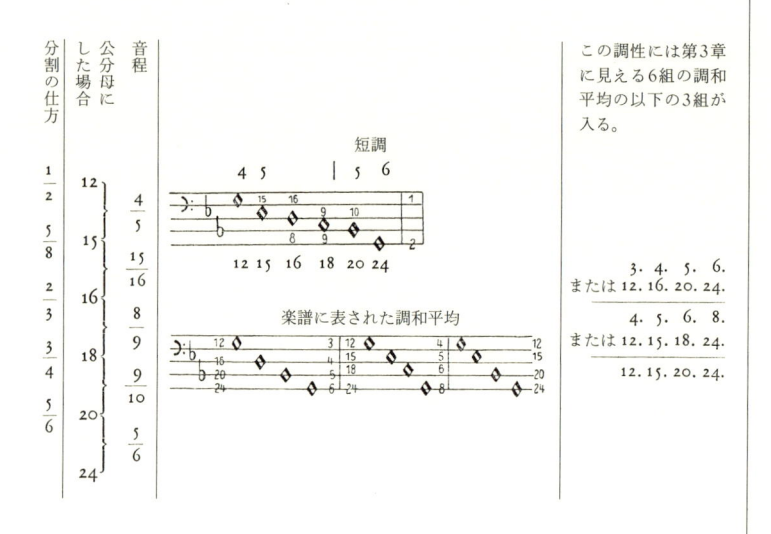

分割の仕方	公分母にした場合	音程		この調性には第3章に見える6組の調和平均の以下の3組が入る。
$\frac{1}{2}$	12	$\frac{4}{5}$		
$\frac{5}{8}$	15	$\frac{15}{16}$		3. 4. 5. 6. または 12. 16. 20. 24.
$\frac{2}{3}$	16	$\frac{8}{9}$		4. 5. 6. 8. または 12. 15. 18. 24.
$\frac{3}{4}$	18	$\frac{9}{10}$		12. 15. 20. 24.
$\frac{5}{6}$	20	$\frac{5}{6}$		
	24			

（短調／楽譜に表された調和平均）

もう一方の調性は以下のような分割の仕方を含む。

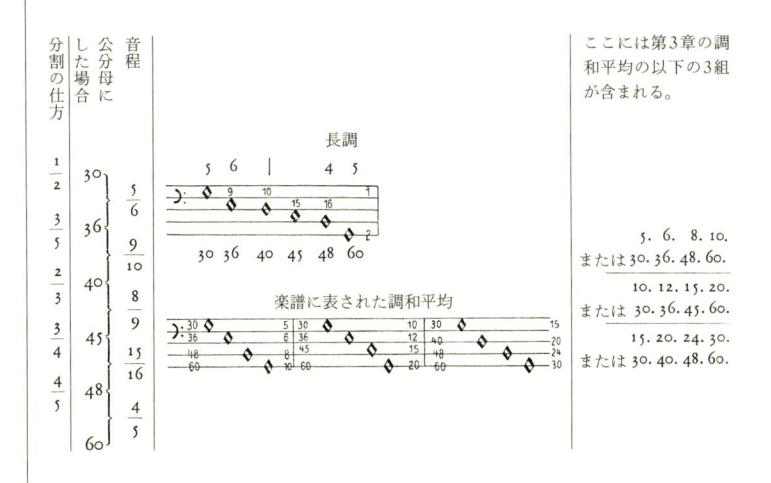

分割の仕方	公分母にした場合	音程
1/2	30	5/6
3/5	36	9/10
2/3	40	8/9
3/4	45	15/16
4/5	48	4/5
	60	

長調

楽譜に表された調和平均

ここには第3章の調和平均の以下の3組が含まれる。

5. 6. 8. 10.
または 30. 36. 48. 60.

10. 12. 15. 20.
または 30. 36. 45. 60.

15. 20. 24. 30.
または 30. 40. 48. 60.

　これが一般によく知られた2つの調性である。最初の調性は、音程を低音から並べるとその中に短3度と短6度が出てくるので短調、後のほうのは、1オクターブの基礎音階の同じ位置に同名の音程〔つまり長3度と長6度〕が並ぶから長調と言われる。こういう呼び名の理由は第5章で述べた。

　短調で最下位の5対6は3対5と合わなかったが、長調でも4対5は5対8と合わない。諸調的歌唱の自然な性質から、3度と6度で完全な4度すなわちディアテッサロンになる必要があるからである。

　ここから各調性の自然な境界が明らかになる。すなわち、短調では最下位に5対6、長調では4対5がくる。両者の差は4分音24対25である。これは第4章により正規の諸調の音程には入らない。したがって、同じ一連の自然な歌唱においては、4対5と5対6の音程は同時に最下位にこられず、長3度4対5を取ったらその代わりに最下位から5対6を排除しなければならない。逆に5対6を受け入れたら4対5は排除される。この場合、4対5といっしょに3対5が、5対6といっしょに短6度5対8が出てくる。

　第5巻でわかるように、各調性のこの区別も神ご自身は惑星運動

187　　　　　　　　　　　　　　　　第6章　調性、長調と短調

の中に表した。

　古人のいうディアトニクム（Diatonicum）、クロマティクム（Chromaticum）、エンハルモニウム（Enharmonium）[★063]という名称の3つの調性については、読者を困惑させないようにわざと述べるのを控えた。けれども、ディアトニクムは長調、クロマティクムは短調、もしくはディアトニクムは個別の長調と短調、クロマティクムは長調と短調の混合と解釈してよい。エンハルモニウムに対応するものは自然な歌唱にはない。一般の音楽では、人声のビブラート、オルガンのトレモロ、パンドラの弦によるトリルやそれに類するものが、[★064]ある程度はエンハルモニウムに対応する。

　これらの調性については、プトレマイオスの本文に対する付録で論ずる事柄を参照されたい。[★065]

第7章

各調性における1オクターブの完全な分割と

すべての諧調的音程の自然な順序

　これまでのところ自然の教えに従うと、短音階では下から3番目の諧調的音程が小全音9対10、4番目が大全音8対9、5番目が半音15対16、長調では下から3番目が15対16、4番目が8対9、5番目が9対10になる。

　各調性で残るのは2つの3度つまり短3度と長3度である。これらはまだ直接に弦の自然な分割によって最小の諧調的音程に分けられていない。

　そこでまず2つの3度はどういう諧調的音程に分けられるか、次にその各々の要素はどういう順序に置けるか、見ていこう。

　3度を、自然に従ってこれまで協和音程の4度を構成する要素としてきたのと同じ要素に分けることができれば、自然が実例を示さない他の音程を用いる必要はない。これが自然の教えである。算術によれば4対5は8対9と9対10、5対6は8対9と15対16からなる。これは従来のものと同じ諧調的音程である。

　下にある各3度内の下位に大全音を置かないと、各調性の2番目の弦が同じにならない。すなわち、短調で大全音を下位に置けないと半音15対16を置くことになる。分割していない5対6の音程にはこの2つの要素しか含まれていないからである。これに対して長調では下位に小全音を置かなければならない。分割していない協和音程の長3度には短調で下位に置かなければならなかった半音がないからである。こうして、弦が2本必要になる。その中の長いほうの弦は短調となるために最大弦と半音を作り、もう1本は長調となるために小全音を作る。

　その上、低音はやはり重くて高音より大きいので、分割の仕方を自由に選べるときは大きな音程ほど低音部のほうにくるのが自然に

かなうように思われる。

　初めにあげたのと同じ理由で、上にあるまだ分割していない3度は、第7弦が2本にならないように、大全音が最上位にくるように分割しなければならないこともわかる。すなわち、上述の自然な方法に従うと短調では最上位に4対5、長調では5対6がくる。そこで（3度の一要素である）大全音を上にある3度内の下位に置くと、高さの異なる音声から生じる同じ音程がやはり高さの異なる音声になって終わり、音程がひとつの音声の代わりに2つの音声を作るだろう。論証可能で必然的なこの論拠は、1オクターブの最下位に小全音をもってくるプトレマイオスやツァルリーノ[★066]、ガリレイの権威に十分対抗できる。

　そこで8本の弦は、同一の最小公分母に通分した以下〔右頁〕の数値で表せる。

　8本の弦すべての長さの比が最小の数値で表示されているだけでなく、上にある4本の弦の長さの比と下にある4本の弦の長さの比がさらに小さな数値で表示されているのを参照。特に上の組3本と下の組3本の弦の比に注意されたい。その中間の弦とそれを表す数値について、本章ではこの分野の権威たちと見解を異にする。各調性において第7音を405、第2音を640としているからである。

　しかし、本章ではただ各調性の主要な8弦を立てるだけであることを想起されたい。長調が最上位から2番目の位置にその中の1本を採用しているような近接の付随的な弦については、次章で考察する。ここで問題になるのは、最上位から2番目と最下位から2番目の弦が各調性で同一になるためには、その弦をどのように定めたらよいか、見ることだからである。

　各調性のこの主要な8弦を合わせると、その中の2本が楽器では2重になることがある。そこで、2つの調性に共通の音組織では1オクターブの主要な弦は10本になるが、それでも8つの音の位置しか認められない（そしてそのように呼ばれる）。オクターブという語の起源については第4章を参照。[**]

第3巻──調和比の起源および音楽に関わる事柄の本性と差異　　　190

Ⅰオクターブの音組織 短調の場合(★094)

音の位置	楽譜	弦の長さ		上位	4本ずつの弦の組	
			または		自然分別した 中位	
VIII.		72.	360.	24.		
VII.		81.	405.	27.	または	
VI.		90.	450.	30.	30.　15.	下位
V.		96.	480.	32.	32.　16.	
IV.		108.	540.		36.　18.	27.
III.		120.	600.		40.　20.	30.
II.		128.	640.			32.
I.		144.	720.			36.

Ⅰオクターブの音組織 長調の場合

音の位置	楽譜	弦の長さ	上位	4本ずつの弦の組	
				自然分別した 中位	
VIII.		360.	120.		
VII.		405.	135.		
VI.		432.	144.	36.	下位
V.		480.	160.	40.	
IV.		540.		45.	135.
III.		576.		48.	144.
II.		640.			160.
I.		720.			180.

**以下を参照。これも結局、先のと同じものになる。
ハ短調の音の位置　VIII　VII　　　VI　V　IV　　　III　II　I
　弦の長さ　　　360　405　432　450　480　540　576　600　640　720
ハ長調の音の位置　VIII　VII　VI　　　V　IV　III　　　II　I

第7章　各調性におけるⅠオクターブの完全な分割とすべての諸調的音程の自然な順序

第8章

1オクターブ内の最小音程の数と順序

　自然にならって作ったいちばん下の音程といちばん上の音程は、自然にできた4番目の音程と同じく大全音である。さらにまた、特に歌唱のフレクサやターン[★068]のときいっそう大きな変化を与えるために、小全音を半音と4分音に分割する自然にならって大全音からも同様に半音15対16が切り離される。これはその音程内の上位の部分で行われる。そこで下位の部分には、4分音24対25をコンマひとつ分だけ上回る、より大きな4分音つまりリンマ128対135が残る。

　この切り離しは、前章で大全音にした最上位の音程で特に必要になる。長調はいちばん上で必要に応じて特に区別せずに半音を用いたり大全音を用いたりするからである。ただし、ほぼ慣用的に頻繁に用いられるのは半音である。正規の第7音（つまり前章の405）が第4音（前章の540）と4度3対4を作るように、この臨時の第7音も、第3音の576が長調に固有なので、この第3の音と完全5度2対3を作りたがるからである。こういうやり方で、歌唱はさらに冴えて鮮明になる。また576の3分の2は384で、これは第8音の360と16対15の音程を作る。

| この例を仮に楽譜に表したもの | ただし、この旋律の特色は以下のようにするほうがより正しく表せると主張する人がいても、争うつもりはない。この問題については後で明らかにする。 |

　こうして1オクターブ内の弦は全体で13本になる。それを通分できる最小の数もしくは比例項で表すと以下のようになる。その数の間に、隙間のない完璧な楽器の音組織中の最小音程をすべて自然な順

第3巻──調和比の起源および音楽に関わる事柄の本性と差異　　192

序に従って入れておいた。

	下位								上位
弦の長さ	2166	2048	1920	1800	1728	1620	1536	1440	1350	1296	1215	1152	1080
階調的音程かほぼそれに相当するもの		リンマ	半音	半音	4分音	半音	半音	リンマ	半音	4分音	半音	リンマ	半音
慣用の楽譜													

楽器奏者の技巧外し

予想どおり2か所で4分音の下に2つの半音が集まるのがわかる。演奏家はこれを楽器で表し、慣用から外れた変化を作り出すときは全音の代わりに2つの半音を用いる。ただし、彼らは音楽という芸術の慣例に従ってあらゆる音程を純粋な形のままには残さずに、完全であるべき音程を微調整して、他の音程の不完全さを軽減し緩和するようにする。こういうふうにして、全音はすべて楽器による演奏では等しくなり、リンマも半音に等しくなる。さらに完全な2分によって2つの半音が全音になる。これをいっそう容易に行うため、演奏家にあっては4分音すらも本来の理論的な完全さを持ち続けてはならない。

リュートのための平易なモノコード〔単弦〕の分割の仕方と聴覚によるその拒絶

ここでは、第2章の末尾で約束したことを果たさなければならない。また私の考えたこととリュートのためのモノコードの分割の仕方とを比較する必要もある。この分割の仕方は、私の誤りでなければ、ヴィンチェンツォ・ガリレイ[069]がアリストクセノス[070]の著作からもってきたものである。これについては耳でも確かめられる。理論と耳から得たこととは一致しなければならないはずである。

　前章で述べたように、オクターブは7つの諸調的音程からなるので、〔もとに戻る8番目を意味する〕オクターブという名称になった。こ

の音程の中には5つの全音と2つの半音がある。全音はどれも半音に非常に近い部分に2分できるので、この章で定義した12の音程ができる。これは文字で、G〔ト〕、G♭〔嬰ト〕、A〔イ〕、b〔変ロ〕、h〔ロ〕、c〔ハ〕、c♭〔嬰ハ〕、d〔ニ〕、d♭〔嬰ニ〕、e〔ホ〕、f〔ヘ〕、f♭〔嬰ヘ〕、g〔ト〕と表される。そこで演奏家も必要に応じて1オクターブに12の音程を立ててきた。たいていの実際的な技法が当然そうであるように、これはまったく苦心の跡の見えない、以下のような簡単で平易なやり方による。弦を支え、区切った長さ全体が自由に振動できるようにしている2つの駒（柱）の間のリュートの頸の長さ全体を、18等分する。糸巻きから見て最初のフレットつまり指当て表示線を、その上が18分の1、下が18分の17になるように置く。次に先の分割点を消去して残る17の部分を改めて18等分し、先の場合と同様に18分の1を第2のフレットで切り取る。こうして12回繰り返す。12回目の切り取りで、それと最初の弦全体との間に1オクターブの協和音程ができるような弦の部分が残るとされる。そこで最初の弦全体の長さを100000としよう。100000を18等分すると、その17は94444になる。次に94444を18等分したときの17は89198になる。さらに89198を18等分したときの17は84242になる。これを続ける。こういうやり方をすると12の音程として12の数値が出てくる。この数値の横に記したのはこれまでに論証した真正の理論から出た弦全体の大きさの数値である。

上に取りあげた理論が正しければ、12回繰り返したときの比が完全に1対2の2倍比に等しくなるはずである。しかし算術家がふつうに考えれば、1対2と17対18は通約できないから、これが誤りであることがわかる。けれども、この技巧的な弦の分割の仕方でもともかく聴覚には十分である。ひとつには、個々の数値が横に記した正しい数値に近似しているからである。また、リュートの弦に伸長性があり、ある意味で

	ガリレイの 比率	これまでに 証明した真 の比率
G.	100000.	100000.
G♭.	94444.	93750.
A.	89198.	88889.
b.	84242.	83333.
h.	79562.	80000.
c.	75242.	75000.
c♭.	70967.	71111.
d.	67025.	66667.
d♭.	63301.	62500.
e.	59785.	60000.
f.	56463.	56250.
f♭.	53325.	53333.
g.	50363.	50000.

数値は同じ形で表した

音に多様性があって、初めに弦が指から離れたばかりでその動きがまだ大きいときは音が高めだが、弦がもとの状態に戻ってきて振動の幅が狭まると音が低めで穏やかになるからである。しかも演奏家の熟練に応じて、弾き方の強弱や弾く幅の広狭も違う。ところが、理知の巧妙な探知能力で聴覚の判断を調べてみるとただちに不一致が明らかになる。それは以下のように証明される。すなわち、技芸の専門家が主張するように、耳は確かに100000と50363の調和を認めるが、同様に私が主張するように、100000と50000の調和も認める。そうすると、耳はその相異にまったく気付かないのか、それともこの調和にはそれだけの許容範囲があるのか、という疑問が起こる。私は第2章に述べた調和的な分割の仕方をもとに、そういうことはないと答える。すなわち、耳には100000対50000の弦と100000対50363の弦の2つの協和音程がまったく識別できないのと同じように、100000対50000の弦と100000対49637の弦の2つの協和音程も識別できない。いずれも2つの協和音程の差が等しいからである。

しかし弦全体の100000と並べて49637もしくは50363の部分を弾くのではなく、50363と49637の部分そのものを並べて交互に弾くと、そのときは必然的に短い部分が高い音を、長い部分が低い音を発する。これらの部分が同一音かどうか吟味すれば、耳はこの音の相異に容易に気付く。したがって明らかに、耳が50363対100000と49637対100000の協和音程が同一と判断するのは、50363と49637が等しいように思われるから、つまり後者の協和音程や前者の協和音程が50000対100000の協和音程と異なることが知覚できないからである。そこで、耳が理知の問いに答えるとすれば、正しい調和は100000対50000つまり2対1にあると言うだろう。したがって、100000対50363の協和音程を正確なものとするのは誤りである。

100000対67025の調和についても同じ判定が下せる。耳は初めはこの調和と、真に協和する部分の正しい長さ66667の調和とを識

別できない。けれども、67025の残りの32975は67025の半分ではない。したがって、32975の2倍の65950と67025による協和の仕方は異なる。相互に対比したとき、これらの弦から出る音が異なるからである。したがって、調和において耳が65950と67025を識別できなくなるのは、耳がこの2つの数の中間値としてとらえるからである。感覚が理知のはたらきで鋭敏になれば、この値は、正確にその半分の33333とともに100000になる、66667である。

　2対3の調和とさらに1対3の調和を識別できる感覚の鋭さが確立すると、結果として、2対5と3対5の調和や1対4と3対4の調和についても同様の判断を下せる。すなわち、59785と100000が協和し、また同様にその残りの40215も100000と協和しても、40215が59785の3分の2でないことは確かである。けれども、これは完全な3対2つまり60000対40000の協和としてすでに正当化されている。こういうふうにして聴覚は、理知のはたらきで鋭敏になると、ある分割から別の分割へと移行し、認知と識別の最も容易な同一音から始まり、ついにはあらゆる分割の仕方にまで及んでいく。そのとき聴覚は、私のあげた数値で表示される弦の部を認め、最初の列に見える技巧によって得られた部分は斥ける。

　ヴィンチェンツォ・ガリレイの著作に見える他の非常に巧妙なこの種の調律も参照されたい。彼がこういう調律を行ったのは、理論的に証明された音の弦の大きさを知らなかったからではなく、むしろ非凡な苦心による。私も彼の技巧的なやり方は認める。人間の音声とほぼ同様の自由な意図によって楽器を使えるようにするためである。しかし、思索のため、あるいはむしろ歌唱の自然な性質を見きわめるためには、こういう調律は有害だと思う。どのようにしてみても、楽器は人間の歌唱の大らかさに比ぶべくもない。

第9章

記譜法すなわち線と文字と符号による弦や音の表記および音組織

さまざまな線

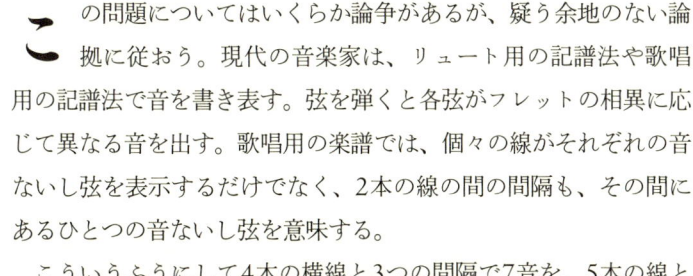

　この問題についてはいくらか論争があるが、疑う余地のない論拠に従おう。現代の音楽家は、リュート用の記譜法や歌唱用の記譜法で音を書き表す。弦を弾くと各弦がフレットの相異に応じて異なる音を出す。歌唱用の楽譜では、個々の線がそれぞれの音ないし弦を表示するだけでなく、2本の線の間の間隔も、その間にあるひとつの音ないし弦を意味する。

　こういうふうにして4本の横線と3つの間隔で7音を、5本の線と4つの間隔で9音を表す。次に音組織を歌うときの音を独特の符号で楽譜の各位置に表現する。この符号は同時に拍も示す。また音をアルファベットの最初の7文字で表すこともある。あるいは、ut、re、mi、fa、sol、laという6つの音綴か、今日のベルギー人のようにBo、ce、di、ga、lo、ma、niという7つの音綴で表示する。★071

弦

VIII.
VII.
VI.
V.
IV.
III.
II.
I.

音符

　調性は長調と短調の2つで、いずれも最下位にあるひとつの共通な音から始まっている。違いは、長調の3番目と6番目の音が短調より4分音ひとつ分だけ高いことである。そこで調性によって3番目と6番目の弦を変えざるをえず、オルガンその他の楽器では第7章末尾に数値で表したように2重にするか、あるいは私の考えではかつて〔7弦の〕竪琴や〔7管の〕葦笛で行われたように運指法で変えなければならない。同じことは記譜法や人声についても言える。すなわち、同じ主音から展開する各調性のオクターブに対してはただひとつの楽譜しかできず、そこには8音を表す8つの位置しかない。ところが各調性についていうと、1オクターブ内の主要な弦は第7章によれば合計で10、第8章によればすべての異なる弦の総計は13になる。そこで、4分音ないしリンマひとつ分だけ異なる2音が楽譜の同じ位置に書き込まれるようにもなる。この位置は線上か線の間の間隔である。4分音やリンマは全音や半音のように相前後し

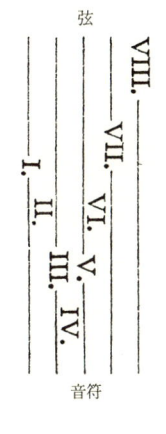

文字の必要性

て続けては歌えない。それ故に私も他の人々のように4分音を小半音と呼びたくなかったので、弦をまねた線とその間に特定の符号を書き込む必要があった。この符号によって長調と短調を区別し、半音が正規のものであろうと大全音から分離したものであろうと、その半音の位置を確定するためである。また調性の相異のほかに、大全音と小全音を記譜法で区別するという、もうひとつの理由があった。Ut, Re, Mi という音綴は当然のことながら一般的なもので大全音にも小全音にも適用できる。したがって、歌唱を学ぶ人や楽器の奏者がこの音名に満足しても、音楽理論家はまったく満足しない。そこでこの文字を楽譜の初めに記すとき、これをそのはたらきからキイ (Clavis) と呼ぶことになっている。これがないと歌う者にとって楽譜に入る入り口が開けないからである。

　同じ文字を楽器にも用いる。すなわち、張った弦を爪で弾いて鳴らす楽器や空気を送り込んで管を鳴らす楽器〔パイプオルガンの類〕の運指板にもこれを書き込む。この書き込みによって、その運指板を特別に鍵 (Clavis) と言い、その配列を鍵盤 (Claviarium)、ドイツ語で das Clavier といい、楽器の種類を鍵盤楽器 (Clavichordium) という。外側で鍵を押し下げると、内側で爪が跳ね上がって、弦を弾くからである。★072

　またオルガン奏者のためによく書かれる楽譜もある。そこには黒い線の代わりに、どのキイを弾くべきか指示する一連の文字がある。この場合は、歌唱用の楽譜が用いる線やその間に置かれる符号の代わりに文字がある。

　これらの文字については、興味深いことがある。まず、必ずしもすべての文字を線やその間に記すわけではない。ただF〔ヘ〕、G〔ト〕、C〔ハ〕という文字に限り、線上にその位置を記す。B〔変ロ〕は線と線の間の位置でも記す。

　なお、Cという文字には右のような文字自体と非常に異なる記号がある。この記号はCの古い書法の変形から生まれたように思われる。すなわち、書記が筆葦の幅広の先端を用いたので、たいていの

楽譜

ハ音記号の由来

第3巻──調和比の起源および音楽に関わる事柄の本性と差異　　198

符号は書きやすい書法から角張ったものになった。そのペンでは丸みを帯びたCを描けなかったからである。そこで彼らは3本の線でCを表した。凹面の代わりに1本の細い線を描き、角の代わりになる2本の太い線をペンで横に引いて⸺のようにした。ペンをすばやく動かすと、たいていの場合、細い線がもっと長くなり角を越えて両端が飛び出し⸺のようになった。また角の末端をはっきりさせるために、最初の細い線と平行な線を引いて⸺のようにした。こうしてついにこの2本の線が最初の線に平行な1本の線となり、記号全体が⸺のようになった。これが、楽譜の線上にある符号のように、ペンの先端が割れ隙間ができて⸺のようになる。

けれども、次のような考えが浮かぶかもしれない。この記号は梯子の形をしていて、これを置いた所が音階の始まりを示すように見えるから、この記号は音階 (Scala Musica「音の梯子」) ということばから生まれたのではないか。それともむしろ、Cの文字から梯子型の記号ができると、やがてこの梯子型を頻繁に用いたことから、本来は記譜法だったものを梯子の語を入れて音階と言いはじめたとするほうが正しいのか。

（かつて楽譜の線はたいてい4本だけだったので）Cの文字の位置が線上にこない場合がある。そのときにはFが1本の線上にくる。このFは高音部では本来の符号で書かれるが、バスではそばに2つの点をもつ後方に曲がった半円で書かれる。この記号は、こういうふうに変形する前の初期にはギリシア語の小文字ガンマγで、それに2つの点を添えてディガンマの意味にしたように思われる。ラテン文字のFはギリシア語のΓを2つ重ねたものだからである。すなわち、アルファベットの文字によって音組織の音を表示するこの方法はギリシア人に由来する。ヴィンチェンツォ・ガリレイは、非常に古くからあるギリシア歌謡の実例を提示して、そのことを説得的に述べている。また周知のように、ギリシア語の単一のΓもラテン語世界の音楽でおなじみのものとなってきた。これはすぐ後に述べる。

このFが第2の表示されたキイである。CとFの2つのキイは、そ

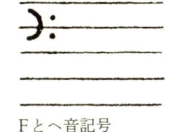

Fとへ音記号

Gつまりト

第9章　記譜法すなわち線と文字と符号による絃や音の表記および音組織

の各々に適切な位置があれば並んで表記される。第3のキイはGで、これはその位置が線上にくるとき高音部に記される。Gは古来の慣習によって楽譜のいちばん下の線にも表記される。音階は今日ではΓ utすなわちガンマのウト（Gammut）の音で始まるが、これは最低音のGだからである。そこで、ディガンマはFと、ガンマはGと同じものになる。

　bも、線上にこようと線と線の間にこようと、調性を区別するために短調の楽譜に書き込まれる。bがあれば短調、なければ長調を意味するわけである。それだけでなく、bのキイが割り当てられていない他の線上やその間にもbが出てくる。半音つまりファ（Fa）の記号としてbはいくらか乱用ぎみに繰り返し使われる。

b〔変記号〕について

　これに対して、特別に半音を全音の代わりにしたり、ミ（Mi）をファ（Fa）の代わりにしたりするときは、符号としてhの文字か、それから派生した記号を前に付ける。古人がこれを♮と描いたことは確かだが、今はその代わりに※もしくは※と描く。ガリレイは、この記号がかつてのギリシア語のディアスキスマ（diaschisma「引き裂かれたもの」）と同じ意味だと考えている。実際この記号が裂け目を表すのは明らかで、これは先の第8章で論じた半音の切除を示す。

hと嬰記号について

　鍵盤楽器の鍵ではbの文字が本来の位置になくて曖昧になることはない。まず、全音から半音を切り取って生じた、オクターブの音組織8の数を増やす音の鍵は、すべて平面に並ぶ主要な鍵より突出しており、しかも黒色だからである。また、黒鍵にはいずれも隣接する鍵の文字が書き込まれているが、識別のためにそれにしっぽ、つまり飾り書きが付いているからである（ただしhは除く。そこでは代わりにbという文字が単独で黒鍵に記されている）。しっぽは、f〔ヘ〕に対するfρ〔嬰ヘ〕、またg〔ト〕とgρ〔嬰ト〕、b〔変ロ〕とh〔ロ〕、c〔ハ〕とcρ〔嬰ハ〕、d〔ニ〕とdρ〔嬰ニ〕のように、もとの音より高い音を表示する。しかしfとfρ、gとgρ、cとcρの間はリンマで、bとhの間は4分音である。そこで前者の場合は、それら一対の音を楽譜上のただひとつの位置に表記するように、文字も同じもので示す。ところが、d

とdρの間は半音なので、この2つは文字としては同じでも、同じ位置ではなく連続する位置に当てる。一方、dρとeの間は4分音だが、これは文字が異なっても同じ位置にくる。こういう一貫性のなさは古来の慣習によって許容され、実地によっても緩和される。最後に、fρとg、gρとa、aとb、hとc、dとdρ、eとfの間は半音である。したがって、文字による音の表示が同じことからの類推で音程の同一性を推定したりしないように、注意を払う必要がある。

またまったく不思議だが、同じように古来の慣習によって黙認されることがある。(8音が連続してつながっている)かなり多くのクラヴィコードやオルガンでは、オクターブの協和が同一だから、当然のことながら同じ文字が繰り返し使われる。けれども、その繰り返しが最初の文字Aからではなく第2の文字bから始まるのである。すなわち、この文字の順序は次のようになる。C、D、E、F、G、A、b、c、d、e、f、g、a、bb、cc、dd、ee、ff、gg、aa、bbb、ccc、ddd、eee、fff、ggg、aaa、等々。

_{音組織}　さらに紙の上の楽譜は楽器における音組織、つまりひとつの協和音程を分割する一連の弦全体である。このことは、第5章で述べたように、何よりもまず1オクターブの音程に妥当するが、さらにそれぞれの楽器が出せるかぎりのもっと大きなあらゆる音程にも妥当する。

_{古代の弦の名称}　はっきりしないところが多いからといって古人の音楽について長々と論ずるつもりはない。けれども、古人が1オクターブの音組織の8音を呼ぶときに用いた名称のことは、看過すべきでないように思う。その呼称とこれまで論じてきた文字との間には密接な関連があるからである。

アリストテレスの時代には、ヒュパテ、パリュパテ、リカノス、メセ、パラメセ、トリテ、パラネテ、ネテという順で弦を列挙した。ヒュパテは最低音で、演奏に使用するとき楽器に張ったこの弦の位置から名付けたように思われる。リュートやパンドラやギターでは今日でも最低音の弦が同じ位置にある。

アリストテレスは、ヒュパテとパリュパテの間がディエシス（つまりプラトンの半音。4度から大全音2つを除くと243対256が残る。プラトンはこれをディエシスと呼んだ）だったと言う。[★075] したがって、ヒュパテは今Aの文字で表記する弦と、パリュパテはbの文字で表記する弦と同じものだった。そこでリカノス（人差し指にちなんでこう言われた）はc、メセはdである。メセは、プサルテリオンに弦が7本しかなくて8番目の弦の代わりに最初の弦を弾いていた時代には、これが7本の弦の真ん中だったので、こう言う。[★076] パラメセは、dρもしくはeである。eの音をアリストテレス以前の人々は省略していた。トリテはfである。順序としては高音〔a〕から3番目になるので、こういう。今の人が低音のAから6番目と言うようなものである。パラネテはgである。ネテは、義甲〔爪〕を下ろしていったとき最後にふれるかのようになり、aに戻るので、こう言う。ネテとメセの間は5度だったと言うが、それもこういう配分の確証になる。

　このような8弦の音組織は、パリュパテbとパラメセdρを指でふれることで縮めてhとeになるようにするか、あるいは糸巻きでこれらの弦を長調では強く張り短調では緩めるようにしたとき、初めて両方の調性に使うことができた。こういう事情から音を固定音と可動音に分かつ区別が出てきた。ディエシス（diesis）という名称も可動性のある弦を緩めることから生じた。[★077]

古人のいう固定音と可動音とは何か

　複数のオクターブの音組織を組み合わせる場合、古人の方法はかなり込み入っていた。だが、彼らがヒュパテよりさらに低い1本の弦を採用したことに気を付けなければならない。付け加えたからこの弦を付加弦（Proslambanomenos）〔これは今では「追加音」と訳される〕と言った。[★078] その痕跡は、現代の子供たちが学ぶ音階になお残っている。この音階では、Aというラテン文字の下にそれより低い音を表す文字を採用する。他の順序よく並ぶ音の外にあるこの音をギリシア文字Γで表示する。こうして音階はΓのウトに始まり、Aのレ等々と続く。

プロスランバノメノス

　弦の古い名称については、ここでは以上にふれただけで十分とす

る。第II章で、複合音組織の15弦のすべてについて後世の音楽家も用いた古来の用語によって説明するからである。

　これでようやく1オクターブだけの自然な音組織に取りかかれる。一般に流布している音楽に従ってこの音組織に文字を当てることにする。

> 自然な音組織がGから始まること

　この自然で論証可能な音組織の最低音は、古人のいう付加音、慣習的な名称では音階のガンマのウトということにする。当然この音にはGの文字が当てられる。調和的な分割によってできた音と全体となる弦の音とが1オクターブ内では、音楽家が通常はG、b、h、c、d、dρ、eで作るような音程になるからである。

　同じ音程は、D、F、Fρ、G、A、b、hやc、dρ、e、f、g、gρ、aにも認められると言う人があるだろう。また演奏家がこれらの文字を一般的に使用し、文字で大全音と小全音の区別をしないことも否定しない。演奏家は楽器を演奏するとき大全音8対9と小全音9対10の2つをひとつの音程4対5に融合して、それから使いやすく2つの音に正確に2等分する。そういう演奏家にとって楽曲のGからdへの移調には何の妨げもない。ただし、ガリレイはこういう調律のときもっと入念なやり方をする。けれども、ここでは経験主義的な実際家のやり方の不十分さではなくて、自然の厳密さのほうを考察している。だから、彼らのやり方は模倣できない。またcの文字についていうと、cから1オクターブの自然な音組織を立ち上げないようにするために、実際家も以下の論拠によってcはやめたほうがよい。すなわち、gρとaの間は半音で、この音程は、cから見るとaが6番目だから5番目の位置にある。ところが、自然な音組織では6番目の音の前に4分音が必要である。一方、音楽家は4分音をbとh、およびdρとeの間にだけ置く。そこで、演奏家の同意も得つつ、純粋な自然の音組織を表すためには、音組織をDもしくはGから立ち上げるべきである。★079

　ところがDから自然な音組織を始めることもできない。演奏家は慣例によってdとdρの間に半音を置くが、私のいう自然な音組

織では最下位には半音より小さいリンマがくるからである。★080

自然な音組織　　　ここで　　　　認めなかった
　　　　　　　　認めなかった移調　　第2の移調

〔中央の楽譜に見える音部記号は当時のト音記号〕

第10章

テトラコードとウ、レ、ミ、ファ、ソル、ラの用法

　　オクターブの音組織を2つの4音音階（テトラコード）に分かつこと、それを音楽家の多様な意図に応じていろいろなやり方で行うことは、古人にとって普通のことだった。まず、ひとつの中間音を立ててテトラコード2つを連結するコンジャンクト、ギリシア語でいうシュネンメナ（Synemmena）〔結合されたものの意〕があった。この中間音は下で最低音と、上で最高音と4度を作る。そこで、最低と最高の両端の弦は不協和音程の7度になる。なお、上にさらにひとつの音を加えることが言外にある。音を順に弾いていって1オクターブ上のaを弾く必要が出てくると、そのつど相対する同音つまり対置音（アンティポノン）を出す最初のAを弾いたからである。こうして実際に2つのテトラコード、すなわち2つの4度音程がひとつの7音音階となった。また、大全音ひとつ分の音程を空けて2つのテトラコードを分離したディスジャンクト、ギリシア語でいうディエゼウグメナ（Diezeugmena）〔分離されたものの意〕があった。今の音組織を分かつ場合も、事柄の本性上、そうせざるを得なくなる。こうして分けると、下のテトラコードにはG、A、h、c、上のテトラコードにはd、e、f♮、gがくる。このときcとdの間に大全音がある。おそらくは、境界となる2本の弦の間に他の弦の間よりも大きな間隙をあけることで、弦を張る位置によっても下位の4弦を上位の4弦から隔てたのであろう。

コンジャンクト　　　　　　ディスジャンクト

　　古人がテトラコードの音組織を考えた理由は、4度の協和音ひとつの中に2つ半の全音があると見たからである。われわれにとっても完全な4度の中には大全音と小全音と半音がある。それより小さな

協和では（4対5〔長3度〕も5対6〔短3度〕も協和とは見なさなかった）すべてが諧調的要素だった。そして半音を最下位か真ん中か最上位に置いた。したがって、古人にとって楽曲はすべて3つの形のテトラコードに含まれるべきものだった。

私見では、テトラコードの形は大全音と小全音とを区別するとさらに増える。すなわち、3つではなくて6つになり、1オクターブでは大部分が2重テトラコードになる。こうしたテトラコードの区別には自然にかなっているところがある。基礎音程を配分すると、上位と下位のテトラコードには似たところがあるからである。

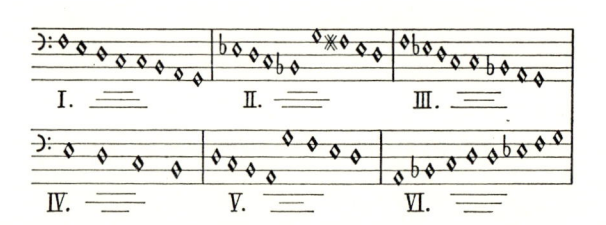

短い線は半音、中くらいの線は小全音、長めの線は大全音を表す。

		下位	中間	上位	
第1の形	c d e f / G A h c	大全音	小全音	半音	—
第2の形	b c d dφ / d e fφ g	小全音	大全音	半音	—
第3の形	c ddφ f / G A b c	大全音	半音	小全音	—
第4の形	h c d e	半音	大全音	小全音	—
第5の形	A h c d / d e f g	小全音	半音	大全音	—
第6の形	A b c d / d dφ f g	半音	小全音	大全音	—

第3巻――調和比の起源および音楽に関わる事柄の本性と差異

これらは完全4度の形のものだけである。不完全なものについては第12章で論ずる。

これに対して、演奏家が行っているように大全音と小全音の区別を無視すれば、その場合は全体に次の各対のディスジャンクトが互いに似ている。

G A h c	d e f♀ g
G A b c	d e f g
下位	上位

双方の組で半音は同じ位置つまり上位もしくは中間にある。相異はただ下位のテトラコードの半音が上位のものより1コンマ高いことだけである。だが、この相異は歌唱の最中にはあまり強く感じられない。

移調

音楽家がよく用いるキイからキイへの楽曲の移調は、テトラコードどうしのこの類似性によっている。演奏家が大全音と小全音の区別などを無視するようになり、移調も容易になった。

ウト、レ、ミ、ファ、ソル、ラの使用

さらにテトラコードどうしのこの類似性と3様の変化から、最近の音楽においては6つの音綴〔階名〕ウト、レ、ミ、ファ、ソル、ラが出てきた。これは学習者の記憶を助けるものである。2つの類似したテトラコードからなる1オクターブだけを歌うのであれば、大全音と小全音の区別を無視すると、4つの音綴ウト、レ、ミ、ファ、ウト、レ、ミ、ファだけで足りたはずである。

しかしテトラコードでは半音の位置が3通りある。そこでこれらの音綴が漠然としたものになりすぎないように、またむしろいつも半音をミ、ファもしくはファ、ミで表示するために、さらに2つの音綴を加える必要があった。こうしてウト、レ、ミ、ファでは半音が上位に、レ、ミ、ファ、ソルでは中間に、ミ、ファ、ソル、ラでは下位にあることになった。またこれが、音楽理論家が8つではなく6つの音綴を用いてきた理由である。したがって、6つの代わりに7つの音綴ボ、ケ、ディ、ガ、ロ、マ、ニを作ったあのベルギー

第10章　テトラコードとウト、レ、ミ、ファ、ソル、ラの用法

の人〔ヴァールランド〕は、こうして音綴の数を増やすとどういう利点があるか、わかったのであろう。もし彼が、1オクターブの弦の数と等しい音綴を使用すべきだが、ひとつ減らして、8番目は最初と同じになるから最初の音綴ボで表せばよいと考えたのであれば、すでにこの用途に当てられた文字a、b、c、d、e、f、gに何の不足があると考えたのか、尋ねてみたい。

こうしてテトラコードの3様の形によって6つの音綴が生まれると、ここから現代の音階による転調の発想が出てきた。つまり音綴の並び方の類似性に注目し、過剰な音綴ソル、ラが時には最初の音綴ウト、レと、時にはそれに続く音綴レ、ミと同等になるので、ソル、ラの後にファを入れてもよいとするのである。

転調

I.	2.	3.	4.	5.	6.	7.	6.		ウト	レ	ミ	ファ	ミ
ウト	レ	ミ	ファ	ソル	ラ	ファ	ラ						
ウト	レ	ミ	ウト	レ	ミ	ファ	ミ		ウト	レ	ミ	ファソル	ラ ファ ラ

その他にもテトラコードどうしの非類似の類似性のようなものがある。それが、相互に調和の取れたさまざまな旋律の同化の基礎となる。そういう旋律をフーガと幻想曲と呼んでいる。すなわち、どんな音程によっても相互に分離していない2つの隣接したテトラコードを取るものとする。こうして、1オクターブを完全に満たすには上か下になお大全音がひとつ足りないようにする。そうすると若干の1オクターブの音組織では構成要素の各テトラコードに同一系列の基礎音程つまり半音、4分音、リンマが現れる。その一方の系列に大全音を加えて、4度の代わりにもう一方の4度といくらか似た5度ができるようにする。すると2つの旋律は、一方が時間的に先行しながら上で5度の音程を、他方が時間的に遅れながら下で4度の音程を展開する。そのときには後の旋律が先の旋律を、いわば好敵手のようにできるかぎりその型をまねながら追いかける。★081

$$
\text{相似た4音音階}
\begin{cases}
\left.\begin{array}{l}\text{半音}\\ \text{リンマ}\end{array}\right\} \text{付加された大全音}\\[4pt]
\left[\begin{array}{l}\text{半音}\\ \text{4分音}\\ \text{半音}\\ \text{半音}\\ \text{リンマ}\end{array}\right.
\left.\begin{array}{l}\text{小全音}\\ \\ \text{大全音}\end{array}\right\} \text{下位}\\[4pt]
\left[\begin{array}{l}\text{半音}\\ \text{4分音}\\ \text{半音}\\ \text{半音}\\ \text{リンマ}\end{array}\right.
\left.\begin{array}{l}\text{小全音}\\ \\ \text{大全音}\end{array}\right\} \text{上位}
\end{cases}
$$

第10章　テトラコードとウト、レ、ミ、ファ、ソル、ラの用法

第II章

音組織の複合

　ひとりの人間の音声の変化は、たいていの場合、1オクターブの音組織の範囲内で行われる。けれども、複数の旋律から生まれる調和の取れた響きを聴くと、隣り合う複数のオクターブの並べ方がわかる。そこで万物を数の特性によって規定した古人は、1、2、3という数に対応する1オクターブと5度を、完全音組織と定義した。われわれにとっては、それぞれの調和的な分割から各音組織が出てきた。その最大のものは1、5、6という数に対応する2オクターブと5度だった。ただし、現代のいわゆる作曲家たちにとって、調和の取れた響きのある旋律の数を増やせば音組織にはどんな限界もない。創造主たる神も、天体の運行を調整するとき、7オクターブからなる音組織やそれ以上のものを作り出し、手本を示した。けれども、ここでは協和が完全でも不完全でも、協和を全体として考察するために音組織を構成する。この目的のためには2オクターブを合成して一音程にしたもので足りる。プトレマイオスもこういう音程を完全音組織と呼んだ。その結果は右頁のような形になる。

　ここで現代音楽の他の部門について論ずるつもりはない。音符の長さや多様性、拍子、休止、その他の事柄などはいずれも音程の本性には関わらないからである。

| キイと音程を付した2オクターブ内の弦 | | | 現代音楽の最大音組織にほかならないわれわれの音階は2オクターブと6度にわたる。古人の音組織と対比したこの音階を弦のギリシア名付きでここに並べる。 |

<table>
<tr><td>gg</td><td>―半音―</td><td>540</td></tr>
<tr><td>ff♮</td><td></td><td>576</td></tr>
<tr><td>ff</td><td>―リンマ―
―半音―</td><td>607$\frac{1}{2}$</td></tr>
<tr><td>ee</td><td>―4分音―</td><td>648</td></tr>
<tr><td>dd♮</td><td></td><td>675</td></tr>
<tr><td>dd</td><td>―半音―
―半音―</td><td>720</td></tr>
<tr><td>cc♮</td><td></td><td>768</td></tr>
<tr><td>cc</td><td>―リンマ―
―半音―</td><td>810</td></tr>
<tr><td>hh</td><td>―4分音―</td><td>864</td></tr>
<tr><td>bb</td><td></td><td>900</td></tr>
<tr><td>a</td><td>―半音―
―半音―</td><td>960</td></tr>
<tr><td>g♮</td><td></td><td>1024</td></tr>
<tr><td>g</td><td>―リンマ―
―半音―</td><td>1080</td></tr>
<tr><td>f♮</td><td></td><td>1152</td></tr>
<tr><td>f</td><td>―リンマ―
―半音―</td><td>1215</td></tr>
<tr><td>e</td><td>―4分音―</td><td>1296</td></tr>
<tr><td>d♮</td><td></td><td>1350</td></tr>
<tr><td>d</td><td>―半音―
―半音―</td><td>1440</td></tr>
<tr><td>c♮</td><td></td><td>1536</td></tr>
<tr><td>c</td><td>―リンマ―
―半音―</td><td>1620</td></tr>
<tr><td>h</td><td>―4分音―</td><td>1728</td></tr>
<tr><td>b</td><td></td><td>1800</td></tr>
<tr><td>A</td><td>―半音―
―半音―</td><td>1920</td></tr>
<tr><td>G♮</td><td></td><td>2048</td></tr>
<tr><td>G</td><td>―リンマ―</td><td>2160</td></tr>
</table>

ここでそれぞれの線は各々の主要な弦を表示する。

ee	ラ	
dd	ラ ソ	
cc	ソ ファ	
bb	ファ ♮ ミ	
aa	ラ ミ レ	プトレマイオスの完全音組織による弦のギリシア名
g	ソ ル レ ウト	―Nete Hyperbolaeon 〔最高テトラコードの最高音〕
f	ファ ウト	Paranete Hyperbolaeon 〔最高テトラコードの最高音に近い音〕
e	ラ ミ	―Trite Hyperbolaeon 〔最高テトラコードの3番目の音〕
d	ラ ソ ル レ	Nete Diezeugmenon 〔ディスジャンクトの最高音〕
c	ソ ル ファ ウト	―Paranete Diezeugmenon 〔ディスジャンクトの最高音に近い音〕
b	ファ ♮ ミ	Trite Diezeugmenon 〔ディスジャンクトの3番目の音〕
a	ラ ミ レ	―Paramese〔中間音に近い音〕
G	ソ ル レ ウト	Mese〔中間音〕
F	ファ ウト	―Lichanos meson 〔中間部の人差し指で弾いて出す音〕
E	ラ ミ	Parhypate Meson 〔中間部の最低音に近い音〕
D	ソ ル レ	―Hypate Meson〔中間部の最低音〕
C	ファ ウト	Lichanos Hypaton 〔最低テトラコードの人差し指で弾いて出す音〕
B	ミ	―Parhypate Hypaton 〔最低テトラコードの最低音に近い音〕
A	レ	Hypate Hypaton 〔最低テトラコードの最低音〕
Γ	ウト	―Proslambanomenos〔追加音〕

ここでは、今日の記譜法の慣例によって、線ばかりでなく線と線の間の各間隙もそれぞれの主要な弦ないし音を表示する。

第II章　音組織の複合

算術的で実地の技巧に関わる補説

ggggの弦の長さの倍数から11本の弦ができる。

ggggを	135. とすると
	135.
ggg	270.
	135.
ccc	405.
	135.
gg	540.
	135.
ddρ	675.
	135.
cc	810.
	135.
—	945.
	135.
g	1080.
	135.
f	1215.
	135.
dρ	1350.
	135.
—	1485.
	135.
c	1620.
	135.
—	1755.
	135.
—	1890.
	135.
—	2025.
	135.
G	2160.

そしてここでは小全音のあるdρとfおよび大全音のあるfとgの間はGの弦の16分のI離れている。

ccccρ の弦の倍数から8本の弦ができる。

ccccρ を	192. とすると
	192.
cccρ	384.
	192.
ffρ	576.
	192.
ccρ	768.
	192.
—	960.
	192.
fρ	1152.
	192.
—	1344.
	192.
cρ	1536.
	192.
h	1728.
	192.
A	1920.

ここではAとhおよびhとcρ の間も、弦全体ではなくhの9分のI、もしくはAの10分のI離れている。

あるいはGを5等分し、各々を3等分し、それをさらに3等分して、45の部分ができるようにする。その場合、ffρ 12; dd 15; ccρ 16; hh 18; a 20; e 27となり、同様にしてfρ 24; d 30; cρ 32; h 36; A 40となる。

fffρ の弦の倍数からは6本の弦ができる。

fffρ を	288. とすると
	288.
ffρ	576.
	288.
hh	864.
	288.
fρ	1152.
	288.
d	1440.
	288.
h	1728.

ここではdとfρ の間もhの6分のI離れている。

モノコードの別の分割法。Gを3等分し、その各々を2, 4, 8, 16と等分していき、48の部分ができるようにする。その場合、gg 12; ddρ 15; dd 16; cc 18; bb 20; g 24; f 27; dρ 30; d 32となる。

さらにまたGを5等分すると、その中の3がe、4がhである。次にhを3等分し、各々をさらに3等分して9の部分ができるようにすると、その中の8がcρ、10がAである。最後にcρ を3等分し、その部分4つ分をgρ とする。

第12章

不純な協和音程

2重全音

　オクターブが2つ連続して並ぶと不完全な協和音程が出てくる。すなわち、それぞれのオクターブを結合すると、それに伴って2つの大全音8対9がf、gとg、aの間に相前後して現れる。そこでf、aでは音程が64対81になる。これは正規の長3度4対5つまり64対80より1コンマ分つまり80対81だけ大きい。この音程をガリレイにならってディトヌス（ditonus）つまり2重全音 $\left[\dfrac{81}{64}=\left(\dfrac{9}{8}\right)^2\right]$ と呼ぶ。eとfおよびgρとaの間の音程もそれぞれ同じく半音だから、e、gρ間の音程も同じく64対81である。

　こうしてfとbb間の音程は、f、a間の過剰な2重全音に半音が加わるから、60対81つまり20対27になる。これは4度3対4つまり60対80よりも1コンマつまり80対81だけ大きい $\left[\dfrac{81}{60}=\dfrac{80}{60}\times\dfrac{81}{80}\right]$。

　e、aについても音程は同じ〔20対27〕と考えてよい。eがfより半音だけ低いのと同様にaもbより半音低いからである。

　これらの不完全つまり過剰な協和音程を1オクターブの音程から除くと、1コンマ不足する不完全な協和音程が残る。すなわち、1オクターブのa、ff間の音程は、不足する短6度81対128になる $\left[\dfrac{128}{81}<\dfrac{128}{80}=\dfrac{8}{5}\right]$。

　オクターブからe、gρを除くとgρ、ee間の音程も同じである。

　同様にして、f、bb間の不完全な4度20対27をオクターブから除くと1オクターブのbb、ff間の音程として減5度27対40つまり81対120が残る。[082]

　e、aをオクターブから除いたa、ee間の音程も同じである。

　一方、f、aの過剰な2重全音をa、cの短3度5対6に加えると160対243が生じる。そこでf、ccの5度ディアペンテは1コンマ過剰である。2対3〔5度〕は160対240で、240対243は80対81だからである。

またf、ccの過剰な5度をオクターブの音程から除くとc、fのIコンマ不足する4度243対320が残る。

6つの不完全協和音程の表

4対5の代わりとして、過剰な64対81が現れる	
3対4の代わりとして、過剰な60対81つまり20対27と	不足する243対320が現れる
5対8の代わりとして、不足する81対128が現れる	
2対3の代わりとして、不足する81対120つまり27対40と	過剰な160対243が現れる

それでもやはりプラトンのリンマもしくは半音243対256は必要でない。プラトンはこの音程を私とは異なる理由でリンマと呼んだ〔第4章参照〕。すなわち、プラトンの場合には、3対4の音程から2つの大全音つまり2重全音64対81を除くと半音の代わりとなるこのリンマ243対256が残った。ところが私にはこういう除法は必要でない。むしろ3対4の音程が増大して20対27になるのである。

第13章

自然に諧調する適切な歌唱とは

トルコ人やハンガリア人たちはよくラッパの合図に合わせて甲高い声で歌を歌うが、その類の歌唱については何も述べることがない。それは人間に具わった自然な性質よりもむしろ理性のない動物の粗野な音声を模倣したものである。

一般に、最初の作者はこのような粗野な旋律を、作り方の適切でない楽器から引き出したようである。その旋律が楽器の製作とともに長い間の慣習によって後世の人々やさらには民族全体に伝わったのであろう。私はプラハで、トルコ使節の聖職者が決まった時刻に跪いて繰り返し叩頭しつつ詠唱する慣わしだった祈りに居合わせたことがある。この聖職者がきちんと習い覚えたとおりに詠唱し、刻苦して勤行と練達とを修得したことはすぐわかった。つかえたりすることがまったくなかったからである。けれども用いた音程は驚くほど並外れて細分化し、不快感を催させるもので、自然の適切な導きによって類似したものを考えて心にとめておくことは誰にもできない、と思われるほどだった。それと非常に近い旋律を楽譜で表してみよう。

したがって、人間の耳の判断に適う諧調的な歌唱は以下のようなものである。すなわち、特定の音から始まり、そこから諧調的音程を通じて最初の音や互いに協和する音へと展開していき、不協和音程はすばやく走り抜けて協和音程に長い時間留まるなり、協和する音に頻繁に立ち戻るなりする。こうして2声相互の協和を求めるように、ひとつひとつの音を音組織のある位置から他の位置へと移動させる。一例をあげよう。

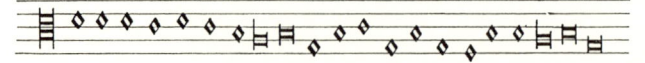

〔ラテン語の歌詞の訳：キリスト教徒は踰越祭の生け贄をほめたたえる。
子羊が羊たちを贖い、罪なきキリストが罪人たちを父と和解させた。〕

　ここで出発点となる音はGのキイにある。短音階でこのキイと協和するのはb、c、d、gである。そこで、歌唱は（最初に下方に屈曲してから）協和するcのキイへと走り、不協和な位置Aを飛び越す。ただし、Aの位置にふれても短い時間なら同じことだったろう。残る一連の歌唱はすべて特にb、d、gの位置で音を響かせる。オクターブのこういう骨格を表現しながら、非常に頻繁にdに立ち戻り、それからbやさらにその合間には上方のgに進む。これらすべての位置には意図的に展開していくが、最初の音と不協和な位置aやfに対してはそうではない。こうして最後に、歌唱はGに戻って終わる。

　歌唱の伝統的な定義に関しては次のような多くの注意すべき事柄がある。

I.　歌唱の各部分は、そのすべてによってか、いくつかによって歌唱全体を構成する。ユークリッドはその部分としてアゴゲ（Agoge）、トネ（Tone）、ペッテイア（Petteia）、プロケ（Ploke）という4つのギリシア名をあげる。[★083] これが何かは直接このことばからわかる。すなわち、アゴゲは、ひとつの音声を与えられた主音から主音と協和する位置へ、もしくはひとつの協和音からそれと協和するかまたは最初の主音と協和する音へと「導くこと」である。トネは、最初の位置かそれと協和する位置、もしくは最初のものと協和しなくても先行するものと協和する位置に「留まること」である。プロケは「絡み

第3巻——調和比の起源および音楽に関わる事柄の本性と差異　　216

合い」の意で、ある種のアゴゲもしくはアゴゲの色合いのあるものである。同様にしてペッテイアは「繰り返しに富むゲームをすること」の意で、ある種のトネもしくはトネの色合いのあるものである。そこでプロケとペッテイアの関係は、アゴゲとトネの関係と同じである。アゴゲはいわば真っ直ぐに進んで行くが、プロケは、犬が徒歩で行く者の周りをうろつき回るように、進んで行くさいにアゴゲの周りを動き回るからである。

　したがって、アゴゲは直線運動のようなもので、プロケは変化に富む運動である。トネはいわば運動の終焉ないしは音組織中のめざした位置での休止で、ペッテイアはもっと小さな運動の多くの終焉、多くの休止のようなものである。先にあげた例でいうと、demit oves Christus inの音節は持続するトネで、2音節だけが例外である。それに対して、cens rec li peccatの音節はペッテイアを表現する。この歌の中でlaud an patr torの音節の連結符に注意して、これを2重音と考えれば、この歌の中には本当の純粋なアゴゲがまったくないことになる。だが田舎の人々の慣習では、比較的長く伸ばして歌う一音が末尾で高くなって2重音になったりすることを考慮すべきである。さらにここに見える音節で、初めの連結符となっている引き伸ばされた単純な音を復元してみるとよい。そうすれば、Paschali laudesやimmolent、Christiani、Innocens patriには純粋なアゴゲを、catoresには短いアゴゲを見出せるだろう。純粋なプロケは、不自然なものではあるが例にあげたトルコの聖歌の中にある。

　そこで、解剖学における骨格と肉体の関係と同じものが、Ⅰオクターブの音組織では、相互に協和しオクターブの根本つまり主音とも協和する音と、旋律そのものないしは歌唱との関係にもある。すなわち、肉が骨どうしの空隙を満たし、それを覆って美しく飾るように、いま見たこれらの部分ことにアゴゲとペッテイアがオクターブの骨格を満たす。この両者は、協和する音の間に挟まれた不協和な位置を行ったり来たりして旋律を形作り、いわば旋律の肉体を作り上げる。

II.　歌唱は、オクターブの音組織の主音となっているような特定の音から始まる、と規定されるが、それが必ずしも実際の形としてわかるわけではない。変化に富むことが喜ばれ、それが表現効果に役立つので、非常にしばしばいわば突然に旋律が別のキイもしくは位置から始まることがあるからである。それでも、隠れた形から設定された特定の出発点がそれとなくわかる。この出発点は旋律のあらゆる方面への進行全体から明らかになってくる。例えば、この非常に古いドイツの聖歌〔「キリストはよみがえりたまえり」（Christus ist erstanden）〕では、実際にはdから始まっていても、主音がGであることはすぐにわかる。

III.　規則正しい歌唱はトネないしはペッテイアでオクターブの主音と協和する位置から離れないようにすると言われる場合も、似た例外がある。これらの部分は比較的長い旋律の進行の途中で、しばしば初めの主音とは不協和な位置の周囲を展開するからである。しかし、それは変化を与えるためである。あたかも先行する旋律に新たな旋律が混合し、かつての不協和な位置にその旋律の新たな出発点を置くか新たなオクターブの骨格を示すようなものになる。それはいわば演説における余談もしくは逸脱である。そこで、そういうところに長居はせずに、いわば主要な骨格に速やかに戻る。そしてトネやペッテイアが不協和な位置の周囲を展開しているかぎり、歌唱がまだ終わらないことがわかる。本当の終局では少なくとも普通は、たんに協和する位置に戻るだけでなく本来のオクターブの主音に戻るはずだからである。歌唱のこういう構成法と協和の追求から、古人は単旋律の歌唱も調和（Harmonia）と言ったように思われる。それはまさに各構成要素の均整の取れた適切な相応関係、形態の生命となるもの、いわば美しさを調和と言うようなものであろう。実際、ハルモニアは女性の名前でもあった。★084

IV. アゴゲもさまざまである。すなわち、アゴゲは実際には必ずしも間に挟まったすべての位置を通過するわけではなくて、しばしばいくつかの位置を飛び越え、跳躍によって一音からそれと協和する音へ移る。その場合、これはただ隠れた形でのアゴゲにすぎず、実際はほぼ純粋なペッテイアないしトネである。この慣習は、騎兵の足並みをそろえたり突撃命令を出したりするときのトランペット奏者の間に、非常に広く流布している。そのときには、オクターブの骨格以外にはほとんど何も聞こえない。古人のノモス・オルティオス (Nomos orthios)[★085]がこういう種類のものだったかどうか、考えてみてもよい。

> 跳躍

V. 諸調的な歌唱はその基本要素から構成される。この要素が諸調的音程である。そこで、まずこの音程をもっと厳密に定義しなければならない。

音程は2通りの意味で諸調的もしくは非諸調的音程と言われる。まず、独立した個々の音程について、その起源の点から諸調的もしくは非諸調的音程と言う。協和音程を分解したとき自然なものとして容認されるのが諸調的音程、協和音程どうしの対比からは出てこない、調和論とまったく異質なのが、非諸調的音程である。これは第4章で明らかにした。次に歌唱そのもの、ないしは旋律の点から見ると、音楽的な音程つまり第Ⅰの意味での諸調的音程の間にも相異がある。すなわちこの音程の中には、いっしょに結び付けて考えると、自然な性質としては諸調的、つまり調和音の対比と除去から生じたものなのに、実際に使用すると、ある点で非諸調的として旋律から斥けられるようなものがある。トネとペッテイアは最初にあげた意味を前提とし、考慮に入れている。後にあげた意味に特に関わってくるのはアゴゲである。これは、本当のアゴゲであろうと飛躍に用いるアゴゲであろうと、同様である。後者はさらに2つの点で非諸調的音程となる。つまり調性もしくはオクターブの骨格の点からいうと、この音程はまったく調性の決定に用いられずオクターブの骨格の形成にも与らないから、非諸調的となる。あるいはこの

> 非諸調的という意味の多様性

音程を上の第7章で自然から明らかになったのと異なる順序に置くと、非諧調的となる。例えば、半音3つを相前後して並べると、半音は第1の意味で諧調的だが、半音のこの順序は第2の意味で諧調的ではない。同じく4分音も自然な性質としては諧調的だが、長音階においても短音階においても、単独では非諧調的である。また結局この音程は相前後して歌われない。声部の旋律の飛躍的進行に許容されてもいない。アゴゲにも適当でない。

したがって、この第2の意味での非諧調的な禁じられた音程は、特に以下のような規則にしばられる。

① 4分音をふつうは半音の前後で歌わない。

② 2つの半音は、第7章により最小音程の順序の中で相前後して並べられても、それを3音で相前後しては歌えず、他の2要素と結合して2つの全音にしなければならない。

③ オクターブの骨格の最下位にあるような4度もしくは5度ひとつ分の複合音程中の2つの半音をふつうは歌わない。順序として4番目もしくは5番目にある音が完全な形にせよ不完全な形にせよ、最初の音と協和しなくなるかもしれないからである。そうすると実際には4度もしくは5度でなくなるだろう。

④ 4つの全音を相前後しては歌わない。ただし、オクターブの最上位の部分にある場合は別である。そのときには色合いや変化を付けるためにオクターブの骨格が変えられるので、変則的になる。

⑤ 主音の後に音を相前後して並べたとき7度やオクターブをこえるすべての不協和音程を、ふつうは歌わない。ただし、先行する音をある意味での終わり、後に続く音を新たな始まりにしようとするときは別である。

⑥ 6度は協和音程ではあるが、かなり稀にしか許容されない。しかも許容されるのは短6度だけである。

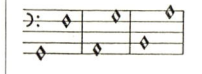

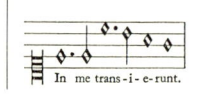

第3巻——調和比の起源および音楽に関わる事柄の本性と差異

⑦　1オクターブを構成する2つのテトラコードは、それぞれのテトラコードにおける半音の位置が同じでなければ、かなり稀にしか歌われない。色合いを付けるためかシンコペーション（これについては第16章で述べる）のために歌われることもあるが、半音の位置をまったく自由に決められるわけではない。すなわち、半音は調性の許す位置に限定される。

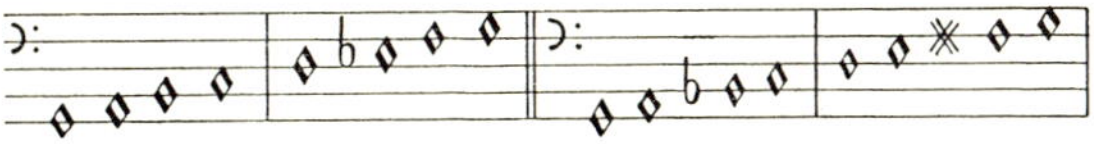

⑧　これと密接な関係があるのは、3つの全音をオクターブの最下位では相前後して歌わないことである。ただし、すでに述べた規則によって、それより上の位置では3つの全音も許される。

⑨　2つの半音は、聴いても差がわずかであろうと、自然に結合して1全音になることがない。例えば、オクターブがEから始まると、$c\rho$ と $d\rho$ の間には半音2つの複合から225対256の音程ができるが、この音程は自然の性質としては非諧調的である。第4章参照。

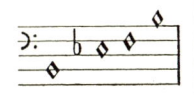

⑩　一般に、4度と5度を下位に置かないオクターブの音組織はすべて非諧調的である。

　こういうの規則の大部分は、次章で調〔この場合の調はいわゆる旋法のこと。第14章参照〕の数を確定するときすぐに役に立つ。

韻律について

VI.　「不協和音程はすばやく走り抜けて、協和音程に留まる」という先にあげた定義の項についていうと、韻律を論ずるのはこの著作の目的ではないが、一般に、調和的な歌唱の特別の魅力が韻律の用法にあることは指摘しておこう。「不協和音程はすばやく云々」と

221　　第13章　自然に諸調する適切な歌唱とは

いう言い方は非常に一般的だが、個別的な場合は以下のようにして真実となる。まず第一に、ラテン語を用いる人々は音節の長短を区別し、1単位時間の音節を短い音節、2単位時間をとり先の2倍の長さになるのを長い音節とする。

今日では韻文だけでなく散文も歌になるが、現代の音楽家は散文では音節の長短の区別をまったく無視する。今では発音の仕方が崩れてしまったのに、習慣的に鋭アクセントで発音される〔つまりアクセントのある〕音節はすべて長く、重アクセントで発音される〔つまりアクセントのない〕音節はすべて短いと見なす。

散文の場合

似たようなラテン語の運命も不思議ではない。後期のギリシア人も同じことをしたからである。彼らは書きことばを純粋な形のまま保持したのに、鋭アクセントと長音節、重アクセントと短音節を区別しない、非常に欠陥の多い発音の仕方をした。★086 けれども、ラテン語ではあまり用いないさまざまなアクセント記号をギリシア語では多用しつづけた。

韻文を朗詠する習慣が廃れてしまうと、ギリシア人は数世紀前からいわゆるポリス風詩文を書きはじめた。★087 この詩句では、音節の数を数えてもその長さを測らず、最後から2番目の音節として、本来長い音節ではなく口語でアクセントを置いて発音する音節を取る。

ギリシア人のポリス風詩文

ラテン語世界でも現代の音楽家は歌詞においては、例外を除けばこれを模倣する。2音節と3音節の連続からなる韻律が歌唱に受け入れられたからだろう。とはいえ、スポンデイオス〔長長格〕の等倍比とダクテュロス〔長短短格〕の完全な2倍比で足りるヘクサメトロスを除けば、韻文ではこういう詩脚を不揃いに織り交ぜる。★088 そこで、短い音節や、スポンデイオスがイアンボス〔短長格〕に続くとき短い音節の個所にくるもの、また一般にはアクセントを置いて発音すべき音節でもその音をすばやく通り過ぎなければならない場合、音楽家はその音を不協和なものにし、長い音節を協和する音もしくはそのような音にする。

韻文の場合

第2に、ドイツ語、フランス語、スペイン語、イタリア語など、

現代の韻文の場合

第3巻──調和比の起源および音楽に関わる事柄の本性と差異　　222

韻律を用いるイオニア系の諸言語は、韻文の最後もしくは最後から2番目の音節を鋭アクセントとし、アクセントのある音節とない音節が交互に続くかのように詩句全体を展開する。ただし、ドイツ語の規則正しい詩句のように、これがそのまま当てはまることもあれば、フランス語の詩句にしばしば見られるように、これが当てはまらないこともある。こうして、それらの言語の詩句はすべてトロカイオス〔長短格〕かイアンボス〔短長格〕に似たものとなる。しかもその詩句は、Schöffer Himmels und der Erden.〔天地の創造主〕Nun bitten wir den Heylgen Geist.〔今やわれらは聖霊に祈る〕のように完全韻脚となるか、Deß sich wundert alle Welt.〔そこで全世界は驚く〕Er ist der Morgensterne.〔彼こそ夜明けの星〕のように不完全韻脚となる。そこで音楽家は、不協和な音の位置をアクセントのない、つまり短く発音された音節に置き、協和する音の位置をアクセントのある音節にもってくる。

　第3に、実際には歌唱の韻律は歌詞の音節ではなく拍子からくる。拍子は2拍子ないし3拍子を守る。そこで音楽家は拍子の最初の部分を協和する音に、後の部分や3拍子で手を上げて指示される短いほうの部分〔いわゆる上拍の部分〕を主として不協和な音にしようとする。そしてアクセントを置いて発音すべき音節が拍子の前半に当たるように、2つの長い音節を拍子の最後の部分に押し込めないように、できるだけ用心する。

拍子

第14章

いわゆる調つまり旋法

モドゥス（Modus）について述べるにあたり、まず今日の音楽家に助言しよう。彼らがよくモドゥス（Modus）と呼んでいる、2拍子、3拍子の類（こういうモドゥスはおそらくかつてローマ人の喜劇で葦笛から出たのであろう）については、すでに述べたこと以外に話すことはない。私がモドゥスというのは、歌唱がどんな調のものか問題にするときに、音楽家が古人にならって調（Tonus）と呼び慣わしているもの〔つまり旋法のこと〕である。すなわち、諸調的な歌唱には特定の性質ないし種があり、類としてはその上位の長と短という2つの相異によって分けられる。★090

ギリシア人はトロポイ（Tropoi旋法ないしはスタイル）とエテ（Ethe習慣、習性）を並べて説いた。★091 前者は音組織の形式、後者は人間に対する歌唱の作用からくる。立法者の多くは歌唱の旋法が習俗の形成に役立つと考えたからである。

今日なお音楽家の間で論議を呼ぶ旋法の数と区別をめぐる古来の論争については、プトレマイオスの書にも若干あるが、大部分はヴィンチェンツォ・ガリレイの著書で見ることができる。しかし、他の人々の見解を検討したり反駁したりするつもりはない。だから音楽家はこの問題では、これまで説明した原則に従って得た結果以外のものを私に期待してはならない。すなわち、ひとつの旋法が他の旋法より全音（もしくは半音）ひとつ分の音程だけ高い所ないしは低い所から始まることによって、各調がその名称を得たように思われるとしても、私は直接に歌唱の高低によって調を分けたりしない。ヴィンチェンツォ・ガリレイの証言によると、ただそういうことだけを尊重した人もあった。しかし私はプトレマイオスにならって調の数を1オクターブの種類の数にもとづいて調べ、調の数は、オクターブの音組織の規則にかなった諸調的な骨格の数と同じになる、と主

第3巻——調和比の起源および音楽に関わる事柄の本性と差異

張する。この骨格は、長短の別、諸調的音程の順序、テトラコードの位置、あるいは2つの調和平均の選び方によって相互に異なる。つまり調の変化と区別をもたらす事柄はおそらく3つある。長短の別、諸調的音程の続き方、より小さな協和音程からなる骨格の組み合わせである。

　まず、第6章で立てた、オクターブの音組織の分割の仕方による2つの調性が、自然な性質の上で第Iの主要な2つの調となる。これらの調はただひとつのオクターブの音組織から直接に生じたものである。次に、長調と短調の各音組織で、第11章で述べた、2オクターブを複合して大きなひとつの完全な音組織にすることから、主音もしくは主音を含む音域によって異なる、個々のオクターブからなる音組織が出てくる。この音域が、自然な音組織の相異なる位置つまり今日の用語でいうキイである。Gから始まる自然な音組織を考えると、このキイから必然的に異なる音の高さが出てくる。高さによって半音の位置も異なり、オクターブの最下位が下から2番目か3番目になる。絶対的なものとして考えた高さについていうと、高さそれ自体によって歌唱の種類はまったく変わらない。同種の歌唱が高く奏されたり低く奏されたりすることがあるからである。また残る調の半分がGから始まる自然な主要音組織より低く、半分が高いと想定するプトレマイオスの説にとらわれたりもしない。自然な形で複合した2オクターブの音組織がGのキイから始まれば、明らかにいずれの場合も同じ諸調的音程の順序が出てくるので、調のすべてをもっと高くも低くも想定できるからである。しかし、プトレマイオスのように半分は低く半分は高いとすると、下位に5度、上位に4度を加えるように、自然な音組織を構成しなければならない。すると2オクターブの複合音組織がCから始まることになる。

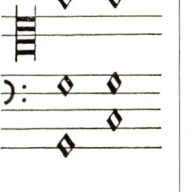

　最後に3番目として、このように構成した音組織で2つの調和平均の選び方ができる。歌唱の部分となるトネとペッテイアはこの調和平均を指向する。あるいは同じことだが、テトラコードの位置をオクターブの最上位か最下位か2つの3度の真ん中に置ける。

こういう多様性を示すために、ここでは特に第II章にもとづいて整理した方形の網目を添えておく。これは12の自然な最小音程の12通りの順序からなる。これを掲げるのは、アリストクセノスに賛成して、各調をそういう最小音程ひとつ分だけ高い所から始めて、その音程の数に従い同数の調を作るためではない。むしろこのような最小音程を慣用の諸調的音程の中に集めて、新種のオクターブを任意の最小音程から始められるかどうか、明らかにするためである。

相異なる種類の調を見出すための音組織中における音程の網目

順序	I	II	III	IV	V	VI	VII	VIII	IX	X	XI	XII
上位	S	L	S	S	D	S	L	S	S	D	S	L
	L	S	L	S	S	D	S	L	S	S	D	S
	S	L	S	L	S	S	D	S	L	S	S	D
	D	S	L	S	L	S	S	D	S	L	S	S
	S	D	S	L	S	L	S	S	D	S	L	S
	S	S	D	S	L	S	L	S	S	D	S	L
	L	S	S	D	S	L	S	L	S	S	D	S
	S	L	S	S	D	S	L	S	L	S	S	D
	D	S	L	S	S	D	S	L	S	L	S	S
	S	D	S	L	S	S	D	S	L	S	L	S
	S	S	D	S	L	S	S	D	S	L	S	L
下位	L	S	S	D	S	L	S	S	D	S	L	S
始点のキイ	G	Gρ	A	b	h	c	cρ	d	dρ	e	f	fρ

Sは半音、Dは4分音、Lはリンマである。

　オクターブの高さを12通りに区別していくと、基礎音程の並び方が他と合致するようなものがひとつもないことがわかる。
　オクターブの最初の相異である長短の調性を加えると、オクターブに何種類の音組織が出てくるか、見てみる。すなわち、12の順

オクターブの相異なる14種の音組織の起源

序すべての12の最小音程を、8つの位置で分けたⅠオクターブの7つの慣用音程の中に諧調するように集めることができるかどうか、できるとすれば何通りのやり方でできるのか、調べよう。

その場合、LSもしくはSLは大全音、DSもしくはSDは小全音、Sは半音を表すこと、および表記の仕方が低音から高音へ、つまり下位から上位へと進んでいくことに注意されたい。

確実なのは、Gのオクターブでは、半音が最下位から2番目もしくは3番目の位置にあって、2通りの場所を取るのに応じて、2種類の音組織が出てくることである。

第1種短調
LS. S. DS. LS. SD. S. LS.
もしくはS. DS. LS.

もしくは

第2種長調
LS. SD. S. LS. SD. S. LS.
もしくはSL. S.

$G\rho$と$c\rho$のオクターブでは、2つの半音はひとつの全音を構成せず、相前後して諧調的にも歌えないので、最下位の半音が孤立する。これは前章Ⅴの規則 ⑨ と ② による。そこで、配列は以下のようにしなければならない。

S. SD. SL. S. SD. SL. SL. これは規則 ③ により非諧調的である。

あるいは$G\rho$においては、S. SD. SL. SS. DS. 等々となる。これも規則 ⑨ により非諧調的である。したがって、$G\rho$から始まる諧調的なオクターブの種類はひとつもない。

Aのオクターブでは、下位の半音を3つの位置〔最下位、下から2番目、3番目〕に置けるので、それに応じて基礎音程を集めて調を作る方法も3通りある。S. DS. LS. S. DS. 等々という配列の仕方もあるが、これはすでに斥けた配列と符合する。そこでここから生じる配列の

第3種
S. DS. LS. SD. S. LS. LS.

仕方は以下のようになる。

第4種
SD. S. LS. SD. S. LS. LS.   IV.

第5種
SD. SL. S. SD. SL. SL. S.   V.

　bのオクターブでは、基礎音程の集め方で可能なのはひとつだけで、これは5番目の形と符合するので、別の種類にはならない。半音が下位から3番目の位置にしかこないからである。

DS. LS. S. DS. LS. LS. S.   V.

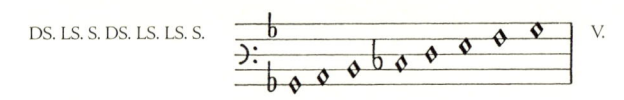

　hのオクターブでは、規則 ⑨ により2つの半音を下から2番目の位置に集めてひとつにすることができず、規則 ② により2つを相前後して並べることもできないから、それを全音の中に配分しなければならない。すると半音がひとつ、最初か2番目の位置に孤立する。
　もし半音が最初の位置に孤立したら、もうひとつ別の半音が4番目の位置に孤立することになる。これは規則 ③ によって斥けられる。あるいはまた別の半音が6番目の位置に孤立することになる。すると4つの全音がオクターブの下位に相前後して続くことになり規則 ④ に反する。したがって、半音は2番目の位置に並べなければならない。そこで以下の種類になる。

第6種
SL. S. SD. SL. SL. S. SD   VI.

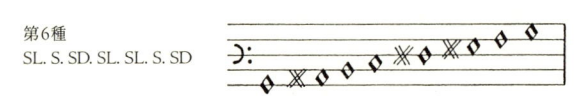

　cのオクターブでは、半音が取れる2つの位置〔下から2番目か3番目〕に応じて2つの配列ができる。その最初のものは第6種と符合し、もうひとつが第7種となる。

第6種　　　　　　　　　　　　　　　　　　　　　VI.
LS. S. DS. LS. LS. S. DS.

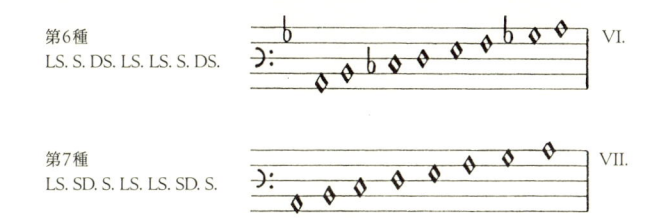

第7種　　　　　　　　　　　　　　　　　　　　　VII.
LS. SD. S. LS. LS. SD. S.

cρのオクターブのひとつの形については少し前に述べた。もうひとつの形は次の第8の形と符合して、S. SD. SL. SL. S. SD. SL. となる。

dのオクターブでは、下位のテトラコードでの半音の位置が3通り〔最下位、下から2番目、3番目〕あるのに応じて以下の3種ができる。

第8種　　　　　　　　　　　　　　　　　　　　　VIII.
S. DS. LS. LS. S. DS. LS.

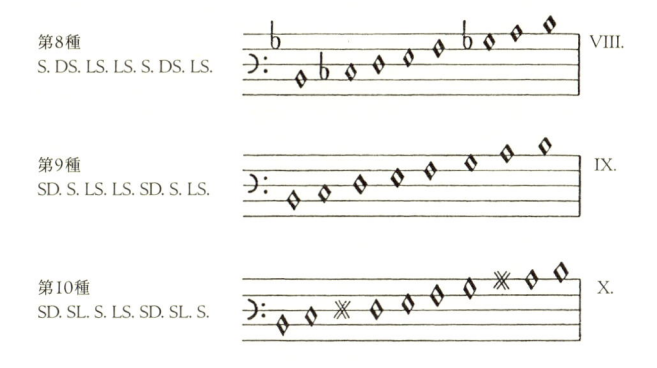

第9種　　　　　　　　　　　　　　　　　　　　　IX.
SD. S. LS. LS. SD. S. LS.

第10種　　　　　　　　　　　　　　　　　　　　　X.
SD. SL. S. LS. SD. SL. S.

dρのオクターブでは諸調的な配列がまったくできない。半音が最初の3つの位置から排除されるが、これは前章の規則 ⑧ に反するからである。

eのオクターブでは、再び半音の取れる場所が下位の3つの位置にきて、次の3つの種類ができる。

第11種　　　　　　　　　　　　　　　　　　　　　XI.
S. LS. LS. SD. S. LS. SD.

第14章　いわゆる調つまり旋法

第12種
SL. S. LS. SD. SL. S. SD.

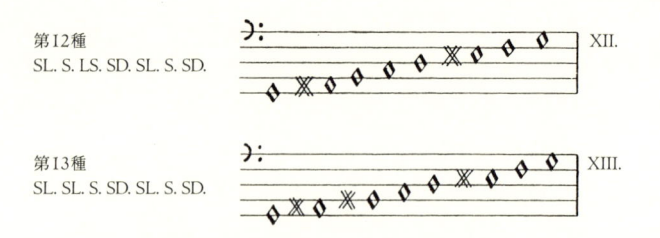

第13種
SL. SL. S. SD. SL. S. SD.

最後の形は次にくるものの初めの形と同じである。

　fのオクターブでは、半音はただ3番目の位置しか取れない。したがって、ただひとつの種類しか出てこないが、これは第13種と同じである。ただし2様の形を取りうる。

LS. LS. S. DS. LS. S. DS.
もしくはSD.S.

最後にfρのオクターブでは、半音の位置は下から2番目かいちばん下の2つである。もし半音が下から2番目にくるように並べると、照合してみれば明らかなように、これは第I種となる。だが、いちばん下に置くと第14種となる。

SL. S. SD. SL. S. SD. SL.

第14種
S. LS. SD. SL. S. SD. SL.

そこで、II. IV. V. VII. IX. の順序つまりGρ. b. h. cρ. dρ. のオクターブでは、特別な種類はひとつも始まらない理由が明らかになる。

　2番目に明らかになるのは、オクターブの種類が同一のままであるかぎり、真正な移調は以下のものを除けばまったく起こらないことである。①fρからgへ。②gρからaへ。だが、この形は斥けられた。③aからbへ。④hからcへ。⑤cρからdへ。⑥dからdρへ。この形も斥けられた。⑦eからfへ。

しかし、コンマを無視し大全音と小全音を区別もしない多くの楽器演奏家に従うと、この14種のオクターブはすべて半音の3様の位置に応じた3つの旋法にしかならない(ガリレイも、調にはドーリア式、プリュギア式、リュディア式の3つしかなかった時代があったと言っているとおりである)。だが、旋法は高さだけによっても数が増えていく。

第3の原因つまりオクターブの骨格の組み合わせに関していうと、われわれも演奏家もこれまでのところ共通している。この組み合わせによってわれわれにも14種以上のものが出てくる。

一般に行われているオクターブの3つの順序

① 半音を最下位に置くもの。古人がプリュギア式と言ったのはこの順序だろう。先にあげた種類の中では以下がこの古人のものに対応する。

III.	Aのオクターブ	S. DS. LS. SD. S. LS. LS.	下位の
VIII.	cρのオクターブ	S. SD. SL. SL. S. SD. SL.	テトラコードに限れば真に一致する。
	dのオクターブ	S. DS. LS. LS. S. DS. LS.	
XI.	eのオクターブ	S. LS. LS. SD. S. LS. SD.	一致の程度はそれほどでもない。
XIV.	fρのオクターブ	S. LS. SD. SL. S. SD. SL.	

② 半音を最下位から2番目に置くもの。古人のいうドーリア式ではこうなったように思われる。先にあげた種類の中では以下が一般にこれに相当する。

I.	Gのオクターブ	LS. S. DS. LS. SD. S. LS. もしくはS. DS. LS.	
	fρのオクターブ	SL. S. SD. SL. S. SD. SL.	下位5度の音組織に限れば真に一致する。
VI.	cのオクターブ	LS. S. DS. LS. LS. S. DS.	
	hのオクターブ	SL. S. SD. SL. SL. S. SD. もしくはS. LS. SD.	
XII.	eのオクターブ	SL. S. LS. SD. SL. S. SD. もしくはS. LS. SD.	ここでは一致の程度は最も小さい。
IV.	Aのオクターブ	SD. S. LS. SD. S. LS. S. もしくはS. LS. LS.	上といっしょで一致の程度は
IX.	dのオクターブ	SD. S. LS. LS. SD. S. LS. もしくはS. DS. LS.	それほどでもない。

③ 半音を下位から3番目に置くもの。リュディア式ではそうだったと思う。先にあげた種類の中では以下が一般にこれに相当する。

II.	Gのオクターブ	LS. SD. S. LS. SD. S. LS. もしくは SL. S.	下位5度では真に一致する。
VII.	cのオクターブ	LS. SD. S. LS. LS. SD. S. もしくは S. DS.	
V.	Aのオクターブ	SD. SL. S. SD. SL. SL. S. もしくは S. LS.	一致の程度はそれほどでもない。
X.	dのオクターブ	SD. SL. S. LS. SD. SL.S. もしくは S. LS.	
XIII.	eのオクターブ	SL. SL. S. SD. SL. S. SD.	一致の程度は最も小さい。
	fのオクターブ	LS. LS. S. DS. LS. S. DS. もしくは SD. S.	

したがって、大全音と小全音についての一般的な見解によれば、キイを表す文字から文字への旋律の移調は、たいていのものが♭と※〔♯〕の記号で行える。

残る課題は、諸調的な基本音程の組み合わせによって先の14種のオクターブのどれが多様化するか、調べることである。すなわち、3つの全音が相前後して続くか全音2つだけが続くか、という全音の続き方から、5通りの種の相異が出てくる。全音が3つ並ぶと、不自然な形ではあるがそれがオクターブの真ん中を占め上下両方にひとつずつの全音とひとつずつの半音〔全音ひとつと半音ひとつで短3度になる〕がくるか、3つの全音が音組織のどちらかの側に片寄ることになる。片寄る場合には、規則⑧と③により必然的にその片寄った側の端に半音がくる。全音が2つだけ相前後して続き半音が中間にくると、半音の位置はどちらの端にもなく、〔半音を挟む〕2組の全音〔長3度も大全音と小全音の2つからなる〕が上か下のほうにきて、その反対側の端には短3度がくる。短3度は、半音を上に取ってそれより下にあるのが正規で、半音を下に取りそれより上にくると逆になっている。

| 短3度 | 3全音 | 短3度 |

| 半音 | 3全音 | 半音 | 長3度 |

| 半音 | 3全音 | 半音 | 長3度 |

| 2全音 | 半音 | 2全音 | 短3度 |

| 短3度 | 2全音 | 半音 | 長3度 |

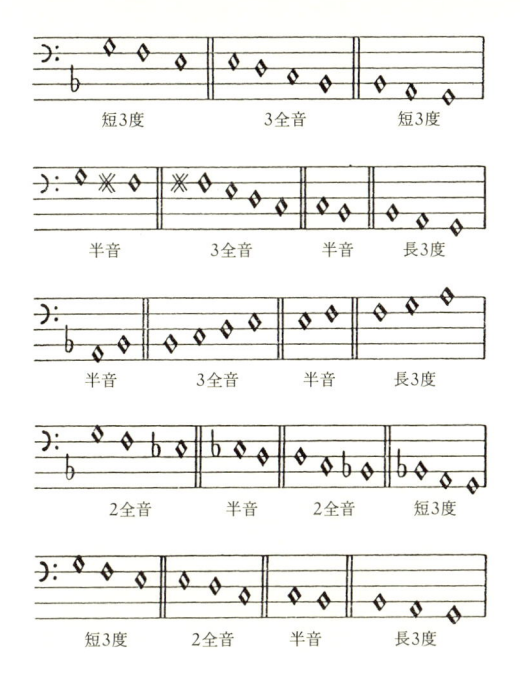

　こうして先の14種のオクターブの中のあちこちに、さらに10種あることが見出される。これは最初の4つもしくは5つの位置まで先行する種と一致する。そこで〔上掲の表では〕相異の出はじめる個所の前に「もしくは」という語を置いた。

　調を分ける最後の原因であるトネとペッテイアが加わってくると数が3倍になって72種になる。すなわち、24種すべてのどのオクターブの骨格にも第3度、第1度と協和する第4度、第5度、第6度がある。そこで、歌唱の部分としてトネとペッテイアが特に第4度と第6度の周囲を占めると、オクターブの骨格は最下位に4度音程を取る。第3度と第6度の周囲だと4度音程が中間にくる。最後に第3度と第5度の周囲だと4度音程が最上位にくる。

　必要に迫られてこれほど細かな区分を述べているわけではない。た

第14章　いわゆる調つまり旋法

いていの場合、ひとつの歌唱に上の3様の形が混在することは、私も知っているからである。むしろこの数によって、現代の音楽家が語る調の区別について判断できるようにするためである。調の区別については、その他の点ではひとつの調に属する楽曲であっても、一般に楽曲が違えばそれと同数の相異なる調が立てられそうにも思える。しかし、以上の原則を守れば、調の数はどれほど多くてもやはり限界がある。要するに、現にある境界と区別によって分けられた調は、楽器の音とは関係なく、高低いずれの音からも自然な音組織を始められる人間の声そのもので考えた場合、3つしかないか、14か24か72である。

　以上の私の原則と、一般に行われている8つの調つまりいわゆる教会旋法とは、以下のように対応させることができる。ある人々の見解によれば古人の旋法は以下のようなものだった。[*092]

1. ドーリア旋法　　2. ヒュポドーリア旋法

Adam primus Homo.　　*Noe secundus.*

この2種は短調で、オクターブの種類では私のあげた14種の中の第I種である。初めの旋法は高く、2番目の旋法は低い、という純粋な高さの相異のほかに違いは見られない。ただし、初めと2番目がそれぞれここにあげたような骨格を守るからというので、上述の最後の第3の原因によって両者を区別しようというなら別である。

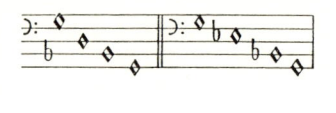

3. 一般のプリュギア旋法　　4. 一般のヒュポプリュギア旋法

Tertius Abraham.　　*Quatuor Evangelistae.*¹

長調のこの2種が先の第II種に相当し、eから記されることは明らかである。またも両者には高さの相違のほかに、ほとんど違いがない。ただし、それぞれの旋法にこういう骨格を別々に割り当てようとするなら別である。

*調の高さには3つのものがある。① 例えば人間の声や楽器のもつ高さのような、絶対的ないわば素材による高さ。音組織の主音がGからgへと上昇しても、このときには音組織の形が変わらない。これについては今は何も述べない。② 2オクターブからなる自然な複合音組織における各調の主音自体の形式的な高さ。この高さもこの個所では取り上げない。音組織の主音のキイが変わってしまうと調が変化するからである。③ やはり形式的なものではあるが、その主音のキイから見た旋律の高さがある。この高さが同じままだと調も同じままだが、いわば別の型を取ることがある。例えば、高さが主音のオクターブ上に上昇するのではなくて、その下の6番目か5番目か4番目の位置を保つか、しばしば主音より下に下降するが、それでも最後に主音に戻ってくるような場合である。したがって、そういう骨格を、旋律がその構成要素ないしここに描いた音符のすべてを通過するようなものとして理解してはならない。その若干の音符ないしそれより1オクターブ下の音符を通過すれば十分である。そこで、このように主音より下に下降していく調つまり旋法を、古人にならって変格旋法と呼び、それ以外のものを正格旋法と呼ぶことができる。

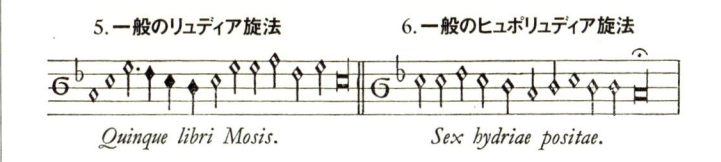

5. 一般のリュディア旋法　　**6. 一般のヒュポリュディア旋法**

Quinque libri Mosis.　　*Sex hydriae positae.*

これらも同じようにfから記されることは明らかである。両方とも短調だが、高さもしくはここにあげた骨格によって区別される。これは先の第13種に属する。

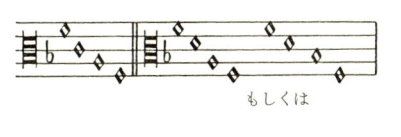

もしくは

7. 一般のミクソリュディア旋法　　**8. 一般のヒュポミクソリュディア旋法**

Septem artes liberales.　　*Et octo sunt partes.*

考案者の意図では、明らかに、第1と第2の旋法をdから、第3と第4の旋法をeから、第5と第6の旋法をfから、第7と第8の旋法をG

から記そうとした。しかし先に検討したことから、長調であるこれらの旋法も第Iと第2の旋法と同様にGのキイから記さなければならないのは確かである。先の第2種となるこの第7と第8の旋法はここに見えるような骨格になる。

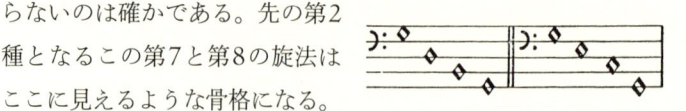

一般に行われている8つの旋法を私のあげた第I種、第II種、第13種、第2種のオクターブに当てはめることで、現代の音楽家たちよりずっと明白に、これらの調の差異を示せる。現代の音楽家はコンマを無視するからである。すなわち、Gから記される4つの旋法のすべてに第1度と協和する第3度、第4度、第5度、第6度という正規の協和音程がある。ところが、fとeから記される旋法は不純な協和音程を用い、下位にeとa、fとbbという大きすぎる4度とeとhh、fとccという大きすぎる5度を取る。

慣用の旋法がすべて4つに還元されるなら、残る10種のオクターブはどうなるのか、と問う人もあるだろう。それは明らかにそれなりに役に立つ。すなわち、Gから記された主要なオクターブの音組織を自然の勧めるとおりに調整すれば、音楽家がよく行うように、それほど簡単にさまざまな歌唱の移調を本来の純正な形を変えずに行うことはできないと、彼らに悟らせることができる。したがって、残る10種のオクターブのすべてとさらにその移調までもいっしょに斥けるか、それとももっと多くの旋律の形つまり旋法もしくは調がありうること、それはここにあげた一般的な旋法とは異なっており、先の表の欄外に付記した一致の程度を見ればわかるように、大きかったり小さかったりする誤差を認めるかは、音楽家の自由である。実際、先のIオクターブの音程をまったく考慮しなければ、Gからcへ、Aからdへ、等々の若干の移調はできる。

最後に問題になるのは、すでにしばしば斥けた移調の障碍になるのは何か、ということである。すなわち、音程どうしが音組織中の位置によって隔てられていると、耳で聴いてもコンマ分の過剰を区別できないことは、よく知られている。したがって、耳が移調の障

碍になるとは思われない。これまで説明した自然の法則に従ってできるだけ完全な形で張った弦による音組織があるとする。これでGとaおよびaとhを弾じて、それを聴いた人々すべてに聴くたびごとにこれらの音程のどちらが大きいか尋ねてみる。そうすると彼らはわからないと言うだろう。また音程をオクターブの同じ位置に並列しないと、つまり弦の長さを円によって区切り弦の81分の1を切り取って、80と81の2つの長さを矢継ぎ早に弾じ相互に比較できるようにしないと、違いは識別できないだろう。

　これに対しては、次のように答えられる。オクターブの（2つの音程の項となる）3本の弦だけを弾いたときは聴覚で違いがわからないとしても、1オクターブの弦をすべて弾けば、結局、最初の自然なGのオクターブと他のキイから始まるオクターブとの相異が聴覚でもわかる。あらゆる種類のオクターブには同じ7つの諸調的音程が含まれるからである。すなわち、弦を弾いてこれらの諸調的音程を同時に表すと、すぐに記憶に焼き付く。そこで、それぞれの調が自然なオクターブのどの位置から始まるか、聴覚によって容易にわかる。こういうふうにしてコンマの知覚がオクターブの違いの中に潜んでいる。協和音程の原因となる弦の長さを数値で表さなくても、聴覚は協和音程とすべての諸調的音程とをその効果から認める。同じように、聴覚はまたコンマを数値で表さなくても、また実際の特別な感覚によってひとつひとつ把握しなくても、80対81のコンマから受ける感じに気付くのである。

第14章　いわゆる調つまり旋法

第15章

どの旋法ないし調がどんな情調に役立つか

調を作り上げ相互に区別する原理については、以上のとおりである。今度は調の効果について私の原理にふさわしい事柄を少し述べる。

まず心にとめてほしいことがある。ここで問題になるのは、人にはたらきかけて、平板で落ち着いた弁論に頼るよりも歌を歌うようにさせる気分の相異についてでもなく、聴衆の心に起こる作用についてでもない。あらゆる歌は、歌う人に心の高揚をもたらし旋律に息吹を吹き込み、あらゆる種類の諸調的な歌唱は、聴く者に快感をもたらす。

この一般的な気分のことは別に考える。あるいはむしろもとになる素材として、ここで問題にする情調の多様性より下位に置く。

諸調的で自然な歌唱の構成要素は、動物が欲求を表示するために発する音声を模倣して情調を喚起するように作られた。したがって、この問題をめぐる議論が多種多様で際限のないものに類することは明らかである。こういう議論は私の力に余るから、すべて経験主義者つまり実際の音楽家に委ねるほうがよい。理論的な規則を学ばなくても、自然の導くところに従うだけですばらしい旋律を作り出す作曲家が時おり現れるからである。彼らにとってはそれが非常に簡単なので、歌唱とは何か、何から構成されるのか、いかにして作られたのか、と弁舌を弄することはない。

散文の弁論を詩文で表現するように、生き物の音声や仕種を歌唱で表現し、いわば潤色するわけだから、確かに詩作力と同じく歌唱を作曲する音楽的な能力も、自然から天分を授けられてはいても、やはり実地と訓練によって修得される。

しかし、事物の原因を探究したり他人の成果を親しく考察したりするのは、精神の最も高尚な楽しみのひとつで、アリストテレスも

『問題集』のかなりの部分〔第19巻〕を調和論〔音楽〕の考察に当てたほどである。だからここでも、いくらか考察を試みて哲学の境界分野を拡大し、その方法から得た規則を適用して際限のない議論を限定し、一般的な要点に戻る。後で、個々の事柄にわたり類似したものについては同じ判断ができるようにするためである。

I. 歌唱の要素と各種の歌唱に伴う情調の要素は対応し、両者の数はほぼ同じになる。すなわち、アゴゲ、トネ、ペッテイア、プロケという歌唱の各部分を表す語自体が、特定の情調を示唆する〔第13章参照〕。最初のアゴゲは単純さや存在感の表現に、最後のプロケは壮麗さや色彩感の表現に役立つ。トネの均一性は注意を喚起し、ペッテイアすなわち「遊び」は面白さと気晴らしのために作られた。これらは音楽のあらゆる旋法に共通する。

II. アゴゲについて、ガリレイは特に次の点を指摘する。すなわち、アゴゲには2つの相異なるものがあり、一方は下から上に、他方は上から下に向かう。前者は歓喜、後者は悲哀と涕泣の表現に役立つ。それは自然な理由からで、低音はゆっくりした動きで下方に、高音はすばやい動きで上方に広がるためである。そこで、音声が下降するときは休止に近付き、上昇するときは動きつつ進んでいく。だからコラールではたいてい最下位で終わる。下降するとき音声は弱くなっていき、上昇するときは激しくなる。さらに悲嘆のときは精神が萎えて、はたらきはすべて弱々しくなるが、喜びのときは生き生きして活発になる。

III. 飛躍の作用も大きい。この作用はいわば潜在的なアゴゲである。飛躍には無謀さ、揺れ動き、大胆さがあり、軍人的、男性的で、繰り返すと厚かましい。ことに5度音程の飛躍はそうである。これは図形では3角形で鋭角からなり、円全体を3本の線で占有する。それに対して短6度の飛躍はひとつだけでは上昇するが、下に向かうアゴゲが後に続くと苦痛の大きさを表現する。例えばオルランド〔フランドルの作曲家 Orlando di Lasso c.1532-94〕のモテット「彼らわが心をよぎれり」(In Me transierunt) の場合のように、下降する音声が悲嘆

を表すのに適している。

IV. 歌唱の主要部が最下位の主音からオクターブの音組織のどこまでの高さを占めるか、ということも非常に重要である。それが1オクターブ全体を走り抜けるか1オクターブを超過するようであれば、歌唱は情熱的である。4度の範囲にとどまれば控えめで快い。5度では平凡になり、短3度では意気消沈と無気力が現れる。この特徴を主音から4度にわたって下降するものに当てる人もいる。彼らはこの形の調を、正格調に対する変格調と呼ぶ。

V. 特にリズムもしくは拍子の速さと遅さも共通の要素の中に入れるべきである。速さは怒り、動揺、闘争、快活さを表すのに適しており、遅さは休止を通じて享受する情調つまり悲哀、情愛、憧憬、所有の快楽に適している。

VI. さらにモドゥス（modus）つまりリズムそのものも加えなければならない〔旋法だけでなくリズムについてもモドゥスの語が用いられることについては第14章を参照〕。いわゆる3拍子と2拍子の作用は異なる。おそらく、リズムはその作用の多くをコロス〔古代ギリシア悲劇の合唱隊〕の踊り手たちの模倣から引き出している。コロスにおける動きの交互の変化は周知のことだったので、リズミカルな変化はただちに聴衆の注意を喚起して、いわば現に演じられている場面に導き入れる。3拍子は騒々しく活発で、2拍子はもの静かで穏やかで控えめである。しかし、リズムとそれを表す符号のことは本書には関係ないので省略する。

VII. さて、調を適切に区別する手がかりになると主張したことに取りかかる。肝要なのは調性の相異である。この分野では、古人の3種の調性〔第6章参照〕のどれがどの情調に当てられたか、ということについて、論争から非常に豊かな成果が出ている。しかし、調性を3種に分けるのは不自然であり、この問題では古人の説は首尾一貫しない。そこで、こういう論争の成果には手をふれず無視する。＊むしろ私は2種の自然な調性つまり長調と短調について語る。これらの調性がどんな情調を引き起こすかということは、長調（Durum）

＊アリストテレスはエンハルモニウム〔古人のいう3調性のひとつ〕について、人の心を神的な狂乱で満たすと書き記している。これに対してスパルタの監督官は、この調性が女々しく偽りのものと見なされるからというので、この調性を取り入れる作者を不名誉に汚されたものとしてポリスから追放した(★094)。

第3巻──調和比の起源および音楽に関わる事柄の本性と差異

と短調 (Molle) つまり「硬」と「柔」ということばから明らかである。すなわち、特に性的な関係では、女性が主に受動的に耐え忍び、男性が能動的にはたらきかける。それと同じように、短調は女性的な受け身の心の熱情、長調は男性的で積極的な行動の表現に適している。これらの事柄の区別は以下のことからさらに明らかになる。

VIII. 調性だけでなく調も一般に半音の位置によって異なるものになった。この半音の位置が調性と旋法つまり調に、生命と情調を与える。ところがこの位置については、調性から見た場合と旋法全体から見た場合とでは議論の仕方が異なる。すでに述べたように、調性は何よりもまずGから始まる基本的なオクターブに生じる。このオクターブで、半音の位置が下位から2番目の所にあると短調、下位から3番目の所にあると長調になる。短調では最下位に短3度、長調では長3度がくる。この位置は情調とどんな関連があるのか。また短3度と女性、受け身の熱情、やさしさにはどんな共通点があり、長3度と男らしさ、厳しさ、積極的な行動、力にはどんな共通点があるのか。

そこでまず思い起こしてほしいのは、長3度が正5角形から生じたことである。5角形では神聖比〔黄金比〕を作る外中比による分割が行える。このみごとな比には生殖の原型が潜んでいる。すなわち、父が息子を生み、息子がまた息子を生んで互いに似ているように、この分割においても、全体と大きい部分の比が、大きい部分〔新たな全体〕と小さい部分〔新たな大きな部分〕の比として、つぎつぎに繰り返される。その比率は数で表せなくても、絶えず比率の真の値に近付いていく一連の数が与えられる。この一連の数では、数と（数で表せず言表不可能つまり無理数となる）真正の比例項との差そのものがみごとな交替変化により、象徴としての生殖器によって区別された男性と女性を生み出す。例えば、まず大きい部分が2、小さい部分が1、全体が3とする。この場合、明らかに1対2は2対3にならない。外項の1と3を辺とする長方形が中項の2を辺とする正方形と等しくならず、差として単位1が残るからである。そこで2を3に加え

第15章 どの旋法ないし調がどんな情調に役立つか

ると新たな全体として5、3を5に加えると全体として8ができるというようにして続いていく。1と3からなる長方形は女性を生み出す。2の辺の正方形より単位1だけ足りないからである。2と5からなる長方形は男性を生み出す。3の辺の正方形より単位1だけ過剰だからである。3と8の長方形は5の正方形より1少ないから女性を生み出す。5と13の長方形は8の正方形に対して男性を生じ、8と21の長方形は13の正方形に対して女性を生じる。このようにして無限に続いていく。[*095]

　5角形の作図に関わるこの分割の本性は以上のようなものである。創造主たる神もそれに合わせて生殖の法則を作られた。すなわち、無理数の比例項のそれ自体で完成した真の比に合わせて、各自がその種子を自らの中にもつよう命じて、植物の播種繁殖の原理を定めた。また（1単位の不足を他の1単位の過剰によって埋め合わせる）2つ一組の数の比の結合を男女の結合の仕方とした。したがって、5角形の所産の長3度4対5と短3度5対6が神の似姿である心を動かして、性的関係から生じるような情調を喚起しても不思議ではない。この場合、第3章によって再確認しておく必要があるのは、1対6が6角形からきたとしても、残りである5対6は、6角形の性質によって協和するわけではなくて、3と10の各項を2倍し半分にすることによって円の10分の3から派生するから協和することである。だから、この残りもその所産である短3度も図形の中では5角形の部類に入る。2つの3度の緊密な関係によって男性と女性の親密な関係を表せることが確定すると、それぞれの3度を両性に当てるのは何の造作もない。大きい3度〔長3度〕は男性、小さい3度〔短3度〕は女性になる。身体の大きさの比も体力と精神力の比も同じくそうなっているからである。また長3度は奇数辺の図形つまり5角形に由来し、短3度はもともと偶数辺をもつ10角形に由来するので、ピュタゴラスの教説にも合致する。彼は奇数を男性、偶数を女性としたので（奇数は過剰でもあるから、この説は上の過剰と不足に関する考えによって裏付けられる）、長3度は男性、短3度は女性になるとされるからである。[*096]

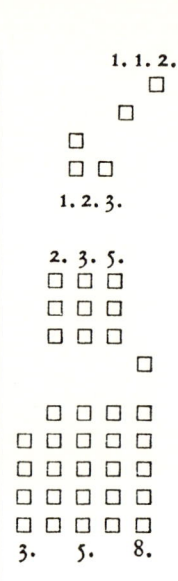

1. 1. 2.
□
　□
　　□
　□
1. 2. 3.
　□
□　□
　□　□
2. 3. 5.
□　□
□　□
□　□
　　□
　　□
　□
　□
　□
　□
　□
3.　5.　8.

諸調的音程の考察もこの議論に入ってくる。最小の諸調的音程は半音である。ある音の後に半音がくると、半音は小さいからいつもその音に取り込まれる。半音は緩やかな上り勾配の丘の尾根に似ている。半音が上位に出てくるたびに、いわば歌唱のめざす目標のように見なされる。歌唱はそこにくると尾根を征服して企てに成功したように、しばしば下位に戻る。実際、レ、ミと歌うだけでは聴覚はあきたらず、ファも加わるよう期待する。そこで、長3度が第8の調〔第14章のヒュポミクソリュディア旋法〕の最下位にくると、4度になるために不可欠の半音を欠くので、当然のことながら、この3度は活発で意欲的と見なされる。そのはたらきは産出で、めざす4度を生もうとする勢いは抑えがたい。4度の半音は4度にとって企てをすっかり遂げようとしたときのいわば激情の奔流である。ところが短3度が第Ⅰの調〔ドーリア旋法〕の最下位にあると、征服した後で戻ることになっている半音がすでに含まれているから、この3度は自らに満足している。本性に従って征服され受け入れる熱情のために作られたようなもので、いつでも雌鶏のように、交尾しようとする雄鶏を受け入れる用意をして大地に屈む。これが調性とGから立ち上がる基本的な音組織の調にある情調の原因である。

　今度は一般にすべての調の観点からも半音の位置を考察しよう。この場合もこれまでと同様、私の立てた原則に従って区別したような慣用の調〔旋法〕について述べる。対照のために先に加えた、残る10種のオクターブを調と呼べるかどうかの判断は、音楽家がすればよい。

　すでにしばしば述べたが、諸調的音程の中では大きなものが最下位にきたがり、大きな音程どうしで結び付こうとするのは、自然なことである。同様に下位にくる低音も大きなもの、つまり長い弦によって決まり、高音は短い弦によって決まるからである。あるいは同じことだが、低音は大きくてゆったりした動きから発し、高音は小さくてすばやい動きから発する。そこで、完全なテトラコードで最初の位置に大全音、2番目の位置に小全音、最上位の3番目に半

音がくると、この並び方は自然である。すべてが自然にかなうと、われわれは楽しい気持になる。したがって、そのように分割されるテトラコードが下位にある調は楽しげである。上述の第7と第8の調にはこういうテトラコードがある。驚くほど矛盾しているが、これらの調は古人がプリュギア式と呼んだり、ミクソリュディア式と呼んだりしたものと考える人々がいる。けれども、私はむしろこれを古人がリュディア式としたものと考えたい。古人は彼らのリュディア式について、心を神的な熱狂、活気と軍人気質で満たすと証言しているからである。こういうものは先にあげたものの中では第7と第8の調である。

　並べ方を逆にして、半音が最下位にくるようするのは、古人がプリュギア式とした第3と第4の教会旋法で行われる。そうすると自然の順序が逆になるので、嘆くような弱々しい悲しげな音が鳴り響くのは当然である。半音が真ん中にくると、平静、人情味、楽しさという情調は、会話や語りから生まれるような中くらいのものとなる。これにふさわしいのは女性的で柔弱な短調の第1と第2の調である。これはかつてドーリア式といわれたものと考えられている。確かにドーリア式についてヴィンチェンツォ・ガリレイは、本来安定していてもの静かで激しさがなく、荘重さと厳めしさにふさわしいと記している。この記述はこの2つの調について多少とも真実である。偶数であげた調は、奇数で表示した正格調に対する変格調だから、どうしても柔弱になる。その理由は少し前の第4項で示した。ガリレイも、低音に向かう動きには無気力、高音に向かう動きには活気があるから、第1の調の変格調を弱々しく悲しげで、おずおずしたものとする。ただし、私はその形容語を和らげ、原因を区別したい。すなわち、無気力、悲嘆、恐れはドーリア式の特性ではなくて、一般に低音へ逸脱し主音より頻繁に下降することに伴う特性なのである。

IX.　半音の位置については以上のとおりである。しかし、まだ調のすべてに特性を割り当てたわけではない。そこで次に、オクター

ブの骨格を組み立てる不完全で不純な協和音程についても述べることにする。まずそういう協和のいわば本質を、次に音組織における配置を検討する。

　オクターブの音組織の配列が本源的で自然なものであり、その配列で第3度、第4度、第5度、第6度の弦が最下位の弦と完全に協和する場合、こういう調は自然にかなったあらゆる情調を心の中に喚起する。つまり短調だと受け身の熱情、長調だと積極的な行動、あるいはそれぞれにふさわしい情調である。この特性はGから立ち上がる第1と第8の調にふさわしい。だから、ガリレイが第8の調は第1の調と合致すると断言したのも不当ではない。それでも、各調の性すなわち調性の特徴を保持することは理解しておく必要がある。こうして2つの理由つまり半音の位置と完全さのために、第7と第8の調は他の調に優る。

　逆に、第5と第6の調および第3と第4の調は、下位に不純な増大した協和音程、つまり前者は増4度、後者は増5度を取る。このために、それらの調には人としての中庸から遠ざかる情調と悲嘆の作用が出てくる。

　すなわち第5と第6の調では、半音が最上位で自然な位置にあるから、第7と第8の調の場合と同じく確かにまさしく4度である。ところが2つの大全音が最下位にあって、その後に半音がくるから、それによって1コンマだけ過剰の4度になる。

　したがって、これらの旋法は敬虔、感嘆、興奮、苦痛、また逆に希望、信頼といったような、いわば現在の運命を越えていく心の飛翔のような、情調の大きな動きを促す。

　第3と第4の調では、4度そのものの形が逆になることに加えて協和音程のこういう膨張〔増5度〕もあり、そのために悲哀と心の無気力が大きくなる。

　慣用の調を越えて類比を私のあげた旋法でAから記された短調の第3種にまで適用してよければ、それは半音が下位にあるが完全な4度もあるので、私はこれを快い悲哀感にふさわしい調とする。こ

れはやさしい心、愛情と憧憬で自足するとき、もしくはうれしくて涙が出るときのような情調である。

　協和そのものについて考えられることは以上のとおりである。今度は音組織中の位置から、協和がどういうはたらきをするか見ていこう。

　トネとペッテイアが特に第4度と第6度の弦の周囲を占め、そのために明らかに4度が下位にくる場合がある。4度は3種の諧調的音程のすべてを含むので、さまざまな調に対してふさわしい生気を与えるとき主要な役割を果たすテトラコードの音程である。この場合は、この形が歌唱を沈んだものにする。それは上の第4項であげたのと同じ理由による。トネとペッテイアが第3度と第5度の弦の周囲を占め、4度が上位にくると、歌唱も活気付き高揚する。ことに歌唱が第8度まで逸れていくとそうなる。こういうものが古人のいうノモス・オルティオス〔第13章第4項参照〕だったように思われる。最後に、トネとペッテイアが第3度と第6度の弦の周囲を占め、4度が真ん中に戻ってくることがある。これは第7と第8の調よりも第Ⅰと第2の調によく起こる。この場合はやはり中くらいの程よい情調を促す。しかし、骨格のこういう組み合わせはしばしば互いに混じり合うので、歌詞の変化と歌詞に曲を付ける作曲家の気質に応じて、歌唱のさまざまな部分で組み合わせが異なってくる。

Ｘ．　オクターブの主音から見ても、奇数の第Ⅰ、第3、第5、第7の調を高いもの、偶数の第2、第4、第6、第8の調を低いものとする人々がある。それが正しければ、確かに高さは心の高揚、低さは沈滞に対応するから、4種類の情調〔つまり喜怒哀楽〕を、8つの調に応じて8種類に分かつことができる。そうすると、第7の調には怒り、激情、勇ましさ、第8の調には快活、元気、歓喜、第3の調には激しい苦痛、切望、第4の調には悲嘆、愛、第Ⅰの調には祝典、婚礼、酒宴、第2の調には控えめな快活、会話、語り、第5の調には賛歌、感嘆、信頼、希望、第6の調には敬虔、大きな苦痛などがくる。

　議論を出発点に戻すときがきた。そこで賢明な読者に留意してほ

しい。現代の音楽家はどんな情調も無差別にあらゆる調で表現する。それは、あらゆる歌唱が無差別に聴衆に快感をもたらし、作曲家に元気を求めるからである。またそれができるのは、情調を喚起する楽器が多くなったからである。楽器などのことは部分的に最初に検討したが、こういうものは至る所で無差別にあらゆる調にわたって用いることができる。けれども、音楽家が意図したのと同じ効果をあげようと万全をつくすなら、情調の中で主題とするにふさわしい調の選択を安易に無視できないだろう。しかし、音楽家の実践に任されたことについては、音楽家が自ら考えたらよい。私にはこれまで理論として述べたことで十分である。

第16章

和声による歌唱つまり装飾的な歌唱とは

ハルモニア（調和、調べ）という語を古人は歌唱〔音楽〕の意に用いた。この名称を、調和的に響き合う複数の音声による旋律と解してはならない。和音が連続的に変化していく形の複数の音声による合唱は最近の発明で、古人はそれをまったく知らなかったからである。この点についてはヴィンチェンツォ・ガリレイがイタリア語で著した音楽論を見ればよいので、長々と証明する必要はない。調和による歌唱がプラトンの理想国から追放されていることを持ち出して〔『国家』398D-399E参照〕、まるで当時すでにそういう歌唱があったかのように異議を唱える人がよくいる。だがその個所は、楽器つまり牧笛や風笛や竪琴について、ひとつの音が絶えず響きわたるか、あるいは迫ってくる不協和音に譲って中断する場合のことと解される。当時のそういう演奏法では、古人には現代の風笛奏者以上の技巧は何もなかったのである。

この数世紀、初期の作曲家は楽譜を今日のコラールのように単純に記さず、多声の歌唱法のためにさまざまな図形や色や点を用いたので、これを装飾的歌唱法と呼びはじめた。そういう記号の中には休止や音の長短を指示するものがある。さらに調や拍子を区別するため、またフーガや反復奏などにも適用した。

そこで調和的合唱（Concentus harmonicus）を次のように定義する。2声、3声、4声それ以上の多声あるいは第13章で記したような諸調的で適切な旋律で、それがすべて同一の調性をもち、同一もしくは同類の旋法に従い同時に進行する。こうして協和を純粋なものとするか、諸調的な不協和音による非常に短い中断によってかえって趣のあるものにする。けれども、協和は永続する主調で同音的になるわけではない。また同一の協和が相前後するわけでもない。むしろ協和は興趣を増すために続き方が交替変化して多様化している。

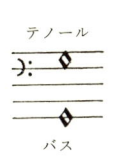

すなわち、2声の協和と同一音との関係と同じものが、調和的歌唱とI声の単純な旋律との間にもある。以下の定義の各項目はすべてこの基本的な出発点にもとづく。それぞれの項目を順次説明する。

I. まず初めに複数の音声に関して注意すべきことがある。非常に多くの音声による合唱がしばしば行われても、完全なIオクターブの音組織で完全な調和的分割を行ったときの項の数に応じて、専門家があらゆる音声をただ4つの名称で呼ぶのは、まったく自然にかなっている。彼らは、最も高い音声をディスカント（Discantus）、その次の音声をアルト（Altus）、低いほうでより高い音声をテノール（Tenor）、最も低い音声をバス（Bassus）と名付ける。Iオクターブ離 ★097
れた音を出す2音声の間には、第3章で説明したように、両端の同音と同時に調和的に響き合う中音部は2つしかないからである。 ★098

ただし、イタリア語に由来するこのことばの起源は、むしろ複合音組織を考慮したように思われる。だから、その語源ではアルトとバスが相対するパートを占める。実際にアルトが最も高いわけではないが、アルトとバスの2声が（端にないけれども）しばしばIオクターブを作り、アルトが上位の高音、バスが下位の低音になるからである。同じように語源からすると、テノールには歌唱の単純な旋律と主題が与えられる。ディスカントは、Iオクターブ上でテノールと相対する音域にあって常に移ろい漂うことから、そう呼ばれたように思われる。そこで、ユークリッドから引いた第13章の歌唱の各部分と対比すると、それらの部分はみなあらゆる声部に属してはいるが、それでもテノールは特にアゴゲ、ディスカントはプロケ、アルトはトネ、バスは飛躍して、調和的音程をとる位置にくることが多い。ペッテイアは4つの音声すべてに共通するが、アルトにおいてより顕著に認められる。

4声のこういう特性は事物の本性から直接に取り出された。すなわち、上述の定義により、合唱は絶えず交替変化する。そこでどうしても、中間部の音声のひとつが他の音声と比べて音組織中の狭い範囲内で動き回ることになる。どんな音声にも等しく広い範囲を自

由に動き回れる余地があったら、必然的に、下位の音声がしばしば上位の音域をさまよったり逆のことが起こったりするようになるからである。こうして途方もない混乱が生じ、4声の区別ができなくなる。そこで、ディスカントもしくはバスという両端の声部よりもむしろ中間声部のひとつ(アルトかテノール)が、この狭い領域にこざるをえなかった。

　こういう可動範囲の限定が両端の声部に起こったら、音程の変化全体がただひとつの領域、例えば高音部か低音部にくることになっただろう。それ故、中間声部が合唱の各パートの境界のように狭い範囲に固定され、そこから音程が上方や下方に展開するほうがよかったのである。しかし、中間声部で下位にあるものを圧縮してはならなかった。歌唱の主題は中間部で下位にあるテノールに当てられる。この主題が自由であるとともに音組織全体の平均的な高さで[*099]進行して、周辺の声部がひたすら主題の潤色、装飾もしくは紋章となるようにしなければならないからである。ところが、下位の音程[*100]は常に同族の上位の音程より大きい。したがって、テノールが平均[*101]的な大きさとなるようにするために、テノールを中間声部の下位とし、テノールよりもアルトを狭い範囲に押し込めなければならなかった。そうすると、ディスカントとバスには主題から逸脱する役割が残るが、両者には次のような区別がある。低音を発し大きな動きと長い弦で表現されるバスは、やはりゆっくりした大きくて調和的な音程〔協和音程〕によって動き回る。高音を発して飛び回り、短い弦と範囲の狭いすばやい動きから引き出されるディスカントは、やはり短くてより頻繁に繰り返される最小の諸調的音程によって、あらゆる領域を広く動き回る。以上が各声部の特性である。これから定義の残る細目を明らかにしていく。

II. 旋律的な歌唱の特別な第Iの調味料としての不協和音についていうと、まず、任意の非調和的な音程からではなくて、諸調的音程から選び出したものでなければならない。共通の合唱に協働する個々の音声は、相前後して続く音の間に諸調的音程しか許容しない

不協和音程

からである。またそれらの音声は、定義であらかじめ述べたように、同一の調性で同じ調〔旋法〕に属する。そこで、容易にわかることだが、そのような音声の間にひとつの調和が生まれるとすれば（調和〔協和音程〕はすべて諸調的要素に分解されるから）個々の音声がオクターブの主音から逸脱しても、2つの音声は互いに必ずしも協和音程にならないかもしれないが、諸調的音程以外のものを作ることはありえない。第2に、すぐれた作曲家が時おりもっと大きな不協和音程を用い、不協和な音声が協和となるような音声から完全に全音ひとつだけ離れるようなことがあっても、それは心の重大な動きを表現したり惹起したりするためで、それ以外にはこういうことは起こらない。快さとも結び付いた通常のいわば自然な不協和音程は半音で構成される。この理由は、首尾一貫させるため、再び幾何学の内奥にある基礎つまり第I章の公理2と3および第I巻と正15角形についての考察（第2巻29と30および第I巻44参照）に求められる。

すなわち、半音は15、16という数にある。ところが、正16角形ばかりでなく正15角形も作図できる。そこで15対16はもう少しで調和比を作るところだった。この比から派生した15対8、15対4、15対2、15対32、15対64ことに15対1も同様である。実際これらの比を、作曲家は正当な不協和音を作るために非常にしばしば許容する。例外となったのは次の点にすぎない。まず、正15角形の作図は他の正多角形のように図形の角数から直接に行えなかった。したがって、作図法はこの図形に固有のものではなくて異なる図形の正3角形と正5角形のを転用した。借用したものだから、その可知性はずっと低い段階にある。次に、正15角形の角は確かに他の図形の角と重ね合わせて平面を満たせるが、図形全体がすべての角で造形性をもつわけではない。したがって、15対16とその仲間は、もとになる図形上の原因を考慮すると協和音に近いところまで行く。だから協和音程に混じってしばしば使用されても不思議ではない。これに対して、全音の8対9と9対10はそれぞれの一項で完全に作図不可能な図形である正9角形（第I巻47参照）に関わる。したがって、

*ボローニャの人ジョヴァンニ・マリア・アルトゥージの『作曲の技法について』第2巻を参照。この巻は全体が不協和音程に関するものである（★102）。

不協和音程を選別するときの正15角形のはたらき

251　　第16章　和声による歌唱つまり装飾的な歌唱とは

全音と仲間の比（4対9、2対9、1対9、9対16、9対32、9対5、18対5、36対5、9対20、9対40など）を入れて作った不協和音程は甘美ではなくて、むしろまったく耳障りである。3全音（増4度）や減5度やこれに似た音程から作った不協和音程はいっそう耳障りである。これについてはアルトゥージの著書を参照されたい。こういう不協和音程は大全音、小全音、半音の後で、つまり基本要素としてのこれらの音程の不自然な組み合わせから生じるが、常に自然から離れれば離れるほど甘美さからは遠ざかる。

第3に、不協和音程を切分音と呼ぶことがあるが、この別名が不協和音程に関する他の規則を示唆する。シンコペーションは不協和音程にも不完全協和音程にも共通に起こるが、今は不協和音程についてだけ論じる。通常は切分音を料理におけるパン種や塩か酢のように用いようとする。すなわち、それだけでは完全な料理にならないように、音楽でも誇大に強調する場合を除けば楽曲全体が不協和音程で満ち溢れるわけではない。拍子とともにひとつの声部が不協和音として始まり、協和する他の声部と合体するわけでもない。むしろこの声部はひそかに、まるでためらったあげくのように、不協和音程を許容する。この声部は、上拍つまり拍子の後にくるそれほど重要でない部分で取る音組織のひとつの位置で、他の声部と合わせながらある音を始める。ところが、他の声部が終わった後もこの声部は長々と後に続く拍子の始まりを越えて自分の位置に留まる。そうすると、他の声部はみな（各声部が小ささと弱さと速さによって高音となり耳障りにならないように）たいていはその音声より低音だが、当の音声が立ち去らないうちに合唱として後に続く拍子の初めにくると、それは当の声部と不協和な位置を占める。やがて他の声部が、ぐずぐずと居座るかのようなその声部を追放して、たいていは下のほうへ押しやる。こういう事情から、不協和音程を消滅させる協和と定型的終止に対してもカデンツァ（Cadentiae）という名称が生まれたように思われる。

また作曲家は、不協和な声部の戦いが通常はあまり隔たっていな

シンコペーション

カデンツァ

い音程つまり第2度の間でそれほど頻繁に行われず、むしろ第7度の間で行われるように注意する。そうすると、上位の声部が自分の位置から追い出されて、半音もしくは全音によって第6度に下降するか、先行する声部と共同して作るべき第8度に上昇する。

<small>ありふれた不協和音</small>

　その他に非常に頻繁に出てくる不協和音がある。これはそれほど技巧的なものではない。低音部が同一音のままその音を続けるのに、高音部はその低音のオクターブ上から速い動きの連続音によって中間にある諸調的なすべての位置を飛ぶように通過して、5度もしくは4度によってその8度と協和する音へと急行する。こうして協和と不協和を繰り返すのである。しかし、初めはいつも協和し、不協和も短い。不協和は移る途中や後のほうの音にあるからである。例えば、2拍子でディスカントの5つの音とバスのひとつの音を組み合わせると、ディスカントの第1音、第3音、第5音はそのバスの音と協和し、第2音と第4音は不協和となるか、やや不完全な協和音となる。楽譜を参照（c.は協和、im.は不完全な協和、dis.は不協和を表す）。

<small>協和の交替変化</small>

III.　以下のもっとまれな協和音と不協和音の混合の仕方は、協和音が変化するかぎり常に頻繁に起こる先の混合の仕方と同じく、自然なものである。すなわち、単旋律においては、それぞれの単音声部が音組織の主音から、不協和ではあるが諸調的な音程を経て、主音と調和し合う位置へと向かい、その位置に留まる。それと同じように多声の旋律的な合唱も、ほぼ同一音から始まり、通常のいわゆる不完全な小協和かさらにはこういう不協和を経て、完全な大協和音へ、そしてたいていは（ことに終結部では）同音へと向かう。

<small>不完全な協和</small>

IV.　また韻律と音綴の長短とからなる歌詞をもつ単音声による歌

第16章　和声による歌唱つまり装飾的な歌唱とは

曲においては、短い音綴を重視せず、長い音綴と詩句の末尾を最初の音と協和する位置へと導く。それと同様に多声による合唱においても、急いで飛ぶように通過する不完全ないわゆる小協和があり、また目的となるので定型的終止（Clausulae）と言われる完全な協和もある。

> 定型的終止

V. さらに個々の協和音程そのものを別々に考えたとき、それが快いのは完全な同音になるからではない。協和音程は、起源となる正多角形から自然な性質を引き出しているので、いわば図形的な一面をもち、さまざまに異なって響きつつ、聴覚において質感のある広がりをもたらすからである。同じように多声の調和的な合唱つまり連続する一連の複数の和音も、多様性がないと、どんな優美さも失う。

> 相前後して置けない完全な協和

こういう定義の説明から、作曲家が協和を作り上げるときに守るべき規則を理由づけることができる。問題になるのは、自然な3度や6度はいくつか相前後して並べてもよいと思われているのに、4度、5度、8度や同様の音程は、同じ種類のものを相前後して並べるのを許容しない自然な理由は何か、ということである。

> 2つの5度その他が相前後しない理由

それは以下のように答えられる。3度もしくは6度どうしが相互に連続して音の高さを作っていても、実際にはたいてい異なっていて、ひとつが長、もうひとつが短である。時おり2つの短3度が互いに直接に続いても、それはそれで最小の不完全な協和音程である。最初の人がウト、レ、ミ、ファ、2番目の人が同数の拍でミ、ファ、ソル、ラと歌うとする。そうすると4つの3度が相前後して続くことになる。その中で最初のウト、ミは長3度、2番目のレ、ファと3番目のミ、ソルは短3度で、4番目のファ、ラはまた長3度である。これに対して、4度は一般にはすべて同一の大きさの音程とされる。5度や特に8度もそうである。そこで、これらの完全な協和音程は、同一種類のものを相前後して2つ以上並べると、高さは異なっていても、歌唱のほうは、協和音程の点では変化のないものになってしまう。

他にも5度をいくつか並べた高さにして歌えない特別の理由がある。しかし、8度を並べて歌うのは妨げない。これについてはアリストテレスが『問題集』〔第19巻918b30-40〕で、なぜ8度どうしは（例えば、男声は女声と、成人の男の声は少年の声と）調和的に響き合うのに、5度どうしや4度どうしはそうならないのかと、問いかけている。その理由は、2つの3度が5度の協和音程を作り、2つの8度が2オクターブの協和音程を作るのに、2つの5度は9度、2つの4度は7度を作って、いずれも不協和音程になることにある。したがって前者の場合、音声は8度や3度の協和音程によって一様に展開しつつ、同一種類のオクターブを守ってひとつの調もしくは旋法にとどまる。ところが後者の場合、等しい音程で展開すると、旋法もしくは調がはっきりと変わってしまう。これは先の定義に反する。

VI. 協和音程の選択についても注意すべきことがある。まず、一般に（例えば、あのオルランドの歌における「アベルはいずこ」(Ubi est Abel)や「わが心は悲し」(Tristis est Anima mea)のように）大きな音程は心の大きな動きを表現し、小さくて高い音程は快活さを、小さくて低い音程は悲しみを表現する。

　次に、調和的な歌唱はたいてい同音となって終わる。そこで、歌詞の主題に合わせて終結部に大きな音程を置くために、牧笛の管やパンドラの弦をまねて、バスが下降するだけでなく、ディスカントも、歌唱を終えるときの自然なやり方に反して上昇する必要がある。そのときこそ前章で説明した半音の力が最もよく発揮される。歌唱が上昇して終わる通常の自然な終わり方では、そのオクターブの主音の上に直接に半音をもたない調〔旋法〕だと最後に半音高くすることが好まれるからである。

大きな音程のほうが快い理由

　第3に、ガリレイが問題として考えたのは、なぜ1オクターブと5度は単純な5度よりも快く響くのか、したがってまたどうしてひとつの和音が別のよりも快いのか、ということである。ガリレイ自身があげた理由は曖昧で確かでないので、わざわざ調べなくてもよい。このことの非常に明白な理由は、むしろ私の立てた原理から明らか

255　　　　　　　　　　　　　　　　第16章　和声による歌唱つまり装飾的な歌唱とは

になる。すなわち、第Ⅰ章公理2により、正多角形の辺の違いを示す可知性の段階は、その図形の所産である比にも移し替えられる。そこで当然のことだが、円の「部分」とその「残り」の作図法の差異を表す可知性の段階が、また「部分」と「残り」の響きの甘美さの違いにもなる。したがって、円の分割から直接に生じる調和、つまり全体とそこから切り取った「部分」の間にある調和は、その「残り」と全体の間にある調和より完全で響きも快い。後者は、弦の2等分もしくは2倍に由来する同音的協和をまじえて初めて先行するものから派生するからである。こうして1対3は主要な地位を占めるから2対3より快く、1対6は5対6より、1対5は4対5より、1対4は3対4より、2対5は3対5より、3対8は5対8より、それぞれ快い。まず「部分」がその「残り」によらずにそれ自体として直接に協和となり、その後で、それ故にまたより不完全な仕方で、「残り」がそれと対になる「部分」か違った図形の「部分」によって協和となることが証明されるからである。

　作曲の技法の他の規則について、妥当性を証明したり説明したりすることは、専門家に委ねる。私にとっては、自然における歌唱の最も重要な一般的基礎を指摘して歌唱の自然な性質を明らかにするためにも、特に後の第5巻の考察のためにも、これまで論じたことで十分すぎるほどだからである。この第5巻の主題が、本書全体において私に課せられた唯一の目的にほかならない。すなわち私は天文学者として、正多角形や正多面体について（まだ完全に解明されていないと思われた分野を除けば）幾何学的というよりも、むしろ天文学的、形而上学的に論じている。歌唱を支える比についても、音楽的というよりもむしろ幾何学的、自然学的そして最終的には先の場合と同様に天文学的、形而上学的に記述している。幾何学の5つの正多面体も、音楽の比と調和〔協和〕の仕組み全体も、天球の比がそうなる原因、天体の離心値と長軸端における運動がそうなる原因を説明するために必要だからである。音楽の実践部門である作曲の技法は私の専門ではないので、技法について知りたい人は、先にあげたアル

本書全体の目的

★103

トゥージや私の旧友セトゥス・カルヴィシウス[★104]が公刊した、作曲の技法に関する書物を参照されたい。ただし、私が彼らの書物をあげるのは、それが最善の書だと思うからではなくて、他の書物を見たことがないからである。

3つの平均についての政治論的余談

第3章の欄外でボダンのことに言及しておいた。すでに第3巻も終わり、上に掲げた一節も加えて[★105]、数学的な考察は十分に行ったと思う。そこで、このやっかいな課題を終えるにあたり、ボダンの著書から政治論の要点を取り出し、私が理解してまとめたことばと順序で、できるだけ再現してみることにした。ボダンは数学からこの考察のために十分な援助を引き出したわけではないので、曖昧な所をはっきりさせるためである。一般の人々にとっても面白い話を挿入すれば、本書の煩わしい数学的論証に対する嫌気も少しはなくなり、国家論の研究にもこういう課題がいくらか役に立つことがわかってもらえるだろう。数学的な素養のあまりない読者にも適当な、くだけた数学的説明から始めよう。

調和平均とは何か

大きさに注意を払わずに取り上げたいくつかの数に、等しい数を加えると、算術比が出てくる。例えば、

	3.	9.	5.	10.	17.	38.
足す	3.	3.	3.	3.	3.	3.
	6.	12.	8.	13.	20.	41.

すなわち、6が3よりも大きい分だけ（つまり単位分と同じだけ）12も9より大きい。

例にあげた比はばらばらでまとまりがない。そこで、任意のある数から始めて連続的に等しい数を加えていくと、一貫性のある比つまり算術数列〔等差数列〕ができる。

例えば	3	あるいは	38
	3		3
	6		41
	3		3
	9		44
	3		3
	12		47

そこで、3.6.9.12も、38.41.44.47も、連続的な算術数列だから、相前後して置いたこのような3つの数の平均は算術平均と呼ばれる。例えば、6と12の算術平均は9で、38と44の算術平均は41である。だが、いく

つかの数に、大きさに注意を払った上で同じ性質の数を加えると、幾何比が出てくる。

すなわち、3に3倍の9を加えるように、9にも3倍の27を加える。

例えば、	3.	9.	5.	10.	17.	38.
	9.	27.	15.	30.	51.	114.
	12.	36.	20.	40.	68.	152.

こうして27が9より大きい分だけ9は3より大きく、15は5より大きい〔$\frac{27}{9} = \frac{9}{3} = \frac{15}{5}$〕。以下、同様である。そこで3対12は9対36に等しく、3対9は12対36に等しい。

例にあげたこの比はやはりばらばらでまとまりがない。そこで、ある数から始めて連続的に同じ性質の約数もしくは倍数を加えていくと、一貫性のある幾何比もしくは幾何数列〔等比数列〕となる。

例えば	3	10	8
	9	30	4
	12	40	12
	36	120	6
	48	160	18
	144	480	9
	192	640	27

初めの2つの例では最初の数にその3倍を、3番目の例では半分を加え、生じた数に、さらに同じ性質の倍数もしくは約数を加えている。したがって、8対12は、12とその後にくる18の比に等しく、さらにまた18対27に等しい。ここで12は8と18の幾何平均であり、同様にして18は12と27の幾何平均もしくは比例中項である。以下、同様となる。

調和比が何かを理解するためには、まず以上のことを知る必要がある。ボダンの調和比の定義によれば、調和比は数の等しい比率〔等

差〕と同性質の数の比率〔等比〕が適度に混合したもので、数の等しい比率は算術比、同性質の数の比率は幾何比のことだからである。

　この定義は正しくない。① 調和比にならない数でも、数の等しい比率と同性質の数の比率を適度に混合するやり方が数多くあって、調和比になるにはそれだけでは十分でないからである。すなわち、調和比となるには、第Ⅰ章、第2章、第3章で要求される別の数の性質も必要である。② 逆に、数の等しい比率も同性質の数の比率も含まない数の調和比的な組み合わせも数多くある。③ しかも、1. 2. 4. のように、単純な幾何比だけの調和比もある。これは同音的だが、これだけで特別の優美な響きが生じるわけでない。ボダンもそういう比はそれだけではどんな協和、つまり図形化されるような響き合いも作らないという。逆に、1. 2. 3. や2. 3. 4. のように、単純な算術比の調和比もある。これには幾何比のようなものが何も混合していないが、ボダンも自説を忘れてこれを調和比と認める。同様に、3. 4. 5. や4. 5. 6. また1. 3. 5. や2. 5. 8. などもそうである。しかし、ボダンは古人の権威に頼って聴覚に逆らい、誤って後者の比が調和的な響き合いになることを否定する。★106

　ただし、ボダンの説は、古人が誤った思いこみから調和比とした比については、ある程度まで正しい。「ある程度まで」というのは、数の等しい比率を、最初の3つの数がもつ実際の差の等しさが表面に出てこないような別の数に置き換えた算術平均的数列の意に取れば、そうなるということである。古人は調和平均をうまく定義して、例えば3. 4. 6. のように、3つの数の間の差の比が両端の数の比と同じになるものとした。実際に調和比であろうとなかろうと、このような3つの数では数〔差〕の等しい比率（むしろ算術比）と同性質の数〔比〕の比率（幾何比）があるやり方で混合されているというのは、常に正しい。そのやり方とは以下のようなものである。両端の数として例えば2. 5. が与えられたとする。これでも算術平均は出せるが、分数にならないように、ここでは与えられた数の2倍の4. 10. を取る。この算術平均は7である。等差として3を取る算術平均的数列4.

7. 10. においては常に2つの比ができる。小項4. 7. の間にできる大きな比と大項7. 10. の間にできる小さな比である。今度はこの算術平均的数列から調和平均的数列を作り、それに幾何平均的数列の性質を混ぜる。そのときは初めに小さな比、後に大きな比を置いて左記のようにし、4対7と等しい比になるような10に対する数を求める。そうすると3つの数7、10、$17\frac{1}{2}$ が得られる。これをすべて整数にすると最初の数14、20、35になる。この3つ一組の数には算術数列の性質が混じっているが、その差の等しさはもはや表に出てこない。算術平均的数列4. 7. 10の間にできるそれぞれの比をここにもってきて、順序を入れ換えただけだからである。すなわち、先には初めの項だった4対7がここでは後の項20対35になり、先には後の項だった7対10がここでは初めの項14対20になっている。この数列には幾何平均的数列の性質も混じっている。すなわち、小さな比7対10が小項14. 20、大きな比4対7が大項20. 35に該当して、結局、最小項と最大項の比14対35が、小さな差と大きな差の比6対15に等しい。ところが、幾何比では最小項対中間項が中間項対最大項に等しいので、上にあげたものはみな幾何比とのある種の類似性を感じさせる。

　以上は数学によって把握される。ところが、ボダンはよくわからなかったようである。彼は、3. 4. 6. 8. 12. という5つの数で調和比を例示し、これらの数について、等しい数と同性質の数の間隔がいわば調整された形で現れていると主張するからである。すなわち、差を1、2、2、4と見たから、等しさの表れを2、2に、性質の類似性を1、2、4に認めたわけである。ところが、古人の定義では数は3つで足りる。この数列には表面に現れた等しさと性質の類似性との調整は何も含まれていない。3、4、6には差の等しさがまったく表れていないからである。

　この問題で詳細な議論を展開するボダンが、以上のようなことをどういう形で道徳と政治に適用するか見ておくのも、むだではない。ただし、彼は自らの誤った定義をもとに、古人のいう調和平均的数

*7. 10.
　4. 7.

列であれ真の調和平均的数列であれ、それを算術比と幾何比の純粋な複合ととらえることが多い。これは前もって述べる必要があったし、以下の議論でも頻繁に繰り返すべきことである。

I. 政体には民主制、貴族制、君主制の3つがある。ボダンは民主制を算術比、貴族制を幾何比、君主制を調和比になぞらえる。算術比では大きい数でも小さい数でも数の増加の仕方は等しい。それと同様に共和国では、民衆が万人の負担、利得、名誉、官職を同等にしようとする。個人に対する特別の配慮はいっさい黙認しようとしない。例えば狩猟の権利さえ、貴族でも庶民でも、金持でも貧乏人でも、万人に与えようとする。該当する事柄がどうしても多数の者に分割できなければ、民衆はくじ引きで決めようとする。くじを左右する運は盲目で、貴族と庶民、金持と貧乏人、功績のある者とない者、有徳者と不徳者、賢者と愚者を区別しないからである。結果の良し悪しはどうであれ、くじで決めれさえすれば、みな自分は他人と同等だと思える。くじの代わりに同じ効果の得られる別の手段もありうる。例えば、何の利害関係もない人か当該人物に特別な配慮をしないと思われる人に、選挙権を認めるような場合である。こうしてローマでは、一定の地位にある人はみな等しく執政官職につくことができた。しかもその人材を民衆から求めることもできた。ただし、民衆が堕落しないように、金持が資力のない者より優先権を持たないように、贈与によることは許されなかった。この場合、暗黙の合意によって人徳に特別の配慮はするが、人徳や功績についての判断は民衆に委ねられる。

　これに対して、幾何比では数の増加の仕方が数そのものに対応しており、大きい数では増加の仕方も大きく、小さな数では小さい。それと同様に貴族制の国家では、人は平等でない。負担も受ける特典も官職も職掌も異なる。特に重要な事柄は貴族の手中にある。民衆に残されるのはそれ以外の事柄である。そのさい、それぞれの党派を個別に見ると、必ず算術比も入ってくる。民衆に関する事柄についてはすべての民衆が、貴族に関する事柄についてはすべての貴

族が、やはりくじ引きで決めるからである。さもないと民衆の間にも、貴族的な階層から最下層の庶民までの連続的な階層ができるし、貴族の間にも、国家の首長に至るまでの連続的な階層ができるからである。そうなると共和制ではなくて、国家の種類としては君主制になる。

　君主制国家は、あらゆる大権を君主が保持し、君主自らが高貴な血筋か軍事力ないしは人徳によって他の万人に優るとされるので、取りあえずは主に幾何比に対応する。けれども、こういう国家では、統治の方法は当然のことながら両方の比によって調整できる。万事の支配者であるひとりの王が、くじのような盲目的なはずみによらず、徳と功績と地位と身分に応じて、手をつくして万事を貴族と民衆とに割り当て、〔幾何比的な〕配分的正義と〔算術比的な〕交換的正義とにわたるすべての職務を執り行う。ボダンにとっては、両方の比がこういう形で結合すれば、それだけで調和比となる。しかしそれとともに、王はあらゆる政策を、各地位やそれぞれの人間のみならず、国家共同体全体とその安寧、相互の慈しみと融和に関連させる。これはまさに数において、等しさによる比と類似性による比から外れて、必要な場合にはそれらの比を壊し、すべての数の共通の調和をめざすことになる。このようにして、私のいう調和平均が用いられる。

少年キュロスの判断　II.　ボダンは、3種すべての比を説明できる例を『キュロスの教育』[107]から提示する。少年キュロスは[108]、背の高い男が丈の短い服を、その隣りで背の低い男がだぶだぶの長い服を着ているのを目にして、各自に似合うように2人の服を交換させたいと考えた。しかし彼の家庭教師は、各自そのまま自分の服を着ているように命じた。もし背の高い男が背の低い男にいくらかの金を支払ったうえで服を交換させた人がいたら、この家庭教師と弟子のキュロスの意見をうまく調停したことになる。この例では、キュロスは衣服を体の大きさに合わせたから幾何比を、家庭教師は各自のためにその所有物を保護したから算術比を強調したわけである。ところが、この第三者は、身

体の大きさによる必要性と各自の所有物の保護の両方を同時に考慮して、ボダンのいう意味での調和比を強く主張したことになる。それは両方の比の混合からなるからである。また、この第三者はためらうことなく、ひとりからは余分な布を、もうひとりからは金を取り上げて、各自の便宜を図ったわけで、その比は私のいう意味での調和比でもある。各自に共通の便宜は合唱の響きの甘美さにたとえられるからである。ただし、すでに述べたように、時おり1. 2. 4. のように幾何比が調和比にもなることがある。この例で、背の高い男が長い衣服を所有するのがよいのと同様である。また時おり2. 3. 4. のように算術比が調和比にもなることがある。この場合では、長い衣服の所有者である背の低い男が自分の財産権を保持はするが、それを、長すぎる衣服よりもいっそう適切に使用できる金に換えるのがよいのと同様である。

III.　正義は統治のあらゆる原理を包括しているので、ボダンはアリストテレスに従って正義の2部門をあげる[★109]。算術的な数の等しさに関わる交換的正義と幾何的な数の性質の類似性に関わる配分的正義である。さらにボダンは、この両者の融合からなる第3の正義を提案する。この正義では、たくさんの品物を特定の人々に他より安い値段で売ることと、必ずしも大きな人に大きな品物を分配しないことが要求される。こうして、公共の福利のために要求されるか公共の便宜になる場合には、各々の種類の正義にある程度までそむこうとする。それぞれの比をすっかり破棄すると、異なる2種の比を融合してうまくひとつの比にできない。したがって、この2つの比の結び付きはむしろ私のいう調和平均のほうに適している。例えば、2. 3. 5. という数では差に算術比的な等しさもなく幾何数列でもないが、これらの数の間には調和平均がある。

　ここでボダンは巻末に、（正義の女神）テミスの3人娘エウノミア、エピエイケイア、エイレネつまり法、公平、平和を、算術比と幾何比と調和比の3つの比のいわば守護神とする詩人のことばを引く[★110]。

IV.　国家の主要な絆である婚姻法は3つの比のわかりやすい例とな

正義の種類

婚姻法

る。貴族は貴族の女を、平民は平民の女を娶るように定めるのは、幾何比的な性質の類似性である。あらゆる市民に、無差別に巡り合わせで結婚するか、もしくは生まれを考えず容姿や財産や徳によってできるかぎり努力する権利を認め、誰と結婚してもよいのは、算術比的な平等である。しかし、先のようにすれば市民の心は各党派に分離し、後のようにすれば身分が混乱する。いずれにしても国家にとっては危険である。そこでボダンは、資産の乏しい貴族には富裕な平民の女との結婚を、金持の平民には貧しい貴族の女との結婚を時には許すよう提案する。これはそれぞれの身分にとって好都合だからである。すなわち、貴族にとっては財産を増やして自分の占めている地位を守れるし、貴族の女にとっては結婚することができる。また平民にとっては名誉ある身分への道が開けて徳を磨こうと励むことになる。最後に国家にとっても各身分が相互の隣人愛によって結び付くようになる。

　ここでもボダンは調和比を作るために幾何比を壊す。けれども、それを算術数列の純粋な等しさに還元してもいない。例えば、1. 3. 9. という幾何数列を壊して1. 3. 8. にすると、1. 3. 9. から離れた分だけ貴族は権利を失う。また各項の間の差が（先には2、6だったが）2、5となる1. 3. 8. は、（各項の差が2、2で等しい）算術数列1. 3. 5. に近付いた。その分だけ平民は権利を増したことになる。こうして数においては1. 3. 8. の間に協和が成り立ち、国家においても、身分の違いはそのまま残しつつ貴族と平民の間に協和が生まれる。1. 9. から1. 8. へのこういう変換が、第5巻では天体においても起こる。

饗宴のきまり

Ⅴ．饗宴では、性別も地位も年齢も考えず無差別にみなかってに食卓につくことになる算術比的な平等はふさわしくない。逆に、純粋に幾何比的な似た者どうしだけでは退屈である。学識ある人どうしが隣り合う席に着いたら、未熟な者の役には立たないだろう。女性どうしだけなら楽しくもない。やかましく叫ぶ者どうしでは慎みを教えられる威厳のある人もないだろう。だが、やみくもな平等も似た者どうしの堅苦しさも認めず、両方を交えながら節度ある配慮

をすると、調和比になる。老人は若者の姿を、男性は女性の姿を見るのを喜び、若者は老人の思慮に、女性は男性の威信に導かれ、洒落た人は厳めしい人に刺激を与えながら彼らを敬い、機嫌を損ねるような冗談も言わなくなるからである。これも完全な形の両比の複合ではなく、多少の毀損を加えて調和比を生み出すことである。

VI. かつてローマの貴族は平民と同じ席で競技を観戦する慣習だった。これは算術比的な平等になる。その後、貴族が平民と離れた所に座るようになったのは幾何比になる。競技だけを考えれば確かにそのとおりだが、国家の特典全体を一貫した意図のもとにとらえると、特典の大部分は貴族が幾何比にもとづいて要求しており、民衆は排除されていた。だから、競技場での身分の平等そのものは、統治形態全体の、ボダンのいう意味での調和比的な調整となるものだった。少年たちがよく些細なことで宥められるように、平民もこういう調整によって態度を和らげ、上位身分に好意をもつようになり、身分に伴う自尊心を失わなかったからである。この例は、協和を保つために幾何比を守らないわけだから、私のいう意味での調和平均とも一致する。幾何比の破綻が、先の例では身分ある人々に起こったが、今度の例ではある特権に起こっている。

　　　　　　　　　　　　　　　　　　　　　　　　競技観戦の席順

VII. 友情に生命を吹き込むのは調和比的な調整である。比に協和があるのは、あらゆる人生の紆余曲折において友情の基礎たる愛が存在するからである。算術比的な法によって義務を完全に平等にしたら、対等な者どうしの間にしか友情はなくなる。対等でない者の間での義務を幾何比的に手の込んだ形で完全に身分に相応したものにすると、どちらの側からも友情は生まれない。身分の低い者は、利得と義務をめぐって絶え間ない折衝と取引をし、身分の高い者は、必然的に被保護者に対する保護者として愛情を示す自由がなくなり、どんな自発的な行為もなされなくなる。友情は、頻繁な不正行為によって脅かされることもあるが、法の介入を斥けて万事を冷静で分別のある愛情の裁定に委ねる。その場合、平等に傾いたり、身分の釣り合いに傾いたりするが、どちらでもないときは常に生じ

　　　　　　　　　　　　　　　　　　　　　　　　友情

た事態に応じて愛情の維持に役立つと思われるようなことを考量する。またこの愛情は、調和が不協和によって顕著になり、火が鉄の火かき棒によってかき立てられるように、多少の不正行為によって深まり、そういう行為を無私寛大に許すことで、力を更新する。

レスボス式定規
VIII. ボダンは算術比的な平等を、折り曲げられずに壊れてしまうポリュクレイトスの鉄製定規に、幾何比的な類似性を、あらゆる角にぴったり合うレスボス式の鉛製定規になぞらえる。この比喩はみごとである。彼は自らの定義した調和比を、曲がるけれどもすぐもとにもどる木製定規にたとえる。[★III]

法と衡平
IX. あらゆる種類の政体の統治において、法の厳格さと裁判官の職責は算術比的な平等にたとえられる。平等によって各自にその分担が厳格に割り当てられるだけでなく、どんな犯罪者も等しく罰せられる。さらに平等によって裁判官は法と論告・立証されたことにしばられる。たとえ法が不公平に思われようと、法にもとづいて裁判を行うためである。これに対して、衡平と良識にもとづく行政機関の純然たる裁定は、幾何比の性質をもつ。ところが、ボダンは調和比的な調整の例として、上位の元老院議員もしくは全元老院議員や最高行政機関の官吏の中間的な職権を間に入れる。彼らも、純然たる裁定にもとづいた行動はできなくても、さまざまな状況に応じて、法を破るのではなく、裁定のさいに衡平にもとづいて法を柔軟に解釈することが許される。それでも、元老院の個別的な判定によって法は破られないことになる。ボダンは法を基準となる定規に似たものとして運用し、曲がってもすぐもとに戻るようにしようとする。けれども、ボダンはこの例によって、法律家は数学が苦手であまりよく理解できない、という私の説の正しいことを証明した。すなわち、数についての彼の議論はこの学問の基準に合わない。彼の説では、4項からなる幾何比は項の置換によって壊れないことになる。つまり、6. 3. 4. 2. の比と3. 2. 4. 6. の比は同じとされる。しかし、〔6対3は4対2でも〕3対2は決して4対6ではない。これと対照的に、彼は調和比が置換によって損なわれると考える。確かに2項だけか

267　　　　　　　　　　　　　　　　　　　　　3つの平均についての政治論的余談

からなる比を認めなければ彼の説は正しい。

　非常に難解な事柄に伴うことばづかいの微妙さは、ギリシア語のロゴス（logos「ことば」「分別」「評価」「比」「比率」などの意）をラテン語ではRatioで表し、ギリシア語のアナロギア（analogia「数学的な比」の意）をProportioで表そうとすることにある。私もかつてそうした覚えがあるように、まねることができればそういう使い分けをしたい。しかし一般的なことばの使い方では、ギリシア語のロゴスをアイティオン（aition「原因」の意）という語の代わりに用いることは決してないのに、ラテン語のRatioは非常に頻繁にcausa（原因）もしくはmodus（方法、やり方）の意になる。そこで、ギリシア語の基本用語を外国語に翻訳した人々の導入した慣例を守って、proportioという語をロゴスの意にもアナロギアの意にも用いなければならない。本巻全体にわたって私はしばしばそうしている。

　さて、比（Proportio）と協和（Concordia）は異なる。協和は比の質のようなものであり、比は協和の基体である。協和は、比が2項からなるかぎり、比にもとから具わっているが、多項の間に比の連続性があるとそうではない。比の2項が協和するのは、その項の位置が前後しているからではなく、それを表示する2本の弦をいっしょに弾じるからである。そこで、記譜法やそれを逆転した弦楽器における記号の位置が変わっても、協和は変化しない。ところが、3項かそれ以上の項からなる比には、2項を一組にした個々の組によって協和が副次的に生じる。この組においては、比（Analogia）つまりそこに幾何比の混じったものが位置の変化で変わっても、調和の質がいっしょに変わることはない。そこでボダンの議論では、法と法の施行と衡平と行政機関の4つを調和比によって結び付けられた4つの数にたとえる。そして合唱の調和した響きが数の置換によって壊れるように、法廷訴訟と執行を法に優先させ、行政機関を衡平より優先させると、国家の調和も混乱するという。この議論はどう考えても比に具わる調和の実体に当てはまらない。むしろ単純に、幾何比とか算術比とかの比それ自体の性質、つまり両方の比を調整した

私のいう比とは何か

もので、古人が薄弱ともいえる思いこみによって調和的と称した種類の比に当てはまる。ボダンの説に反し、項の置換によって別の種類に変わるか、すっかり壊れるのは、単純なものであれ混合したものであれ、比のすべてに共通するからである。本題に戻ろう。

法の必要性

　行政官が法もなくまったく意のままに統治する権限をもち、自然法も遵守せず、善良で廉直な人物としての義務も果たさなかったら、それは行政官ではなく僭主である。また善良な首長の数が非常に少ないことは明らかである。したがって、行政官が新たに代わるたびに危険をかかえこむのは国家にとって得策でない。たとえいつか善良な行政官が現れたとしても、その状態が長く続くことはないし、国家にとって健全でもない。統治者が善良でも、法という基準もなしに何が公正かわかるほど賢明だとは限らないからである。また統治者自身が、何が正しいかわかって、それに従ったとしても、統治者が民衆に対して自らの行為の正当性を擁護する拠り所にできる法がなければ、市民は最善の措置さえ不当に非難するだろう。市民には法の掲げる規律を教え、法が規定する刑罰を思い描くことで悪事を思い止まらせるようにすべきである。したがって、法は国家に不可欠である。

衡平の必要性

　それに対して、法(leges)はギリシア語でノモイ(nomoi)という。これは配分的正義を表す〔nomoi 単数の nomos は分配を意味する動詞 nemo から派生した〕。法は民主制では算術比的な平等に従う。万事を法の厳しさに従って審理したら、大部分の人に不正を行うことになる。法は、どんな状況の違いにも限定されず、行為そのものについて裁決するが、個々の行為はその状況によって特徴付けられ、状況しだいで違法行為が軽くなったり重くなったりする。しかし、状況は多様だからどんな法もそれを包括することができない。そこで、行政官と法のどちらかだけに頼るやり方だと、どちらにしても国家を守れない。むしろボダンの教えるように、両方のやり方を混合して、法もあるが数は少ないというようにするとよい。法の数が多いと訴訟も非常に多くなるからである。そして個々の行為だけでなく、か

269　　　　　　　　　　　　　　　　　　　　　　　　3つの平均についての政治論的余談

なり多くの種類の行為全体と、さらにその他の法の特定の問題、ことに刑罰の強化と軽減、法自体の解釈と、行為を取りまく状況にもとづく法の適用といった多くの事柄を、行政官の裁定に委ねるよう留保すべきである。ここで問題になるのは3様の政体ではなく、各政体の3様の統治の形である。法に規制されない純然たる衡平によるやり方は貴族的な統治法だが、民主制や君主制でも行われる。法の束縛は統治を民主的にするが、君主制でも行われる。法はあるが、至高の権力によって立てられた統治者の裁量に応じて、時と場所により適用を制限されれば、その統治者は、民衆によって任命されていても、一種の小君主として行動することになる。属州の長官はたいていこういう人である。したがって、こういう統治者は、国家の安全の許すかぎりは、法を遵守し、公平に裁きを行うが、そうでない場合には、逸脱することも辞さない。これは、2. 3. 4. あるいは1. 2. 4. のような調和を作る種類の比は容認しながら、例えば1. 3. 9. を1. 3. 8. に、3. 5. 7. を3. 5. 8. にするように、不協和になる比を崩して協和する比に変えるようなものである。

X. 罰金刑に関する法においては、たいてい算術比的な平等が保持されるので、金持でも貧乏人でも不正を行った者は法の定めた罰金を払うことになる。ただし、各自に資産調査の結果に応じた罰金を科したり、むやみに訴訟を起こす人から訴訟対象の評価額の若干を取る場合のように、幾何比的な相似性もある事例を考慮すべきである。またあらゆる資産家に対して多額の罰金を、資産の乏しい人には少額の罰金を宣告し、貧富それぞれの層の個人からは同額の罰金を取れば、この調整はボダンのいわゆる調和比になる。ここでは比の種類を変えずに組み合わせる。あるいはむしろ比を同じ全体の異なる個体に配分する。

XI. 衣服に関する法には幾何比になるものが非常に多いので、高い位にある者ほど高価な衣服で着飾ることが許される。ここでは算術比的な平等は認められない。ただし、身分の違いのみによって服装の相異が求められるわけではない。資産や功績も考慮される。あ

罰金

贅沢禁止令

らゆる身分を簡単にただひとつの法によって規定することはできない。そこで、両方の比の調整もいくらか行われる。これは慣習的に法自体によって行われることもあり、統治者の裁量で許されることもある。これをボダンは調和比的調整と考える。2種の比の結合を調和と定義するからである。私にとってはこれは調和比的でない。達成の目標は一方の幾何比であって、できればそれを完全な形で表そうとするからである。

刑罰　XII.　刑罰に関する法があっても、多くの人々の承認した慣例に従い、著名な人物が死刑を免れ、貴族が絞首刑を免除されたりする調整は、刑法についても行われる。刑事被告人がそれまで占めていた高位を失うと、この恥辱によって（幾何比的な法を遵守すれば）どんな位もなかった人が公開で笞打ちの刑を受ける場合よりも重く罰せられることになるからである。こうして、刑罰が違ってもそこに一種の平等が成立することになる。これはボダンのいう意味での調和比的配分である。彼はこの点で、報賞では幾何比を、刑罰では算術比を守るよう教えたアリストテレスの説を斥ける。

償い　XIII.　刑法には他にも同じ調整によって遵守される比がある。この比は犯罪者ではなく被害者の名誉と報復に関わる。すなわち、国家の首長もしくは特別な選挙権をもつ団体の一員を殺した者は農民を殺害した者より、自由民を殺した者は奴隷を殺害した者より、重い刑罰を受ける。だが、当事者とその人が受けた危害に対する報復の幾何比的な相似性に関連させて刑罰の重さを変えるべきだとしても、実際にはほとんど行われない。むしろ殺人に対する刑罰はたいてい算術比的な平等による。ことに、人間どうしの平等を説き、血を血で償う神の掟に従うキリスト教徒の間ではそうである。したがって、両方の比のこういう混合はボダンのいう調和比になる。とりわけ、神の掟ではあらゆる殺人者は算術比的な平等によって死刑に処せられるが、状況の違いに応じて行為の意味が異なるから、死刑の種類は幾何比的な対応によって裁判官の権限で決めてよい、というのは調和比的である。ボダンのこういう主張は〔ユダヤ教の〕ラ

ビたちの教説からきたように思われる。

　刑罰のこういう不平等は、個々の被害者よりもむしろ国家全体の安寧のためにある。国家は、罰を受けることなく祖国のあらゆる敵を殺すことを許し、また首長や貴族の安全と公共の平安を維持してあらゆる市民の安寧を守る。しばしば述べたが、公益には調和して響く合唱の快さに対応するものがある。そういうものをあらゆる法の母である唯一至高の法として遵守し、国家安寧のもとが神聖で正しいと布告するようにしたら、その法には別に幾何比や算術比に似たものが何も含まれなくても、私の見解に従って記したような調和比との類似性がただちに明らかになる。実際、非常に快い調和をもつ15、20、24、30という数には幾何比も算術比もない。各項の差の5、4、6は等しくないし、この差の比も各項の比と似ておらず、各項と同じ順序で増えてもいないからである。

XIV. ボダンは罰金に関する法の解釈の中で、幾何比の分野と密接な関係のある別の例を提示する。昔定めた罰金刑を現在の一般的な富裕度に応じて査定するような場合である。ここではどんな時代にも通用する算術比的な同等は認められない。しかし、あらゆる事例において幾何比を守るのも容易でない。そこで、裁判官が自身の思慮に従い事態の状況に応じて調和平均を求める。そして法に違背したと思われないように、また法を悪意によって解釈して貧困者を虐げ、富と権力をもつ者の不正行為を許さないように、注意する。さらにまた同じように調和を熱心に追求して、罰金刑を軽視するようであれば、それを体刑に変えることもある。

罰金の査定

XV. 泥棒を増やさないために、頻繁に起こるかもしれない不正行為をふつうより重く罰するという理由によるかぎり、ボダンは泥棒を絞首刑にする法律を是認する。これは幾何比的である。この種の刑法では、算術比的同等性は非難される。すなわち、窃盗行為はあらゆる町村に頻繁に起こるので、たいていは平民出身の裁判官が担当する。犯行に至る状況が違えば罪の重さもまったく違うのに、彼らは、泥棒を等しく罰することによって、非常に不公正な刑罰を科

窃盗罪に対する刑罰

していることがわからない。たいていの窃盗犯は、しっかりした判断力がない。本来ならこの判断力によって、罪の重さより罰のほうを警戒するはずである。それなのに機会、飢え、子供たちに対する愛情、隠し通せるという自信、他人の資産に対する思惑によって、彼らは窃盗犯になってしまう。乏しい判断力で、盗みくらい大したことではないと考えるからである。4倍相当の代償を払わせるだけで盗みを罰する神の掟からもそう見える。けれども、一部の人間は生まれつき深い心の闇と策略とをもっていて、鼠の本性に訴え壁に穴をあけ、資産のみならず生命の安全をも脅かす。むしろ国家のために、そういう人々を他の貪欲な野獣と同様に減らすことが公正にして神聖であれば、確かに、国家に対するこの配慮は、しばしば述べたように、調和的な響きの合唱に対応する。しかしまた細心の注意を払って調和比的な調整を行うのでなければ、この問題に取り組むべきではない。国家のことを考えるあまり、やがては善良な市民になりたいという希望を示すかもしれない多くの人々の命を、この種の犯罪のためにやたらに奪わないためである。

情状酌量　XVI.　大人より子供、老人より青年、男より女の刑罰を軽くすることも、刑罰を科するときの幾何比的な衡平になる。この場合、不変の算術比的な平等はまったく不当である。ただし、必要に応じて適用されるべき算術比的な平等を裁判官に全然考慮させないと、やはり調和比が乱れることになる。

常習犯の刑罰　XVII.　あらゆる事例において、初犯のときはいわば訓告としていつも一様に軽い罰金刑を科し、再犯者の罰はより重く、3犯だと罰をいっそう重くして、最後には死刑にする、という法を定めた場合、ボダンはその法に調和比があることを示す。初犯の算術比的な平等と、累犯によって重くなった罪には、その分だけもっと重い刑罰を科すという幾何比が、混合しているからである。ボダンは、こうして2つの比をひとつにする結合が調和比になると考えた。

同害刑法　XVIII.　一般に刑罰は法か裁判官の裁定によって、罪の相異と重さとに応じて決められる。しかも同害報復（Talio）の掟〔いわゆる「目

には目を、歯には歯を」」は全体として幾何比になるはずである。立法者が種類の異なる違反行為を等しく処罰すれば算術比になるが、こういう算術比は人間にはなじまない。神のもとにはあっても、われわれはみな等しく神の被造物だから、不平を言ってそれを貶(けな)すのは神意にもとる。しかし、立法者は国家のために、刑罰を科すとき、それ自体としては比較的軽い罪を非常に重い罪と同等に扱うことがある。また同害報復の掟で、「歯には歯を」ではなく、歯の代わりに訴訟当事者の間で合意できる、査定された賠償金を支払うことがある。私の両眼のひとつを抉り出した者がいても、本人が片目のとき、その片目を抉り出して完全に目が見えなくなる刑を科さないこともある。これらはボダンのいう調和比的な調整である。このようにして個々の違反行為に算術比的な等しい刑罰があるだけでなく、違反行為もその違いに応じて刑罰で区別されるからである。

XIX. 心の中で試みただけの罪を、その意図に従って実行した場合に劣らず重く罰したり、心ならずも犯した犯行を重く罰したりするのは、意図した試みも実際の犯行も異なるのに、重大な過失を犯して平民的な算術比的平等を強化することである。こういうとき、さまざまな形の悪の試みを区別して、心中で熟慮して実行できることをすべて行った者には、完全にやり遂げようが目的から外れようが、罪に相当する罰を与え、機会を待ち構えていたが犯行の邪悪さを想像してかろうじて思い止まり、実行に至らなかった者は罰しないようにすると、幾何比的な衡平になる。またたんなる罪の誘因は、実行者の罪より軽く罰すること、逆に、張本人や扇動者を手先にすぎない共犯者より重く罰すること、最後に、情欲や怒りにまかせて道を踏み外した者には、冷静に万事を熟慮した上で実行した者より軽い刑罰を与えることも、やはり幾何比的な衡平である。さまざまな事件の成り行きについても同じことが言える。旅人から3オボルス奪った者が心の中では大きな獲物を渇望していた場合は、Iタレントゥム[★114]奪い取った者と同じ刑罰に値する。逆に、金塊をすべて取れたのにわずかしか取らなかった者は、数アスの小銭しか入ってい

意思に対する罰

ない財布を奪った者より軽い刑罰でよい。ボダンは実際にこういう幾何比的な区別を犯罪の哲学的な評価と関連付ける。しかし、公に戒めの例を定着させるための刑罰は公共の平安に関わるので、どんな種類の一様な処理からも除外する。こうして、市民の眼前に起こる犯行に対してはいっそう頻繁に公の関心を向けるようにする。また目的から外れて達成できなかった試みは一般には見分けられないので、罰しないか幾何比的に見て相当するものより軽い刑罰だけで容赦することも、かなり頻繁に起こる。そうすると、裁判官の冷酷な印象がかなり薄らぐ。公益に対するこういう配慮には調和的なものが認められる。

投票の規定　XX.　裁判と協議では、得票数を数えるのであれば投票方式は算術比的で、投票者の権威とか拠り所となる議論の善し悪しによって票を考量するのであれば幾何比的である。ローマ人は、執政官職にある人々が演説で意見を述べると、他の人々がその意見の側に歩いて行くことで賛意を表明した。こういうローマ人の間には（ボダンのいう意味での）2つの比の調和的混合があった。しかし（すべての人々の意見を聞くだけの時間がなかったのだろうから）、止むを得ない法的措置によって行ったことを調和比になぞらえるべきでないように私には思われる。

交換的正義　XXI.　アリストテレスは交換的正義の中に算術比的な平等を求めた。だが、ボダンはこの場合も幾何比を排除しないという。ただし、例としてあげたものには混乱があるように思われる。

①　例えば、世人の顰蹙を買うようなことをして私人まで傷付けた者がいたとする。その者は確かに算術比的平等によって別々に私人に事件の償いをし、農民よりも貴族のほうがより多くの埋め合わせをするわけではない。しかし、最悪の例では、貴族と農民が地位という幾何比を守ってそれぞれに異なる償い方をすることになる。この点では、アリストテレスとボダンは意見が一致する。

債権者　②　破産者の財産は、債権者が誰であろうと各人の貸付金額に応じて分配される。その債権が期間と質とにおいて等しいかぎり、この

分配は完全に幾何比に従う。アリストテレスもそれを否定したわけではないが気付かずに看過したように思われるので、ボダンが追加したのは正しい。財産が十分にあったら、この処置は償還と債権の算術比的な均等にもとづく。けれども、上級行政官が調和比的な調整を行い、必要に応じて資産の豊かな債権者よりも乏しい債権者をある程度まで優先して扱うことを、完全に禁じるわけではない。

③　ある民族の慣習では、窃盗行為によって奪われた物の償いを、単純にその物に相当する額ではなく4倍の額や、また物によっては5倍の額でさせる。これにも（ボダンのいう意味での）調和比的なものがある。確かにすべての人が等しく償うわけだが、対象になる物の相異に応じて償い方が異なる。この場合、たんに当該物の価値ではなくて、違法行為の程度の相異が幾何比によって査定される。 〔窃盗の補償〕

④　悪意によらない損失の査定には調和比がかなりはっきりと現れる。この場合、たいていのことは各当事者の行為の状況に左右される。その状況しだいで、法もしくは行政官の命令によって同等の算術比的な代償を要求したり、何も要求しなかったり、公正と公益に従って調整した代償を要求したりする場合がある。 〔損害〕

　上級行政官が、互いに訴訟を起こすことを必ずしもすべての人に等しく認めず、またすべての事例で認めるわけでもなくて、事情の如何に応じて自身が仲裁者を立てるか、訴訟当事者に仲裁者の選出を認め、各人の便宜なり国家の利益をはかるようにすることもある。これも調和比になるように思われる。

⑤　利息も交換的正義と関連する。けれども、やはり立法者がすべてどんな種類の人間にも等しい利息を認めるわけではない。幾何比を混合して、身分の異なる人には同等でない利息を許し、同じ身分の各個人には等しい利息を認める。これはボダンのいう調和比的複合である。 〔利息〕

⑥　仕事と報酬の間には算術比的な等しさがあるが、顕著な例外をボダンのことばでそのまま書き写す。「医師は金持から結石を除去するためにしばしば金貨500枚を受け取る（むしろ要求する）が、貧乏 〔報酬〕

人からは10枚ないしは5枚しか受け取らない（むしろヒポクラテスの誓いの規定に従えば何も受け取らない）[*115]。それにあらゆる点で算術比あるいは幾何比を追求したら、一方が結石で死ぬか、あるいは他方が飢えて死ぬことになる。しかし、調和比によれば（まったく同じ確実性があるわけではないが）貧乏人は金を工面し、金持は健康を得られる」。

裁判官の報酬

⑦ 慣習では裁判官も自身の仕事と訴訟事件裁定の謝礼との間に調和比を求める。すなわち、非常に些細な訴訟の苦労はしばしば非常に重大な事件について審理する場合より大きいのに、裁判官の得るところは少ない。そこで、非常に多くの訴件を裁定したら、いくらか多めの報酬を要求するのが衡平である。ただしその場合には、裁判官が国家から十分な俸給を得られず、訴訟を減らす国策によって、課せられた仕事の代償を訴訟当事者の公課から得るよう命じられていることが条件となる。創案者であるフランス人のボダンに譲って私はこれを調和的響きの合唱とするけれども、われわれドイツ人の裁判は、主要な都市と領邦ではこの種の低劣さと無縁であり、法の規定を越えた要求は許されない。

相続財産の分割

⑧ 相続財産を男女それぞれの個人に平等に分配するのは算術比的な法に従っている。こうして、生まれにおいて対等な者は同じ父親の残した遺産の比例配分でも同等の扱いを受ける。しかし国策から、不動産は必要な兵役に適した男に、金銭は女と神に仕える者とに譲渡することがある。また長子が優遇されて、他の子供より多くの遺産の分け前を取ったり全財産を占有したりし、他の子供は残る遺産の平等な分け前か、遺言による遺贈分や用益権だけを与えられることがある。国家に有益なこととして、首長の役割を家族の中に象徴的に示して秩序を確立するためである。こういうことは調和比に従って行われる。この調和比は時には非常に厳しいもので、算術比的平等を乱すから個々人に関しては不協和だが、国家全体の維持には寄与する。

国家の形態

XXII. 算術比的平等に従って形成された民主的な統治や、幾何比的相似に従って形成された貴族的な統治でも、しばしば何らかの調

3つの平均についての政治論的余談

整を考慮に入れる。例えば、国事の支配権をもつ民衆が特に名誉職、上級行政官職、聖職を自発的に貴族に委ねる場合がそれに当たる。あるいは貴族が平民も多少の名誉職につけるようにすること、非常に利得の多い職務を平民だけに譲ること、貴族が平民に対して行った不正行為には非常に重い懲罰を加えること、広く楽しめる公的な娯楽を享受する自由を平民にも与えること、貴族階級から一定数の候補者を指名推薦するとき平民に何らかの投票権を認め、その後で決まった数の候補者の中から貴族が自分たちの望む者に上級行政官職を任せることも、一種の調整になる。

こういう協働が、至高の統治権をもつ身分の自発的な意志によって成り立つかぎり、市民どうしの協和という非常に快い合唱が続く。だが、これが阻止されると、まず不利益を受けた党派の不平が現れ、次いで合唱が乱れたときのように不協和が起こり、最後に統治権が移行したり、国家全体が外敵の手に落ちたりする。調和比となじむ君主制についても同じことが言える。君主制では、ひとりが万人の優位にあるだけに、統治の至権もやはりこのひとりが握っており、他の者はその下で算術比的平等に従って生活する。

そこで君主制の政体では、3種類の統治方式がある。それは第IX項でもふれた。そこで問題にしたのは国事だが、ここでは国家の構成員である人間もしくは身分である。すなわち、君主が貴族と平民をまったく区別せず、あらゆる職務を公平に授けると、政治は民主的で算術比に似るが、至高の尊厳にはふさわしくない。最上位者が最下層の民衆と直接に交わって中間の身分が介在しなくなり、不自然だからである。家系をまったく考慮しなければ高貴な生まれの市民は王国から去って行くだろう。

君主が平民を完全に排除して貴族にあらゆる職務を授けると、統治形態は幾何比的だが、危険をはらみ、調和的な快さがなくなる。数において優勢な民衆が結局は憤慨して貴族からは上級行政官職と特権を、君主からは統治権を奪うことになるからである。たとえ支配者が巧みに各身分をさらに多くの等級に分け、職務も区別しても、

同様だろう。かつてローマにおいて護民官職が平民だけの、執政官職が世襲貴族だけのものであったように、固有の職務を各身分に占有させると、身分間の関係が疎遠になり、相互の強固な協和によってひとつに結合することもない。下位者の職務はその身分自体とともに蔑ろにされるからである。例えばローマでも、貴族は護民官職を努めると必ず貴族社会から仲間外れにされた。また平民がかつて力づくで執政官職を得たときでも、数の上では少なかったから平民出身の執政官自身が相変わらず平民を蔑ろにしたのである。

　こういう議論をボダンは数で象徴的に示す。まず4、6、7を立てる。この4は君主、6は貴族を表す。ボダンはこの2つの数の間に調和があるとする。7は平民を表す。そしてこの数は先行する2つの数と不協和だと主張するが、これは正しい。しかし、むしろ4、6、9という数を用いたほうがよかったかもしれない。6と9は調和になるが、4と9は調和にならないように、貴族は君主よりも平民と連携するほうが容易で、6が4と9の幾何平均として両方の数と協和するように、貴族も君主と最下層の平民の間に絆として介在するからである。

　王国統治の貴族的形態をボダンは3. 6. 5. 10. という不連続な幾何比の数で表す。不連続性を、あまりにも厳密な身分の隔離からくる国内の不和になぞらえる。これは比較的適切である。ただし、この不連続性を不協和のせいにするのは不当である。3. 6. 5. 10. のすべての数は共通の調和を作るからである。しばしば述べたように、幾何比は調和の特性にはまったく関与しない。また不連続性は幾何比の特徴ではない。しかもボダンは自説を訂正するかのように、その著書の同じ頁に、同じ意図に当てた2. 4. 9. 18. という不連続な比を作る別の数を出す。確かにこの数では、2. 4. で表示した音は、9. 18. で表示した音と不調和である。けれども、この音楽上の不協和は幾何比の不連続性ではなく、むしろ固有の原因に由来する。つまり、正9角形の一辺が可知な線分でないことからくる。

王制における調整　最後にボダンは君主制における民主的と貴族的それぞれの統治形

態の調整の仕方をあげる。例えば、貴族の職務に平民出身者をいくらか交える。ただしそれは少数で、負担の重さに対処できるか、徳もしくは他の事柄によって、任命される。また時には資産の乏しい貴族のひとりを平民出身者用の利得の多い役職に任じて、家柄のよさによってその役職に威厳をもたせる。そうすると、やがてはその役職に就くことが平民にとっていっそう称賛に値するようになる。さらに各身分を宥和するために、貴族と平民からなる2人連帯職を設ける。すべての身分の人々からなる元老院を設ける。公益について審議するとき資産の乏しい者を豊かな者に交える。徳と敬虔とを具えた人だけがすべての役職を担うのでなく、勇敢な者、才知ある者、賢明な者、経験豊かな者にもそれなりの役職を取っておき、各人を適切な資質と最大の有効な手立てで貢献できる役職に就ける。こういう調整をボダンは4. 6. 8. 12. という数で表す。彼が言うような相互関連のある比(analogia)、または幾何学者の言うような連続的な比(proportio)の見本を示そうとしたのである。だが、またも誤りを犯した。4対6は6対8ではないからである。しかし、4. 6. 8. 12. の4つすべての数あるいは最小の形にした2. 3. 4. 6. には、共通のものとして協和があるというのは正しい。ただし2. 3. の協和はやはり3. 4. のとは異なり、さらには2. 4. あるいは3. 6. のとも異なる。したがって、数の中にある国事との類似性がどのようなものであろうと、それが数にあるのは、数を音楽から切り離して幾何数列か算術数列もしくは両者の混合によって結び付けるかぎりにおいてである。あるいは逆にいうと、数の調和比が国政研究の一面を明らかにする場合、その比は、幾何比の考察とは切り離した形で直接に役立つのである。

　実際に私が国家論の知識をすでに修得していて、本書で政治に携わる者として振る舞うとする。そのときは関連する事柄の相異点をあげてボダンの著書のあらゆる個所を修正し、アリストテレスの所説をそのままにして、ボダンが私のこの調和論に従い、アリストテレスから離れ、政治についてもっとよい哲学的な論究の仕方を学べ

最善の国家の観念は真の調和論

るようにするだろう。基本的政体と運用上の統治形態は司法とは異なる、と私は主張するだろう。前者と後者の間には全体と部分の相違と同様の違いがあるからである。それは数学において、数の幾何比と算術比が、数で表現した音楽の調和的合唱と異なるのと同様である。主権を有する者がひとりであろうと少数であろうと万人であろうと、主権者は裁判所を設置する。だが、主権者は国家保護の任に当たっており、法にしばられずに裁定することが許される場合を除けば、自ら裁判を行うことは稀である。これに対して、裁判官にはさらに上級の職務が委ねられることは稀で、むしろ彼らの遵守する法が規定されている。

そこで私はアリストテレスに賛成して、各数列に偶有的に生じる調和比的な合唱のことは考慮に入れず、幾何数列と算術数列とを司法に結び付ける。ボダンがこれまで裁判において強く望んできた調整は、結局は国家の最高統治者への上訴に帰属する。そのときに統治者は、アリストテレスが裁判と司法に当てた比に抵触すると、判決を下すのではなくて、国家とその各構成員の守り手として、より高度な職務を果たすのである。君主であろうと貴族であろうと一般民衆であろうと、この統治者に対して、私は幾何比や算術比的平等ではなく、調和的合唱だけを考慮して、調和比に従うよう勧めるだろう。精確な2つの比より調和比的合唱を優先させ、こうして2つの比による正義の硬直した施行より、至高の権力と国家の安寧を優先させるよう勧めるだろう。個別的な事柄にまでわたって比較対照していったら、議論の場があまりにも広がりすぎる。そこで読者には各々の事柄の本質を考えてほしい。幾何比は数と連続的な量とに共通するので、これが数に現れるのは量より後になる。言うまでもなく、図形化することによってたまたま量を数で表現できたようなときである。★116 幾何比となる項が数で表せず〔無理数もしくは無理線分になり〕、先に進めば進むほどその項が有理数の性質から遠ざかることが、頻繁に起こる。これに対して、調和比はみな数で表すことができる〔有理数である〕。これを政治論に適用すると、まさに以下のよ

調和比と異なり幾何比と算術比は国家のあり方ではなく司法のみに関わる

うになる。裁判官の判決はきわめて正当でなければならない。法と衡平の規準にもとづき、法律専門家の広範な検討を経て、非常に厳格に執行されなければならない。一方、国家の統治にはそれほどの拘束がなく、その時々の状況に応じて、大した混乱がなければ、全体の安寧のために支配者の自由裁量によって調整してよい。この場合、問題を次のように各分野に分けたほうがよい。算術数列の未加工の比率は目立つ形をもたず素材の大きさのみで成り立っているから、商業や手工業などの平民の生業と同視される。幾何比的な相似は（それに関わる線分が正5角形の辺であろうと正3角形の辺であろうと、有理線分であろうと無理線分であろうと、ただ法則を守るだけで他にどんな役割ももたないから）裁判官の単純な職務に似る。しかし、調和比は多くの可知な正多角形から生じたもので、その図形の種類は異なっても結合されて一体となっている。そこで、その各々に他とは隔絶した固有の法がある、多くの異なる統治の職務を表す。

　ここでは（後の第5巻付録の）プトレマイオスの説にならって、旋法と調性の種類の中から短調を平和に、長調を戦争に当てるべきだろう。調性の区別は、戦時と平時の国家に認められるものと同じだろう。しかし、以上のような問題は、生業から見てふさわしい人が扱うべきこととして他の人に残そう。私は自ら専門とする仕事で以下の課題に進む。そこで、まずボダンの件をすっかり片付けておこう。彼の書の最後が同時に本書第3巻の出発点になるからである。

XXIII.　私は幾何比と切り離して音楽のことを記した。同様にボダンも議論をすっかり音楽へと移す。私もそうするのがよいと思うが、ボダンも音楽論と政治論を取り合わせる。そして彼の著書全体の中で、I. 2. 3. 4. という数で表した王制に関する議論ほどみごとなものはない。これらは最初の自然数で、しかも単位Iは数の始源である。それに合わせて、おもしろい思考の遊戯から、単位Iを量の始まりである点、それに続く数を3種の量つまり2を線、3を平面、4を立体になぞらえる。このやり方は、私がこの第3巻初めでピュタゴラス派の説に従って行ったのとほぼ同じである。次に彼の説では、

> 短調の平和と長調の戦争

> 数に表れた王制の観念

単位Iが国家における全能の神の代理人たる王、2が聖職者階級、3が軍人ないしは騎士階級、4が民衆である。民衆はまた全体として農民、学者、商人、職人の4種になる。ここでボダンはこれらの数の調和を、私が上に用いたのと同じ方法で逐一調べる。けれども、理由もないのに5からなるものに進むことを、調和を混乱させるかのように恐れる。これが誤りであることはこの巻全体から明らかである。4からなるものにとどまる理由が他にもあって影響しているのかもしれない。

魂

さらにボダンは、この国制が人間にも反映することをプラトンの説から明らかにする。そこでは、1が知性、2が三段論法へと展開する推論の能力、3が怒りの能力、4が欲求の能力である。プラトンはその能力の中枢がやはり調和比的な間隔をおいてそれぞれに脳、胸、腹という異なる位置に分かれていることを論証する。さらに皇帝はこの最初の能力、議会は2番目の能力、軍人階級は3番目の能力、平民は4番目の能力と同視される。各々はその階級に対応する能力を最も多く所有するのである。ここから国家の4本柱である正義、知恵、勇気、節制が出てくる。これがいわゆる元徳で、各階層には特にそれにふさわしい固有の徳を勧める。さらにボダンは幾何と算術から離れて音楽家となり、不協和さえも等閑にしなかった。すなわち、不協和のことを念頭に置いて、時にはそれに値しない者にも行政官職や名誉職や他の有徳者の特典を、不公平とせずに認めるよう助言する。ひとつの不協和との対立から、残る調和的響きがそれだけよく聞き分けられ、いっそう熱心に受容されるように、この種の国家の恩典を享受する怠け者を見て嫌悪する人はみなますます同類の悪徳を避け、徳を求めることを習慣とするようになるからである。

宇宙

XXIV. 最後にボダンは、自ら描きあげた王国を宇宙になぞらえ、創造主たる神がどのようにして同等の比と類似の比の複合からひとつの調和的合唱を作り、その御業の装飾に用いたかを示す。彼の企図には全面的に同意する。また特定の運動の非常に綿密な調和的調

整について、ボダンや先行する哲学者たちがふれなかったことは、以下の巻で私が補足し、明白な論証によって明らかにする。ただし、終わりに当たってもボダンの思い違いに反論せざるをえない。繰り返し述べたように、真の調和は同等の比と類似の比の混合から出てくるのではない。したがって、ボダンは自分では宇宙における調和を論証しようとしながら、実際に論証するのはむしろ幾何平均、〔算術比的〕平等、〔幾何比的〕相似である。

すなわち、
① 精神の能力の調和比。しかしこの調和比はたんに象徴的なものである。数学者が好むように明白な論証によって確固たる形に表現されてはいない。調和を担う身近で直接の基体である量が精神にどのように具わっているか、わからないからである。
② 宇宙の天体と素材の総計との等しさ。
③ 永遠の原型と宇宙の形相との相似（これは量を取る項どうしの関係の相似というよりもむしろ図形に由来する質的な相似である）。この個所でボダンは無意識に私の『宇宙の神秘』の主題にふれて、私を心から感動させる。

> ボダンの割り当てる数が宇宙の各性能にあること

だが、宇宙の主要な構成部分、つまり運動を支配する太陽と、宇宙の境界となる恒星天球と惑星のためにある中間の空間について、等しいものと相似のものがこのように混和していることは、私の『コペルニクス天文学概要』第4巻にさらにみごとに示される。等しさは素材の部分にある。そこで、いちばん外側の天球の領域あるいは中間部の空間の素材の量とちょうど同じ量が太陽にもある。素材には一般民衆と同じように算術比的平等がなければならないからである。これに対して、幾何比的相似は以上の3天体の密度にある。また運動を支配する太陽と惑星の境界となるいちばん外側の不動の天球の直径の間にも、別の幾何比的相似がある。
④ さらにある意味での幾何平均がある。例えば、天体の東への運動と西への運動という2種の運動の間に第3の揺れの運動がある。ただし、コペルニクス説によれば、この中の後の2つの運動は見か

第3巻――調和比の起源および音楽に関わる事柄の本性と差異

けのうえで成り立つだけである。
⑤　土と凝灰岩の間にある陶土。
⑥　金属と石の間にある銅鉱石。
⑦　植物と石の間にある珊瑚。
⑧　動物と植物の間にある植虫類。
⑨　4つ足動物と魚の間にある両生類。
⑩　鳥と魚の間にある飛び魚。
⑪　人と野獣の間にある猿。あるいはプラトンによると女〔『ティマイオス』90E-91D〕。
⑫　動物と天使の間にある人。人は肉体においては動物のように死すべきものだが、魂においては天使のように不死である。
⑬　至福者の天の住居と〔火、空気、水、土の〕4元素の領域の間にある星で彩られた大空。
⑭　本巻初めの部分からこれらにさらに一対の幾何平均を加えてよい。すなわち、火と土の間にある空気と水、など。

　だが、さらにもっとよいのは、宇宙の統治機構の中で不協和の役割をもつものに注意を喚起することである。すなわち、心の中にある悪徳、動物の中の怪物、天空における蝕〔日蝕、月蝕など〕、幾何における無理線分（ただし、これは量としての素材から必然的に出てくるので、以下の巻でそれをさらにいっそう適切な形で天の運動の多様性と比較することになる）、摂理のはたらきにおける神の怒りと報復の例、理性的な者の中に住む悪魔である。至高の統治者たる神は、これらすべてをすばらしい結末と万物のきわめて完全な調和的響きへと導く。だから、息のあるすべての被造物は不断の敬虔の実践によって最もふさわしい称賛の供犠を神に捧げるべきである。私も神の御心にかなうかぎり死ぬことなく生き続けて、以下の巻で主の御業を語る。

第3巻　終わり

ヨハネス・ケプラー『宇宙の調和』全5巻

【第4巻】

地上における星からの光線の調和的配置と気象その他の自然現象を引き起こす作用 [001]

特に数学の中で光の放射をめぐる調和論と関わる自然学と政治学への数学の応用について、プロクロス・ディアドコスは『ユークリッド原論第Ⅰ巻注解』第Ⅰ巻で次のように述べる。

●

数学は自然の考察にとって最も重要なあらゆる貢献をする。この万物を作るもとになる非常にみごとな原理の秩序を明らかにするからである。またティマイオスが述べるように〔プラトン『ティマイオス』32C、85E〕、宇宙の万物を相互に結び付け、相争うものを和解させ、非常に遠く離れたものに対応と共感をもたらす比を、証明する。（中略）それ故に、適正な角度の配置を計算して求めることができる。さらにまた、ティマイオス〔『ティマイオス』53-61〕は至る所で数学的なことばを用いて万物の本性をめぐる考察を語る。数と図形で元素の起源を描き出す。元素の性能と属性と作用が図形

から得られたとする。〔元素の〕角が鋭角か鈍角か、辺がごつごつしているか滑らかか、等々をあらゆる多様な変化の原因として立てる。それもこういうことを示そうとしたのだと思う。

いわゆる政治学説では、政策を行う好機と、万物のさまざまな周期等々や、人生に調和を与える導き手もしくは不調和の張本人で一般に活動の高揚や低下の補助者たる数を測るから、数学が非常に多くの驚嘆すべき事柄をもたらすことを、どうして否定できようか。等々。 [002]

●

15年に及ぶ皇帝陛下の特典を得て
オーストリアのリンツにて
ヨハネス・プランク印刷す
1619年

●

第4巻

序言および順序変更の説明

初めの3巻では抽象的に考えた調和比を作り上げた。第1巻では個々の図形の幾何学的な特性を、第2巻では組み合わせた図形の造形性を示した。第3巻では議論を図形から調和比に広げた。

残る課題は、次の3巻でこれまで述べた調和比をこの世界に導入することで、その最初の巻で天の創造主たる神、次の巻でさまざまな運動を司る自然、3番目の巻で運動から生じる音声を駆使する人間に、調和を割り当てるはずだった。だが問題を論ずるときの条件に促されて順序を逆にした。人間の歌唱から始めて自然のはたらきに移り、最後にあらゆるものの中で最も完全な原初の創造の御業へと向かうことになった。それだけでなく、第3巻で抽象的な思索の終わりを歌唱における具体的な調和の始まりと結び付けた。すでに先行する第3巻で調和論をこの世界に導入し、調和を、他の人々が慣例として芸術の一般的な用語で把握する人間の歌唱に移し替えたので、続く第4巻では、この逆転した順序で具体的な調和論の第2の部分を自然に当てる。

なお、第3巻のあちこちで調和の本質に関する議論にふれたが、同じ意図から形而上学的な議論を詳細に取り扱うのは、この第4巻が始まるまで保留するのがよいと考えた。一般に哲学者は調和を歌唱にしか求めない。[*]そのために、実際の音と音に内在すると考えられる調和とは別のものだときくと、たいていの人はその講説を意外に思う。そこで、理解しやすいように、周知の音楽用語で調和の起源を説明しなければならなかったのである。それにまた形而上学的な問題を場違いな所で綿密に論じて、読者の熱意に水を差したくなかった。

さて、これから自然と天体の運動における調和を明らかにしたい。多くの哲学者は、調和というとすぐに聴覚によって感知できる星辰

[*] ただし、プロクロスが『ユークリッド原論第I巻注解』第I巻に引くところによると、プラトンの著作中のソクラテスは、次のような人を音楽家と定義する。すなわち、感覚的な調和から非感覚的な調和と調和比の探究へと進み、最後に、感覚的な調和と非感覚的な調和の各々に喚起されて、第一の真実在と真理そのものを観照すべく、哲学者となる人である(★003)。

のみごとな響きの音楽を想像するかもしれない。そしてキケロの作中のスキピオとともに「かくも力強くかくも甘美な音」を聴こうと耳をそばだてて待機するだろう。よくわかっていない者には、夢想家のキケロとともに「かくも力強い運動が沈黙の中で進行することなどありえない」と論ずるむきがある。アリストテレスによって知られるピュタゴラス派とともに、なぜ天の音楽が地上に聞こえてこないのか説明しようとする。こういう既成の臆見は自然の深奥に入ろうとする読者の妨げとなり、判断力に優れた多くの真理探究者の気持を萎えさせる。そのために、間接的に伝えられたピュタゴラス派の臆説ばかりか、私の書物まで読みもせず投げ出しかねない。以上の理由から、必要不可欠なこの議論を入れる個所があるとしたら、まさにこの場所が適切と思われた。

　プトレマイオスの例も私の気持を動かした。彼は調和論に関する著作の初めの2巻で歌唱に関わる調和の教説を完了する。そして第3巻で、完全なものとしての自然はすべて調和のはたらきに与ることを証明しようと、「自然ないし調和のはたらきと調和論をどういう種類の事柄に入れるべきか」という、私と同じ問題から議論を始める。プトレマイオスの検討と批評はこの著作の付録に回したが、先にあげた理由から、私が立てた基本原則からプトレマイオスのこの問題に何と答えたらよいか、この第4巻であらかじめ提示する必要があった。それは読者に警戒を促して間違った意見を遠ざけるためだが、また第4巻全体の基本的な説明にも関わってくる。すなわちこれから述べるのは、星の光線の調和がどのようなもので数はいくつか、その調和はどういう幾何学的な法則から出てくるか、ということである。そこで、何の関係もない音やさらに光線そのものすらも考慮に入れず、調和の本質が何か、まず知る必要がある。さらに、調和に固有の基体はどういうものか。調和の決定項は何か。調和は知性の外部の事物の中にあるのか、それとも精神の中だけにあるのか。調和を知覚して心の中に受容する手だては何か。調和はどういうものによって識別されるのか。調和の知覚と認識からどうい

う作用が、どのような主導者もしくは第一動者によって起こるのか。こういう問題を一般的にも個別的な課題の照合によっても解明しておけば、その後は、精神と月下の自然〔第1巻注23参照〕の本質と特性について、形而上学的に論究して自然の秘密をこれまでよりいくらかでも明るみに出すことが容易になる。

第4巻各章

第1章————感覚的調和比と思惟でとらえられる調和比の本質
第2章————調和に関わる精神の性能はどのようなものがいくつあるか
第3章————神もしくは人が調和を表現した感覚的もしくは非物質的対象の種類と表現
第4章————第4巻の調和と第3巻で考察した調和の相異
第5章————有効な星位の原因および星位の数と星位の等級の序列
第6章————数とその原因において星相と音楽的協和にはどんな親縁性があるか
第7章————結論には月下の自然と精神の下位の性能についての考察がくる

第Ⅰ章

感覚的調和比と思惟でとらえられる調和比の本質

調和の本質を論ずるとき、まず古人の諸説を検討してから私の説と比較するほうがわかりやすいか、それとも私の独自な見解を述べることから始めるほうがよいか、ためらいを感じる。前者は哲学的な議論を進める方法としてあらゆる人々に受け入れられてきた。アリストテレスもしばしばこの方法を勧める。だが、当面の問題にはむしろ後者の方法のほうがふさわしいように思われる。個別の課題として調和の本質に関する議論に言及した人が少ないからである。それに数学的な類概念と種概念の内容をめぐって、特に調和に適用できるようなことが述べられていたとしても、異教徒たる古代の人々の哲学ではどうしても曖昧なことばかりで、そのために読者の心は、非常にすばらしい教説に対する愛着とそれが絵空事ではないかという疑念との間を揺れ惑うことになる。しかしキリスト教徒の共同体では、神聖不可侵な三位一体の神秘とモーセ五書の物語に由来する万物の起源とを固い信仰によって奉ずる人なら、議論の要点をわかりやすく提示できる。またそれによって読者の心がいっそう信仰に傾いていくことにもなる。

調和の区分

そこで論述の方法を整えるために、調和の区分から始める。すなわち、感覚的な調和ないしはそれに類似した調和と、感覚の対象と切り離された純粋な調和とは、別のものである。前者の調和は、調和の基体の種の相異を考えても、個々の基体を考えても、数多くある。感覚される基体から切り離された純粋な調和は、どんな種類をとっても同じひとつの調和である。例えば、2倍比から生じる調和の種類は同一である。この調和が音に具わるとオクターブと呼ばれる。星の光線に認められると衝の星相と名付けられる。しかも音楽の音組織ではこの調和が上位にも下位にもくる。つまり高音にも低音にもなる。また人間の音声にも楽器の発する音にもある。同様に

して、こういう調和は天体現象の講説でも多様な形を取る。すなわち、衝の星相として土星と木星もしくは他の一対の惑星からなることもあれば、黄道12宮中の分点のある宮からなることもあるし、至点のある宮からなることもある。

　2種の調和について問題になるのは、それがどのようにして成り立つか、各々の調和はそれ自体としてどういうものか、それだけで成り立つのか、それとも他の事物の中で成り立つのか、ということである。感覚的な調和に関しては、以下の4つがその成立に共同する。① 同種の2つの感覚的対象で、量に関して相互に比較できるような大きさをもつもの。② 比較を行う主体としての精神。③ 感覚対象の内への受容。④ 調和として定義される適切な比。これら4つの中のひとつでも失うと感覚的な調和もなくなる。

　調和の本質を、音や星の光線のような感覚対象だけによって定義できないことは、容易にわかる。音そのものとさまざまな音の間に成り立つ特定の秩序とは別のものだからである。ただしここでは、物理的な場での位置とか時間に関する秩序ではなく、音の高低に関する秩序のことをいう。さまざまな音があっても、その音の間に一定の比、つまり数学的な観念によって規定される一定の秩序がなければ、音にはどんな調和もない。逆に今度は音がなくなると、聴覚の対象となる調和は想像できない。惑星からの光線がなければ星位の調和も考えられない。

　また音楽の調和〔和声〕はひとつの音としてあるのではなく複数の音の秩序だから、調和は関係の範疇に入る。すなわち、ここでいう秩序は関係であり、秩序付けられるものは相互に関係付けられる。したがって、複数の音を調和にするのは偶有性である。それは基体に内在していて基体と切り離されては成り立たず、基体が消滅しなくてもなくなることもあるからである。次に、量は一般に量をとる物体と不可分で、完全に物体とともに増減するが、それでも量は偶有的なものである。またわれわれは調和を類概念としての音の秩序の下位にくるとしたが、その音の秩序も、同じように、高低という、

感覚的な調和

調和の成立には順序が必要

調和は感覚的対象に偶有性として現れる

量が相互に異なる複数の音から切り離せない。音が複数であれば、その音の間には過不足に応じてやはり秩序がある。しかもその秩序は、関係付けられた基体の一方が変われば変わってくる。したがって、秩序は量、特に数と、歩調を合わせて現れる。第3に、数は集合単位の多さと定義される。[*006]アリストテレスはその数に2つの相異なる面を認める。質料に類似したもの、つまりそれだけの数の単位と、形相的なもの、つまり知性の所産としての概念である。この知性が、どこから見ても他と切り離された、個々の単位の集合体としてのただひとつの多さ〔数値〕を認識する。

<aside>調和の成立には精神が必要</aside>

そこで、アリストテレスは別の個所〔『自然学』第4巻第14章223a22以下〕で、数える主体である精神がないと個々の単位以外の数はすべてなくなるという。故に、数える知性が加わらないと数は質料のまま事物にあるだけで、事物以外の何ものでもない。知性が加わると数は初めて事物から離れ、事物から抽象されて事物と異なるもの、つまり知性の中にある個々の事物の多元性の概念になる。同様にして、ここで取り上げる音や他の感覚的対象の秩序も、高さの異なる音を相互に比較する知性が加わらなければ、たんなる複数の音にすぎない。そして一般にあらゆる関係も、知性がなければ関係の対象となりうるたんなる事物にすぎない。関係付けられたものは、一を他に関連付ける知性を想定しなければ、当の関係を表す概念にならないからである。

一般に秩序や関係について真であることは、特に下位概念である比に成り立つ調和、量を等分した部分を数えたときに成り立つ調和についても真である。すなわち、感覚的調和が成り立ち、調和としてあるためには、感覚的対象である2つの項のほかに、比較する主体である精神もなければならない。精神がなくなると、2つの感覚的対象が項としてあっても、理性の対象である調和はまったくなくなるからである。

<aside>感覚的調和の成立には外の対象を精神に受容することが必要</aside>

3番目にあげた感覚的対象の精神への受容、その必要性および受容の仕方についても、見ておく。

第I章　感覚的調和比と思惟でとらえられる調和比の本質

確かに、調和は単一の対象だが、精神の外部にある感覚的対象としての項は単一の対象ではなく、また精神の内以外のどんな所でもその項をひとつに結合することはできない。ところが、その項は内に受容しないかぎり内部にはない。この点はことばを重ねて経験から証明する必要もない。シンフォニーの作曲に巧みな音楽家は、内に受容しなくても2つかそれ以上の音声の調和を自らの心の内で創案することができるが、その調和は現実にある感覚的調和ではない。しかし、ここで論ずるのは感覚的調和の本質である。

　受容とはどういうことか。あらゆる事例の代表として比較的よく知られた例を取ろう。音はいつまでも耳の外の大気中にあり、音に先立つ物体の運動がその大きさに応じて音になるのではないか。すると音は運動する当の物体の中にあるのではないか。それでは、音はどのようにして内に入ってくるのか。私は、一部は能動的にはたらきかけることによって、一部は受動的にはたらきかけを受けることによって、と答える。はたらきかけるのは、物体が形象(species)★007を発することによる。すなわち、打撃を加えられた物体はその運動の形象である音を、光り輝く物体はその光と色の形象である光線を発する。そして普通の言い方では、対象が感官を動かすというとき、感官にはたらきかける。また事物は、それ自体としてではなく形象を介して感知され記憶され比較される、つまり慣用的な言い方では、はたらきかけを受ける必要がある。そして一般的に、精神内での2つの項の統合の結果が感覚的な調和の本質として出てくる。この統合は関連付けと比較にほかならない。個々の事物を見たり聞いたりしても個々の事物は大きな作用を受けないが、合わせていっしょに取り込んだ事物も、関連付けたり比較したりしても、やはりそれと同程度かそれ以下の作用しか受けない。★008 こうして作用を受けることはすべて受動だが、しかし受動という語は多義的で大きな意味の広がりをもつ。

　そこで受動の段階を立てよう。まず最初に、例えば、常温の水を火の側に近付けると熱くなるが、このとき水は作用を受ける。2番

多義的な受動の段階

目の意味では、液体が乾いたものを濡らすのは作用することだが、このとき液体も作用を受けると言える。乾ききったものの中を通過するとき液体の一部が奪われて乾いたものに混ざるが、これは作用を受けることだからである。同様の意味で、水が摂取されるときも作用を受ける。のどの渇いた者が一部を飲んで体内に配給するからである。水を味わうとき舌がふれ、第3の意味で水は作用を受ける。水がその冷たさで舌を冷やすと水は舌の熱によって温められるからであり、水がいくらか舌に付着するからでもあるが、要は、単純に水が舌によって接触されるからである。接触されるというのは、いわば水が非常に軽くたたかれる、あるいは打撃を受ける、ないしは力を加えられることで、それによって全体の中の部分に局所的な運動が起こる。ところが、動かされることは作用を受けることである。水は蒸気となって立ち昇り鼻孔にきて嗅覚によって知覚される。ところが、知覚されるというのは作用を受けることだから、このとき水は作用を受けるという。これが受動の第4の意味とされる。この場合も、作用を受けるのは水そのものではなくて水からの漏出体で、いくらかの水がやはりそういう作用を受けることによって消費される。水音が聞こえるとき水は作用を受けると解される。これが第5の段階である。すなわち、このときはまず水そのものが運動状態にある。次に、水の非物質的な形象が、水が動かされるとすぐに水から四方八方に放散され耳の通路〔外耳道〕に受容される。この受容は受動ではあるが、水そのものではなく形象つまり水の非物質的な流出の受容である。この受容では、受容に至るまでの時間と紆余曲折のために若干が失われる。音は、多くの群衆の耳や衣服に当たったり、降りしきる雪の中で発せられたりすると、それだけ弱くなるからである。

　水は見られるときも、6番目の意味での作用を受ける。すなわち、水は表面かその近辺から、言うまでもなく色があればその色から、[009]目に向けて光線を放つ。この光線は、目に接触して反射され、屈折され、一点に集められる。集まったものが網膜に受け入れられる。

以上はすべて水自体ではなくて非物質的な形象つまり光線にとっての受動である。光線は、こうして受容されるとき場所や時間のために失うものが何もない。すなわち、接触する目が離れた所にあっても光線はまったく弱まらず、はるか遠くからやってくる。音の場合にはそうはいかない。

　7番目に、こういう形象とさらには水という物体も、あらかじめ身体の感覚器官にはたらきかける。すなわち、感覚器官にふさわしい作用をして同化する。そこで、舌や皮膚の薄膜が冷たさや味を、鼻の気が臭いを知覚し、聴覚器官の気が音に満たされて鳴り響き、視覚器官の気が光で明るく照り映える。こうして型つまり感覚器官に対応する形象が形成されて残る。しばしば人の意に反して光が奪われても目はその形象をあちこちに伝える。この感性的形象が感官の前庭もしくは開口部から表象のはたらきによって内部に受容され、共通感覚[011]によって認識され、記憶のはたらきによって保存され、想起によって取り出され、さらに高度な性能によって識別される。水はこういうすべての作用を、水自体ではなく、その感性的形象と知性的形象において受けると解される。そこでさらに、数と比較とを司る精神の最高の性能が、事物の複数の知性的形象から、関係と秩序と比較の唯一の形象を形成して、外部にある事物を相互に比較する。上述のように、この比較は事物そのものを越えたところで事物のはたらきなしに行われるが、やはり事物が作用を受けることと解される。その場にいないで何も知らない人の風評が裁判で問題となり、当人が斬首の宣告を受けたり、法律上の保護を奪われたりする場合とほぼ同じ意味で、作用を受けるのである。この比喩は適切である。そのような人は、当座は悪いことを何も自覚せず、そのために何の苦しみも受けなくても、まもなく被った作用を現実に経験することになる。同じように、音声や、また一般に調和に与るものが何であろうと、そういうものはみなこの比較で知性の気に入る程度に応じて随意に、連続して並べられたり、斥けられたり、忌避されたり、禁じられたり、阻止されたり、抑制されたり、中断されたり

する。ただし、音が作用を受けるというのは、こうして出てくる偶然の結果を考えて言うのではなく、知性が音を相互に比較するときの、その行為そのものから言うのである。知性による比較を受動というのは、多義的なこのことばの意味のどの段階においてか、ということは十分に詳しく説明した。しかし、このことばの意味を長々と列挙するのもむだではない。この苦労は、やがて調和に関わる性能の本性を探究して、アリストテレスが格子越しにすら一瞥もしなかった形而上学のこの分野を完成しようとするとき、驚くほど役立つからである。
★012

> 感覚的な調和は具体的か抽象的か

　以上に述べたことからも、私が先に主張した、感覚的調和が調和としてもつ形相的なものは、感覚の対象にとって偶有的である、ということは明らかである。それは、感覚の対象にとって見られたり聞かれたりすることが偶有的であるのと同様である。次に、感覚的調和もいわば事物自体から抽象されたものだということも明らかである。言うまでもなく、感覚を通して入り込み精神の法廷まで導かれ、感覚的な調和比の項となるのは、外部にある事物そのものではなくて事物の形象だからである。その代わりに、2つの理由でこの調和は依然として具体的である。まず、感覚的な事物の形象は事物の純然たる量の形象ではなく、感覚的な質、例えば音とか光などの形象でもあるからである。次に、この感性的形象は感覚的なものなので、その形象のもとになる事物自体が依然として外部に待機し存続しなければ、精神の内で光を放つことができないからである。すなわち、事物がなくなれば内部にあるその形象も途絶える。光の形象はその放射が終わる瞬間に、音の形象は非常に短時間で、なくなる。例えば目に光の印象が残るように、確かに感覚器官に何らかの印象は残る。けれども、それは外部にある事物の形象ではなくて、むしろ身体に刻印され一時的に身体の質となった、途絶えた形象のもうひとつの形象である。例えば光学で、さまざまな色が、少しも色をもたない太陽の純粋な光によって、色の光線を四方八方に放射する力を得るようなものである。これは初めにも主張していたこと

だが、感覚的調和の本質を確定するためには、感覚的対象である項と精神が現存し、作用をしたり受けたりすることによって、つまり項が感覚を動かし精神が比較を行うことによって、相互作用を伝え合わなければならない。

ここで次のような異議を唱える人があるかもしれない。精神は比較するとき適切な比を作り出すのではなく見出すのである。比は上にあげた4項目の4番目にある、感覚的調和の形相的な原理だからである。したがって、精神が欠如しても調和の本質が損なわれることはないように思われる。

これに対して私は戻換法によって以下のように答える。感覚的対象の中に適切な比を見出すというのは、感覚的対象の中にある比と精神に内在する最も真正な調和の特定の原型との類似を発見し、認識し、明らかにすることである。アテナイ人はゼノン[★013]の中にすぐれた徳を見出したが、迎賓館で食事を供されるゼノンの権利は、ゼノンの中に見出したのではなく、ゼノンに授けたのである。ゼノンはアテナイ人によらなければこの特典を獲得できなかった。同じように、精神も音や光線の中に秩序と比を見出すが（精神はこういう比も外部に見出すわけではないが、上述のように、少なくともその項を外部に見出す）、精神は、自らの内にある原型との照合によって、この比を調和比とする。もしこういう原型がなかったら、その比を調和比と言うことができず、心を揺り動かすどんな力もなかっただろう。感覚的調和については、以上で十分とする。

そこで先に区分したもうひとつの項目、物と切り離した純粋な調和に移る。この調和が、つい先ほど感覚的調和の原型もしくは模範として立てた調和である。原型が精神の外に存在するとしたら、確かに、調和の本質を確定するために精神が必要だと主張する、重大な論拠がなくなると認めざるをえない。しかし、そういう原型を精神の外に立てることは、やがてわかるように自己矛盾である。

原型となる真正な調和は感性的形象が何もなくても存在する。けれども、この調和の原理は分かれて複数となる。この調和も比であ

精神による調和の創出と発見はどの程度まで及ぶか

非感覚的調和とは何か

非感覚的な調和の項

第4巻──地上における星からの光線の調和的配置と気象その他の自然現象を引きこす作用

る以上、2つの項が必要だからである。この項は、先の巻で繰り返し述べたように、円全体と、作図可能な図形によって円から弧を切り取ったとき自然数の個数だけできる、ひとつもしくは複数個の部分である。これが調和比の種差である。この種差によって調和比が同じ類概念に入る他の比と区別されるだけでなく、原型となる純粋な調和比が感覚的な調和比と区別される。ただし、一般のきわめてありふれた用語法に従い、音どうしの適切な響き合いだけを調和と言う場合は別である。さて、純粋な調和比では項が特定の方法で作った円と弧という数学的な概念からきているという点に、純粋な調和比と感覚的もしくは具体的な調和比との区別が非常にはっきり現れる。円はその形成ないし形状を決めるものが円自体にある。弧は弦から両端を、円から形を与えられる。感覚的調和ではこういう特別な項の形成は必要ない。項を直線にすることも、他の仕方で形成した感覚的な量にすることもできる。量をとるものが何であろうと、もとになる原型的調和の忠実な複製であればよい。感覚的対象にはその程度の忠実な模倣はありうる。感覚的対象では、ほぼ近ければ真正なものとして受け取られるからである。以上が原型的調和の項である。

抽象的な調和の成立には知性が必要　次に、感覚的調和のところで述べたように、項の他にもやはり知性が必要である。知性が項を比較して、項となる円弧が作図可能な図形の一辺によって円全体から切り取られるようなものかどうか、識別する。そこで、原型的調和の原理は3つということになる。その2つは項に関わる。アリストテレスにならっていうと、質料的原理としての円とその部分、および形相的原理としての作図可能な図形による部分の切断である。残るひとつは項どうしの関係に関わる。すなわち（いわば）作用因としての知性である。

調和は質的関係　比はすべてそうだが、円全体とその一部の比も、関係の範疇に入る。したがって、作図から得られた特定の比の形は第4種の質と考えられる。★014 この調和は、正多角形によって作られた関係なので、いわば質的関係ないし図形にもとづく関係だからである。

上述のように、感覚的対象が形象を通じて精神の内に流入することが感覚的調和の本質に関わるとすれば、いっそう必然的に、物と切り離された調和の項とした円と弧は知性の中にある。それが内部に受容された形象を通じて行われたと言う人もいるだろう。またどんな受容よりも先に内部にあり、知性とともに存続してきたかもしれない。この点について知力を総動員して、さらに考察していこう。

議論はすでにここまできた。われわれが知るかぎりの同じ問題に関する古人の所説を黙殺すれば、哲学を愛する読者に対しても、われわれより前に哲学のこの分野を切り開いてきた古人に対しても、重大な不正を犯すことになりかねない。ただ、円と円弧という数学上の概念[*015]とそれらを比較することとを区別しなければならない、ということだけは前もって述べておくのがよいと思う。概念つまり項が、受容もしないのに精神の内にあるとすれば、項となる部分の間に成り立つ調和は、なおさら精神の内にあるはずだからである。調和の本質は項となる概念をめぐる知性の活動にあり、知性の外にはありえないからである。なお、円も弧も、精神の内にあるけれども、議論するまでもなくやはり感覚的対象にもある。ところが、円と弧の間に成り立つ調和は、形相的なものである以上、上述の数の例で明らかなように、精神の外にはありえない。さて、古人の議論は特に概念つまりより単純なものに関わるが、調和はむしろ複合的なものである。

これが、一方の側のアリストテレス、プラトン、プロクロスと、他方の側のプトレマイオスとの相異のひとつでもある。すなわち、先の3人は概念の本質的なあり方について、プトレマイオスは調和の本質的なあり方について、論ずる。しかし、プトレマイオスの本文はこの著作全体の付録に回そう。この章の初めに心配していたように、混乱を引き起こすといけないからである。ここでは当面の考察に最も密接な関連のある先の3人の説を聴こう。

プラトンの数学的対象に関する見解は以下のとおりである。[*016] 人間

> 数学的対象の類概念と種概念はどのようにして精神の中にあるか

> 数学的対象のあり方に関するプラトンの教説

の知性はもともと概念ないし図形や公理、問題の帰結をすべて完全に知っている。教わるように見えるのは、本来自ら知っていることを、感覚に訴える図示を介して想起するにすぎない。プラトンは対話篇の中で、師に質問され要望のままにあらゆることに答える少年を登場させて、それを特に巧妙なやり方で表している。★017

<small>それに反対するアリストテレスの教説</small>

　一方、アリストテレスは『形而上学』で、この考え方を「出された主題に合わせてこじつけた架空の議論」と呼んでいる。★018 アリストテレスによれば、数学の対象は感覚的な事物から離れてはどこにも存在しないし、また、個々の感覚的な事物の本質である概念が定義を介して知性の内で形成されると一般概念が知性の内に成り立つが、数学の対象もそのような方式でしか知性の内に存在しないからである。したがって、数学の対象は確かに感覚的事物に先行し、感覚的事物から抽象されるが、実際は頭の中の考え方として、そうなるだけである。

<small>アリストテレスの難点</small>

　ここで注意されるのは、例として数学の概念から何かをとるとき、アリストテレスがいつも点や線、平面、立体、数をあげることである。これらは量の範疇に入る類概念である。しかし、量の中でも図形となっていて第4種の質にも該当するものについては（このとき図形の質料因としての量と形相因としての形は別のものである）、めったに言及せず、関係に至ってはまったく言及しない。さらに、調和論をただ音声についてだけ、それも光学の場合と同様に線〔つまり1本の弦〕としてある場合だけ考察するものと想定する〔『形而上学』第13巻第3章1078a14以下〕。比の形になる線と線の間隔〔音程〕（これは言うまでもなく関係であり、しかも図形となる質的関係である）について、アリストテレスは夢想もしない。だから疑いもなく、（本書第1巻で論じた、作図可能な図形と不可能な図形の可知性の相異に関する）もっと深遠な数学の課題に気付いたら、この考察をさらに推し進められただろう。量の中の類概念について論ずるかぎり、誰も反対しないからアリストテレスが勝つのは簡単である。しかし、彼は（形式的に）円や3角形などのような個々の種概念についてもそれを一般的な結論とし、プラトン

の説を自らの思いこみから愚かなものとして告発する。

　また自己教育を行う少年を描くプラトンに対抗して、反対の比喩をあげる。知性はそれ自体としては他の観念や数学の類概念だけでなく種概念も欠いた空白のもので、数学の概念も何もかも書き込まれていないが、どんなことも書き込める白紙の書板(Tabula rasa)だと主張する。アリストテレスのこの説はキリスト教の信仰においても許容できない。またプロクロスが言うように数世紀後に多くの糾弾を受けた。アリストテレスの名をあげていないが、ことにプロクロス自身がその説に反対し、プラトンを擁護して自らの指導者と宣明する。[★019]

　そこで、私が感覚の対象から切り離した純粋な調和比の項とする、数学的対象の種概念に関するプロクロスの哲学を、『ユークリッド原論第Ⅰ巻注解』から逐語的に書き写すのも、むだではない。

　プロクロスは次のように言う。[★020]

　残る課題は、どのような実体もしくは本質を数学の類概念と種概念に当てるべきか、見ていくことである。よく言われるように抽象、すなわち部分に分散している特徴を寄せ集めて〔『霊魂論』第3巻第4章430a1〕ひとつの共通な説明（つまり定義）にすることによって、感覚の対象から概念は実体を獲得すると認めるべきか。それとも、プラトンも言い、万物の発出過程も示すように、感覚の対象より前に概念そのものを実体とすべきか。

　まず初めに、精神が質料のある3角形や円から、副次的な再生作用によって自らの中に円や3角形の概念を形成することで、数学の概念が感覚の対象から構成される、と言う場合、問題は、説明（つまり定義）がどこから高度な確実性、厳密性を得るかである。それは感覚の対象からか、精神そのものからであろう。ところが、感覚の対象から得ることはできない。定義にはそれよりずっと高度な正確さ、完全さがあるからである。したがって、精神から得る。精神が不完全なものに完全さを、非常に不正確なものに精緻

アリストテレスの知性に対する考え方としてのタブラ・ラサ

数学的対象の本質に関するプロクロスの哲学

数学のイデアは量をもつ個々の感覚的対象から構成されたのではない

な正確さを与えることになる。

　　感覚の対象のどこに、部分をもたないもの(点)や広がりのないもの(線)、高さを欠くもの(平面)が見出せるか。どこに中心から出る線の長さの等しさ、(第I巻の主題だった)辺と辺の不変の比、真の直角を見出せるか。どこにも認められない。感覚の対象はみな相互に入り混じり入り組んでいて、混じりけのないもの、反対物の除かれたものはひとつもない。すべてが部分に分かれるもの、隔たった場所にあるもの、可動なものである。それでは、その時々で異なる状態にある可動なものから、いかにして恒久的な本質を不動のものに与えられるのか。運動する実体から本質を得るものは何でも変化する本質をもつことを、彼ら〔アリストテレスやその追随者〕も認めるからである。また厳密でないものから、いかにして厳密で確実な概念を得させるのか。不変の知識の原因となるものはみなそれ自体がはるかに高度な不変性をもつからである。したがって、精神そのものを数学の概念と定義の産出者と想定すべきである。

　　精神は概念や定義を最初の模範ないし原型として自らの中にもち、本質に従って存在させる。産出(キリスト教徒はそれを感覚的事物の創造の意に解釈する)は精神の中にあらかじめあった概念の表出にほかならない(物質界を創造するための数学的法則が永遠に神と共存してきたこと、神は精神にして知性として超越した存在であること、人間の精神は創造主たる神の似姿であり、本質的な点においても神の様態を具えていることは、キリスト教徒なら知っている)。これこそプラトンの見解であり、数学的対象の真の本質の発見である。しかし、精神が数学の概念をもたず、あらかじめどこかから獲得したわけでもないのに(つまり数学の概念が精神にとって本有のものでないのに)、物質に依存しない、驚嘆するほど整った模様を織り上げ、みごとな思弁を生み出しているとしたら、精神は、生み出されたものが実体と恒常性(私はgonima「実り豊かなもの」ではなくmonima「恒常のもの」と読む)を具えているのか、それとも風に吹かれて消え去る空しいもので、

数学的対象の真の本質は精神の中にある

真というより幻影なのか、いかにして識別できようか。いかなる規準を用いてその真実性を測るのか。あるいは精神は本質となるものをもたないのにいかにして概念の多様性を生み出せるのか。こういう考え方では、精神の産出物は偶然のもの、向かう目的や目標のないものとなろう。したがって、数学の概念は精神から出た子である。精神は自分が作り上げる概念を感覚の対象から得ているのではなく、むしろ感覚の対象が概念から表出される。それは精神の産出物である。この子供は永続的で恒久的な概念の明証である。

第2に、数学の説明（つまり定義）を下位の感覚的対象から寄せ集めるとしたら、どうして感覚的対象が作り上げる論証のほうが、より普遍的で単純な概念からなる論証よりよいものにならないのか。問題となった事柄を探究するとき、原理やもとになる命題はあらゆる点で論証もしくは結論の性質に適うことが、主張される〔アリストテレス『分析論後書』71b20以下〕。個物が普遍的概念の、感覚的対象が思考対象の原因だとしたら、どうして論証の目標が部分的なものではなく、普遍的なものに向けられるのか。またどうして感覚的対象より思惟対象の本質のほうが論証にふさわしいと認めたりするのか〔『分析論後書』85b23以下〕。

すなわち、2等辺3角形の内角の和が2直角に等しく、等辺3角形〔正3角形〕も不等辺3角形も同様であることを証明した人がいたとしても、この人が知っているというのは正しくない、と言う。むしろあらゆる3角形について無条件にこれを証明した人こそ正しい意味で知と言えるものをもつことになる、とする〔『分析論後書』73b28以下および85b5以下〕。また論証のためには個別的なものよりも普遍的なもののほうがよいとする。さらに、論証はむしろ普遍的なものに依り、論証を構成するものはより先にあり、本性において個物に先行し、証明されることの原因となるという。したがって、明白に論証される知は、起源においてより後にくる曖昧な感覚的対象を巡り歩いて施しを乞い、その命題を集めるようなもの

数学の概念は量をもつ個物の特徴をひとつに寄せ集めたものではない

アリストテレスの主張

では決してない。

　第3に、上述の主張をする人々は精神を物質より価値が劣るとすることになる点も指摘したい。その主張に従うと、物質は自然から本質的なもの、実体としてよりふさわしいもの、より明証性のあるものを受け取る。他方、精神はその後で副次的に、そういうものから起源においてより後の型や似姿を自らの中に作り上げる。そうすると、価値の劣る本質に注意を向け、物質から本性によって不可分なものを抽象する精神は、物質よりも曖昧で不備なことになろう。物質は質料を含む説明の場であり、精神は（質料を含まない）概念〔形相〕の場である。ところが彼らの主張に従うと、物質が一次的なものの場で精神は副次的なものの場、物質が存在において主導的なものの場で精神はそこから派生的に存在するものの場、そして物質が本質に従って成立したものの場で精神は意図に従って言明されたものの場ということになってしまう。最初に知性と思惟対象になる本質に関与して、そこから完璧な知識と全生命とを得る精神が、事物の中では最低段階の、存在の仕方において最も不完全な、非常に曖昧な概念の集積所などでありえようか。当然のことながらかつてしばしば多くの人々から糾弾されてきたこの見解に対して、これ以上くどくどと攻撃を加えるのはむだであろう。

　数学の概念が、質料を具えた物からの抽象によっても個物の内にある共通な特徴の寄せ集めによっても出てこないし、起源においてより後のものでもなく、感覚的対象に由来するのでもないとすれば、必然的に、精神はこれらの概念を自分自身か、知性か、もしくは自らと知性の両方から同時に得ることになる。しかし、精神が自分自身のみから得るとすれば、これらの概念は、どのようにして思惟対象である形相の似姿となるのか。根源的なものから現実の存在への完成の過程をまったく取らないのに、どのようにして分割できる本性と不可分の本性の中間項となるのか。最後に、知性の中にあるイデアつまり原型は、どのようにして第一の

＊ここでプロクロスは、精神（Anima）特に宇宙の精神つまりプラトンのいう造り出された神、知性（Mens）を、キリスト教徒が言うような創造主たる神ご自身と解する。肉体に宿る生命の根源となることを託された、造り出された精神はみなこの知性の似姿である。

模範として万有の首位にあるのか。

　他方、これらの概念が知性のみから精神に取られているとすれば、精神の中にある定義が他のものによって動かされる事物のあり方に準じて他所から精神の中に流れ込んできた場合、精神はどのようにして自発的に事を行い自ら運動するという性質を保持するのか。また精神は、可能性においてのみあらゆる物になれるが、質料に含まれる形相は何ひとつとして生み出さない質料と、どう異なるのか。

　そこで残るのは、精神が自身と知性とから概念を取り出すことである。精神自体が概念〔形相〕に完全に満たされており、この概念が思惟対象となる最初の模範ないし原型から現れて、自らの産出力によって現実の存在に至る道筋を獲得する。だから、精神はどんな説明も書き込まれていない白紙の書板（Tabula rasa）ではない。いつも書き込みのある書板であり、自身で自らに書き込むとともに知性による書き込みに満ちている。すなわち、精神も一種の知性つまり思惟の主宰者であり、自身に先行する思惟の主宰者に従って自らを繙くもの、その主宰者の似姿、象徴、複製である。こうして、知性が知性のはたらきに応じた一切のものだとすれば、精神は精神のはたらきに応じた一切のものということになる。知性が原型としてはたらくとすれば、精神は似姿として現れたものである。知性が総合的統一的であるとすれば、精神は分析的である。プラトンもそのことを理解していたので、精神をあらゆる数学の概念から構成し、数にもとづいて分かち、数列と調和比に結び付けた。精神の中に図形を初めて作り出す最初の原理つまり直線と曲線を設定し、円を精神の中で思惟対象となるような仕方で運動させる。したがって、あらゆる数学的対象はまず初めに精神の中にある。いわゆる数より先に自ら運動する数、目に見える図形より先に生命をもつ図形、調和的もしくは諸調的なものより先に協和する比つまり調和比そのもの、そして円運動する物体より先に不可視の円そのものができた。精神はこれらすべて

＊キリスト教徒にとって、精神は創造主たる神の写しであり、さらに精神はいわば神の相貌が精神に照射することによって神に支えられる。

＊＊『ティマイオス』〔35A-36C〕に見える。注意深く読んでモーセのことばを繰り返し参照すれば容易に明らかになるように、この書は疑いの余地もなくモーセの第一の書つまり創世記第I章に対する、ある種の注解で、それをピュタゴラス派の哲学に移し変えている。

のもので満ち溢れている。精神は(感覚的対象とは別の)ひとつの世界秩序である。自身で自らを(事物へと)導くとともに、その性質にふさわしい固有の原理に導かれる。自らを生命で満たすとともに、非物体的かつ非空間的な仕方で創造主によって満たされている(神はどんな人からも遠く離れてはいない。われわれは神ご自身の中に生き、動き、ある)。★032 精神がその説明〔定義〕を送り出し明らかにするとき、あらゆる知と徳を顕示する。それ故、精神の本質はこれらの概念にある。精神の内にある数を複数の単位の集合と考えてはならない。また空間的な広がりを取ることのできるものの形相つまりイデアを、物体的なものと解釈してはならない。むしろそれらはみな生命のある、思惟対象となるような形をとった、可視的な数、図形、比、運動の第一の原型と考えるべきである。

<small>ティマイオスの世界霊魂の理解</small>

　この点については〔プラトンの『ティマイオス』に見える〕ティマイオスの説に従うのがよい。彼は精神の一切の起源と製作を数学の概念を組み合わせて仕上げ、万物の原因を精神に据える。すなわち、あらゆる数の中で7つの項(つまり1、2、4、8；3、9、27)★033 がもとになる原因としてあらかじめ精神の中にあった。さらに今度は図形の根源が、建物を建てるか物を作るようなやり方で精神の中に据えられた。またあらゆる運動の中で、他のすべての運動を取り囲み開始させる第一の最も主要な運動が、精神とともに出現した。運動するものすべての始源は円であり円運動だからである。したがって、精神を満たす数学的対象の説明〔法則〕は本質的なもの、自身で自らを動かすものである。精神はその説明〔法則〕を送り出し伝え展開しつつ、★034 学としての数学のあらゆる多様性を基礎付ける。精神は、自らと不可分の説明〔法則〕を素直に露呈していくことによって、次から次へと絶えず新たな事柄を生み出し発見し続けてやまない。精神は、あらゆる事柄を根源的で原初的な概念の形であらかじめ得ており、その無限の能力に従って先取した根源によってあらゆる種類の定理、理論の表出を企てる。

以上がプロクロスのことばである。

　該当する個所をすべて書き写したのは、プロクロスが真の調和の項である、円と図形で切り取った円弧を、他の数学的対象とともに本質的に精神と知性の中に立てたからである。そうすると、数学的対象が精神にとって、また逆に精神が（個物から切り離されたかぎりでの）数学的対象にとって、ある種の本質になる。またそれだけでなく、アリストテレスの批判をなだめ、私のために、この哲学全体をみごとに推賞するからでもある。

　数については、確かに、ピュタゴラス派の説に対するアリストテレスの論駁が正しいことに異議を唱えはしない。アリストテレスにとって、数はいわば2次的観念、むしろ3次的、4次的観念で、限界を言えないものである。さまざまな量、現実的な実在物、さらには知性のもつさまざまな観念に由来しないものは、数の中にはひとつもない。そこで私も、最近『天体暦表★035』の序言ではっきりと指摘した、数が星辰と星位の回転を表示する場合のほか、ボダンが『歴史の方法★036』で用いる国家の変革に割り当てたプラトン数にも、いわゆる厄年の数にも、特に何も割り当てないことにする。

厄年

　しかし、連続的な量に関していうと、私はプロクロスに全面的に同意する。ただし、プロクロスの雄弁は激流のように流れ出して岸辺に氾濫し、疑問点の浅瀬や渦を覆い隠している。荘重な主題を負う知性が言語の限界と格闘し、豊穣なことばをつくしても満足な結論に至らず、命題の単純さから逸れるからである。そこで、私が非感覚的な調和のために思惟対象となる円とその部分を項に立てた固有の理由（プロクロスを読む以前に考えていたものである）を追加しておく。そうすれば、プロクロスと一致する説を述べることになるだけでなく、私の企図に役立つかぎりでの先に書き写した個所の概略を掲げることにもなると思う。

　抽象という語は本来、比較されるものが初めは外にあり、次いで感官の中にきて、最後に事物と事物の感性的形象とから抽象されることをさす、ということは理由の中に入れない。上述のように、こ

非感覚的な調和の項は抽象的な量

第4巻——地上における星からの光線の調和的配置と気象その他の自然現象を引き起こす作用

ういう抽象の仕方は音や光線の感覚的な調和に該当する。市民の善行と悪行とをかつて承認された法に従って区別するように、音や光線を前もって内に現存する原型的な調和に従って区別する場合にだけ、適用できる。

　調和比に項を提供するのは思惟対象となる量であるという理由は、その量が非常に精緻な作図により、図として示されなければならないからである。実際に描いた図形が補助とはなっても、感覚対象の図形からは決して得られない公理は、多数の感覚される個物の寄せ集めからなるわけではなく、先天的に得られるものである。それは上に引いたプロクロスが正しくアリストテレスに反論したことで、一般的には理解されている。けれども、私はそれを特別に本書第I巻からの明快な論拠によって強固なものにできる。すなわち、円から調和比となる弧を切り出す図形の種差は、その図形が可知でなければならないから、定義の一部として図形の本質を説明するものである。しかし、知ることのできる知性がなければ、可知性とは何か。また、対象についての知がなくても対象は存在しうる、と主張すべきでもない。実際、図形の一辺が半径に等しいという場合のように、知は比較することにある。知性を伴わない等しさが、特に空間的に閉じたものの中にあることなど理解できない。こうして再び先の感覚的な調和のために提示した論拠に戻ることになる。

　原型的調和が精神の内部で実際にはっきりした形を取るためには、図形がたんに可知であるだけでなく既知でなければならない。知られる可能性だけでは感覚的な調和の規準とするには不十分だからである。したがって、本質の一部が精神の内部にあり、しかも現にはたらいている状態つまり現実態としてあるときに、その本質をもつ対象つまり調和の項である円とその部分を内部に立てなければならない。

<small>精神は直観によって数学の知識をもつ</small>

　問題は、知性がこれまで学んだこともなく、また外部にある対象を知覚しなければ学べないような対象についての知識が、どのようにして内にあるのか、ということである。この問いに対して、プロ

クロスは彼の哲学でよく使うことばによって答える。私が間違っていなければ、今日の直観という語を用いるのが最も適切だろう。すなわち、人間の知性にとってもその他の精神にとっても、量は知覚されなくても直観的に知られている。知性は自ら直線や一点からの等距離を理解する。こういうものによって自ら円を思い描く。そうであれば、知性が直観の内に作図法を発見し、こうして実際の図形（ただし、それが必要な場合であるが）を見るときの目の役目を補う可能性が高くなる。知性がまったく目のはたらきに関与していなければ、（知性が純粋で健全で障害がない場合、つまり知性がただ現にあるとおりのものであったら）知性はその外にある対象を把握するために自らの目を求め、目を形成する規則を自身から得て規定するだろう。知性に生まれつき具わった量の認識自体が、目はどういうものでなければならないかを指示するからである。したがって、知性が現にあるようなものだから目が現にあるようにできているのであって、その逆ではない。長々と論ずるまでもない。幾何学は、物の発生より前に永遠の昔から神の知性とともにあった。これは神ご自身であり（神ご自身でないようなものがどうして神の内にあろうか）、神のために世界創造の模範を供給し、神の似姿とともに人に移ってきた。目を介して初めて内部に受容されたのではない*。

　したがって、作図の可能性は量にある。ただし、その図形は目に見える形で示されるのではなく、知性の目に明らかになるものである。つまり図形が感覚的対象から抽象されたというよりも、むしろ感覚的対象に具体化されない図形にほかならない。したがって、原型となる調和比は作図可能な図形による円の分割からくるので、抽象的な量をこの調和比の項に立てるのは当然である。

　抽象的な量を選ぶ別の理由もある。すなわち、円は図形だから第4種の質である〔アリストテレス『カテゴリー論』第8章〕。量ではあっても現在のこの問題では純粋にただ図形として量的な大小の区別もなく考えられる。そこで、ある意味では基体から抽象されるように量からも抽象され、円の本性が点の狭さにおいてさえ認められるほどに

*プロクロスは、先に引用した個所の少し後ではほとんど同じことを述べる。すなわち、神々に関する真理を数学の本質と同一視し、万有の製作者は世界を形成するとき、自身とともに永遠の昔からあった数学の原型を用いた、とする。

なるからである。プロクロスが、数学の対象は非物体的、非空間的に精神の中にあると言ったのは、こういう意味だと思う。

　最後に、最大にして至高の理論となるのは、量に一種の驚嘆すべき神的な政治秩序があり、量の内に神事と人事に共通の象徴体系があることである。球における至聖の三位一体の影像については、『光学』や『火星注解』、『天球論』の至る所で記しておいた[★037]。ここではそれを既述のこととしたい[★038]。球に続くのは直線である。直線は、球の中心から球面上の一点へと流れ出ていくことによって、（中心から球面全体の無限に多くの点に向かって出ていくことで、すべてにおいて完全に均一な条件下にある無限に多くの線によって図示され描き出された）子の永遠の産出に対比され、創造の最初の基礎を描く。つまり直線は具体的な形の基本である。直線を幅を取るように動かすと面となって具体的な形を描く。面で球を切断すると円が生じる。円は、肉体を支配するよう任ぜられた被造物たる知性の真の似姿である。円と球の関係は、人間の知性と神の知性との関係と等しい。これはどちらも円状だが線と面の関係になる。また、円と円も含む面との関係は、互いに断絶していて通約できない曲線と直線の関係である。

　さらに面と球が相互に協同することで、円は面を取り囲みながら、切る面にも切られた球にもみごとに含まれている。同様に、精神も、肉体に形を与えながら具体的な形と結合して肉体に具わるとともに、いわば神の相貌から肉体へと向けられたある種の照射として、神の内に支えられ、神の内からより高貴な本性を伝える。以上の理由によって、調和比のために円が基体として、また項の源泉として、確定される。また何よりも抽象性が薦められる。量を取る特定の円も不完全な円も質料をもち感覚の対象となるので、精神の神性の影像はどちらの円にもないからである。さらに主要な点は、精神の象徴である曲線の特性が物体の影である直線から切り離され、抽象されたようになるのと同程度に、円も具体的で感覚の対象となるものから抽象されている、とすべきことである。精神だけの対象となる調和比の項を特に抽象された量に求めるための心構えは、これで十

分にできた。

　これまで論じたことの結論として、重要な点をまとめる。感覚的な調和には原型となる調和との共通点がある。項と精神の活動である項の比較とを必要とすることである。それぞれの調和の本質はこの比較にある。しかし、感覚的調和の項は感覚的対象で、精神の外に現存するものでなければならない。ところが、原型的調和の項はあらかじめ精神の内に現存する。したがって、感覚的調和にとっては、さらに感覚的対象から発散した形象を介した受容が必要である。この受容は精神の奉仕者たる感覚によって行われる。さらにもうひとつ別に、個々の感覚的な項と個々の原型的な項つまり円とその可知の部分との比較も必要である。しかし、原型となる調和にはどちらも必要ない。項があらかじめ精神の内に現存しているからである。この項は精神に生まれつき具わっているもの、さらには精神そのものである。真の手本の似姿ではなくて、いわば当の手本そのものである。そこで、精神の行う、自身の部分どうしの単純な比較だけで、原型的調和の本質のすべてが完成される。最後に、精神自体は比較の活動にたずさわることで調和として提示される。また、円とその部分という調和の項は比較の活動と関係なくある。結局、調和は完全に精神となり、さらには神と化す。

第2章

調和に関わる精神の性能はどのようなものがいくつあるか[039]

調和比が何か、どこにあるか、ということはこれまでに述べた。だが、われわれの企図にふさわしい問題にはまだふれなかったように思う。それは、調和比よりもむしろ調和に関わる精神の性能、つまり比に準拠して作用する性能に関することである。そこで、これまでは比の本質のために比について論じたが、今度は精神のために比について論じる。

精神のいくつの性能が調和に関わるか

調和比に関わる性能は2つある。ひとつは論証を介したもので知性的な性能、もうひとつは〔行為の原因となるような〕作動的性能である。さらにまた知性的性能にも2つある。抽象的な量から直接に比を発見する性能と、感覚的対象の中に精選された比を知覚ないし感得する性能である。したがって、調和比を捜し出す〔前者の〕性能は、他の学問や技術を把握する性能と同じもので、人間精神のより高度な部分である。ここでは神については何も述べない。神は論証や勉学によって何事かを見出すのではなく、永遠の昔からすべてご存知だからである。

感覚的対象や精神の外部の他の対象にある顕著な比を感得し知覚する性能は、精神の下位の直接に感覚を形成する性能か、なお下位のものである。つまり、哲学者の行う論証もそのための方法も用いないから、たんに生命の根幹に関わる性能である。これは人間だけでなく野獣や家畜、さらに月下の生あるものにも具わっている。そこで、論証もせず、したがって調和比の学も把握できないような性能が、どうして外部の調和比を知覚できるのか、という問題が起こる。実際、知覚することは、外部の感覚的対象を内部にあるイデアと対比し相互の符合を判定することだからである。

調和比は生まれつき精神にそなわっている

プロクロスはそれを、あたかも睡眠から目覚めるときのように、覚醒という語でみごとに表現する。すなわち、外部に現れる感覚

対象が以前に認知した事柄を思い起こさせるように、数学の感覚的対象は、知覚されると、あらかじめ内部に現存している知性的対象を呼び覚ます。これまで精神の中で可能態の帳(とばり)の下に隠されていたものが、今や現実態として精神の中で光り輝く。そういうものはどのようにして内部に浸透してきたのか。答えは以下のとおりである。一般に、イデアつまり調和の形相的原理は、上述のように、この知覚の性能を司る精神の中に内在する。自然な直観に依属するもので、論証を介して初めて内部に受容されるわけでなく、生まれつき精神にそなわっている。花弁や実の小室の数（つまり知性的対象）が植物の形態にもともとそなわっているようなものである。植物におけるこの実例は調和比と似ている（先に明らかにしたように数と比は親縁関係にあるからである）。そのために、植物の精神（生気）の性能やさらに植物自体にも星辰の光線の調和比を知覚する性能のあることを認めざるをえなくなる。ただし、どんなことでも特有の証拠もなく確定するのは控えよう。少年や粗野な者、農民、野蛮人、さらに野獣すら、音楽について何も知らなくても音声の調和を知覚する。この直観をどこから得たのか、と問われたら、私は神に助けを求める。上述のように、神は永遠の昔から調和比を知性で把握され、創造のときに表現された。それと同じように、神は身体にこういう形つまり多少の相異はあれ神ご自身のあらゆる似姿を作り上げ、指示を与え、身体とともに調和比を運び回るようにされた。

　あるいは同じことになるが、第I章でふれた、こういう精神や下位の精神と円との親縁性を出そう。精神は、円に合わせて、いわば円を規準や法則として構成され形作られており、円や作図可能な図形から生じる円弧とともに、円に由来する調和比のイデアも取り込んだ。

精神は一種の円

　占星術における誕生時の天宮図がこの哲学を強く裏付ける。天体からの光線がひとつの共通な円から出てくるかのように同じ一点に合流する、という特色が新生児の精神に刻印されるのを、われわれは認めるからである。これについては、第7章でさらに詳しく述べる。

星回りによる感応力の基礎

| 精神が調和を知覚する手段について | さらに、精神の下位の性能が外部にある対象の調和を知覚するのに用いる手段は、外部の対象を内に受容する手段と同じである。感覚的なものであれば、やはり感覚によって、つまり感覚を作り上げる精神の性能によって知覚される。この性能も高度な性能と同じく特定の対象の比較にたずさわるが、しかし論証ではなく直観による。こうして、音は聴覚とそれを司る能力によって協和と不協和に区別される。同様にして、建築上の比例は目と視覚を司る性能によって、みごとで均斉の取れたものと均斉を欠いたものとに区別される。調和比をそなえた対象が感覚的なものではなく、たまたま別の性能によって知覚されるものであれば、当の比もまさにその性能によって精神の中で光り輝く。例えば星辰の光線の比の場合がそうである。月下の精神がこの比をどのようにして知覚するかということは、第7章で探究する。 |

| 知覚はどういうものか | けれども、精神の下位の性能での調和の知覚は鈍く漠然としていて、いわば質料的であり、まるで無知の雲の下にあるかのようである。この性能は自ら知覚していることがわからないからで、われわれが何かを見ていながら、見ていることに気付かないときのようである。ストア派の哲学者がよく論ずる、計画性のない無意識で自然な動揺や不安もこのようなものである。[040] |

| 愛の直観 | また特に霊感を伴う自然な憎しみや愛の感情も、やはりこのようなものである。すなわち愛の感情は、手足の均整や声と気質の特性によって、相手の心の善良さや互いの心の類似を見定めながら、不思議な仕方で燃え上がる。そこで、若者は正気を失って乙女を愛する。しかし、その理由つまり特に乙女の何を愛しているのか、わからない。そしてその何かは、欲情にかられても行きずりの娼婦の誰もが、また結婚を目的としても年頃の娘の誰もが、必ずしも提供できるわけでない。 |

| 人相学的直観 | しかし人相学者が登場すると、それぞれの人格に性格の類似を発見する。性格が悪ければ夫婦間に絶えざる紛争が起こる。良ければ生活は平穏である。なお、ここに普遍的な人相学的直観のこともあ |

第2章　調和に関わる精神の性能はどのようなものがいくつあるか

げておく。この直観はことばにならない。(技術によって洗練することができても決して技術によって修得されず)いわば理性と無縁であるが、類まれな人事の解釈者であり審判者である。

実際、顔や身体の均整、歩き方や手足の動きが権力者に喜ばれたり、まだ計画を立ててもいないのに忍び込むように権力者の心に入り込んだりすれば、人は誰でも(ありていに言えば)それだけ多くの僥倖を手に入れる。こうしてしばしば、人は理由もわからずに誰かを愛したり憎んだりすることが、証明される。精神の下位の性能にある、感官によらない比の感覚も、このようなものと言える。しかもこの性能は(快い曲を聴いても、音のほかには技巧について何も考えない場合のように)比を項つまり比の基体から区別しないし、相異なる調和をはっきりとは区別しない。現にあるとおりの調和に気付くだけで、その調和が何か、あるいは調和どうしがどれほど違うか、わからない。精神の下位の性能の内にある調和のイデアも純粋な形で表出されたものではなくて、むしろ各性能の対象となるような、調和を含む基体の形象に取り囲まれているからである。(あらゆる事例の代わりに協和する音の例をあげると)聴覚の性能はまさにそうで、身体に密接していてあまりに粗雑なので、非常に純粋な比のイデアを受容するのには適していない。これはじきに詳しく説明する。

  外見の魅力

次に、調和比に関与する作動的性能を取り上げる。この性能にも2つある。精神の内部ではたらくものと、外部にある対象にはたらくものである。これらはいずれも、そのはたらきを比に同化させるか、比をそのはたらきの中に導入する。前者の性能は受動的なものに似ており、後者は議論の余地なく能動的にはたらく。したがって、前者は精神の下位の性能の、後者は高度な性能の仲間である。前者は自然の力の下にあり、後者は人間の意志の下にある。前者の性能は肉体に起こるような動きの変化を司るので、完全に生命の根幹に関わる性能に従属する。

われわれが音の調和を喜ぶことは一種の受動であり、和らげられ、宥められることであるとして、作用を受けることによる精神と歌唱

  精神は調和によってどういう作用を受けるか

の共感を説く哲学者もいる。しかし実際には、それは自然な心の動きによって自らにはたらきかけ、自らを目覚めさせる精神の活動である。精神は思慮にも意志にもよらず、自然な直観によってそういう方向に向かう。精神にはすでに初めから、音に具現された調和とその調和に対応する情動がいわばひとつに融合したイデアがそなわっている。したがって、精神に調和のイデアが植え付けられているのは、調和が精神を喜ばせるもの、快いもので、イデアに適合する心の動きと複雑に絡み合っているからである。先にプロクロスが、数学的対象（まして調和）の原型は、知性の中には思惟の対象となりうる形で（noeros）、精神の中には生命の根幹に関わる形で（zotikos）内在する、と主張したのは、こういう意味だと思う。こうして原型は、聴覚の性能においては音に反応するものとして、月下にあるものの生命の根幹に関わる性能においては光線に反応して作動するものとして、内在するようになる。つまりその原型は、内部にある純粋な原型ではなくて、外部に対応して派生した原型の複製である。

精神は調和比にしたがってどう作用するか

われわれは歌唱の調和を喜ぶだけでなく、指や口、足、体の動きも調和に順応する。これは意志と結び付いた下位の性能によって行われる。しかし、前もって聴いたこともない諧調的な歌唱のことを考えながら、音声を知性の把握できる調和に順応させる場合には、高度な性能も下位の性能もすべて用いる。高度なものによるのは、意図し思慮をめぐらすからである。下位のものによるのは、現にそうすることができるし、また比を理解していなくても、あらゆる非諧調的な音程を排して、ただ諧調的な音程を取って動き回ることで、自然によって植え付けられた音程のイデアのみを歌唱で表現するからである。

調和に関わる性能はどこから精神に入ったか

以上に明らかにした調和に関わる性能は、本質的な調和としての神ご自身が、創造に当たって呼気の形で出されたものである。神が現実態として実在する以上、当然である。このご自身の似姿の微粒子を、多少の程度の違いはあるが、全体にあらゆる生気の中に吹き込まれた。これを繰り返し強調してこの章を終える。

第3章

神もしくは人が調和を表現した感覚的もしくは非物質的対象の種類と表現

問題が次のように区別されることは容易に明らかになる。①調和〔のイデア〕は、どんな製作者、形成者、はたらきかけを行うものにそなわっているか。②〔具現された〕調和は、どんな製作物にそなわっているか。初めの問題についてはこれまでに論じた。そこで後の問題についてもっと厳密に論じる。★041

あらゆる対象は非物質的か物質的である。精神〔心、生気〕は（身体から見ると）非物質的である。またこれまで述べてきたように、神は本質的には精神を調和比に合わせて描いた。そこで、調和比は先には製作者つまり現にはたらきかけを行う精神の内にそなわっていたが、今度は神の製作物としての精神にそなわっていることになる。他方、物質的なものであれば数と大きさをもつ。大きさがあれば空間的な位置を取る。最後に空間的な運動が加わる。数は本性上は調和に先行する。各調和の項の数は1より多くなければならないからである。

1. 精神

主要な天体〔惑星〕の数は幾何学的な理由から出てくる。その理由については、第5巻で『宇宙の神秘』の説によりながら述べる。量を取ればその不可分の属性としての図形が生じる。星辰とさらに宇宙自体にも球状の図形が与えられた理由は、球状のものが図形の原型だからである。これは他のあちこちで繰り返し説明している。さまざまな天体の図形のすぐ後には特定の比がくる。この比は3つある。直径どうしの比、面どうしの比、3番目は体積ないし立体どうしの比である。

2. 惑星の数

これらの比の原因が他になければ、おそらく、これらの比は調和から選び出されたと断言できるだろう。しかし、その原因が何であろうと、天球はその比をまったく変えずに保ち続ける。どんな運動や時間の推移によっても天球は大きくなったり小さくなったりしな

3. 天体図形の体積

いからである。天体の位置と局所的な運動に関する比については事情が異なる。比が運動自体の特徴を保持するからである。すなわち、運動は絶えざる「生成変化」にあり、決して「存在」にはないように、運動の比も変わりやすく、その時々によって異なる。

4. 天体どうしの間隔

　天体運動が宇宙に共通の中心となる標識もしくは基部からの間隔を変えなければ、つまりまったく上下動をせず、あらゆる運動が完全な同心円上にあれば、間隔の比が変わらないだけでなく、他の原因がないかぎり、その比は完全に調和比になっただろう。これは確かである。

5. 不変なときの天体運動の速さ

　天体運動の本質を考えたとき、つまり天空をわたる真の速さを考えたときの運動についても、同じことが言える。各天体の速さが不変で永続的であれば、さまざまな天体の速さと遅さは調和の規則に従って調整されただろう。これも疑いない。

6. 不変なときの獣帯下での見かけの運動

　最後に、天体が獣帯下で踏破する見かけの距離を考えたときも、同じことが言える。すなわち、惑星がすべて獣帯下で同一の視運動によって進み、相互にいっそう遠く隔てられることがまったくなければ、神は（惑星の配置を他の必然の法則に束縛されることなく自由に行えたら）初めから惑星の相互の位置を、調和比によって獣帯を分割するように設定したことは、疑いない。

7. 獣帯下での惑星の初期の視位置

　さらに（時間が始まるときには時間というものがなかったと考えられるから）運動の始まりにおいても当然そうだった。そうすると、どんな惑星も（地球あるいはむしろ太陽から見るとそう見えたような）共通の位置と調和的な配列をいわば出発点として、各々の走路もしくは道筋を走り出したことになる。

多くの場合に不変ではない

　ところが、惑星は上下動をして位置の間隔を変える。また速さを考えると、物理的な必然性によってこの運動に実際の運動の緩急も付随する。最後に、惑星が通過するように見える獣帯空間は、さまざまな惑星の見かけ上の不等な速さによって、その時々で異なるように分割される。以上の3つの理由により、時間を考えたときの位置にも運動にも、時間を考えないときの量に現れるのと同じことが

起こる。すなわち、調和比の項つまり境界点は、円全体もしくは直線全体のあらゆる点の上にあるわけではなく、ただある特定の点の上にだけある。この場合も同様に、調和は運動のあらゆる時点に現れるわけではない。距離にも運動の速さにも惑星どうしを隔てる獣帯の間隔にも現れない。けれども、調和は経過時間の特定の瞬間には完全に現れる。しかもいったん運動が開始されると、調和は神のさらなるはたらきがなくても現れる。すなわち、神は運動に極値を規定し、一方の極値から他方の極値への移行を許した。またあらゆる中間値も認めた。無限に多くある不調和な中間値も、不調和なものの間に特定の数だけ挿入された、相互に適合する調和的な中間値も、ともに認めた。

　神が変動するこういう事象を残したのは、調和の美化を配慮したからである。しかも神はむしろ（惑星の固有運動のような）変動するものを、その極値を規定することによって調和ある秩序へと引き戻した。これは第5巻の主題となる。

8. 行路を走る速さ

　極値がなくて運動の量〔大きさ〕が直接に円に結び付いた他の事象の場合には、創造主は宇宙の被造物を司る役目をもつ精神を形成して、精神が円全体を通じて時間の各瞬間に生起する調和を予期し、観察し、気付くように、そして自らのはたらきを調和の規定に合わせて調整するようにするだけで、十分とされた。地球から見た獣帯下での惑星の見かけの動きではそれが行われる。これがこの第4巻に固有の主題である。

9. 獣帯下を通る道筋の長さ

　われわれの知る神の御業（みわざ）については以上のようになる。それを人間が調和の規則に従って秩序を与えるものと比較すると、同じことが言える場合もあり、違う場合もある。まず歌唱においては、天体の場合と同様に量〔つまり量で表示されるもの〕が絶えず増減することがある。天体の運動ではこの増減は一定の自然の法則による必然的なものである。しかし、人間の音声では必然的なものでもなく、簡単にできるものでもない。

10. 歌唱。天体の調和と人の歌唱の調和の違い

　喉頭は環状組織の使い分けによって音節に分かれた明瞭な音声を

人の喉頭が楽器ないし弦のように連続的増大によって強く発声できない理由	発するようになっている。そして連続的な緊張状態による変化ではなく、いわば不連続的飛躍により、高音から低音へ、また高音から低音へと容易に移ることができる。
歌唱では諧調的なものしかないのに星相が調和的なものだけでない理由	したがって、天体の運動では、避けることのできなかった量〔この場合は速さ〕の連続的な増減によって、諧調的で協和する音程に混じって非諧調的音程も残った。ところが、人間の歌唱では、あらゆる非諧調的音程を排除して、ただ諧調的で協和する音程だけに従える。これは何も不思議ではない。だからといって、天体の運動を前にして歌唱を自慢する理由もない。天体の運動には果たすべき別の務めがあり、調和的な調整は天体の運動にとってはたんに付随的なものにすぎない。しかし、歌唱は調和のほかに考慮すべきものが何もない。他に何も必要とせず、楽しさを与えるという唯一の目的に向かう。
11. 拍子。第3巻参照	人の仕事には、もっと曖昧で平凡ではあるが知性が調和比を導入するものが他にもある。例えば、歌唱は音の高低という質だけでなく、他にも2倍比と3倍比に関わる拍つまり2拍子と3拍子によって形成される。
12. 舞踏	また身体の動きにおいても、コロスの舞踏は初めは等比で、その後に2倍比で踊る。
13. 詩脚の調和（★042）	詩人もそれと同じことを、長短の音節からなる脚の諧調によって模倣する。この場合、長音節は短音節の2倍と見なされる。そこで、イアンボス∪ー、トロカイオスー∪、トリブラキュス∪∪∪は、スポンデイオスーー、ダクテュロスー∪∪、アナパイストス∪∪ー、アンピブラキュス∪ー∪、プロケレウスマティコス∪∪∪∪に対しては3対4、バッケイオス∪ーー、ーー∪、クレティコスー∪ー、パイオンー∪∪∪、∪ー∪∪、∪∪ー∪、∪∪∪ーに対しては3対5、モロッソスーーー、コリアンボスー∪∪ー、イオニコスやそれと同じ組み合わせ（ーー∪∪、∪∪ーー、ー∪ー∪、∪ーー∪、∪ー∪ー）に対しては1対2である。またこの最後の組の脚に対して、スポンデイオス、ダクテュロス、およびそれと同じ時間の長さをもつ脚は2対

321　　第3章　神もしくは人が調和を表現した感覚的もしくは非物質的対象の種類と表現

3になり、スポンデイオス以下の組の脚はパイオンに対して4対5となる。またパイオンはコリアンボスやその仲間の脚に対して5対6となる。

　しかも詩人や文法家はまた比による命名を好み、特殊な用語法で1音節だけが短い4音節の脚（－－－◡、－－◡－、－◡－－、◡－－－）をエピトリトスつまり「4対3の脚」と呼ぶ。相並ぶ線分で表した4対3の比では、最初の3つの単位の長さは2倍の長さの線分で表現され、4番目の線分だけが1倍の長さでくっついているように〔上の括弧内の最初の線分の並び方を参照〕、この脚では3音節が2倍の時間の長さで、4番目だけが1倍だからである。

エピトリトスという名称

　さらに「脚」という語自体が喜劇と悲劇の構成要素であるコロスの舞踏をほのめかすので、役者は足の動きによってもこれらすべての比を表現したように思われる。役者の動きが今日においても2倍比や3倍比つまり2拍子や3拍子で表現されるのと同様である。

役者の動きにおける調和

　建築様式においても、長さと幅もしくは奥行きの比として、数学の素養のない観察者にも非常によいとされるのはどんなものであれすべて可能な限り調和比に近いことに気付かされる。

建築様式の調和

　しかし、音の比は以上にあげたすべてよりも正確で、人間の本性はその比が惜しげもなく表現されるのを喜ぶ。実際、音はあらゆる生命が自由に発することができ、知性のあらゆる合図、心のあらゆる動きに非常に速やかに反応して、身体の中枢部から直接に発せられる。先に述べたように、人間は弦あるいはむしろ笛にたとえられるような、長く伸びた喉頭という最も適切な楽器を獲得したからである。この真っ直ぐな管の中を音声は〔非連続的である調和に従って〕易々と上下に往来する。

人事の中で歌唱だけが非常に正確な調和である理由

　一般に、量を取り量にもとづく調和を求められるあらゆる対象では、調和は、運動を伴わないときより運動を通じていっそう明らかな形で出てくる。直線の中に、その半分、3分の1、4分の1、5分の1、6分の1の線分やその何倍かの線分が含まれていても、それらの線分は全体と通約できない他の部分の間にあり、混然一体とした

静止状態のものの量では調和のあることが明らかでない理由

第4巻───地上における星からの光線の調和的配置と気象その他の自然現象を引き起こす作用　　322

中に隠れている。全体の何分の1かになる線分と等しい第2の線分が、全体となる線分の側に並んでいても、例えば、3ペス〔約90cm〕の杙〔門や窓の上に渡した水平材〕が5ペス〔約150cm〕の側柱の側に並んでいる場合のように、それと全体の比は、運動が比較可能な長さを切り取り、作り上げ、限定する場合ほど容易にはわからない。その理由は、量が量的な運動を伴わずにある場合、量に含まれるいっさい、すなわち、あらゆる部分と全体の比がすべて同時に共存することにある。

運動によって比が特に明らかになる理由

　ところが、特定の運動がある量を通過すると、（それが運動の本質だから）通過されてしまった比はもはやない。まだ通過されていない比もまだない。運動が一定の比に相当する軌跡に到達したときの当の比がただひとつだけある。こうして運動の継続によって、調和比が非諧調的な比との混合から分離して取り出され、いわば純粋なものとして明らかな形で立てられ、感官に差し出されて把握される。さらに知性も、特定の運動を思い浮かべなければ、与えられた量において、調和比とその前後に並ぶ無限に多くの非諧調的な比を識別できない。むしろ知性は（例えば円でいうと）無限に多くの弦を通過して、円の3分の1ないし4分の1に張る弦や類似の弦ではたらきだし、その弦の作図法を見つけだそうとする。手が線を引いて行うことを知性は思考によって行う。こうして思考という行為によって、その線分を、考察の対象とならず作図もできない無限に多くの線分から分離する。そこで、その線分が調和に適合するか否かを、他に頼らず独力で見きわめる。

　知性にはそうする能力がある。知性は意志を用い、無限に分割される量の中を思いどおりに飛び回るからである。知性はそういうものをみないっしょに自由に思考できる。しかし、感覚や他の自然な知覚、知覚の補助となる身体の運動は、生あるものの意のままにはならない。そこで、無限に多くの音や円周全体の上に2つ一組の惑星が作る無限に多くの角度の形状が、相互に混じり合って同時に共存すると、無用のものを避けて気に入るものだけを受け入れること

ができない〔これは後で星辰の光線の調和を素描する事例としてある程度は役に立つ〕。それ故、運動を必要とする。運動が介在することによって、量としては乱雑に絡み合ったすべてのものが、時間の経過につれて解けていき、個別的なものだけが感官に達する。目が知性と同じ能力をもっていて、運動がなくても同時に現存する多くのものの無限定な混乱の中からより秀でたものを選び出せるとしよう（例えば、手の助けを借りて、円にできる無限に多くの弦の中から、正3角形の一辺となる3分の1に張る弦を選び出して描けるとする）。その場合には、目というよりもむしろ知性自身が目を通じて当のことを行うと考えるべきである。それに先に述べたように、目は手を動かさないとそういうことを完全には行えない。

　以上の所見を先の命題に適用するには、以下のことが必要である。すなわち、何らかの事物が調和比の真の基体だとすれば、その事物には量つまり長さがなければならない。その長さが円であれば目印となる点が少なくとも2つ、直線であれば3つ〔線分を作る2点とそれを部分に分かつ1点〕なければならない。その目印の点のひとつもしくはすべてが一定の運動によって当の事物の長さを走り抜け、長さの一部を示す境界点となり、こうしてできた部分の間に比が成立しなければならない。少なくとも以上のことが必要である。しかもそれは部分的にはこの第4巻に固有の主題である星位にも当てはまる。次章で述べるように、獣帯で測れる角度の調和は確かに運動がなくても考えられるが、角度それ自体は光を放射する天体の運動によって獣帯全体に作られ、それが各々の天体によってさまざまに変わるからである。

| 感覚的対象をどのように比較すると調和が出てくるか

　同じことをもっとはっきりとした例で示そう。例えば、長さのある物体が〔2惑星からの光のように〕上下にさまよう2つの光の目印によって区切られ、区切られた切片が2つの光の動きにつれて動く場合である。こうして物体ではなく（具象的な運動つまり運動する物体の形象として）物体に〔見かけ上〕表れる運動自体が、時間の長短ではなく、形象化された長短について、相互に比較される。音についても同様

| 音を出すものはどのようにして調和の基体となるか

である。音は物体から発せられた形象で、量的大きさとある程度の形を具え、運動状態にあるからである。これは、運動も音も図形の特性に対応することによる。

調和を表現するために気管は音に何をもたらすか

さらに、人間の本性が特に音の調和比を好む、より明白な別の理由がある。これも人間の身体の形態のためである。人間の身体では喉頭が物体に相当する。喉頭が気管にある上下の軟骨性の環の収縮に応じて長くなったり短くなったりする。そして喉頭は肺というふいごから搾り出された気息に押されて、その空洞（つまり形）と似た運動を引き起こす。この運動の形象が耳に達して（運動状態にある気管それ自体の）感じが感覚する精神の支配下に入る。普通の意味ではこの「感じる」というのは、身体の部位がさまざまな運動の影響を受けていわば形を与えられたために、その部位の形象を享受することだからである。この形象は、『屈折光学』〔命題61〕で説明したように、途切れることのない気によって遠く離れた身体の部位からでも共通感覚の中枢に運ばれる。

人の知性はどのようにして音から音を発するものの量的大きさを識別するか

そこで、人間は運動状態にある自らの気管が頻繁に生じる感じによって、何らかの仕方で音を出している物体の形態の一種のイデアを深く体得する。そのために、外にあって運動し、その運動によって音を発する物体の形態をそれだけ容易に認識し、いわば識別して、相互に比較したその音を調和比に従って吟味することになる。

第4章

第4巻の調和と第3巻で考察した調和の相異

正しく思考するために大切なのは、問題の範囲を識別すること、相互に密接な関係にあるものを対比して同じものと見なさないこと、対立するものを引き合わせて明らかにすることである。したがって、さしあたり必要なのは、これまでまとまりがなく、曖昧で、ついでに言っていた、この課題に役立つすべての事柄を、ひとつの観点の下にまとめ、必要ならばもっと明らかな形にし、先に記した本章の表題にきちんと合わせることである。本巻と前巻の調和に関する考察には5つの相異がある。すなわち、調和の対象に、範囲の点で相異がある。2番目の相異は感覚的対象となる調和の項である。3番目は調和の本質となる原因である。4番目は調和のそなわり方である。5番目は調和比の項を形成する原因の順序である。

I. 調和比とされるもの自体についていうと、第3巻の調和比は、作図可能な正多角形による円の分割から生じたものである。それを直線に移して相互に引き合わせ結び付けると、(例えば、調和的分割や調、調性、旋法、音組織やそれに類する)かなり多くの調和に関わる部門とその間にあるみごとな政治的秩序のようになる。この道具立てはほとんどすべて大なり小なり第5巻でも入念に研究し応用する。この第4巻は確かに同じく円の分割から始まるが、しかし直線には進まない。議論をどんなに広げてもみな円の範囲内にとどまる。その理由は前章で述べたが、さらに第6章では調和の親近性と相異の効果についてより詳しく論じる。

> 本巻の調和の範囲のほうが狭い

II. 調和の項つまり感覚的対象である調和の基体についていうと、第3巻の基体は高低の相異がある音だった。したがって、それは運動の概念に属し、いわば図形化された運動だった。この第4巻では、序言で述べたように、基体が音声ではなく、調和を認識できるような運動でもない。この巻の調和は、2つ一組の惑星が明るく輝く光

> 本巻のは角度の調和

第4巻——地上における星からの光線の調和的配置と気象その他の自然現象を引き起こす作用 | 326

線を放射して地上に作る角度にある。ただし、こういう角度を一点を取り囲む4直角と比べられる場合に限る。この場合、読者には明確な助言が必要になる。確かにこういう項を明晰に説明すれば理解してもらえるが、あらかじめ賢明な読者の注意を十分に喚起しておかないと、正しい思索に混乱をきたす恐れがあるからである。

<small>獣帯上の弧の角度はどのようにしてできるか</small>

　比の項は異なる量を取る必要がある。ところが、角の量つまり角度は、幾何学で学ぶように、角の集まる一点を中心として描かれた円の弧である。したがって、この地球から万物の果てまでの宇宙空間全体では、至高の天空に想定した感覚対象たる円以外に、光線の角度を測るのに適した円は描けない。また描いた円を感官によって知覚もできない。その円には非常に多くの恒星が浮き彫りされており、その恒星が特定の動物の形にまとめられるので、獣帯と名付けられた。惑星も常にこの獣帯の下を回転運動して、各惑星がその本体で獣帯のひとつの場所を隠すように見える。獣帯の円の中心には、われわれの住居たる地球が、点に過ぎない中心としてのみならず、表面上にわれわれ人間が分布する全本体の塊としても、包み込まれているように見える。したがって、前章で述べたように、本巻で論ずる調和比は、獣帯の円全体と、2惑星が目視できる本体で指示、限定もしくは切り取るように見える、弧との間にあると言えば、いちばん理解しやすい。

<small>しかしこの調和は天のものではない</small>

　議論を以上のようにまとめて、幾何学的および天文学的な論拠に従い正しく説明しても、賢明な読者は、（第4巻の主題である）この調和が天そのものと獣帯の円または惑星にあると思いこまないように、十分に注意しなければならない。実際、決してそうではない。この調和は獣帯の部分によって成り立つが、光線を放射する惑星は広大な間隔をおいて獣帯のはるか下方に位置するので、調和が直接に獣帯の部分にあるわけではない。獣帯の部分が地上に集まって交わる光線の角度を測るのに役立つのである。あるいはむしろその部分で実際に角度を測るのではなく、月下の精神〔地球と地球に棲む生きものの魂〕のもつ天の獣帯の正確な映像によって測るのである。調和が

第4章　第4巻の調和と第3巻で考察した調和の相異

惑星の放つ光線にあるといっても、その光線が当の惑星から降りてきたり、(どうしても光は必要だが)その光の派生物であるわけではない。2つ一組の惑星からの2本の光線が地上で結合して特定の調和する角度を作るかぎりにおいて、そういうだけである。

　以上の2つの理由から(形をとって、光線が調和比の項となる場合の)調和の基体は地上的なものであって、決して天のものではない。ただし、素材の面だけから、調和を考慮せずに固有の本質を見れば、天のものである。地上に作られた角度つまりこの調和の固有の基体となるのは光り輝く光線で、すでに地上に下ってはいるが天で生じたものだからである。真の天の調和については、第5巻できちんと論ずる。要するに、第3巻の調和の項は人間ないし学芸の作り上げたものだったが、この第4巻のは自然の営為であり、最後の第5巻のは創造主たる神の御業ということになる。

III.　調和の本質となる、理性と関連した原因についていうと、第3巻と第4巻の全体的な相異は何もないが、個別的な相異はある。すなわち、第3巻の調和は(音という)質料的な基体を介して感官に流入し、調和のもとになる(つまり調和を形作る)形相的な本質を介して、論証を伴わない理性を分有する、生まれつき知性にある直観によって受容され識別された。ここまでは、調和をただそれ自体として考えた。

　次いで目に見えないが明らかな精神の性能どうしの連携により内に受容された調和が、調和の類似物ないし映像を媒介として心のさまざまな情動に伝わった。それが運動能力にまで伝わり、人は精神で把握した調和の形象を音声で表現するだけでなく、身体の動きによっても模倣した。こうして、調和は原因の役割を担った。

　同じように第4巻でも精神を想定する必要がある。万物の創造以来ずっと、この調和比を判別する基準は精神に霊感として与えられてきた。精神は、光を放射する2つの星の角度を(感官に類するものによってなされるにせよ、前章でも述べ以下の章でさらに詳しく述べる、精神の有する本質の属性によってなされるにせよ)何らかの仕方で内に受容する

> この調和は地上のものである

第4巻——地上における星からの光線の調和的配置と気象その他の自然現象を引き起こす作用

と、自ら査定し、4直角と対比し、調和するものとしないものを区別する。こうして調和に本来光線の角度になかった知性の対象となる本質を与える。

この精神がどういうもので、どこに、身体のどの部位にあるのか、と問う人があったら、まず、あらゆる人の精神はそういうものだと答える。しかし第3巻では、それが聴覚ひいては感覚を司る性能だったが、第4巻では、感覚的な性能ではない。光や光り輝く光線を対象とする目は、2つ一組の惑星の調和的な光の放射を示す適切な証拠を何ももたらさないからである。また推理力でもない。目で行う天文観測から、理性はある時間にどんな星相になるか計算し発見する。しかし、自然にそれを行うわけではない。つまり無差別にあらゆる人間がそうするわけではない。自由意志によって特別に天文学に専念してきた少数の人々がそうするだけである。むしろ、人間の精神がその調和の基体である。それはまず第1に、第2章で述べたように精神が創造主の複製である以上、自然な直観があることによる。第2に、生命の根幹に関わる自然な性能と運動があることによる。プラトン風に言えば〔『国家』第4巻435B以下および『ティマイオス』69C以下〕、魂に欲望と気概があることによる。すなわち、調和そのものであれば直観でとらえる。調和の形象が生命の中枢に関わる性能に刻印され心身の自然な営みを活気づけるもとになるときは、魂の欲望と気概の部分による。

この放射光線の調和が流入する特別な精神〔生気〕を哲学者は月下の自然と呼んだ。この生気はわれわれの養母たる地球全体に行き渡り、人の精神が心臓に根ざすように、地球の特定の部分に根を張っている。炉や泉のような最深部とも言うべき所から、形象によって、大地を取り囲む大洋や、どんな所にも横溢する大気の中へと出ていくのである。

甘美な歌声に耳を傾ける人は、歓喜に満ちた表情で声をあげ、調べの拍子に合わせて手足を打ち鳴らして、調べのもつ調和をとらえ受け入れたことを示す。月下の自然も、惑星どうしが光線によって

この巻の調和の輝きがある所
1.人の精神

2.月下の自然つまり地球の精神ないし生気

第4章 第4巻の調和と第3巻で考察した調和の相異

地球上で調和的な星位を取る日には、地球の心臓部に特有の顕著な興奮によって、特に今述べたようなことを示す。すなわち、月下の自然は、角度の調和比をとらえるための自然な直観と、生命の根幹に関わるわれわれの性能に似た自然な性能とをもつ。それが調和の特定の時点で地球本体と山岳地帯の地下工房を温めて刺激を与える。そこで、この工房から大量の蒸気と靄（もや）が立ち昇り、さらに上空の冷気と衝突して入れ代わり、あらゆる種類の気象となる。

　この精神は地球本体に想定される。光線の調和的な角度は、地球以外の宇宙のどんな所にも現れないし、光線の相対的な位置に従って起こる自然の営為も、地球の心臓部や山々の洞穴から生じるからである（第7章参照）。

IV.　4番目の相異は、さまざまな調和の基体におけるあり方にある。

　第3巻では調和は歌唱にあったので、歌唱が続くかぎりの時間全体にわたって調和は歌唱全体にあった。量を取るすべてのものと同様、音程も連続的に分割できるが、この場合には、歌唱が下位の音から無限に多くの中間音を通って、最初の音と協和もしくは諸調するような音へと移行するわけではなく、中間音をすべて音のないまま飛び越えて通過した。時間をかけて音を出すのはいずれも相互に諸調する音の間だけだった。合唱でも同様である。8度音程と6度音程の間には無限に多くの音程が介在するにもかかわらず、中間のあらゆる音程を経て8度から6度になるといったぐあいに、音声が連続的に展開することはなかった。音声を飛躍によって純粋な8度から純粋な6度に運び、中間のすべての音程を音のないままに通過した。オルガンでも音は一本のパイプから別のパイプへ、ハープシコードやハープのような弦楽器では一本の弦から別の弦へ、クラヴィコードやパンドラ、リュラ★044、キタラ★045のように複音の弦を用いる場合には、ひとつのフレットから別のフレットへ、管楽器ではひとつの穴から別の穴へ、人ののどでは気管のひとつの環から別の環へ、飛躍した。第4巻ではそうではない。すなわち、ここで考察する調和は、先の章で少しふれたように、2惑星の光線が作る角度と4直

本巻の調和と音楽の調和の違いは連続性にある

第4巻――地上における星からの光線の調和的配置と気象その他の自然現象を引き起こす作用　　330

角の間に常に現れるわけではない。惑星は本来の進み方に従って、獣帯の円の下で互いに連続的な離れ方をしながら、あらゆる不調和な間隔を経て調和する間隔へと至る。調和する間隔の中で最も離れたものが2直角、半円つまり衝である。そこから順次戻ってきて再びあらゆる非諧調的で不協和な間隔を経たあと、合になる。ここでは、ひとつの調和的な角度から別の調和的な角度への、例えば正3角形から正方形の角度への飛躍は、まったくない。3角形から正方形の角度への移行は、あらゆる中間の位置を経てゆく連続的なものである。

調和的な星位は一瞬のもの

したがって、全体としての天体運動の時間を占めるのは光線の非諧調的な配置である。しかし少なくとも特定の瞬間に2、時には3もしくは4惑星の光線の調和的な配置が区切りとして現れ、その他の時間は不調和なままである。オルガンの7本のパイプが調律の連続的な変化によって7つの不協和な音を発するが、調律が相互に妨げあって、他は不協和なままなのに、時おり2本もしくは3本のパイプがたまたま協和するるようなものである。真実にかなう適切な言い方をすれば、真の調和的な星位は時間ではなく不可分の瞬間に完成する。

しかし調和的星位の効果は一瞬ではない

ただし、それと並んで、この調和から精神・生気に現れる興奮が瞬間的なものでないことも真実である。すなわち、調和的な星位は、形成過程にあるかぎり作用を及ぼすが、完成した瞬間にその刺激は再び弱まる。ところが、自然の営為にとってこの刺激の効果は素材の条件から出てくるもので、しばしば光線の放射が完成する瞬間を越えて持続する。それは真鍮製の大砲を発射したようなものである。大砲は点火した火薬の力によって高熱を帯び、火の材料が尽きてもすぐには熱が引かない。もっと適切な実例をあげると、熱の激しい発作によって震えた動物の体のようなものである。発熱のもとになっている生命の根幹に関わる精神の性能は、自らの職務を果たし終わり、熱の原因物質がすっかり溶解したり体の内奥の座から外に放出されたりしたために、熱を起こそうとしなくなっても、体はすぐに

あらゆる熱から解放されるわけではない。熱も、時間の経過につれて消え去るまでは、体の素材である肉、骨、神経に長い間付着しているからである。

そこでこの調和は、自由に裁量できず、運動の必然性によって無限に多くの同種の不調和と混合される、と第2章で述べた調和のひとつになる。神は知性をこういう調和に当てて、調和がたまたま現れたとき、それを認められるようにした。しかし、月下の自然はこの調和を、耳で歌唱を識別するときよりずっとうまく識別する。すなわち、聴覚は、他の5つの不協和な音が騒がしく聞こえてくると、2つ一組の音の調和をあまり喜ばない。ところが、月下の自然は絶え間なく続く不調和な星位に慣れていて、特に新奇なこととはしないので、不調和な星位を何とも思わず、調和的な角度だけに注意を集中するからである。そこで、予兆が何千回外れても無視し、一度でも的中すると記憶に値することと考え、万人がことばを尽くして称賛する。

調和が無効な非調和と混合している

以上のことからわかるように、音声では調和が歌う者の好みと意図によって構成されるが、光線の角度では、調和は月下の自然の意図によらず、運動の純粋な幾何学的必然性から出てくる。すなわち、2惑星は互いに半円つまり180度の間隔で離れることがあるはずである。そこで必然的に、特定の瞬間には、半円と調和する部分つまり30度、60度、90度、120度などの間隔を取る。歌う者は歌唱の調和を自らの内に求める。それに対して、月下の自然は光線の調和を自らの外に予期する。たまたまその調和が現れると、観察して調和しないものと区別し（こうして調和は月下の自然によってその本質を得る）、調和を受容し適用する。要するに、星位が歌を奏し、月下の自然はその歌の規則に合わせて踊る。

星位の調和は必然的なもので、意図的なものではない

V. 5番目の相異は、ある意味で最初の相異に付属する。すなわち、この巻と前巻の調和は、たんに範囲が異なるだけでなく、幾何学図形が両種の調和比を生じるもとになるさまざまな観点の順序も異なる。つまり順序として、第3巻では可知性の観点が優ったが、第4

原因の順序の相異

第4巻──地上における星からの光線の調和的配置と気象その他の自然現象を引き起こす作用　332

巻では造形性の観点が優る。しかし、5番目の相異については、これから第5章の公理の説明の中できちんと論じる。

第5章

有効な星位の原因および星位の数と星位の等級の序列

定義 I

星位（configuratio）という語は、2つの惑星から下ってくる光線が一組となって作る角度の意に解される。光線は地球（地球は点と見なされる）においてその角度で交わるわけである。あるいは同じことになるが、獣帯に描かれた大きな円の弧の意にも解される。この弧は、上述の角度の基準となるようなもの、もしくはわれわれ地球の住人にとって、2惑星の本体が限定し切り取るように見えるものである。

まず星位という名称に注意する必要がある。プトレマイオスは『テトラビブロス』『アルマゲスト』および『調和論』の中で、それを〔ギリシア語で〕Schematismoi（形状）と呼んでいる。アラビア人はそれをAspectus（外見）★046と訳した。ちょうどSchema（姿形）がvultus（顔つき）、facies（顔）と同じになるようなものである。ドイツ語にもそれに相当する例がある。すなわち、ドイツ語の慣用では顔をdas Angesichtと言うが、これはAspectusである。仮面をかぶった人が顔に付けた装具（Schemata）のことをGesichterと言うが、これをイタリア語ではmascara（maschera）〔マスク〕と言い習わしている。また星位を表すものとしてprosblepseis（外観）という〔ギリシア〕語もある。これがアラビア人にならってAspectusと訳されるだけでなく、権威者はラテン語でIntuitus（注視）、signa Intuentia（注視し合うしるし）とも言い習わしている。しかし、この語はこういう意味では惑星には合わず、むしろ獣帯記号もしくは黄道12宮にふさわしい。12宮にはそれぞれに長さがあるので、多少なりともその凹面によって互いに向き合うことができるからである。ただし隣り合う宮は、同じ側に向いているので、互いに向き合い注視し合うことができない。

次に注意されたいのは、2惑星は、地球上でひとつの角度を作るのと同じ時間に、宇宙の別の場所で違った角度を作るかもしれないが、その角度は、地球と各惑星の本体を通って引いた円弧、もしくは各惑星の本体を結ぶ線分を軸のようにしてその周りを囲むように引いた円弧の上にあって初めてわれわれが取り上げるような大きさになることである。この場所以外では、惑星の放射光線は、角度が調和的であろうと、宇宙の他の場所でほとんどそうであるように不調和であろうと、まったく別の角度で交わる。特に、2惑星のどちらの本体にも角度はまったくできないことに注意されたい。角を作るには2本の光線が必要だが、光線はすべて惑星の本体外にあり、本体そのものにはないからである。こういうことに注意しなければならないのは、地球上に作られる角の効果もやはり地球上に現れるからである。すなわち、一定の星位を取る時期に、地球から雨やその他の大気現象の素材が発散する。そこで、気象に作用を及ぼす原因の座は、光線のもとになるどちらかの惑星にはなく、宇宙の他の空虚な場所にもなく、地球そのものにあると言える。

　3番目に、地球が点と見なされることを言い添えておくのもむだではない。このことから以下の結論が得られる。すなわち、生気あるものが地球上に数え切れないほどあり、光線が惑星から生気あるものや他の地球上の各地点に無限に多くやってこようと、同じ時期に2惑星からやってくる光線の作る角度は、地球の地点のすべてにわたり、中心であろうと表面であろうと山岳の洞穴であろうと、感覚作用にとっては同一である。各地点から見れば星位の数が無限であっても、すべてただひとつの星位と見なされる。あらゆる星位が感覚作用にとっては互いに等しいからである。

定義2
2惑星の光線が、月下の自然と生気あるものの下位の性能を刺激するのに適した角度を作って、それぞれがそういう星位になる時期にいっそう活発なはたらきをするとき、これを有効な星位と言う。

有効性は、形式的には理論上の存在である星位に帰される。しかし有効性は、雨やその他の気象が天からくるように、星位を取る惑星から直接に事物に下ってくるわけではない。それは大衆の臆見にすぎない。有効性はむしろ間接的で、はたらきかける対象に即している。すなわち、対象は感覚を動かすが、音は目ではなく聴覚を、色は聴覚ではなく視覚を動かす。同じようにこの場合も、星位というのは関係の取る特定の性質で、身体の感覚ではなく、論証なしに直観から推理できる精神の性能を動かす。つまり、星位のこの作用は、固有の力によるのではなく、精神の力による。このとき、精神がはたらきかけを受けると言うが、実際にはむしろ精神が自ら自身にはたらきかけを行う。精神つまり月下の自然は、こういう形で星位によって動かされ、もしくは刺激されて、自身のことを想起し、自ら奮起して地球の内奥からあらゆる種類の気象の素材を引き出す。地球に月下の自然と呼ばれる精神がなかったら、惑星は、それ自体としても適切な星位によっても、地球に対してどんな作用も及ぼせなかっただろう。男女の性交のように2本の光線の調和的な交合によって風や雨の素材となる蒸気が孕まれるというのは、ばかばかしい考えで、冗談か詩的な戯れのようなものである。これでは、種子が両親の実体からくるように、湿気や地球から発散するその他のものが、関係である調和の実体、質とともにある量である角度の実体、あるいは光は質であって決して実体ではないのに、光の実体からくるとすることになる。無からは何も生じないと言われるように、自然な方法では非物質的なものから物質的なものを何も導き出せない。詳しくは第7章を参照。

公理 I

造形性と可知性のある正多角形もしくは星形の辺によって獣帯の円から切り取った弧が、有効な星位の角度を決める。

公理2

可知性と造形性のある正多角形もしくは星形の角度が、有効な星位の角度の基準である。

　ここでの課題はすべて以上の2つの公理にもとづく。この2つを公理としたのは、精神と月下の自然が、どんな時期に成り立つ星位でも認識できる、比較的確かな手がかりだからである。

　精神と月下の自然は、その一辺が獣帯の円から弧を切り取る図形、あるいはその一角がそのまま星位の角度となる正則図形を、星位もしくは放射光線の角度の基準として知覚する。こういう図形の間にどんな相異があり、逆にどんな親縁性があるか、ということは、図から一見して明らかになる〔339頁図I-XII参照〕。2つの図が一組となって相対応している。まず最初に直径が自身と相対応する。2本の光線が一本の直線上に2直角を作るか、あるいはどんな角も作らないときは、中心を通って引いた直径が円を2分するか、もしくは円に接する。〔衝だけでなく〕惑星どうしの合♂もしくは♀についても、同じことが考えられる。しかし、それを星位と言うのは適切でない。2惑星が獣帯の同一点に当たる所にあると、中心にはどんな角もできず円周上の角は無限に多くて、図形の一辺が点となるからである。つまり円そのものがいわば正無限多角形である。こういう星位はことさら図示する必要もない。

　次に正方形もやはり自身と相対応する。2辺によって周上にできる角度が、弦となる一辺の中心角と等しいからである。続いて3角形と6角形、5角形と10角星形、8角形と8角星形、10角形と5角星形、12角形と12角星形が相対応する。そこで、対になる図形の一方の角がすべて円に内接する場合は、その一辺が、一角を中心に置くもう一方の図形の角に張る弦となる。

　あらゆる円の中心は、いわば中央に位置する地球を表す。円は、地球から想像した獣帯、もしくは角度を決めるために想像した、獣帯の下に位置する適当な円を表す。こういう円は、星位のはたらきを受ける可能態としての精神にほかならない。つまりこの円は、い

わば量をなくして、方向を示せるだけの質的な点にまで狭められている〔本巻第2章参照〕。

　なお、光線を放射する2つの星は円外に置いて、一方の位置が他方より高くなるようにした。一目でわかるように図示して、惑星が天の高い所にあろうと低い所にあろうと地球での星位にはまったく関係のないこと、一方の星が他方より何層倍も高い所にあろうと地球における星位は同じことを示すためである。

　さらに、第1の公理では「造形性」、第2の公理では「可知性」という語が先にあるのも、偶然ではなくて意図的にしたことである。すなわち、星位が有効なのは、円周に内接する図形と、円の中心で光線によって一角ができる図形が、それぞれ可知性と造形性をもつからだが、しかしその程度が等しいわけではない。以上の所説にはもう少し詳しい説明が必要である。これがかなり厄介な理由はただひとつで、星位の数を哲学的な論拠によって減らせるか、あるいは少なくとも一定の等級に分けられるからである。従来の慣用的な8つの星位に加えて、まったく区別せずさらに4つの星位を私が認めるつもりだったら、ここでの議論には以下に続くいくつかの命題のようなものは必要なかっただろう。それはただ星位どうしの比較を扱っただけのものだからである。

命題 I
光線の入射は円および円弧との親縁性が協和の場合より大きい。

　その根拠は第3巻で述べておいた。それを公理として第4巻に転用してもよかったが、ともかく証明は以下のとおりである。
① 　協和は音にある。音は運動からなる。協和を表す音の高低は、第3巻の証明によれば、運動の緩急から生じる。ところが、早い音と遅い音は弦を弾くと発せられる。弦の張り方が円状の場合だけでなく直線状の場合も同様である。しかも直線状であることのほうがずっと多い。したがって協和は、円の形を取るから直接に円と弧に関わるわけではなく、その構成部分の長さ、つまりその部分相互の

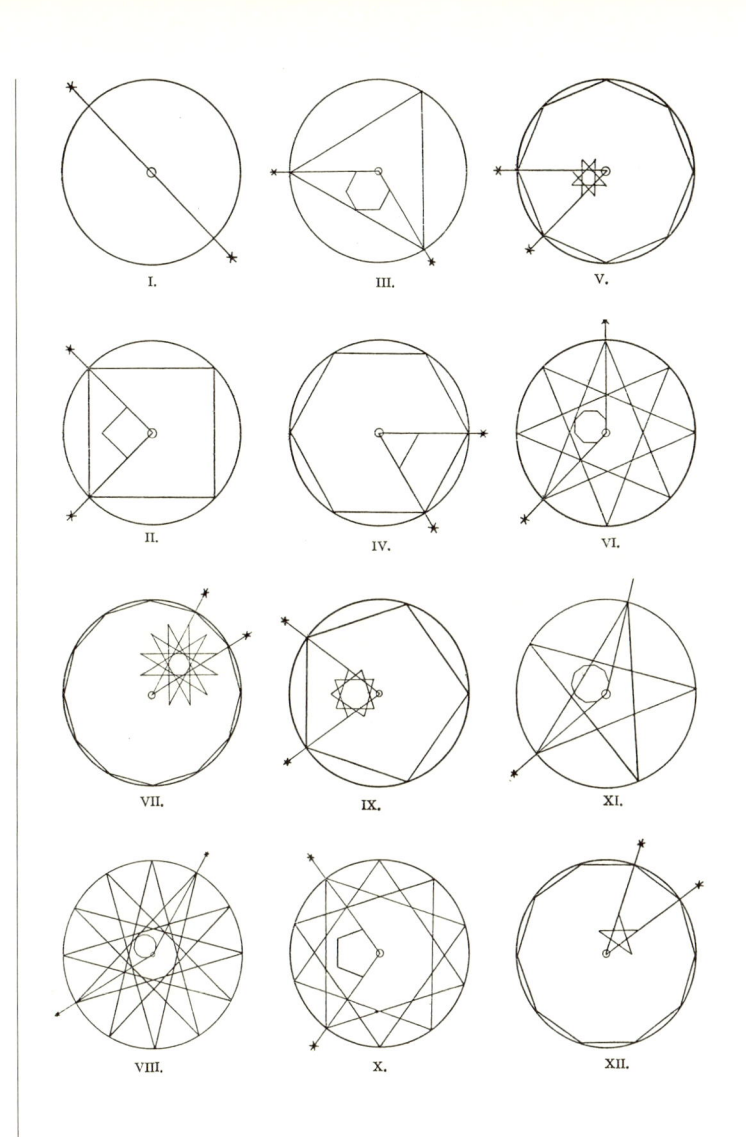

〔正多角形とその星形による星相〕

第5章　有効な星位の原因および星位の数と星位の等級の序列

比のために、円と関わる。円をこわして線分に引き伸ばしても、協和がもつ特徴は円から得たものである。これに対して、定義Iによれば、星位は円と弧で決まる角である。だから、星位が成り立つのは、円が常に円と呼ばれるものであり続けるとき、つまり円が円の形をもち、損なうことなく保持するかぎりにおいてである。

② 協和は円と円の部分とから派生するが、必ずしもすべてが等しく円とその部分とに密接しているわけではない。第3巻で明らかにしたように、円の部分ではなくて線分として扱うと、円全体に対するのと同じ分割の仕方になる協和があるかぎり、そういう協和の起源は円の部分のほうにあるからである。ところが、星位の場合はそうではない。星位は円だけに対応するので、その基準は直線として見ることがまったくできないからである。

命題 2
光線の入射は正則図形との親縁性が協和の場合より大きい。

　これはまず円に内接する図形から証明される。すなわち、円が欠けることなく完全であれば正則図形も完全である。ところが命題Iによって、光線の入射角度を決めるときのほうが円は完全なので、図形も光線の入射に関する場合のほうが完全だと考えられる。これに対して協和の場合には、協和を損なわずに円とその部分を線分に引き伸ばせた。同じように、一図形の辺全体も同じ一本の線分に引き伸ばして、この図形の一辺の線分との協和を作れた。こうすると円と同じく図形もまた一線分になって形という特性を失うので、もはや図形は存在しなくなる。

　次に中心にくる図形からも証明される。角は図形の構成要素である。いま2本の光線が中心にひとつの角を作る。この角を数回繰り返すと、先の図から明らかなように、完全な正則図形となる。しかし、協和の発生ではそうならなかった。その場合には中心にある角を考えることがなかったからである。したがって、図形は協和よりも星位のほうに親密な関係がある。

命題3

図形の造形性は、協和の場合よりも有効な星位を作る場合のほうが大きな力をもつ。

　この論拠は多い。

① 造形性は、図形が全体としてあり本来の形を保つかぎり、図形の特性である。ところが全体としての本来の形を保つかぎり、図形はまず命題2によって、それ自体がもともと協和よりも星位のほうに近しい。次に、図形は全体としての円を調和的に分割するが、命題1によって、円もやはり協和よりも星位のほうに近しい。それ故、図形だけを考えても図形と円をともに考えても、いずれにせよ図形の造形性の力は、協和よりも星位の場合のほうが大きい。

② 図形の数からもそう言える。すなわち、先の公理によって、図形はその特性によって有効だとした。そこで、有効に作用するものの数がうまく対応するほど、原因と結果の親縁性も大きい。少なくともこれは確かだろう。ところが、造形性のある図形は数が少ないように、星位もやはり少ない。これは経験によって裏付けられる。実際、星位の数がかなり多いと、星位どうしの大きな混乱が現れる頻度も大きかっただろう。そうなると個々の星位をそれが現れる特定の日に別々に切り離して観察することはできなかっただろう。ところが星位は観察できる。したがって、その数も無限に多くはない。これに対して協和は、可知性のある図形が無限に多いように、音程を1オクターブずつ増すことで無限に多くなる。

③ 星位と協和のそれぞれの比を構成する項の本質からもそう言える。音は運動の作用によって生じる。運動は、時間をかけて進行する以上、生成において考えられる。他方、光線の入射はむしろ瞬間的な存在において考えられる。この瞬間に物体があるように、入射の仕方もやはりこの瞬間にある。ところが運動についていうと、通り過ぎたものはもはやないし、後に続くものはまだないので、瞬間的には何もない。そこで造形性は、生成するものよりもむしろ存在するもののほうに属するように思われる。家の側面つまり壁は、家

があるために組み合わさって形をなしており、ただ建築中の状態を続けるためにあるわけではないからである。

④ 星位の原因としての造形性と星位との親縁性からもそう言える。すなわち、星位は角だが、図形に造形性があるのも角があるからである。

これまでは協和と星位を相互に対置した。以下は星位だけを取り上げて、その造形性と可知性を対置する。

命題4
星位の有効性に対しては、図形の可知性よりも造形性のほうが大きな力をもつ。

これは、月下の精神と星位を知覚する人間の精神の性能の特質から、証明される。これらはすべて論証を行う性能や思惟能力より下位にあり、感覚的な性能のほうに親しく、感覚作用を司る。しかも第3章で述べたように、月下の自然の直観は、地球の体のほうが人間の身体より素朴な分だけ、人間の直観より鈍い。ところが、造形性も可知性の後にあり、〔思惟よりも視覚の対象だから〕いわば外部に向かって感覚作用のイデアをもつはたらきへと広がる。したがって、これらの精神の性能が、図形の可知性よりもむしろ造形性から作用を受け影響される、と考えるのは妥当である。

ここでは造形性と可知性を同類の星位で対置した。これからは対応する2つの図形を、まず造形性だけの点から、次いで星位の点から、互いに対置する。
★049

命題5
造形性は、中心にある図形よりもむしろ円周上にある図形のほうの特性である。

すなわち、造形性〔図形どうしの隙間のない組み合わせ〕という名称の由来を考えれば、造形性は完全な形を取りうる図形ほど優る。第2巻から明らかなように、造形性は全体としての図形の性質だからで

ある。ところが定義Iによれば、中心にくる図形については、一角が中心にくる以上のことはできない。一方、円周上にある図形は全体として円に内接できる。したがって以上のように言える。

命題6

各星位に必要な2つの図形では、円周上の図形のほうが中心の図形より優位にある。

　命題4によれば、星位に関する課題では造形性のほうが可知性より重要である。命題5によれば、円周上にある図形の造形性のほうが重要である。したがって、重要性で優るもの〔造形性〕がある円周上の図形が、より重視され優位にある。

　同じことは、第3章でふれた精神の内奥の特性からも証明される。すなわち、星位の調和に形相としての存在を与えるのは精神である。そこで、円周上の図形と中心の図形も、精神が円か円の中心の点かを決めるときと同じ区別に密接な関連をもつ。円はあらゆる精神の象徴である。その円は、第3章で述べたように、質料だけでなく、ある意味では大きさも捨象したものである。だからこの場合は、円と中心がほぼ一致する。精神も、可能態としての円、あるいは方向の違いをもつ点なので、質をもつ点と言える。それでも、精神の性能には、円として考えるべきものもあれば、点として考えるほうがよいものもある、というくらいの区別は認められる。すなわち、円は中心なしには考えられないが、逆に点はすべてその周囲に円を描くことのできる領域をもつ。同様に精神においても、表象となる刻印のないはたらきはひとつもないが、精神への受容もしくは熟考は外的運動のために行われ、精神のあらゆる内的性能はむしろ外的な能力のためにある。精神の主たる最高の性能である知性は中心にほかならない。推論にたずさわる性能は円にほかならない。中心が内部にあり、円が外側にくるように、知性もそれ自体は自らの内にとどまり、推論が外側に一種の織物を織っていくからである。また中心が円の基礎、源泉、起源であるように、知性も推論にとってそう

いうものだからである。さらにこの精神の性能は、知性も論証の性能もさらには感覚的性能も、みな一種の中心である。他方、運動に関わる精神の性能は円になる。またも外側の円が中心の周りにあるように、活動は外に向かい、認識と熟考は内部で遂行される。円と点との関係は、いわば外的な行為と内的な静観、生きていく運動と感覚の関係と等しいからである。すなわち、点は、至る所で円周と対照されるので、もともと受動を表すのにふさわしい。そして感覚に関わる精神、つまりこの場合には光線の入射を知覚する精神は、感覚し知覚することによって、まさにはたらきを受ける。その精神は対象によって動かされるからである。

それぞれの比喩では、いずれも中心が同一であるように、最上位の知性、感覚的な性能およびこれに類する光線の入射を知覚する性能のいずれの認識の形式も、同一である。それらは、自らの内で論証を用いることなく、論証によらずに認識する。こうして、私の言う月下の自然、あるいは感覚的性能が、人間の主たる知性の影の薄い似姿であるのと同様に、推論による論証も精神のこれらの活動ないしはたらきの似姿であり、それぞれの似姿が円に相当する。

したがって、精神が天体の光線を知覚して、その光線によって精神自体が内部で動くかぎり、精神を中心の点としてよい。逆に精神が動かすかぎり、つまり知覚した光線の調和をそのはたらきに移し替えて、調和を活動の刺激とするかぎり、精神を円として考えるべきである。

そこで結論として、精神が光線の調和を認識する場合は、特に中心の図形と関わる。一方、精神が作用して気象（や人間の内にある類似のもの）を始動させる場合は、円周上の図形に順応する。そして星位においては、われわれにとって、有効性に対する関心のほうが、精神が星位をどう知覚するかということより優先する。それ故に、中心の図形よりも円周上の図形に対する考慮が優先する。

ここでは同一の星位において〔中心の〕図形と〔円周上の〕図形とを対照した。以下では同一の図形が中心にある場合と円周上にある場合

を取り上げて、その造形性と可知性を対照する。

命題7

円周上の図形では、辺の可知性より造形性のほうが優先する。逆に中心の図形では、図形そのものの造形性より辺の可知性のほうが優先する。

　この命題は、命題3で着手した課題の仕上げに関わる。すなわち、造形性は第3巻よりも第4巻で重要な役割を果たす。第3巻では作図可能性のほうが重要だった。けれども、作図可能性を星位の構成から完全に切り離すべきではない。どんな造形性にも必ず可知性による限定があるからである。しかも造形性は辺とともに、特に図形の辺で囲まれた面積による限定を受ける。実際、作図は角から引き出されるが、角は組み合わせによる造形の適性のもとにもなる。

　そこで、この命題に関していうと、命題のどちらの構成要素でもその逆が正しいように思われる。実際、中心の図形については、その一角が光線によって現に直接に表されるが、円周上の図形の角はまったく表されず、ただ辺がある程度まで表されるだけである。ところが、造形性は角にある。したがって、造形性は特に中心の図形に認めるべきであるように思われる。すなわち、月下の自然が、2惑星の光線が地球に作る角の大きさを知覚すると、その角と他の角との造形の適性も知覚できるように思われる。

　逆に円周上の図形では、図形の造形性よりも辺の可知性のほうが認められることは明らかなように思われる。すなわち第1巻で証明したように、図形を知るための可知性は、次のようにして決まっていく。その図形の辺が直径の有理な部分と等しい。辺の平方が直径の平方の有理な部分と等しい。図形の面積が直径の平方の有理な部分と等しい。辺または辺の平方または図形の面積が、直径または直径の平方と上記のものとは別の関係にあって限定される。そこで、月下の自然が外部にあって確かに感覚でとらえられる獣帯の円を感じ取れると想定した場合、月下の自然はこの円を、自らとともに生

じ作られたものとして内にもっている、知性の対象である抽象的な円のイデアに従って、検証する。次には、自然の順序に従って月下の自然は、まず2惑星の区切る獣帯の弧の大きさがどれくらいか、その弧に張る弦はどれくらいか、その弦はどういう性質のものか、長さにおいて有理か、それとも自乗においてのみ有理か、あるいは面積を有理なものとする基本的な特性があるか、要は他の線分とともに有理な平方の総和つまり有理な長方形〔積〕を作るか、ということを感知する。月下の自然には自然の順序に従ってまず以上のことが知られるだろう。辺を複数書いていくと図形になる以上、辺は図形に先行するからである。その後で図形全体が獣帯の円に内接して描かれたとき初めて図形の角と角の大きさが明らかになる。そしてその角が造形性のある角か、図形がすべての角で一致して同種の造形的な組み合わせになるか、その組み合わせを続けて行えるか、ということがわかる。要するに、造形性は角の、可知性は辺の特徴である。したがって、図形の角が辺より先に知られる場合は、可知性よりも造形性の役割のほうが先行し優先するが、後で知られる場合にはその役割も副次的なものとなる。ところが、円の中心に展開する図形ではその角がまず知られ、円に内接する（2惑星のみによって）描かれた図形ではその辺がまず知られる。それ故、中心にある図形では造形性が、円周上にある図形では可知性が優先的に考慮されるとしたほうが、正しい命題になるように思われる。

　そこで、われわれの命題と反対の形で提示された以上の説を論破し、同時に正しい議論によって、造形性と可知性というこれらの特性の順序を補強しなければならない。

　まず、中心の図形については、2惑星の光線によって一角ができることは真実である。しかしそのことから、角の大きさを知覚する知性が、自然の順序に従って初めに、その角をもつことになる図形の造形性を知覚する、という結論は出てこない。理由は明らかである。造形性を、平面上の一か所にくる一角とそれと等しい複数の角のものとしてしまったら、あまりに一般的で漠然としているからで

ある。個々の角が小さければ小さいほど角の数も多くなるから、組み合わさる角の形は無限に多い。だから、これは第2巻で論じた造形性ではない。第2巻の造形性は、角に個別的にあるのではなく、その角を通じて図形全体にあり、しかも個々の図形ではなく相互に結合した複数の図形にある。

　そして、上述の異議の逆をつき、円周上の図形について用いたことを、そのまま中心の図形に用いて論破できる。すなわち、ここで提示した造形性は、中心の図形では可知性の後にくる。したがって、可知性の役割は造形性の役割に優先しなければならない。反対者も確かにこの点は認めざるをえないだろう。図形全体を組み合わせる前にまず図形を作らなければならない。仮にもし図形の辺が可知でないとすれば、図形を作れないからである。2惑星の光線が中心に作る図形の一角が与えられたら、すべての角の数も与えられ、その角によって図形全体の造形の適性もわかる。この論証に辺の性質は入ってこない。この点は正しい。しかしそれでも、図形の一角は、可知性のある辺によらなければ与えられない。つまり造形性のある図形の角として認識されない。したがって、(自然の順序に従って)精神はまず辺を知り、それから造形性のある角が与えられたことを認識する。

　ここで中心と円周の各図形を比較すると、光線の入射によって直接に与えられるのは、確かに中心の図形の辺もしくは面積ではなくて、円周上の図形の辺である。この辺は常に光線によって直接に決定されるが、中心の図形の辺は必ずしも光線によって決定されるわけではない。決定されるのは、例えば3角形のような図形の場合だけである。そのときは、円周上の角が取るそれぞれの辺が、光線によって切り取られたのと等しい弧に張る弦だからである(図IVと図III〔339頁〕参照)。したがって、中心の図形は円周上の図形よりも知の直接のはたらきからは遠い。それ故にまたその造形性の認知も知のはたらきから遠く離れている。ところが、上述の異議はそれとは逆の考え方によっていた。つまり中心の図形の造形性のほうが円周

上の図形の造形性よりも先に認知されるかのように考えていた。

　さらに、角の大きさを知覚する場合、その大きさは、固有の尺度、つまりできあがった角の頂点にある地球を基点として描いた円の弧から知覚するしかない。しかもその弧はまず、地球を通って中心の図形に外接する円の弧ではない。したがって、中心の図形の角の大きさを知覚するとき、精神は、角の先端にある小さな点としての能力ではなく、円周に及ぶ広がりとしての能力を発揮する必要がある。ところが、同じく円としての本質の特徴によって、精神は円周上の図形の辺とその辺を弦とする弧も知覚する。しかもそれをまず最初に行う。それからこの弧を倍加していくと、初めて先の大きな円の中心を通って中心の図形に外接する小さな円の弧も現れる。この弧が中心の図形を円に内接させる役に立つ。推論と同じ順序が直観にもある。したがってまた、中心の図形を知覚するための道のほうが長く、同様にしてその図形の造形性を知覚するための道も遠いことが、証明される。そこで、より先に知覚されることに優越性を置いた上述の異議も自ずからくつがえる。

　命題のもう一方の要素〔前半部〕に対する異議の論拠には以下のように答えられる。すなわち、確かに円周上の図形でも、辺の可知性のほうが図形全体の造形性に優先する、というのは正しい。それは上述の議論の結果としてそうなる。その議論はここでもなお有効である。しかし、一方が他方の原因となる2つの事柄の中で、原因となる事柄のほうが後々まで第3のものも強く動かす、ということにはならない。動かされる精神の能力に応じて、精神に対してはしばしば2者の中の原因よりも結果のほうが効果的に作用するからである。例えばここでは、月下の精神は、確かに知覚に関するかぎり中心の図形の可知性に強く動かされる。しかし、活動に関するかぎり円周上の図形の造形性のほうに強く動かされる。

　命題を証明するための私の固有の議論は以下のとおりである。先に命題6で、円の中心は思弁的な知性ないし理知の象徴であり、円周は実践的で活動的な性能の象徴であるとした。中心が円の基礎で

起源であるように、熟考は行動の基礎で起源だからである。そこで、中心つまり図形の知覚者の精神が座を占める地球に向かって、その一角を伸ばす図形は、中心が知の法廷を表すから、いわば知られ見分けられるべく自ら出頭している。そこで、中心の図形ではむしろ可知性に留意すべきである。ただし、少し前に述べたように、可知性の判定が手段としての円を通じて行われても差し支えない。

　これに対して、円周上に角を並べる図形は、活動の象徴に協働するかのように、精神の活動における模倣と表現に専念する。ところが、感覚でとらえられる活動と建設の象徴となるのは、可知性よりも造形性のほうである。図形の可知性を示す辺はたんに図形の要素で、図形全体から出てくるのは造形性だからである。したがって、円周上の図形では可知性よりも造形性に留意すべきである。

　2番目に取り上げたこの要素のためのもうひとつの議論も、同じく精神に関する考察による。すなわち、他のものが当のもののためにある場合、その当のものが優位を占める。ところで、星位は月下の自然やさらには人間の精神がもつ下位の性能の活動を促すべく知覚される。つまり星位は、活動の中に表現されるために知覚される。だからこの課題では、動きに関与する性能の重要性のほうが大きい。ところが、これまで述べたように、円周上の図形の可知性は知覚に、造形性は活動の役に立つ。したがって、円周上の図形の造形性は可知性に優先する。

命題 8

造形性のない図形の辺となる円弧を区切るような2惑星の入射光線には、どんな有効性もない。

　命題3、4、7によれば造形性が有効性の主因である。そうすると造形性がなければ、星位においては微弱な原因である可知性だけでは不十分だからである。命題7の後半部によれば中心の図形では可知性が造形性に優る。けれども、命題6によれば円周上の図形が中心の図形に優先し、命題7の前半部によれば円周上の図形では造形

性が優先する。したがって、依然として円周上の図形の造形性のほうが中心の図形の可知性より優位にある。

可知性の段階はさまざまに異なっても可知性のある図形は無限に多いのに星相の数が少ない理由は、ここにある。

公理3

多くの造形性と可知性をもち、かつその優位な等級を占める図形の作る円弧ほど、有効な星位をもつ。

最初の2つの公理が正しければ、この公理も正しいだろう。各々の事象の性質のもとになるものが強力だと、各々の事象はいっそうその性質を強めることになるからである。そういう場合も、円周上の図形では造形性の等級の比較が、中心の図形では可知性の段階の比較が優先すること、そして結局は、円周上の図形の役割のほうが優先することを、理解されたい。

命題9

有効な星位は、以下のような獣帯の円弧を切り取るものである。
180度、衝 ☌。円の直径からくる。図I〔以下339頁参照〕。
90度、4分の1対座 □。4角形からくる。図II。
120度、3分の1対座 △ および60度、6分の1対座 ⚹。3角形と6角形からくる。図IIIおよびIV。
45度、8分の1対座および135度、8分の3対座 ※。8角形と8角星形からくる。図VおよびVI。
30度、12分の1対座 ✳。および150度、12分の5対座。12角形と12角星形からくる。図VIIおよびVIII。
72度、5分の1対座 ⚱。および108度、10分の3対座。5角形と10角星形からくる。図IXおよびX。
144度、5分の2対座 ☆。および36度、10分の1対座。5角星形と10角形からくる。図XIおよびXII。

以上の図形が可知で作図できることは第I巻、造形性をもつこと

は第2巻で明らかにした。こういう図形によってできた弧を取る星位が有効なことは、先の公理1と2で述べた。

命題10
星相の有効性の中で最も強力な第Iの等級は、合♂と衝☌のものである。

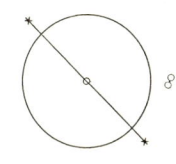

　合では2本の光線が重なり合って同じ線となり、しかもその光線が同じ方向から下ってくるからである。衝☌では光線が異なる方向から下ってくるが、それにもかかわらず1本の連続する線の部分となるからである。なお、衝の造形性は最も完全で、あらゆる造形的な組み合わせのいわば始源である。合は円周上に記した点、衝は直径で表される。したがって、これらが確かに出発点だが、直径はこの種のあらゆる可知性の基準でもあるからである。円内のあらゆる線分の可知性は、直径の長さもしくはその自乗を介した作図で限定できることにあるという点は、第I巻で明らかにした。そこで公理3により、有効性の始源もこの2つの星相にある。

慣用の記号

命題11
星相の有効性の第2の等級は4分の1対座□のものである。

　4分の1対座には多くの利点が協合集中するからである。第Iの利点は、中心の図形と円周上の図形が相似になることである。そこで、この図形が造形性と可知性において占める等級がどんなものであろうと、他の星相から見ると、その等級がいわば倍増していると解される。すなわち、4分の1対座が衝に次いでまず最初に細い線の状態から広さつまり4角形の面積の大きさへと展開するように、他の星相は、4分の1対座の図形の同一性から離れて2つの図形の相異へと移行する。自然学では他の場合でもひとつにまとまった力のほうが強いから、中心と円周という異なる場所にある図形が同種である場合は、やはりこの星相は観念的、対物的作用の点で、より強力な等級になる。

第5章　有効な星位の原因および星位の数と星位の等級の序列

次に造形性に関していうと、これは正方形において最も完全で、あらゆる多様性をもつ。すなわち、この図形は相互に組み合わさって、立体的には、あらゆる体積の基準となる立方体を作る。造形法も最も単純で、3つの角を用いるだけである。また平面的にも4つの角で過不足なく組み合わせられる。さらに立体的には、3角形、5角形、6角形、8角形、10角形とのいろいろな組み合わせで立体図形を作り、上述のすべての図形やさらには12角形、20角形ともある程度まで組み合わせて平面上に展開できる。こういう特性で正方形に優るものは他にない。

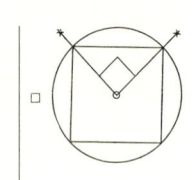

　第3に、この図形の面積を示す数値で直径の平方を示す数値を割り切れるから、正方形の面積は有理である。これは優れて独特な平面的造形性の始源である。こうして図形自身が相互に角と辺によって組み合わさるだけでなく、いくらかはその特定の線分〔対角線〕やさらには直径の平方に相当する辺とも組み合わさる。この特性では、4分の1対座はただ12分の1対座だけを部分的に仲間としてもつにすぎない。第2巻を参照。

　第4に、正方形の辺は自乗において有理だから、辺の可知性の段階がかなり高い。正方形は可知性の点では6角形を別にして他のあらゆる図形をしのぐ。けれども、6角形に劣るわけではない。上に説明したように、可知性を造形性と比較すべきでないし、また実際に、本巻の公理3により、こういう利点の集積もその星相の有効性を増すことになるからである。

命題12

有効性の第3の等級は3分の1対座△、6分の1対座✕、12分の1対座※のものである。

　3分の1対座、6分の1対座、12分の1対座を同じ等級に置くのは、その特性が同一だからではなくて等値だからである。まず、これらの星相の基本図形は平面での組み合わせで互いのはたらきを伝え合う。すなわち、これらの図形は相互にさまざまな仕方で組み合わさ

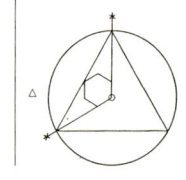

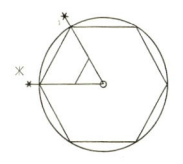

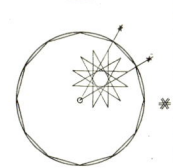

る。また4角形のような他の図形とも組み合わさる。それだけでも組み合わせることができる点では、確かに3角形と6角形が優る。だが、6角形は3角形より優る。6角形は平面では3つの角だけで完全に組み合わさるからである。また他の図形と組み合わせて立体にできる3角形と6角形は、できない12角形より優る。しかし逆に、面積が有理になることで12角形は前二者に優る。3角形と6角形の面積は中項面積で〔第I巻命題38〕、可知性が低くなるからである。この面積の相異は、先ほど述べたように、造形性の完全さに関わってくる。同様にしてまた3角形は6角形に優る。3角形はそれだけを立体的にさまざまに組み合わせると3つの正多面体ができるが、6角形は他の図形との組み合わせしかできないからである。こうして互いに異なるそれぞれの特性を考量すると、有効性の主要な第Iの要素である造形性が、この3つの星相では実質的に平衡する。可知性で最上位を占めるのは辺が有理な6角形で、2番目は3角形である。3角形の辺は自乗において有理なので、正方形と同一の段階を占めるからである。ただし、その比は正方形より劣る。可知性では、辺が無理線分となる12角形が最下位にくる。しかし、可知性は星相の有効性の主要な根拠ではない。また主たる図形つまり円周上の図形において考慮されるものでもなく、それほど重要でない中心の図形において考慮されるにすぎない。なお、可知性に何らかの力があるとすれば、3分のI対座は6分のI対座よりいくらか有効なものとなる。中心にある6角形の角が3分のI対座を形作るからである。そして中心にある12角星形の角で決まる12分のI対座は、3分のI対座と6分のI対座の各々よりもいくらか有効性が劣ることになる。ただし、12分のI対座の可知性は、以下に見える他の星相より高い。中心の図形の辺が2項線分で、無理線分の中でも最も傑出した種類のものだからである。無理線分をさらにもう一段細かく分類した場合でも、この辺はつねに優位を占めるので、その仲間の円周上の図形の辺とともに有理面積となる長方形を作るほどである〔第I巻命題39〕。これはほぼ完璧な完全さのしるしである。こうして、この図

形は可知性の点で3角形と6角形に比肩しうる。12角形が無理線分を取ることを相殺する、この重要な特徴のためである。

命題13
星位の有効性の第4の等級は5分の1対座、5分の2対座、12分の5対座のものである。

　その主要な図形のすべてに平面的な造形性のあることが、これらの星相に共通するからである。ただし、これらの星相の図形はそれだけで相互に組み合わさるわけでない。最初の2つの星相は2つの図形が互いに組み合わさり、最後の星相は親縁関係にある他の図形と組み合わさる。初めの2つの星相のほうが優位にあるのは、5角形と5角星形が立体的にも組み合わさって2つの正則立体図形を作るからである。これらの図形の卓越性のために、その星相はほとんど3分の1対座や4分の1対座と並ぶ。12角星形は立体的に組み合わせることができない。しかし逆に、12角星形も平面的な造形性で先の2つの図形より優位にある。12角星形の組み合わせは無限に続けられるのに、5角形と5角星形は、不規則に図形を混合しないと、組み合わせを続けていくことができないからである。以上のすべての点については第2巻を参照。

　中心にある図形の辺の可知性についていうと、この場合もやはり中心の図形としてこの組に入る10角形、10角星形、12角形の辺は、先行する3角形の辺と後に続く組の中心の図形である5角形および5角星形の辺との中間の位置にある。第1巻で証明したとおり、可知性では10角形の辺のほうが5角形の辺よりも、10角星形の辺のほうが5角星形の辺よりも、先にくるからである〔命題41および42〕。そこで命題7によれば、中心の図形の可知性からも円周上の図形の造形性からも同じ結果になる。命題7は、10分の1対座ないしは10分の3対座が5分の1対座や5分の2対座より優位にあるとされないように、特にこの証明のためにあらかじめ述べておく必要があった。中心の図形を放棄して、造形性と同じように円周上の図形の可知性

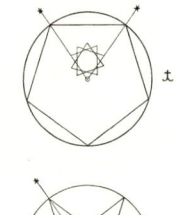

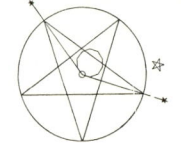

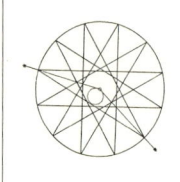

を求めようとする人がいるかもしれない。こういうやり方では10分の1対座が5分の1対座よりも、10分の3対座が5分の2対座よりも優位にくると認めざるをえない。けれども、命題4で明らかにしたように、重要なのは造形性の役割のほうであることを銘記しなければならない。したがって、より完全な可知性の段階にある辺をもつことよりも、(いわば自然学的な有効性の数学的象徴である)立体図形を造ることのほうが重要であり、有効性にとって大きな力を発揮する。こう考えてみると、確かに12角形の辺によってその星相は、10分の1の弧に張る弦や10分の3の弧に張る弦を辺とする図形をもつ星相と同じ組になる。それらの線分は可知性の卓越の点で互いに肩を並べるからである。10分の1の弧に張る弦と10分の3の弧に張る弦の2つが共同して、外中比つまり黄金分割で小さいほうが大きいほうの部分となるように、12角形の辺と12角星形の辺も、そういう比の形にはならなくても、分割と合成に関して共同する。そして後の2つの辺は、無理線分の中では2項線分と余線分とを含む第1の種類になる。これに対して、先の2つの弦は、黄金分割という新たな特性を得る。これは第1巻に見るとおりである。それ故に、これらの星相の等級は平衡するのみならず、10角形の辺は若干の優位を示す。そこで、12分の5対座つまり150度を、5分の1対座72度、および5分の2対座144度と同じ等級に置いたのは、正当である。ただし、後の2つの星相のほうが優位にある。

命題14

星相の中で最後の最も効力の弱い第5の等級は、10分の1対座、10分の3対座、8分の1対座、8分の3対座のものである。

　10分の1対座と10分の3対座(メストリンは「5分の1対座の半分」[051] Semiquintilisと「5分の1対座の1倍半」Sesquiquintilisと称する)に5番目の位置を割り当てた。これらの星相はこれまで『天体暦表』[052]で省略していたものである。さらにその同類として8分の1対座と8分の3対座つまり「4分の1対座の半分」と「4分の1対座の1倍半」を加えた。暦

作成者たちは、私の提案とさらにいくらかはプトレマイオスの権威とに従って、ただし非常に性急で無分別に、これらの星相を採用した。まずこれら4つの星相が5分の1対座と5分の2対座より効力の弱いこと、次いで10分の1対座と10分の3対座は非常にささやかではあるが8分の1対座と8分の3対座より強いことを、証明する。

　われわれの命題では星相の有効性の主たる根拠がその主要な図形つまり円周上の図形の造形性にあるとする。そこで、先ほど述べたように、5角形と5角星形のそれぞれが同種の図形と組み合わさって完全な立体図形を作ること、また5角形と5角星形が互いにみごとに組み合わさって平面に広がることは、明らかである。これに対して、10角形と8角形、それらの星形は、いずれも同種の他の図形と組み合わせても立体にならない。10角形と8角形は他の図形と組み合わさっても、そのすべてが同類の図形というわけではない。それらの星形のほうは、立体的に組み合わせようとしても完遂できない。それらの図形の平面的な造形性もそれほど顕著でない。どの図形も、5角形と5角星形のように、自身の星形との組み合わせでは造形のための相互のはたらきを伝え合えないからである。それぞれの図形はその星形と、また8角形は4角形と共同して妙な組み合わせになるが、その組み合わせも10角形に妨げられて続かない。10角星形が、中途で遮られた空間で組み合わせに欠落も作る。8角形とその星形は交互に補助の4角形を交えると組み合わせを続けられるが、その組み合わせは多様な形になる。こうして、これら4つの図形は平面的な造形性ではほぼ同等である。ことに基本の10角形と8角形の各々が無理面積をもつので、なおさらそうなる。可知性では、5角形の系列〔10角形〕がずっと優位にある。まず中心の図形、この場合は5角形と5角星形を考えてみる。これらの図形の辺は、無理線分の中では8角形、8角星形の辺と同種になり、ともに劣線分と優線分を生じる。円周上の図形として、今度は10角形と10角星形を考えてみる。8角形と8角星形の線分が優線分と劣線分という第4種に入るのに対して、これらの辺は2項線分と余線分という、

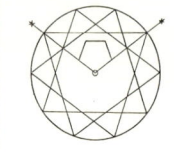

より可知性の高い種に入る。それだけでなく、5角形の系列の辺はすべて外中比つまり黄金分割という非常に傑出した特性をもつ。8角形の系列の線分にはこの特性がまったくない。そこで、造形性では8角形の系列が若干優位にあるように見えても、逆に可知性では5角形の系列がはるかに強くそれを圧倒する。したがって、両方とも傑出していることを競い合っている以上、各系列をひとつの組にもってくるのがよい。しかし5角形の系列のほうを先に置いた。以上のことについては、繰り返し第Ⅰ巻を参考されたい。

　10分の3対座や8分の3対座さらには12分の5対座に比べても、5分の2対座の利点はやはり特別である。その星相の主要な図形である5角星形が、3角形の角と匹敵する非常にすぐれた角をもつからである。3角形の3つの角と同様に、5角星形の5つの角も合計すると両方とも2直角に等しい。こうして、2つの図形の角を作る辺が角の拠って立つ円弧を切り取っても、各図形の2辺で切り取られた弧どうしは円のどんな部分も共有しない。8角星形、10角星形、12角星形の場合は角の拠って立つ辺の数が偶数になるために、またその他の基本図形〔正多角形〕の場合にはその角の大きさのために、そういうことは起こりえない。

　適切な議論によって信頼を得るように、また星相の数が多くなりすぎて実際の試用に混乱をきたさないように、私は些細なところまですべて検討した。結局、4分の1対座から5分の1対座および5分の2対座までの範囲内にとどまるのがよい。たとえ最初の命題によって認められるとしても、そこから派生した、最も効力の弱い最後の等級となる4つの星相まで、進むべきではない。ただし、それだけでは不十分で、最初の命題にあらゆる反対を抑えるほどの重みがあるというのであれば、特に他の星相がまったくなくなった時期には、私の説にかまわず各人が自由にこれらの星相も考慮に入れてよい。実際、これらの星相に関しても経験の証言することを聴くのが正しい。他の星相も、理論より前に経験によって信頼性を与えられたものだからである。

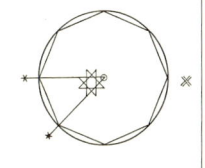

命題 15

有効か無効か決められない星位がいくつかある。15角形からくる24度の弧と20角形からくる18度の弧は、おそらくそういうものである（第1巻命題44および第2巻結論29参照）。

これらの図形は、第1巻で証明したように、可知ではあるが、15角形には固有の作図法がなく、20角形は可知性の非常に低い段階にあるからである。また両方とも造形性はあるが、15角形はすべての角で同じ形の組み合わせになるわけではなく、20角形はすべての角で組み合わさっても、その組み合わせが続かない。これはすでに第2巻で明らかにした。したがって、有効性のごく初期段階いわば試行状態にあって、効力はまったくないか不完全である。

この2つの図形には多くの星形がある。15角形には、辺が48度、96度、112度、156度、168度のそれぞれの弧に張る弦となる5つの星形がある。20角形には、辺が54度、126度、162度、171度のそれぞれの弧に張る弦となる4つの星形がある。★053 しかし、これらの星形は他の図形の角を組み合わせてもはまらないような角のへこみをもつ（5角星形と10角星形の角のへこみに5角形の角がはまり、8角星形の角のへこみに4角形の角が、12角星形の角のへこみに3角形の角がはまるようなわけにはいかない）。そこでこの星形に残るのは、光芒（Radius）と呼ばれる鋭い角〔星形の突起部〕どうしの組み合わせだけである。したがって、この星形の造形性は、その基本図形〔15角形と20角形〕より劣る。

第6章

数とその原因において星相と音楽的協和にはどんな親縁性があるか

どんなきっかけで有効な星位が発見され、その数が増えたか、ということに言及するのは、ここの課題ではない。それは占星術に関わることだからである。その問題については、12年前に新星と火の3角形に関する書の第8、9、10章ですでに論じ、他の占星術上の創案というより実際には虚偽というべきものと星相との非常に大きな相異を明らかにした。それだけでなく、ジョヴァンニ・ピコ・デラ・ミランドラ伯爵が占星術のこの〔星相に関わる〕部分にまで反対して立てた哲学上の論拠も、反駁し論破すべきものは徹底的に論破したと思う。さらに9年前には、医学博士で比較的著名な哲学者のヘリソイス・レスリンがドイツ語で刊行した著書で、古来の占星術の信奉者としての立場から私のこの新しい哲学を排撃しようと企てた。また同じく医師のフィリップ・フェゼルが星位に関する教説も含むあらゆる占星術の要点を無差別に攻撃した。そのとき私はドイツ語で『レスリンの論考に対する回答』と『第三の調停者』と題する2冊の小著を刊行して両者に反対した。後の小著では星相の真なることを擁護し、先の小著ではどういう種類の原因によって星相が有効なのか、論じた。学識者たちは、いま初めて占星術師たちが純粋な哲学を教わることになろうと書簡をよこして請け合ってくれた。これら2著で、私は音楽の協和と星相の間にある親縁性に言及してきた。しかし最初にあげた新星についての著書では、星相の数に関してまだためらっていた。真正でないか少なくとも効力の弱いものを主要な星相に入れながら、かなり効力の強い星相をすっかり無視していたからである。ドイツ語の2著では、私の思索のこういう欠点を明らかにしようとした。それをもう少し十分な形で表明するには適当な個所も必要になるので、最近出した『新天体暦表』序説の33、34、35、36頁でその課題に再び取り組もうと考

えた。それでも、簡略にする必要から十分に説明できなかった点がある。議論の流れがよいので、ここでその点を補う。1606年には用いたが『新天体暦表』の先の個所で検証し斥けてよいとした公理は、以下のとおりである。「創造主たる神は、第3巻で記した1オクターブ内の歌唱の調和から、星相を規整する規則を選び出したか、またはその協和の判定者である人間の耳を天の星相に適合させた」。この公理がまったく正しかったら、8度までの協和と同じ数の星相があるはずである。実際、6分の1対座は短3度〔5：6〕、5分の1対座は長3度〔4：5〕、4分の1対座は4度〔3：4〕、3分の1対座は5度〔2：3〕、8分の3対座は短6度〔5：8〕、5分の2対座は長6度〔3：5〕、衝は8度〔1：2〕に対応する。これらの各星相が円から取り去るのと同じ部分を弦全体から除き去ると、弦の残りの部分と弦全体が、ここでそれぞれの星相に当てた協和を作るからである。したがって、協和の7という数、あるいはむしろ1オクターブ内の個々の協和をもたらす調和的分割の7という数は、特定の証明可能な数であり、第3巻第2章で明らかにしたように、幾何学における正多面体の5という数と同様である。そこで、星相の数を証明する方法も、先の公理を採用すれば容易になり、すぐに片付いてしまって、第4巻で苦心して新たな公理を準備する必要もなかっただろう。

　確かに気象観測によって星相の7という数が十分に裏付けられたら、私は上述の公理に安住していただろう。調和比の起源と形而上学的な原因の考察から反対を受けたかもしれないことについても、まったく心配しなかっただろう。しかし、月下の自然が円の12分の1を切断する12分の1対座からも刺激を受けるのがしばしば認められたのに、弦から12分の1を除いた残る12分の11は弦全体と協和しない。また円の8分の3を切り取る8分の3対座によって特定の気象が生起することはありそうもないとわかったのに、弦から8分の3を除いた残る8分の5は弦全体の8と完全に協和する。こうして第4巻でこの不一致と乖離の原因をもっと深く探究する必要が生じた。それはすでに適切に成し遂げて、非常に明らかな原因を探り出

したと思う。けれども、その議論全体の総括を再び付加しても差し支えなかろう。『新天体暦表』序説での説明不足を補うには、必要なことだからである。

> I.円の残りは協和の形成には有効でも星相の形成には有効でない

　星相の数も音楽の調和的分割の数と同じだと1608年までは思っていた。実際にはそうでない理由は、以下のとおりである。音楽の7の原理のいくつかは弦が直線であることに由来する。ところが、星相を表す円は線がもとに戻る。弦と違って、獣帯の円の残りから別の円を作ることはできない。上のことばは上述の『新天体暦表』序説35頁のもので、その説明は以下のようになる。本巻第4章で述べたように、調和的分割も星相も同じく円から生じるが、生じ方が異なる。第3巻では、弦全体や最も長い弦を円になぞらえたのと同じように、長いものでも短いものでも、弦とその部分を再び円全体になぞらえることができるような公理の立て方をした。ところが第4巻では、半円より大きくても小さくても、円弧を円全体になぞらえることはできなかった。もっとはっきり言うと、円を作図できるやり方で何等分しようと、その等分の仕方はすべて線分つまり弦とその部分に移せる。ところが、円全体を作図できるやり方で、例えば3等分したり5等分したりできても、その等分の仕方を自由に円弧に移すことはできない。これは第1巻の最後のほうの命題で十分に証明した〔特に第1巻命題46参照〕。その原因は図形にある。線分は、切り詰めようと延長しようと依然として線分である。しかし、円は切り詰めたらもはや円ではない。したがって、2線分の比例分割はできる。2つの円の比例分割もできる。しかし、同じひとつの円周の2つの弧を比例分割することはできない。これを現在の事例に適用すると次のようになる。1本の弦を作図できる円の分割で8等分すると、8分の1の弦はもとの弦全体と協和する。8分の3の弦も協和する。円の8分の1も8分の3も作図可能な図形で切り取れるからである。同じく作図可能な図形で限定できることが、8分の1対座と8分の3対座が有効な理由のひとつにもなる。しかし、以下のような相異がある。弦の場合、8分の1の「残り」8分の7と8分の3の

「残り」8分の5が全体8とも協和し、また切り取った部分どうしの7と1、5と3も協和しなければ、まだ調和的な分割はできていない。ところが、作図可能な図形で1と3の部分を限定しても、「残り」の7と5を協和するようにはできない。5は協和するが7は不協和だからである。したがって、全体の8を5と3に分かつのは調和的分割だが、7と1に分かつのは調和的分割ではない。それでは、「残り」の5が全体の8と協和するのに、「残り」の7が8と不協和なのは、どうしてか。当然、5等分した円には作図できる5分の2の弧に張る弦があるからである。そこで、5等分した弦(この5は8の弦全体の与えられた部分だった)を全体とすると、5の中の2の長さの部分と協和する。したがって、5は2と連続的に2倍になる比例関係にある4や8とも協和する。これに対して、作図できるやり方で7等分した円に7分の1の部分になる弦を作ることはできない。それ故、先の弦の7に相当する「残り」は1と不協和であり、こうして2、4、8とも不協和である。見ればわかるように、全体の8を3と5とに調和的に分割した場合、8角形に由来する協和はひとつだけで、もうひとつは5角形に由来する。さらにこれにはもうひとつ10角形に由来する第3の協和もある。「部分」の3は、あらかじめ5の2倍の10と協和しないと「残り」の5と協和しないからである。そして3が10と協和するのは、円を10等分して10分の3に張る弦を作図できるからである。こういう複数の図形の連係は円とその部分には行えない。最初に円全体に内接させて正8角形を描き、8分の3に相当する弧を(作図によって行うことはできないが)仮に5等分できたとしても、できた分割点に合わせてその弧に5角形を内接させることはできないからである。やってみてもその図形は非常に不規則というよりも6角形になってしまう。その弧には分割する前にすでに2つの端があるからである。したがって、弦の「残り」と円の「残り」の相異は非常に大きいので、円からさらに直線に進まないかぎり、「残り」を考慮できないことは明らかである。ところが、星相は角である。その基準は直線ではなく入射光線の交点を中心に描いた円の弧である。したがって、円

では「残り」を考慮して星相を測ったり形成したりしない。それで有効になることもない。ただ星相の切り取った弧を考慮すればよい。「残り」を考慮しなければ、円の等分から生じた弦の調和的な分割も考慮しないことになる。調和的な分割は「残り」を考慮しないと決められないからである。同じ根拠から以下のようにも考えられる。星相は角で、それを測る基準は半円より小さな弧だが、「残り」は半円より大きい。したがって、「残り」ではどんな角、どんな星相も測れない。だから「残り」は星相の構成では考慮されない。しかし、調和的な分割の構成では考慮される。それ故、「残り」を用いる弦の調和的分割と、用いない獣帯の有効な分割とは、相互に一致しない。こうして、歌唱の調和比が星相の原因であるという公理は打破された。また、8分の3対座は短6度を生じる調和的分割に対応しており、星相として有効である、それ故に、この星相の有効性は円の調和的分割に由来する、というような類の結論も出てこない。むしろ正しいのは、『新天体暦表』序説で述べたように、「調和と星相には密接な親縁性がある。各々の起源は同一で、円に内接可能な、優れた性質の図形に由来する」ということである。

調和的分割と星相の親縁性はどういうものか

つまり、8分の3の弧に張る弦に作図できる可知性のあることが、音楽における調和的分割と自然学における有効な星相を設定するときの要素のひとつである。ただし仮定として、部分と全体の協和には図形に可知性があれば十分なのと同じように、星相の有効性にも図形の可知性だけで十分であるかのように言うだけである。厳密に議論すれば、やはり相異がある。すなわち、協和では確かに可知性に最大の力があるが、星相では図形の造形性のほうが優位にある。8分の1対座と8分の3対座が有効なのは、8角形とその星形の辺が可知だからでもあるが、それだけでなく特に8角形とその星形が造形性のある図形だからである。

しかも以上に述べたことは、特に12角形が有効な星相を生じながら、単純な協和をもたらしても調和的分割つまり3重の協和を生じない理由でもある。実際、12分の1を取り去った「残り」12分の[*059]

11は調和的分割の妨げとなるが、12分の1対座の有効性の妨げにはならない。だが、この点についてはじきにもっと詳しく述べる。

協和と星相の比較を正しい数学的因果関係のあるものにするためには、先の公理をすっかり廃棄しなければならない。その公理は不十分であるだけでなく真実とは正反対だからである。実際、衝と8度の協和との対応を別にすれば、厳密にはどんな星相も短の協和音程とは対応しない。個々の星相は、むしろ各々の調和的分割から生じた3つ組の中で短の同族となる長の協和音程に対応する。明らかに星相も長の協和音程も同じく円の切片〔部分〕によって決められるが、短の協和音程は円の「残り」による。例えば、3分の1対座は5度の協和音程ではなくて1オクターブ上の5度と対応し、4分の1対座は4度ではなくて2オクターブと対応する。5分の1対座は長3度ではなくて長3度と2オクターブから合成された協和音程に、6分の1対座は短3度ではなくて2オクターブ上の5度に、5分の2対座は、先に考えたように長6度ではなくて、長3度と1オクターブから合成されたものに、8分の3対座は短6度ではなくて4度と1オクターブとから合成されたものに対応する。これは、星相と協和音程の両者において、部分と全体の比が同一になることから明らかである。 ★060

2. 短の協和と星相の対応は事実ではなく憶測にすぎない

そこでこのように対応させていくと、長の協和音程は限りなく多いから、星相の数にも際限がなくなる。そこで協和音程との対応という理由だけに拠る人々は、この理由によって8分の1対座を星相として立てるだろう。8分の1対座は当然3オクターブの協和音程〔1：8〕に対応するからである。そうすると、10分の1対座や10分の3対座、20分の1対座や他の非常に多くの星相を実際には斥けているにもかかわらず、拒否する理由がなくなる。これらの星相も、円の等分によって部分の数が2倍になるたびに1オクターブずつ重ねた長の協和音程に対応するからである。

3. 長の協和を星相と対応させても星相はそれだけの数にならない

それでは、星相の数を限定するのは何か。8分の1対座や10分の1対座あるいは10分の3対座は、なぜ主要な星相の後に初めて導入されるのか。8分の3対座は音楽との親縁性が密接なのに、なぜ軽

4. 星相形成の主たる原因は図形の造形性である

視されたり価値がないとされたりするのか。12分の1は音楽では異質なのに、なぜ星相に加えられ、しかも基本的な星相のひとつとされるのか。それは、音楽が星相を形成するのではなくて、幾何学が音楽と星相の各々を形成するからである。ただし、音楽と星相には別々の規則が適用される。[★061] すなわち、音楽には調和的なものがあり、気象には有効なものがある。それらはいずれも、幾何学において比類のない特権をもつ優れた図形に由来する。しかし、気象学と音楽は、いわば幾何学という同じ祖国に出自をもつ相異なる種族である。一方の調和比は、第3巻で確かに祖国が円であることを認めて円に自らの起源を帰していた。星相も同じように本巻でそうしている。けれども、調和比はいわば円から出て行って固有の植民都市に入植し、自らの法に従って暮らしながら広がっていった。星相のほうは自らの祖国である円の内にとどまり、円の丸みが自分のために規定した、円に内接する造形性のある平面正則図形から選び出された法しか用いない。

音楽では、調和的分割の7人委員会が特定の婚姻関係から構成され[★062]、それに定員外の女たちも加わっている。例えば、8分の3の弧に張る弦つまり8角星形は、確かに幾何学では市民に属しており、正則図形の階級だが特別の貴族階級[★063]には入らない。ところが音楽では、その星形の(円の8分の3の)弧はある地位を得ている。「残り」(円の4分の3)という名の平民の女と、幾何学では正方形のすぐれた血筋を引く貴族の男(円の4分の1という「部分」)との婚姻から、生まれたからである。すなわち、この母親(4分の3)から、音楽的出産によって(つまり1オクターブを加えることによって)8分の3という「部分」が生まれた。[★064] 彼には、元老院議員としての名誉を損なうことなく、8分の5という名の別の平民の女を妻に迎えることが許される。なお、この女の出自の条件も同じである。その母親はやはり5分の4という「残り」で、父親は5分の1という幾何学上のすぐれた血筋を5角形から受けた貴族だからである。

円の12分の1の「部分」は、音楽における市民権をもってはいる。

幾何学ではその弧に張る弦は、両親から受け継いだ（両親は6角形と3角形という優れた図形で、これらの図形の辺の数を2倍にしていくことによって、有理面積をもつ点ではさらに優れた12角形ができる）徳（造形性）によって特別の卓越性をもつからである。けれども、12分の1の「部分」は12分の11という「残り」を妻としてもつ。この妻は、音楽でも幾何学でも異邦人の出身で、生まれが作図できない図形の11角形に遡り、そのために市民権を獲得することができない。したがって、その夫には、音楽で7人委員会のひとりとしてモノコードを分割する数を作るためのどんな権利もない。

これに対して、気象学では慣習が異なる。すなわち、誰でも出自か長所（つまり可知性か造形性）において卓越していれば、それに応じて大きな権威をもつに値する。他のことはいわば影のように飛び散り、妻のことはまったく考慮されない。

そこで気象学では、8分の1と8分の3は音楽での権利が軽視され、その弧に張る弦に卓越性がないので、その星相が民衆に属することになる。行政官の不在によって山積する厄介な仕事に迫られないかぎり、どんな権限もない。すなわち、長期にわたって基本的な星相がまったくなかったら、こういう星相も何らかのはたらきをするかもしれない。ことに大地に水分が満ち溢れると、星位の刺激が何もなくても大地は時としてそういう状態から自らを解放する。しかし、たいていは基本的な星相が現にあるので、月下の自然はその星相に圧倒されて、もっと弱いこういう星相の刺激は感じない。

10分の1と10分の3は、確かに神聖比〔外中比〕を用いる円の10等分という著名な家系から出ている。しかしその星相は（あらゆる仕方で立体的に組み合わさるわけではないから）行為によって自らの生まれに光彩を添えるわけでなく、一家の首長でもない。（ある程度まで平面的に組み合わさり、立体的にも他の図形と組み合わさるから）何ごとかをする力があるとしても、その仕事はすべて他の家系出身の貴族によって先取りされる。あるいは栄光はこういう貴族のより偉大な華々しさによって曇ってしまう。すなわち、自然が30度の星相の作用を十

分に受けていて、大地もこの星相の力にすっかり圧倒されていると、それに隣接する効力の弱い36度の星相には、はたらく余地があまりにも少ししか残らない。

　最後に、30度の弧を取る12分のI対座の卓越性は12角形の血筋を引く傑出したもので、特に可知性と造形性において優れている。また、音楽では12分のIが栄誉に近付く妨げとなっていた異邦人の妻〔12分のII〕との婚姻も、気象学では何の障碍にもならない。12角形の後に続く図形は、4角形族、3角形族、5角形族という3つの独立した家系にあろうと、15角形族という〔3角形と5角形の〕混合家系にあろうと、みなさらに低位にあり、（造形性という）固有の利点もまったくもたないので、不可侵の国法により、星相を構成する栄誉と権限を奪われる。

　以上の議論から、『新天体暦表』序説で述べた次の点が明らかになる。すなわち、星相の構成に作用するのはさまざまな原因とその競合である。自然は複数の特権をそなえた星相を選択する。12分のI対座には4分のI対座と共通する権利がある。図形の面積が有理なことである。また6分のI対座と共通する権利もある。多様な平面的造形性をもつことである。以上の資質を合わせると、12分のI対座は結果としてある意味では6分のI対座より効力が大きいことになる。面積が有理だと平面的造形性もより完全になるので、当然、12角形の面積が有理なことは6角形の辺が有理なことに優るからである。ただし第4巻では、12分のI対座を同じ等級にはしたが、6分のI対座の次に置くよう指示した。

　『新天体暦表』序説では、3分のI対座、4分のI対座、5分のI対座、5分の2対座を、星相を構成する最も効力のある第1の原因の点で同等とした。それは、立体的に純粋な造形性をもっていて、その図形だけで正則立体図形を構成する点である。さらに3分のI対座と4分のI対座には、それに劣らず重要な第2の原因が加わる。他の図形を必要としない造形性をもつことである。確かにこの点は6分のI対座にも共通するが、6分のI対座は、第1の原因にこの第2の原

因が加わるのではなく、別個にこういう造形性をもつだけである。同様にして、4分のI対座では第3の原因つまり面積の有理なことも加わる点があげられる。12分のI対座もこういう特徴をもたないわけではないが、他の星相には別個にそなわる原因が4分のI対座には積み重なっており、こうしてその星相が最も強力になっているから、その点にふれたのである。

　6分のI対座に有利な得票を集めるときは、図形の辺が円の半径で有理線分であることを指摘して、この星相には衝と共通する卓越性のあることを述べた。さらにこの星相には3分のI対座や4分のI対座と共通する卓越性もある。純粋な平面的造形性をもつことである。これについては先ほど述べた。12分のI対座やさらに卓越性の劣る星相には、組み合わせを埋める小部分としての役割しか似合わない。つまり、そういう図形は他の図形を交えた組み合わせしかできない。しかし、組み合わせの小部分としての役割では、12分のI対座と8分のI対座の図形が第Iの等級を占める。12角星形もこの仲間に加えられるかもしれない。これら3つの図形が開始する組み合わせは、さまざまな形を混合することなく〔ただ一種類の別の形を入れるだけで〕続けられるからである。5分のI対座と5分の2対座は、立体的にはより卓越した造形性をもつことを除けば、第2の等級を占める。8分の3対座、10分のI対座、10分の3対座も同様である。これらの星相の図形は確かに続けて組み合わせることができるが、他のさまざまな形を混合しないとできないからである。またそれらの図形はみな多少の相異はあれ、ある程度まで立体的にも組み合わさる。ただし、12分の5対座の12角星形は除く。そこでこれは第3の等級に入る。8分の3対座つまり8角星形も、可知性がずっと劣るから第3の等級に入れられる。

　こういう等級は確かに20分のI対座や15分のI対座つまり15角形や20角形にまで拡張できる。私は（組み合わせの小部分になれるだけという意味で）こういうものを第4の等級に当てた。その理由は本巻の命題3に含まれている。それらの図形の星形には第5の等級を割

り当てた。こういう星形は可知性ではその本源の図形〔正多角形〕と匹敵するが、ただ個々の角が組み合わせに関わるだけなので、造形性では本源の図形よりはるかに劣るからである。しかし実際にはその必要はなかった。効力の点で疑う余地のない星相は第3の等級にさえ生ぜず、立体的造形性と辺の長さか面積が完全に有理であるところに、増えていく星相の限界を設定できるからである。したがって、本巻で星相の等級の区別のもとになった、図形の卓越性の等級は、むしろ第1巻と第2巻の結びから求めるほうがよい。

第7章

結語。月下の自然と精神の下位の性能ごとに占星術を支える性能

表題の件の考察に関しては、第2章でも第4巻全体でもすでに多くのことを述べたし、第3巻でもいくらかふれた。また1年前には『新天体暦表』序説や『コペルニクス天文学概要[★065]』第Ⅰ巻125頁で、1610年には『第三の調停者』第40-43項、第59-72項、第113項などと『レスリンの論考に対する回答』で、1606年には『新星について』第8、9、10、24、28章、特に171-175頁で、1604年には『天文学の光学的部分』26-27頁と224頁で言及した。『予知[★066]』でもときどき占星術のより確実な基礎について序言や途中の所説で述べたが、これは広く流布していないので故意に省いた。

ところが非常に著名な哲学や医学の教授たちは、私が新しい真正な哲学を立てるものと思っている。そこで、すべての新しいものと同様に、まだ子葉の残る繊細な植物を細心の注意を払って守り育てていく必要がある。哲学にたずさわる人々の精神に根を伸ばしていくためであり、つまらない詭弁の過剰な水分によって窒息したり、俗説の奔流によって押し流されたり、一般の無関心の寒気によって凍えついたりしないようにするためである。それだけの用心ができたら、この植物が言いがかりの風によって折れるのではないか、徹底的な批判の太陽によって干からびるのではないか、と恐れることもない。

第1章では確かに精神の本質にふれはしたが、それはもっぱら調和のためだった。第2章は直接に精神についてではなく、精神にとっての調和について述べた。この章では、直接に精神そのものについて、もう少し一般的に論じてみたい。そして結語で現在の問題に関わるすべてのことを要約し、散見すること、ついでに述べたこと、それとなく述べたことを、ひとつの観点の下に置き、問題の性質全体を連続的な論述の脈絡で説明する。

全宇宙の精神[067]というものがある。これが天体の運動、元素の生成、生き物とその子孫の維持、そして最後に宇宙の上方と下方の相互作用を司る役目を負っている。プラトンの書の中で、ロクリスのティマイオス[068]はピュタゴラス派の教説にもとづいてそう主張した〔『ティマイオス』30Bおよび34B以下〕。プロクロスは、特にこの第4巻第Ⅰ章に書き写したことばでその説を支持した。彼らはこの精神を知性とは異なるものとした。知性は単純だが、精神はその性能において多様である。さらにすべての感覚対象のイデアは、純粋で同一不変のものとしてまずそれ自体で知性に内在するが、知性のために副次的に精神にも内在するとした。精神のイデアは知性から受け入れたものだが物質のほうに向かう。そこで名称で区別して、理知的ないしは知性的なイデアを原型（Paradigmata）、精神に関わるイデアを原型の写し（Icones）と称した。要するに、キリスト教徒ならばプラトン風の知性を創造主たる神、精神のほう〔に内在するイデア〕を事物の本性と理解することができよう。

　彼らが特にどのような思考の風に煽り立てられて、この教義の港に入ったのか検討するのは、他の人々に委ねる。私は自らの課題について述べよう。まず全宇宙の精神に関する説を私も斥けはしないが、この第4巻では言及しない。（そういうものがあれば）それは宇宙の中心つまり私見では太陽に座を占めており、動物の体内にある気の代わりをするような光線を媒介として、中心からあらゆる方向への広大な広がりに伝播するように思われる（第5巻の結語を参照）。

　慣習的な形容語を付して「月下の自然」と称される、元素を司る自然については、もう20年も前から私は似たような説を立てはじめた。しかし、こういう説に傾いたのは、プラトン哲学の著作を読んだりそれに感嘆したりしたからではなく、ひたすら天候の観察とそういう天候を引き起こす星位の考察をしたからだった。

　すなわち、惑星が合の星位になるか、一般に占星術師が弘布した星相になると、そのたびに決まって大気の状態が乱れるのを認めた。星相ができないか、わずかな星相しかない場合、また星相ができて

すぐ終わってしまう場合、大気はたいてい平穏な状態に保たれるのも認めた。私はこの問題を、一般の予報者のように軽々しく考えるべきでないと思った。

　彼らは星の配置が及ぼす作用を、星が天地の主宰者で万事を恣(ほしいまま)に遂行する神々のように記す。星は天に留まり光線以外に感官で知覚できるものを何もわれわれの所に送ってこないのに、どういう手段で星が地上のわれわれのもとで各々の現象を遂行するのか、まったく気にかけない。これが忌まわしい占星術的迷信の主たる源泉である。しかし、予報者にそれほど驚くこともない。この種の人間はたいてい通俗的で子供っぽく、夢想家である。

占星術師の怠慢

　むしろ著名な哲学教授のほうを非難すべきだと思われる。彼らはアリストテレスの説を受け入れて、動植物の生命は太陽のはたらきによって養育されるとする。けれども、そのためにこういう被造物が太陽のはたらきを感知するとは考えない。太陽には彫刻刀も鑿(のみ)も手斧もどんな有形の道具もないのに、生命のない素材に対する彫刻家のようにこの下方の世界にはたらきかけると認めるようでは、哲学の怠惰、居眠りである。

哲学者の怠慢

　詩人のウェルギリウスのほうがこういう哲学者よりよほど慎重で、賢明だった。★069 彼は、雨がそれ自体としては物質でも、それですべてがすむとはしない。地球の深奥を、妻の、しかも歓喜する妻つまり自身に起こっていることを快感をもって感知し適切な動きで夫を助ける妻の、秘所に喩えている。こういうことはみな生命の発現であり、作用を受ける物体に精神のあることを前提とする。すなわち、太陽にはふさわしい兵士がいないから、なんらかの精神が内部に座を占め、外敵たる太陽と内通して扉を開いて協力してくれないと、地球の心臓部の城に侵入するのは容易でないだろう。

月下の自然には天体の作用の導きがある

　この思考の怠慢、いわば居眠りによって、少しでも占星術に関与するたいていの人々が困難に陥るのを見るとよい。それは次の例によく現れている。すなわち、私が登場して、天候の変化が星相からどのように起こるかを説明したとき、著名な人物〔上述のレスリン（本

雨の素材は地球からくる

第4巻——地上における星からの光線の調和的配置と気象その他の自然現象を引き起こす作用

巻注57)〕が立ち上がった。私に反駁するために、雨の素材は天体からくる（第5章定義2で一般大衆の間にもあるこういう考えを揶揄した）と大真面目に言い立てた。それにもかかわらず、惑星の光線が地球で交わる場合、いつも、2惑星の光線が59度や61度になるときより60度になるときに雨がよく降るのはどうしてか、示せなかった。

　また私はとりわけ占星術に反対したジョヴァンニ・ピコ・デラ・ミランドラ伯爵の14巻の書を読んで、彼が各章に対比した論拠を検証しようと考えた〔第6章〕。そのことによって、非常に多くの迷信に対する批判を強固にできた。それだけでなく、一心不乱に異議の力を打破し、直接に問題をもっと深いところから調べたことで、若干の問題に新たな光も生じてきた。最後に、この書の多くの説を反駁したことで、占星術師が擁護していたために以前には信じられなかった事柄を信じるようになった。星相についてもそうだった。すなわち一方で、一貫して変わらない経験に目を向けた。ただし、占星術師がよく予報をする雪、風、雷その他の気象に個別的に注目したわけではない。一般的に、星相がある場合、例えば火星と木星が合の場合には、どのような仕方であれ大気の状態が刺激を受けること、星相がないと平穏であることに、注意した。他方で、なぜ木星と火星はいっしょにあるように見えるときのほうが別々にあるときより大きな作用を及ぼすと考えるべきか問題にする、ミランドラの説に耳を傾けた。2惑星が別々にあるときにもつのと同じ光の量が合のときにもやってくるから、合でも光が増大するわけでない。性質の異なる惑星が会合すると、むしろ一方が他方のじゃまをするように思われる、と彼はいう。これに対して、私は星相に応じて気象が出現するのを認めたので、星相を擁護するための回答を模索した。まず原因としての星相を、次いで結果としての気象を、より注意深く考究することから始めた。

　複数の星の配置つまり角度の形状からできた図形が星相を作る。その星相の図形は質をもつ量あるいはそういう量の関係、つまり理性でとらえられるものだった。したがって、星相が大気を揺動する

*意味の曖昧さに注意されたい。星相は一般的に、気象となって現れる結果に原因のひとつとして協働する。しかし、日々の星相が年間の長期にわたる部分とその連続性で全般的な性質を決める原因になるのではない。たんに星相がたまたま現れるそれぞれの日に作用するにすぎない。以下を参照。

嵐の原因の考察

ためには、まず大気もしくは大気を乱すもとを司るある種の理性を動かす必要がある。また同時に、星相と音楽の協和との対比も絶えず念頭に浮かんだ。この対比はプトレマイオスが伝え、カルダーノが敷衍したもので、ミランドラが斥けたのは軽率すぎる。私は、原因の探究にあたって非常にしばしばこの類比に助けられた。ミランドラが星相に反対して立てた多くの事柄は、2声の調律に対しても立てられるように思われたからである。確かに、2音の3対1もしくは3対2の比も音の高さに関しては何の影響も及ぼさない。けれども、2音が3対1か3対2の比にあると音は快く、7対1や7対6の比にあると不快になる。したがって、3対1を7対1から区別するのは理性的なもの、つまり聴覚を司る精神でなければならない。そうすると光線に関しても、60度の弧に張る弦と59度もしくは61度の弧に張る弦を識別する被造物は理性的でなければならない。この被造物が、そのために幾何学を理解する人間のように論証を用いようと、植物の形態のようにただ本能によろうと、同じことである。植物は、事物の生誕以来ずっと自らに当てられた一定数の葉を守り、いつもそれだけの数の葉をみごとに付ける。この場合、処方箋に従うような定量的混合の作用は何もない。道具という物体の作用もない。身体を洗うのにちょうどよくなるまで水と湯を混ぜるときのようにうまく調節されているから、音が喜びを与えたり、光線が活気を与えたりするわけではない。実際、そのように混合する場合には最適の温度はただひとつしかない。他の温度はみな多かれ少なかれ最適に近いだけである。

　ところが、星位や音程には境界となる点が複数ある。そしてこの境界点においてのみ、音程では協和を作る比、星位では星相を作る比率がある。境界点から少しでも逸れると、比率はたちまち失われる。例えば太陽が土星と4分の1対座になる位置を通り過ぎるや否や、自然のあらゆる動揺は静まり、（少なくとも土星と太陽の光線に関するかぎり）太陽が土星と3分の1対座になるまで、30日にわたってすっかり休止する。3分の1対座になると再び1日だけ嵐が起こって、そ

★070

嵐は自然に現れるのではない

の星相を通過してしまうとまたおさまる。物体の変化はこういうものではない。それは初めから終わりまで時間全体を占めて決して中断することなく、変化を引き起こす原因が増大するとともに、また時間がたつとともに、変化の程度も増大し、原因が減少すると再び弱まっていくからである。一言で言えば、一般に知られた物体による振動と星位による刺激との関係は、直線と数の関係のようなものである。

精神的な感応である

　そこでこういう刺激を丹念に検討する人があれば、何の困難もなく以下のような結論を出せるだろう。すなわち、数と同様に、理性でとらえられる星相から生じたこれらの一時的な動揺も、物体ではなく精神的な性能に属する。それ故に、星相によって喚起され、いわば呼び覚まされて、気象や嵐を引き起こすような、精神がなければならない。

地球の精神

　この精神は何か。あるいはどのような種類のものか。私はそれをことに宇宙での精神の座から推論できた。すなわち、嵐は星相に応じて起こる。星相は2本の光線の作る角である。その角は、互いに星相を構成する惑星のどちらか一方にできるものでなく、太陽にできるものでもない。太陽では角度の大きさがまったく異なる。その角はこの地球に作られる。惑星は、自身が天文学者でもないかぎり、自らの光線が地球上で作る角度について認識できない。したがって、星相の規定するとおりに大気を動かす精神の座はこの地球にある、という結論になる。そして星相に伴う作用は地球圏の全体にわたって感知されるから、その精神も一様に広い領域に展開していることになる。

嵐の素材は地球から立ち上る

　星相を取る時期に招来される雨、風、霧、雷、天の亀裂の素材は、[★071]地球から噴出され発散する湿った蒸気もしくは空気であり、また火のように熱い乾いた空気である（土砂降りの雨のときに山々の頂上が大量の靄（もや）を勢いよく吐き出すのを日常的に目にするのに、なぜ哲学者はこの点ではアリストテレスの説だけに聴従して、ロドルフス・アグリコラの説[★072]、あるいはむしろあらゆるアグリコラ〔農民〕の言うこと、自分自身の感覚でとらえたこと

を軽視するのか)。したがって、その精神はたんに大地の表面だけにあるのではない。地下の洞穴の内奥や山峡の中にもある。★073

　最後に、地球の球体は、動物の体に相当するような体である。また動物とその精神の関係と同じものが、地球と、ここで考究する、星相の出現に応じて嵐を引き起こす月下の自然の間にもあることになる。

精神をそなえた地球

　この点で私が強い確信をもつようになったのは、他の人をしり込みさせたかもしれないことだった。嵐の揺動は必ずしも星相に正確に対応せず、地球が時には遅鈍で強情に見え、ある時には(つまり強力で長続きのする星位の後では)激しい刺激を受けて、星相が継続しなくてもひたすら蒸発の起こるままに任せる。つまり、地球は、どんな合図にもすばやく答える犬のような動物ではなくて、怒りの反応は遅いが、それだけにかっとなったときにはいっそう激しく怒る牛か象のような動物である。

星相がしばしば効果を発揮しないこと

　この類比がうまくいったので、生き物の体を地球の体と比較して同じ類比をいっそう押し進めた。生き物の体から生じて、その体に精神がそなわることを裏付けるほとんどすべてのものが、地球の体からも生じるのを認めたのである。すなわち、身体が皮膚の表面に毛を生やすように、地球も草木を生やす。毛に虱(シラミ)がわくように、毛虫や蝉や他のさまざまな虫や海の怪物〔魚介類以外の海の生物のことか〕が生じる。身体に涙や鼻汁、耳垢が生じ、時には顔の膿疱からねばねばした汁が出るように、地球も琥珀や瀝青を生じる。膀胱から尿が注ぎ出されるように、山々からは川が注ぎ出される。身体から硫黄の臭いのする排泄物や火を点けることもできるガスが出るように、地球も硫黄や地中にある燃料や雷、稲妻を生じる。生き物の脈管の中に血ができ、いっしょに汗もできて、それが体外に排出されるように、地球の脈にも鉱石や他の掘り出されるものや雨の水蒸気ができる。★074

地球の精神のはたらき

　したがって、他の生き物が飲食物を摂取するように、地球もある管を通じて何らかの素材を吸い込み、それに熱を加えてこれほど多

地球の食糧

種多様なものを作り上げるにちがいない。無からは何も生じないからである。実際、地球は海水を吸い込み吸収する。それが、これだけ多くの川が注ぎ込んでも海が決して溢れない理由である。そこで、鉱石の生成を地球のはたらきによらずに太陽のみの作用とする人々がどれほど愚かであるか、上述のことから推論できよう。

地球の精神はどういう種類のものか

地球に精神があるとしたら、地球もやはり生長するはずだし、運動に適した四肢をもつように思われる、という月並みな異論も出るだろう。それに対しては、『新星について』でも答えておいた。すなわち、精神とその性能もその体のあり方に対応する。ここにいう精神は地球の体のためにある。地球の体は、人間の体がその精神の第一の性能たる知性のためにあるのと同じように精神のためにあるわけではない。したがって、地球に生長が必要で、そのために例えば狩猟から得られるような、先にあげたのとは別の食餌を必要としたら、その役目もやはりこの精神に委ねられ、それに適した手段も与えられていただろう。それが『パイドン』に見える、死に臨むソクラテスの哲学である。[★075] その哲学は、万事を操舵者たる知性に、あらゆることを最善の事柄についての熟慮に、任せるものである。人によっては、精神の性能は4つしかない、そのどれもこの地球の精神の性能には合致しない、だから地球にはどんな精神もない、と主張するだろう。[★076] こういう人に対しては、4つの性能を人間の中に見出したのと同じ事例をあげ、同じ議論の方式を用いて、この5番目の性能を数に入れるよう勧める。

これほどの自信をもって地球に精神を認めるよう私を促した要因は他にもある。他の著書のあちこちにも書き入れたし、『コペルニクス天文学概要』125頁に要約もしたが、それは特に、地球の内奥部に造形の性能があることである。

地球の精神の想像力

この性能は、妊婦のような仕方で、外部で起こっている人間世界のこと、例えば兵士、修道士、法王、王たちのことや、人の話題になることで新奇なありさまのものは何でも、まるで実際に見たように割れやすい石に表現する。

かなり珍しいことだが、この性能が宝石や鉱物の中に幾何学の5つの正多面体を表す例はこれまでも見つかっている。作り主のことは作り主の作品が証言するからである。

　コペルニクス説に従う人は、永続的で非常に均衡の取れた地球の日々の自転も加えるかもしれない。自転をこの地球の精神が果たす役目の中に入れるのはきわめて正当である。

　さらに、地球の体には触覚にせよ聴覚にせよ、ある種の感覚もそなわっているように思われる。これは、非常に多くの地方にみられる伝承によって裏付けられる。すなわち、人が非常に高い山の頂上によじ登って、そこにある、音が出てくる非常に深い大地の割れ目の中に小石を投げ込むか、（おそらくやはり底のない）山の湖の中に小石を投げ込むと、ただちに嵐が発生するという。★077 実際、動物も同じように、耳か鼻の敏感な通路の中に何かを入れて刺激すると、身震いに襲われて頭を揺すったり急に駆け出したりする。

　地球の特定の地域にも疲弊があり、内奥部に変調が起こる。過剰な水分に溢れるかと思えば、恵みの雨の代わりに風だけが起こって、未消化や消化不良に苦しむこともある。また熱病に襲われたようにまったく水分を外に出さず、硫黄分を含む蒸気か有害なガスを発することもある。これらの病気は、私が『新星について』173頁でまさしく主張した、引き寄せ、保持し、排出する、という地球の一連の消化機能に生じる疾患なのである。

　地球にすむ動物の呼吸、なかでも水を口で吸い込み鰓を通じて再び外に押し出して行われる、魚類の循環運動に最もよく似ているのは、半日ごとに起こる、大洋のあの不思議な潮の干満である。

　この潮の干満は月の動きに合わせて起こる。★078 実際、『火星注解』序で言うとおり、物どうしが合体しようとする物体的な力によって、鉄が磁石に引きつけられるように、波が月に引きつけられるのは確実なように思われる。最近もダヴィッド・ファブリキウスの★079 見解を検討した『新天体暦表』序説でそれを繰り返した。ただし、動物に昼夜の交代と同じ睡眠と覚醒の交代変化があるように、地球も呼吸

	宝石の幾何学
	地球の体の運動
	地球の触覚
	地球の病
	地球の呼吸
	大洋の干満はどこからくるか

第4巻——地上における星からの光線の調和的配置と気象その他の自然現象を引き起こす作用

を太陽と月の運動に合わせると主張する人がいたら、哲学ではその説に偏見なく耳を傾けるべきだと思う。特に、肺や鰓の役割を引き受けるような柔軟な部分が地球の奥深い所にあることを示す徴候が出てきたら、そうすべきである。そういう部分の自然な性質がわれわれの呼吸する空気と同様に収縮と膨張のできるものであれば、呼吸のために、人体にある横隔膜の筋肉の運動に類似した地表の運動が必要なくなるからである。

　海水を鉱物の調理場ともいうべき内部へと受け入れるやり方としては、半日ごとに不断に満ち潮と引き潮とが激しく交代する海峡を通じて行うやり方が、最も適切だろう。交易商人がアントウェルペン〔アントワープ〕に殺到するのをやめる数年前のある日のこと、大洋の潮の干満がなくなった（それは市民をひどく怯えさせた）。その時のこの不思議なできごとから何が想像できるだろうか。月はその時も運行を止めていなかった。すなわち、地球は自然の運動に与ってはいるが、明らかに地球自身がこの循環運動の主宰者で、この地球があの日の1回の呼吸をこらえたのである。それは生き物が、横隔膜の運動に自然の運動も混じっていても、息をこらえるときがあるようなものである。

　ただし、呼吸することから精神の存在を証明するよりも、精神の現存から地球に呼吸が必要なことを証明したほうが、はるかに適切である。

地球の精神は炎のようなもの

　地球に精神があることを今は確かな事柄としておいて、その精神の本質を考察しよう。その精神は、惑星の光輝く光線を何らかの仕方で識別することからして、おそらく、太陽からの照射に依存せずそれ自体で燃える、火や蝋燭の光のような光である。しかしそれだけでなく、地中には絶えることのない感知できる熱があることからして、その精神は（呼吸もしくは吸収によって燃料を供給される）ある種の炎であるように思われる。そういう種類の熱はどんなものでも、精神がなければ純然たる物質の中で現実態として持続しえない。それどころか、この種の熱は、精神とある種の火である形相とから生成

地下の熱はどこからくるか

第7章　結語。月下の自然と精神の下位の性能ごとに占星術を支える性能

したものでないかぎり、実質的に動植物に帰属するものには可能態としてもそなわっていない。『天文学の光学的部分』25、26、27頁〔第I章命題32-34〕を参照。

　地球の精神にはいわば素材、質料となるものがあるとしてよい。この質料に形相として、円と円のあらゆる比のイデア、精神が統御すべき感覚的な地球の体のイデア、さらに地球がその体を置くことになった宇宙全体のイデアといっしょに、神の相貌の似姿が、刻み込まれた。神は幾何学の原型だけでなく、創造すべきあらゆる感覚的な事物の概念も自ら所有しているからである。こういうものはすべてただちに神の写しである精神に移行してきて、その各々を理解したり使用したりできるようになった。

地球の精神は一種の獣帯

　そこで地球の精神の中で、知覚しうる獣帯の円と天空全体の表象が天地間の事物の感応の絆として輝き出す。特に地球の精神の中では、精神自身の果たすべきあらゆる役割の原型と、精神がどんな意味にせよ自らの体を動かす規準となるようなあらゆる運動の原型が、非常に強く輝き出す。

天と地球の感応の原因

　この精神を可能態という人もいるが、私はむしろ現実態と呼びたい。実際、これが精神の本質である。その現実態は精神の炎のいわば流動である。体にそなわる道具を現実に自由に使えても、それが妨げられても、精神は常に地球の内にあって、それだけで本来果たすべき事柄を遂行しようとしているからである。実際、（神に関することについては人間の慣習として曖昧な言い方になるが）神は実体をそなえた現実態であり、まさに現実態として存続する。したがって、炎の本質が流動することにあるように、神の似姿の本質は現実態として作用することにある。だから、神がいわば炎の素材に自らを照射することによって絶えず炎を維持しないと、その炎はすぐにも途絶えて消えるはずである。

精神は現実態

　しかしそれでも精神にはその個別化のもととして、統御するよう任された体だけでなく、当の精神を他の精神と区別する（先に記した）いくらかの質料的な構成要素も必要である。

精神の個別化のもと

地球の精神はその本質の特性により星相を認識する

したがって、この地球の精神は、獣帯の円あるいはむしろその円の中心のイデアをもって運行する。そこで、どんな時でもどの惑星が獣帯のどの位置にくるか知覚し、地球で交わる光線の角を測定する。また神の本質の照射を受けることによって円の幾何学的な比と、(円を円の特定の部分と比較することで)純粋に幾何学的ではなく、いわば光輝く光線という砂糖に包まれた、あるいはむしろその中に染み込んだ原型となる調和を受け取る。そこで既知の角度について、造形性のあるもの、調和するものと、造形性のないものを判断する。最後に、精神はまた自身のはたらきのイデア（個々のはたらきに関して精神はいわば一種の作動的な円である）を内包しているから、精神の中にあるはたらきも常に携行する。ただし、以上の3つの円が協働してひとつになると、つまり精神が星相を通じて自身のことを思い起こし自らのはたらきに過度に専念すると、以上の特徴がいっそう顕著になる。

地球の精神の永続的なはたらき

地球の精神は決して調理することを止めない、この調理は、必ず煙と蒸気を伴う。しかも（溶鉱炉の煙から石黄ができるように）煙から鉱石ができる。また温かい蒸気が内部で地球の岩石の殻に冷やされ凝縮して滴になると、流れとなってもとの源泉へと落ちていく。その蒸気が外部の地表の上へ発散すると、呼吸できる新たな大気となり、夜の間に凝縮して露となってすっかり落ちてしまった古い大気と日々入れ代わる。

星相によってはたらきが過度になる理由

この地球の精神のはたらきは永続的ではあるが、蒸発にさいしてはいくらか過度になる必要もあった。この過度の状態はある期間にわたってずっと続くわけではなく、特定の日に集中する。そこで、外に放出された多量の蒸気が恵みの雨となる。その合間には太陽も姿を現す。こうして地表を元気付けて水分を与えるために雨が太陽を助け、それによって生き物のための作物や飼料が生育できるようになる。

太陽は星相がなくても蒸気を揺動すること

この私の説に対する反証として、赤道の下にあるアフリカやペルーの最も辺鄙な地方のことをあげる人があるかもしれない。その

地方では夏の間ずっと雨が降り続く。そこで、その人は言うだろう。こういう所では特定の星相と無効な星位の区別がどこにあるのか。晴天の日と雨天の日の循環交代がどこにあるのか。実際には太陽が孤立した惑星として、他の惑星とともに作る星位に関係なく、その運行だけであらゆる現象を引き起こすのではないか。太陽がこういう地域にひどい熱と暑さをもたらして、こんなにひからびた地域で乏しい水分を地球の内奥部から発散させる以上、太陽は理性的なものではなく自然な原因として作用するのではないか。それに対しては以下のように答えよう。太陽のこの自然な活動は否定できない。しかし、その活動はたんに熱帯だけに固有のものではなく、われわれの所でも観察できる。

　すなわち、この北半球でも夏の間は太陽が見えるが、日が射さずよく雪が降る冬の間より多量の雨がしばしば降る。ところが、われわれの所では川は雪が解けると増水する。しかも雨が降っても川がそれほど増水するのは見られない。またそれほど長期にわたって水かさが増すことはない。そういうことが起こるのは、ひとつには、雪が少しずつ降ってしだいに雪の層が積み重なり、寒気の力によって何か月にもわたり貯蔵室に蓄えられたようになるからである。ところが、夏の雨は非常にたくさん降っても、大地が太陽にあぶられると大部分がすぐに吸収されて乾く。またひとつは、川の増水は雪と雪を解かした雨によって続くが、アルプスでは夏に非常に多量の雨が降らないかぎり、雪が解けないからである。したがって、あらゆることを考慮に入れると、われわれの所でもより多量の水分は、たいていの場合、冬よりも夏の間に放出される。そこで、先の反論からはこういう結論が得られる。すなわち、天に由来する原因の競合があって、その中には太陽の熱のような自然な原因もあれば、星相のような理性に関わる原因もある。またさらに月下の原因の競合もある。そこで一地帯のみに他より多量の水分があるだけでなく、同一の風土にありながら一地方だけが他の地方より多くの水分を有することになる。これはそれぞれに固有の原因によって起こる。そ

川の増水

して熱帯においても時おり星相を欠く日より星相のできる時期に、より多くの雨が降る。

彗星や蝕の出現の結果　上の2番目の個所で述べた地球の精神の特徴付けは、知覚しうる獣帯と恒星天球全体によってなされた。それはまた以下の事実によっても裏付けられる。すなわち、天の通常の運行に従って、かなり珍しい複数の星の会合があったり、光を発する星に顕著な蝕が起こったりする。あるいは普通の自然なあり方を越えて、彗星とか新たな恒星が出現することがある。このように新奇な現象が天に現れると、どんな時でもきまって、月下の自然も同時に普段と違った感化を受けて混乱するのは、周知のとおりである。例えば、星相による限度を越えて雨が激しい勢いで降り続くか、逆に旱魃となって大地が荒廃し、地震が起こったりする。最後には大気中に異常な湿気が生じ、特にその湿気が激しい勢いで放出する場所か、頻繁に起こる風によってその湿気が運ばれていった場所に、悪性のカタルや他の流行性の伝染病をもたらす。

さらに地球の精神には動物の記憶力に似たものもそなわっている。それは『新星について』第10章44頁で明らかにした。太陽の光か少なくとも昼間の光に惹起されて、一定の期間継続する印象を抱くことは、光と親縁な関係にあるものすべての自然な本性である。こうして、光の所産である視覚的精神は、うっかり太陽を眺めて目にその光景が染み込んでしまうと、どこへ目を逸らしても不本意ながらもこの映像を抱いて運び回る。

昼の光で光る石　化学者の秘密の中には、特に注意すべき不思議な実験がある。ようやく最近になってある目撃者から知ったことだが、彼らは宝石をこしらえる。この宝石は、闇の中では他の光らない物のように隠れ潜んでいるけれども、一日でも日の光にさらすと蝋燭のように灯って、猫の目のように輝きながら闇の中にも光をもたらす。ただし、★080 その光は短期間で再び消えてしまう。それと似たことが、光と火に親縁だと述べた地球の精神にも起こる。

会合の位置での有効な作用　この精神は（方角によって区切られた点つまり可能態としての獣帯の円だ

383　　第7章　結語。月下の自然と精神の下位の性能ごとに占星術を支える性能

から）上位の惑星が会合したり蝕が現れたりした方角に合の特徴を感じ取る。その特徴はしばらく持続する。こうしてある惑星、ことに太陽や月がその位置に移動してくるたびに、地球の精神は、合の直接の刺激に応じて顕示したような力を発揮する。このはたらき全体が動物の記憶力に似ている、と言える。すなわち、私は一度見た人の姿を心の中にたずさえているが、いつもその人のことを考えて心の中に置いているわけではない。ところが、再びその人か似た人が現れると、かつての姿を想起によって引き出し、実際の思考のはたらきで改めてその人の姿を構成する。ただし、記憶した事物を外部における出会いによって想起するだけでなく、自分がそうしたいときはいつでも自分で思い起こせる点では、人間の記憶力のほうがすぐれている。言うまでもなく、人間には論証を展開する能力があるが、地球の精神にはないからである。こういうことは、人間の精神を考察してみるといっそう明らかになる。

地球の精神の記憶力

　先に言及したが軽くしかふれなかった難点をひとつ解決しなければならない。受容の方法とその手段についてである。われわれ人間が感覚対象の形象を精神に受容するのは、簡単明瞭なことのように思われる。形象の入ってくる瞳孔が外界に開いている。形象を作り上げる眼球がある。光線束を調整する水晶体がある。外物の画像を受け入れて処理する網膜がある。地球の体にはそういうものが何ひとつ見あたらない。地球には、その精神が惑星の光線とできた角を見るような目はない。では、視覚もないのにどのようにして光を感知するのか。そのための器官もないのに、どのようにして角を知覚し受け入れるのか。これが困難な問題であることを私も認める。しかし、いっそう深く熟考すれば、この難点は地球にも人間にも共通する。

地球の精神はどのようにして星相を知覚するか

　私の『天文学の光学的部分』〔第5章〕169頁に当たってみるとよい。そうすれば、人間の視覚の問題についても古来の不満が見られる。確かに比較的慎重な光学者や解剖学者は、上述の個所で他の人々のむなしい試行の後に私がようやくものを見る方法をすっかり明らか

本当の見る方法

第4巻——地上における星からの光線の調和的配置と気象その他の自然現象を引き起こす作用　384

にした、と認めてはいる（ただし、フランキスクス・アクィロニウスは4年前に光学に関する大著を公刊したが、私の著書を見ておらず、そのために、視覚の方法をめぐる古来の誤りの中にあって、誤りを支える実にみごとな新しい蔓棚をむなしく構築した）。けれども、ものを見る方法は透明な水晶体の先にある網膜を越えて展開してはいない。したがって、なお疑問が残っており、私が照会した医者たちもまだ解いていない。それは、私が網膜に作られるとした視覚対象の画像が、どのようにして網膜から体の不透明な部分を通って内部の精神の深奥部に受容されるのか、ということである。あるいは、精神が内から外へ出てきてその画像に会うのか。こういう問題も関連してくる。しかも私は、率直に認めると、光線の角の知覚よりもむしろ視覚の問題のほうで動きが取れなくなっている。だから、光線の角の知覚については、不明瞭ながらもひと通りのことを言えると思うが、視覚の問題についてはいっさい黙して語らない。[★081]

　確かに、議論の主旨を損なわずに思索の労苦を逃れることもできる。地球の精神は星の光線をどういう目で見るのか尋ねられたら、ごつい軍靴を履いた兵士を見て、その似姿を砕けやすい岩石に刻み込んだのと同じ目によってである、と答えればよい。しかし、怠惰は哲学の死である。われわれは生きて休みなく知力をはたらかせることにしよう。

　まず精神は（少なくとも体との統合の仕方を考えると）現実態としては点というあり方を、可能態としては円という図形を取った。精神は現実態だから、現実のはたらきではその点の座から円へと広がる。すなわち、精神が外物を感知しなければならないときは、外物が球状に並んで精神をぐるりと取り巻く。精神が体を支配しなければならないときは、体も精神を囲んでその回りにある。精神は内に潜み、体の特定の点に定着して、そこから自らの形象を介して体の他の部分へ出ていく。だが、精神は出ていくときに必ず直線の形を経る。直線となって出ていかないと円から出られないからである。精神は、自らが光や炎として現れるから、その源泉から別の光となって直線

（欄外）地球の精神は体をどのようにして支配するのか

第7章　結語。月下の自然と精神の下位の性能ごとに占星術を支える性能

として出ていくほかない。そこで精神は、まわりを囲む天空の光が一点に座を占める地球の精神に向かって入ってくるときと同じ規則に従って、体の外部へ出ていく。地球の半球の表面全体と、さらに半球を包む大気圏の表面のあらゆる点は、同じひとつの惑星によって無限に多くの光線で照らされる。それにもかかわらず、精神の座である点に向かってやってくる光線はあらゆる光線の中でただひとつである。逆に、精神は無限に多くの直線として体の表面のあらゆる点に出ていく（これは太陽の光線と同様である。精神も一種の光で、一般に知られた精気もこの直線的な光線、この精神の形象にほかならないと思われるからである）。しかし、惑星からの一光線が当たる体の表面の点に向かって、精神の座たる中心から出ていくのは、あらゆる直線の中でただひとつである。そこで、惑星光線の入射と精神の射出が重なって幾何学的に一直線になるとき、一惑星の光線の知覚が成り立つ、と仮定しよう。これは、視覚が目全体の真ん中に垂直に当たるただひとつの光線で完全かつ精確となる実例と非常によく似ている。また、感覚器官が対象によって作用を受けないかぎり外物の感覚はまったく成立しない、と仮定しよう。これは『屈折光学』(Dioptrice)命題61であらゆる感覚の特有の秘密として特に付け加えたことである。精神は自身の形象の射出を通じて、体のあらゆる部位と、その各部にどんな時でも新たなできごととして生じていることの、確実な知識を得るからである。

　以上の仮定を立てると、結果は以下のようになる。すなわち、惑星からの印象が大気圏のある点に生じても、その印象が精神の座にはなく、それ以外の脇のほうへ向かうと、精神はその作用を受けた点の形象を、自身の形象が戻ってくることによって受け取りはする。しかし無価値なものとして顧みない。ところが、大気圏の表面のある点に印象が生じて、その印象が精神の座にやってくると、作用を受けた点のことも精神に伝達される。そしてこの感覚が精神に関与するものとして評価され、他とは区別される。そこで精神はその点だけに星を思い描く。すでに述べた他の点ではそういうことはしな

感覚するとは何か、それはどのようにして成立するか

い。つまり、精神の光線は、同一直線上で重なって一致する星の光線によって現実のものとなり、いわば照らし出される。目に見える物の色が、光がやってくることによって現実の色となり、われわれが心を集中して対象を見ようとすると対象の視覚が現実になるのと同じである。これは1惑星だけでなく2惑星の場合も同様である。精神は体の2つの部分にやはり2つの標識を認める。一点に座を占める精神にとって、体は丸くても不均一ででこぼこしていても、自身を球状に囲むものである。光線つまり自らの非物質的な形象、あるいは他の人々がいうところの副次的なはたらきを 中心まで透明なものと認める必要はなくなり、精神が星まで行く必要もなくなる。そしてそれにもかかわらず精神が星位の角を感知する方法が明らかになる。

　このように想定すれば、ピコ・デラ・ミランドラが大会合と星相に関する教説を打倒するために持ち出した論拠はすべて論破される。すなわち、精神は（表象上は）自らの座である点の周囲に宇宙のあらゆる天体を球形に、すべての惑星を円形に配置する。それは一点から引いた直線にもとづく。したがって、星の大小、天を踏破する行程の長短、地球からの距離の遠近はまったく問題ではない。天体はすべて精神に作用して知覚されるからである。ただし、われわれが見るのと同じ規則に従って知覚される。つまり星はすべて等しい高さにあり、第2の運動がなく第1の日周運動によって等しい速さとなり、見かけの大きさがそれほど違わないものとして、知覚される。ピコの論拠に反論できる点が他にもあるが、それは、『新星について』で再三言及したので参照されたい。月下の自然と言われる地球の精神については、さしあたりこれで十分とする。

　これまで地球の精神について述べたことはいずれも同じように人間の精神の性能にも適用できる。ただし、たいていのことは後者においていっそう明らかである。またその性能は地球の精神よりも多くの果たすべき役割を司るだけにより多様である。

　知性と言われる精神の主要な性能については、第1章でプロクロ

［傍注］
錯覚は地球の精神とそのはたらきにも妥当する

人間の精神について

知性について

第7章　結語。月下の自然と精神の下位の性能ごとに占星術を支える性能

スから引用したことのほかに、光の放射の問題でさらに詳しく述べるべきことは何もない。その性能は知性としては点であり、推論の能力としては円である。神の相貌の似姿であり、一現実態であるかぎりにおいては調和である。その性能には円を介して数学のイデアと種概念がある。その性能がイデアと調和とに、知的対象となる存在の仕方を与える。読者はこれらすべてのことを上述の事柄から求められたい。ここではそれ以上のことは必要ない。

ただプロクロスの議論について、適切な例に依拠するとは思えない点をあげておく。感覚対象には純粋で分離独立した面、線、点はないので、線、面、点は精神の内に立てられると強調したことである。しかし、精神の内にもやはりそれ自体で存在する純粋な線はない。むしろ線は知の対象である面の内に、その境界としてある。感覚対象である立体的な量において、面はただ立体の境界に、線はただ面の境界に、点はただ線の境界にあるのと同じである。不完全な量の存在の仕方は完全な量の中にそなわる形を取るからである。★082

明らかに数学の類概念も、他の普遍概念や感覚対象から抽象したさまざまな概念とまったく同じあり方で精神の中にある。ところが数学の種概念の中でも、円という種概念は、それとは大きく異なるあり方で精神に内在する。円は、たんに外物のイデアとしてのみならず精神それ自体の形態として、また結局は学としてのあらゆる幾何学と算術の唯一の貯蔵庫として、精神にそなわっている。

幾何学の貯蔵庫は正弦〔つまり3角法〕の学説に、算術は驚くべき対数★084のはたらきに、最も明白に現れている。円に起源をもつ両者には、あらゆる乗除の一種の計算装置がそなわっており、掛け算と割り算の結果が自動的に得られるからである。だが、精神の主要な性能についてはこれで十分とする。次に、より下位の性能に移る。

人間の生命維持に関わる性能には、輝く光に包まれた調和と音声の形象におおわれた調和とが含まれている。音声はそれを固有の対象とする耳で拾い集める。星の光線のほうは、目によらず、少し上に説明したかなり曖昧な知覚の仕方によって受け入れるので、生得

	数学的類概念の知性における別のあり方
	種概念と円の別のあり方
	正弦と対数
	生命維持の性能について

の調和のイデアに従って吟味する。目で見えるものは論証で支配できるが、調和の認知には論証がないからである。ユリウス・カエサル・スカリゲルの説によれば、雛鳥には鳶のイデアが生まれつきそなわっているが、それは単純なものではなく、身の破滅から逃れるようにという警告の合図を伴っている。[★085]

> スカリゲルのイデア論

人間の精神は、天に星相の成立する時機に、手がけている仕事を遂行すべく特別の衝動を受ける。牛には突き棒、馬には拍車もしくは調教、兵士には太鼓やトランペットの合図、聴衆には奮い立たせる雄弁、農民の一団には笛やバグパイプやパンドラ〔第3巻注64〕による旋律が、特別の刺激を与える。適切な惑星による天の星位は、それと同じ刺激を、ことにひとつにまとまった全体としての万物に与える。そこで、個物もその思いと行いに刺激を受け、全体もさらに進んで協調し手を差し伸べ合うようになる。

> 星はどうして生命維持の性能に作用しうるか

そこでよく見ると、軍事ではたいていの場合、戦闘、会戦、侵入、突撃、攻略、武装蜂起、恐慌が、火星と水星、木星と火星、太陽と火星、土星と火星などによる星相の時機に出現する。

> 天により戦乱がどのようにして起こるか

流行病では、強力な星相の現れる時機に、より多くの人々が病に倒れ、ひどい苦しみを受ける。あるいはさらに自然〔この場合は人に本来そなわる自然治癒力であろう〕が、星相によって誘発される（死とのではなく）病気との戦いに負けて死に至る。こういうことはすべて天が自ら直接に行うのではない。精神の生命維持に関わる性能が、自らのはたらきを天体の調和と同調させて、一般に言われている天の影響力の中で主導権を握るのである。明らかに、この「影響力」（Influxus）という語は、かなり多くの哲学者の心をとらえた。そのために、彼らは私とともに賢明になろうとするよりも、好んで愚かな大衆とともに正気を失おうとしている。彼らのいう、星は大気に、大気は体調に作用し、さらには体調が精神に作用を及ぼすという連鎖は、非常に脆弱である。ある点ではこの説のとおりとしよう。しかし、この説は理性の対象である星相にとって何になるのか。大気の元素はどのようにして、また体はどのようにして、星相をとらえるのか。

> 流行病はどのようにして起こるか

いずれも、私が先に述べた方法によってまず自ら星相を知覚するその精神によるしかない。

　この生命維持の性能は、心臓の中にある一種の火のついた炎である（だから知性は永続しても、これは燃料を使い果たすと死んでしまう）。このことは『天文学の光学的部分』26頁で、わかりやすく、心臓およびその収縮と拡張の相互運動を、中で油と換気と排煙によって火が掻き立てられる閉じたランプと対比して、証明した。

　誕生時の星回りによる占いの不思議な仕事は、何よりもこの性能の本質からくる特性にもとづく。生命維持の性能は、心臓で点火され生命が続くかぎり燃え続ける。これは一種の獣帯の円であり、その本質は現実態つまりいわば炎の流れにある。そこで、感覚される獣帯の全体図が、誕生によって点火したばかりのこの性能に流入してくる。（たとえ誕生の瞬間の後で天が全体に異なる様相に移行して星位が変わっても）全体図はこの性能の中に深く根を下ろす。そして精神に写された獣帯の円のこの型の中で、恒星の下で惑星が占めたあらゆる位置、上昇点、下降点、正中点の占めた位置を、表示することになる。
★086

　他の天文現象に比べると、光線の調和は、人における生命維持の性能の最初の発生と形成に特に緊密な関連をもつ。すでに述べたように、精神のどんな性能も本質としては円だが、本能的に自身にはたらきかけて、その円を円の部分と比較するかぎり、原型となる調和だからである。そこで生命維持の性能は、誕生によって内部の心臓のランプに火がついて燃え上がると、はたらきはじめて現実態になる。そうすると生命の炎を掻き立てるために、この性能にはさらに呼吸が必要になる。したがって、この性能が調和を作り上げるのにふさわしいものになりはじめると、特にその時に、感覚される惑星光線の調和がこの性能に流入する。

　こういう理由から、惑星間に多くの星相が成り立つ時機に生まれる人は、たいてい刻苦精励するようになる。彼らは少年の頃から蓄財の習慣を身につけたり、国家の統治者として生まれるか選ばれる

	生命維持の性能は炎である
	誕生時は何を基礎とし人をどのようにして支配するか
	誕生時の星回りが懐妊時の星回りより強く作用する理由
	誕生時の星相はどんな力を及ぼすか

かする。また研究に没頭したりする。私がこういう類の生き方の実例になるかもしれないと思う人がいたら、そういう人には、『新星について』43頁で私の誕生時の星回りの知識を惜しまずに公開した。今回もやはりそれを説明しておいたほうがよかろう。素人、浅学菲才の徒、称号と勲章を売り物にして民衆を惑わす威張り屋、またピコのいう大衆的神学者も、占星術に関するこの類の著述をすべて言論や生活態度を通じ愚かなことだと宣告する。しかし、彼らが非難しようとも、自己顕示という非難を私は気にかけたりしない。各階層の英知の真の愛好者に対しては、私の読者という立場を利用させてもらい、私はこういう非難を容易に打ち消せる。誕生時の星回りも、私と同じように確実に探究された精神の内的性向も、他の人々の分は持ち合わせていないから、そうするだけである。さて、木星は第90度に非常に近く、土星との3分の1対座を4度越えていた。くっついていた太陽と金星は双方とも土星と6分の1対座を取りながらそれから離れて木星に近付き、火星との4分の1対座からも離れつつあった。水星は火星との4分の1対座にきわめて接近しつつあった。月は、黄緯においても牡牛座の目の近くにあって、火星との3分の1対座に移行していた。双子座の25度に昇り、水瓶座の22度で正中した。その日の、土星と太陽の6分の1対座、木星と金星の6分の1対座、水星と火星の4分の1対座という特別な3重の星位は、大気の変化に現れていた。すなわち、数日間の厳寒の後でちょうどその日に暖気が生じ、氷を溶かして雨をもたらした。

占星術と相反する例外 ただし、この一例によって占星術師のあらゆる格言が擁護され裏付けられたとするつもりはない。人間世界のできごとの舵取りを天に転嫁するわけでもない。この哲学的所見は、そういう愚行ないし狂気からはるか遠く隔たっている。すなわち、この実例を検証しようとして、私はほぼ同じ星相の下に生まれた非常に落ち着かない気質の女性のことを知った。しかし彼女はそういう気質でも、学問では何も成し遂げていない(これは女性では不思議なことではない)。それだけでなく、所属する地域社会全体を混乱に陥れ、自身にとっても

嘆かわしい不幸なできごとの張本人となっている。

　私の場合は、まず第1に、妊娠している母親の絶え間ない想像が惑星の星相に加わった。母にとっては、父の代から従事していた民間の医術に熱心に取り組んでいた姑つまり私の祖母は感嘆の的だった。第2に、私が女性ではなく男性として生まれたことも加わった。この点に関して、占星術師は性別を天に求めているがむだである。第3に、私は他の生き方よりもむしろ研究生活に適した体質を母から受け継いだ。第4に、両親には十分な資産がなかった。すなわち、私がそこで育ち定住できるような土地がなかった。第5に、学校があり、勉学に適した少年に対する行政当局の寛大な処遇の実例があった。

　ここにはまた誕生時の星回りから、惑星の性質の相違が入る。精神が一種の光であれば、火星の赤い色も木星の白色や土星の鉛色から識別できる。そこで、先にあげたような勤勉さだけでなく、火の力からなる才知の鋭さに対する多大な助力も、火星からくるとしなければならない。また自然哲学や医学の非常にすぐれた専門家は、火星が太陽や水星と作る適切な星相の下に生まれることが認められよう。自然の秘密を探り出すためには、当然のことながら、他の生業やそれに役立つ研究に対するよりもさらに高度な鋭敏さと創意の豊かさが必要だからである。さらにもうひとつあげておこう。私は土星の無味乾燥の表出でもある抽象的な幾何学よりもむしろ自然学的な事象に表現された幾何学を、換言すると幾何学よりも自然学のほうを好む。これは中天に昇った木星からくる。また牡牛の額の明るい星座にある半円よりふくらんだ月は、精神の空想的性能をさまざまな表象で満たす。その表象の多くが、プロクロスのいう原型＊から派生したように事物の自然な本性に適っていることを、事物それ自体に即して私は経験的に知った。

　ところが、私の研究成果について言えば、それを少しでも暗示するような事象は天に求めても何も見出せない。私が哲学の軽視できない分野を改めて探究し、修正し、あるいはすっかり完全なものに

月下の世界の情況から起こる結果は星に帰すべきでない

精神の性質はたいてい惑星の性質と合致する

＊ここでは風刺家に種を与えることになる。『新星について』のこれと似た私の唯一の冗談を彼らは12年の歳月にわたり繰り返し俎上にあげて飽くことがない。

第4巻——地上における星からの光線の調和的配置と気象その他の自然現象を引き起こす作用

したことは、専門家も認める。しかし、この場合の私の星は、火星と4分のI対座で角の第7の家にくる明け方の水星ではない。★088 コペルニクスであり、ティコ・ブラーエである。ことにブラーエの観測記録がなかったら、私が今や非常に明るい光の中に確立したすべてのことが、闇の中に埋もれて眠っていただろう。さらにまたその星は水星を支配する土星ではなく、私の主たるやんごとなきルドルフ皇帝とマティアス皇帝である。★089 ★090 惑星の宿となる土星の磨羯宮ではなく、皇帝の国もと〔リンツのある〕オーバーエースターライヒ州である。同州の指導的立場にある人々が私の要請に対して速やかに示してくれた異例の寛大さである。ここに角(すみ)の家がある。★091 この角の家はホロスコープの下降点の角の家ではなく、地上の角の家である。私はわが主なる皇帝陛下の許しを得て、あまりにも騒然とした宮廷からその角に身を引いた。そこで人生の終焉に傾きつつあるこの数年にわたって、この調和に関する研究や手がけている他の仕事を公にすべく努力している。

個人的なできごとはまったく星によらない

私は1596年に天球相互の比を発見した〔『宇宙の神秘』の刊行〕。1604年に観測の方法を発見した〔『天文学の光学的部分』刊行〕。この1618年に、小さくも大きくもない現にあるとおりの大きさの離心値が各惑星にある原因を発見した。さらに中間の年には天体物理学の証明、惑星の運動の仕方、真の運動そのもの〔1609年『新天文学』刊行〕、最後にこの下方世界に対する天の有効な作用の形而上学的な根拠を発見した。その発見の理由を、占星術師が誕生時の星回りに求めてもむだである。それは、最近ようやく現実態として灯った生命を維持する小さな炎の中に、星によって天に作られた型とともに流入してきたのではない。一部は、上にプロクロスから引用したプラトンの教説によれば、精神の最も深い内奥の本質に隠れ潜んでいた。また一部は、他の経路で、明らかに目を通じて、内部に受容された。

星の一般的な効果

誕生時の星回りの唯一のはたらきは、あの素質と判断力の小さな灯心を切って、精神を疲れを知らぬ仕事へと駆り立て、知りたいと

393　　第7章　結語。月下の自然と精神の下位の性能ことに占星術を支える性能

いう欲求を助長したことだった。要するに星回りは、精神も、ここにあげたどんな性能も吹き込まず、ただ喚起しただけである。

　以上の例から誰にも容易にわかるだろう。両親について、性、財産、子供、妻の数、宗教、上司、友、敵、遺産、家族、居住地、その他無限に多くのことについて、つまり俗によく提示される主要項目に対して、占星術が誕生時の星回りのみで正確に答えることなど、決してできないのである。

<small>占星術の主要項目は空疎</small>

　なお、寿命について、占星術師がどの程度まで予知できるか、つまり時期予知法★092の力はどのようなものか、については少し後で述べる。だが、生まれた子供の運については、それとは別に上述の説明の流れで述べるのがよいと思う。

　人の運の拠り所となるように思われる要因は、自然なものでは3つある。心性、骨相、守護霊である。最初の要因については誰も疑わない。2番目はもっとひそやかなもので、一般にはそれほど知られていない。3番目については憶測のほかに何も言えない。最初の品行を左右する心性については、これまでにも述べた。

<small>人の運は星に由来するどんな媒介物にどの程度まで依存するか</small>

　品行については、「人は誰でも自らの運の作り手」という一般に使い古された格言がある。このことばにはこの哲学分野全体の骨子が含まれている。あらゆる事例の代わりに、先に一女性の例でふれた行為と性格の一類型を提示したい。人間世界は、一般大衆のみならず官僚層や聖職階級においても、常に頭の鈍い、通俗的なことしかわからない多数の人々がいるようにできている。独自の道を行く批判力のある改革者は、こういう人々にとって煩わしく、たちの悪い屁理屈屋と見なされる。そこで幸運、といっても人間社会から得られる幸運のことだが、そういう幸運を享受するには、道徳的な事柄についての正しい判断と、大衆とは乖離した自らの私事における労苦と勤勉とが一般に必要である。けれどもある程度、粗野な心性、通俗的な生活態度、頭の鈍い民衆受けする振る舞いも必要である。あまりにも繊細で不安定な心性の人間は、自ら不運を作り出すことになりがちで、それを避けるには、隠棲して研究生活に逃避するし

<small>運の作り手としての品行</small>

かない(こうして見下され侮られれば問題ない)。

　そこで、誕生時の天の星回りの図から、心性の特徴に関する十分な憶測を得られる人がいたら、彼は一般に人間の運についても比較的適切な憶測をするだろう。しかしそれはあくまで憶測に過ぎず、それ以上のものではない。超自然的な原因や自然な原因がいくつか介入してくるために、そういう人も誤りを犯すかもしれないからである。

容貌の魅力

　上述の3つの要因から人の運の第2の基礎、顔立ちの良し悪しを取ってみると、その大部分は、母親の想像力が妊娠の全期間にわたって胎児にもたらすものである。そこで、しばしば不幸な両親(さらには頻繁に強い衝撃を伴って妊婦の眼前に現れる他の人々や動物)の顔付きや性癖、そういう基礎に依拠した類似の運が、胎児へと移ってくる。

容貌に表れた誕生時の星回り

　けれども、プロクロスのいう知性の対象となる原型が生命や運動のイデアと複雑に結び付いて、精神や生命、運動に関わる事柄に多様化して現れたように、ここでも、誕生時の星回りの型は、ものを形作る性能の隠れたはたらきによって外見的な顔立ちの中に埋没している。それが観相者のなおいっそう深く隠れた直観によって、生まれた人の顔立ちから読み取れる。

惑星が護衛型になったときの力

　太陽の前に複数の惑星がいっしょになって随伴する星回り(占星術師はこれを護衛型と呼ぶ)★093の下に生まれた人には、やはり一般民衆の一団がまるで魔力に引き付けられたように随伴するのが認められる。これを後世の人々の記憶に伝えた実例が、ジロラモ・カルダーノの著作に見えるルターの誕生時の星回りにある★094。ただし、大衆運動には複数の原因が競合する。そういう星回りの下に生まれた人は(ひとつの決まった形を規定はできないが)たいてい民衆の間で絶大な威信を得て、会議でも決め手となる賛成票を得る。さらに国家の指導者の生まれつきの性質とも合い、その大きな愛顧を得る。したがって運はしばしば、取り柄もなく、しかるべき心性の徳もない人の味方をする。この点については、他にも人相について先に〔第2章で〕述べたことや、さらに付言されることを参考されたい。

守護霊については、神の啓示による証言に従えば、個々の守護霊がそれぞれの人間を庇護することになっており、警告を与えるとともに神の摂理の法廷で取りなしをしてくれる(旧約聖書ヨブ記第33章および新約聖書マタイ伝第18章、ルカ伝第15章)。この場合、感覚される事物の性質は何も関与しない。だが、占星術師が誕生時の星回りから(当然のことながらことばで語って)まったく偶然のできごとを予言できるものとしよう。すなわち、これまで説明した運の2つの基礎となる、人の悪しき行状、無鉄砲、過度の怒りや欲望から起こるわけでなく、顔立ちの卑しさによるわけでもないようなこと、例えば、通りがかりに屋根から瓦が落ちてきたり、森の中を歩き回って弾丸や矢に当たったり、哀れにも沈没船から波のまっただ中に放り出されたり、炎に巻かれて死んだり、崩れ落ちた家や山に押しつぶされたり、逆に、思いがけない遺産を受け継いだり、偶然に宝物を発見したりするようなことである。もし誕生時の星回りが疑いもなく守護天使の仕事と関わるこれらのできごとの徴候を含むのであれば、この庇護の仕事を妨碍したり逆に助長したりすることも、誕生時の星に由来するはずである。

　この考えが不敬虔に当たるかどうかは、神学者ことに誕生時の星回りと予言について多くの著作をしている者が考えてくれるだろう。私自身は、2人の人物に関する経験がある。この経験をどういうふうに言ったらよいか、わからない。彼らは2人とも非常に激しい力のある星回りの下に生まれ、それに違わぬ激しい生き方をしていた。その中のひとりは、断崖から飛び降り空中飛行してロープをつかむのを娯楽としていたほどだった。ロープから逸れたら命をなくしていただろう。それにもかかわらず、彼らはその無鉄砲から破滅したようには思われなかった。2人の中のひとりは雷に打たれ、もうひとりは野獣を待ち伏せしていて目も耳も他の方に向けていたために、猟師の放った鉛弾に当たったからである。天が守護霊なしにどうして人間に対してそういうことができるのか、私にもわからない。天ができる他のことはみな人間の精神や身体(それにはここにあげたこと

守護霊の庇護

偶然の災いは星のせいか

に対するどんな力もそなわっていない）を通してできるのは明らかである。

しばしば罪が偶然のできごとの原因となる

廉直な人柄にもかかわらず偶然の不運によって死んだ人々を哀れみ、私は長い間、非常に悩んだ。けれども、結局、信ずるに足る事柄から、そういう人々の芳しからぬ行状が明らかになったことが、一度ならずあった。彼らは、煙で蜂を追い払うように簡単に善い霊を追い払い、御者のいない戦車のように人となりを盲目的な偶然のできごとに委ね、あたかも自らの創造主たる神の故国を自分勝手に見捨てて、独断あるいはむしろ悪魔の暴政に身を任せたようになっていたのである。先にあげた例についても、そのような類のことを想定すべきか。そしてそれらのできごとを応報天罰の女神ネメシスに帰すべきか。それは、心を精査する者、父の罪を3世代目、4世代目の子孫まで点検する者〔つまり神〕だけが知っている。しかし、偶然の不運によって死んでいく人々すべてについて、同じ見解を取るつもりはない。

人の行為は天に由来しない

しかし、そのような神を蔑ろにする行状は、占い師も星からは読み取れない。天の影響が原罪の後では退歩して、精神を堕落はさせないが堕落した精神を唆す(そそのか)ようになり、天体の画いた図には精神の劣悪な傾向に対する神助が記されていないからである。まして、個々の罪に科せられる刑罰の種類が、法典に記されているように土星の鉛色や火星の赤に書き込まれているわけでもない。

守護霊の仕事と被保護者の星回りとの関係

したがって、これらの事柄と天との自然なつながりは決して直接的なものではない。そこで、すでにこの20年にわたって、私は以下の問題を公に考えるべきこととして再三提唱してきた。すなわち、ダニエル書第9章で、国と民衆の精神的指導者が神を裏切る者たちに妨碍されるのを嘆くように、個々人の守護霊も星による自然の力に阻止され、総動員をかけて待ちかまえる大気の強い勢いに適切に抵抗できないのか。その妨碍は、新生児の精神に流入したように守護霊の中にも流入したかもしれない、誕生時の星回りから予見されるのか。生まれた者に次から次へと全体的な不幸が起こるので、ここから「どんな災難もそれだけではすまない」（泣き面に蜂）という格

第7章 結語。月下の自然と精神の下位の性能ことに占星術を支える性能

言が生まれたのか。神は、たいてい、庇護による妨碍があっても、危険な状況にある人が意にかなえば善人として譲り、意にかなわなければ公正な処罰を遂行する、という当を得た処置を取ることを知っているから、自然のこの目に見えない事柄の進行をしばしば阻止しないのか。

　いずれにせよ守護天使は、差し迫った災いを阻止できなくても、被保護者が不意をつかれて破滅しないように、秘かなやり方で警告だけはしてくれる。このような予兆と警告はレティアで最近起こったあの山崩れの前にもあった。[*095]

守護霊の警告

　そこで、人間の運のこの第3の基礎は憶測にもとづくものとしておく。断言できることが何もないからである。さて、精神の生命維持に関わる性能の本質を考察することに戻ろう。問題は次のようなことである。天の特徴的な型は誕生の瞬間にだけ流入するのか。したがって、胎児は生まれるときに初めて精神の生命維持の性能を授かるのか。そして胎児は誕生前は生命のないものと言ってよいのか。一般に、胎児は母親から分離するときに初めて活力のある固有の生命維持の性能を現実態として授かる。

子宮内の人の生命の始源は何か、どのような性質のものか

　それ以前は、臍静脈と臍動脈を通じて母親の生命の炎の光線に照射されていた。この臍動脈は胎児の心臓の中に通じている。だが、その通路は、後で心臓が固有の生命の炎を内部に維持すべく、一方では血液を、他方では肺からの空気を取り入れる2本の通路とは別になっている。ヘッセン方伯の侍医で博物学に非常に造詣の深いグレゴール・ホルスト[*096]が、プラハで生まれたばかりの子豚によって私に教示してくれたところによると、この心臓の特殊な通路は、生命誕生の第一日につぶれて完全に消失するという。そこでここから、胎児の心臓は、母胎にある間は収縮と拡張の運動も呼吸作用もなく、したがって、まだ固有の生命の炎が点火されていない、という結論を引き出せる。信頼できる類比によってそれをもっとわかりやすくすると、あらかじめ胎児の内にあるものと誕生の瞬間かその少し前に点火される生命維持の性能の関係は、火が点いて燃えた木造

誕生前の胎児はどのようにして生きているか

屋根の煙と突然その屋根を破壊する炎の関係と同じである。

惑星が誕生時の位置を通過するときの力

　そこで、誕生時に点火された人間の生命維持の性能では、上述の地球の精神の場合にも示しておいた、想起になぞらえることのできるものが、特に明らかな形を取って現れる。天の特徴的な型と誕生時の星回りの部分すべての恒常性がきわめて強く、精神におけるその持続性も強いので、生命が終わらないうちは取り去れないからである。こうして、惑星がその星回りになる特別な位置を通過するたびに、それに応じてこの性能が自ずから刺激される。その時にはまるでその位置が、精神に残存する、かつてそこを通過した事象のたんなる心像ではなくて、実際の星であるかのようになる。しかも、例えば、ひとつだけでなく2つの太陽が天にあって会合によりひとつとなり、その会合によって生命維持の性能の本性が上述のような仕方で刺激されるようになる。

両親と子供の誕生時の星回りはなぜ密接な関係があるのか

　どんな例外にも優る非常に明らかなこの事実の証拠は、両親の誕生時とその子供の誕生時の星回りの密接な親縁関係にある。すなわち、胎児が十分に発育してくると、ものを形作り産出を司る精神の性能は、星が母親か父親の誕生時の星回りの位置、つまり同一の星位に戻ってきて、精神に自身のことや自分の天の特徴的な型を想起させるときに、特に胎児を体外に産み出し、その産出によって精神の新たな生命維持の性能に点火する準備をする。『新星について』43頁を参照。

時期予知法の自然な基礎

　それにまたこの性能は、惑星が誕生時の星回りの位置を実際に通過するのを感知するだけではない。誕生時に惑星の位置していた天の部分が順次移動して、誕生時からの総日数が経過してできる主要な星回りの位置に入ってくるのも感知する。その場合（自転も公転もコペルニクスによって地球に帰されるように）日と年の比は遵守する。そしてこの性能はその比に従って自らの仕事を人の生涯全体に分配していく。そこで、年が日より長い分だけ、時期予知法の徴候が誕生のすぐ後に引き続いて現れるのに比べて、結果のほうは時期予知法の徴候よりもっと遅れて現れることになる。こうしてこの天の刻印

は休みを取りながら持続するだけでなく、持続することで拡張運動を行い、それによって人生のさらに長い期間にわたって広がっていく。明らかにこの性能は円であるのみならず、イデア的な円運動でもあり、しかもその運動は対になっている。最後に、この性能は運動を介したイデア的な時間でもある。上の302頁のプロクロスのことば〔本巻第1章〕を参照されたい。この事例を、少し上位の性能である記憶からも求めることができる。すなわち、絵画には、事物がたんにその場の周囲の状況とともに描かれるだけである。しかし記憶には、できごとが時間の刻んだ徴表とともに保持される。最後に、この時期予知法の場合、宇宙で感知される、日周運動と獣帯下での年間の動きの比が遵守されても、時間につれて経過した運動と場所の徴表が広がってはたらくので、そのはたらきは、時間のことを考えると、それをもたらした刺激からはすでに懸け離れている。生まれた子の身体とともに、誕生時の星回りの型がもつ運動時間も生長していくと言えるかもしれない。

そこで、占星術師が寿命について誕生時の星回りから予言できると思いこんでいることが何であれ、すべては以下の要点に縮約される。すなわち、時期予知法の前奏曲が、いわば誕生時の星回りの舞台から生命維持の性能に、特に生涯のどの年にあれこれの体液が溢れて体外に排出され、もしくはかき乱されるか、知らせるが、延命につながるような特別のはたらきをするのは、自然の刺激である。星にも星回りにも時期予知法にも死は何ら記されていない。ましてさまざまな死の形もない。

〔死の原因として〕体の素材がある。それが横溢して生命の炎を圧倒するか、不足してその炎を消す。そうすると自然の努力が妨げられて滅亡へと向かう。また罪もある。罪がかつて許されていた不死の療法を人類から奪った。さらには罪が守護天使を、悪霊や人や自然の力の攻撃に対抗して生命を守る仕事から遠ざけ、妨害し、追い払う。しかしこの問題については、できれば占星術の中でもっと詳しく論ずべきだった。ただし、『新星について』43頁と『第三の調停者』

	寿命と死亡年は星から予知できるか
	自然学から見た時期予知法とは何か
	死の本当の原因

第65項以下で、詳しくなりすぎない程度には論じておいた。この課題が哲学の学徒に歓迎されることがわかり、かつ必要な手立てもそなわったら、おそらくはジョヴァンニ・ピコ・デラ・ミランドラの著書の注解を刊行するだろう。★097

ホロスコープの力と計算法あるいは誕生時の星位の力の程度

結末へと急ぎたいので、天の事象の影響をめぐる人間の生命維持の性能と地球の精神との対比だけを追加しよう。対比すると、違いは以下のようになる。地球の精神がどこにも初めも終わりもなく、そのどんな部分でもつなぎ合わされていないような円であるのに対して、人間の生命維持の性能は、いわば複数の点でつなぎ合わされた円に喩えられる。その理由は、地球の精神がいつも同一のままで決して生まれたり点火されたりすることがないので、どんな誕生時の型ももたないのに、人間は生まれたばかりですでに死の近くにあり、特定の起点と終点で獣帯を区切る、自らの出生時の型を受け入れたことにある。

宇宙の誕生

また、たとえ創造の第一日にもとづく誕生時の星回りの型を地球に割り当てたとしても、天の全空間は常に地球の眼前にあって、地球では初めも終わりも上昇点も下降点もまったく考慮されない。だが、人間にとっては、地球の表面が天の半分を覆い隠し、上昇点と下降点の宮を分ける。したがって、対比の論拠は明らかである。

分利の基礎、病気とは何か

さらに、現実態となった生命維持の性能を特定の点でつなぎ合わせた円に喩える比喩は正しい。そこで、病気の始まりにも〔病気はいわば新たな生命つまり生命維持の新たな活力ないしはその異常な作用で、自然なものではあるが、通常の体質の本性を越えて有害な体液を体外に排出しようとする。〕月の占める位置が精神に流れ込んで影響し、いわばその〔満ち欠けの〕段階で動かないような実際の月の力を宿すことになる。そして実際の月が天空でこの位置に対して4分の1対座か衝の所にやってくると、人間の内なる自然が刺激を受けて病気と闘う。分利説はこの事実にもとづく。★098 この説については、『第三の調停者』第70項以下で綿密に論じた。

人間の精神の下位の性能についても、その素材一般についても、

401　第7章　結語。月下の自然と精神の下位の性能ごとに占星術を支える性能

さしあたりは十分に論じたとしよう。

　なお、私がこれまで精神について以上のような議論を展開してきたのは、崇高な哲学の学徒を形而上学者の著述の講読から遠ざけようと意図したからではない。また、精神や知性について論じて、プラトンとアリストテレスの深遠な探索を行う、ギリシア、アラビア、ラテンの解釈者たち、プロティノス、テミスティオス、シンプリキオス、ポルピュリオス、アレクサンドロス、アヴェロエスと彼が引き合いに出す多くの同胞、ボエティウス[★099]、そして最近現れた非常に明敏なユリウス・カエサル・スカリゲルの目を眩ますつもりでもない。以上の議論は、私の本業により、調和に関するこの仕事の宝庫から出てきたものである。私の知るかぎり上述の人々はまだこの議論にはふれていない。そこで、いわば補足として彼らの考説に加えた。私の後に続いてこの形而上学的な考察に身をささげ、上述の著者の書を読み、この試論を彼らの推論と対比し、各々を、互いの説からの再検討を加えて理性の非常に率直な批判によって判断しようとする人々もあろう（正直に言うと、私は今回そういうことを少しもしなかった）。彼らが、この形而上学の分野を最後にはいっそう明晰で豊かであらゆる細部においてより完全なものに仕上げられるようにしたかったのである。それが可視的なものと不可視のものとの創造主たる神のいと高き御名の栄光となり、思索家の生き方の神聖と誠実とをいや増し、最後に非常に多くの精神〔魂〕の永遠の救いとなるように懇願しつつ、かの三位一体の神に祈る。

ヨハネス・ケプラー『宇宙の調和』● 全5巻

【第5巻】

天体運動の完璧な調和および離心率と軌道半径と公転周期の起源

今日の完全に修正された天文学の水準に従い、コペルニクス説およびティコ・ブラーエ説による。プトレマイオス仮説が廃れてしまった今日では、そのいずれかが正しい説として公に受け入れられる。

●

わが造物主の真の賛歌として聖なることばをつづる。彼に雄牛百頭の生け贄を何度となくささげたり、香料としてカシアを焚いたりはしない。造物主の知恵や力、慈愛がどのようなものか、まず私自身が知り、次いで他の人々にも述べ伝える。敬虔を心がけ、世界のすべてをできるだけみごとに構成し、誰にも善いものを惜しげなく与えることを、私は彼の最も完全な慈愛の証とする。それによって、造物主を善なる者として称えたい。また万物のみごとな秩序を考え出すのを最高の知恵の、企図したことすべてを実行するのを無敵の力の証とする。
　　★001
　──ガレノス
　　『人体各部の有用性について』第3巻

●

15年に及ぶ皇帝陛下の特典を得て
オーストリアのリンツにて
ヨハネス・プランク印刷す
1619年

●

第5巻

序

22年前、〔『宇宙の神秘』で〕天球の間に5つの正多面体を発見してすぐに、私はプトレマイオスの『調和論』を読む前から心に固く信じていたことを予告した。その具体的構想を固める前に、この第5巻の表題となるものを示して友人たちに約束し、16年前に公にした著作〔『占星術のいっそう確実な基礎について』主題37〕で問題として強調した。そしてそのために、人生の最良の部分を天文学研究に費やし、ティコ・ブラーエの下を訪れ、プラハを住居として選んだのである。最善最大の神が、私の知性に霊感を吹き込み、途方もなく大きな望みを喚起し、生命と才能の力を伸ばしてくれた。また2人の皇帝とこのオーストリア・オブ・デル・エンス州の指導層の寛大さを通じて、その手立ても提供してくれた。天文学上の責務を十分に果たし終えて後、私は神のおかげでついに積年の課題を解き明かした。調和論〔音楽〕の自然な本質は、細部にまでわたって第3巻で説明したあらゆる部分とともに天体運動にも見出される。これが、かつて望んだ以上にまったく正しいことを発見した。確かに私の想い描いたような〔5つの正多面体を惑星の軌道間に配するという〕方法によらず、まったく異なる方法によってであったが、幻滅したわけではない。むしろ、これは非常に注目すべき完全な成果だった。さらに、苦労して天体運動を再構成しつつ確信のもてなかったこの間に、プトレマイオスの『調和論』を読めて、意欲も特別に高まり、計画の実現への刺激も受けた。その手写本を譲ってくれたのは、名士にして哲学およびあらゆる種類の学識を助成すべく生まれた、バイエルンの宰相ヨハン・ゲオルク・ヘルヴァルトだった。そこで思いがけず、同書の第3巻はほとんどすべてが1500年も前に同じく天体の調和の考察にあてられているのを発見して、非常に感嘆した。しかしあの時代はまだ天文学に欠陥が多く、プトレマイオスも、この

課題に着手はしたがうまく行かず、絶望的な気持を他の事柄に向けたのだろう。哲学を支援するよりも、むしろキケロの書に登場するスキピオとともに[*006]、ピュタゴラス的な甘美な夢を物語ったように見えるからである。だが、旧来の天文学が未熟なのに、15世紀もの時代を隔てながら両者の考察がこれほどぴったり一致したことが、計画の推進にあたって私を強く励ましてくれた。多言を要しない。事物の自然な本質そのものが、かけ離れた時代に生きる異なる解釈者を通じて、人々に自らの姿を顕示しようとしていたのである。全身全霊を自然の考察にささげた2人の精神にあって、宇宙の構造に関する考え方が同じなのは、ヘブライ人風にいうと、神の差す指だった。2人のどちらも、相手がこの道に踏み入るための案内者ではなかったからである。18か月前から最初の曙光が、3か月前から昼の光が、ほんの数日前から驚嘆すべき観想の純粋な太陽が輝きはじめた後、今となっては私を引き止めるものは何もない[*007]。私は聖なる狂気に身を委ねたい。エジプトの国境からはるか遠く離れてわが神に礼拝の幕屋を作る材料にするために、エジプト人から黄金の器物を盗む。そのことを率直に告白して、私は死すべき者どもを蔑ろにしよう[*008]。それを許してくれるなら喜ぼう。腹を立てるなら我慢しよう。見よ、私は賽を投げて書を著す。今の人に読まれるか、後の人に読まれるか、それはどうでもよい。神ご自身が6000年にわたって観想者を待ったのであれば、この書は、100年にわたって読者を待ち望むだろう。

本巻の各章

第1章————5つの正多面体

第2章————調和比と正多面体の親縁性

第3章————天の調和の考察に必要な天文学説の概略

第4章————単純な調和はどのような惑星運動の事象に表現されたか、また歌唱にある調和はすべて天に見出されること

第5章————音階のキイつまり音組織の位置および長短の調性は特

第6章——いわゆる音楽の調つまり旋法はそれぞれが各惑星によって表される

第7章——対位法つまりすべての惑星の普遍的調和と、さまざまな調和がありひとつの調和から別の調和が生じること

第8章——惑星にディスカント、アルト、テノール、バスという4声域の本性が表れている

第9章——この調和的な配列を達成するために各惑星の離心値は現にあるとおりの値しか取りえないことの証明

第10章——非常に豊かな推論による太陽についての結び

付録には以下の章がある。[★009]

第1章——プトレマイオス『調和論』第3巻の翻訳。ただし同じ題材を扱っている第3章から始める

第2章——プトレマイオスが標題を立てただけの最後の3章に対するプトレマイオス的な本文の補足

第3章——『調和論』のこの部分に対する注解。著者の説を明らかにし、反駁し、著者の発見したことや解決しようとしたことを私のものと対照する

以上のことを論じるにあたって、読者のために、同じことを始めようとする異教徒の哲学者ティマイオスの神聖な勧告を書き添えたい。それは、キリスト教徒がこの上もなく感嘆しつつ、まねることができなければ恥じ入って学ぶべきで、次のような勧告である。[★010]

いや、ソクラテス、少なくともその点に関しては、いくらかでも思慮分別のある人はみな、些細なことにせよ重大なことにせよ、始める前に、常に神に呼びかけるものです。ことに万有について議論しようとするわれわれは、正気を失わないかぎり、必ずやあらゆる神々と女神たちに訴えて御心に沿うよう、また諸君の意に

も適うようなことが言えるように、祈らなければなりません。

第Ⅰ章

5つの正多面体

　正多角形をどう組み合わせれば立体図形になるか、ということは第2巻で述べた。当然そこでは、正多角形を主とし、そのために(とりわけ)5つの正多面体に言及した。正多面体の数が5になることもそこで証明した。さらに、プラトン学派が正多面体を宇宙図形と命名した理由、その各図形を配した元素と、その根拠となった特性も示した〔第2巻命題25〕。本巻に入るに当たって再びこれらの図形について論じる。ただし、今度はその面となる正多角形のためではなく、直接に正多面体を扱う。ここでは天の調和を論じるのに十分であればよいので、その他のことについては『コペルニクス天文学概要』第4巻〔第Ⅰ部〕を参照されたい。

　ここに、『宇宙の神秘』に従って宇宙における5つの正多面体の順序を簡単に繰り返す。その中の3つは基本図形で、2つは副次的な図形である。すなわち、立方体「1.」は、発生の形態から本源的であり、全体の基本となるから、いちばん外側にあって体積も最大である。それに続くのは正4面体「2.」で、これはいわば立方体を切り取ることによって作られた立方体の一部である。しかし、この図形は立方体と同じく立体角が3稜からなるので、基本図形である。4面体の次には正12面体「3.」がある。これは最後の基本図形で、立方体の部分となる4面体に似たものから構成されたように見える。すなわち、不規則な4面体〔からなる5面体〕が内部の立方体を覆ったような形である。次にくるのは

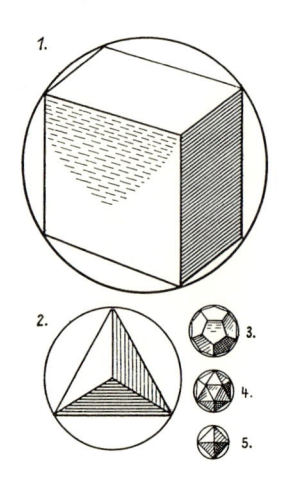

角に外接する円は球を表す。球は5.の場合を除けばこの円よりいくらか大きくて、実際には球が図形のすべての角に接すると考えなければならない。
大きさの比率は、この図では、図形5.の球が図形4.に、また図形4.の球が図形3.に、図形3.の球が図形2.に、最後に図形2.の球が立方体に内接できるように保たれる。またこの球は立方体の6面の各中心に接する(★011)。

正20面体「4.」で、12面体と似ているから、3稜より多い立体角を取る副次的な図形の最後のものである。いちばん内側には正8面体「5.」がある。これは立方体に似た、最初の副次的な図形である。したがって、この図形に外接できる立方体に外側の最初の場所があてられたように、立方体に内接できるから、正8面体には内側の最初の場所があてられる。

> 初めの図では、立方体に4面体ACDFが潜むこと、その4面体のある面、例えばACDが立方体の一角ACDBに覆われることが、明らかになる。
>
> 2番目の図では、正12面体の内部に立方体AEDが潜むこと、立方体のある面、例えばAEDが12面体の2つの角つまり5面体ABCDEに覆われることが、明らかになる。この5面体は2つの面DCAとABDによって3つの非相似な4面体に分解される。

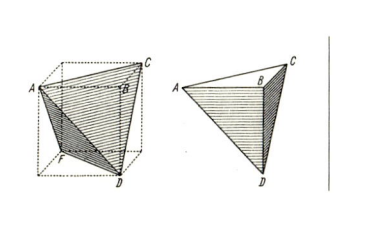

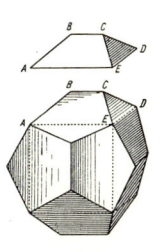

　これらの図形の中では、相異なる部類で結び付いた、いわば2組の夫婦が目に付く〔つまり双対的である〕。男性は基本図形に入る立方体と正12面体、女性は副次的な図形の正8面体と正20面体である。それにいわばひとりの独身者ないしは男女である正4面体が加わる。 ★014 女性図形が男性図形に内接し、いわば従いつつ、男性とは相対する女性的性徴をもち、相手の面に角を受け止めてもらうように、正4面体は自身に内接するからである。

　さらに、4面体は男性である立方体の構成要素、内臓、いわば〔イブのような〕肋骨である。それとは別の形で、女性の8面体も4面体の構成要素、部分である〔正4面体の各稜の中点を結ぶと正8面体の角になる〕。こうして正4面体は立方体と正8面体の婚姻の仲立ちをする。

> ここでは、正 8 面体が立方体に、正 20 面体が正 12 面体に、正 4 面体が正 4 面体に内接することがわかる。

　これらの図形の夫婦ないし家族の主要な相違は次のとおりである。立方体の家族の比は有理（Effabilis）で、正 4 面体〔の体積〕が立方体の 3 分の 1、正 8 面体が正 4 面体の半分で立方体の 6 分の 1 となる。正 12 面体の夫婦の比は無理（Ineffabilis）ではあるが、神聖比〔外中比〕となる。

　この 2 語の対照については、その意味に注意しなければならない。Ineffabilis（言い表すことができない）という語は、神学や神に関する問題の場合と異なり、ここではそれ自体として何らかの卓越性を意味せず、むしろ劣る状態を意味するからである。第 I 巻で述べたように、幾何学では多くの言い表すことのできないもの〔いわゆる無理線分や無理面積〕があるが、だからといって、それが「神聖な」比に与るわけではない。なお、神聖比（比というよりもむしろ分割〔日本語でも「黄金分割」という〕とすべきである）が何か、ということは第 I 巻を読めばわかる。すなわち、他の比には 4 項、連続比には 3 項が必要だが、神聖比には、比例のほかに、2 つの部分のうち大項が新たな全体となる、という

項どうしの特有な条件も必要になる。

　この12面体の夫婦では、無理比を用いることで失った分を、無理比が神聖比になることで埋め合わせる。

　12面体の夫婦は星形立体図形ももっている。この星形立体は、正12面体の面5つを一組とし、その5面を延長して一点に集合させることでできる。この図形のでき方については、第2巻を参照。

　最後に、それぞれの正多面体の外接球と内接球の比を示しておく。その比は正4面体では有理数で表せて、100000対33333つまり3対1となる。立方体の夫婦では無理数の比だが、内接球の半径は自乗において有理で、直径の自乗の3分の1の根となる。すなわち、100000対57735である。正12面体の夫婦では明らかに無理数の比で、100000対79465となる。星形では 100000対52573となる。これは正20面体の稜の半分もしくは星形立体の2つの穂先の距離の半分である。★015

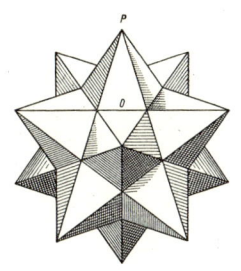

第1章　5つの正多面体

第2章

調和比と5つの正多面体の親縁性

　この親縁性は多種多様だが、主として4つの段階がある。親縁性の指標を立体図形の外見だけから取るか、稜の構成で調和比が生じるか、すでにできあがった個々の図形ないしは組み合わせた図形に調和比が結果として生じるか、最後に、調和比が立体の外接球と内接球の比に等しいかもしくは近似しているか、である。

　第Iの段階では、比の特徴つまり大項が3である比が、正4面体、正8面体、正20面体の3角形の面と親密な関係をもつ。大項が4である比が立方体の正方形の面、5である比が正12面体の5角形の面と親密な関係にある。

　面のこの類似性は比の小項に敷衍することができる。そこで、例えば、1対3、2対3、4対3、8対3などのように、3という数が連続的に2倍になっていく数のひとつと並ぶ場合には、いつでもそういう比は初めにあげた3つの立体図形と親密な関係にあるとしてよい。一方、2対5、4対5、8対5や、3対5、3対10、6対5、12対5、24対5のように、5という数をめぐる場合には、その比は完全に12面体の夫婦のものとされる。例えば2対3において項の数の和は5になるから、2対3が12面体と親密な関係にあるとするように、項の数の総和に類似性を求めても、親縁性はそれほどない。

　立体角の外見による親縁性も同様である。立体角は基本的な立体では3稜、8面体では4稜、20面体では5稜からなる。したがって、比の一項が3と関われば、比は基本的な立体と親縁関係にある。4であれば8面体、5であれば20面体と親縁である。この親縁性は女性的な立体図形にいっそうみごとな形で表れる。立体角の外見に、内に隠れ潜む特徴的な図形もついてくるからで、8面体には4角形、20面体には5角形がある。そこで、3対5は、上述の2つの理由から、20面体の系列に属することになる。

立体の発生の仕方にもとづく親縁性の第2段階は、以下のように考えられる。まず、数の調和比は一組の夫婦ないし家族と親しい関係にある。すなわち、完全な比はそれぞれが立方体の一族と親しい。それに対して、決して整数では表せず、その比に少しずつ近付いていく長い一連の数によって初めて数で表示される比がある。こういう比が完全なものだと神聖比〔外中比〕と言われる。この比がさまざまな形で12面体の夫婦の至る所を支配する。1対2、2対3、3対5、5対8という調和比は、この比を近似的に表示していく。1対2では神聖比はまったく不完全にしか認められないが、5対8ではもっと完全になる。さらに5と8を足して13という数にして、それを8の後に置けば、神聖比はいっそう完全になる。ただし、これはもはや調和比ではない。[★016]

　さらに立体図形の稜を作るためには外接球の直径を分割しなければならない。正8面体では球の直径の2分割、立方体と正4面体では3分割、12面体の夫婦〔正12面体と正20面体〕では5分割が必要である。したがって比は、比を表すこれらの数にもとづいて立体図形に配分される。また、直径の自乗も分割される。つまり直径の自乗の一定の部分から図形の稜の自乗ができる。そのときに稜の自乗を直径の自乗と比較すると、立方体では1対3、正4面体では2対3、正8面体では1対2の比になる。そこで、さらに2ずつを結び付けると、立方体と正4面体では1対2、立方体と正8面体では2対3、正8面体と正4面体では3対4となる。[★017] 12面体の夫婦の稜は無理線分である。[★018]

　第3に、すでにできあがった図形に調和比がさまざまな形で伴う。すなわち、立体図形の面の辺数をその図形全体の稜数と比較すると、立方体では4対12つまり1対3、4面体では3対6つまり1対2、8面体では3対12つまり1対4、12面体では5対30つまり1対6、20面体では3対30つまり1対10という比が出てくる。また面の辺数を面全体の数と比較すると、立方体は4対6つまり2対3、4面体は3対4、8面体は3対8、12面体は5対12、20面体は3対20となる。面の辺

もしくは角の数を立体角の数と比較すると、立方体は4対8つまり1対2、4面体は3対4、8面体は3対6つまり1対2、12面体とその配偶者〔20面体〕は5対20と3対12つまり1対4となる。面の数を立体角の数と比較すると、立方体の夫婦は6対8つまり3対4、4面体は等比つまり1対1、12面体の夫婦は12対20つまり3対5になる。稜全体の数と立体角の数を比較すると、立方体は8対12つまり2対3、4面体は4対6つまり2対3、8面体は6対12つまり1対2、12面体は20対30つまり2対3、20面体は12対30つまり2対5になる。

幾何学的に内接する形で正4面体が立方体の中に、正8面体が正4面体と立方体の中にあれば、立体どうしも相互に比較される。正4面体は立方体の3分の1、正8面体は正4面体の半分で立方体の6分の1になる。同様に、球に内接する8面体はこの球に外接する立方体の6分の1になる。他の立体では体積は互いに無理量である。

第4種ないし第4段階の親縁性はこの著作にいっそうふさわしい。それぞれの図形に内接する球と外接する球の比を求め、さらに、どんな調和比がその比に近似するかを考えることになるからである。さて、4面体の場合だけ内接球の直径は有理で、外接球の3分の1である。立方体の夫婦では、比は同一だが、自乗においてのみ有理な線分に似ている。内接球の直径と外接球の直径の比が1対3の平方根〔1:√3〕だからである。さらに比どうしを相互に比較すると、4面体の内接球と外接球の比は立方体の内接球と外接球の比の2乗である。12面体の夫婦では2つの球の比はやはり同一だが無理量であり、4対5より少し大きい。そこで、調和比の中で立方体と8面体の内外接球の比に近いのは、近似しているがそれより大きなものとしては1対2、小さなものとしては3対5である。12面体の夫婦の内外接球の比に近い調和比は、近似しているがそれより小さなものとしては4対5と5対6、大きなものとしては3対4と5対8である。
*020

特定の理由から立方体に1対2と1対3の比が必要になったとき、上の類比を用いれば、立方体の内外接球の比と4面体の内外接球の比の関係と同じように、立方体にあてた調和比1対2と1対3から、

4面体には1対4と1対9をあてるべきである。4面体の比も立方体の調和比の2乗だからである。だが、1対9は調和比ではないので、4面体ではその比に最も近い調和比1対8が取って代わることになる。12面体の夫婦に対しては、この類比によってほぼ4対5と3対4の比がくることになる。立方体の内外接球の比が12面体の夫婦の内外接球の比のほぼ3乗であるように、立方体の調和の1対2と1対3も4対5と3対4の調和のほぼ3乗だからである。すなわち、4対5を3乗すると64対125になるが、1対2は64対128である。同様に、3対4を3乗すると27対64になるが、1対3は27対81である。

第3章

天の調和の考察に必要な天文学説の概略

　　　の冒頭で心得ていただきたいのは、ボイエルバッハの『惑星の
　こ　新理論[021]』やその他の概説書の著者によって説明されたようなプ
トレマイオスの古い天文学の仮説を、この考察から完全に排除しなけ
ればならないことである。心からも放逐しなければならない。彼の仮
説は宇宙における天体の正しい配列も運動のあり方も伝えていないか
らである。

　プトレマイオスの仮説の代わりに私はあえてコペルニクスの宇宙　　コペルニクス説
説を採用する。できればこの説が正しいことをすべての人に認めさ
せたい。だが、彼の見解は一般の好学者にとってまだなお新奇なも
ので、地球が一惑星にすぎず不動の太陽の周りを巡って星々の間を
運行しているという学説は、不条理に聞こえるだろう。

　そこで、新奇な見解に抵抗を感じる人は、以下の調和の思索が　　　　ブラーエ説
ティコ・ブラーエ説にも妥当することを知っていただきたい[022]。あの
先生は、天体の配列と運動の調整の仕方に関するすべての見解をコ
ペルニクスと共有しているからである。コペルニクスとブラーエの
両大家は一致して惑星軌道の系の中心を太陽が占めるとするが、ブ
ラーエは地球の年周運動だけを太陽に移し換えている[023]。

　こうして運動を移し換えても、やはり地球は、際限もなく広大な　　両説の比較
恒星天球の宇宙空間ではないが、少なくとも惑星宇宙の系では、ど
んな時でも、コペルニクスが与えたのと同じ位置を占める。紙の上
に円を描く人はコンパスの円を引く側の脚を回すが、紙か板を回転
盤に固定する人はコンパスの脚や針を動かないようにしておいて回
転する板の上に同じ円を描く。この場合もそれと同様に、コペルニ
クスにとっては、地球がその本体の実際の運動によって外側の火星
の円と内側の金星の円の間にある円を描く。一方、ティコ・ブラー
エにとっては、惑星の系全体（火星と金星の円も他の惑星の円とともにこ

の系の中にある〉が回転盤に取り付けた板のように回転し、火星と金星の円の間にある間隙が、回転盤の軸のような不動の地球に固着している。この系の運動によって、地球は自ら不動のままにとどまりながら、太陽を巡って火星と金星の間に円を描くことになる。コペルニクス説では、系が静止していて、地球がこの円を実際の運動によって描く。

★024

> 調和の研究はブラーエ説にも妥当する

　調和の研究はいわば太陽から見た惑星の離心運動を考察の対象とするので、たとえ太陽が動こうと、研究者が太陽にいたら、その人にとっては（ブラーエに譲歩して）地球が静止していたとしても、やはり地球が2惑星間の年周軌道を2惑星の中間となる周期で通るように見える。これは容易に理解できるだろう。したがって、星々の間を地球が動くことを理解できないほど猜疑心の強い人間でも、やはりこのきわめて崇高な宇宙の仕組みのすばらしい研究を喜べるだろう。またそういう人が、離心円上での地球の日々の運動について聞いたことは何でも太陽からの見かけの運動にすぎないとするのであれば、ティコ・ブラーエもまた地球を静止するものとして、そこからの見かけの運動を提示しているのである。

> 調和の研究はコペルニクス説のほうにずっとよく当てはまる

　けれども、そういう人々が非常に楽しい思索に与ることを、サモス人の哲学の真の信奉者が拒む正当な理由はない。彼らがやがて太陽は不動で地球が動くことを受け入れたら、思索は完璧なものとなり、この信奉者の喜びはますます完全になるからである。

★025

> I. どんな天体の回転運動によって調和ができるか

　そこでまず第Iにここでは、惑星はすべて太陽の周りを回る、ということが今日ではあらゆる天文学者にとって確実となっているものと了解されたい。ただし月は除く。月だけは地球を中心とする。その軌道もしくは運行路の大きさは、この紙面〔次頁の図を参照〕では他の惑星軌道と正しい比率で輪郭を描けないほど小さい。他の5惑星に6番目の地球が加わってくる。地球は、静止している太陽に対して自らの固有運動によってか、もしくはそれ自体が不動なのに惑星系全体が回転することによって〔つまり、惑星系全体を率いた太陽が回転することによって〕、自身もまた太陽の周りに6番目の円を描く。

第2に、惑星はすべて離心しており、太陽からの惑星の間隔が変化し軌道の特定の個所で太陽から最も遠く離れ、その反対側で太陽に最も近付くことも、確実である。右に添えた図では、個々の惑星に3つ一組の円を作った。いずれも惑星の離心軌道を表すわけではない。しかし、軌道の長径に関するかぎり、例えば火星のBEのような真ん中の円が離心軌道の大きさに等しい。他方、例えばADのような実際の軌道は、Aの側で3つの円のいちばん外にある円AFに、反対側のDでいちばん内にある円CDに接する。太陽の中心を通って描いた点線の円GHは、ティコ・ブラーエ説による太陽の軌道を示す。太陽がこの軌道を動くとすれば、ここに描いた惑星系全体のあらゆる点も全体としてともに等しい道を進み、しかも各惑星が固有の軌道を進むことになる。その一点つまり太陽の中心が自らの円の一部、例えばこの場合のようにいちばん下の所にくると、惑星系のすべての点もそれぞれが全体としてその円のいちばん下にくることになる。なお金星の3つの円は、離心値から出した間隔が狭いので、意図したわけではないがひとつになってしまった。

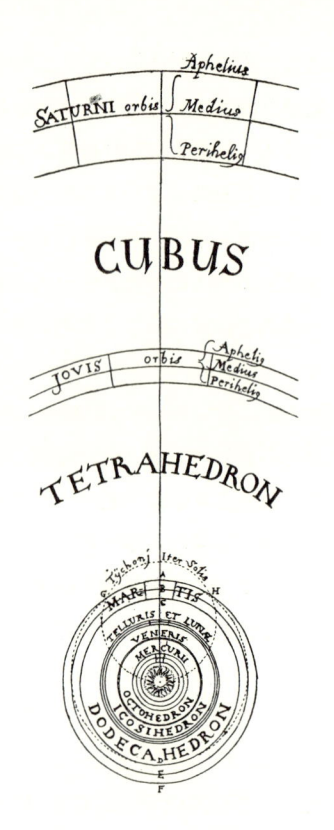

II. この天体の間隔にどんな違いがあるか

　第3に、私が22年前に刊行した『宇宙の神秘』から、賢明な創造主が惑星の数もしくは太陽の周囲の円軌道の数を5つの正多面体から選び出したことを思い起こされたい。正多面体については、すでに何世紀も前にユークリッドが、原素たる一連の命題からなる『原論』と言われる書を著した。それ以上の正多面体がありえないこと、

III. 調和を作る天体の数の理由

すなわち正多角形の立体的造形が5回しかできないことは、本書の第2巻で明らかにした。

IV. 天体の通過する球がとる大きさの理由

第4に、惑星軌道どうしの比についていうと、隣接する2つずつの軌道間の比の大きさは常に、5つの正多面体のひとつがもつ球、つまり当の立体の外接球と内接球の、特有の比に近似することが容易に明らかになるようなものである。けれどもこの比は、最終的に天文学が完全なものとなったら万全になるとかつて約束したほど完璧なものではない。ブラーエの観測結果から惑星間の距離をすっかり明らかにした後で、私は次のことを発見したからである。すなわち、立方体の角を土星の内側の円に当てると、立方体の各面の中心は木星の真ん中の円にほぼ接する。正4面体の角を木星の内側の円に置くと、4面体の各面の中心は火星の外側の円にほぼ接する。同様にして、正8面体の角が金星のいずれかの円（金星の3つの円はみな非常に狭い間隔の中に集中しているからである）にくると、8面体の各面の中心は水星の外側の円に食い込み、その下方に沈むが、水星の真ん中の円までは及ばない。最後に、正12面体と正20面体の内外接球の比は相互に等しい。そして火星の内側の円から地球の真ん中の円までと、地球の真ん中の円から金星の真ん中の円までの間を計算してみると、火星の円と地球の円、および地球の円と金星の円の間の比ないし間隔は、それらの立体の内外接球の比に最も近い。またそれらの円の比も相互に等しい。すなわち、地球の平均距離は、火星の最小距離と金星の平均距離の比例中項である。けれども、これらの惑星の円どうしの2組の比は、当の立体の内外接球の2組の比よりずっと大きい。そこで、正12面体の各面の中心は地球の外側の円にふれず、正20面体の各面の中心も金星の外側の円にふれない。しかもこの隔たりは、月の軌道半径を上方で地球の最大距離に付け加え、下方で地球の最小距離から除いても、満たされない。しかし、私は別種の図形の比があることを発見した。その図形は私がウニと命名した、正12面体〔の各面〕を延長拡大したもので〔本巻第1章および第2巻の図Ss参照〕、12の5角星形からなり、したがって5つの正多面

419　　第3章　天の調和の考察に必要な天文学説の概略

体にきわめて近い立体である。この立体が12の尖端を火星の内側の円に置くと、各芒つまり尖端の基底面となる5角形の辺が金星の真ん中の円に接する。要するに、立方体と8面体の対はその惑星軌道にいくらか食い込み、12面体と20面体の対はその惑星軌道に完全には達しない。4面体は無条件にその各々の軌道に接する。つまり惑星どうしの間隔から見ると、最初の場合は不足、次の場合は過剰で、最後の場合がちょうどぴったりである。

　以上から、太陽と各惑星の距離の比はそのまま正多面体のみから選び出されたのではないことが明らかになる。幾何学の直接の源泉であり、プラトンがいうように「永遠なる幾何学を実践する」創造主が、その原型から逸脱することはないからである。またこの帰結は、惑星はすべて一定の周期でその間隔を変えるので、各惑星が太陽からの2つの特徴的な距離つまり最大距離と最小距離をもつ、ということからも引き出せた。こうして、2惑星の太陽からの距離の比較が4通りの仕方で行える。それぞれの最大距離、最小距離、相互に反対の位置にくる最も遠く離れたときの距離、互いに最も接近したときの距離の比較である。そこで、2つずつの隣接した惑星の距離の比較の仕方の数は全部で20になる。それに対して、正多面体はたった5つしかない。とはいえ、創造主が全体としての軌道の比に配慮したとすれば、個々の惑星のさまざまに変化する個別的な距離の間の比にもやはり配慮したのは当然である。この配慮は、全体に対する場合でも個別的なものに対する場合でも同じであり、さらにそれぞれの配慮は互いに相関連している。以上のことを考えると、軌道の直径と離心値をともに確定するためには、5つの正多面体の他になおいくつかの原理が必要になる。

　第5に、調和を作る運動に言及するために、『火星注解』〔『新天文学』のこと〕でブラーエの非常に確実な観測結果から証明したことを繰り返しておく。惑星は、同一の離心円を等分した1日分の弧〔以下、1日分の弧を「日弧」と訳す〕を等速で通過するのではない。① 離心円を等分した部分での相異なる所要時間は、運動の源泉である太陽から

V. 真の運動に関する天文学上の公理

の距離に常に比例する。逆に言えば、等しい時間つまり各個所で自然な1日を取ると、それに応じて、② 離心軌道の真の日弧は互いに太陽から2つの弧までの距離に反比例する。また同時に、③ 惑星軌道が楕円であること、④ 運動の源泉である太陽がこの楕円の一方の焦点にあること、したがって、⑤ 惑星は遠日点から4分円弧だけ離れると、ちょうど太陽からの平均距離を取ること、つまり遠日点における最大距離と近日点における最小距離の平均になることを論証した。この2つの公理から次のことが出てくる。⑥ 惑星が遠日点から計算した離心円の4分円弧の終端にあるとき、その真の4分円弧は正しい4分円弧より小さいように見えるが、しかしその時点において、離心円上の惑星の1日の平均運動は離心円の真の日弧の大きさと同じになる。さらに次のような結果も出てくる。⑦ 離心円の真の日弧を2つ取る。その一方が遠日点から、他方が近日点から等距離にあるとしたら、この2つの弧を合わせると2日分の平均的な日弧に等しい。したがって、円周の比は直径の比に等しいから、⑧ 平均の日弧と、全円周上の相互に等しい平均の日弧の総和との比は、平均の日弧と、数においては先の場合と同じでも相互に不等な離心円の真の日弧の総和との比と、同一になる。離心円の真の日弧および真の運動については、以上のことをあらかじめ知っておく必要がある。そういう弧と運動から、視点を太陽に置いたときの視運動を理解するためである。

VI. 太陽から見た視運動つまり日弧をはさむ2線分が太陽の中心に作る角度に関する天文学上の公理

　第6に、太陽から見た見かけの弧に関していうと、真の動きが相互に等しくても、① 例えば遠日点における場合のように、宇宙の中心から遠く離れた動きほど、中心から見る者には小さく見える。また、例えば近日点における場合のように、近くにある動きほど、同じものでも大きく見える。これは古来の天文学でも認められていた。したがって、中心に近い真の日弧は速い動きのためにいっそう大きくなり、遠く離れた遠日点にある日弧は動きが緩慢なためになおさら小さくなる。ここから火星に関する書〔『新天文学』〕で次のことを証明した。② ひとつの離心円上の見かけの日弧どうしの比は、

十分正確に、太陽からその弧までの距離の2乗に反比例する。例えば、惑星が公転周期の特定の日に遠日点にあって、任意の単位で10単位分太陽から離れており、反対の近日点にくる日に同じ単位で9単位分太陽から離れていたとする。そうすると、太陽から見る惑星の遠日点における見かけの進み方と近日点における見かけの進み方の比が、81対100になるのは確かである。

　ただし、これは以下のような留保付きで正しい。まず、③ 離心円の弧が大きくないことである。それは、ひとつの弧が大きく異なるさまざまな距離を共有しないようにするため、つまり長軸端から弧の両端までの距離に顕著な相違が生じないようにするためである。次に、④ 離心値がそれほど大きくないことである。離心値が大きいほど、つまり弧が大きくなればなるほど、弧の取る見かけの角度が、弧の太陽への接近の程度を越えて大きくなるからである。これはユークリッド『光学』定理8による。しかし、⑤ 弧が小さくて距離が大きいと、こういうことは大して問題にならない。私が『光学』第11章で示したとおりである。私がこういう指摘をする理由は他にもある。すなわち、⑥ 平均近点角周辺の離心円の弧は太陽の中心からだと斜め方向に見ることになる。この傾斜によって見かけの大きさが減少する。それに対して、⑦ 長軸端周辺の弧は、いわば太陽にいて見る者の正面に現れる。したがって、離心値が非常に大きい場合、平均の日運動を減じて調整せず、見かけの日運動を平均距離に適用すると、動きの比に顕著な誤りが生じる。これはやがて水星の場合に明らかになる。以上すべてのことは『コペルニクス天文学概要』第5巻でさらに詳しく述べる。しかし、個々に考究した天体の調和比の項にも直接に関わってくるので、やはりここでも言及しておく必要があった。

　第7に、『コペルニクス天文学概要』第6巻で扱うような、太陽ではなく地球から眺めたときの見かけの日運動をたまたま思い浮かべた人は、この課題ではそれをまったく考慮していないことがわかるだろう。地球はそういう運動の源泉ではないから考慮する必要もな

VII. 地球から眺めたときの見かけの運動は排除する

い。またその運動は、まったくの静止状態つまり見かけの留のみならず、明らかに逆行にも陥って人を欺く見かけを取るから、考慮することもできない。こういうわけで、比が無限に多くてもすべて全惑星に同時に等しく配分される。また、（その運動がやはり運動の源泉である太陽から見たときの視運動だとしても）各惑星の真の離心軌道上の日運動がどういう固有の比を作るか確定するためには、まず各惑星に固有の運動から、5惑星すべてに共通する非本質的な年周運動というこの錯覚を除去しなければならない。こういう年周運動は、コペルニクス説では地球そのものの運動から、ティコ・ブラーエ説では惑星系全体の年周運動から生じる。そこで、各惑星に固有の運動だけを取り出して考察しなければならない。

VIII. 任意の2惑星の公転周期と太陽からの距離の間にはどんな比が成り立つか

第8。これまでは、同一惑星の相異なる弧ないしはそこでの所要時間について論じた。次いで相互に対比したときの2惑星の運動についても論じる必要がある。そこで、これから必要になる用語の定義に留意されたい。①上位惑星の近日点と下位惑星の遠日点を、2惑星の「最近接長軸端」と言うことにする。それらの長軸端が宇宙の同一方向でなくて相異なる方向、さらには相反する方向に向いていても、差し支えない。②「極限運動」とは、惑星の周天運動の中で最も遅い運動と最も速い運動の意と理解されたい。③「収束する極限運動もしくは集中性の運動」とは、2惑星の最近接長軸端つまり上位惑星の近日点と下位惑星の遠日点における運動のことである。④「発散する極限運動もしくは離反性の運動」とは、反対の長軸端つまり上位惑星の遠日点と下位惑星の近日点における運動のことである。ここで再び、当時はまだ明らかでなかったので未解決のままにしておいた22年前の『宇宙の神秘』のある問題を解いて、入れておく。★032 ブラーエの観測結果を用い、非常に時間のかかる絶えざる労力によって軌道の真の間隔を発見し、ついにようやく軌道の比に対する公転周期の本当の比がわかったからである。

それは確かに遅ればせながらこの気力の萎えた者に目を向けた。

それでも目を向けたのだ、後から長い時間かけてやってきて。[*033]

正確な日付を求めるなら、この本当の比は、今年1618年3月8日に思い付いた。ところが、いざ計算してみると不運にもうまく行かなかったので、いったんは誤りとして斥けた。結局、5月15日にそれが戻ってきて、新たなはずみをつけて私の知性の闇を一掃した。ブラーエの観測結果に取り組んだ私の17年間にわたる労力と現在のこの思索との一致をみごとに確認したので、初めは、夢を見ていて、求めた結果をあらかじめ前提の中に入れている〔論点先取の虚偽を犯している〕ように思ったほどである。しかし、事柄は非常に確実で正確である。⑤2惑星の公転周期の比は、正確に平均距離つまり軌道そのものの比の2分の3乗になる〔つまり、$t^2 : T^2 = r^3 : R^3$〕。[*034]ただし、楕円軌道の長径と短径の算術平均は長径よりいくらか小さいことに注意する必要がある。[*]

そこで、例えば地球の周期1年と土星の周期30年から得た比の3分の1乗つまり立方根を取り、この根を平方してその比の2乗を作れば、算出した数値に、太陽から地球と土星までの平均距離の非常に正しい比が得られる。すなわち、1の立方根は1で、その平方は1である。30の立方根は3より大きく、したがってその平方は9より大きい。実際、土星は太陽からの平均距離が太陽から地球までの平均距離の9倍よりいくらか高い。第9章で、離心値を明らかにするためにこの定理を用いる必要がある。

第9。かりにエーテルの大気中を通過する各惑星の真の日々の行程を、いわば同一の物差しで測りたければ、(見かけではなく)真の離心円の日弧[*036]の比と、各惑星の太陽からの平均距離の比の2つを、合わせる必要がある。後者の比は軌道の円周の大きさの比と同じだからである。すなわち、各惑星の真の日弧をその惑星の軌道半径と掛けなければならない。こうすると、それらの行程が調和比を作るかどうかを調べるのにふさわしい数値が出てくる。

第10。太陽に視点を置くとこのような1日分の行程は、それぞれ

*私が『火星注解』第48章232頁で証明したように、この算術平均は、円周の長さが楕円軌道と等しいか、それよりほんの少しだけ小さい、円の直径となる([*035])。

IX. 惑星は任意の時間に他の惑星に対してどれほどの距離を通過するか

X. 真の行程と太陽から惑星までの真の距離から、どのようにして天の調和の主題である太陽から見た視運動が得られるか

見かけの大きさがどれくらいになるか、算出する必要がある。これを天文学から直接に求めることもできる。けれども、行程の比に、平均距離ではなくて離心円上の各位置での真の距離の逆比を加えても求められる。すなわち、上位惑星の行程を下位惑星の太陽からの距離に乗じても、また逆に下位惑星の行程を上位惑星の太陽からの距離に乗じても、この大きさが得られる。

XI. 太陽からの見かけの日運動からどのようにして太陽から惑星までの距離を出すか

第II。また同じく、一方の惑星の遠日点における視運動と他方の惑星の近日点における視運動、もしくはこれと逆の場合の運動からも、一方の惑星の遠日点距離と他方の惑星の近日点距離の比を出せる。ただしその場合には、平均運動つまり第8項にしたがって軌道の比を出したときの公転周期の逆比を、あらかじめ知っておく必要がある。そのとき、2惑星のどちらかの視運動と平均運動の比例中項を取ると、この比例中項と既知の軌道半径の比が、平均運動と求める距離もしくは間隔の比と等しくなる。ここで2惑星の公転周期を27と8としよう。そうすると、前者の惑星と後者の惑星の平均の日運動は8対27となる。そこで軌道半径の比は9対4になる。27の立方根は3、8の立方根は2で、これらの根3と2の平方は9と4だからである。いま、一方の惑星の遠日点における視運動を2、他方の惑星の近日点における視運動を$33\frac{1}{3}$としよう。平均運動8、27とこの視運動の比例中項は、それぞれ4、30になる。そこで、比例中項4が惑星の平均距離9になれば、平均運動8が視運動2に対応する遠日点距離18になる。そして他方の比例中項30が他方の惑星の平均距離4になれば、その惑星の平均運動27はその近日点距離$3\frac{3}{5}$になる。そこで私の主張では、前者の惑星の遠日点距離と後者の惑星の近日点距離の比は18対$3\frac{3}{5}$〔つまり5対1〕になる。そこから明らかなように、2惑星の極限[*037]

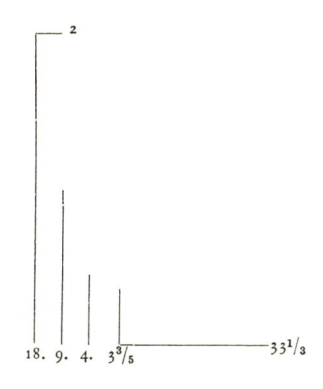

運動の間の調和が決まり、それぞれの公転周期が定まれば、必然的に最大および最小距離と平均距離、したがって離心率〔つまり(最大距離－平均距離)÷平均距離〕も出てくる。

第12。同一惑星の相異なる極限運動から平均運動が得られる。この運動は、正確に極限運動の算術平均になるわけでなく、幾何平均でもない。幾何平均が算術平均と幾何平均の平均より小さい分だけ、幾何平均より小さい。ここで2つの極限運動を8と10としよう。するとこの平均運動は、算術平均の9より小さく、9と幾何平均である80の平方根の差の半分だけ80の平方根より小さい。そこで、遠日点における運動を20、近日点における運動を24とすると、平均運動は22より小さく、さらに480の平方根と22の差の半分だけ480の平方根より小さい。★038 この定理は以下の項で用いる。

XII. 平均運動と極限運動の比はどうなるか

第13。以上の各項から、やがて大いに必要になる以下の命題が証明される。すなわち、2惑星の平均運動の比が軌道の逆比の2分の3乗であるように★039、2つの収束する極限視運動の比は、その極限運動に対応する距離の逆比の2分の3乗より常に小さくなる。しかも、対応する2つの距離の比と2つの平均距離もしくは2つの軌道半径の比を掛け合わせたものが、軌道の比の2分の1乗より小さくなるかぎり、2つの収束する極限運動の比は、それに対応する距離の比より大きくなる。また、掛け合わせたものが軌道の比の2分の1乗を越えれば、収束する運動の比はその距離の比より小さくなる。★040

XIII. 2惑星から太陽までの距離の比と2惑星の視運動の比にどんな関係があるか

軌道の比をDH、AE、平均運動の比をHJ、EMとする。後者の比は前者の逆比の2分の3乗である。また初めの軌道の最小距離をCG、後の軌道の最大距離をBFとする。そしてまずDH、CGとBF、AEの比を掛け合わせたものがDH、AEの比の2分の1乗より小さいとしよう。また上位惑星の近日点における視運動をGK、下位惑星の遠日点における視運動をFLとしよう。そうすると、これは収束する極限運動になる。私の主張では、GK、FLの比がCG、BFの逆比より大きく、その2分の3乗より小さい。★041 すなわち、HJ対GKの比はCG対DHの比の2乗で、FL対EMの比はAE対BFの

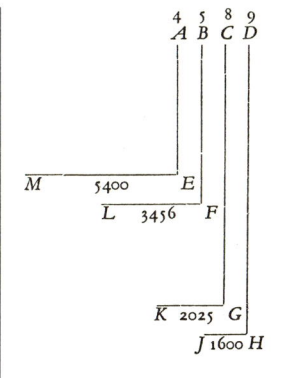

比の2乗である。したがって、2つの比HJ対GKとFL対EMを掛け合わせたものは、CG対DHとAE対BFを掛け合わせたものの2乗になる。ところが、先の仮定におけるように、CG対DHとAE対BFを掛け合わせたものは、AE対DHの比の2分の1乗よりも、一定量の不足分だけ小さい。[042]それ故に、HJ対GKとFL対EMを掛け合わせたものは、AE対DHの2分の1乗の2乗つまりAE対DHの比そのものよりも先の不足分の2乗だけ小さい。ところが、HJ対EMは、先の第8項により、AE対DHの比の2分の3乗である。したがって、全体のAE対DHより不足分の2乗だけ少ないものをAE対DHの2分の3乗から除すると、つまりHJ対GKとFL対EMを掛け合わせたものをHJ対EMから除すると、一定量の超過分の2乗だけ、AE対DHの比の2分の1乗より多いものが残る。ところが、残るのはGK対FLである。したがって、GK対FLの比はAE対DHの比の2分の1乗よりも超過分の2乗だけ多い。ところで、AE対DHの比は、AE対BF、BF対CG、CG対DHの3つの比から成る。そしてCG対DHとAE対BFを合わせたものは、AE対DHの比の2分の1乗よりも単純な不足分だけ少ない。したがって、BF対CGはAE対DHの比の2分の1乗よりも単純な超過分だけ多い。しかし、GK対FLの比は同じAE対DHの比の2分の1乗よりもさらに多くて、その超過分は2乗だった。ところが、超過分の2乗は単純な超過より大きい。故に、運動の比のGK対FLは、それらに対応する距離の比BF対CGよりも大きい。[043]

　同じ方法で、逆に以下のことも証明される。2惑星がG、Fで平均距離を越えて相互にH、Eのほうに近付き、平均距離の比DH対AEがその2分の1乗より多くを失うと、運動の比GK対FLがそのときの距離BF対CGの比より小さくなる。この証明には、「大きい」

第3章　天の調和の考察に必要な天文学説の概略

を「小さい」、「多い」を「少ない」、「超過分」を「不足分」にそれぞれ置き換えるほかに何もいらない。

　図に付した数値では、4対9の2分の1乗は2対3で、5対8は2対3より大きく、超過分は15対16である。一方、8対9の比の2乗は1600対2025つまり64対81の比になる。4対5の比の2乗は3456対5400つまり16対25の比になる。最後に、4対9の比の2分の3乗は1600対5400つまり8対27になる。したがって、2025対3456つまり75対128の比は5対8つまり75対120の比よりさらに大きく、その超過分は（120対128つまり）同じく15対16である。こうして、収束する運動の比2025対3456はそれに対応する距離の逆比の5対8を上回るが、その超過分は、この5対8が軌道の比4対9の2分の1乗を上回るのと同じ値になる。あるいはまた結局は同じことになるが、収束する運動の2つの距離の比は、軌道の比の2分の1乗とそれに対応する収束する運動の逆比の中項である。[044]

　なお、以上から、発散する運動の比は軌道の比の2分の3乗よりさらにずっと大きいことがわかる。[045] その2分の3乗の比に、遠日点距離と平均距離の比および平均距離と近日点距離の比を掛け合わせたものの2乗が乗ぜられるからである。

第4章

創造主は調和比をどんな惑星運動の事象にどのように表現したか

　逆行と留という錯覚を取り除いて、真の離心軌道における惑星の固有運動を抜き出してみると、惑星には次のような個別の事項が残る。① 太陽からの距離。② 公転周期。③ 離心円の日弧。④ その弧における日々の所要時間。⑤ 太陽に作る角度もしくは太陽から見たときの見かけの日弧。さらにまたこれらは（公転周期を除けば）すべて周天運動全体で変化する。その変化の仕方は、惑星がひとつの長軸端から方向転換して反対の長軸端に戻るとき、中間の長さの所で非常に大きく、両端ではきわめて小さい。例えば、惑星が最も低くなって太陽にいちばん接近し、したがって離心円の1度分の所要時間が最小になり、反対に1日で離心円の最大の日弧を描き、太陽からは最も速く見えるとき、惑星運動はしばらくはこの力を保ったままで、変化は知覚されない。惑星が近日点を通過してしだいに太陽から離れはじめ、太陽からの直線距離が長くなっていくと、それと同時に離心円の1度に要する時間も長くなっていく。あるいは1日分の運動を考えると、1日たつごとに運動が減衰し、太陽から見るとますます遅くなっていく。長軸端の頂点に近付き太陽からの距離が最大になると、離心円の1度分の所要時間もいちばん長くなる。また反対に、惑星が1日で描く弧は最小になり、惑星の視運動もさらにずっと小さく、周天運動の中で最小になる。

　最後に、一惑星には相異なる時点を通じてこれらの事項のすべてがある。あるいは相異なる惑星にこのすべてがある。そこで、無限の時間の経過を仮定すれば、一惑星の周天運動のあらゆる様相が、別の惑星の周天運動のすべての様相と同一の時点で重なり合って比較できるようになる。そのときには、離心円全体を相互に比較すると、離心円が半径つまり平均距離の比と同じ比を取る〔本巻注35参照〕。ただし、2つの離心円の弧は、同じ数値で等しいように表示されて

も、離心円全体の比では本当の長さは等しくない。例えば、土星軌道の1度は木星軌道の1度より約2倍大きい。逆にいうと、天文学上の数値〔つまり角度〕で表した離心円の日弧は、惑星本体がエーテルの大気中を通って1日で描く本当の行程の比を示していない。個々の単位が、上位惑星の大きな軌道では大きな行程区間を、下位惑星の狭い軌道では小さな行程区間を表すからである。そこで、考慮すべき第6項として2惑星の日ごとの行程に関する事項が加わる。

まず最初に、先に列挙した第2項つまり惑星の公転周期を取り上げよう。これは、軌道全体の全度数にわたる、長いもの、平均的なもの、短いものを含むあらゆる所要時間を加えた総計からなる。そして古代から現代に至るまで、惑星は以下の表に見えるような時間で太陽の回りを一周することが、見出されている。

	日数 1日単位	$\frac{1}{60}$日単位	故に、1日の平均角距離は 分	秒	$\frac{1}{60}$秒
土星	10759.	12	2.	0.	27.
木星	4332.	37	4.	59.	8.
火星	686.	59	31.	26.	31.
月をもつ地球	365.	15	59.	8.	11.
金星	224.	42	96.	7.	39.
水星	87.	58	245.	32.	25.

したがって、これらの公転周期には調和比はまったくない。音程が数オクターブにわたることを無視して1オクターブ内に現れる音程を調べられるように、大きい周期を連続的に半減し、小さい周期を連続的に2倍にしてみると、それがすぐにわかる。[★046]

	土星	木星	火星	地球	金星	水星	
半減	10759.12						倍増
	5379.36	4332.37				87.58	
	2689.48	2166.19			224.42	175.56	
	1344.54	1083.10	686.59	365.15	449.24	351.52	
	672.27	541.35					

見てわかるように、最後の数値はすべて調和比から逸脱していて、無理数のようである。すなわち、火星の日数の687を、弦の分割の基準となる120とする。この基準でいくと、土星には実際の周期の16分の1に117より少し大きな数、木星には8分の1に95より小さな数、地球には64より小さな数、金星には2倍に78より大きな数、水星の4倍には61より大きな数がくる。ところが、これらの数は120とどんな調和比も作らない。120と調和比を作るのはこれらの数に近い60、75、80、96である。そこで、土星を基準の120とすると、木星はおよそ97で、地球は65を上回り、金星は80を越え、水星は63より小さい。また木星を基準の120とすると、地球は81より小さい。金星は100より、水星は78より小さい。同様にして、金星を基準の120とすると、地球は98より小さく、水星は94より大きい。最後に、地球を基準の120とすると、水星は116より小さい。ここで比を自由に選ぶことに意味があったら、全体に過不足のない完全な調和を取っただろう。したがって、創造主たる神が、所要時間を加算した総計としての公転周期に調和比を導入しようとしたとは認められない。

惑星本体となる球の比　さらに、惑星本体の体積は公転周期に比例するので、土星球は地球より30倍近く大きく、木星は12倍近く大きいが、火星は2倍より小さい。また地球は金星球の1倍半より大きく、水星球の4倍より大きい。これは（幾何学的な証明と、『火星注解』で述べた惑星運動の原因に関する学説に依拠しているので）非常に蓋然性の高い推測である。し

たがって、この惑星本体の比もやはり調和比ではない。

　しかし神は、先行する必然の法則の規制を受けない事象をすべて幾何学的な美しさをもつように整えた。したがって、そこから容易に得られる結論は、公転周期の長さやさらに惑星本体の体積も、原型として先行するものから派生したということである。体積も公転周期もきちんとした比になっていないように見えることを考えれば、それは、原型的なものを表すためにこういう規格に合わせたのである。ところで、各弧の所要時間には非常に長いもの、平均的なもの、非常に短いものがあるが、その総計が周期であることはすでに述べた。したがって、この所要時間か、もしくは創造主の知性の中に先行する事項があれば、それに、幾何学的な調和の美が発見されるにちがいない。ところが、所要時間の比は、日弧の比によって決まる。弧はそこでの所要時間の比に反比例するからである。また、一惑星の所要時間の比と距離の比が同じことも述べた。そこで、個々の惑星についていうと、弧と、等しい弧における所要時間と、弧の太陽からの遠さつまり距離の3つを考えるのは、同じことになる。さらに惑星のこれらの数値はすべて変化する。したがって、至高の創造主の特定の神意によって、これらが幾何学的な美しさをもっていたら、その美しさを遠日点距離と近日点距離のような極限において受け入れたのであり、その間の中間的な距離の所においてではない。この点には疑問の余地がない。極限の距離の比を与えれば、途中にくる比を一定の数に合わせようと意図する必要はなくなるからである。途中の比は、惑星が長軸の一端からあらゆる途中の位置を通過してもう一端へと運動すると、必然的な結果として出てくる。

　ティコ・ブラーエの非常に精密な観測結果を用い、『火星注解』に述べた方法によって、17年間にわたるきわめて粘り強い研究で調べた極限の距離は、次のとおりである。

調和音程と対比した距離〔地球の平均距離を1000とする〕

2惑星間のもの				個々の惑星に固有の値
発散する場合	収束する場合	土星の遠日点	10052. a	小全音 $\frac{10000}{9000}$ より大きく、大全音
$\frac{a}{d}\ \frac{2}{1}$	$\frac{b}{c}\ \frac{5}{3}$	近日点	8968. b	$\frac{10000}{8935}$ より小さい。
		木星の遠日点	5451. c	いかなる諸調和的な比もない。非諧調的な比 $\frac{11}{10}$ もしくは調和比 $\frac{6}{5}$〔短3度〕の半分〔2分の1乗〕の近似値である。
		近日点	4949. d	
$\frac{c}{f}\ \frac{4}{1}$	$\frac{d}{e}\ \frac{3}{1}$			
		火星の遠日点	1665. e	ここで $\frac{1665}{1388}$ であれば調和比 $\frac{6}{5}$〔短3度〕、$\frac{1665}{1332}$ であれば $\frac{5}{4}$〔長3度〕だった。
		近日点	1382. f	
$\frac{e}{h}\ \frac{5}{3}$	$\frac{f}{g}\ \frac{27}{20}$			
		地球の遠日点	1018. g	ここで $\frac{1020}{980}$ であれば4分音 $\frac{25}{24}$ だった。故に、これは4分音をもたない。
		近日点	982. h	
$\frac{g}{k}\ \frac{10000}{7071}$	$\frac{h}{i}\ \frac{27}{20}$			
($\frac{k}{g}$ は $\frac{1}{2}$ の半分〔2分の1乗〕である)		金星の遠日点	729. i	コンマ〔$\frac{81}{80}$〕の1倍半〔2分の3乗〕より小さく、4分音の3分の1〔3分の1乗〕より大きい。
		近日点	719. k	
$\frac{i}{m}\ \frac{12}{5}$	$\frac{k}{l}\ \frac{243}{160}$			
		水星の遠日点	470. l	過5度 $\frac{243}{160}$ より大きく〔*〕、調和比 $\frac{8}{5}$〔長6度〕より小さい。
		近日点	307. m	

〔*過5度（diapente abundans）とは、5度（$\frac{3}{2}$）より半音（$\frac{16}{15}$）ではなく、1コンマ（$\frac{81}{80}$）だけ大きな音程のこと。つまり、$\frac{3}{2} \times \frac{81}{80} = \frac{243}{160}$ となる〕。

したがって、火星と水星の場合を除けば、一惑星の極限距離はすべて調和を示唆しない。

ところが、異なる惑星の極限距離を相互に比較すると、調和の光がいくらか輝きを見せはじめる。すなわち、土星と木星の発散する場合の極限距離は1オクターブより少し大きく、収束する場合は長6度と短6度の中間になる。同様にして、木星と火星の発散する場合の極限距離は約2オクターブにわたり、収束する場合は約1オクターブと5度〔$\frac{2}{1} \times \frac{3}{2} = \frac{3}{1}$〕になる。地球と火星の発散する場合の極限距離は長6度よりいくらか大きい値をもち、収束する場合は過4

度〔4度掛ける1コンマつまり $\frac{4}{3} \times \frac{81}{80} = \frac{27}{20}$〕である。次の地球と金星の組み合わせでは、収束する場合の極限距離には再び同じ過4度がくるが、発散する場合には調和比がない。これは（そういう言い方が許されるならば）「半オクターブ」つまり1対2の半分〔2分の1乗〕より小さいからである。最後に、金星と水星の発散する場合の極限距離には1オクターブと短3度からなる音程〔$\frac{2}{1} \times \frac{6}{5} = \frac{12}{5}$〕より少し小さなものがあり、収束する場合は過5度より少し大きなものがある。

　そこで、ひとつの音程が調和音程からいくらか大きく逸脱しても、こういう成果を収めたことはさらに歩を進めるための刺激となった。私の推論は以下のようなものだった。まず、これらの距離が運動を伴わない長さであるかぎり、それを調和に合わせて調べるのは適切でない。調和にいっそう密接な関係のある基本事項は、速さと遅さに関わる運動だからである。次に、この距離では、それが軌道の直径である以上、類比によって、5つの正多面体が優先的に考慮されたようである。天球は、周囲がすべて古来の主張によれば天の素材で閉ざされている。あるいは非常に多くの回転運動の渦巻の集積で連続的に閉ざされているはずである。幾何学的立体とこの天球の関係は、円に内接させられる正多角形（こういう図形から調和が生じる）と、運動の描く天の円や運動が行われる他の空間の関係と同じだからである。そこで、調和を求めるなら、こういう軌道半径となる距離ではなく、運動の基準となるような距離、むしろ運動それ自体に求めるべきである。実際、軌道半径となる距離はたんなる平均距離としてしか解されない。しかし、ここでは極限距離を問題にする。したがって、惑星軌道の観点ではなく運動の観点から、距離を問題にするのである。

　こういうわけで、極限運動の比較に移ったとき、まず、運動相互の比は、先に距離の比だったものと逆比例になるだけで、比の大きさは同じままだった。したがって、運動の間にも、先のような非諧調的で調和とは関係のない比が見出された。しかし、私にはそうなるのが当然のように思われた。比較したのが、同一の大きさの尺度

どんな段階を経て真の天の調和に到達したか。凸形軌道と円の曲線の類比は、正多面体と調和、さらには天体とその運動の類比と同じこと

で測って数値で表した弧ではなく、惑星が違えば実際の大きさも異なるような度と分の数値で表した離心円弧だからである。それにこういう弧は、それぞれの数値が表す見かけの大きさを、各離心円の中心にしか作らない。ところが、この中心を支える物体は何もないので、宇宙のその位置に、この見かけの大きさを把握できるような感官ないしは自然な直観をもつものがあるようには思えないし、ないとせざるをえない。惑星が違えばその離心円の中心も異なるから、離心円弧を、各円の中心にできる見かけの大きさから比較しても意味がない。相異なる見かけの大きさを比較するには、宇宙において実際にそれを見て比較できる能力をもつものが、見かけの大きさをすべて共通して把握できる位置に現存しなければならない。そこで、こういう離心円弧の見かけの大きさは、考慮に入れないか、もしくは別の仕方で考えるべきだと思った。そして見かけの大きさを考慮せず、惑星の日々の行程に直接に注意を向けるとしたら、前章第9項で述べた規則を用いるべきだろう。そこで、離心円の日弧を軌道の平均距離と掛けたところ、以下のような行程の値が出てきた。

	日弧 分 秒	平均距離	1日分の行程[*]
土星の遠日点	1. 53.	9510.	1075
近日点	2. 7.		1208
木星の遠日点	4. 44.	5200.	1477
近日点	5. 15.		1638
火星の遠日点	28. 44.	1524.	2627
近日点	34. 34.		3161
地球の遠日点	58. 6.	1000.	3486
近日点	60. 13.		3613
金星の遠日点	95. 29.	724.	4148
近日点	96. 50.		4207
水星の遠日点	201. 0.	388.	4680
近日点	307. 3.		7148

[*1日分の行程の数値は、秒に換算した日弧の角度と各惑星の平均距離の積の頭から4桁。ただし、火星の遠日点と水星の近日点の数値は5桁目以下切り捨て、他はすべて切り上げ]。

こうして、土星は水星の行程のほぼ7分の1を描く。そこでアリストテレスが『天体論』第2巻〔第10章〕で理にかなっていると考えたことが起こる。つまり太陽に近い星は太陽から遠い星よりいつも大きな経路を描く。これは古来の天文学ではうまく説明できない。

個々の惑星の1日分の行程についていうと、それらの比は先の距離の比と大きさが同じでも、形が逆比になるはずである。上述のように、離心円弧は太陽からの距離の逆比だからである。

ただし、2惑星の発散もしくは収束する場合の極限における行程を考慮すると、弧それ自体を考えたので、明らかに先の場合よりも調和的な要素がずっと少ない。
　実際、もっと綿密に考えてみると、至高の智をもつ創造主が調和を特に惑星の行程そのものに与えたことは、明らかにあまり真実らしくない。行程どうしの比が調和比であれば、惑星のもつ他の要素はすべて行程の規制を受けてしばられることになり、他に調和を取る余地がなくなる。しかし、行程間の調和が何の役に立つのか。また誰がこの調和を知覚するのか。自然の事物の中にあって調和を明らかにしてくれるのは、光と音の2つである。光は目もしくは目に類似の内に隠れた感官を介して、音は耳を介して受容される。知性がこれらの形象を、直観によってか（これについては第4巻で十分に論じた）天文学ないしは音楽による推論を通して把握し、諸調和的なものを非諧調的なものと区別する。だが、天にはどんな音もない。運動も、天空の大気の摩擦から甲高い音が生じるほど激しく乱れ動くようなものではない。そこで光が残る。光が惑星の行程に関することを教えてくれるはずのものなら、目か、もしくは特定の位置に座を占める目と類似の感覚中枢に教えることになる。そこで、光自らが直接教えるまさにそのとき、感官がその場に立ち会わねばならないように思われる。したがって、全宇宙には感官があることになる。同一の感官が全惑星の運動に同時に立ち会うためである。観察から、幾何学と算術の非常に遠い回り道、軌道の比やあらかじめ学ぶべき他の事柄を経て、ここにあげた行程へと至る道筋は、自然な直観にとって、あまりにも長すぎるからである。ところが、穏当な見方をすれば、調和はこの自然な直観を動かすために導入されたのである。
　そこで、以上のすべてをひとつの観点に集約して、以下のような適切な結論を出した。エーテルの大気中を巡る惑星の真の行程を放棄して、見かけの日弧、ことに宇宙の特別な位置つまりあらゆる惑星運動の源泉たる太陽本体から見たすべての見かけの日弧の大きさに、目を転じなければならない。惑星が太陽からどれほど離れてい

るか、1日でどれほどの経路を通過するか、といったことは考えなくてよい。それは推論の対象となる天文学上の問題であり、直観によって把握することではないからである。むしろ考えるべきは、各惑星の日運動が太陽本体でどれほどの角度になるか、あるいは黄道にならって太陽を中心として描いたひとつの共通の円の下で、各惑星が1日にどれほどの大きさの弧を描くように見えるか、ということである。こうして、光のおかげで太陽本体に伝わったこの見かけの大きさが、また光を伴って真っ直ぐに、この直観を分有する被造物に流入できるようになる。第4巻で、天の星位の形が光線のおかげで胎児に流入すると述べたのと同様である。

　ティコの天文学から、(惑星に外見上の留と逆行をもたらす年周軌道の視差を、惑星に固有の運動から取り除くと)惑星の軌道上における(太陽から見たときの見かけの)日運動は次頁のようになることがわかる。

　水星は離心率が大きいために、運動の比が距離の比の2乗といくらか異なることに留意されたい。すなわち、平均距離100対遠日点距離121の比を2乗して平均運動245′〔分〕32″〔秒〕に対する遠日点の運動の比を算出すると、遠日点の運動は167′になる。★050 また平均距離100対近日点距離79の比を2乗して平均運動に対する近日点の運動の比を算出すると、近日点の運動は393′になる。どちらも、ここに掲げた値より大きい。平均近点角における平均運動を大きく斜めにずれた方向から見るので、見かけの大きさが245′32″にならずに、約5′ほど小さくなる。そのために遠日点と近日点の運動も小さな値が出てくるのである。なお、前章第6項で注意したとおり、ユークリッド『光学』の定理によって、その差異は遠日点では小さく、近日点では大きい。

　各惑星のこの見かけの極限運動の間に調和音程ないし諸調的音程があることは、上にあげた離心円の日弧の比からも予想できた。そこでは至る所に調和比の半分〔2分の1乗〕が突出するのを認めたし、視運動の比が離心円上の運動の比の倍〔2乗〕であることがわかったからである。しかし、推論しなくても、次頁の表で見るように、直

2惑星の調和			見かけの日運動		各惑星に固有の調和	
発散する場合	収束する場合		分 秒		分 秒	
		土星の遠日点	1. 46.	a.	1. 48.	これらの間が $\frac{4}{5}$ で長3度
		近日点	2. 15.	b.	2. 15.	
a $\frac{1}{d\ 3}$	b $\frac{1}{c\ 2}$					
		木星の遠日点	4. 30.	c.	4. 35.	これらの間が $\frac{5}{6}$ で短3度
		近日点	5. 30.	d.	5. 30.	
c $\frac{1}{f\ 8}$	d $\frac{5}{e\ 24}$					
		火星の遠日点	26. 14.	e.	25. 21.	これらの間が $\frac{2}{3}$ で5度
		近日点	38. 1.	f.	38. 1.	
e $\frac{5}{h\ 12}$	f $\frac{2}{g\ 3}$					
		地球の遠日点	57. 3.	g.	57. 28.	これらの間が $\frac{15}{16}$ で半音
		近日点	61. 18.	h.	61. 18.	
g $\frac{3}{k\ 5}$	h $\frac{5}{i\ 8}$					
		金星の遠日点	94. 50.	i.	94. 50.	これらの間が $\frac{24}{25}$ で4分音
		近日点	97. 37.	k.	98. 47.	
i $\frac{1}{m\ 4}$	k $\frac{3}{l\ 5}$					
		水星の遠日点	164. 0.	l.	164. 0.	これらの間が $\frac{5}{12}$ で1オクターブと短3度
		近日点	384. 0.	m.	394. 0.	

接調べるだけで主張を立証できる。すなわち、各惑星の視運動の比が調和音程の近似値になる。例えば土星と木星はそれぞれ長3度と短3度よりほんの少しだけ大きい比を取る。過剰分は土星では $\frac{53}{54}$、木星では $\frac{54}{55}$、もしくはそれより小さく約1コンマ半〔コンマ つまり $\frac{80}{81}$ の2分の3乗〕である。地球はほんのわずか、すなわち $\frac{137}{138}$、約半コンマ〔1コンマの2分の1乗〕半音より大きい。火星はかなり(つまり

$\frac{34}{35}$ ないし $\frac{35}{36}$ ★052 の近似値である $\frac{29}{30}$ だけ) 5度より小さい。水星は1オクターブを越えて大全音よりむしろ短3度に近い値を取る。つまり水星はこの比よりほぼ $\frac{38}{39}$ 小さい比をもつ。この $\frac{38}{39}$ はおよそ2コンマつまりほぼ $\frac{34}{35}$ ないし $\frac{35}{36}$ である。金星だけはどんな諸調的音程よりも小さな比を取って、4分音そのものになる。その極限運動の比が2コンマと3コンマの間にあって、4分音の3分の2乗を上回るからで、ほぼ $\frac{34}{35}$ ないし $\frac{35}{36}$ つまり1コンマ減少した4分音となる。

この考察には月も入る。観測によれば、月の遠地点における1時間当たりの運動は上弦と下弦の時が最も遅くて26′26″、近地点における1時間当たりの運動は朔望の時が最も速くて35′12″である。この比率は非常に正確に4度になる。26′26″の3分の1は8′49″弱で、その4倍が35′15″だからである。4度の調和が視運動では他のどこにも見出されないことと、調和における4度と位相における矩象〔4分の1対座〕の類比に留意されたい。以上のことが各惑星の運動に見出される。

<small>2惑星の収束する運動と発散する運動の間にどんな調和があるか</small>

ところが、相互に対置した2惑星の極限運動には、発散する極限運動であろうと収束する極限運動であろうと、比べてみればひと目でわかる天の調和のみごとに輝く太陽が、雲間から姿を現す。すなわち、土星と木星の収束する運動では、比はきわめて正確に1対2つまり1オクターブである。発散する運動では、1対3つまり1オクターブと5度よりほんのわずかだけ大きい。5′30″の3分の1は1′50″だが、土星はその代わりに1′46″を取るからである。そこで、惑星間の比が1ディエシス〔4分音〕、もしくはそれより少し小さい $\frac{26}{27}$ ないし $\frac{27}{28}$ だけ大きすぎる。また1″より小さい値を土星の遠日点運動に加えると、過剰分は $\frac{34}{35}$ になる。この値は金星の極限運動の比である。木星と火星の発散および収束する極限運動では、3オクターブおよび2オクターブと3度が君臨するが、完全な形ではない。38′1″の8分の1は4′45″だが、木星は4′30″を取るからである。この2つの数値にはなお $\frac{18}{19}$ の隔たりがある。これは、半音 $\frac{15}{16}$ と4分音 $\frac{24}{25}$ の中間値で、完全なリンマ $\frac{128}{135}$ に非常に近い(第3巻第4章参照)。

同様にして、26′14″の5分の1は5′15″だが、木星は5′30″を取る。そこでここでは、1対5の比におよそ $\frac{21}{22}$ ほど足りない。先にはこの分が一方の比より過剰だった。つまり、この値はほぼ4分音 $\frac{24}{25}$ に等しい。近似値となる調和比は $\frac{5}{24}$ である。これは2オクターブに加えて長3度ではなく短3度を取る。5′30″の5分の1は1′6″で、これを24倍すると26′24″になるが、これと26′14″とは半コンマより大きな違いにならないからである。火星と地球は最小比として非常に正確に2対3つまり5度を取る。57′3″の3分の1は19′1″で、その2倍は38′2″だが、火星はまさにこの値すなわち38′1″をもつからである。2惑星は大きい比としては1オクターブと短3度 $\frac{5}{12}$ を取るが、わずかに不完全である。61′18″の12分の1は5′6$\frac{1}{2}$″で、それを5倍すると25′33″になるが、火星はその代わりに26′14″を取るからである。したがって、およそ1コンマ少ない4分音つまり $\frac{35}{36}$ ほど不足している。地球と金星は共同して、最大で $\frac{3}{5}$ 長6度、最小で $\frac{5}{8}$ 短6度の調和比を取るが、これも非常に完全な形というわけではない。97′37″の5分の1は19′31″で、この3倍は58′34″になるが、これは地球の遠日点における運動より $\frac{34}{35}$ つまりほぼ $\frac{35}{36}$ だけ大きいからである。惑星間の比がこの分だけ調和比を上回る。同様にして、94′50″の8分の1は11′51″強で、その5倍は59′16″である。これは地球の平均運動〔59′8″強〕の最近似値である。それ故に、ここでは惑星間の比が調和比より $\frac{29}{30}$ ないし $\frac{30}{31}$ ほど小さい。この値もほぼ $\frac{35}{36}$ つまり1コンマ減の4分音である。しかも地球と金星のこの最小比は調和比5度の近似値でもある。94′50″の3分の1は31′37″で、その2倍は63′14″だが、地球の近日点における運動61′18″はこの値に小部分 $\frac{31}{32}$ ほど足りないからである。そこで厳密には、惑星間の比は隣り合う調和比〔短6度と5度〕の中間値を占める。最後に、金星と水星は最大で2オクターブ、最小で長6度の比を取るが、これもまた完全な形ではない。384′の4分の1は96′0″だが、金星は94′50″を取るからである。したがって、1対4にほぼ1コンマ加わる。同様にして、164′の5分の1は32′48″で、その3倍は98′24″になる

が、金星は97′37″を取るので、惑星間の比がほぼ3分の2コンマ、つまり $\frac{126}{127}$ だけ大きい。

　以上が惑星どうしの組み合わせに配分される調和である。（収束する場合と発散する場合の極限運動という）特殊な対比に由来する比はすべて調和音程に近い比である。そこで、おそらく弦をそのように張ったら、木星と火星の間のひとつの比のずれを除けば、耳はその不完全さをたやすくは識別できないほどである。

2惑星の同一方向の運動の間にはどんな調和があるか

　同一方向〔つまり遠日点どうし近日点どうし〕の運動を比べてみても、調和から大きく逸脱することはない、という結論が得られる。すなわち、土星の比 $\frac{4}{5}$ に $\frac{53}{54}$ を乗じて2惑星間の比 $\frac{1}{2}$ に加えると、$\frac{2}{5}$ に [★053] $\frac{53}{54}$ を乗じた値になる。これは土星と木星の遠日点における運動の比である。木星の比 $\frac{5}{6}$ に $\frac{54}{55}$ を乗じて同じ $\frac{1}{2}$ に加えると、$\frac{5}{12}$ に $\frac{54}{55}$ を乗じた値が得られる。これは土星と木星の近日点における運動の比である。同様にして、木星の $\frac{5}{6}$ に $\frac{54}{55}$ を乗じて、次の2惑星間の比 $\frac{5}{24}$ を $\frac{157}{158}$ で除した値に加えると、遠日点における運動の比 $\frac{1}{6}$ を $\frac{35}{36}$ で除した値が出てくる。同じく $\frac{5}{24}$ を $\frac{157}{158}$ で除した値に、火星の $\frac{2}{3}$ を $\frac{29}{30}$ で除した値を加えると、ほぼ $\frac{5}{36}$ を $\frac{24}{25}$ で除した値 $\frac{125}{864}$ つまり約 $\frac{1}{7}$ が出てくる。これは近日点における運動の比である。この比は確かにこれまでのところただひとつの非諧調的な比である。2惑星間にある3番目の比 $\frac{2}{3}$ に、火星の $\frac{2}{3}$ を $\frac{29}{30}$ で除した値を加えると、$\frac{4}{9}$ を $\frac{29}{30}$ で除した値 $\frac{40}{87}$ が出てくる。これは遠日点の運動にある2番目の非諧調的な比である。火星の比の代わりに地球の $\frac{15}{16}$ に $\frac{137}{138}$ を乗じた値を加えると、近日点における運動の比 $\frac{5}{8}$ に $\frac{137}{138}$ を乗じた値ができる。さらに2惑星間の4番目の比 $\frac{5}{8}$ を $\frac{30}{31}$ で除した値つまり $\frac{2}{3}$ に $\frac{31}{32}$ を乗じた値に、地球の $\frac{15}{16}$ に $\frac{137}{138}$ を乗じた値を

加えると、地球と金星の遠日点における運動の比$\frac{3}{5}$の近似値が得られる。94′50″の5分の1は18′58″で、その3倍は56′54″だが、地球は57′3″を取るからである。同じ$\frac{5}{8}$に金星の$\frac{34}{35}$★054を加えると、近日点における運動の比$\frac{5}{8}$になる。97′37″の8分の1は12′12″強で、5倍すると61′1″になるが、地球は61′18″を取るからである。

　最後に、2惑星間の比の中で最後にある$\frac{3}{5}$に$\frac{126}{127}$を乗じた値に金星の$\frac{34}{35}$を加えると、$\frac{3}{5}$にさらに$\frac{24}{25}$を乗じた値ができる。この両者〔長6度と4分音〕からなる不協和音程が遠日点における運動の比になる。また、水星の比$\frac{5}{12}$から$\frac{38}{39}$を除した値を$\frac{3}{5}$に加えると、近日点における運動の比として、$\frac{1}{4}$つまり2オクターブからほぼ完全な4分音を除した値になる。

　そこで、完全な調和が見出せるのは以下の運動の間である。土星と木星の収束する極限運動の1オクターブ。木星と火星の収束する極限運動のほぼ2オクターブと短3度。火星と地球の収束する極限運動の5度。この2惑星の近日点における運動の短6度。地球と金星の遠日点における運動の長6度。近日点における運動の短6度。金星と水星の収束する極限運動の長6度。発散する極限運動やまた近日点における運動の2オクターブ。ブラーエの観測結果から最も綿密に築き上げた天文学を損なうことなく、残る非常にわずかな不一致をなくせそうなほど、この調和は完全である。ことに金星と水星の運動においてはそうである。

　また注意すると気付かれるとおり、木星と火星の間のように主たる完全な調和がない場合のみ、正多面体がほぼ完全にその間に入るのが認められる。木星の近日点距離が火星の遠日点距離のほぼ3倍だからである。こうして木星と火星の組は、運動にない完全な調和を距離において達成しようとする。次に気付かれるように、土星と木星の〔発散する〕大きな惑星間の比は、調和比1対3を、ほぼ金星に固有の比の値だけ越える。そして火星と地球が共同して作る大きな比にもほぼこの値の不足がある。さらに地球と金星が共同して作る収束と発散の2つの極限運動の比にもこの値だけの欠陥がある。★055　3

第5巻——天体運動の完璧な調和および離心率と軌道半径と公転周期の起源　　442

番目に気付かれるのは、およそ上位惑星では収束する極限運動に、下位惑星では同一方向の運動に、調和が成立することである。4番目には、土星と地球の遠日点における運動にほぼ5オクターブの音程があることに留意されたい。57′3″の32分のIは1′47″だが、土星の遠日点運動は1′46″だからである。

　さらにまた、各惑星が単独で示す調和と共同して示す調和の間には大きな相異がある。前者の調和は同一の時点では現れることがないが、後者の調和は一般的には現れることがあるからである。同一惑星が遠日点にくるとき同時に反対側の近日点にもあることはできないが、2惑星の場合は、同時に一方が遠日点に、他方が近日点にあることも可能だからである。こうして、古人が知っていた唯一のもので、われわれが「コラール」と呼ぶ単純な歌唱つまり単旋律歌曲と、最近の数世紀間に案出されたいわゆる「装飾的な」多声部の歌唱の対応と同じものが、各惑星が単独で表す調和と共同して表す調和の間にもある。そこでさらに第5章と第6章で、各惑星を古人の単旋律歌曲と対比して、その特性を惑星運動において明らかにする。またそれに続く章では、惑星の共同が現代の装飾的音楽と符合することを証明する。

第5章

（太陽から見た）惑星の視運動の比に表れる音組織の位置

つまり音階のキイと長短の調性

　　　の12の項つまり太陽の周りを回る6惑星の12の運動の間に、上下にわたり至る所に調和比、ないしは最小の諸調的音程のほとんど知覚できない部分の値に至るまで調和比に近似した比があることを、天文学と音楽から得た数値によって以上に証明した。第3巻では、まず第1章で個々の調和比を探し出した。そうしてから第2章で、数がどんなに多くてもすべての調和比をひとつの共通な音組織つまり音階に組み立てた。あるいはむしろ調和比のひとつでありながら他の調和比を可能態として内に含む1オクターブを、他の調和比を用いて音度に分かち、それによって音階を構成した。同様にして今も神ご自身が自ら宇宙の中に具現された調和を発見したので、次には、個々の調和が単独に成り立っていて他の調和とは何の関係もないのか、それとも調和はすべて相互に協和するのか、見ていこう。しかし、おそらくさらに探究を重ねるまでもなく結論は容易に出せる。それらの調和は、神意により、いわば組み立てられたひとつの建造物の内部で相互に支え合い、他を押しつぶさないように、互いに整えられている。実際、同一項をさまざまに対比したとき、調和が現れない所はどこにもないのを見たからである。すべての調和が相互に結び付いてひとつの音階になるように整えられていなかったら、（不協和音の発生は至る所で必然的に起こりはしたが）さらに多くの不協和音が現れやすかっただろう。例えば、第1項と第2項の間に長6度ができるようにして、先行する音程を考慮せず第2項と第3項の間に同様にして長3度ができるようにしたら、この場合、第1項と第3項の間には不協和で非諧調的な音程の $\frac{12}{25}$ を許容することになる。

さて、推論によって引き出した結論が実際の事柄に即して見出せるかどうか、見ていく。ただし議論を進めるさい、つまずくことのないように、あらかじめ注意すべきことを述べておく。まず、半音より小さな過剰分や不足分はさしあたって無視しなければならない。この超過分と不足分の原因が何かということは後で見る。次に、あらゆるオクターブは同音だから〔第3巻第I章の定義を参照〕、運動を連続的に倍増もしくは半減することですべての数値をIオクターブの音組織内に還元する。

　オクターブの音組織のすべての位置すなわちキイを表す数値は、第3巻第8章の図表に表示した。その図表の数値は2本一組の弦の長さに関するものと理解されたい。したがって、運動の速さはその数値と逆比例の関係にある。★056

　いま惑星運動を連続的に半減した部分を取って比較すると、以下のようになる。

運動	分	秒
水星：近日点運動の$\frac{1}{2}$の7乗つまり128分のI	3.	0.
遠日点運動の$\frac{1}{2}$の6乗つまり64分のI	2.	34.弱
金星：近日点運動の$\frac{1}{2}$の5乗つまり32分のI	3.	3.強
遠日点運動の$\frac{1}{2}$の5乗つまり32分のI	2.	58.弱
地球：近日点運動の$\frac{1}{2}$の5乗つまり32分のI	I.	55.弱
遠日点運動の$\frac{1}{2}$の5乗つまり32分のI	I.	47.弱
火星：近日点運動の$\frac{1}{2}$の4乗つまり16分のI	2.	23.弱
遠日点運動の$\frac{1}{2}$の3乗つまり8分のI	3.	17.弱
木星：近日点運動の$\frac{1}{2}$	2.	45.
遠日点運動の$\frac{1}{2}$	2.	15.
土星：近日点運動	2.	15.
遠日点運動	I.	46.

　最も遅い土星のいちばん遅い遠日点運動が、I′〔分〕46″〔秒〕の数値

で音組織の最下位Gを表すものとする。そうすると、実際には5オクターブ高いが、地球の遠日点運動も同じキイ〔G〕を表す。その値も1′47″だからである。実際、土星の遠日点運動で1秒の相異について論争しようとした人はいない。しかしそういう人がいたとしても差異は$\frac{106}{107}$以下で、1コンマより小さい。1′47″の4分の1の27″を1′47″に加えると2′14″になる。そして土星の近日点運動が2′15″を取る。木星の遠日点運動も同様だが、1オクターブ高い。したがって、この2つの運動はhのキイになる。もしくはそれよりほんのわずか高い。1′47″の3分の1の36″弱を取って1′47″に加えると2′23″弱で、これがcのキイになる。この値は火星の近日点運動の大きさと同じだが、実際にはこの運動は4オクターブ高い。同じく1′47″にその半分の54″弱を加えると2′41″弱で、これがdのキイになる。実際には1オクターブ高いが、これはこの表では木星の近日点運動に相当する。その運動がこの値の近似値2′45″だからである。1′47″の3分の2の1′11″強を1′47″に加えると、2′58″弱になる。そして金星の遠日点運動が2′58″弱である。そこでこの運動がeのキイを表すが、実際は5オクターブ高い。水星の近日点運動も3′0″だから、この値を大きく越えないが、実際は7オクターブの音程だけ上にある。最後に、1′47″の2倍の3′34″を9で割って、9分の1の24″を3′34″から引くと3′10″強が残り、これがfのキイになる。火星の遠日点運動3′17″がほぼそれを表すが、実際には3オクターブ高い。この値は適正な数値より少し大きくて、f♯のキイに近い。3′34″の16分の1の$13\frac{1}{2}″$を3′34″から引くと$3′20\frac{1}{2}″$が残り、3′17″はその近似値だからである。実際に音楽においても、至る所で見るとおり、fのキイの代わりにしばしばf♯が用いられる。

したがって、(第3巻第2章で調和的な分割でも表せなかったAのキイを除けば)1オクターブ内の長音階のすべてのキイが、惑星のあらゆる極限運動によって表せる。ただし、金星と地球の近日点運動と水星の遠日点運動は除く。水星のこの運動の値2′34″はc♯のキイに近い。dの2′41″からその16分の1の10″強を引くと、2′30″が残り、これ

第5巻——天体運動の完璧な調和および離心率と軌道半径と公転周期の起源 | 446

がcρのキイだからである。そこで、金星と地球の近日点運動だけがこの音階から排除される。表で見ると、以下のようになる。

これに対して、土星の近日点運動の2′15″から音階が始まるものとすると、この運動がGのキイになる。そのときAのキイになるのは2′32″弱で、これは水星の遠日点運動にきわめて近い。bのキイになるのは2′42″で、これはオクターブを合わせると木星の近日点運動にきわめて近い。cのキイになるのは水星の近日点運動の3′0″で、金星の近日点運動もそれにきわめて近い。dのキイになるのは3′23″弱で、火星の遠日点運動の3′18″は、これに比べてそれほど低いわけではない。この場合、数値がそのキイより小さい分は、先に同じく数値がdのキイより大きかった分とほぼ等しい。dρのキイになるのは3′36″で、地球の遠日点運動がほぼこの数値を取る。eのキイになるのは3′50″で、地球の近日点運動が3′49″である。[★057]木星の遠日点運動は再びgを取る。

こうして、fを除く短音階の1オクターブ内のすべてのキイが、惑星の大多数の遠日点と近日点における運動によって表せる。ことに先には抜け落ちていた運動がここに入ってくる。表で見ると、以下のようになる。

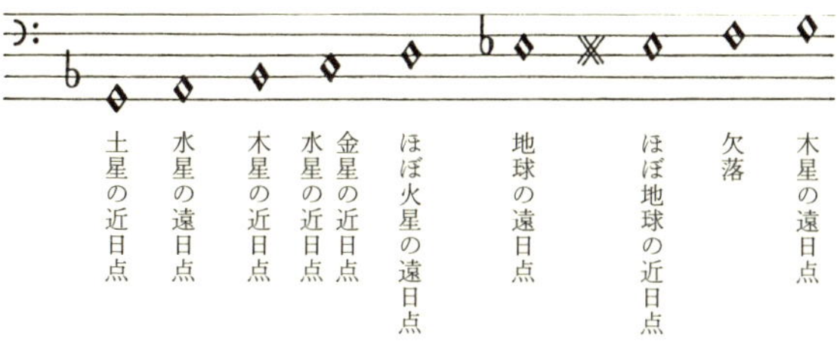

ただし、先にはfρが表せてAが落ちていたが、今度はAが表せてfρが落ちている。第3巻第2章の調和的な分割でも、fのキイはやはり落ちていたからである。

したがって、天には2通りの道いわば2つの調性で、音階つまり1オクターブの音組織が表現されている。そこには、音楽で自然な歌唱を展開するのに用いるあらゆるキイがある。ただ相異するのは、調和的な分割では、2つの道がいっしょに同一の項をGとして始まるのに、この惑星運動では、長音階でhだった項が短音階ではGになることである。*058

天の運動では以下のようになる。

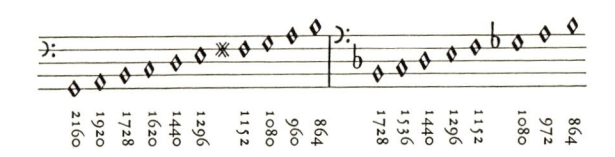

調和的分割によると以下のようになる。

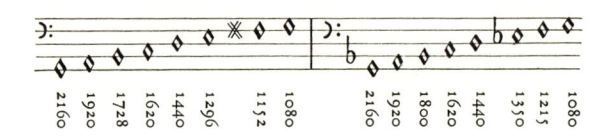

すなわち、音楽での2160対1800つまり6対5が、天の表す音組織での1728対1440つまり6対5になる。他のたいていの数値についても同様である。

2160 対 1800. 1620. 1440. 1350. 1080. は
1728 対 1440. 1296. 1152. 1080. 864. に等しい。

そこで、人間が音組織ないし音階の中に音もしくは音度の非常にみごとな配列を構成したところで、もはや驚くことはない。音楽で

は、人間は自ら創造主たる神の模倣者として行動し、いわば天体運動の配列劇を筋書きどおり演じたことがわかるからである。

　実際のところ、天の2重音階がわかる別の方法もある。その場合、音組織は同じでも調律が2通りの仕方で考えられる。一方は金星の遠日点運動、他方は近日点運動による。この金星運動の変化が最小の諸調的音程である4分音の大きさの範囲内におさまるので、量的には最小だからである。そして遠日点運動による調律には、上述のように、G、e、hに、土星、地球、金星の遠日点運動、それに近い木星の遠日点運動、c、e、hに、火星の近日点運動、それに近い土星の近日点運動、さらに一見して明らかなように水星の近日点運動が入る。[★059]これに対して、金星の近日点運動による調律は、火星と水星の遠日点運動、それに近い木星の遠日点運動、木星と金星の近日点運動、それに近い土星の近日点運動、そしてある程度は地球の、疑いもなく水星の近日点運動にある。すなわち、金星の遠日点ではなく近日点における運動3′3″がeのキイになるものとする。そうすると水星の近日点運動の3′0″も、第4章末尾によれば2オクターブ離れてはいるが、やはりこの近似値である。また、金星の近日点運動3′3″の10分の1の18″をこの値から引くと水星の近日点運動2′45″が残る。これはdのキイになる。15分の1の12″を3′3″に加えると、火星の遠日点運動の近似値3′15″になり、これがfのキイになる。同様にして、土星の近日点運動と木星の遠日点運動もほぼ同じ調律に従い、hのキイになる。ところが、3′3″の8分の1の23″を5回取ると、地球の近日点運動の1′55″になる。これは上にあげた運動と同じ音階には適合しない。その音階ではeの下に$\frac{5}{8}$の音程がこないし、Gの上に$\frac{24}{25}$の音程もこないからである。けれども、金星の近日点運動と同じく水星の遠日点運動も、この配列の仕方から離れてeの代わりにdρのキイになるようにすれば、この地球の近日点運動がGのキイになり、水星の遠日点運動も協和する。3′3″の3分の1の1′1″を5回取ると5′5″で、その半分の2′32″強が水星の遠日点運動の近似値となり、この特別の調音でその運動がcの

キイになるからである。したがって、これらの運動はすべて相互に同一の調律の下にある。ただし一方で、金星の遠日点運動が音階を先にあげた3つ（ないしは5つ）の運動〔G、h、cに当たる土星の遠日点運動と近日点運動、地球と木星の遠日点運動、火星の近日点運動〕とともに同じ調性に分かつ。金星の遠日点運動もこの調律では同じ調性になる。これが長音階である。他方でまた、同じ金星の近日点運動が同じ音階を後にあげた2つの運動〔G、cに当たる地球の近日点運動と水星の遠日点運動〕とともに違った形に分かつ。しかし、別の諸調的音程に分かつのではなく、諸調的音程が異なる配列になるように分かつ。それは短音階に特有のものとなる。

　この章では、どんなことが問題か提示しただけで十分である。それぞれの事柄がどうしてそうなったのか、一致の原因のみならず細部の不一致の原因は何か、ということは第9章で非常に明晰な論証によって解き明かす。

第6章

惑星の極限運動に表現されているいわゆる音楽の調つまり旋法

　この主張は上述の所説から出てくるから、ことばを重ねる必要もない。各惑星は、音階の中で、そのキイすなわち音組織の位置の間を占める特定の音程を通過するようになっていた。そのかぎりで、近日点運動によってある意味で音組織の各位置を表示する。それぞれの始まりは前章で遠日点運動にきたキイ(位置)である。すなわち、土星と地球はＧから、木星はｈから始まる。このｈは、もっと高くしてＧに移調できる。火星はfρ、金星はe、水星はさらに高い音組織のＡから始まる。[*061] 慣用の記譜法では各惑星の運動は以下のようになる。[*062] 見てのとおり、ここでは音符で満たしたが、惑星はこういう中間の位置を、極限運動による位置の場合のように明瞭に形成するわけではない。惑星は一方の極限の項から反対の極限の項へと音程による飛躍で進むのではなくて、連続的な調弦によって進み、実際には(可能性としては無限に多い)あらゆる中間の位置を通り過ぎるからである。しかし私は、それを連続する一連の中間の音符によってしか表現できなかった。金星は、調弦の範囲からいうと、最小の諧調的音程とも等しいものを作れないので、[*063] ほぼ同一音にとどまる。

　　土星　　　木星　　　ほぼ火星　　　地球

　　金星　　　水星　　　　月

ところが、一定の諧調的音程を間に配して共通の音組織の2つのキィを表示することとオクターブの骨格を形成することは、調つまり旋法を識別する基本である。したがって、惑星の間には音楽の旋法が配分される。識別可能な旋法を形成して限定できるようになるためには、音程によって展開される人間の歌唱に固有な、さらに多くの事柄が必要なのは、よく知られている。だから、表題に「いわゆる」ということばを用いた。

　なお、各惑星が、ここで割り当てた極限運動によって近似的にどんな旋法を表すかということについて、自分の見解を表明するのは、調和論研究者の自由である。私は、土星には慣用の旋法の7番目か8番目を当てる〔8種の旋法については第3巻第14章を参照〕。その基音となるキィをGとすると、近日点運動はhへと上昇するからである。木星には最初か2番目の旋法を当てる。遠日点運動をGに合わせて調音すると、近日点運動がbに至るからである。火星には5番目か6番目の旋法を当てる。火星があらゆる旋法に共通の音程である5度に近似的に及ぶからというだけでなく、特に、他の惑星の運動と共通の音組織に還元すると、近日点運動によってcに達し、遠日点運動によって5番目もしくは6番目の旋法の基音である f を示唆するからでもある。地球には3番目か4番目の旋法を当てる。地球の運動の変化は半音の範囲内にあり、またこれらの旋法では最初の音程が半音だからである。[*]音程の大きさから、水星には一様にあらゆる旋法がふさわしいことになる。また音程の狭さのために金星にはどんな旋法も適しない。しかし、共通の音組織からいうと、やはり3番目と4番目の旋法がふさわしい。他の惑星運動から見ると金星自体はeを占めるからである。

---

[*] 地球はMI（ミ）FA（ファ）MI（ミ）と歌うので、その音節からさえもこのわれわれの居住する地では、MIseria（悲惨）とFAmes（飢餓）が勢威を振るうことが推測される。

第7章

全6惑星の普遍的調和は一般の対位法同様4声部からなる

ウラニアよ、いまやもっと大きな響きが必要なのだ。天体運動の調和の梯子〔音階〕で、宇宙的建造物の真の原型がひそかに守られている、さらなる高みへと昇るまでは。現代の音楽家たちよ、私の後についてきて、古代には未知だった諸君の技法で問題を考えてみるとよい。2000年の抱卵の末に、ようやくこの数世紀になって、諸君を宇宙万有の真の最初の体現者として産み出したのは、いつも潤沢な産出力を示す自然なのだ。自然が、諸君の用いる多声部の協和により、諸君の耳を介して、最も深い内奥部から現れるそのままの自分の姿を、創造主たる神の最愛の娘たる人間の知性に囁いたのである。

隣接する2惑星が運動の表す極限でどういう調和比を取るか、すでに明らかにした。しかし、ことに非常に遅い2惑星が同時に極限距離にくるようなことは、めったにない。例えば、土星と木星の長軸端は約81度離れている。そこで、2惑星のこの隔たりが、20年がかりの飛躍を一定の回数だけ繰り返して獣帯全体を踏破するまでの間に、800年が経過する。けれども、8世紀で終わる飛躍も、正確には長軸端にこない。そして少しでも遠くにずれると、それよりさらに好都合な飛躍を計算で求めることができても、さらになお800年待たなければならない。しかも、ずれが重なってその程度が一回の飛躍の半分の大きさになるたびに、それが繰り返されるはずである。このような周期は、それほど長期にわたるものではなくても、他の各2惑星の組み合わせにも現れる。しかしその間も、2惑星の別の調和が生じる。その調和は2つの極限運動の間ではなくて、ひとつの極限運動とひとつの中間運動もしくは2つの中間運動の間にある。その調和は、いわばさまざまに異なる調弦にある。すなわち、土星はGからh、さらにそれをいくらか越えて広がる。木星は

*現代のそれぞれの作曲家に、この私の仕事の賛辞として巧妙なモテットの作曲を要求するのは、恥ずかしいことだろうか。詩篇作者の王〔ダヴィデ〕や聖書の他篇がこの曲にふさわしい歌詞を豊富に提供してくれる。しかし心しなければならぬ。天には6声部以上の協和はない(★066)。月は、揺籃としての地球に随行しつつ、ひとり離れて独唱部を歌うからである。作曲家の諸君は応分の負担をしてほしい。私は、総譜が6声部からなるよう熱心な監督者たることを約束する。この著作に記した天の音楽をいっそう適切に表現する人がいたら、彼にはクリオが花冠を、ウラニアが許嫁としてウェヌスを与えることを約束してくれる。

hからd、さらにそれより大きく広がる。そこで、土星と木星の間には、1オクターブの違いを越えて、長短各3度と4度の調和も生じうる。確かに3度の一方は他方の大きさを取る調弦によって、4度は大全音の大きさによって生じうる。*068 すなわち、4度は、土星のGから木星のccだけでなく、土星のAから木星のdd、さらには土星のG-Aと木星のcc - ddの間のあらゆる中間位置にわたってもあるだろう。だが、8度と5度はただ長軸端にだけ現れる。火星は、より大きな固有の音程をもつので、調弦の大きさによって上位惑星と8度も作る、という特性をもっている。水星は、3か月以上にならない公転周期の間に、すべての惑星とあらゆる調和を作るような大きさの音程を取っていた。これに対して地球と、さらにそれ以上に金星の場合は、固有の音程の狭さによって、他の惑星との調和のみならず、特にこの2惑星相互の調和も際立って少なくなる。もし3惑星が協同してひとつの調和を作る必要があるとしたら、確かに何回も適当な位置になるのを待たなければならない。しかし、調和の数は多い。そこで、近い星の調和が隣り合う星の調和を受け入れると、それだけ調和が現れやすい。そして火星、地球、水星の間には、3重の調和がかなり頻繁に現れるように思われる。だが、4惑星の調和は、数世紀間に散見される程度になりはじめ、5惑星の調和は数万年の間に起こるにすぎない。6惑星すべての協和になると、その発現は永遠の長期間に隔てられている。天体の運行が終了するまで2度と起こることはないのか、それはむしろ全宇宙の年齢の起点となった特定の時間の始まりを示すのか、私にはわからない。*069

もし6重の調和がただひとつ生じるか、複数の調和の間にひとつだけ顕著な調和が現れることがあったら、おそらくその調和の星位こそ宇宙創造の表徴と見なすことができる。そこで、6惑星すべての運動がひとつの共通な調和に還元されるのか、それは全体に何通りの形でできるのか、問題となる。この問題を考究する方法として、地球と金星から始めることにする。この2惑星は協和を2つしか作らないし（それがこのことの原因となるのだが）、その協和は非常に狭い

宇宙の始まりの表徴

全惑星の調和つまり長音階(★070)の普遍的調和

	hの協和				cの協和		
		最低音部の調弦	最高音部の調弦			最低音部の調弦	最高音部の調弦
		分 秒	分 秒			分 秒	分 秒
水星	e vij	380. 20		水星	e vij	380. 20	
	h vij	285. 15	292. 48		c vij	304. 16	312. 21
	g vj	228. 12	234. 16		g vj	228. 12	234. 16
	e vj	190. 10	195. 14		e vj	190. 10	195. 14
金星	e v	95. 5	97. 37	金星	e v	95. 5	97. 37
地球	g iiij	57. 3	58. 34	地球	g iiij	57. 3	58. 34
火星	h iiij	35. 39	36. 36	火星	c iiij	38. 2	39. 3
	g iij	28. 32	29. 17		g iij	28. 32	29. 17
木星	b j		4. 34	木星	c j	4. 45	4. 53
土星	h	2. 14		土星	G	1. 47	1. 49
	G	1. 47	1. 49				

この普遍的調和に協働するのは、土星の遠日点運動、地球の遠日点運動、金星の遠日点運動の近似値、最高音部の調弦で金星の近日点運動、中間部の調弦で土星の近日点運動、木星の遠日点運動、水星の近日点運動である。そこで、土星は2つの運動、火星も2つの運動、水星は4つの運動によって協働できる。	ここでは他の運動はそのままで、土星の近日点運動と木星の遠日点運動が入らず、その代わりに火星の近日点運動が協働する。 他の惑星はひとつの運動、火星は2つ、水星は4つの運動で協働する。

運動の広がりによって作られるからである。

　そこで、あらかじめ調和のいわば2つの骨格を設定しよう。各骨格は(調弦の境界を表示する)2つの極限値で調音されている。そして、各惑星に認めた運動の変化の中でどういうものがこの骨格と調和するか、調べてみる。最初の骨格が地球と金星の間の$\frac{3}{5}$を取るものとする。そして最低音部の調弦に地球の遠日点における日運動57′

全惑星の調和つまり短音階(★071)の普遍的調和

bの協和(★072)				cの協和			
		最低音部の調弦	最高音部の調弦			最低音部の調弦	最高音部の調弦
		分 秒	分 秒			分 秒	分 秒
水星	♭vij	379. 20		水星	d♭vij	379. 20	
	b vij	284. 32	292. 56		c vij	316. 5	325. 26
	g vj	237. 4	244. 4		g vj	237. 4	244. 4
	♭vj	189. 40	195. 14		d♭vj	189. 40	195. 14
					c vj		162. 43
金星	d♭v	94. 50	97. 37	金星	d♭v	94. 50	97. 37
地球	g iiij	59. 16	61. 1	地球	g iiij	59. 16	61. 1
	b iiij	35. 35	36. 37				
火星	g iij	29. 38	30. 31	火星	g iij	29. 38	30. 31
木星	b j		4. 35	木星	c j	4. 56	5. 5
土星	b	2. 13					
	G	1. 51	1. 55	土星	G	1. 51	1. 55

ここでもまた中間部の調弦で土星の近日点運動、木星の遠日点運動、水星の近日点運動が協働し、最高音部の調弦で地球の近日点運動の近似値が協働する。	ここでは木星の遠日点運動と土星の近日点運動が排除され、水星の近日点運動の外に遠日点運動の近似値も入る。他はそのままである。

3″、最高音部に金星の近日点における日運動97′37″を置くと、他の惑星の運動は前頁のようになる〔前頁以下の楽譜では、ヘ音記号の付いたいちばん下のもの以外の線は、いわゆる加線と考えるべきである〕。

第2の骨格となるのは、地球と金星間のもうひとつの可能な調和 $\frac{5}{8}$ をもつものである。この場合、金星の遠日点における日運動94′50″の8分の1の11′51″強を5回取ると地球の運動の59′16″にな

第5巻——天体運動の完璧な調和および離心率と軌道半径と公転周期の起源

る。金星の近日点運動97′37″の8分のIを5回取ると地球の運動の61′1″になる。そこで、他の惑星は左頁のような日運動によって協和する。

　そこで、天文学の経験的事実から以下のことが裏付けられる。あらゆる運動の普遍的調和は起こりうる。その調和は長調と短調の2つの調性を取る。各調性には2様の形あるいは（そう言ってよければ）2様の旋法がある。この4つの各事例には、調弦の幅があり、土星と火星と水星の各々が他の惑星と作る多様な特別の調和もある。それは中間運動のみならず全体にあらゆる極限運動によっても表される。ただし、火星の遠日点運動と木星の近日点運動は除く。火星の遠日点運動は$f\rho$、木星の近日点運動はdを取るが、金星はいつもその中間の$d\rho$かeを取るので、その不協和な隣人を普遍的調和に入れないからである。しかし、もし金星にeや$d\rho$から抜け出る余地ができたら入れるだろう。こういう障碍があるのは、まるで男女のような地球と金星の結婚のためである。この2惑星は、配偶者の一方が他方の意に従って喜ばせるのに応じて、調和の調性を硬くて男性的なもの〔長調〕と柔らかくて女性的なもの〔短調〕に分ける。つまり、地球が遠日点にあって、夫らしい威厳を保ち、男にふさわしい仕事を果たし、金星は糸を紡ぐ仕事に出され追いやられるように近日点に行くと、長音階になる。地球がその遠日点に上昇する金星をやさしく受け入れ、自身は金星に向かって近日点に下降して、しばらくは楯と武器を置き、男にふさわしい仕事を止め、快楽のために金星を抱擁するようになると、調和は短音階になる。

　もし側から口を出して邪魔する金星に沈黙を命じたとする。つまり全惑星ではなく、金星の運動を除いた残る5惑星の調和がどうなるか、考えたとする。そうすると、確かに地球はなおgの弦の辺りを徘徊するが、その弦から半音以上は上昇しない。したがって、gと、b、h、c、d、$d\rho$、eが、協働できる。この場合、見てわかるように、木星は近日点運動でdを表して許容される。そこでなお残るのは、火星の遠日点運動に関する難点である。地球の遠日点運動はgを取

金星を無視した5惑星の調和(★073)

	長音階				短音階		
		最低音部の調弦	最高音部の調弦			最低音部の調弦	最高音部の調弦
		分　秒	分　秒			分　秒	分　秒
水星	d vij	342. 18	351. 24	水星	d vij	342. 18	351. 24
	b vij	285. 15	292. 48		b vij	273. 50	280. 57
	g vj	228. 12	234. 16		g vj	228. 12	234. 16
	d vj	171. 9	175. 42		d vj	171. 9	175. 42
ここでは金星は雑音となる	e v	95. 5	97. 37	金星は雑音	e v	95. 5	97. 30
地球	g iiij	57. 3	58. 34	地球	g iiij	57. 3	58. 34
火星	b iiij	35. 39	36. 36	火星	b iiij	34. 14	35. 8
	g iij	28. 31	29. 17		g iij	28. 31	29. 17
木星	d j	5. 21	5. 30	木星	d j	5. 21	5. 30
	b j		4. 35				
土星	b	2. 13		土星	b	2. 8	2. 12
	G	1. 47			G	1. 47	1. 50

ここでは最低音部の調弦で土星と地球の遠日点運動、中間部の調弦で土星の近日点運動、木星の遠日点運動、最高音部の調弦で木星の近日点運動が協働する。

ここでは木星の遠日点運動は許容されないが、最高音部の調弦で土星の近日点運動の近似値が協働する。

るので、fρにある火星の遠日点運動を入れないからである。しかし、地球の近日点運動のほうは、第5章で述べたように、火星の遠日点運動との協和から約半ディエシスしかずれていない。

　土星、木星、火星、水星の4惑星の調和も、次頁のようなものになる。この調和には火星の遠日点運動も与るかもしれないが、調弦の幅はない。★074

h の協和	a の協和

	分　秒	
水星　 d vij　b vij　fρ vj　d vj	335. 50　279. 52　209. 52　167. 55	水星　 d vij　a vj　fρ vj　d vj
火星　 b iiij　fρ iij	34. 59　26. 14	火星　 a iij　fρ iij
木星　 dj	5. 15	木星　 dj
土星　 b	2. 11	土星　 A

　したがって、天の運動は（音声を伴わず理性によってとらえられる）絶えざる多声の合唱にほかならない。この合唱は、（人間が自然の不協和音を模倣するのに用いる）いわば一種のシンコペーションやカデンツァのような不協和な調弦を介して、各々が6つの（音声のような）項からなるあらかじめ決まった一定の終結部へと向かいつつ、音符によって広大な時間の流れを際立たせ特徴付ける。そこで、創造主の模倣者たる人間がついに古人の知らなかった多声の合唱による歌唱法を考案したのも、もはや不思議ではない。それは、宇宙の全時間の永遠の姿を、短い時間の中で巧妙な多声のシンフォニーによって演奏し、神を模倣する音楽から得た非常に甘美な歓喜の情をもって、自作に対する創造主たる神の満足をある程度まで味わうためだったのである。

第8章

天の協和でディスカント、アルト、テノール、バスになるのはどの惑星か

　表題のことばは人間の声部をいう語彙である。天の運動はきわめて静寂なので天には声も音もない。それどころか、われわれが調和を立てるときの基体とするものさえも真の運動の部類には入らない。われわれはたんに太陽からの見かけの運動を考えるだけだからである。さらにまた人間の歌唱のように、調和を作るために特定の数の声部を用いる理由も、天にはない。数としては、正多面体から取った5の間隔によって太陽の周囲をめぐる6の惑星がまずあったからである。（時間ではなく自然の順序に従って）その後、初めて運動の調和的な組み合わせについて決めなければならなかった。それにもかかわらず、この人間の歌唱との不思議な符合になぜか励まされ、確固たる自然な理由もないのに、この対比の分野もさらに先に進めるよう駆り立てられる。すなわち、第3巻第16章で慣例からバスに割り当てられ、自然にバスに要求される特性に相当するものを、天では土星と木星がもっている。テノールと同じ特性は火星に見出される。アルトと同じ特性は地球と金星にある。ディスカントと同じ特性は水星にある。音程の等しさによってではないが、釣り合いの上では確かにそうなる。実際、次章では特有の理由から、各惑星の離心値と離心値による各惑星に特有の運動の隔たりを導き出せる。[★075]それでも、そこから次のような注目すべき結論が出てくる。しかも、それはあらかじめ配慮された調整によるのでもなく、純然たる必然性からくる調整によるのでもない、と断言できるかどうか、私にはわからない。① バスがアルトと対置されるように、アルトの性質をもつ惑星が2つ、バスの性質をもつ惑星が2つあり、いわば長短それぞれの調性の各声部にひとつの惑星がくる。その他の各声部の性質をもつのはひとつずつの惑星である。② 最高の声部に次ぐアルトが、第3巻で説明した必然的で自然な理由から狭い範囲

内にあるように、いちばん内側の惑星に次ぐ地球と金星も、いちばん狭い範囲内の運動の隔たり（音程）をもつ。地球は半音よりずっと大きく出ることがなく、金星は4分音にすらならない。③ テノールが自由だが節度をもって進行するように、火星も、ただひとつ水星を除けば、最大の音程の5度を作れる。④ バスが調和的な音程の飛躍を行うように、土星と木星も調和音程を取り、2惑星自体は相互に1オクターブから1オクターブと5度にまで及ぶ。⑤ ディスカントが他のあらゆる声部に優り最も自由で最も速やかであるように、水星も1オクターブ以上を最も短い周期で一周できる。しかし、こういうことはまったく偶然によるのかもしれない。さて今度は、離心値の原因に耳を傾けよう。

第9章

各惑星の離心値の起源は惑星運動間の調和への配慮にもとづく

そこで、われわれの見るところでは、6惑星すべての、特に極限運動による普遍的調和の発生は、偶然には起こりえない。極限運動は、すでに見たように、近似的に普遍的調和に協働する2例を除くと、すべて普遍的調和に協働する。また、第3巻で調和的分割によって構成したオクターブの音組織のあらゆるキイが、惑星の極限運動によって表される。こういうことが偶然に起こるのはいっそうありえない。さらに、天の調和を長短2つの調性に区別するという非常に精緻な仕事が、創造主の特別な配慮もなく偶然になされることも、全然ありそうにない。したがって、以下のような結論が得られる。すなわち、あらゆる知の源泉、絶えざる秩序の維持者、幾何学と音楽の永遠の超越的な本源にして天の作り主たる神ご自身が、正多角形から生じた調和比を5つの正多面体に結合され、ひとつの最も完全な天の原型を形成された。この原型では、5つの正多面体によって6つの星を運ぶ天球のイデアが輝き出る。またそれとともに、正多角形から生まれた子つまり（第3巻でこれらの図形から導き出した）調和によって、各軌道の離心率が一定の範囲に抑えられ、天体の運動に均衡を作り出す。この2つの事柄が調整されてひとつにまとまる。こうして、軌道間の大きな比が、調和の配慮に必要な離心値の小さな比のためにいくらか譲歩する。その代わり、調和比の中で、各正多面体と密接な関係にある大きな比が、調和音程によって可能だった範囲で、特に惑星間に適用された。最後にこういうやり方で、軌道の比と各軌道の離心値が同時に原型から生じ、軌道の大きさと天体の体積から各惑星の公転周期が出てきた。★076

私はこの探究の筋道を、幾何学者がよく用いる公理と命題による『原論』風の説明で人間の知性に理解できるようにしよう。どうか、天の創設者、知性の父、死すべき人間に感官を与え、永遠に至高の

祝福とともにまします神の恩恵を賜わりますように。われわれの心の闇が、御業(みわざ)の尊厳にふさわしくないことを語りませんように。神の模倣者たるわれわれが聖霊の力により、御業の完全さを聖なる生き方で見倣えますように。そのために、神は地上に教会を選ばれて、御子の血により罪を浄められたのですから。そしてあらゆる敵意の不協和音、争い、張り合い、怒り、論争、不和、分派心、妬み、挑発、皮肉による刺激、その他の肉の生む所業を遠ざけられますように。キリストの霊をもつ者は皆、私とともに願うでしょう。また、熱情、真理に対する愛、格別の博識あるいは論争好きの師への忍従というような粉飾、ないしはその他のもっともらしい口実によって覆われ糊塗された、あらゆる党派のすべての邪な操行を無視して、上に述べたことを行いによって表現し、自身の神命を果たそうとするでしょう。聖なる父よ。御身がわが主たる御子と聖霊と一体であるように、また御業のすべてを非常に甘美な協和の絆で一体にされるように、われわれも一体となり、相互の愛の協和のうちにいられますように。そうすれば、御身の民の協和を回復した後、御身が調和から天を作られたように、この地上にも御身の教会の共同体が築き上げられるでしょう。

先にくる論拠

1. 公理
少しでも可能なら、いかなる場合も、各惑星と2惑星の組の極限運動の間にあらゆる多様な調和を作って、その多様性で宇宙を装飾しなければならなかったのは、当然である。

2. 公理
6惑星の軌道の5つの間隔は、5つの正多面体に内接と外接する幾何学的な球の比にある程度対応する大きさになり、その間隔の順序も、正多面体にとって自然な順序と同じでなければならなかった。

　この点については、本巻第1章、『宇宙の神秘』および『コペルニクス天文学概要』第4巻を参照。

3. 命題
地球と火星および地球と金星の間隔は、その球に比例して最小で、2つの間隔がほとんど等しくなければならなかった。また土星と木星および金星と水星の間隔は中くらいでほぼ等しく、木星と火星の間隔は最大でなければならなかった。

　公理2によって、その位置が、幾何学的な球の比が最小になる図形に対応する惑星は、同じく最小の比を作り、中くらいの比の図形と対応する惑星は、中くらいの比、最大の比の図形と対応する惑星は、最大の比を作るはずだからである。ところが、図形の中で正12面体と正20面体が取る順序は、2惑星の組では火星と地球の組と地球と金星の組が取る。立方体と正8面体の順序は、土星と木星の組および金星と水星の組が取る。最後に、正4面体と同じ順序を取るのは木星と火星の組である。本巻第3章参照。したがって、最初にあげた惑星軌道の比が最小で、土星と木星の軌道の比は金星と水星の軌道の比とほぼ等しく、最後に木星と火星の軌道の比が最大

となる。

4. 公理
全惑星は、幅のある運動とそれぞれの離心値、さらにその離心値に従って変わる、運動の源泉たる太陽からの距離をもたなければならない。

　運動の本質は「ある」(ESSE) ではなく「なる」(FIERI) にある。同じように、惑星が運動によって通過する領域の形状ないし図形も、初めからすぐに立体になるわけではなく、時間の経過につれて初めて縦の長さのみならず、横の広がりと深さ〔高さ〕を獲得して、完全に3次元的になる。そして何回もの回転運動が少しずつ連結し蓄積することで、太陽と同じ中心をもつ中空の球状を描くようになる。絹糸の輪を互いに何度も連結して堅く巻き合わせると、蚕の繭の小部屋ができるのと同様である。

5. 命題
隣接する2惑星の組には2つの異なる調和を割り当てなければならなかった。

　公理4によって、各惑星には太陽からの最長距離と最短距離とがある。したがって、本巻第3章により、最も遅い運動と最も速い運動をもつことになる。そこで、極限運動の主要な対比は2つある。2惑星の発散する運動の対比と収束する運動の対比である。これは必然的に互いに相異なる。発散する極限運動の比は大きく、収束する極限運動の比は小さくなるからである。しかし公理Ⅰにより、相異なる組の2惑星よって調和が多様なものとなり、この多様性が宇宙の装飾に役立つようにしなければならなかった。さらに命題3により、2惑星の間隔の比が異なるからでもある。ところが、本巻第5章で証明したように、量的な親縁関係から、軌道どうしの各比には特定の調和比が対応する。

6.命題
2つの最小の調和4対5と5対6は2惑星の間に入る余地がない。

　5対4は1000対800、6対5は1000対833強である。ところが、正12面体と正20面体の外接球と内接球の比はそれらより大きく、1000対795等々である。そしてこの2つの比が相互に最も近い惑星軌道の間隔つまり最小の空間を示すからである。その他の正多面体では内接球と外接球が互いにもっと離れている。ところが、運動どうしの比は、第3章第13項により、離心値対軌道の比が途方もなく大きくないかぎり、間隔どうしの比よりさらに大きい。したがって、運動の最小の比は、4対5と5対6より大きい。それ故に、正多面体に阻止されて、この2つの調和は、惑星間にどんな場所も取れない。

7.命題
4度の調和は、その惑星に固有の極限運動の比を掛けた積が5度以上にならないと、2惑星の収束する運動には許容されない。 *077

　収束する運動の比を3対4とする。そしてまず、離心値がゼロで各惑星に固有の運動の比がなく、収束する運動の比も平均運動の比も同一とする。その場合は、その運動に対応する距離がこの仮定によって軌道の半径となり、第3章によって、この運動の比の3分の2乗つまり4480対5424となる。ところが、この比はすでにどんな正多面体の内外接球の比よりも小さい。したがって、内側の球全体が、外側の球に内接する正多面体の面によって切断されることになる。これは公理2に反する。 *078 *079

　次に、極限運動に固有の比があって、それを掛けたものができるとする。そして収束する運動の比は3対4つまり75対100、それに対応する距離の比は1000対795とする。どんな正多面体の内外接球の比もこれより小さくはならないからである。運動の比の逆比は距離の比よりも超過分の750対795だけ上回るので、第3章に従って1000対795の比からさらにこの超過分を除く。そうすると軌道の比の2分の1乗として9434対7950が残る。したがって、この2乗

の8901対6320つまり10000対7100が軌道の比である。ここから収束するときの距離の比1000対795を除くと、7100対7950という大全音の近似値が残る。収束する運動が4度になるには、それぞれの惑星で平均距離が収束するときの距離に対してもつ2つの比を掛け合わせたものが、少なくともこれだけの大きさでなければならない。したがって、発散するときの極限距離を収束するときの極限距離に掛けてできる比の積は、ほぼこの2乗つまり大全音2つ分になり、それぞれに固有な極限運動の比を掛けた積はさらにこの2乗つまり大全音4つ分になる。これは5度より大きい。それ故、隣接する2惑星の固有の極限運動の比を掛けた積が5度より小さければ、それらの惑星の収束する運動の間に4度はありえないことになる。[*080]

8. 命題

土星と木星には1対2と1対3の調和つまり1オクターブおよび1オクターブと5度を与えなければならなかった。

　2惑星は惑星の中では最初の最上位惑星で、本巻第1章によれば第1の図形である立方体を間に取っていた。この2つの調和も、第1巻の説によれば、自然の序列では第1のものであり、基本図形族の家長たる2分割ないし4角形族と3角形族に属している。ところが、長たる1オクターブ1対2は、立方体の内外接球の比1対3の2分の1乗より大きいが、この比に非常に近い。それ故、本巻第3章第13項により、立方体を挟む2惑星の運動の小さい比〔収束する運動の比〕となるのがふさわしい。したがって、大きい比〔発散する運動の比〕として1対3が用いられる。以下のように考えても同じことになる。ある調和と正多面体の内外接球の比が、太陽からの見かけの運動の比と平均距離の比の関係と同じであれば、そのような調和を運動に割り当てるのは当然である。ところで、発散する運動の比は、第3章末尾によって、軌道の比の2分の3乗よりずっと大きいのが自然である。つまり軌道の比の2乗に近似する。また1対3も、立方体の内外接球の比が1対3の2分の1乗だから、やはり立方体の内外接球

の比の2乗である。したがって、1対3を土星と木星の発散する運動に与えなければならない。これらの比と立方体がもつ非常に多くの他の親縁関係については第2章を参照。

9. 命題
土星と木星に固有な極限運動の比を掛けた積は、約2対3つまり5度になるのが当然だった。

　これは先の命題の結果である。すなわち、木星の近日点運動は土星の遠日点運動の3倍であり、一方、木星の遠日点運動は土星の近日点運動の2倍だから、1対3から1対2を除くと2対3が残る。

10. 公理
他の惑星については、選択が自由にできるときには、自然において先行する比、あるいは優位な調に属する比、あるいはまた大きな比〔つまり長音程〕を、固有な運動の比として上位の惑星に与えなければならない。

11. 命題
土星の遠日点運動と近日点運動の比は長3度4対5、木星の比は短3度5対6になる必要があった。

　2惑星は合わせて2対3の比をもつ。この比を調和的に分割するには4対5と5対6に分けるしかない。したがって、調整を行う監督官（Harmostes）としての神は、公理1によって、2対3の調和を調和的に分割した。そして公理10により、その中の男性的で優位な長音程となる大きな調和の部分を大きくて上位にある土星に、小さな部分の5対6を下位の木星に与えた。

12. 命題
金星と水星にはもっと大きな調和1対4つまり2オクターブを与えなければならなかった。

本巻第I章により、立方体が本源的な立体図形の最初のものであるように、正8面体は副次的な立体図形の最初のものである。立方体は幾何学的に見ると外側にあって、正8面体は内側にくる。つまり正8面体は立方体に内接できる。同様に、宇宙においても、土星と木星が上位にある外側の惑星の始まり、外から見たときの始まりであるように、水星と金星は内側の惑星の始まり、内から見たときの始まりである。そこでこの2惑星の軌道間に正8面体を置いた。第3章を参照。したがって、金星と水星には、やはり調和の中でも本源的で正8面体と親縁関係にあるものを与えなければならない。しかも調和の中では、自然な順序でI対2とI対3の後にくるのはI対4であり、I対4は立方体と関係するI対2と親縁関係にある。I対4は図形の同一分派つまり正方形の仲間から生じ、I対2と通約できて、その2乗だからである。また正8面体も立方体と親縁関係にあり通約できる。I対4はまた特有の理由で正8面体と親縁関係にある。I対4は4という数をもつが、正8面体には、内外接円の比がI対2の2分のI乗となる正方形が潜んでいるからである。そこでI対4の調和は、その比を連続的に掛けたもの、つまり自乗の比を取っていくと、I対2の2分のI乗の4乗〔$1:(\sqrt{2})^4$〕である。第2章参照。それ故、I対4は金星と水星に与えるべきだった。また立方体のI対2は、立方体にいちばん外側の位置を当てたので、それに接する2惑星の小さな調和になった。そこで、正8面体のI対4は、この図形にいちばん内側の位置を当てたので、それに接する2惑星の大きな調和となる。しかし、ここでI対4を小さな調和ではなく大きな調和として与えたのは、以下のような理由にもよる。正8面体の内外接球の比はI対3の2分のI乗である。そこで2惑星間への正8面体の挿入が完全だと仮定すれば（ただし、その挿入は完全ではなくて、いくらか水星軌道に食い込むようになる。それは好都合なことである）、2惑星の収束する運動の比がI対3の2分のI乗の2分の3乗〔$1:(\sqrt{3})^{\frac{3}{2}}$〕より小さくなければならない。ところが、I対3は完全にI対3の2分のI乗の2乗だから、適正な比より大きい。I対4は、I対3より大きいから、

＊以下のことを想起されたい。Dupla, Tripla, Semitripla等の語は、ある大きさとしてそれだけで考えられた個々の比に適用されるが、時には、相互に比較された2つの比の比例関係を表す（★081）。

適正な値よりずっと大きくなる。したがって、1対4の2分の1乗すらも収束する運動の比には許容されない。だから、1対4は8面体関係の小さいほうの比となることができない。それ故、大きいほうの比となる。さらにまた1対4は、内外接円の比が1対2の2分の1乗となる8面体内の正方形と親縁関係にある。1対3が、内外接球の比が1対3の2分の1乗になるから立方体と親縁関係にあるのと同様である。1対3が1対3の2分の1乗を掛けたもの、つまりその2乗であるように、ここでもやはり1対4は1対2の2分の1乗を掛けたもの、つまりその2乗の2乗すなわち4乗だからである。それ故に、命題8によって、1対3が立方体の大きな調和になる必要があったとすれば、1対4もやはり正8面体の大きな調和にならなければならない。

13. 命題
木星と火星の極限運動には、大きな調和として約1対8つまり3オクターブ、小さな調和として5対24つまり短3度と2オクターブを与えなければならなかった。

立方体が1対2と1対3を取っており、木星と火星の間にある正4面体の内外接球の比1対3は、立方体の内外接球の比1対3の2分の1乗を2乗したものだから、4面体にも運動の比として立方体の運動の比の2乗を適用するのがよかった。1対2と1対3の2乗の比は1対4と1対9である。しかし、1対9は調和比ではないし、1対4はすでに正8面体に使われていた。そこで、公理1によって、これらの比に隣接する調和を採用しなければならなかった。まず、1対9に隣接する小さな調和は1対8、大きな調和は1対10である。4面体との親縁関係によってこの中から選択が行われる。1対10は5角形の仲間で、4面体には5角形との共通性がない。それに対して、4面体と1対8の親縁関係は、多くの理由によってかなり密接である。この理由については第2章参照。さらに、以下の点も1対8に有利にはたらく。すなわち、1対3は立方体の大きな調和、1対4は8面体の大きな調和である。これらはそれぞれの立体の内外接球の比を掛け

ていったものだからである。同様にして、1対8も4面体の大きな調和となるべきだった。第I章で述べたように、4面体の体積が4面体に内接する8面体の2倍であるように、4面体の比の項8も8面体の比の項4の2倍だからである。さらにまた立方体の小さな調和1対2が1オクターブ、8面体の大きな調和1対4が2オクターブであるように、4面体の大きな調和は1対8の3オクターブになる必要があった。なお、複数のオクターブは立方体や8面体よりも4面体のほうに与えなければならない。(4面体の内外接球の比もあらゆる正多面体の内外接球の比の中で最大なので)4面体の小さな調和は、必然的に他の立体図形のあらゆる小さな調和の中で最大でなければならない。そこで、4面体の大きな調和も、やはりオクターブの数において他の図形の大きな調和を上回る必要があったからである。最後に、3オクターブの3という数は4面体のもつ3角形の形状と親密な関係があり、3からなるものはみな完全という説によって、ある種の完全性をもつ。その比の項である8という数も、完全な量つまり3次元的な立方数の最初のものだからである。

　第2。1対4つまり6対24に隣接する大きな調和は5対24、小さな調和は6対20つまり3対10である。ところが今度も、3対10は4面体と共通性のない5角形の仲間である。しかし、5対24は(12、24という数を派生する)3、4という数のために4面体と親密な関係がある。つまり、ここでは小項の5と3は無視される。第2章で見るように、小項と図形の親縁性の度合は非常にささやかだからである。しかも、4面体の内外接球の比は1対3だが、収束する距離の比も、公理2により、ほぼこのくらいでなければならない。第3章によって、収束するときの運動の比は距離の逆比の2分の3乗に近似するが、3対1の2分の3乗は約1000対193である。そこで、火星の遠日点運動を1000とすると、木星の近日点運動は193より少し大きく、1000の3分の1の333よりもはるかに小さくなる。したがって、木星と火星の収束するときの運動の間には、10対3の調和つまり1000対333ではなくて、24対5の調和つまり1000対208がくる。

14. 命題

火星に固有な極限運動の比は4度、3対4より大きく、約18対25でなければならなかった。

命題13によって、木星と火星が共有する運動に5対24と1対8つまり3対24という正確な調和が割り当てられたとする。この小さな調和5対24を大きな調和3対24から除くと、各惑星に固有な極限運動の比の積として3対5が残る。しかし、木星だけに固有の極限運動の比は上の命題11で5対6であることが見出された。そこで5対6を、固有な運動の比の積である3対5から除く。つまり25対30を18対30から除く。そうすると火星に固有な極限運動の比として18対25が残る。これは18対24つまり3対4より大きい。ただし、後にくる論拠によって木星と火星に共通の大きな調和1対8がもっと大きくなると、この比はさらに大きくなる。

15. 命題

火星と地球、地球と金星、金星と水星の収束するときの運動には、2対3の5度の調和、5対8の短6度の調和、3対5の長6度の調和を、このとおりの順序で分配する必要があった。

火星と地球および地球と金星の間にくる図形の正12面体と正20面体は内外接球の比が最も小さい。したがって、その惑星には取ることのできる最小の調和を与える必要がある。調和の親縁関係はこのためのもので、そうすれば公理2も妥当する。しかし命題6によって、最も小さな調和の5対6と4対5は取れない。それ故に、上述の図形には、近似値でそれより大きな調和の3対4か2対3か5対8か3対5を与えなければならない。

金星と水星の間にある図形の正8面体に戻ると、これは立方体と同じ内外接球の比を取る。ところが命題8によって、立方体には、収束する運動の小さな調和として1オクターブがきた。したがって、どんな相異も加わらなかったら、類比によって、正8面体にも小さな調和として同じ比の1対2が与えられたはずである。だが実際には、

以下のような相異が加わる。すなわち、立方体を取る土星と木星の各々に固有な極限運動の比を掛けても積は2対3より大きくならなかった。ところが、正8面体を取る金星と水星のそれぞれに固有な運動の比を掛けた積は2対3より大きくなる。これは以下のようにして容易に明らかになる。まず類比だけがあるとして、立方体と正8面体の類比から要求されるとおりになったとしよう。すなわち、8面体の小さな調和がここで先に規定したものより大きく、しかも立方体とまったく同じ大きさの1対2としよう。他方、命題12によって、8面体の大きな調和は1対4だった。そこで、1対4から先ほど仮定した小さな調和1対2を除くと、金星と水星に固有な極限運動の比を掛けた積としてなお1対2が残る。ところが、1対2は土星と木星に固有な運動の比を掛けた積の2対3より大きい。しかし第3章によると、この大きな積からは大きな離心値が出てくる。そして同じく第3章によると、大きな離心値からは収束する運動の小さな比が出てくる。それ故に、大きな離心値が立方体と8面体の類比に加わることによって、金星と水星の収束する運動の比としてやはり1対2より小さな比が要求されることになる。ところが、1オクターブの調和は立方体を取る惑星ですでに使ってしまったから、8面体を取る惑星には、先の証明により1対2より小さくて、近似する別の調和を与えることになる。これが公理1にも適うことだった。1対2より小さくて近似する調和は3対5である。これを上の3つの比では大きな調和として、大きな内外接球の比をもつ図形の正8面体に与えなければならなかった。そこで、もっと小さな調和5対8と2対3ないしは3対4が、より小さな内外接球の比をもつ図形の正20面体と正12面体に残された。

　この残った調和を2つの残る図形に以下のようにして配分した。すなわち、正多面体の中では立方体と8面体は内外接球の比が等しい。けれども、金星と水星に固有な運動の比を掛けた積が土星と木星に固有な運動の比を掛けた積を上回る。そこで、立方体が1対2の調和、8面体がそれより小さな3対5の調和を得た。同様にしてこ

の場合も、内外接球の比は同じだが、12面体には、20面体より小さくて近似する比を与えなければならなかった。その理由は先の場合と似ている。12面体が、上位惑星の中で離心値の大きな火星と地球の間にあるからである。それに対して、後にくる論拠でわかるように、金星と地球の離心値は最小である。さらに、8面体が3対5、この比に続く、内外接球の比がそれより小さな20面体がそれより少し小さい5対8を取ったので、12面体に残るのは2対3か3対4である。しかし、2対3のほうが20面体の5対8に近いので、それを取った。これらの図形どうしも互いに似ているからである。

　それに対して、3対4はまったく取れなかった。火星に固有な極限運動の比は上位惑星では十分に大きかったが、すでに述べたように、また後にくる論拠で明らかになるように、地球の固有運動の比が小さすぎて、それぞれの惑星に固有な運動の比の積が5度を上回るほどにもならないからである。そこで命題7によって、3対4は適用できなかった。やがて命題47から出てくるように、収束するときの距離の比は1000対795より大きくなければならなかったので、なおさら適用しがたい。

16. 命題
金星と水星の各々に固有な運動の比を掛けた積は、約5対12でなければならなかった。

　命題15によってこの2惑星に割り当てた共通の小さな調和3対5を命題12による大きな調和1対4つまり3対12から除くと、2惑星に固有な運動の比の積として5対12が残る。そこで、水星だけに固有極限運動の比は、金星に固有極限運動の比の分だけ5対12より小さい。これは、先にくる第1の論拠からの帰結と理解されたい。後にくる第2の論拠によって、実際には、ある種の膨張が2惑星に共通の調和に起こり、水星に固有な極限運動の比がそれだけで完全に5対12を取るようになる。

17.命題

火星と地球の発散する運動の調和は、5対12より小さくはなりえなかった。

　命題14により、火星は単独で固有の極限運動の比において4度以上、かつ18対25より大きな比を得ていた。火星と地球の小さな調和は、命題15により、5度の2対3である。そこで、この2つを掛けると12対25になる。ところが公理4により、当然、地球も固有運動の比を取る。そこで、発散する運動の調和は上述の3要素からなるから、その調和は12対25より大きい。しかし、12対25つまり60対125より大きい近似の調和は、5対12つまり60対144である。それ故、公理1により、この2惑星の運動の大きな比として調和が必要であれば、それは、60対144つまり5対12より小さくはなりえない。

　以上で、必然的な論拠によりすべての2惑星の組に大小2つの調和を割り当てた。ただ地球と金星の組は、これまでに用いた公理では依然としてひとつの調和5対8を得ただけである。そこで、この組の残る調和、つまり発散する運動の大きな調和を、また新たに出発し直して探究していく。

後にくる論拠

18. 公理
運動の普遍的調和は、特に極限運動を介して6つの運動の調整から作るべきものだった。
　これは公理Ⅰから明らかである。

19. 公理
普遍的調和は、各運動がもつ幅によって同じ調和として生起しなければならなかった。それは、普遍的調和がそれだけ頻繁に起こるようにするためだった。
　普遍的調和が運動の特定の個別的な点だけに限定されていたら、そういう調和は決して生起しないか、非常に稀にしか生起しないことになっただろう。

20. 公理
第3巻で明らかにしたように、調和を短長の調性に区別するのはまったく自然なことである。同様に、両方の調性の普遍的調和を惑星の極限運動にも与えなければならなかった。

21. 公理
宇宙の美しさをあらゆる可能な変化の要素から調和的に作るために、両方の調性のさまざまな種類の調和を立てなければならなかった。さらにそれは極限運動、少なくともいくつかの極限運動を介して行う必要があった。
　公理Ⅰによる。

22. 命題
惑星の極限運動は、オクターブの音組織の位置もしくは弦あるいは

第5巻——天体運動の完璧な調和および離心率と軌道半径と公転周期の起源

音階のキイを表示しなければならなかった。

　第3巻で証明したように、ひとつの共通項〔基音〕から始まった複数の調和の起源と対比から、音階つまり1オクターブの区分が生じた。したがって公理1、20、21により、運動の極値にはさまざまな調和が必要なので、運動の極値を介して天の音組織ないし調和的音階の実際の区別が必要になる。

23. 命題

その運動には長6度3対5と短6度5対8の2つの6度以外にどんな調和も生じない、一組の2惑星がなければならなかった。

　公理20により調和には必ず調性の区別があり、それは、命題22によれば長軸端における運動の極値を介して表れた。極値つまり最も遅い運動と最も速い運動だけに、統轄し秩序を与える者〔神〕による限定が必要である。中間の調弦は、特別の配慮がなくても、惑星が最も遅い運動から最も速い運動に移行するにつれて自ずと生じるからである。したがって、第3巻の説明により、調性は4分音によって識別されるから、こういう調整を行うには惑星の2つの極限運動に4分音24対25を割り当てるほかなかった。ところが4分音は、2つの3度4対5と5対6か、2つの6度3対5と5対8、あるいは1オクターブないし数オクターブだけ過剰な同じ調和の差である。しかし、2つの3度4対5と5対6は、命題6によって2惑星間には許容されなかった。また1オクターブ過剰な3度もしくは6度は、火星と地球の組の5対12以外に、どこにも見出されなかった。それに5対12にしても、2対3という仲間といっしょの形で初めて現れた。こうして、その中間にくる調和5対8、3対5、1対2もともに許容された。したがって、一組の2惑星に2つの6度3対5、5対8を与えるほかなかった。しかしまた、その運動の変化には6度だけが許された。2惑星が運動の境界を1オクターブ1対2の大きな音程に近似するものを含む所にまで拡大したり、5度2対3の小さな音程に近似する狭い所にまで縮小したりしないようにするためである。確かに、2惑星が

収束する運動の極値で5度、発散する運動の極値で1オクターブを作れば、その運動で6度も作り、こうして4分音も通過することができる。けれども、これでは運動を調整する者の特別な配慮は察知されない。すなわち、4分音は最小の音程で、運動の極値が含むすべてのより大きな音程の中に潜在的に潜んでおり、中間の運動が連続的な調弦で変化したとき、その運動は確かに4分音を通過する。部分は常に全体より小さい。つまり4分音は、それより大きな音程で2対3と1対2の間にくる3対4より小さい。この場合3対4が運動の極値によって定められる全体と想定されるので、それより小さな4分音は運動の極値によって決定されないからである。

24. 命題

調性つまり運動の極値に固有な比の差を変える2惑星は、4分音を作る必要がある。その惑星のひとつに固有な運動の比は4分音より大きく、かつ2惑星は遠日点運動によって6度のひとつを、近日点運動によってもうひとつの6度を作る必要がある。

　運動の極値が、4分音ひとつ分だけ異なる2つの調和を作るから、そうすることのできる方法は3通りになる。1惑星の運動が変わらないままで、他方の惑星の運動が4分音ひとつ分の変化をする。あるいは、2惑星の各々が運動を半ディエシス変えて、上位惑星が遠日点、下位惑星が近日点にあるときは、長6度3対5を作り、その場所から離れて互いに相手を迎えつつ上位惑星が近日点、下位惑星が遠日点まできたとき、短6度5対8を作る。最後に、一方の惑星が遠日点から近日点までの運動を他方の惑星より大きく変えて、その変化の超過分が4分音ひとつ分になる。こうして各々の遠日点運動に長6度、近日点運動に短6度ができる。まず、最初の方法では規則に合わない。これだと2惑星の一方に離心値がないことになるが、それは公理4に反する。2番目の方法はあまり美しくもなく、あまり適当でもなかった。あまり美しくないのは、あまり調和的でないからである。すなわち、これだと2惑星に固有な運動の比が非

諧調的になるからである。実際、4分音より小さければどんな音程でも非諧調的である。むしろI惑星だけが小さすぎる非諧調的な比に苦労するほうがましである。しかし実際にはそれは起こりえなかった。このような仕方では極限運動が音組織の位置つまり音階のキィからずれてしまうからである。これは命題22に反する。またあまり適当でもないのは、これだと惑星が長軸端の相反する位置にある瞬間だけ2つの6度が生起することになり、6度と6度にもとづく普遍的調和を生起させることができた運動の幅がなくなってしまうからである。したがって、惑星のあらゆる位置が、その軌道の特定の個々の点の狭さにまで狭められて、普遍的調和が非常に稀になってしまう。これは公理19に反する。それ故、第3の仕方だけが残る。すなわち、2惑星の各々が固有な運動を変化させるが、その変化の仕方は、少なくとも、一方が他方より完全な4分音ひとつ分だけ大きい。

25. 命題
調性を変える上位惑星は固有な運動の比として小全音9対10より小さな比、下位惑星は半音15対16より小さな比を、もたなければならない。

　上の命題により、こういう2惑星は遠日点運動か近日点運動によって3対5を作る。だが、近日点運動によってではない。それだと遠日点運動の比が5対8になるので、同じく上の命題により、下位惑星は固有な運動の比が上位惑星より4分音ひとつ分だけ大きくなる。これは公理10に反する。したがって、2惑星は遠日点運動によって3対5を、近日点運動によって3対5より24対25だけ小さい5対8を作る。ところで、2惑星の遠日点運動が長6度3対5を作るとすれば、下位惑星が固有な運動の比全体を付加するから、上位惑星の遠日点運動は下位惑星の近日点運動とともに長6度より大きな音程を作ることになる。同様にして、2惑星の近日点運動が短6度5対8を作るとすれば、下位惑星が固有な運動の比全体を取り去るから、

上位惑星の近日点運動と下位惑星の遠日点運動は短6度より小さな音程を作ることになる。ところが、下位惑星に固有な運動の比が半音15対16に等しいとすれば、短6度は半音減ると5度になるので、2つの6度の他に5度も生起しうる。これは命題23に反する。それ故、下位惑星は自身に固有な音程では半音より小さなものをもつ。また上位惑星に固有な運動の比は下位惑星より4分音ひとつ分だけ大きく、4分音に半音を付加すると小全音9対10になるから、上位惑星に固有な運動の比は小全音9対10より小さい。

26. 命題

調性を変える上位惑星は、極限運動の音程として、2つ分の4分音576対625〔$\frac{24}{25} \times \frac{24}{25}$〕つまり約12対13か、半音15対16か、これらの音程と1コンマ80対81異なる中間値をもち、下位惑星はひとつ分の4分音24対25か、半音と4分音の差125対126〔$\frac{15}{16} \div \frac{24}{25}$〕つまり約42対43か、あるいは最後にやはり同じく、これらの音程と1コンマ80対81異なる中間値をもつ必要があった。すなわち、上位惑星は2つ分の4分音から、下位惑星はひとつの4分音から、それぞれ1コンマ減った音程を取る必要があった。

　上位惑星に固有な運動の比は、命題25により4分音より大きく、先行する命題により小全音9対10より小さくなければならない。ところが命題24により、上位惑星は、下位惑星を4分音ひとつ分だけ超過しなければならない。さらに調和的な美しさのためには、これらの惑星に固有な運動の比が小さくて調和比になれない場合には、公理1により、可能であれば諧調的音程に属するものとなる。ところが、小全音9対10より小さな諧調的音程は、半音と4分音の2つしかない。これらの音程の差は、4分音ではなくて、それより小さな音程125対128である。したがって、上位惑星が半音、下位惑星が4分音を同時にもつことはできない。そこで、上位惑星が半音15対16、下位惑星が125対128つまり42対43をもつか、下位惑星が4分音24対25、上位惑星が2つ分の4分音約12対13をもつかである。

しかし、両惑星の権利は同等である。そこで、固有の比をもつ諸調的音程の本性が侵害されるとしたら、命題24により、両惑星に固有な音程の差が、調性の区別に必要な4分音を保ったまま、同等に侵害されるはずである。ところが、両惑星の諸調的音程の本性を同等に侵害するようになるのは、上位惑星に固有な比が4分音2つより不足するか半音を超過するかしたら、それに応じて下位惑星に固有な比が4分音ひとつより不足するか125対128の音程を超過するかしたときである。

さらに、この超過分ないし不足分はコンマ80対81でなければならなかった。またも音楽の調和比が、それ以外のどんな音程も取れなかったからである。音楽的調和の場合と同じように、1コンマを、天体の運動でも音程相互の超過分と不足分としてのみ表すためだった。実際、コンマは音楽的調和では大全音と小全音の差〔$\frac{80}{81} = \frac{8}{9} \div \frac{9}{10}$〕として両者を区別しており、それ以外の形では知られない。

そこで探究の課題として残るのは、上にあげた2つのどちらの音程が優先するか、ということである。4分音ひとつ分を下位惑星、2つ分を上位惑星に当てるほうか。それとも半音を上位惑星、125対128を下位惑星に当てるほうか。これは、以下のような論拠で、4分音のほうが優勢である。すなわち、半音は音階の中でさまざまに表されたが、その仲間となる125対128は表されなかった。これに対して、4分音の表現はさまざまで、複数の全音をいくつかの4分音、半音とリンマに分ける場合のように2重になってもよい。この場合は第3巻第8章で述べたように、2つの4分音が相前後して音組織の2つの位置に現れる。2番目の論拠は、調性を分かつとき4分音には固有の権利があるのに、半音にはまったくないことである。それ故、半音よりも4分音のほうを考慮に入れなければならなかった。こういうすべてのことが結び付いて出てくるのは、上位惑星に固有な運動の比が2916対3125 つまり約14対15、下位惑星に固有な運動の比が243対250 つまり約35対36でなければならない、と[★085]

いうことである。

　創造的な至高の英知がそういう些細な議論を探索するのに意を用いたかどうか、問題になるだろう。私の答えは、自分にとっては多くの根拠がそこに隠れ潜んでいる可能性がある、ということである。音楽の自然な性質からいって、確かにあらゆる諸調的音程の大きさより下にまで下る比にはそれほど重大な根拠が与えられなかった。それでも、神は、何ごとにも必ず理由があって秩序を与えたので、どんなに些細に見えようとも根拠にもとづくとするのは、不条理ではない。むしろ、神が根拠にもとづいて規定した小全音の限界を下回るこういう大きさをでたらめに選んだというほうが、はるかに不条理である。また、神はその大きさが気に入ったからその大きさの比を選んだという主張も、十分ではない。自由に選択できる幾何学的な題材では、どんな性質のものであれ幾何学上の理由なしには、何事も神の気に入ることはなかったからである。それは例えば、木の葉の縁や魚の鱗や野獣の毛皮、その毛皮の斑紋や斑紋の配列、またそれに類するものにおいて明らかである。★086

27. 命題
地球と金星の運動の場合、遠日点運動どうしの大きな比は長6度、近日点運動どうしの小さな比は短6度でなければならなかった。

　公理20により調性を区別する必要があった。命題23により、それは6度による以外の方法ではできなかった。そこで、互いに最も近い惑星で間に正20面体がくる地球と金星は、命題15により6度のひとつ〔短6度〕5対8を取ったから、もうひとつの6度3対5もこの2惑星に配分する必要があった。しかし、収束もしくは発散する極限運動ではなく、命題24により、同一方向の極限運動、つまり一方は遠日点運動どうし、他方は近日点運動どうしにあてた。さらに、両方とも5角形の系列だから、3対5の調和は正20面体とも親縁関係にある。第2章参照。

　この2惑星では、上位惑星のように収束する極限運動ではなく、

むしろ遠日点運動どうし、近日点運動どうしに正確な調和が見出される理由は、ここにある。

28. 命題
地球に固有な運動の比は約14対15、金星は約35対36になった。

　先の命題により、この2惑星は調性を区別しなければならなかった。したがって、命題26により、地球は上位惑星として2916対3125 つまり約14対15の音程、金星は下位惑星として243対250 つまりその近似値35対36の音程を取る必要があった。

　上位で地球に隣接する火星と下位で金星に隣接する水星が、最も大きくて顕著な離心値をもつのに、地球と金星の離心値がこれほど小さく、離心値に従い、音程つまり固有な極限運動比も小さい理由は、ここにある。これが正しいことは天文学によって裏付けられる。第4章では、地球は完全に14対15の比をもっており、金星のほうは34対35の比をもっていた。ところが、34対35は金星では天文学的精度だとほとんど35対36と区別できないからである。

29. 命題
火星と地球の運動の大きな調和つまり発散する運動の調和は、5対12より大きな調和にはなりえなかった。

　命題17により、この調和は5対12より小さなものではなかった。だが、5対12より大きなものでもない。この2惑星が共有するもう一方の小さな調和2対3を、命題14により18対25を越える火星に固有な運動の比と掛けると、12対25つまり60対125 より大きくなる。そこで、先の命題による地球に固有な運動の比14対15つまり56対60をそれに掛けると、56対125より大きくなる。これは近似的に4対9つまり1オクターブと大全音より少し大きい。ところが、1オクターブと大全音より大きくて近似する調和は、5対12つまり1オクターブと短3度である。

　私が、この比は5対12より大きくもないし小さくもないと言わず

に、ここで、その比を必ず調和比にするには、他の調和比では適合しないと言っている点に、注意されたい。

30. 命題
水星に固有な運動の比は、他のすべての惑星に固有な運動の比より大きくなければならなかった。

　命題16により、金星と水星に固有な運動の比の積は約5対12になる必要があった。しかし、金星に固有な運動の比はそれだけでは243対250 つまり1458対1500 にすぎない。これを5対12つまり625対1500 から除くと、水星だけの比として1オクターブと大全音より大きな625対1458 が残る。これに対して他の惑星では、最大の火星に固有な運動の比でも、2対3つまり5度より小さい。

　なお、最下位の金星と水星に固有な運動の比の積は、上位の4惑星に固有な運動の比の積とほぼ等しくなる。すぐに明らかになるように、土星と木星に固有な運動の比の積は2対3を超過し、火星に固有な運動の比は2対3よりいくらか不足する。これらの積4対9つまり60対135 に、地球に固有な運動の比14対15つまり56対60を合わせると、56対135 になる。この値は、先ほど金星と水星に固有な運動の比の積として出た5対12より少し大きい。こういう符合は求めて得たのではない。また個々に切り離された特別な美の原型から選び出したのでもない。むしろこれまで立てた調和と関連するいろいろな原因の必然的な結果として自ずから生じてくる。

31. 命題
地球の遠日点運動は、何オクターブかを隔てて土星の遠日点運動と協和しなければならなかった。

　公理18により普遍的調和がなければならなかった。それ故、土星も地球や金星と調和する必要があった。しかし、土星の極限運動のどちらかが地球や金星のどの極限運動とも協和しなかったら、公理1により、これは、土星の両方の極限運動がこの2惑星と協和す

る場合よりも劣る調和になっただろう。したがって、土星は両方の極限運動によって協和しなければならなかった。つまり最上位の最初の惑星だと何も妨げるものがないから、遠日点運動によってこの2惑星の一方と、近日点運動によって他方と協和することになる。そこで、この調和は同音的か異音的である。つまり連続的な2倍の比になるか、別の形の比になる。しかし、調和が2つとも別の形の比になることはできない。（命題27により地球と金星の遠日点運動間の大きな調和となっている）3対5の両項の間には、調和的な2つの中間項を置けないからである。すなわち、6度は3つの調和音程に分けられない。第3巻を参照。したがって、土星は両方の運動によって3と5の間の調和的な中間項と1オクターブを作れなかった。むしろ土星の極限運動が地球の3とも金星の5とも協和するためには、土星の極限運動の一方が両項のひとつ、つまりここに述べた惑星の運動のひとつと同音的に、すなわち何オクターブかになって、協和する必要がある。ところが、同音的な調和は他の調和より目立つから、やはり目立つ極限運動つまり遠日点運動の間に立てるべきである。遠日点運動は、そのとき惑星がいちばん高い所にくるから、始まりの位置を占め、いま論じている地球と金星の大きな調和3対5を、いわば自身に固有な調和として特別に要求するからである。実際、命題27により、3対5の調和は金星の近日点運動と地球の中間的な運動の間にも成立する。それでも、始まりは極限運動から行われ、中間の運動は始まりの後にくる。いま、一方には最上位の土星の遠日点運動があるから、他方ではやはり金星よりもむしろ地球の遠日点運動をそれに結び付けるべきである。調性を区別するこの2惑星では地球のほうが上位にあるからである。もっと手近な理由もある。すなわち、いま扱っている後にくる論拠は確かに先にくる論拠と抵触する。しかし、それは非常にささやかな点においてのみである。音楽でいうと、あらゆる諸調的音程より小さな音程に関することである。ところが、先にくる論拠によると、金星ではなくて地球の遠日点運動が、土星の遠日点運動と作るはずのオクターブの調和に近

似していた。すなわち、最初に、命題11による土星に固有な極限運動の比つまり土星の遠日点から近日点までの音程4対5、2番目に、命題8により土星と木星の収束する運動の比つまり土星の近日点から木星の遠日点までの音程1対2、3番目に、命題13により木星と火星の発散する運動の比つまり木星の遠日点から火星の近日点までの音程1対8、4番目に、命題15により火星と地球の収束する運動の比つまり火星の近日点から地球の遠日点までの音程2対3を、集計してひとつの積にすると、土星の遠日点運動と地球の遠日点運動の比1対30が得られる。これは、わずかに30対32つまり15対16すなわち半音だけの不足によって、1対32すなわち5オクターブにならない。そこで、半音を最小の諧調的音程より小さな部分に分けて上の4要素に加える。そうすると、上にあげた土星と地球の遠日点運動間の5オクターブの調和が完全なものになる。ところが、同じ土星の遠日点運動が金星の遠日点運動とオクターブを作るためには、先にくる論拠によれば、ほぼ完全に4度を除かなければならなかった。すなわち、先行する4要素を集めた積1対30に、地球と金星の遠日点運動間の音程3対5を加えると、やはり先にくる論拠から、土星と金星の遠日点運動間の音程1対50が得られる。この音程は5オクターブ1対32から32対50つまり16対25すなわち5度と1ディエシスだけずれている。また6オクターブ1対64からは50対64つまり25対32すなわち4度から1ディエシス減じた分だけずれている。したがって、金星と土星ではなくて地球と土星の遠日点運動の間に同音的な調和を立てなければならなかった。そこで、土星と金星間には異音的な調和が残る。

32.命題
短調となる惑星の普遍的調和では、土星の遠日点運動は他の惑星と厳密には協和できなかった。

地球の遠日点運動は短音階の普遍的調和には協働しない。地球と金星の遠日点運動は、命題27により、長音階の音程3対5を作るか

らである。ところが、命題31により、土星の遠日点運動は地球の遠日点運動と同音的調和を作る。したがって、土星の遠日点運動も短音階の調和には協働しない。けれども、第7章で明らかにしたように短音階にも応ずべく、土星では、遠日点の近辺のもっと速い運動が、遠日点運動の代わりとしてくる。

33. 命題
長調と長音階は遠日点運動、短調と短音階は近日点運動と親しい関係にある。

　命題27によれば、長調の調和は、地球の遠日点運動と金星の遠日点運動の間だけでなく、遠日点より下にくる地球の運動と、やはりそれより下にくる金星の運動の間やさらには金星の近日点運動の間にもできる。逆に短調の調和も、金星の近日点運動と地球の近日点運動の間だけでなく、近日点より上にくる金星の運動やさらには遠日点まで達するものと、やはり近日点より上にくる地球の運動との間にもできる。けれども、本来の明白な調性の表示は、公理20と命題24により、ただ各惑星の極限運動によってのみ行われる。したがって、本来の長音階の表示は遠日点運動だけに、本来の短音階の表示は近日点運動だけにある。

34. 命題
2惑星を比べた場合、長調は上位の惑星、短調は下位の惑星とより親しい関係にある。

　先の命題により、長調は遠日点運動、短調は近日点運動に特有のものである。遠日点運動は近日点運動より遅くて重々しい。それ故、長調は遅い運動、短調は速い運動のものである。ところが、2惑星では上位の惑星が遅い運動、下位の惑星が速い運動と、より親しい関係にある。宇宙では常に、固有な運動の緩慢はその位置の高さに由来するからである。したがって、やはり長音階に対しては各調性に適合する2惑星で上位のものが、短音階に対しては下位のものが

より親しい関係にある。さらにまた、長音階は4対5と3対5の長音程、短音階は5対6と5対8の短音程を用いる。ところが、上位惑星はやはり大きな軌道と遅い運動、つまり大きな運動と長い周期をもつ。それぞれの場合に大きなものにふさわしい事柄どうしが、相互により親しい関係を作り上げる。

35. 命題
土星と地球は親密な関係にあって長調を、木星と金星は短調を内包する。

　まず地球は、金星とともに長短各調性を表示するが、金星より上位にある。したがって、先の命題により、地球は特に長調、金星は短調を内包する。ところが、命題31により、土星の遠日点運動は地球の遠日点運動とオクターブを介して協和する。それ故、命題33によって、土星も長調を内包する。次に、同じ命題により、土星は遠日点運動によって長調のほうを引き立て、命題32により、短調を斥ける。したがって、短調より長調と親しい関係にある。本来の調性は極限運動によって表示されるからである。

　木星に関していうと、木星は土星と比べて下位にある。それ故、先の命題により、長調に土星、短調に木星がくることになる。

36. 命題
木星の近日点運動は金星の近日点運動と〔調性の同じ〕ひとつの音階になるべきではあったが、協調して同一の調和になる必要はなかった。まして地球の近日点運動とはそうなる必要がなかった。

　先の命題により、木星は特に短音階に入る必要があった。命題33により、短音階と親しい関係にあるのは近日点運動である。したがって、木星は近日点運動で短調の音階つまり音階中の特定の位置ないし音を表示する必要があった。しかし、命題27により、金星と地球の近日点運動も同じ音階を表示する。それ故、木星の近日点運動はこの2惑星の近日点運動と同一の調弦になるべきだった。

ところが、木星の近日点運動は金星の近日点運動と調和を作れなかった。命題8により、木星のこの運動は土星の遠日点運動とほぼ1対3、つまり土星の遠日点運動がGのキイを作る音組織でdのキイを作り、金星の遠日点運動がeのキイを作る必要があった。そこで、木星の近日点運動はeのキイに接近して、間隔が最小の調和より狭まったからである。すなわち、最小の調和は5対6だが、dとeの間はそれよりずっと小さな音程で小全音9対10である。しかも近日点運動の調弦で、金星が遠日点運動の調弦のeから上昇するとしても、この上昇は、命題28により、4分音より小さい。ところが、4分音（そしてそれより小さな音程）は、小全音と合わせてもまだ最小の調和5対6の音程に等しくならない。したがって、木星の近日点運動は、土星の遠日点運動とほぼ1対3を保持し、かつ同時に金星と協和することができなかった。また地球とも協和できなかった。木星の近日点運動が金星の近日点運動の音階に適合して同一の調弦に入り、こうして最小の諸調的音程の大きさより小さな範囲内で土星の遠日点運動と1対3の音程を保持することになったとしよう。つまり金星の近日点運動から（オクターブの隔たりは別にして）小全音9対10すなわち36対40だけ低音部のほうにずれたとしよう。そうすると、地球の近日点運動は確かに金星の近日点運動から5対8つまり25対40ずれる。そこで、オクターブの隔たりを別にすれば、地球と木星の近日点運動は25対36だけ離れることになる。しかし、これは調和音程ではない。5対6〔短3度〕2つ分か、5度から4分音ひとつを減じたものだからである。

37.命題

土星と木星に固有な調和の積2対3と、この2惑星に共通する〔発散する運動の〕大きな調和1対3とに、金星の音程に等しい音程を付加する必要があった。

命題27と命題33により、金星はもともと遠日点運動によって長調の、近日点運動によって短調の表示を支える。ところが、命題

35により、土星は遠日点運動によってやはり長調に協調し、金星の遠日点運動にも協調する。また木星は、先の命題により、近日点運動によって金星の近日点運動に協調する。そこで、木星の近日点運動を厳密に定めるためには、金星が遠日点から近日点までの運動で作るのと同じ音程を、土星の遠日点運動と1対3を作る木星の運動に加えなければならない。しかし、木星と土星の収束する運動の調和は、命題8により、正確に1対2である。そこで、1対2の音程を1対3より大きな音程から除くと、両惑星に固有な運動の比の積として、その大きな分だけ2対3より大きな音程が残る。

　先に命題28では、金星に固有な運動の比は243対250つまり近似的に35対36だった。ところが、第4章では、土星の遠日点運動と木星の近日点運動の間には、1対3を少し越える、26対27と27対28の中間値の超過分が見出された。しかし、天文学が識別できるかどうかわからないほどのほんの些細な1″を土星の遠日点運動に加えるだけで、完全にここで規定した大きさに等しくなる。

38.命題

先にくる論拠でこれまで作り上げた土星と木星に固有な運動の比の積2対3に対する追加分243対250は、その追加分の中の1コンマ80対81が土星に、残る19683対20000つまり約62対63が木星に加わるように、2惑星に配分する必要があった。

　公理19からの帰結として、各々の惑星が一定の幅によって自身になじむ調性の普遍的調和に協働できるように、追加分を両惑星に配分しなければならなかった。ところが、243対250はあらゆる諸調的音程より小さな音程である。だから、それを2つの諸調的な部分に分けるための調和論上の規則はもはやない。ただ、先の命題26で、4分音24対25を分割するために必要だった規則だけが残る。それによって、追加分はコンマ80対81（これは諸調的音程に従属する音程のひとつで、また基本的なものでもある）と、残る19683対20000 とに分けられる。これはコンマより少し大きくて約62対63となる。し

第5巻———天体運動の完璧な調和および離心率と軌道半径と公転周期の起源

かし、音程からコンマひとつは切り取れたが、2つは切り取れなかった。土星と木星に固有な運動の比がほぼ等しいから、それぞれの追加分が不等な大きさになりすぎないようにするためである。つまり公理10に従いながら、それを諸調的音程とそれより小さな部分にまで敷衍したのである。それとともに、1コンマは大全音と小全音の音程によって決められるが、2コンマはそうではないからでもある。さらに、土星は上位の動きの激しい惑星だから、固有な運動の比として4対5という大きなものをもっていても、追加の部分ではむしろ大きいほうではなくて、優先に値するみごとなほう、つまりいっそう調和的な部分を取るのがよかった。実際、公理10では、調和上の優先順位と完全性がまず考慮され、大きさ自体にはどんなみごとさもないので、後回しにされる。こうして、土星に固有な運動の比は64対81になる。つまり、第3巻第12章で名付けたような不純な長3度である。他方、木星に固有な運動の比は6561対8000になる。
★087

　土星の極限距離は8対9の大全音の比を作れる。これを土星に1コンマ加えた理由のひとつとして言及すべきなのか、それともこれはむしろ先にあげた運動のさまざまな原因の結果として自ずから出てきたのか、私にはわからない。むしろここでは、系の代わりとして、先の第4章〔433頁〕で、土星の極限距離が大全音に近似する比を内包することが見出された理由が得られる。
★088

39. 命題

惑星の長音階の普遍的調和では、土星は近日点運動によっては正確に協和できなかった。木星も遠日点運動によっては正確に協和できなかった。

　土星の遠日点運動は、命題31により、地球と金星の遠日点運動と正確に協和しなければならなかった。したがって、遠日点運動より長3度4対5だけ速い土星の運動も2惑星のその運動と協和することになる。地球と金星の遠日点運動は長6度を作るが、これは、第

3巻の論証によれば、4度と長3度とに分割できるからである。それ故、すでに協和した遠日点運動よりさらに速いが、その差が諸調的音程の大きさより小さな土星の運動は、正確には協和しない。ところが、土星の近日点運動はまさにこういうものにほかならない。命題38によれば、この近日点運動は、遠日点運動から4対5の音程よりさらに1コンマ80対81だけ（コンマは最小の諸調的音程よりも小さい）大きく離れているからである。したがって、土星の近日点運動は正確には協和しない。また木星の遠日点運動も正確には協和しない。命題8によれば、この遠日点運動は、〔長音階の普遍的調和と〕正確には協和しない土星の近日点運動と完全な1オクターブで協和するからである。そこで、第3巻で述べた説により、木星の遠日点運動も正確には協和できない。

40. 命題

先にくる論拠によって確立した、木星と火星の共有する発散する運動の調和1対8つまり3オクターブには、プラトンのリンマを加える必要があった。

　命題31により、土星と地球の遠日点運動の間は1対32つまり12対384でなければならなかった。また、命題15により、地球の遠日点運動から火星の近日点運動までの間は3対2つまり384対256、命題38により、土星の遠日点運動から近日点運動までの間は4対5つまり12対15と追加分、最後に、命題8により、土星の近日点運動から木星の遠日点運動までの間は1対2つまり15対30でなければならなかった。そこで、土星の追加分を除外すると、木星の遠日点運動から火星の近日点運動までの間には30対256が残る。ところが、30対256は32対256つまり1対8を、30対32つまり15対16または240対256ほど上回る。これは半音である。そこで、240対256から、命題38で80対81つまり240対243でなければならないとした土星の追加分を減ずると、243対256が残る。これはプラトンのリンマで、約19対20になる。第3巻を参照。したがって、1対8にはプラトン

のリンマを加えなければならなかった。

　そこで、木星と火星の発散する運動の大きな比は、243対2048でなければならない。★089 これはいわば243対2187 と243対1944 つまり1対9と1対8の中間値である。前者の比は先に〔命題13で〕あげた〔正4面体の〕比から、後者の比はより調和論に即した諸調性から、要求されたものである。

41.命題
火星に固有な運動の比は必然的に調和比5対6の2乗つまり25対36になった。

　先の命題により、木星と火星の発散する運動の比は243対2048つまり729対6144でなければならなかった。また、収束する運動の比は、命題13により、5対24つまり1280対6144だった。したがって、両惑星に固有な運動の比の積は必然的に729対1280つまり72900対128000となった。★090 しかし、木星のみに固有な運動の比は、命題38により、6561対8000つまり104976対128000でなければならなかった。そこで、この木星の比を両惑星の積から除くと、火星に固有な運動に比として72900対104976つまり25対36が残る。この比の2分の1乗〔平方根〕は5対6である。

　以下のような別の算出法もある。土星の遠日点運動から地球の遠日点運動までの間は1対32つまり120対3840である。同じく土星の遠日点運動から木星の近日点運動までの間は1対3つまり120対360とその追加分である。また、木星の近日点運動から火星の遠日点運動までの間は5対24つまり360対1728である。したがって、火星の遠日点運動から地球の遠日点運動までの間には、1728対3840から、土星と木星の発散する運動の比の追加分を減じたものが残る。ところが、同じく地球の遠日点運動から火星の近日点運動までの間は3対2つまり3840対2560である。そこで、火星の遠日点運動と近日点運動の間には1728対2560つまり27対40または81対120から上述の追加分を減じたものが残る。だが、81対120は

80対120つまり2対3より1コンマ小さい。したがって、2対3から1コンマを取り去り、上述の追加分（これは命題38によれば金星に固有な運動の比と等しい）も取り去ると、火星に固有な運動の比が残る。ところが、金星に固有な運動の比は、命題26によれば、4分音から1コンマを減じたものである。またコンマと、4分音から1コンマを減じたものとを合わせると、完全な4分音24対25ができる。したがって、2対3つまり24対36から4分音24対25を除くと、先のように、火星に固有な運動の比として25対36が残る。この2分の1乗の5対6は、第3章によれば、この惑星の極限距離の比になる。

またしても、先に第4章433頁で火星の極限距離が調和比5対6を内包することが見出された理由が、ここにある。★091

42.命題
火星と地球が共有する大きな比つまり発散する運動の比は、必然的に54対125になった。これは先にくる論拠で立てた5対12の調和より小さい。

先の命題により、火星に固有な運動の比は4分音を除いた5度になる必要があった。火星と地球が共有する収束する運動の比つまり小さな比は、命題15により、5度2対3でなければならなかった。最後に、地球に固有な運動の比は、命題26と28により、4分音2つ $\left[\dfrac{24}{25} \times \dfrac{24}{25}\right]$ から1コンマを除いた音程である。これらの要素から、火星と地球の大きな比つまり発散する運動の比ができあがる。これは5度2つ（4対9つまり108対243）に、243対250つまり1コンマ欠けた4分音が加わった音程になる。これは、108対250つまり54対125であり、★092 608対1500である。★093 ところがこれは、625対1500つまり5対12より、608対625の分だけ小さい。この608対625は約36対37で、最小の諸調的音程〔小全音〕より小さい。

43.命題
火星の遠日点運動は普遍的調和に協調できなかった。ただし、短調

の音階には必然的にある程度まで同調しなければならなかった。

　木星の近日点運動は短音階では高音部の調弦のdの位置を占める。その運動と火星の遠日点運動の間には5対24の調和がなければならなかった。したがって、火星の遠日点運動は同じ高音部の調弦の不純なfの位置を占める。私がわざわざ「不純な」と言うのは、第3巻第12章で、不純な協和音程を逐一検討して、それを音組織の構成から導き出したときに、単純な自然の音組織に現れる不純な協和音程をいくつか書き落としたからである。そこで、読者は「同様にして……81対120が残ることになる」で終わる行の後に、次のことばを書き加えられたい。「そしてこれ〔81対120〕から4対5つまり32対40を除くと、減短3度27対32〔短3度から1コンマ減じたもの〕が残る。これはやはり単純な1オクターブのdとfもしくはcρとeもしくはaとcの間にある」。

　そしてその下に付された表の第1行目には次のことばがくる。
　「5対6の代わりとして、不足する27対32が現れる」。
　以上から明らかなように、自然な音組織では真正なfのキイは、私の立てた原則に従って並べたように、dのキイとともに不純な、つまり不足する短3度を作る。だから真正なdのキイで構成された木星の近日点運動と火星の遠日点運動の間は、命題13によれば、2オクターブ上の完全な短3度で、不足はしていない。そこで、火星は遠日点運動によって、真正なfのキイより1コンマだけ高い位置を表示することになる。したがって、不純なfの位置しか占められなくなる。こうして完全ではないが少なくともある程度まではこの音階に同調する。しかし、普遍的な協和には、それが純粋であろうと不純であろうと、関与しない。金星の近日点運動がこの調弦のeの位置を占めるが、eとfの間は、互いに接近しすぎているために不協和だからである。したがって、火星は惑星のひとつ金星の近日点運動とは不協和である。しかしまた金星の他の運動とも不協和である。それらの運動は4分音ひとつよりもさらに1コンマ緩い弦になるからである〔命題28を参照〕。そこで、金星の近日点運動と火星

の遠日点運動の間は半音とIコンマだから、金星の遠日点運動と火星の遠日点運動の間は（オクターブの差を無視すれば）半音とIディエシスつまり小全音になる。この音程はやはり不協和である。また火星の遠日点運動は短調の音階に同調するだけで、長調の音階にはやはり同調しない。金星の遠日点運動は長音階のeに協調するが、（オクターブの差を無視すれば）火星の遠日点運動はeよりも小全音ひとつ高くなったので、火星の遠日点運動は必然的にこの調弦においてはfとf♀の中間にくることになる。そして同時にそれは（この調弦において地球の遠日点運動が占める）gと、25対27の音程を作る。この音程は大全音から4分音を除いたもので、完全に非諧調的である。

　同じ方法で、火星の遠日点運動が地球の運動とも不協和なことが証明される。すなわち、火星の遠日点運動は先の説により金星の近日点運動とは半音とIコンマつまり14対15を作るが、地球と金星の近日点運動は、命題27によれば、短6度5対8つまり15対24を作る。したがって、火星の遠日点運動は地球の近日点運動と（それに数オクターブが加わってはいるが）14対24つまり7対12を作る。これは非諧調的音程であり、まして、7対6と同様、調和音程ではない。実際、ここに見える6対7のように、5対6と8対9の間にある音程はどんなものであれ不協和で非諧調的である。しかしまた地球の他のどんな運動も火星の遠日点運動とは協和できない。火星の遠日点運動は（オクターブの差を無視すれば）地球の遠日点運動と25対27という非諧調的音程を作ることは上に述べたが、すでに6対7つまり24対28から25対27までの音程はすべて最小の調和音程〔短3度〕より小さいからである。

44. 系

そこで、木星と火星についての命題43、土星と木星についての命題39、木星と地球についての命題36、土星についての命題32から、以下のことが明らかになる。ひとつは、第5章で、惑星の極限運動がすべてひとつの自然な音組織もしくは音階に完全には適合しな

かった理由である。もうひとつは、同じ調弦の音組織に適合したすべての極限運動がその音組織の位置を自然な比率に分かったり、諸調的音程が完全に自然な連続になったりしなかった理由である。すなわち、各惑星がそれぞれの調和を、さらに全惑星が普遍的調和を、最後に普遍的調和も長短2つの調性を、獲得した理由が優先する。そういう理由を立ててしまうと、ひとつの自然な音組織へのあらゆる種類の適合ができなくなる。そういう理由が必然的に先行しなかったのであれば、疑いもなく、ひとつの音組織とその音組織の調弦が全惑星の極限運動を内包しただろう。またもし長短の調性のために2つの音組織が必要だったら、たんに長調の音組織のみならず短調の音組織にも、自然な音階の順序がそっくりそのまま表されただろう。したがって、上述の第5章で明らかにすると約束した、あらゆる諸調的音程よりさらに小さな最小の音程分だけのずれのある理由が、ここで得られる。

45. 命題

先にくる論拠の命題12と16ですでに立てた、金星と水星が共有する大きな比としての2オクターブと、水星に固有の運動の比には、金星に固有の音程に等しい音程を加える必要があった。こうして水星に固有の運動の比は完全に5対12となり、また水星は両方の極限運動によって金星の近日点運動のみと協和するようになった。

　土星の遠日点運動は地球の遠日点運動と協和する必要があった。つまりいちばん外側にあって、その正多面体に外接する最上位の惑星の遠日点運動は、立体図形の等級を異にする地球の最上位での運動と協和しなければならなかった。そこで対称性の規則によって、水星の近日点運動は地球の近日点運動と協和することになった。つまりいちばん内側にあって、その正多面体に内接する最下位の、太陽に最も近い惑星の近日点運動が、共通の境界である地球の、最下位での運動と協和する。また命題33と34により、土星と地球の遠日点運動は長音階の調和、地球と水星の近日点運動は短音階の調和

になる必要があった。ところが命題27により、金星の近日点運動は地球の近日点運動と協和して5対8の調和になるべきだった。したがって、水星の近日点運動も金星の近日点運動と〔調性の同じ〕ひとつの音階にそろえる必要があった。また先にくる論拠の命題12により、金星と水星の発散する運動の調和を1対4と決めた。だからその調和を、今度はこの後にくる論拠により、金星の音程全体を加えて膨らます必要があった。したがって、金星の遠日点運動ではなく近日点運動から水星の近日点運動までの音程が完全な2オクターブになる。ところが命題15によれば、収束する運動の調和も完全に3対5である。そこで、これを1対4から除くと、水星のみに固有な運動の比としてやはり完全な調和の5対12が残る。これはもはや(先にくる論拠による命題16のように)金星に固有な運動の比の分を減じたものではない。

　2番目の論拠。正12面体と正20面体の夫婦は外側で土星と木星だけにはまったく接触しない。同様に、同じ立体の組は内側でも水星だけには接しない。火星と地球と金星には、内側から火星に、外側から金星に、両側で地球に接する。そこで、立方体と正4面体に支えられた土星と木星の固有な運動の比に、金星に固有な運動の比と等しいものを配分して加えた。それと同じように、今度は立方体と正4面体の仲間の図形である正8面体に包まれる、孤立した水星に固有な運動の比にも、同じ比を加える必要があった。すなわち、副次的な正多面体の中で正8面体は、ただひとつの図形で基本的な正多面体の立方体と正4面体の2つの図形の役割を担う。これについては第Ⅰ章を参照。それと同様に、下位惑星の中で水星はひとつだけで2つの上位惑星、土星と木星の代わりになる。

　3番目に、命題31によれば、最上位の土星は遠日点運動によって、複数のオクターブつまり連続的に2倍になる1対32の比で、調性を変える2惑星の中の上位で近いほう〔地球〕の遠日点運動と協和しなければならなかった。同じようにして逆に、最下位の水星も近日点運動によって、複数のオクターブつまりやはり連続的に2倍になる

第5巻──天体運動の完璧な調和および離心率と軌道半径と公転周期の起源　　498

1対4の比で、調性を変える2惑星の中の下位で近いほう〔金星〕の近日点運動と協和しなければならなかった。4番目に、土星、木星、火星の上位3惑星の極限運動はそれぞれにその一方だけが普遍的調和に協働する。そこで、下位惑星では水星だけがただひとつで両方の極限運動によって同じ普遍的調和に協働しなければならなかった。中間にある地球と金星は、命題33と34により、調性を変えなければならなかったからである。最後に、上位3惑星の2つを一組にすると、収束する運動の間には完全な調和が見出されたが、発散する運動の比と各惑星に固有な運動の比は膨らんでいた。そこで逆に、下位惑星2つずつの2組では、特に収束や発散する運動の間ではなくて、むしろ同じ方向の極限運動の間に、完全な調和が見出される必要があった。そして地球と金星には2つの完全な調和を与えることにしたので、金星と水星にもやはり2つの完全な調和を与える必要があった。しかも地球と金星は調性を変える必要があったので、遠日点運動間にも近日点運動間にも完全な調和を獲得しなければならなかった。しかし、金星と水星は調性を変えないから、遠日点運動どうしも近日点運動どうしも完全な調和を必要としなかった。むしろ遠日点運動どうしの比はすでに膨らんでいたので、その完全な調和の代わりになったのは、収束する運動の完全な調和だった。こうして下位惑星では上位の金星が、命題28により、全惑星中で最小となる固有運動の比をもち、下位惑星で下位の水星が、命題30により、最大の固有運動の比を得た。それと同じように、やはり金星の固有運動の比がすべての固有運動の比の中で最も不完全なもの、つまり調和から最も遠く離れたものとなり、水星の固有運動の比が最も完全なもの、つまり膨らみのない純然たる調和になった。こうして結局は、あらゆる面でそれぞれの関係が対称的になったのである。

　この世に先んじ、かつ後の世にまでも永遠にいます神は、このようにしてご自身の英知による奇蹟を飾られた。過剰なものも不足するものもない。どんな批判の余地もない。御業のすべてが何と好ま

しいことか。万事がひとつひとつ相対しつつ2重になっている。その対称性にはどんな欠陥もない。神は各々の美点(装飾と品位)を強化された(つまり最善の論拠によって確立された)。それらの燦然たる美しさを見て飽く者があろうか。

46. 公理
正多面体を惑星軌道間に自由に置くことができて、先行するいろいろな理由からくる必然性に妨げられなかったら、その配置は幾何学的な内接と外接の比に従って完全に行われ、さらには内接球と外接球の比のもつ条件に従うはずである。

　作品がその原型を再現するように、自然界の内接が厳密に幾何学的な内接の再現であることは、何よりも理にかなうからである。

47. 命題
正多面体を惑星間に自由に内接させることができたら、正4面体は上方で角が正確に木星の近日点距離を半径とする球に、下方で各面の中心が正確に火星の遠日点距離を半径とする球に接するはずだった。立方体と正8面体は、角がそれぞれの惑星の近日点距離を半径とする球に当たり、各面の中心が内側の惑星の球に入り込み、それらの中心が遠日点距離と近日点距離を半径とする球の内側にこなければならなかった。それに対して、正12面体と正20面体は、角が外側で惑星の近日点距離を半径とする球にふれ、各面の中心が内側の惑星の遠日点距離を半径とする球までは完全には届かないようにする必要があった。最後に、正12面体系のウニ(本巻第I章末尾の図参照)は、角が火星の近日点距離を半径とする球の中に立つと、2つずつの立体的な芒(のぎ)の間の境界線となる変わりぎわの線分の中点が金星の遠日点距離を半径とする球の非常に近くまでくるはずだった。

　正4面体は、その起源においても宇宙での位置においても、基本的な正多面体の中で中間にくる図形である。したがって、妨げるものがなかったら、木星と火星の両方の領域を等しく隔離するはず

だった。正4面体に対して、立方体は上方の外側に、正12面体は下方の内側にあった。そこで、それらの図形の内接の仕方も、正4面体を真ん中にした対称性を示すために、一方の内接の仕方が過剰になり、他方が不足するのが、ふさわしかった。すなわち、立方体は内側の球にいくらか入り込み、正12面体は内側の球まで届かない。また内外接球の比が等しいから、正8面体は立方体と、正20面体は正12面体と親縁関係にある。したがって、内接の仕方の完全性についていうと、立方体と同じ特徴を正8面体が、正12面体と同じ特徴を正20面体がもたなければならなかった。正8面体と正20面体の宇宙における位置も、それぞれ立方体および正12面体の位置とよく似ている。立方体が外側で一方の境界にあるように、正8面体も宇宙の内側で他端を占め、正12面体と正20面体はともに中間にあるからである。したがって、内接の仕方も似ているのがよいから、8面体は内側の惑星の軌道球に入り込み、20面体はその球まで届かない。ところがウニは、突き出た角の頂点を結ぶと正20面体、その角の基底面を合わせると正12面体になる。そこでこれが、火星と地球の間にある12面体の領域と、地球と金星の間にある20面体の領域をともに満たし、内包し、もしくは区画しなければならなかった。相対するもののどちらがどちらの仲間にふさわしいか、ということは先の公理から明らかになる。本巻第I章によれば、4面体は半径が有理線分となる内接球をもち、基本的な正多面体の間では中間の位置を得た。すなわち、半径が互いに通約できない線分となる内外接球をもつ図形つまり外側の立方体と内側の12面体に、それぞれの側から囲まれた。内接球の半径が〔外接球の半径をIとしたとき〕有理になる、この幾何学的性質は、自然界では惑星の軌道球が正多面体に内接する仕方の完全性を表す。立方体とその仲間の8面体は、少なくとも半分だけは有理な内接球つまり半径が自乗においてのみ有理となる内接球をもつ。したがって、これらの立体図形は半分完全な内接の仕方になるはずである。その場合、惑星の軌道球のいちばん外側ではなくても、少なくともそれより内側、特に遠日点距離

と近日点距離を半径とする2つの球の中間部は、他の論拠によってそうすることができれば、その立体図形の各面の中心にふれる。それに対して、12面体とその仲間の20面体は、半径が長さにおいても自乗においてもまったく無理線分となる内接球をもつ。したがって、まったく不完全な内接の仕方になるはずで、惑星の軌道球のどこもその立体図形の各面の中心にふれない。つまり内接が不十分で、その図形の各面の中心が惑星の遠日点距離を半径とする軌道球まで完全には届かない。ウニは、12面体やその仲間の20面体と親縁関係にあるが、正4面体と似た特徴をもつ。突き出た角どうしの変わりぎわの線分に内接する球の半径は、確かにその芒の頂点に外接する球の半径と通約できないが、隣り合う2つの突き出た角どうしの距離とは、長さにおいて通約できるからである。[★097] こうしてこの図形は、半径が完全に通約できることではほぼ4面体と同様だが、他の不完全性は12面体やその仲間と同様である。したがってウニの場合、自然界での内接の仕方も、完全に4面体のようにはならず、完全に12面体のようにもならないで、その中間的な種類になるのは、当然である。そこで、4面体は各面で内接球のいちばん上の表面にふれ、12面体は内接球まで届かず一定の空間ができることになったから、鋭い尖端をもつウニが、尖端どうしの変わりぎわの線分で20面体空間とその内接球の最も上の表面の間に立ち、この最上部の表面に近似的に接する。ただし、こういう説が成り立つのは、ウニを他の5つの正多面体の仲間に入れて、この図形の規則性を他の正多面体で確立した規則性に許容できた場合である。しかし、「許容できた場合」などと言うこともない。むしろ正多面体にはウニの規則性が不可欠だった。12面体の内側の球に緩やかに接する立体図形が、他に求められようか。12面体や20面体と親縁関係にあり、内接の仕方が近似的に球面にふれ、かつ（不足があるにしても）その不足分が、4面体が内接球を越えて中に入り込む分を上回らない、この予備的な図形しかない。なお、この不足ないし超過分については、以下で論ずる。

*ウニの形については、第5巻第1章参照。その図のP.は立体角、O.は立体角どうしの間にある変わりぎわの線分である。

このウニ*が親縁関係にある2つの立体図形の仲間に加わった理由（それは、2つの正多面体が決定できないで残した火星と金星の軌道球の比を決めるためである）は、以下のことからも、いかにも真実のように思われる。すなわち、地球軌道の半径1000が、火星の近日点距離を半径とする球と金星の遠日点距離を半径とする球の間の、比例的にほぼ完全に中間のところに見出される。まるで、ウニが親縁関係にある立体図形に要求する空間が、相似た正多面体の間で比例分割されたようである。

48. 命題

正多面体は惑星軌道間に完全に自由には挿入できなかった。非常に小さな個所に関しては、極限運動の間に確立した調和に妨げられたからである。

　公理1と公理2により、各立体図形の内外接球の比はそれ自体で直接に表されるべきものではなかった。まず、その内外接球の比と非常に密接な関係のある調和を求め、それを極限運動に合わせなければならなかった。

　次に、公理18と20により、長短2つの調性の普遍的調和が成り立つようにするために、後にくる論拠に従って、2惑星の各組の大きな調和に若干の膨らみを加えなければならなかった。そこで、そういう調和を立て固有な論拠で支えるため、第3章で明らかにした運動の法則によって、正多面体を軌道間に完全に挿入できる距離とは若干ずれた距離が必要だった。そこで、それを証明し、また固有な論拠によって立てた調和から各図形がどれほどのものを失ったか、明らかにするために、調和にもとづき、以前には試みた人もいなかったような新しい計算法★098によって、太陽から惑星までの距離を立てよう。

　この探究の項目は以下の3つになる。まず第1に、各惑星の2つの極限運動から、その惑星と太陽の極限距離を求める。そこからさらに各惑星に固有な極限距離の尺度で表した軌道半径を求める。第2に、同じく全惑星に共通な同一の尺度で表した極限運動から、平

均運動とその運動の比を求める。第3に、こうして明らかにした平均運動の比から、軌道つまり太陽からの平均距離の比と、また同時に極限距離の比も調べ、それを正多面体による比と比較する。

　第Iの項目に関しては、第3章第6項に従い、極限運動の比が、それに対応する太陽からの距離の逆比の2乗になることを繰り返しておく。そこで、正方形の面積の比は辺の比の2乗になるので、各惑星の極限運動を表す数値を正方形の面積のように考えて、その平方根を極限距離とする。軌道半径と離心値のためにその極限距離の算術平均を出すのは簡単である。これまでに立てた調和から以下のような数値が出てくる。

　先にあげた探究の第2の項目に対しては、再び第3章第12項が必

惑星	[a] 各惑星に 固有な 運動の比	[b] aの平方根 (桁数を 増やすか数倍 にしたもの)	[c] 軌道半径 [(b'+b")÷2]	[d] 離心値 [b"−c]	[e] 100000倍した 離心率 [d÷c×100000]
土星 (命題38による)	64 81	80 [b'] 90 [b"]	85	5	5882
木星 (命題38による)	6561 8000	81000 89444	85222	4222	4954
火星 (命題41による)	25 36	50 60	55	5	9091
地球 (命題28による)	2916 3125	93531 96825	95178	1647	1730
金星 (命題28による)	243 250	9859 10000	99295	705	710
水星 (命題45による)	5 12	63250 98000	80625	17375	21551

[b':b"=近日点距離:遠日点距離]

調和の体系から出てくる惑星距離の計算

要になる。そこでは、極限運動に対する平均運動を表す数値は、2つの極限運動の算術平均より小さく、さらに幾何平均よりも、算術平均と幾何平均の差の半分だけ小さいことを、明らかにした。そしてあらゆる平均運動を同一尺度で表した値を求めているので、これまで2つずつの惑星間に立てた比も各惑星に固有な運動の比もすべて最小の公約数を基準として示すことにする。その場合、各惑星の固有運動の差の半分を小さな値に加えた算術平均と、固有運動どうしの積の平方根を取って得た幾何平均を求める。こうして、これら2つの平均値の差の半分を幾何平均から引くと、各惑星の極限運動

★100

2惑星の調和比	[f]極限運動の値	[g]各惑星の固有運動の比	[h]固有運動の比から得られた平均値 [h₁]算術平均 [h₂]幾何平均	[i]平均値の差の半分	[j]それぞれの尺度での平均運動 [j₁]各惑星自身の尺度 [j₂]共通の尺度
30 ⎧ 1 ⎧ 1 ⎨ ⎨ 2 ⎪ ⎩ ⎪ ⎧ 5 ⎨ ⎨ 24 ⎩ ⎩ 2 32 ⎧ 3 ⎨ ⎧ 5 ⎪ ⎨ 5 ⎩ ⎩ 1 ⎧ 3 ⎧ 8 ⎨ ⎨ 5 ⎩ ⎩ 4	土星 139968 [f'] 土星 177147 [f''] 木星 354294 木星 432000 火星 2073600 火星 2985984 地球 4478976 地球 4800000 金星 7464960 金星 7680000 水星 12800000 水星 30720000	64 [g'] 81 [g''] 6561 8000 25 36 2916 3125 243 250 5 12	72.50　72.00 7280.5　7244.9 30.50　30.00 3020.500　3018.692 246.500　246.475 8.500　7.746	25 [×10⁻²] 178 [×10⁻¹] 25 [×10⁻²] 904 [×10⁻³] 125 [×10⁻³] 377 [×10⁻³]	71.75　156917 7227.1　390263 29.75　2467584 3017.788　4635322 246.4625　7571328 7.369　18864680

$[h_1 = \frac{g'+g''}{2} \quad h_2 = \sqrt{g' \times g''} \quad j_1 = h_2 - i \quad j_2 = j_1 \times f' \div g']$

第9章　各惑星の離心値の起源は惑星運動間の調和への配慮にもとづく

に固有な尺度で表した平均運動の値が立てられる。この尺度は比例の規則に従って容易に共通の尺度に変えられる。

　小数点の後にある数字は、10分の1以下の値を正確に表そうとしたために出てきた。

　こうして、規定した調和から平均日運動の比が見出された。一覧表に示した各惑星の度、分などの値の間に見られる比がどれほど天文学の真実に迫っているか、調べるのは容易である。

　先にあげた探究の第3の項目には第3章第8項が必要になる。[★101]すなわち、各惑星の平均日運動の比を見出せば、軌道の比も出てくる。平均運動の比は軌道の逆比の2分の3乗だからである。ところが立方数の比は、クラウが『応用数学』に付したクラヴィウス表の対応する根の所に書き添えた平方数の比の2分の3乗である。したがって、算出した平均運動の値を（必要に応じて桁数をそろえるように省略して）クラヴィウス表の立方数に求めると、左側にある「平方数」の標題の下に、軌道の比の値が示される。それから、各惑星に固有な軌道半径を尺度にして先に各惑星に帰した離心値を、比例の規則によって、全惑星に共通な尺度に置き換えるのは、簡単である。この離心値を軌道半径に足したり引いたりすると、太陽から各惑星までの極限距離ができる。天文学の慣習のとおり、地球軌道の半径を100000という切りのいい基準にする。この数が2乗しようと3乗しようと常に0の付く単純な数になるからである。そうすると、地球の平均運動も1000000000という数になり、比例の規則により、各惑星の平均運動と地球の平均運動の比が、1000000000と新尺度での数の比になる。こうして、各立方根を地球の数値と比較することにより、5つの立方根だけで課題を遂行できる。

　表〔右頁〕の最後の列で、2惑星が収束するときの距離を表す数値としてどういうものが出てくるか、明らかになる。その数値はすべて私がブラーエの観測結果から見出した距離の値と非常に接近している〔433頁の表参照〕。ただ水星の場合だけはほんの少し相異がある。天文学では、水星に470、388、306という、[★103]いずれもここにあげ

	平均運動から得られる数値			[m]上掲の軌道半径〔前々表のc〕	[n]離心値		[o]出てくる極限距離	
	先の尺度による〔前表のj₂〕	[k]立方根を求めるための新たな逆数の尺度による	[l]立方根の平方数間に見出された軌道の比 $[k^{\frac{3}{2}} \times 10^{-1}]$		[n₁]固有の尺度による〔前々表のd〕	[n₂]共通の尺度による〔n₁÷m ×l〕	遠日点距離〔l+n₂〕	近日点距離〔l−n₂〕
土星	156917	29539960	9556	85	5	562	10118	8994
木星	390263	11877400	5206	85222	4222	258	5464	4948
火星	2467584	1878483	1523	55	5	138	1661	1384
地球	4635322	1000000	1000	95178	1647	17	1017	983
金星	7571328	612220	721	99295	705	5	726	716
水星	18864680	245714	392	80625	17375	85	476	308

〔kは地球の値を1000000としたときの各惑星と地球の平均運動の比の逆数。
すなわち、(j₂の地球の値)÷(j₂の各惑星の値)×1000000〕

た値より少し小さな距離が出てくるように見えるからである。このずれの原因は、観測から得られる数値の少なさか離心率の大きさのためであるように思われる。第3章を参照。計算の結末へと急ごう。

いまや正多面体の内外接球の比と収束するときの距離の比を比較するのは、簡単である〔次頁の表〕。

そこで、立方体の各面は木星の平均距離を半径とする球の内側に少し下がる。8面体の各面は水星の平均距離を半径とする球に完全には届かない。4面体の各面は火星の軌道球の最上層の内側に少し下がる。ウニの各線分は金星の軌道球の最上層に完全には届かない。12面体の各面は地球の遠日点距離を半径とする球からは遠く離れている。20面体の各面もやはり金星の遠日点距離を半径とする球からは遠く、12面体の場合とほぼ同じ割合で離れている。最後に、8面体のもつ正方形をここに置くのは不適切だが、必ずしも不当ではない。実際、立体図形の間に平面図形のあることがどうしたというのか。こうして以下のことがわかる。惑星の距離が、これまで論

[p] 図形の外接球の半径が各球に共通の100000の代わりに取る値 〔前表の近日点距離；水星のみ遠日点距離〕		[q] 内接球が100000に対する比の代わりに取る値 〔q₁〕　　〔q₂〕		調和から算出した距離 〔前表より〕	
立方体	8994 土星	57735	5194	木星の平均距離	5206
正4面体	4948 木星	33333	1649	火星の遠日点距離	1661
正12面体	1384 火星	79465	1100	地球の遠日点距離	1018
正20面体	983 地球	79465	781	金星の遠日点距離	726
ウニ	1384 火星	52573	728	金星の遠日点距離	726
正8面体	716 金星	57735	413	水星の平均距離	392
8面体内にある正方形	716 金星	70711	506	水星の遠日点距離	476
または	476 水星	70711	336	水星の近日点距離	308

〔q_1は100000を正多面体の外接球の半径とした場合の内接球の半径；最終行は正8面体内の正方形の内接円の半径〕〔q_2は近日点距離pに対する内接球の半径。ただし最終行は内接円の半径。$q_2 = p \times q_1 \div 100000$〕

証した運動の調和比から導き出されるとすると、それは必然的に調和比が許容するだけの大きさとなる。命題45で立てた、正多面体の自由な挿入の仕方から得た規則が要求するような大きさにはならない。完全な内接というこの幾何学的秩序が、第5巻の扉に引いたガレノスのことばを用いると、もうひとつの調和比による可能な秩序とは、もはや共存できなかったからである。そのことだけを、先に立てた命題の解説のための数値計算によって証明しなければならなかった。

　隠さずに言うと、金星と水星の収束する運動の調和を金星に固有な運動の比の分だけ増やし、その結果に応じて、水星に固有な運動の比をその分だけ減らせば、私のこの計算法によると、水星と太陽の間の距離として469、388、307という数値が出てくる。これは天文学が明らかにした結果と非常に正確に対応する。しかしまず第一に、そういう切り詰めを調和比の論拠によって擁護することはできない。それでは、水星の遠日点運動がどんな音階にも適合しなく

第5巻─────天体運動の完璧な調和および離心率と軌道半径と公転周期の起源

なるし、宇宙で相対する位置にある惑星において、あらゆる条件の完全な対称性の法則も守れないからである。次に、それでは、水星の平均日運動が大きくなりすぎる。したがって、あらゆる天文学の成果の中で最も確実な水星の公転周期が短くなりすぎる。それ故、私は、ここで採用し第9章全体で確立した、運動の調和的な体系に踏み止まる。それでも私は、こういう例をあげて、数学の素養と最高の哲学の知識を身に付け、偶然この著書を読むことになる読者があれば、その数がどんなに多かろうとそのすべての人に、以下のように呼びかける。さあ、元気を出したまえ。至る所に適用した調和のひとつでも根こそぎにして、何か別のものに換えてみたまえ。そして、第4章で記した天文学の成果にこれほど近付けるかどうか、試してみたまえ。あるいは、論拠を立て、天体の運動にふさわしい、もっとよい体系を打ち立て、私の適用した配置を部分的にせよ全面的にせよ打ち壊すことができるかどうか、やってみたまえ。創造者たるわが主の栄誉に関わることは何であれ、この私の著書を介して諸君にもなべて許されているとせよ。私自身もこの時まで、先の時代にはいい加減な思弁や性急な熱意によって誤って考え出されたとわかったものに対しては、あらゆるところで変更する自由を行使してきたのだから。

呼びかけ

49. 結語

惑星間の距離を決めるとき、正多面体が調和比に、2惑星間の大きな調和があらゆる惑星の普遍的調和に、それぞれ後者が必要とした分を譲るのは、よいことだった。

　みごとな偶然によって、7の2乗の49に至った。こうして、天体のはたらきについて立方数である8の6倍の命題を述べた後に、安息日がくる。それにふさわしく感嘆的結語も作ってみた。これをあらかじめ公理の間に述べることもできた。しかし、神も創造の御業を果たした後に、創られた万物を見わたし、大いによきものとしたのである〔旧約聖書創世記第I章31〕。

この結語は2つの部分からなる。第Ⅰの部分は一般的な調和に関わる。その論証は以下のとおりである。すなわち、完全には許容し合えない相異なる事物の間で選択を行う場合、価値の優るものを優先して劣るものから必要な分を取ってくるのがよいことは、「整序による装飾」を意味するギリシア語の「コスモス」(kosmos)ということばから直接明らかなように思われる。ところが、生命が身体に、形相が質料に優るのと同じくらい、調和的整序は単純な幾何学的整序に優る。

　身体は生きていくために生まれたから、生きているものの身体を完成するのは生命である(第4巻第7章参照)。これは、神の本質そのものである宇宙の原型から出てくる。同様にして、惑星全体に割り当てられた領域と各惑星の領域を限定するのは運動である。惑星にその領域を割り当てたのは、惑星が運動できるようにするためだったからである。ところが、5つの立体図形は、立体ということばの意味によって、領域の空間的な広がりと、その領域の数および天体の数に関わる。運動に関わるのは調和である。さらにまた、質料は拡散していて、それ自体としては無限定である。限定されており統一性があって、質料を区切るのは、形相である。同様に、〔幾何学図形から得られる〕幾何比も数が多くて無限定だが、調和比は数が少ない。実際、幾何比にはやはり定義の仕方、作り方、限定の仕方に一定の等級がある。球を正多面体に割り当てれば3つより多くの幾何比は出てこないが、それでもこれらの比にはやはり他のあらゆる幾何比と共通する偶有性がつきまとう。量の無限分割の可能性を前提とするからである。項が相互に通約できない幾何比は、やはり実際にも無限分割をある程度は内包している。しかし、調和比はすべて有理で、あらゆる項が通約できる。しかもその項は、限定された特定の種類の平面図形から選び出されたものである。ところが、分割の仕方が無限なことは質料の、項が通約できること、もしくは有理であることは形相の特徴である。したがって、質料が形相を、彫刻の素材となる適当な大きさの石が人間の肉体のイデアを、必要とす

るように、幾何学図形の比にも調和が必要である。前者を加工し形作るためというより、この質料がこの形相に、この大きさの石がこの彫像に、この図形の比がこの調和によく適合するからである。つまり、質料がその形相によって加工されて形を与えられ、石が鑿によって造形されて生きものの姿になり、正多面体の内外接球の比がその比に近似した適当な調和によっていっそうよく加工され、よい形になるようにするためである。

　以上に述べたことは、私の体験した発見史からいっそう明らかになる。私が24年前この問題を考究しはじめたとき、まず最初に調べたのは、惑星の軌道球が相互に等距離だけ離れているかどうか、ということだった（コペルニクス説では、軌道球は互いに離れていて接触しない）。等比よりみごとなものはないと考えたからである。しかし、等比には先頭も末尾もない。こういう質料的な等しさからは、決まった数の動く天体も、決まった大きさの間隔も出てこなかった。そこで私は、軌道と軌道間の間隔の相似つまり比例関係について考えてみた。しかし、結果として同じ不満が生じた。確かに、軌道間の間隔としてまったく不等な大きさが出てきたが、その間隔はコペルニクスの要求するように不揃いに不等でもないし、比の大きさも軌道球の数も出てこなかったからである。そこで正多角形に移った。円を内外接させると正多角形によって間隔ができたが、それでもやはり決まった数にはならなかった。そして5つの正多面体にたどりついた。ここで天体の数も、間隔の大きさが実際の値に近いことも、明らかになった。非常に近いので、残る不一致については天文学の完成に支援を求めたほどだった。この20年で天文学は完成した。しかし、依然として間隔と正多面体の間には不一致が残った。それに、離心値が非常に不揃いに惑星に分与された原因がまだ明らかでなかった。きっとこの宇宙という家で、私はただ石だけを捜し求めていたのである。その石にはかなり適切な形のものもあった。けれども、その形は石に合うようなものにすぎなかった。宇宙の建築家が、石を加工して非常に整然とした生きものの体の彫像にしたこと

を知らなかった。こうして徐々に、特にこの最近3年は、非常に微細な点をめぐっては正多面体を捨てて調和に行き着いた。ひとつは、調和が最後の仕上げで加えられる形相の側にあったのに、図形は、宇宙において天体の数となり素材のままの空間的広がりとなる質料の側にあったからである。またひとつは、調和から、正多面体が約束すらしなかった離心値が出てきたからである。確かに、彫像に鼻や目やその他の部位を与えたのは調和である。正多面体は、彫像のために素材としての塊の外面的大きさだけをあらかじめ規定した。

したがって、幾何学図形が純粋な標準となって、生きものの体ができあがったわけではなく、石の塊が加工されるわけでもない。身体が生命に必要な器官を、石が生きものの彫像を獲得できるように、(塊の適当な大きさはそのままにして)外形に丸みを与えるために、適切な分量を取り去るだけである。同様に、正多面体が惑星軌道のために規定しようとした比も、下位にくるものとして、全体や質料に関わるだけで、しかるべき細部の仕上げについては、調和が共存して天球の運動を整序するよう委ねた。

結語を構成する第2の部分は普遍的調和に関わる論証で、初めのとも密接な関係がある(この論証は上にあげた公理18で部分的に想定していたことである)。すなわち、宇宙をさらに完全にする事物のほうには、いわば完成のための最高の仕上げを加えなければならない。逆に言うと、(2つの一方から何かを取り去る必要があれば)劣る役割を担う事物から取り去るべきである。ところが、宇宙をより完全なものにするのは、隣接する2惑星どうしの一対の調和よりもむしろ全惑星の普遍的調和のほうである。実際、調和はある種の統一の原理である。そこで、2惑星が個別に2つで一組の調和に協働するよりも、全惑星が同時にひとつの調和に協働するほうが、統一性は強くなる。したがって、両方の調和が衝突するときは、全惑星の普遍的調和が成り立つように、2惑星の2つの調和の一方、つまり収束する運動の小さな調和よりも発散する運動の大きな調和のほうが、譲らなければならなかった。発散する運動では、大小2つの調和を直接示す惑

星ではなく、隣りの惑星をめざすが、収束する運動では、2惑星の運動がお互いを指向するからである。例えば前者では、木星と火星の組では、木星の遠日点運動は土星を、火星の近日点運動は地球を指向する。これに対して後者では、木星の近日点運動は火星を、火星の遠日点運動は木星を指向する。したがって、収束する運動の調和のほうが木星と火星に固有のもので、発散する運動の調和は木星と火星との関連がいくらか薄くなる。ところが、隣接する2惑星どうしを結び付ける結合の原理を損う程度が小さいのは、隣接する2惑星に近い所の隣り合う運動が作る固有の調和より、むしろ2惑星と関連が薄くて隔たった所にできる調和が、膨らむ場合である。けれども、この膨らみもそれほど大きくはなかった。実際、全惑星の普遍的調和を成立させる調整法が見出された。しかもその調整法によれば、2つの異なる調性の普遍的調和が、少なくとも1コンマに等しい調弦の幅で成り立ち、また隣接する2惑星どうしの各組の調和も保持できる。さらに、収束する運動では4組の惑星で完全な調和が保たれ、遠日点運動どうしでは1組、近日点運動どうしでは2組で、同じく完全な調和が保たれる。他方、発散する運動では4組に、完全な調和との不一致が4分音ひとつ分の範囲内に収まる比が現れる。ただし、4分音は非常に小さくて、人間の声が装飾的歌唱ではほとんどいつも間違えるくらいである。ただ木星と火星の組においてだけ、発散する運動の比と調和とのずれが4分音と半音の間になる。したがって明らかに、この相互の譲り合いはあらゆる点で大いによいものである。

　以上で、創造主たる神の御業については語り尽くしたことにしよう。後はただ、目と手を論証の書冊から離して天にあげ、敬虔かつ謙虚に光の父に祈るだけである。

　主よ。自然の光でわれわれの心の内に恩寵の光への望みを育み、栄光の光へと導く者よ。感謝いたします、創造主たる神よ。創造の御業で喜びを与えてくださいました。ご覧ください。私はいま自らの天職たる仕事を、賜った力の限りをつくして完了しました。私は

この論証を読んでくれる人々に、私のささやかな知性で把握できる限りの偉大な御業の栄光を開示しました。完璧な思索を期しましたが、私は所詮、罪の泥沼で生まれ育った小虫にすぎません。御心にふさわしくないことを口にしたのであれば、誤りを正せるように、人々に知らせるべきことをお示しください。御業の驚くべきみごとさに対し無謀なことをなし、主の栄光ための仕事に邁進しながら、人間世界での栄誉を求めたかもしれません。そのときは穏やかに慈悲深くお許しください。最後に、この論証が主の栄光と人々の魂の救済をもたらし、少しもその妨げとなることのないよう、恵み深くご配慮賜りますように。

第10章

終章　太陽推論

　天体の音楽からその聴者へ、学芸の女神ムーサたちから合唱を司る神アポロンへ、つまり公転して調和を作る6惑星から、あらゆる運行の中心にあってその場を動かず自転する太陽へとやってきた。惑星の極限運動の間に成り立つ調和の音楽は、天空の大気中での真の速さではなく、惑星軌道の日弧の両端を太陽の中心と結んだときにできる角度を取り上げてみると、完全なものとなっている。また調和が潤色するのは比の項つまり個々の運動そのものではなく、相互に結合し対比される運動で、そのためには、そういう運動が知覚作用をもつ知性の対象となる必要がある。対象から作用を受ける者がないのに対象を整序しても意味がない。したがって、上述の角度が成り立つ前提として、われわれの視覚に似たはたらきがあるように思われる。あるいは第4巻で、月下の自然が惑星からの光線によって地上に形成される角度を知覚するのに用いた感覚のようなものでもよい。太陽の視覚がどういうものか。どういう目があるのか。目がなくてもこういう角度を知覚し、門戸を通って知性の玄関に入ってくる運動の調和を評定できる、他のどんな直観があるのか。太陽の知性は結局どういうものか。こういうことを推測するのは、地上に住む者にとって容易ではない。けれども、そういうことがどうであろうと、永遠の公転によって太陽を敬慕し崇めるような6つの主要な球を、太陽の周りに配置したことは確かである（同様にしてそれぞれに、木星球を4つの月、土星球を2つの月、地球とその住人たるわれわれをひとつの月が、運行して取り巻き、敬い、慈しみ、われわれに仕えている）。さらにその考察に、太陽に関わる事柄に至高の摂理がはたらいた明白な形跡として、調和に関わるこの特別な仕事が加わってくるから、次のように認めざるをえない。太陽から宇宙全体に、宇宙の焦点ないしは目から出るように光が出ていき、心臓から出るよ

うに生命と熱が出ていき、王にして主動者から出るようにあらゆる運動が出ていく。それだけでなく、逆に太陽の中に、その王権によって宇宙のあらゆる属州から、非常に望ましい調和という税収が集められる。あるいはむしろ太陽に合流する2惑星の各組の運動の形象が、知性のはたらきによってひとつの調和に統合される。これは、素材としての金銀から貨幣が鋳造されるようなものである。要するに、太陽には、自然の王国全体の元老院、元首の公邸、総督本部ないしは王宮がある。創造主がそこに首相、侍従、長官として誰を任命しようと、問題ではない。またその座を用意したのが、当初から創造されたもののためであろうと、いつか移ってくるもののためであろうと、問題ではない。地上の粧いも、そのための観想者、受容者が予定されていたのに、大部分は非常に長い間にわたって適任者を欠き、座は空席だった。そこで以下のような考えが浮かぶ。アリストテレスの書に見える古のピュタゴラス派は宇宙の中心（彼らはそこに火をもってきたが、それで太陽を示唆していた）を「ゼウスの部署」と呼び慣わしていたが、それは何を意味したのか。同じく昔の聖書翻訳家が詩篇の詩句を「主はその幕屋を日の中に置いた」と訳したとき、心の中で何を考えたのか。[★106]

また私は最近プラトン学派の哲学者プロクロス（彼については先行する巻でしばしば言及した）の賛歌も見つけた。[★107]この賛歌は太陽のために書かれたもので、ただ「聴け」[★108]という一語だけを除けば、神々しい神秘に満ちている。[★109]もっとも、プロクロスが太陽に呼びかけながら「その幕屋を日の中に置いた」神をほのめかすことは、先ほど引き合いに出した昔の聖書翻訳家がある程度は許容していた。実際、プロクロスが生きた時代は、ナザレ生まれのわれらが救い主イエスを神と公に認め、異教徒の詩人の神々を蔑ろにすることが、この世界の統治者やさらには民衆の手によってもあらゆる責め苦で罰せられる罪だった時代（コンスタンティヌス[★110]、マクセンティウス[★111]、背教者ユリアヌス[★112]の治下[★113]）である。そこでプロクロスは、プラトン哲学からも知性の自然な光によって、神の子、あらゆる人間を照らす真実の光が、

この世界にやってくるのを遠くから認めた。しかしまた、迷信深い大衆といっしょになって神性を感覚的対象に求めてはならないことも、知っていた。けれども、感覚的対象たる人の子キリストではなく太陽に神を求めるならよかろうと考えた。こうして、ことばの上でだけ詩人の語るティタンを賛美して異教徒を欺き、同時に自らの哲学に没頭して、異教徒を目に見える太陽という感覚的対象から、キリスト教徒をマリアの息子という感覚的対象から、引き離そうとした。プロクロスはあまりにも知性の自然な光を信頼したので、受肉の神秘を斥けたからである。それとともに結局は、キリスト教のもつ最も神聖でプラトン哲学にいちばんよく合う説を、自身の哲学に採用した。したがって、キリストの福音の教えは、自分のものを返還するようプロクロスのこの賛歌に求めて当然なのである。ティタンは、「金の手綱」「光の宝庫」「天空の大気の真ん中の玉座」「宇宙の心臓部にある光り輝く円」をもっていてよい。コペルニクスも太陽にはそういう姿を与えている。また「繰り返し行われる日輪の戦車の操縦」もしてよい。もっとも、昔のピュタゴラス派の説では太陽はそういうものをもたず、その代わりに「中心」「ゼウスの部署」を取る(ピュタゴラス派のこういう教説は、時代の積み重ねによる忘却の大洪水によって姿を変えてしまったので、その後継者たるプロクロスは気付かなかった)。さらに「自身から生まれた子孫」やその他、自然にあるものは何でももっていてよい。しかし、プロクロスの哲学がキリスト教の教義に譲渡すべきもの、感覚的対象たる太陽がマリアの子に譲渡すべきものがある。プロクロスがティタンの名の下に呼びかける神の子、「おお王よ、命を支える泉の鍵を自らもつ方よ」と「あなたは万物を、精神を目覚めさせるあなたの摂理で満たした」という個所や「運命の」測り知れない力、そしてその他、福音が告知される以前にはどんな哲学にも読み取れなかったもの、威嚇的な鞭を恐れる悪鬼たち、「高みに坐す父の、四方に光芒を放つ宮居を忘れさせようと」魂を待ち伏せる悪鬼たちである。さらに、プロクロスのいう「ことばに表すことのできない父のところから現れると、互いにせめぎ

*プロクロスの『神々の母に関する書』についての古人の見解は以下のとおりだった(★114)。すなわち、その書には神についての一般的な教説が崇高な忘我を伴って述べられている。その書からは著者がしばしば涙を流したことが明らかなので、その説に耳を傾ける者からはあらゆる疑念が取り去られる。しかしそうは言うものの、プロクロスはまたキリスト教徒に反対して18の駁論を書いた。これに反論してヨアネス・ピロポヌスは、プロクロスが擁護した当のギリシアの文物について、プロクロス自身が無知なことを非難した。すなわち、プロクロスは自分の哲学に合わないものを黙殺してしまったのである。したがって、もしかするとあの賛歌は『神々の母に関する書』の一部だったのかもしれない。

**ただし『スイダス』では、これと似た説のいくつかが、ほぼモーセの同時代人でいわば彼の弟子のような、非常に古い時代のオルペウスに帰されている(★115)。プロクロスの書いたものを収録したオルペウスの賛歌を参照。

合うさまざまな要素の響きわたる騒音が止む、あの万物の父なる神の似姿」とは、父をいうことばにほかならない。大地は素材のままの無秩序な塊で、闇が深淵の表面をおおっていた。そして神が光を闇から分かち、水を水から、海を乾いた陸地から分かった。万物はことばそのものによって作られた〔創世記第Ⅰ章やヨハネ福音書第Ⅰ章3を参照〕。こういう表現もキリスト教のものである。「魂を高みに導く者」「多くの涙を伴う祈り」をささげるべき精神の牧者、われわれを罪から浄め、「誕生の」汚れから救い出し（プロクロスは原罪の火が燃え上がる火口を認めているかのようである）、「義のすばやい眼差しを宥めつつ」つまり父の怒りを宥めつつ罰と害悪とから守る者は、神の子たるナザレ生まれのイエスにほかならない。それが「人を破滅させる毒から生まれる暗闇を追い散らし」、闇と死の影に包まれている魂に「聖なる光と麗しい敬虔からの揺るぎない幸いを」与えるというのは、聖性と正義の中でわれわれが生きているかぎり日々神に仕えることで、まるでザカリヤの賛歌〔ルカ福音書第Ⅰ章68-79参照〕から引いたことばのようである。

　そこで、以上の説や類似の説を切り離し、本来の所有者たるカトリック教会の教義に返そう。そして、特にこの賛歌に言及した理由を見てみよう。それは、「高みから豊かな調和の流れを注ぐ」太陽、「キタラの伴奏ですばらしい歌を歌って、ごうごうと轟く生誕の大波を寝かしつける」ポイボス〔アポロンの名のひとつ〕をその血筋から出した太陽、「どんな苦痛も取り除く調和で、広い宇宙を満たす」（オルペウスも同じように太陽について「宇宙の調和ある運行を牽引する」という）[★116]パイアン〔やはりアポロンの名のひとつ〕を合唱舞踏隊の仲間とする太陽に対して、プロクロスが賛歌の最初の詩句でただちに「理知の火の王」として称えた挨拶を送っているからである。同時にプロクロスはこの導入部の敬意を表する詩句で、ピュタゴラス派が火ということばで理解していたものを示す（したがって、師が太陽を宇宙の中心に置いたのに、その位置について弟子が師と意見を異にするのは、奇異なことである）。それとともにプロクロスは賛歌全体を、太陽の具体的な姿と

その性質たる光つまり感覚的対象から、知的対象へと転ずる。そしてその「理知の火」(おそらくストア派の術の火もこれと同じである)、彼の師プラトンの神、主たる知性つまり「純粋知性」に、太陽の具体的な姿の中にある王座を割り当てた。こうして被造物と、万物創造の仲介者となったものとを融合してひとつにした。

　しかしわれわれキリスト教徒は、この両者をもっとよく区別するよう教えられた。われわれの知るところでは、「神とともにあった」〔ヨハネ福音書第I章I〕そして万物の内にあってもどんな座にも縛り付けられず、それ自体は万物の外にあっても何ものにも排除されない、創造によらずに存在する永遠の「ことば」(Logos) が、栄光に満ちた処女マリアの胎内から生まれた肉体を取り、位格が一体となった〔三位一体が実現した〕。さらに肉体の務めを果たすと、宇宙の他の部分より優れて高みにあり、栄光と威厳とともに至高の父も住まわれる天を、王座とした。そして信者たちにも、父の家に住まうと約束した。その座をめぐることについて他にもっと好奇心をそそることを求めたり、目にしたことも、耳にしたことも、心に浮かんだこともない事柄を見付け出そうとして、感官や自然の推理力まで動員したりするのは、不必要だろう。また創造された知性は、どれほど優れていようと、創造者より下位に置くのが当然である。アリストテレスや異教徒の哲学者に与して理知を神々として持ち込んだり、占星術師に与して無数の惑星霊の群れを持ち込んだり、怪しげな降霊術で呼び出したものを崇めたりしないよう注意深く避けながら、さらに自然の推理力も用いて自由に探究するのは、〔創造された〕それぞれの知性が、特に宇宙の心臓部において世界霊魂 (Anima mundi) の役割を果たし、事物の本性と密接に結び付いたら(あるいはまた人間の本性とは異なる本性をもつ理知的な被造物も、このような霊魂を与えられた太陽の天球に住んでいるか、やがて住むことになったら)、その知性はどういうものになるか、ということである(拙著『新星について』第24章の、世界霊魂とその若干のはたらきについて参照)。

　類比の糸をたどって自然の神秘の迷宮に入って行くことができた

ら、次のような議論が出てきても的外れではないと思う。すなわち、6つの軌道と、その軌道やさらに全宇宙の共通の中心との関係は、「思考」〔間接知〕と「知性」〔直接知〕の関係と同じで、両者の性能は、アリストテレスやプラトン、プロクロスその他の人々が区別しているとおりである。また太陽をめぐる各惑星の公転運動と、宇宙の全体系の真ん中にある太陽の自転との関係は（この自転は太陽の黒点によって裏付けられる。これは『火星運動注解』〔『新天文学』第34章〕で証明した）、やはり「思考のはたらき」と「知性のはたらき」つまり推理による多様な論証と非常に単純な知性による洞察との関係と同じである（第4巻第I章参照）。実際、太陽が自転し、そこから放射した形象によって全惑星を動かすように、知性も、哲学者たちの教えるように、自身と自身の中にある万物を理解して推理のはたらきを喚起し、自らの単純さを推理のはたらきに伝播し広げて、万物の理解を促す。しかも惑星が中心にある太陽の周りを回る運動と推理の行う論証とは相互に絡み合い結び付いている。したがって、われわれの居住する地球が、ある場所から別の場所へ、ある位置から別の位置へと移動しながら、他の惑星軌道の中間にある年周運動の円を通過していくのでなければ、人間の推理は、正しい惑星どうしの間隔とその間隔に依拠する他の事柄には、努力しても到達できず、天文学を確立することもできなかっただろう（『天文学の光学的部分』第9章参照）。逆にいうと、みごとな対応によって、太陽が宇宙の中心に静止していることから、洞察の単純さが出てくる。太陽から見た運動の調和は、方向の相異によっても宇宙空間の大きさによっても限定されないと、これまで常に繰り返してきたからである。確かに、知性が太陽からそういう調和を眺めるとしたら、惑星どうしの間隔を測定するための推理や論証を駆使する必要もなく、運動や定位置もいらない。知性は、各惑星がその軌道上に実際に描く日運動ではなく、太陽を中心とする中心角としての日運動を対比する。軌道球の大きさの知識は、労苦して推理をはたらかせなくても、初めから知性にそなわっているはずである。人間の知性についても月下の自然についても、

これがある程度正しいことは、すでにプラトンとプロクロスの説から明らかにした。

　そうであれば、プロクロスが賛歌の冒頭の詩句で提供するピュタゴラスの酒器でたっぷりと一杯やって体が温まり、惑星合唱隊の非常に甘美な調和で眠気を催した人が、夢を見て（作り話でプラトンのアトランティスを、夢でキケロのスキピオをまねることも許されるだろう）[120]、以下のように夢想しても不思議ではなかろう。太陽の周りを場所を変えながら順次移っていく惑星本体の球に、広く論証もしくは推理の性能が伝播された。その性能の中で無条件に卓越した最も完全なのは、その天球の中間にある地球の、人間の性能であろう。また太陽には、単純な知性つまり「理知の火」ないし「直接知」が住まう。それがどんなものであれ、それこそあらゆる調和の源泉である。

　実際、惑星球上の広漠たる不毛の空間について、ティコ・ブラーエは、宇宙の広漠たる空間がむなしいものではなく、そこに住まう者に満ちあふれていると考えた。それならば、この地球上で識別できる神の多様な御業と御心から他の惑星球について憶測してもよさそうに思われる。すなわち、神は、水面下には生きものが吸い込める空気がないのに、水に棲む種を創造した。大気中の広漠たる空間には翼に支えられた鳥たちを放った。雪の降り積む北極の地にはシロクマとシロギツネを送り、餌としてシロクマにはアザラシを、シロギツネには鳥の卵を与えた。リビアの極暑の荒野にはライオンを、シリアの果てしなく広がる平地にはラクダを送り、ライオンには飢えに対する、ラクダには渇きに対する、忍耐力を与えた。こういう神が、地球上であらゆる技術とあらゆる慈愛を使い切ってしまうことなどあろうか。当然、公転周期の長短や太陽に対する遠近、離心値の相異、天体の明るさや暗さ、あるいは各惑星が取る領域を支える正多面体の属性に合った、適切な被造物によって、他の惑星球も粧うことができただろうし、そうしただろう。現に、この地球上の生きものたちは、正12面体の男性の雛形と正20面体の女性の雛形（正12面体は地球の軌道を外側で、正20面体は内側で支えている）、そして最

後にその夫婦が取る神聖比とこの比が無理数であることの中に生殖の雛形をもっている[121]。それなら、他の惑星球はその正多面体によってどんなものをもつと考えたらよいのか。われわれの居住地をただひとつの月が取り巻くように、木星を4つの月が、土星を2つの月が運行しつつ取り巻くことは、何の役に立つのか。われわれは同様の方法で太陽球についても推論する。そして調和やその他から取り出した、それ自体が非常に重みのある憶測を、むしろ具体物に向かう、大衆の理解力に適応した他の憶測と、いわば合併する。そうすると、他のあらゆることには緊密な対応がある。地球から雲が立ち昇るように、太陽からは黒い煤煙が立ち昇る。地球が雨に濡れて緑に覆われるように、太陽は、火の塊にほかならない球体でいっそう明るい炎を放ちつつ燃えつきる黒点のおかげで光り輝く。それならば、他の惑星は満ちあふれているのに、太陽球には何もないということがあろうか。太陽球に何もないとすれば、太陽にそなわるこういう現象は何の役に立つのか。ここには単純な知性をもつことのできる火からなるものが住んでおり、太陽は実際には「理知の火」の王ではないとしても、少なくとも王宮なのだと人の知覚が感嘆の叫びをあげるのではなかろうか。

　ここで故意に眠りと果てしのない瞑想とを中断し、詩篇作者たるダヴィデ王とともに、ただこう呼ばわる。

　わが主は偉大であり、主の力は偉大である。主の知は測り知れない。天よ、主をほめたたえよ。太陽よ、月よ、惑星よ、主をほめたたえよ。汝らが創造主を知覚するためにあらゆる感官を用い、称賛するためにあらゆる舌を用いよ。天なる調和よ、主をほめたたえよ。調和の発見の証人たちよ、主をほめたたえよ（とりわけ幸せな老境にあるメストリンよ、そうしてください。あなたはいつもことばをかけ、希望を与えて、この仕事を励ましくれたからです）。またわが魂よ、私が生きているかぎり、汝の創造者たる主をほめたたえよ。感覚によって把握されるものも、知性によって把握されるものも、われわれがまったく知らないことも、知っていることも、みな主ご自身から、主ご自

身により、主ご自身の中にあるからである。われわれの知ることなど片鱗にすぎない。それを超えてなお多くの事柄があるからである。主ご自身に世から世へと永遠に称賛と名誉と栄光とがありますように。アーメン。

終わり

この著作は1618年5月17日（27日）に完成したが、第5巻は（その時には印刷が進行中であったが）1619年2月9日（19日）に見直した。[★122]

オーストリアのオプ・デル・エンス州の首都リンツにて

『調和論』第5巻の付録

　先に第5巻各章の目次の中で付録を予告したが、その付録はここでは読者が期待するようなものにはならない。

　アンポラ〔両把手付きの大壺〕を作り始めたが、轆轤を廻しているうちにウルケウス〔平凡な水差し〕ができてきた。[★001]

　手短に理由を述べよう。私は氾濫している大河を難渋しつつ航行しようとしていた。ところが、多量の水が引いて細々とした流れになっていくにつれ、徒歩で渡れるような浅瀬が見えてきた。そこで、舟を必要な用途のために係留場に置き去りにすることにした。これは次のような意味である。私が所有しているギリシア語手写本のプトレマイオス『調和論』全3巻と、同じくギリシア語でそれに付された、非常に深みのある哲学者ポルピュリオスの、最初から第2巻第7章までの注解は、ギリシア語原典ラテン語訳付きの完全版にして公刊するだけの価値があると、いつも思っていた。そのために私は10年前にそれをラテン語に訳しはじめた。この翻訳はポルピュリオス注解付き写本の半ばまで進んだ。しかし、転居に伴う非常に多くの厄介なこと、そしてリンツに移り住んでから後は新たに天文学の研究を始めたことによって妨げられ、もはや翻訳を続けられなくなった。しかし1年前、この『宇宙の調和』全5巻を刊行しようとしたとき、私の著作とプトレマイオスのもの、ことに私の著作の第5巻とプトレマイオスの第3巻の最後の数章とを比較することは、非常に重要だと思われた。ただし、その第3巻の最後の3章は目次つまりプトレマイオスによる標題しかない。そこで心ならずも、欠如した著作の中で特に自分の課題に役立つ部分だけを取り出そうとした。この目的のために、さらにプトレマイオスの第3巻を第3章から最後まで訳した。そして目次だけで中身のない最後の3章には、プトレマイオス天文学の根本原理に従い、かつ著者の意図を汲んで、できるだけ巧みに練り上げた本文を増補した。そして最後に、注解ないしは注釈を添えた。こうすれば、第2巻第7

章で中断したポルピュリオスの注解の欠如を第3巻で補足し、プトレマイオスの創案と私のものとを比較し、プトレマイオスの象徴体系と私の理に適った論証体系の区別を示せる。そこから、その象徴体系の弱点と不完全さ、およびその最も重要な理由つまりプトレマイオス天文学の根本原理の誤りが明らかになる。そうすると、この付録だけで本書の30頁分〔ケプラーの本書原典の頁数は248頁〕を占めることになっただろう。ところがその間に隣国でボヘミア戦争が勃発した。[★003] そのために道路は通行不能となり、たいていの職人も兵籍に入れられた。こうしてまず紙が、次いで印刷工が足りなくなった。最後に、まったくうんざりするほどの遅滞がおこり、何をするにも過度に時間がかかった。こういう障碍に心を乱されて、ついにはほとんど本来の自分の考えを顧みることができなくなり、計画を破棄した。最善の著者プトレマイオスと注解者ポルピュリオスの書を断片的な不完全版で刊行するどころか、すっかり台無しにする恐れがあったからである。それならむしろ仕事の残り半分をポルピュリオスの解説の翻訳に費やし、残る第2巻と第3巻の各章に対する注釈を作り、ポルピュリオスの注解と、私が書き上げたほぼ第3巻全体に対する注釈を合わせて、この著作を完全な形にして、現存するかぎりの部分をギリシア語原典ラテン語訳付きで刊行したほうがよい。この刊行のためには、別の機会と別の場所、ふさわしい印刷者が必要である。

　しかし、先に約束したものが何もなくてもの足りないと読者に思われないように、また私の調和論を完全なものにするため、あるいはその理解を容易にするためのものが、この最後の部分で欠けたりしないようにしたい。そこで、プトレマイオスの第3巻各章の標題を書き写し、私の著書の該当個所と比較して、私の作った注釈に記したことを概要の形で書き留めよう。

　まず、プトレマイオスが第I巻、第2巻と第3巻冒頭で調和論について述べたことは、かなり異なった方法で本書第3巻にまとめた。プトレマイオスは調和の原理を古人にならって抽象的な数に求める。それに対して私は、数えるものとしての抽象的な数がはたらきをもつことを否定し、その代わりに、数えられる数すなわち抽象的な数の対象に

なる事物、つまり正多角形と、その作図のための円の分割とを、調和の原理として立てる。したがって本書では、調和を生じる図形に関わる第1巻と第2巻を第3巻より前に置かざるをえなかった。

　プトレマイオスが著書の第3巻第3章に用いた表題は、「調和の本性ないしはたらきと調和論はいかなる種類の事物に属すべきか」である。そこでは、事物に調和を与える原理として、原因となるもの、形相となるもの、知性的なもの、さらには神的なものがあることを明らかにする。第4章の表題は「調和的な調整を行うはたらきは、本性が高度に完璧な段階にあるすべての事物にそなわっていること、それは特に人間の精神と天の回転に現れること」である。ここには、プトレマイオスがこれから語ろうする主題の区分が認められる。すなわち、最初は精神の中にある調和について、2番目は天の運動にある調和についてである。最初の課題には次からの3章が当てられる。2番目の課題には残る9章が当てられる。第5章では、個々の協和を理性に関わる精神の各性能と比較する。それを、比較の対象となった各々の事物を再区分することによって簡潔に行う。第6章では、個々の調和の種類を各々の徳の種類もしくは等級と比較する。第7章では、調の変化を、時代の相異による一般大衆の好尚の変化と比較し、さらには精神の内に突然生じる情動の変化とも比較する。

　この部分では、私はプトレマイオスに対して多くの反証をあげる。すなわち、彼の象徴体系は大部分が議論の余地のない必然的なものというわけではない。因果関係のあるものでも自然なものでもなくて、むしろ詩的で修辞的である。精神にそなわっている特別な性能や徳は、原型のような調和から、構成のイデアや数を得るわけではなく、別の見かけの原因をもつからである。性能や徳は数に対応すらしない。それなのに、もって回った見当違いの苦労のあげく、特定の数と同じ構成要素に分割されるかのようにする。そして多くの場合に過剰になったり逆に不足したりしても無視する。あまりうまく行かない場合は無理にこじつける。最後に、うまく適切に対応する場合も、同種の量どうしの比にしない。けれども、調和は量の比較においてしか成り立たないのである。

また、旋法と大衆の習俗や気分との比較がまったく自然なもので、ある種の理由もあることを指摘した。その個所でプトレマイオスの本文にふれながら、精神と数と調和の相互の親縁関係をめぐるさまざまな哲学者の教説をあげた。さらに本書第5巻終章も加えた。特に旋法がさまざまな心の動きに及ぼす影響については、特別に本書第3巻第15章に主題として入れた。同様にして、平均的正義と配分的正義、[★004]友情、経済と政治に関する音楽の比の影響については、本書第3巻末尾の余談とした。最後に、すでに述べたプトレマイオスの第3章と第4章の主題、および第5章、第6章、第7章の中で一般に正しいと言えることは、本書第4巻冒頭の3章とさらに第7章にも入れた。その中で精神の本性を明らかにして指摘したのは、以下のことである。正多角形の内接によって円を幾何学的に分割し、こうして生じた部分と全体を比較すると、それによって調和比を正しく厳密に限定できる。したがって、精神には本質的に円が内在する。その円は形相として、たんに質料のみならず、ある意味で質料と考えられる量そのものからも抽象されて、そなわっている。それ故に、精神には円とともに調和も内在する。これが、精神が調和によって動かされる理由である。しかし以上はみなたんに一般的に言えることで、精神を特殊な性能に分割する原因となることは出てこない。したがって、人間の精神についても事情は同様である。

　天の運動については、プトレマイオスは著書の第3巻第8章で獣帯を音組織ないし音階と比較し、第9章で協和を直接に惑星の取る星相と比較する。ここでは私は次の問題を指摘した。プトレマイオス説では星相に関する教説がどういう点で不備か。星相と協和それぞれの数を本来の数に戻すことによって、結局、この両者の自然で因果関係のある結び付きがどのようにして明らかになるか。なお、これは本書第4巻ごとに第4章、第5章、第6章の本来の主題である。

　プトレマイオスは第10章で一惑星の出没運動から一定の旋律を、第11章で複数の惑星の上下動から調性を、第12章で赤経を変える運動から多様な旋法を作る。第13章では、惑星と太陽の作るさまざまな星位からいろいろな音組織のテトラコードを作る。この4つの章で

私が指摘したのは、プトレマイオスが詩的ないし修辞的な比較の練習に耽っていることである。彼が比較の対象とするものは、第11章のほんの一部を除けば天体には実在しない事象だからである。なお、この点についての言及は、主題が類似している最後の3つの章に回したい。さらに次の点も指摘した。比較の対象となるものの本性が異議を唱えているのに、比較できないものを比較する。また、あらゆる構成要素に対応するものがたんに偶然に関連しているにすぎず、原因からの必然的な結果ではない。したがって、ここまでの説には、私のいう天の調和と一致するような点がまったくないか、非常に少ししかない。

　ところが、これに続くプトレマイオスの第14章は、「音組織もしくは音階の音と惑星体系における第一の球との比較はいかなる素数によって行えるか」調べようとする。ここで私は次の2点を指摘した。私がプトレマイオスの原理に合致することを考え出して、表題しかない個所にふさわしい本文を補おうとしても、プトレマイオスとピュタゴラス派の慣用の天文学でそういう比較を行うことはできなかった。また、弦が長さからなるように第一の球も量的な大きさからなるので、その比較も量にもとづくべきであるが、球どうしの比は協和する弦どうしの比とは非常に大きな相異がある。なお、宇宙の天球と5つの正多面体との結び付きが正しくて因果関係もあること、あるいは原型において結び付いていることを、私は自著の『宇宙の神秘』にもとづく本書第5巻冒頭部から繰り返し述べた。

　プトレマイオスの第15章の問題は「どのようにして固有運動の比を数値で把握できるか」である。しかし本文はない。そこで、前章の場合と同じことを指摘した。他にここで考えるべき課題としてあげたのは、プトレマイオスの天文学によって可能なら、彼が1500年前に本書第5巻に固有の主題を扱おうとしただろう、ということである。そこで私は次のことを指摘した。すなわち、単純で正しい惑星運動を把握した、修正された天文学では、視覚の錯誤からくる見せかけを排除して、むなしい象徴的解釈によらず、量として表示できる測定可能な真実で正しい比率にもとづいて、天にはあらゆる調和比と調性、音組織ないし音階、そのたいていのキイ、多様な旋法、惑星による多声の

装飾的音楽の模倣、そして最後に、調性と旋法によって変化する主要な6惑星の普遍的対位法がそなわっている。最後の第16章で、プトレマイオスは「惑星どうしの親しい関係と音どうしの親しい関係の比較はどのようにして可能か」突き止めようと約束する。有益な惑星と有害な惑星、互いに融和もしくは敵対する惑星についての占星術的な原理を、天の調和によって論証しようと努力したのである。この章の本文もない。そこで私はできる範囲で、特にマクロビウス[★006]の書から本文を復元した。しかし、同時に注釈の中で、この仕事に何が欠けていて古来の天文学ではうまく行かないのか、指摘した。なお私の著作には、本書第5巻終章のごくわずかな部分以外に、彼の第16章に対応する個所はない。占星術は地上における星の影響力について扱うが、私の天の調和は、地上ではなく太陽に届く星の光線によって形成されるからである。

　これでプトレマイオスの著作については終わる。またこれで本書第5巻冒頭に約束した付録の全体も、できれば終わりたい。けれども、オクスフォードの医師、ロバート・フラッド氏[★007]が、1年前に刊行した大宇宙と小宇宙についての書で調和に関する広範な考察を行った。扱う問題が似通っているので、彼の説への言及を私の調和論の著作で省かず、私と彼との間では、どういう事柄で見解が一致し、逆にどういう点で見解を異にするのか、手短に読者に指摘するように、という要望も満たさなければならないだろう。

　著者のロバート・フラッドはその書を2分冊にして出すと約束した。大宇宙について記した1分冊はすでに公刊されているが、小宇宙についての残る1分冊は刊行が待たれている。第1分冊は2篇の論考を含むが、これもやはり相異なる時機に現れた。3重構造の宇宙に関する第1の論考を見たのは、1617年秋のフランクフルトにおける見本市の後だが、宇宙の本性を模倣するものと称される芸術に関する第2の論考を見たのは、翌1618年の復活祭の見本市だからである。第2の論考で、彼は音楽も芸術に含めて、私の本書第3巻の主題をある程度まで入れている。また、全7巻で終わる第1の論考では、第3巻を宇宙の音楽に当て、私が本書全体に付けたのと同じ表題を使用して、本書第4巻と

_{オクスフォードの医師ロバート・フラッド氏の宇宙音楽論}

第5巻の主題にふれた。そこで、彼のいう人為的な音楽から始めることにする。彼はこの人為的な音楽のことを7巻にわたって述べるが、その第I巻では作曲家と専門用語を列挙し、人間の精神に対する音楽の作用を示す。作曲家つまり音楽創作の歴史については、私は何も言わないか、非常にわずかしかふれない。私の意図は自然の事物の原因を解明することだからである。専門用語については、必要なものをしかるべき定義の中に入れ、余分なものは省略した。音楽の精神に対する作用は、本書第3巻第15章と第4巻のあちこちで論じた。第2巻でその著者は、自ら音程と拍と言っている課題に取り組む。私は拍ないし音の長短についても何も述べなかった。音の長短は恣意的で、原因の探究も必要ないからである。音程については、彼はあるものを単純音程と呼ぶ。それは私のいう最小の諧調的な不協和音程つまり大全音、小全音、半音、4分音である。私が協和と呼んでいるもう一方の音程はこの単純音程を組み合わせて構成したものとする。しかし、より小さな音程を本性上より先行する音程のように見て、協和音程がそれから構成される、とするこの古人の見解を、私は本書第3巻第4章ではっきりと斥けて、逆に小さな音程のほうがそれより大きな協和音程から発生することを指摘した。第3巻で彼は音組織もしくは音階のことを説明する。これは、本書第3巻第4章から第9章までの主要部である。著者の残る4巻には音楽の実践のことが述べられるが、私はそれにはふれていない。すなわち、第4巻では、拍子の基準とそのさまざまな種類およびそれらによる音符の長さについて教示する。これについては、私も第3巻第15章と第4巻第3章でごくわずかだけふれた。第5巻には多声の装飾的歌唱の作曲に関する教示があるが、私はこの技法のことは述べていない。第6巻ではさまざまな楽器にまで話を広げるが、私は楽器のことは考えなかった。最後の第7巻では、彼は自ら新しい楽器について解明する。したがってこの後半4巻では、実際家と理論家という彼我の相異を浮き彫りにする。彼が楽器のことを語るのに対して、私は事柄つまり協和の原因を探究し、彼が多声の歌唱の作曲法を教えるのに対して、私はコラール[*008]と多声の装飾的歌唱とに自然にそなわっている非常に多くの数学的な論証をあげる。それ故にまた彼の

著作には非常に多くの挿し絵があり、私の著作には文字付きの数学的な表がある。さらにまた読者は、彼が非常にしばしば、闇に包まれた事柄のなぞなぞを喜ぶのに対して、私が曖昧さに覆われた事柄に理知の光をもたらそうとしていることに気付かれよう。前者の態度は錬金術師[★009]、ヘルメス主義者、パラケルスス[★010]信奉者によく見られるが、後者は数学者に特有のものである。

　さらにまた私と同じ主題を論じる第2巻と第3巻でも、われわれの間には隔たりがある。彼が古人から借用することを、私は事物の本性から探し出し、直接に基礎から構成する。彼は（出典の伝える見解が相異するために）受け入れたことを乱雑で不正確なまま使用するが、私は自然な順序に従いながら議論を進め、あらゆる事柄が自然の法則に従って誤りがないようにし、混乱を避ける。しかも、結果に混乱が生じないときしか自説を古人の説と結び付けない。こうして、私が協和の原因について論じる古人の説をはっきりと斥けているところでも、彼は敢えて疑いもせずに古人の説に従い、より正しい原因について考えもしない。一言でいえば、調和論の分野において、一方は声楽家、器楽家を演じ、他方は哲学者、数学者を演じている。

　さて、著者が音楽を宇宙に導入する、その書の別の個所へと移ろう。ここではわれわれの間の隔たりは途方もなく大きい。まず、彼が教示しようとする調和は純然たる象徴体系で、プトレマイオスの象徴体系と同様に、哲学的ないし数学的というよりもむしろ詩的ないし修辞的である。これは、大宇宙と小宇宙という表題からも明らかなように、彼の著作全体の精神である。実際、彼はおそらく第2分冊で、大宇宙全体とそのあらゆる部分のイデアが人間の中に見出されるという、あの周知の論題を証明しようとするだろう。これと同じ精神が第1分冊もつらぬいている。彼は全宇宙を3つの領域に分かち、そこであの非常に有名なヘルメスの公理に従い、上を下と似たもの、つまり類比〔対比〕するもの（analoga）とするからである。しかし、この類比〔対比関係〕（analogia）が万事にわたってうまく行くようにするためには、相互に比較の対象となるものをしばしば無理にこじつけなければならない。類比（analogiae）に関する私の見解は、本書第3巻末尾の余談から明ら

かである。確かに、幾何学的対象における比の類比〔比例関係〕(analogiae)は、無限定で不確定な量としての質料自体から見れば形相的であっても、調和比から見ればむしろ質料的な性質をもちうる。調和比は特定の量を限定するが、それに対して類比〔比例関係〕はそれ自体では無限に広がる傾向があり、こうして無限定という質料的な性質が想定されるからである。[*011]

例えば第4巻で地球を生きものとしているように、私も本書で大宇宙との類似点をいくらか論じている。けれども、それはまったく別の論拠で行っている。地球と生きものとの間に純然たる類比〔対比関係〕があると主張するつもりもないし、生きものの原型が地球から直接に選び出されたとしたいわけでもない。地球上で観察されるはたらきが基本的な構成要素の運動や物質の性質だけに由来するのではなくて、そのはたらきが精神の存在の証しである、という命題を論証すべしとしただけである。そこで私の議論を理解してもらうために、生きものの体のさまざまな精神的機能を引き合いに出す必要があったのである。

ロバート・フラッドが宇宙の音楽を築き上げるのに用いた基礎にもっと迫ってみよう。まず彼は宇宙全体と、火天部分、天体部分、基礎部分という3つの部分すべてを問題にする。[*012]私はただ天体部分だけ、それもそのすべてではなく、いわば獣帯の下方にある惑星の運動だけを問題にする。彼は調和のはたらきが抽象的な数からくると考えた古人の説を信じる。そして相互に協和することを論証しようとする部分が、ともかく数で把握できれば、満足する。その数がどういう種類の単位の集合で成り立つか、まったく気にしない。私の説では、相互に調和を作る事物を同一量の尺度で測れない場合、調和はどこにも求められない。したがって、〔2つの〕事物の間には同一量について、同じ強さで張った2本の弦の長さと同じ比が成り立つ。一方、彼は宇宙の3つの部分が少しも等しくないことを十分に知っているのに、全宇宙をその半径をもとにして3等分する。しかしそうするのは、第1の単位が基礎的世界、第2の単位がエーテル世界、第3の単位が火天世界[*013]だからにすぎない。実際、線分を等しくする以外に、単位を具象的に描く方法はない。ところが私は、単位が同一量の尺度であることが天

文学によって裏付けられないかぎり、決して調和比を算定するための単位として用いない。しかし、彼は自らの原則に固執し、地球の大円を基底としてその上に正4面体を高く立て、その頂点を火天の最も高い先端部に固定する。そして（まるで本当に等しい単位をもつように）この正4面体の高さを3等分して、どれだけの部分が火天世界に、どれだけが天体世界に、どれだけが基礎的世界にくるか、算定する。こうすると、基礎的領域の最高部と火天領域の最高部の間隔は、基礎的領域の最高部と天体領域の最高部の間隔の2倍になる。そこで軸をもとに正4面体を3等分すると、3つの領域には3つの等しい長さの軸がくる。その軸のまわりの3角形を考えると、火天領域にはI単位、天体領域には3単位、基礎的領域には5単位がくる。最後に、分割した図形の空間つまり体積を考えると、火天部にはI単位、天体部には7単位、基礎的部分には19単位がくる。*014 火天世界の最も高い先端部にある崇めるべき三位一体を基底面とし、頂点を地上に直接に置く、もうひとつの逆の形になる光の正4面体について、改めて言うべきことはない。彼はこの2つの正4面体を相互に混合して、この混合から音楽の比を引き出す。したがって、私のこの著作の企図とはまったく異なることを試みている。すなわち、彼は（形と精神を授与するものとしての）光と物質という、まったく相異なる2つのもの、しかも同一尺度で測れる量的大きさを何ももたないものを対比する。私は、宇宙において調和比を作る項として、例えば火星の日運動と木星の日運動のような、同一尺度の量的な大きさをもつものしか許容しない。またわれわれ2人の間のさらに大きな相異は、彼が基礎的領域に曖昧さ暗さの4段階を割り当てることにもある。彼によると、そうするのはあらゆる事物が4分のIを4つもつからだという。*015 これは3分のIを3つ、5分のIを5つもっても、同じことである。彼のいうところによると、土には4分のIが4つともそなわっており、水には3つ（したがって水は透明になるという）、空気には2つ、火にはひとつだけがある。また他の個所では、基礎的世界であろうと天体世界であろうと、各領域を上、中、下の3つの空間に再区分する。これも信憑性に乏しいし、その単位も恣意的である。彼はさらに議論を進めて、土と水の間に4度を立て、それを

533　　『調和論』第5巻の付録

構成する3つの音程の全音、全音、半音を上、中、下の3つの空間に当てはめる。けれども、音程は原因にもとづく特定の量的大きさをもつのに対して、空間は本性上まったく限界をもたず、その尺度は非常に一般的な原則によってまったく不確定である。彼の所説の他の点についても同様のことが言える。一方、私は自然な単位を取る。つまり自然にそれぞれの特定の量的大きさとなって表れた惑星の2つの極限運動（その運動が日運動であろうと時間ごとの運動であろうと異なるところはない）を取り上げて、そこに調和を求める。彼は闇と光のさまざまな段階に調和比を求め、どんな運動もまったく考慮しない。私は運動にしか調和を求めない。彼はいくらかの些細な協和を取り出し、独自に心の内に描いた宇宙を吹聴する拠り所たる正4面体の混合から協和を引き出すか、表せることを示す。私は、調和的な調整のあらゆる部分を含む総体が、惑星に固有の極限運動の中に、天文学によって証明された一定の尺度にもとづいてそなわっていることを論証した。したがって、彼にとっては自らの描き上げた宇宙像が、私にとっては宇宙そのものもしくは宇宙における惑星の実際の運動が、宇宙の調和の主題なのである。

　ロバート・フラッドが語る非常に深遠な哲学に満ちた神秘を理解するには、結局、調和比に精通することが必要である。けれども私のこの著作全体を学びさえすれば、彼はあの非常に錯綜した神秘から離れていくだろう。その遠ざかり方たるや、自らの調和比が数学的な証明の非常に厳密な確実さからかけ離れてしまった程度より、なおいっそうはなはだしいことだろう。それは、以上に述べたわずかなことからも確かである。そこで、付録もこれで終わることにする。

訳注

第I巻

★001────イングランド王ジェームズI世（James I of England 1566-1625; 在位1603-25／スコットランド王ジェームズ6世 在位1567-1625）　母メアリー・スチュアートの退位により1歳でスコットランド王となり、エリザベスI世の死後、イングランド王位も継承して最初のグレート・ブリテンの君主となった。生来学問を好み、王権神授説を唱えた『自由な君主国の真の法』(*The true law of free monarchies* 1598)などの著作もある。ケプラーは信仰の点からヨーロッパに平和をもたらしてくれる君主として賛辞を呈しており、ある時期にはイギリス大使のヘンリー・ウォットン（Henry Wotton）がリンツのケプラーの家を訪ね、イギリスに招聘しようとしたこともあった。ケプラーは、20年ほど前に初めて調和の構想を立てたときから、ジェームズI世に献呈するつもりでいたが、この献辞のある刷り本が現れたとき、ジェームズI世の女婿であるファルツ選帝侯フリードリヒが皇帝フェルディナントの対抗者としてボヘミアに入っていたので、ケプラーは慎重な態度を取らざるをえなくなった。現存する『宇宙の調和』の版本の中にこの献辞が欠けているものがあるのは、そのためである。

★002────ケプラーが本書を公にしたのは30年戦争の当初だが、ここに言及されているのはルドルフ2世（第4巻注89）の廃位をめぐって起こった内紛のことであろう。

★003────ピュタゴラス（Pythagoras BC c.582-c.496）　サモス島生まれの古代ギリシアの哲学者・数学者・宗教家。著作は残さず、すでに紀元前4世紀頃には伝説化される。故郷のサモスやエジプトなどで勉学の後、サモス島の僭主ポリュクラテスの圧政を逃れて前531年頃に南イタリアのクロトンに移住し、密儀の学校を兼ねた神秘教団を創立。肉体という墓場に囚われている魂を輪廻転生の苦しみから救うには、知恵（sophia）が必要だが、真の知恵をもつのは神のみで、人間にできるのは「知恵を愛し求めること」（philosophia 哲学）であり、これが魂解放の最も優れた方法であると説いた。ピュタゴラス教団はクロトンにおいて隆盛を極め、「ピュタゴラス」の名のもとに数々の数学的発見がなされたが、世俗権力との確執から弾圧をこうむり、教団のメンバーは各地に離散した。それに伴い、教団内で秘密にされていた教説も公になり、後世に多大な影響を与えた。プラトンもそのひとりで、例えば『パイドン』に登場するケベスとシミアスもピュタゴラス派につながる人であり、『ティマイオス』の語り手ティマイオスもピュタゴラス派の人である。このティマイオスが語る宇宙創生神話の中で正多面体が取り上げられ、正4面体が火、正8面体が空気、立方体が土、正20面体が水に当てられている。正12面体のことも見えるが、これについてはあまり明確な記述がない。ピュタゴラスないしこの学派の数と調和に関する詳しい教説については、本書第3巻冒頭にケプラー自身が述べている。

なお、ピュタゴラス派の天文学としては、燃える「炉」を宇宙の中心に置く一種の地動説を唱え、天球の数をこの学派の神聖な数10に合わせるために「対地球」なるものを想定した。そして各天体はそれぞれの軌道上を異なる速度で回転運動して高低さまざまな音を発し、全宇宙が調和した美しい音楽を奏でているとする「天球の音楽」(harmonia mundi)を構想した。通常は人の耳に聞こえないこの音楽を理性によって把握することが魂の浄化にも結び付くという信念は、ケプラーの本書の中枢をも貫いている。

★004――――プラトン(Platon BC428/27-349/48) アテナイに生まれた古代ギリシア最大の哲学者のひとり。青年時代にソクラテスの弟子となり、師がアテナイの民主制によって死刑判決を受けて死んだ後、『ソクラテスの弁明』をはじめとする師を主人公とした多くの対話篇を著す。前387年頃にはアテナイの郊外に哲学学校アカデメイアを創設。ギリシア語の「イデア」(idea)とは、「見る」(eido)から派生した名詞で、元来は「見られるもの」「姿」「形」「形状」の意(英訳 form)だが、プラトンは永遠不変の知を成り立たせる真実在を「イデア」と呼んだ。幾何学において、実際に図形として描かれた正3角形や円にゆがみや誤差があっても、証明は各図形のイデアにおいてなされ成立するのである。ソクラテスと同時代のピュタゴラス派の哲学者ピロラオス(Philolaos)の影響も受け、後期の対話篇『ティマイオス』では不変不滅のものから生成するものに主題を移し、ピュタゴラス派のティマイオスを語り手として、5つの正多面体とこの宇宙の創生について説いた。

中期の対話篇の代表作『国家』でいわゆる哲人王による理想の政治を説いたが、自身が関与したシケリアでの苦い政治的経験から、最晩年の対話篇『法律』では、人的要素を極力排して厳密な法律にもとづく理想の政治を構想した。

★005――――ティコ・ブラーエ(Tycho Brahe 1546-1601) 「リグスラード」と呼ばれるデンマークの政治の頂点に立つ貴族集団の会議を構成する家柄に生まれ、13歳でコペンハーゲン大学に進学。第1学年の終わりに予報どおりに起こった部分日蝕に感銘を受け、天文学に興味をいだき、17歳から実際に観測を始める。1572年11月、新星を発見。12月に徐々に輝きを失いはじめ、ついに翌々年の5月に肉眼で見えなくなるまで、この新星を最新の器械で観測し、それがいわゆる恒星天にあることを確認する。さらに1577年の大彗星の観測により、彗星が従来考えられたように地球近傍の現象ではなく月よりはるか遠いところにあることを証明し、月より上の世界は永遠に不変とされたアリストテレス的宇宙論にとどめを刺す。

1576年にデンマーク国王フレデリック(Frederik)2世からフヴェーン島を領地として授与され、ウラニボルク(天の城)と称する天文台を兼ねた巨大な城を造り、20年間精密な観測を続けた。フレデリック2世没後、2年間の放浪のすえプラハに移り、1599年、神聖ローマ皇帝ルドルフ2世(第4巻注89)により皇帝付き数学官に任ぜられ、下賜されたベナテク城で観測を続ける。

ケプラーは『宇宙の神秘』(1596)をティコや当時の主だった学者に送付した。この書の

意義の理解者はほとんどいなかったが、ティコはケプラーの思弁的な推論をしりぞけながらも優れた才能をただちに認めた。彼は自分の観測結果を用いて自身が構想した惑星体系を証明することをケプラーに期待したのである。ケプラーもまた自身の宇宙論完成のためにはティコのもつ精密で継続的な観測データの必要性を強く意識するようになっていた。こうして書簡の往復が行われた後、オーストリア地方からのプロテスタント一掃政策のあおりでグラーツを去ったケプラーは、1600年にベナテク城に向かい、ティコの助手となって火星の研究にたずさわることになる。しかし共同研究を始めて間もない1601年10月にティコが亡くなり、38年に及ぶ観測に終止符が打たれた。残されたティコの観測データにもとづくケプラーの著作が近代天文学の真の出発点となった『新天文学』(1609)である。

★006――――ジェームズⅠ世はデンマークのアン王女と結婚した。その関係で1589-90年にデンマークを訪れ、ティコ・ブラーエのウラニボルクの天文台も見に行っている。

★007――――カトリック、ルター派、カルヴァン派の争いを暗示するのであろう。

★008――――グラーツ時代に結婚したバーバラ(Barbara)夫人を1611年に亡くしたケプラーは、13年にズザンナ・ロイティンガー(Susanna Reuttinger)と再婚して、まもなく子供が生まれたが、17年、18年と相次いで2人の女の子を亡くしている。それを意識したものか。

★009――――ケプラーはリンツにやってきてまもなく、この地方のルター派の牧師ダニエル・ヒッツラー(Daniel Hitzler)と教義をめぐる問題で諍いを起こし、半ば破門されたような状態になった。全体としては当時のプロテスタントとカトリックの争いを指すのであろうが、こういう個人的な事情も考えているようである。

★010――――この医者の比喩は、新旧両派の争いを調停できない皇帝を暗に批判し、ジェームズⅠ世に対する期待を述べたように受け取れるので、ケプラーの立場を危うくしかねないものである。

★011――――上オーストリア地方の古名。

★012――――正多角形とその星形および正多面体の総称。本文にケプラー自身による定義が見える。場合によってたんに正多角形とも訳した。

★013――――ギリシア語のlogosには「ことば」「論証」などいろいろの意味があって単純に日本語に置き換えられないが、この場合、ケプラーは「原理」「比」という意味に取っているように思われる。

★014――――プロクロス(Proklos 412-485) 後期新プラトン主義の代表的な哲学者。コンスタンティノーブルで生まれ、アテナイで哲学を教え、終生アカデメイアの長をつとめた。そこで彼はディアドコス(Diadochos: ギリシア語で後継者、ある哲学派の長の意)と呼ばれる。なお彼は、ユークリッドがプラトンの哲学に通じており、『原論』全体の目的は最後の第13巻の5つの正多面体、いわゆるプラトンの図形を論ずることにあったと考えた。ケプラーの見たプロクロスの『原論注解』は、ドイツの宗教改革者のひと

りで、ギリシア語文献のラテン語訳をしたシモン・グリュナエウス（Simon Grynaeus 1493-1541）がユークリッドの『原論』に添えて、バーゼルで1533年に刊行したものである。第3巻と第4巻の扉の題辞には同じプロクロスの著書のラテン訳が引かれているが、これは1560年にパドヴァで刊行されたバロキウス（Franciscus Barocius）のラテン訳とずれているので、ケプラーが自分でラテン訳したのであろう。

★015─────ユークリッド（Eukleides BC c.365-c.275）　ギリシア語の綴りに従い「エウクレイデス」とも記される。彼の名と著書『原論』ないし『幾何学原論』はあまりにも有名だが、生没年も生涯もよくわからない。アレクサンドロス大王の遠征に同行した将軍で、アレクサンドリアにプトレマイオス王朝を立てたプトレマイオスI世（Ptolemaios I 在位 BC c.306-c.283）治下の人で、アレクサンドリアで弟子たちに幾何学を教授したと伝えられる。彼のもとで幾何学を学びはじめた者が最初の定理を学んで、「これを学んだらどんな得があるか」とユークリッドにたずねたところ、彼は召使いに命じてその者に小銭を与え追い払ったという。またプトレマイオス王が幾何学を学ぶのに『原論』より手っ取り早い道はないかとたずねたとき、「幾何学に王道なし」と答えたこともよく知られている。

『原論』はギリシア語でStoicheiaないしStoicheiosisといわれる。ふつうは前者の名称で呼ばれ、ラテン語でもElementaと訳されるが、ユークリッド自身が付けた題名は後者であったかもしれない。題名をめぐる議論はケプラー自身も本書で扱っている。他にギリシア語原典のある著作としては『光学』（Optica）や『調和論入門』（Introductio harmonica）などがある。

『原論』の中で特にケプラーが本書で取り上げた第10巻は無理量論で、今なら特殊な記号を用いて論じられるテーマを線分や図形によりながら説明しているので、非常に難解な巻である。なお最後の第13巻では、ケプラーの言うように5つの正多面体が論じられている。

★016─────「知的種差」と訳した原語はdifferentias mentales。類（genus）の下位区分を種（species）といい、それぞれの種を区別する特徴となるものを種差（differentia）という。幾何学の対象全般を類とすれば、後に見える点、線、面、立体はその種であり、点は無次元、線は1次元、面は2次元、立体は3次元で、これが種差になる。ケプラーが考えているのは感覚でとらえられるこういう「感覚的」種差ではなくて、幾何学の対象を思考するときに論証によってのみ得られるような種差であり、特に図形の基本となる線分の長さが簡単な形で表せるかどうか、つまり容易に知られるかどうか、ということである。こういう思惟ないし知のはたらきとの関わりが「知的」と言われている。主に問題になるのは、円に内接する正多角形の一辺となる線分が、円の半径もしくは直径に対して有理数もしくは自乗によって有理数になるような無理数で表せるかどうか、ということである。例えば円を2等分すると直径が現れ、その長さは半径1に対して2になる。6等分すれば正6角形の一辺の長さは半径と同じ1で、4等分による正方形なら一辺は$\sqrt{2}$であ

る。一辺の長さが無理数や多重平方根を含む複雑な形で表されるほど、知りやすさから遠ざかる。これが以下の本文の定義12にいう Gradus scientiae である。ここでは scientia を「可知性」と訳し、gradus を「段階」と訳した。これが幾何学の対象を区別する場合の知的種差で、それを明らかにするには論証が必要になる。もうひとつの基準として、ケプラーが考えるのは、タイル張りのように特定の平面図形をぎっしり並べて平面を果てしなく幾何学模様で覆っていけるか、ないしはその特殊な場合として、組み合わせて閉じた立体を作れるか、ということである。こういう性質は congruentia という語で表される。この語は一般に幾何学では「合同」と訳されるが、ケプラーの用法はそれとは異なる。そこで、特にタイル張り風の模様と立体を作れるかどうかが問題になる点から、これを「造形性」と訳した。ケプラーは、調和比つまり宇宙モデルに用いられた幾何学図形を選別するために「可知性」と「造形性」を選別の基準とした。「知的種差」のことを冒頭にあげたのは、こういう幾何学図形の選別に関わる問題を設定するためであり、選別の基準となる種差の論拠がユークリッド『原論』第10巻である。

★017────パッポス（Pappos c.290-c.350）　ギリシアの数学者。主著『数学集成』（Synagoge）8巻は当時のギリシア幾何学の入門書であり、第1巻全部と第2巻の一部は失われたが、他は現存している。

★018────『原論』第10巻は、全13巻中、最も多くの命題115個を含む、内容も表現も複雑で難解な巻で、全体は無理量論である。これは、第13巻の正多面体論で扱っている実際の問題を整備して得られたひとつの一般理論であろうと考えられている。

★019────注16に述べたように、可知性は基準の大きさに対する比の形で出てくる。

★020────ケプラー自身も、感覚をまじえず純粋な思惟のみを用いて、存在するものそれぞれについて純粋なそのもの自体つまりイデアを追究しようとするからであろう。

★021────ペトルス・ラムス（Petrus Ramus; Pierre de la Ramée 1515-72）　フランスの人文主義者で哲学者、数学者。コレージュ・ド・フランスの前身、王立学院の最初の数学教授となる。カルヴァン派だったため、1562年サン・バルテルミの夜に虐殺された。没後バーゼルで出版された『数学講義』31巻（1569）の第21-23巻でユークリッド『原論』第10巻の問題を論じている。ケプラーが批判している記述は第21巻に見える。ラムスの哲学はデカルトにも影響を与えたとされる。

★022────ラザルス・シェーナー（Lazarus Schöner 1543-1607）は、一時コルバッハでギムナジウムの講師をしたこともあるラムスの信奉者で、1599年にフランクフルトでラムスの『数学講義』その他と補遺とを出版した。

★023────アリストテレス（Aristoteles BC384-322）　ソクラテス、プラトンとならぶ古代ギリシア最大の哲学者のひとり。マケドニアの宮廷医を父に、ギリシアの北方マケドニアのスタゲイラに生まれる。17歳でプラトンの学園アカデメイアに入学して頭角を現し、講義も担当する。プラトンの死後、アテナイを離れて小アジアですごした後、紀元前343年、マケドニアの王子だったアレクサンドロス大王（Alexandoros BC356-

323)の家庭教師となる。前335年にアテナイに戻り、郊外のリュケイオンに学園を創設。現在残されている論理学、自然学、哲学、倫理学、政治学などにわたる広範な分野の著作は、ローマで前30年頃にアリストテレス学派の哲学者アンドロニコスによって講義録が整理編集され公刊されたもの。

個物を越えた不変のイデアを真実在とするプラトンに対し、アリストテレスは現にある事物つまり個物を第一の実体とする。個物は当然それが何か、という問の答えとして知られるので、普遍的な知の対象となるものをもつ。これをアリストテレスは「形相」(eidos)という。eidos も idea と同様、「見られるもの」「形」の意である。プラトンもイデアをエイドスとも言っているので、その点から言えばアリストテレスも知の対象となる普遍的なものを認めるが、これはプラトンのイデアのように現に存在する個物と離れて独立に存在するわけではない。現にある個物は形相を受容する質料（hyle）とともにある。例えば、材木やれんがを用いて、設計図どおりに家を建てると、実際に人の居住する家になる。設計図に示された家の形が形相、材木の類が質料である。ギリシア語のhyleとは、本来「素材、材木」を意味する。個物を現にあるとおりに存在させる原因という点から、この両者は形相因、質料因とも言われる。さらに家について考えてみると、この家を実際に手を下して建てる人が必要である。これを動力因ないし作用因と言う。また家を建てるのは人が居住するという目的のためなので、これを目的因と言う。これがアリストテレスの言う4原因である。ただし、自らの中に運動の始原をもつ自然物においては、質料因以外の原因がひとつになっている。例えば、人の場合で言うと、質料因は母親から与えられるが、他の3因は父親にそなわっているとされる。

またアリストテレスは特に自然物の変化のプロセスを動的にとらえるために、「可能態」(dynamis) と「現実態」(energeia) という語を用いる。例えば、種子は生長して木になることができるから、可能態において木である。この種子が実際に変化のプロセスをうまくたどって終局に達すると、成熟した木となる。これが現実態における木である。「月下の自然」という語を用いるケプラーの議論の中には、アリストテレスの用いた天上の世界と月下の世界の区別から受けた影響も認められる。アリストテレスによれば、宇宙の万物は火、空気、水、土の4つとアイテールという第5の単純物体からなる。宇宙の中心である地球は月下の世界で、生成消滅する動植物、鉱物の世界である。これらはすべて火、空気、水、土からなる。この4者は、例えば火が直線的に上に上がり、土が下へと中心に向かうというように、基本的には直線運動をする。直線運動は永遠には続かないから運動と静止、変化をもつ。月より上の天上の世界はこの4者と異なるアイテールという物体からなる。その特徴は円運動で、そのために天は球形で、永遠に運動し、変化しない。全天体の運動を説明するために、先行する天文学者の説を修正しつつ、彼はこういう天球が55あるとする。アリストテレス自身が明言しているわけではないが、後にこの天球はアイテールでできた堅いもののように考えられた。こういうもので幾重にも包まれている天上の世界に変化のあるはずはないので、彗星も月下の現象とされた

のである。ティコ・ブラーエの正確な観測によって、こういう思いこみが打破されたのは、天文学史上重大な成果だった。

★024────ピュタゴラス派の天体論に対する反論とは、アリストテレスの『天体論』第3巻で批判されている「ティマイオス」中の元素と幾何学的な性質に関する議論（本巻注3参照）を指すのであろう。

★025────コペルニクス（Nicolaus Copernicus 1473-1543）　ポーランドのトルン市生まれ。僧職を志してクラコフ大学に学び、1496年にボローニャ大に留学、天文学教授ノバラの影響を受け、プトレマイオスのいわゆる天動説の問題点を知り、パドヴァ、フェラーラの大学で医学などを学んで1506年に帰国。ハイルスベルクでの医療活動、フラウエンブルクでの僧職勤めを経て、1526年に同大管区長となったが、夜は天体観測を続けた。1510-14年頃に小論文「ニコラウス・コペルニクスの天体運動の仮説に関する要項」（*Nicolai Copernici de hypothesibus motuum coelestium a se constitutis Commentariolus*）を著し、プトレマイオスの宇宙体系の欠点と、新たな宇宙体系のための根本的仮定ないし公理をあげる。要点は次の7つになる。① 天体はすべてが同一の中心点の周囲を運動しているわけではない。② 地球は宇宙の中心にあるとは言えない。月の軌道と地上重力圏の中心にあるにすぎない。③ 太陽は惑星体系の中心にあり、したがって宇宙の中心となる。④ 恒星への距離に比較すると、地球と太陽の距離は無視できるほど小さい。⑤ 天が毎日1回転するように見えるのは、地球がその地軸の周りを自転している結果である。⑥ 太陽が年に1度1回転するように見えるのは、地球が、他の惑星と同様に、太陽の周囲を回転するからである。⑦ 惑星が静止したり逆行したりするように見えるのも、同じ原因による。

しかし、彼は今日われわれの考えるような単純な惑星軌道を想定したわけではない。この論文の最後には、水星が全部で7つの円の周りを動き、金星は5つ、地球は3つ、さらに地球の周りを月が4つの円を描いて動き、最後に火星、木星、土星が5つの円の周りを動くので、宇宙の構造全体と惑星軌道のすべては、全部で34の円を使えば十分説明できる、としている。以上の公理にもとづく証明は、「より浩瀚な書物」『天球の回転について』（*De revolutionibus orbium coelestium*）として書き進められたが、30年以上にわたり公刊されず手写本のまま回覧され、その内容は、口伝えで知識人の間に広がっていった。1539年夏、コペルニクスのもとに、プロテスタントの牙城ヴィッテンベルク大学で数学・天文学を教授していたレティクス（Rheticus; Georg Joachim von Lauchen 1514-76）がやってきた。コペルニクスの弟子となったレティクスは『天球の回転について』の出版を渋る師を少しずつ説得し、同書の概要を公刊する許可を得た。レティクスによる最初のコペルニクス説の解説書『第一解説』（*Narratio prima* 1540）は学者の世界でかなり評判になった。ケプラーはテュービンゲン大学で師のミカエル・メストリン（Michael Maestlin）からコペルニクス説を学んでおり、ケプラーの処女作『宇宙の神秘』（1596）にはメストリンの指示で『第一解説』が付録として収載されている。

コペルニクスもやがて主著の出版を認め、ニュルンベルクの印刷所で組版が開始されたが、レティクスはライプツィヒ大学の数学教授に赴任することになり、印刷監督役をニュルンベルクの神学者で牧師のオジアンダー (Andreas Osiander 1498-1552) に託した。オジアンダーは、本書は現象を救うためのたんなる「数学的仮説」であるとした無署名のまえがきを挿入して、『天球の回転について』(1543) を刊行した。ローマ教皇庁の検閲をのがれるための処置であろうが、コペルニクス自身がそれをどう受けとめたかはわからない。なお、このまえがきをコペルニクス自身が書いたと誤解した者もあったが、ケプラーは『新天文学』(1609) 冒頭において、このまえがきがオジアンダーの手になることを自身の入手したコペルニクスの版本から初めて明らかにした。

★026――スネル (Snell van Royen; Willebroad; Villebrordus Snellius 1580/81-1626) オランダの数学者、物理学者で、1613年ライデン大学教授に就任。光の屈折の法則を発見し、また3角法によって地球の大きさを測定した。

★027――ファン・ケーレン (Ludolf van Ceulen; Ludolfus a Coellen 1540-1610) π を35桁まで算出したことで知られるオランダの数学者。著書『問題集』(*Varia Problemata*) 全4巻はオランダ語で出版された。そのラテン敷衍訳を1615年に刊行したのが、スネルである。

★028――コドロス (Kodros) 紀元前11世紀のアテナイの王とされる。ドーリア人がアッティカを侵略したさい、コドロスの命を助けてやればドーリア人が勝利を得るというデルポイの神託があった。それを伝え聞いたコドロスは樵夫に身をやつして立ち去り、戦争が始まるとドーリア人と戦って戦死し祖国を救ったという。ローマの風刺詩人ユベナリス (Juvenalis) の作品中に登場する彼は、赤貧の民間学者の典型として扱われる。

★029――クレオパトラ (Kleopatra VII BC69-30; 在位BC51-30) プトレマイオス王朝最後の女王。弟のプトレマイオス13世の共同統治者として即位したが、弟を支持する宮廷内の勢力によって一時排斥された。しかし、紀元前48年にローマの内乱でポンペイウス (Pompeius BC106-48) を追ってアレクサンドリアに上陸したユリウス・カエサル (Gaius Julius Caesar BC101-44) に頼り、王位に復した。カエサルとの間に男の子をもうけ、一時期ローマに滞在したが、カエサルが暗殺されるとアレクサンドリアに戻った。その後ローマで権力を握ったアントニウス (Marcus Antonius BC82-30) によってキリキアのタルソスに喚問された。このときクレオパトラは、艫に黄金を飾った船に乗り、緋色の帆を張り、漕ぎ手は銀の櫂を、笙と琴を伴奏とする笛の音に合わせて漕ぎ、自身は黄金をちりばめた天蓋の下に着飾って腰をかけていたという。さらに贅を尽くした夜の宴会にアントニウスを招き、王朝の存続に成功した。しかしやがて2人はカエサルの養子オクタウィアヌス (Gaius Julius Caesar Octavianus; 後の初代ローマ皇帝 Augustus 在位 BC27-AD14) に敗れ、ともに自殺した。ここではクレオパトラを豪奢で高貴な者の代表としたのである。

★030――ラムスの『数学講義』の中に見えることばを風刺したものである。

★031────ケプラーの『屈折光学』(*Dioptrice* 1611)はアウグスブルクで刊行された。

★032────『原論』第3巻21「円において同じ切片内の角は互いに等しい」(中村幸四郎・寺阪英孝・伊東俊太郎・池田美恵訳・解説『ユークリッド原論』共立出版による。以下同じ)。

★033────『原論』第3巻24「等しい線分上にある、円の相似な切片は互いに等しい」。

★034────ギリシア語のretosは「語りうる、表現できる」を意味する形容詞。

★035────ラテン語で有理数を表すeffabilisは、文字どおりには「表現可能な」「言い表すことができる」を意味する。定義15および次注を参照。

★036────近代語ではむしろ伝統的なirrationales（不合理なもの、計算できないもの）の語を用いて無理数を表している。日本語の訳語もその直訳である。ケプラーの意に反することになるが、この訳でもやはり「無理」「有理」という普通の訳語を用いる。なお、ユークリッド『原論』第10巻の定義I.3を参照すると、無理線分とは、与えられた線分と長さにおいても平方においても通約できない、つまり同一尺度で測れない線分であり、長さにおいて通約できなくても自乗において通約できれば、その線分は、有理であり自乗においてのみ通約できると言われる。

★037────半径ないし直径を基準とした場合、その4乗根の形で表せる。

★038────直径ないし半径を一辺とする正方形の $\sqrt{a}$ 倍の面積となる。

★039────『原論』第10巻の命題の番号についていうと、邦訳のもとになったハイベルク(Heiberg)版『ユークリッド全集』と、ケプラーの見た、4世紀末のテオン(Theon)の改訂版にもとづいて1533年にバーゼルから出版されたグリュナエウス(Grynaeus)版とは、若干ずれがある。カスパーの独訳ではハイベルク版の番号に直しているので、この注ではそれにならうと、19「長さにおいて通約できる有理線分にかこまれる矩形は有理面積である」となる。なお、ケプラーの見たグリュナエウス版には『原論』第1巻に対するプロクロスの注解4巻も収められている。

★040────『原論』第10巻21「平方においてのみ通約できる有理線分によってかこまれる矩形は無理面積であり、それに等しい正方形の辺も無理線分であり、これを中項線分とよぶ」。

★041────『原論』第10巻25「平方においてのみ通約できる中項線分によってかこまれる矩形は有理面積かまたは中項面積である」。また27は有理面積を囲み、平方においてのみ通約できる2つの中項線分の見出し方を述べたものである。

★042────『原論』第10巻23「中項線分と通約できる線分は中項線分である」。

★043────『原論』第10巻28は、中項面積を囲み、平方においてのみ通約できる2つの中項線分の見出し方を述べている。

★044────ここでは $(a \pm b)^2 = a^2 + b^2 \pm 2ab$ の公式が考えられている。

★045────『原論』第10巻23「中項線分と通約できる線分は中項線分である」。

★046────以下は原典と独訳の『原論』の命題番号が一致している。『原論』第10巻48以下には2項線分の、85以下には余線分の見出し方が論じられている。

★047────『原論』第10巻55、56および74、75を参照。

★048────『原論』第10巻33には、「平方において通約できないで、それらの上の正方形の和を有理面積とし、それらによってかこまれる形を中項面積とする2線分を見出すこと」が論じられている。

★049────優線分から以下順次、『原論』第10巻57、76、58、77、59、78を参照。

★050────『原論』第10巻IIIでは全部で13種の無理線分があげられているが、ケプラーはその中の中項線分を飛ばして2項線分から数えているので、12種になっている。

★051────第10巻の最後の命題115には、「中項線分から無数の無理線分が生じ、それらのどれも前のもののどれとも同じでない」とある。

★052────与えられた線分を1、求める部分をxとすると、$(1-x):x = x:1$ もしくは $x:(1-x) = (1-x):(2x-1)$ となるようにxを決めるわけである。

★053────『原論』第6巻17「もし3線分が比例するならば、外項にかこまれた矩形は中項の上に立つ正方形に等しい。そしてもし外項にかこまれた矩形が中項の上に立つ正方形に等しいならば、3線分は比例するであろう」。『原論』第2巻11には、与えられた線分を2分し、全体とひとつの部分とに囲まれた矩形を残りの部分の上の正方形に等しくする方法が論じられている。

★054────『原論』第6巻30には、与えられた線分を外中比に分ける方法が論じられている。

★055────こうすると与えられた線分を1とした場合、$\frac{\sqrt{5}-1}{2}$の大きさの線分ができる。

★056────与えられた線分を全体とする場合の外中比と、与えられた線分に$\frac{\sqrt{5}-1}{2}$を加えたものをより大きな全体とする外中比が出てくる。

★057────外中比を作る線分を可知性の第4段階に入れようとするわけである。

★058────日本語ではよく黄金分割といわれる(左図参照)。

★059────『原論』第13巻5「もし線分が外中比に分けられ、それに大きい部分に等しい線分が加えられるならば、全体の線分は外中比に分けられ、もとの線分がその大きい部分である」。

★060────『原論』第10巻定義II. 4および定義III. 4を参照。

★061────『原論』第13巻4「もし線分が外中比に分けられるならば、全体の上の正方形と小さい部分の上の正方形との和は大きい部分の上の正方形の3倍である」。

★062────『原論』第13巻6「もし有理線分が外中比に分けられるならば、2つの部分の双方は余線分とよばれる無理線分である」。

★063────『原論』第10巻97「余線分の上の正方形に等しい矩形が有理線分上につくられるならば、第1の余線分を幅とする」。

★064────ギリシア語の prosharmozein は、「ぴったりくっつける」意。

★065────『原論』第10巻79「余線分にはそれに付加されて全体と平方においてのみ

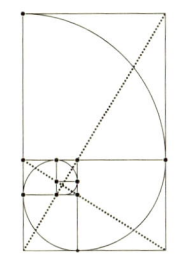

通約できるただひとつの有理な線分がある」。

★066────『原論』第10巻29には、平方においてのみ通約でき、大きい線分上の正方形が小さい線分上の正方形より、大きい線分と長さにおいて通約できる線分上の正方形だけ大きい2つの有理線分の見出し方が論じられている。

★067────GA＝Iとすると、GO＝$\frac{3-\sqrt{5}}{2}$で、したがって、GOは線分GA＋AM＝$\frac{3}{2}$の余線分である。またプロサルモズッサはOA＋AM＝$\frac{\sqrt{5}}{2}$で、$\frac{3}{2}$の線分を直径として円を描き、その一端からプロサルモズッサを弦として引くと、直角をはさむもう一方の辺の大きさはIとなり、$\frac{3}{2}$の大きさの斜辺とは長さにおいて通約できる。

★068────ギリシア語で優線分、劣線分を表すmeizon, elassonは、本来は「より大きなもの」「より小さなもの」を意味したので、このようなことわりを入れたのであろう。

★069────ケプラーの考えでは、無理数となる線分でも自乗によって有理になれば有理線分に入る。

★070────『原論』第10巻21には「平方においてのみ通約できる有理線分によってかこまれる矩形は無理面積であり、それに等しい正方形の辺も無理線分であり、これを中項線分とよぶ」とあるだけで、24のほうに「長さにおいて通約できる中項線分によってかこまれる矩形は中項面積である」と見える。

★071────『原論』第10巻9には、「長さにおいて通約できる線分上の正方形は互いに平方数が平方数に対する比をもつ。……しかし長さにおいて通約できない線分上の正方形は互いに平方数が平方数に対する比をもたない。……」とある。

★072────『原論』第10巻定義II. 4参照。

★073────『原論』第10巻39「もし平方において通約できず、それらの上の正方形の和が有理面積で、それらによってかこまれる矩形が中項面積である2線分が加えられるならば、この線分全体は無理線分であり、そして優線分とよばれる」。

★074────『原論』第10巻76「もし線分からその線分全体と平方において通約できない線分がひかれ、全体とひかれた線分との上の2つの正方形の和を有理面積とし、それらによってかこまれる矩形を中項面積とするならば、残りは無理線分である。そして劣線分とよばれる」。

★075────『原論』第2巻11には、与えられた線分を2分し、全体とひとつの部分とに囲まれた矩形を残りの部分の上の正方形に等しくすることが論じられている。

★076────『原論』第13巻5「もし線分が外中比に分けられ、それに大きい部分に等しい線分が加えられるならば、全体の線分は外中比に分けられ、もとの線分がその大きい部分である」。

★077────『原論』第10巻94「もし面積が有理線分と第4の余線分によってかこまれるならば、その面積に等しい正方形の辺は劣線分である」。

★078────ケプラーは古代ギリシア人にならってIを数に入れていない。

★079────これは円の直径による2等分をいうのであろう。

訳注　　546

★080————正多角形の星形を考えている。
★081————『原論』第I巻定義17「円の直径とは円の中心を通り両方向で円周によって限られた任意の線分であり、それはまた円を2等分する」。第3巻14「円において等しい弦は中心から等距離にあり、中心から等距離にある弦はまた互いに等しい」。同巻15「円において直径は最も大きく、他の弦のうち中心に近いものは遠いものより常に大きい」。
★082————『原論』第I巻46には、与えられた線分上に正方形を描く方法が見える。
★083————ここに述べられているのが、ピュタゴラスの定理にほかならない。
★084————『原論』第2巻14には、直線に囲まれた与えられた図形に等しい正方形の作り方が見える。
★085————『原論』第10巻9には、互いに平方数が平方数に対する比をもたない正方形は長さにおいて通約できる辺をもたないことが述べられている。
★086————『原論』第I巻12「与えられた無限直線にその上にない与えられた点から垂線を下すこと」。
★087————『原論』第3巻30「与えられた弧を2等分すること」。
★088————『原論』第10巻定義II. 4。
★089————『原論』第10巻定義III. 4。
★090————『原論』第10巻57「もし面積が有理線分と第4の2項線分によってかこまれるならば、その面積に等しい正方形の辺は優線分とよばれる無理線分である」。
★091————『原論』第10巻94「もし面積が有理線分と第4の余線分によってかこまれるならば、その面積に等しい正方形の辺は劣線分である」。
★092————『原論』第10巻39「もし平方において通約できず、それらの上の正方形の和が有理面積で、それらによってかこまれる矩形が中項面積である2線分が加えられるならば、この線分全体は無理線分であり、そして優線分とよばれる」。
★093————『原論』第10巻76「もし線分からその線分全体と平方において通約できない線分がひかれ、全体とひかれた線分との上の2つの正方形の和を有理面積とし、それらによってかこまれる矩形を中項面積とするならば、残りは無理線分である。そして劣線分とよばれる」。
★094————『原論』第10巻23の系には、中項面積と通約できる面積が中項面積であることが述べられている。
★095————クラヴィウス(Clavius; Christoph Klau 1537-1612) ドイツのイエズス会士で数学者。クラウとも記した。1574年にユークリッド『原論』のラテン語集大成版を刊行し、16世紀のユークリッドと呼ばれた。マテオ・リッチ(Matteo Ricci 1552-1610)が中国語に訳した『幾何原本』の原典はこの版の初めの6巻だったという。『応用幾何学』は1604年にローマで刊行された。『代数学』(*Algebra* 1608)も著す。
★096————原典には正16角形ではなく正8角形とその星形の図が掲載されている。
★097————『原論』第I巻1には正3角形の作図法が見える。

★098―――本巻注83と同じく、いわゆるピュタゴラスの定理である。
★099―――『原論』第10巻定義II. Iを参照。
★100―――『原論』第10巻定義III. Iを参照。
★101―――『原論』第10巻54「もし面積が有理線分と第Iの2項線分とによってかこまれるならば、その面積に等しい正方形の辺は2項線分とよばれる無理線分である」。
★102―――『原論』第10巻91「もし面積が有理線分と第Iの余線分とによってかこまれるならば、その面積に等しい正方形の辺は余線分である」。
★103―――『原論』第10巻42「2項線分はただひとつの点でその項に分けられる」。
★104―――『原論』第6巻3「もし3角形のひとつの角が2等分され、角を分ける直線が底辺をも分けるならば、底辺の2部分は3角形の残りの2辺と同じ比をもつであろう」。
★105―――原文には「半径の」(semidiametri)とあるが、これはケプラーの思い違いであろう。
★106―――与えられた線分を外中比に分ける方法はむしろ『原論』第6巻30に見える。
★107―――『原論』第4巻11には、与えられた円に正5角形を内接させることが述べられているが、正10角形についてはふれられていない。
★108―――本巻の命題41参照。
★109―――本巻の命題27や29を参照。
★110―――これはケプラーの思い違いで、実際にはANは、半径を1とすると$\frac{\sqrt{5}+1}{4}$となり、2項線分である。後に出てくる中心から正10角形の一辺FGに下ろした垂線についても同様で、これは$\frac{\sqrt{10+2\sqrt{5}}}{4}$になる。ただし、正5角形と正10角形の面積の可知性が低いことは確かである。
★111―――円弧の中点からその弦の中点に至る長さを矢(sagitta)という。
★112―――これもケプラーの思い違いで、実際は正10角形の一辺の半分の平方は、直径から矢を除いた線分と矢の積に等しく、直径と10分の1の弧の積がそのまま正20角形の一辺の自乗となる。
★113―――ケプラーがここにあげた正15角形の作図法は、『原論』第4巻16に見える。
★114―――実際はANが2項線分になることについては、本巻注110を参照。
★115―――MFの大きさの算出は、円に内接する4角形の対角線の積がそれぞれ反対の位置にある両辺の積の和に等しいという、プトレマイオスの定理もしくはプトレマイオスを英語読みにしたトレミーの定理と言われるものによっている。
★116―――こういう正多角形が作図不可能であることの証明は19世紀になってから行われたので、ケプラーの証明は不十分である。19歳のときに定規とコンパスを使って正17角形が作図できることを証明し、数学者になる決心をしたと伝えられるガウス(Carl Friedrich Gauss 1777-1855)は、辺が素数でも$2^{2^n}+1$であれば、その正多角形が作図できることを証明した。したがって、正17角形や正257角形は作図できる。
★117―――カンパヌス(Campanus)は、イタリアのノヴァラ出身の13世紀の天文学者・

訳注

数学者。ユークリッド『原論』のラテン語版を出版。このラテン語版の『原論』は、15-16世紀にかけて13回も版を重ねたというが、カンパヌス自身がアラビア語ないしはギリシア語原典から翻訳したものではなく、アラビア語からの訳を含む先行するラテン語訳に改めて手を加えた著作だったようである。なお、彼の公刊した『原論』は15巻で、実際にはユークリッドのものではない著作が第14巻と第15巻に入れられていた。

★118――――ジロラモ・カルダーノ（Girolamo Cardano 1501-76）は、イタリアのパヴィア生まれの自然哲学者・医学者・数学者で、数学に関しては代数方程式の理論を開拓した。第4巻注70も参照。

★119――――カンダラ伯（François de Foix 1502-76）のこと。1566年にパリで初めて『原論』を公刊した。

★120――――『原論』第6巻3を参照。

★121――――ケプラーがあげた比例式では、第1項対第2項が第3項対第4項に等しく、第2項対第3項が第4項対第5項に等しい、というふうにして続くことになる。proportiones superparticulares, proportiones superpartientes は、それぞれ「単位分数付加比」「分数付加比」と訳した。この用語は、ユダヤの町ゲラサ出身の2世紀のピュタゴラス派数学者ニコマコス（Nikomachos）が行った比の分類に由来し、それぞれギリシア語で epimorios, epimeres のラテン語訳である。ケプラーの時代には一般に知られていた語のようなので、彼がニコマコスの『算術入門』を読んだかどうかは不明。

proportiones superparticulares とは、分数の形にした場合に分子が1の帯分数になる比、つまり $a = \left(1 + \frac{1}{n}\right)b$ で表せるものである。ある奇数を $2n+1$ とすると、$(2n+1)^2 = (2n+1)(n+1) + n(n+1) + n^2$ である。この等式の右の各項がそれぞれBJ、JK、KFとなる。したがって $\frac{JK}{KF} = \frac{n+1}{n} = 1 + \frac{1}{n}$ また $\frac{BJ}{JK} = \frac{2n+1}{n+1} = 2 + \frac{1}{n+1}$ であり、こういう分数で表される比になる項を部分とするものの総和がBFつまり奇数の2乗となる。

一方、proportiones superpartientes は、分数の形にした場合に分子として1も含む自然数をもつ帯分数になる比、つまり $a = \left(1 + \frac{m}{n}\right)b$ で表せるもの（m<n）である。ある数nを x と y（$x>y$）に分割すると、$n = x+y$ なので、$n^2 = (x+y)^2 = x(x+y) + xy + y^2$ となる。この場合も等式の右側の各項がそれぞれBJ、JK、KFとなり、$\frac{JK}{KF} = \frac{x}{y}$ となるが、ここでは $r>y$ だから $x = y+z$（ただし $y>z$）と表せる。

そこで、$\frac{x}{y} = \frac{y+z}{y} = 1 + \frac{z}{y}$ となり、$\frac{BJ}{JK} = \frac{x+y}{y} = \frac{2y+z}{y} = 2 + \frac{z}{y}$ となる。そしてnを分割して得た x と y で表された各項の総和がBFつまりnの2乗となる。したがって、ケプラーが本文で例としてあげた関係が一般に成り立つ。

★122――――この当時は algebra という語が人名に由来するという誤った説が流布していた。実際にはこの語は、アル=フワーリズミー（al-Khwarizmi c.780-847/850）の著書『アル・ジャブルとアル・ムカーバラの書』（Kitab fi al-jabr wa-al-muqabala）全3部の、1次と2次方程式の解法を述べた第1部からきている。al-jabr とは、方程式を解くとき、移項して負項をなくす操作を意味した。この第1部が12世紀にラテン訳されたとき、表題の

al-jabrから近代語のalgebraが成立した。

★123―――ヨスト・ビュルギ（Jost Bürgi 1552-1632）はスイスのトッゲンブルク出身の時計職人で、すぐれた計算家でもあった。1579年にヘッセン方伯ヴィルヘルム4世（Wilhelm IV）、1603年にはプラハに移住してルドルフ2世（第4巻注89）に仕え、その宮廷でケプラーとも親交を結んだ。対数計算の方面で業績を上げ、『算術および幾何数列表』（Arithmetische und geometrishe Progress Tabulen 1620）を公刊した。

★124―――ビュルギはイタリアの代数学の書に見える記号をドイツ風に改めて使用している。Rはラテン語のRes（事柄）で未知数を表す。resはイタリア語でcosaといい、cossaはそれに由来するらしい。ZはZensusでイタリア語のcenso（資産）、KはKubusでイタリア語のcubo（立方）、ZZはZensizensでイタリア語のcenso del censoである。ケプラーは本文ではビュルギの用いたドイツ語の古書体風の記号を掲げており、そのままでは表記できないので、訳文では普通のラテン文字に改めた。

★125―――これらの記号を現在のものに改めると、Ijはx、Iijはx^2、以下、x^3、x^4、x^5、x^6、x^7となる。ケプラーの表記では、ビュルギのものに比べると累乗の指数はよくわかるが、それでもわれわれにはあまりなじみがないので、以下の訳文ではやむをえず現在の代数の表記を用いた。

★126―――プトレマイオス（Ptolemaios c.90-c.168）　127年頃から151年頃にかけてアレクサンドリアで天文観測を行った天文学者、数学者、地理学者。いわゆる天動説の天文学を述べた全13巻のギリシア語の著書『数学体系』（Mathematike syntaxis）は、アラビア語版では、『偉大な体系』（Almagest）と称された。その惑星運動論は、先行するアポロニオス（Apollonios BC c.262-c.190）やヒッパルコス（Hipparchos BC c.190-c.126）が展開した、周転円（その中心が大きな円〔導円〕の周りを回転する小さな円）・離心円（天動説の場合、その中心に地球がこない導円）の理論にもとづく。いずれも地球から見た惑星運動の変則性を説明するための工夫だった。プトレマイオスの天文体系では、地球は不動だが、宇宙の中心からやや外れたところにある。各天体は、地球をほぼ中心として月、水星、金星、太陽、火星、木星、土星、恒星の順に並ぶ。惑星は宇宙の幾何学的な中心から描いた離心円上の点を中心とする周転円上を動くことになる。そのときこの周転円の中心は、離心円の中心から外れたある点に対して一様な角速度を保つとする。この点をエカントという。こうして、地球から見ると惑星は順行するだけでなく、逆行したり静止したり（これを留という）すると考える。

『アルマゲスト』第I巻第9章に証明されている定理が、円に内接する4辺形の各辺と対角線の関係を明らかにした、プトレマイオス（トレミー）の定理である（注115に既出）。その他の著作として、『光学』（Optica）、占星術を論じた『四書』（Tetrabiblos）、ケプラーが手写本の形で読んだという、調和にもとづく音楽と宇宙について論じた『調和論』（Harmonica）などがある。

★127―――レギオモンタヌス（Regiomontanus; Johannes Müller 1436-76: 生地のケー

ニヒスベルクをラテン語化するとレギオモンタヌスになる）　ドイツの天文学者、数学者。プトレマイオス『アルマゲスト』のラテン語要約に取り組み、1496年に『天文学概要』(*Epitome*) を完成した。また天文学研究のために3角法の整備に力を注ぎ、1533年には『3角法』(*De triangulis omnimodis*) を刊行した。第4巻注83を参照。

★128————バルトロメウス・ピティスクス（Bartholomäus Pitiscus 1561-1613）　ドイツの神学者、数学者。3角法の研究を行い、1595年に『3角法つまり3角形の解法に関する簡明な論述』(*Trigonometria, sive de solutione triangulorum Tractatus brevis et perspicuus*) を公刊した。「3角法」という語は本書の表題を最初とする。またこの書の1612年版では小数点の記号を採用した。

★129————ケプラーが述べるビュルギの考え方は以下のとおりである。左図のようにAを中心とする直径 2 の大きさの円周上に等しい大きさの7つの弧を取るものとすると、$EG^2 = d_1^2 = 2 \cdot OG$、故に、$OG = \dfrac{d_1^2}{2}$　また△EGOにおいて$\left(\dfrac{d_1}{2}\right)^2 = d_1^2 - \left(\dfrac{d_1^2}{2}\right)^2$ ところで、本文中の計算から知られるように正7角形の場合、その一辺をxと置くと、$d_1^2 = 4x^2 - x^4$ となるから、$d_3 = \sqrt{16x^2 - 20x^4 + 8x^6 - x^8}$　そしてこの図で4辺形BEFJに対しプトレマイオスの定理を用いると、$d_3^2 - d_2^2 = x \cdot y$　一方、本文中の計算から知られるように、$d_2 = 3x - x^3$ だから、$y = 7x - 14x^3 + 7x^5 - x^7$　ところが、正7角形の場合、この図における点BとJは一致するので、$y = 0$ となる。

そこで、$7 - 14x^2 + 7x^4 - x^6 = 0$ が成り立つ。

★130————$1 = x_1 : x_1 : x_2 = x_2 : x_3 = \cdots\cdots = x_6 : x_7$ という比例式を作り、初項 $x_1 = x$ と置くと、$x_2 = x^2$　以下 $x_7 = x^7$ となる。

★131————a, bを2つの自然数として、その間にn個の項をもつ連続する比例式を立てると、$\dfrac{a}{x_1} = \dfrac{x_1}{x_2} = \dfrac{x_2}{x_3} \cdots = \dfrac{x_n}{b}$　で、$x_2 = \dfrac{x_1^2}{a}$、$x_3 = \dfrac{x_1^3}{a^2}$ そして一般に $x_n = \dfrac{x_1^n}{a^{n-1}}$ である。

したがって $\dfrac{a}{x_1} = \dfrac{x_1^n}{a^{n-1}b}$ つまり $x_1^{n+1} = a^n b$ となる。ここでxの解をいわゆる幾何学的に求められる、つまり定規とコンパスを用いて作図できるのは、左辺のn＋1が2の累乗となる場合である。故に、本文のような結論が出てくる。

★132————デューラー（Albrecht Dürer 1471-1528）　ニュルンベルク生まれのドイツの画家、版画家、彫刻家。イタリアに学んだが、やがてドイツ的神秘主義の傾向が顕著になった。神聖ローマ皇帝マクシミリアンⅠ世（Maximilian I　1459-1519; 在位1493-1519）の宮廷画家となり、彼のために祈祷書の挿絵素描や木版連作「凱旋門」などを制作した。ここに見える正7角形の作図法は、デューラーの『定規とコンパスによる線・面・立体の測定術教則』(*Underweysung der Messung mit dem Zirckel und Richtscheyt in Linien, Ebnen und ganzen Corporen* 1525）に示されているが、彼が考案したわけではなく、建築にたずさわる職人の間で語り継がれてきたもののようである。

★133————正7角形の近似値を得るこの方法は、デューラー以前にも、前100年頃に古代ギリシアの数学者ヘロン（Heron）があげており、レオナルド・ダ・ヴィンチ

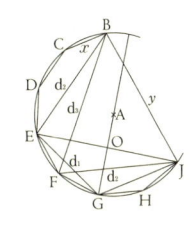

（Leonardo da Vinci）やレギオモンタヌスも言及している。

★134ーーーークリストフ・クラウは、ラテン名で前出のクラヴィウスのこと（本巻注95）。

★135ーーーーピエール・フランチェスコ・マラスピーナ（Pier Francesco Malaspina 1550-1624）は、神聖ローマ皇帝マクシミリアン（Maximilian）2世とルドルフ2世（第4巻注89）の宮廷におけるパルマ公の公使を務めた外交官で数学にもすぐれていた。

★136ーーーーこの場合、次のように考えたものと思われる。
半径 r の円の中心を F、直径を DE とする。
E を中心とする半径 $\frac{5}{4}r$ のもうひとつの円を描き、初めの円との交点を A、C とし、直径 DE との交点を G とすると、$GF = \frac{1}{4}r$ となる。
直線 AG を引き、初めの円との交点を J とすると、弧 CJ が初めの円周の7分の1になると主張する。その証明は以下のとおりである。AJ と平行に Z を通る直線を引き、初めの円との交点を M、H とする。
ここで、誤ったものではあるが事実にかなり近い2つの仮定を導入する。
すなわち、GF＝FZ および弧 JH＝弧 HC である。もしこの仮定が正しければ、弧 CJ が初めの円周の7分の1になることは次のようにして示される。
∠AEC＝4∠GAC　故に、弧 CJ：弧 CDA＝1：4　また弧 CJ：弧 JDA＝1：3
そして先の仮定 GF＝FZ から、弧 JDA＝弧 MEH　同様にして先の仮定から、弧 AM＝弧 JH＝弧 HC だから、弧 MEH＝弧 AEC　故に、弧 AEC＝弧 JDA　したがって、弧 AEC は弧 JC の3倍である。そこで、弧 JC は初めの円の円周の7分の1ということになる。さらにまた弧 GC も大きいほうの円の円周の7分の1であることになる。
なおケプラーが本文中に述べるように、図の線分 DZ が円周の14分の3の弧に張る弦の長さの近似値になることは、容易に算出されよう。

★137ーーーーここでケプラーが述べる代数学的な解法は、以下のようになる。
まず半径1の円のもとの弧に張る弦の大きさを a、3分した弧の2つ分に張る弦の大きさを d、3分した弧に張る求める弦の大きさを x とすると、プトレマイオスの定理および命題45の注129の図から明らかなように、$d^2 = ax + x^2$ および $x^2 = \left(\frac{x}{2}\right)^2 + \frac{d^2}{4}$ が成り立つ。さらに d を消去すると、$a = 3x - x^3$ つまり $x = \frac{1}{3}a + \frac{1}{3}x^3$ ここで求める x の最初の近似値 x_1 をもとの弦の3分の1つまり $\frac{1}{3}a$ とし、2番目の近似値を x_2 とすると、
$x_2 = \frac{1}{3}(a + x_1^3) = \frac{1}{3}\left[a + \left(\frac{a}{3}\right)^3\right]$
そして一般により x に近い近似値 x_n について、$x_n = \frac{1}{3}\left[a + (x_{n-1})^3\right]$
これで n を無限大にすれば x に限りなく近い値が得られる。

★138ーーーーギリシア語では tetragonizusa (gramme) という。「正方形化する線」の意。前5世紀のソフィストであるエリスのヒッピアス（Hippias）が、角の3等分の問題を解き、さらには角を任意の数に等分するために用いた曲線。プラトンの弟子でもあるギリシアの数学者デイノストラトス（Deinostratos）は、この曲線を円積問題 Quadratura（与えら

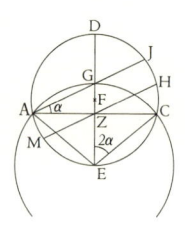

訳注　552

た円と等しい面積をもつ正方形を定規とコンパスとで求める作図問題）を解くために利用した。

★139―――ニコメデス（Nikomedes）は前3世紀のギリシアの数学者で、角を3等分するための補助手段となる特殊な曲線コンコイド（Conchoides）を研究した。ギリシア語でkonchoeides (gramme)という。koncheはイガイもしくはその貝殻の意で、この曲線が貝殻の縁に似ていることに由来する。

★140―――ケプラーがここに紹介するパッポスの角の3等分の方法は次のようになる。
この図の∠BACを3等分する場合、Bを通ってACに平行な線を引き、Aからこの線に向かって引いた線との交点をFとし、またBからACに下ろした垂線との交点をDとする。

ここでDF＝2ABになれば、∠DACは∠BACの3分の1になる。

証明は以下のとおりである。

DFの中点をEとすると、△BDFは直角3角形だから、DE＝EF＝BEで、またAB＝BEでもある。故に、△BEFと△ABEは2等辺3角形で、
∠DAC＝∠EFB＝∠EBF　　また∠BEA＝∠BAE

ところで、∠BAE＝∠BEA＝∠EBF＋∠EFB＝2∠DAC

したがって、∠DAC＝$\frac{1}{3}$∠BAC

そこで、このAFを引くために、Bを通るACの平行線とAを通るBCの平行線を漸近線とし、垂線の足Cを通る直角双曲線を利用する。この双曲線上にCを中心とする半径2ABの弧を描き、この弧と双曲線の交点をPとし、Aを通ってCPに平行な線を引けば、それが求めるAFとなるわけである。

今すでに角の3等分が行われているものとして、Cを通るAFの平行線とFを通るBCの平行線を引き、両者の交点をPとする。そしてOFとOAを座標軸とする座標系を考え、P（x, y）、C（x_1, y_1）とすると、CPの向きは$\frac{y-y_1}{x-x_1}$　FAのほうは$\frac{y_1-0}{0-x}=\frac{y_1}{-x}$だが、CPとFAは平行だから、$\frac{y-y_1}{x-x_1}=\frac{y_1}{-x}$　　したがって、$xy=x_1y_1$

故に、PもCと同じ双曲線上にあることが証明される。

★141―――平明な問題は要するに平面の問題で、いずれもproblemata planaという語で表される。

★142―――フランソワ・ヴィエト（François Viète; Franciscus Vieta 1540-1603）　フランスの数学者で実質的な代数学の創始者。「代数学の父」と称せられている。

★143―――ケプラーがここで念頭に置いているのは、オランダの数学者ケーレン（本巻注27）やスネル（本巻注26）、フランドルの数学者アドリアン・ヴァン・ローメン（Adriaen van Roomen 1561-1615）などであろう。

★144―――ここでは、ある立方体の2倍の体積をもつ立方体を作るという、いわゆる

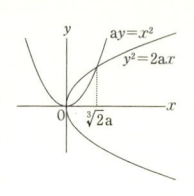

デロスの問題すなわち立方体倍積問題を考えている。すでに前5世紀キオスの数学者・天文学者のヒポクラテス（Hippokrates）は、もとの立方体の一辺の長さをaとした場合、$a:x=x:y=y:2a$であるようなxとyを見出すことができれば、このxが求める立方体の一辺の長さになることに気付いていた。すなわち、この式から$ay=x^2$と$y^2=2ax$が得られる。この2つの式からyを消去すると、$x^3=2a^3$となり、xを一辺とする立方体は、確かにもとの立方体の2倍の体積をもつことになる。ケプラーのいう2つの比例中項とは、このxとyにほかならない。この長さを作図するには、プラトンと同時代の幾何学者メナイクモスの発見した放物線を用いる。すなわち、$ay=x^2$は、y軸に関して対称な、原点を通るひとつの放物線を表しており、$y^2=2ax$は、x軸に関して対称な、原点を通るひとつの放物線を表しているので、この2つの放物線の、原点以外の交点のx座標を作図すれば、このx座標が求める立方体の一辺となる。

★145―――ケプラーの所有するカンパヌス（本巻注117）のラテン版『原論』は1537年にバーゼルで印刷されたものと思われる。

★146―――ジョルダーノ・ブルーノ（Giordano Bruno 1548-1600）　ナポリの東方ノラで生まれたイタリアの思想家で、コペルニクスの世界像を認めた哲学を唱えたが、異端の疑いによって1600年にローマで焚刑に処せられた。彼の作図に関する所説は1591年にフランクフルトで公刊された『単子、数、図形について』（De monade, numero et figura）第10章に見える。

★147―――上の証明による正弦の値から計算すると、∠ALNの大きさは40°53′36″になる。つまり弧ANは円周の9分の1よりやや大きい。したがって、ANに張る弦は正9角形の正確な一辺ではない。

★148―――中項線分を除く12種の無理線分の中では、2項線分と余線分をそれぞれ第1種のものと見る。

★149―――カスパーは独訳ではSextaeをPrimaeに改めて「第1種」とする読み方を取るが、ここでは原文どおりに読んでおく。

★150―――『原論』第10巻定義IIおよびIIIを参照。

★151―――優線分と劣線分は、それぞれ2項線分と余線分から数えると4番目の位置にくる。

★152―――8角形とその星形の辺は、5角形とその星形や10角形とその星形の辺と同様に、第8段階の可知性にあるとされていた。

第2巻

★001―――congruentiaは幾何学用語としては「合同」を表す。「結合する」「重ね合わせる」を意味するラテン語の動詞congruereに由来する。2つの図形を重ね合わせることが

訳注　｜　554

できるから合同の意にもなるわけだが、ケプラーはこの語を本来の意味で用いているので、「調和的な組み合わせ、結合」である。第I巻注16に述べたように、それをここでは「造形性」と意訳した。正則図形を組み合わせて平面的には幾何学模様を作り、空間的には正多面体を作ることが主題だからである。

★002————ギリシア語のharmottein, harmoniaも、ケプラーの言うように、「いっしょにしてぴったり合うようにする、うまく結合する」ないしはそういう行為、その結果を意味する。したがって、この点では先にあげたラテン語のcongruentiaと同義になる。

★003————蜂窩のことは、1611年にフランクフルトで刊行された『新年の贈物すなわち六角形の雪について（Strena seu de nive sexangula）の中に述べられている。この小著は、皇帝顧問でケプラーより20歳年長の友人ヴァッカー・フォン・ヴァッケンフェルス（Johannes Matthaeus Wackher von Wackenfels）に献呈されたものである。プラハ時代に、ガリレオ（Galileo Galilei 1564-1642）が自作の望遠鏡で新たに4つの惑星を発見したと知らせてくれたのも、この人である。この星は実際には木星の衛星だったが、ケプラーはいち早くこれが惑星でないと断言し、これらの星にsatellesつまり衛兵の星、「衛星」と命名した。

★004————ここでは、角錐と図Aに見るような柱状体および図Bに見るような直角柱が考えられている。

★005————図AとBの正7角形の部分を、3角形から始めて順次辺数の多い正多角形に置き換えていったとすると、図Aの柱状体では正3角形のときに正8面体となり、図Bでは正方形のときに直角柱は立方体となる。

★006————ここでは多角形の一角の意。

★007————『原論』第11巻定義11参照。

★008————原典では「2つ」（duo）となっているが、ここでは5つの角を用いる場合について述べているので、tresと改めて読むべきであろう。

★009————実際には図Aaに現れる重なり合った10角形のような、交差した10角星形になるが、図Bbには描かれていない。

★010————例えば、正6角形の1角と正3角形の角2つを組み合わせた場合、3角形2つがちょうど6角形の裏側に折り込まれる形になって、立体的な形にはならない。

★011————『原論』第13巻命題18には正多面体が5つしかないことが指摘されている。この巻は、プラトンの友人で彼の対話篇の表題にもなっているテアイテトス（Theaitetos）の失われた著作にもとづくとも言われている。

★012————例えば、プラトン『ティマイオス』53C以下、特に55A-Cを参照。5つの正多面体の中、正8面体と正20面体について研究したのはプラトンの友人だった上記のテアイテトスで、『ティマイオス』には彼の成果が取り入れられているようである。

★013————アリスタルコス（Aristarchos BC c.310-c.230）　地動説を唱えた古代ギリシアの天文学者。ランプサコスのストラトン（Straton BC 287/86-269/68）の弟子で、

アリストテレス学派に連なる人であり、ケプラーの言うようにピュタゴラス派の人ではない。

★014————『宇宙の神秘』第2版は1621年にフランクフルトで刊行された。これには、序も含む各章ごとに多くの自注が付けられており、ケプラーの思想の展開がわかる。

★015————パラケルスス（Paracelsus; Theophrastus Bombastus von Hohenheim 1493-1541） スイスの医学者、自然科学者、神学者、哲学者。医術を業とする父から自然について教えられ、バーゼル大学で錬金術、占星術、魔術をも学んだ。近代医学の道を切り開いたことで知られる。邦訳では、『奇蹟の医書』（Volumen paramirum 大槻真一郎訳、工作舎 1980）と『奇蹟の医の糧』（Paragranum 大槻真一郎・澤本互訳、工作舎 2004）の2書を読むことができる。

★016————図SsとTtの星形多面体はケプラーが最初に発見したものだが、200年以上にわたって注目もされず、気付かれもしなかった。フランスの数学者ルイ・ポワンソ（Louis Poinsot 1777-1859）が1810年にパリで公にした論文（"Mémoire sur les polygones et les polyèdres" Journal de l'Ecole polytechnique 10. cahier, Tome IV）でこの星形多面体を改めて発見したが、それがすでにケプラーによって発見されていたことが明らかにされたのは、1862年になってからのことである。「正20面体の3人の子供たちの親縁関係について」（De cognatione trium Icosaedrii prolium）と題された草稿の中で、ケプラーはこの星形多面体の問題にふれ、図Ssの図形をウニ（Echinus）、図Ttの図形をカキ（Ostrea）と称し（本書第5巻でも再度この立体図形が出てくるが、やはり「ウニ」と称されている。ラテン語のechinusは「ハリネズミ」も意味するが、「カキ」と対照されているから「ウニ」と訳したほうがよい）、「3人」とあるように、さらにもうひとつ別の立体についても言及しているが、ここではふれない。なお、後の数学者は、前者を第3種星形12面体あるいは星形小12面体もしくは12角星形12面体、後者を第7種星形12面体あるいは星形大12面体もしくは20角星形12面体と呼んでいる。

★017————本巻注3に述べた『新年の贈物すなわち六角形の雪について』の中で、ケプラーはすでにこの2つの斜方多面体を扱っている。

★018————アルキメデス（Archimedes BC 287-212） シシリー島のシラクサに天文学者の子として生まれ、アレクサンドリアに留学してユークリッドの後継者から数学を学ぶ。技術や実験を軽んずる当時の数学者たちにあきたらず、実験で得た多くの結果を「取り尽くし法」によって証明し直し、『球と円柱について』（De sphaera et cylindro）や『円錐状体と球状体について』（De conoidibus et sphaeroidibus）などの著作にまとめる。『円の計測』（Dimensio circuli）では平方根の近似値を用いて円周率を計算した。またシラクサのヒエロン2世（Hieron II BC306-215）の依頼を受けて、王が作らせた王冠の金の純度を見きわめるさい、「液体中の物体の重さはその物体が排除した液体の重さだけ軽くなる」という、いわゆるアルキメデスの原理を発見した。第2次ポエニ戦争のさいには、さまざまな機械を考案してシラクサを包囲したローマ軍を悩ますが、侵攻したローマ兵に気づかずに地

訳注

面に図を描いて思案中に殺されたと伝えられる。

アリストテレスの自然学を批判したガリレオ・ガリレイ（本巻注3）には特に高く評価され、ケプラーもまたアルキメデスの幾何学図形の研究成果を本書の処々で利用している。

★019─────アルキメデスがこの13の立体について知っていたことは、パッポスの著作に見える。ケプラーが見たのは、イタリアのウルビノの人文主義者コマンディーノ（Federico Commandino 1509-75）の遺作となったラテン語訳のパッポスの『数学集成』（Collectiones mathematicae）で、コマンディーノの注釈付きで1588年にヴェネツィアで刊行されている。デカルトもまたこの著書を読んだようである。なお、コマンディーノは1558年にアルキメデスの著作集も刊行している。

★020─────この立体は正方形2つ、正3角形8つからなる。先の図Aの正7角形を正方形に置き換えてみればよい。

★021─────この立体は正3角形2つ、正方形3つからなる。要するに、正3角形の底面をもち、その一辺と同じ高さを取る直角柱である。

★022─────この場合は平面的な造形性をもつ。先の図M、N、O参照。

★023─────立方体と正8面体の側面の数を合計した側面をもつので、こう名付けたようである。

★024─────先に正方形の場合を取り上げていた。

★025─────先の図Ppの左側の真ん中の部分参照。

★026─────先の図Ppの左側の上下の部分参照。

★027─────正20面体と正12面体の側面の数を合計した側面をもつことからの命名であろう。

★028─────これも先の図Aの正7角形を正6角形に置き換えたもので、上に述べたのと同じ理由から斥けられる。

★029─────先の図Bのような直角柱になるが、この造形性は不完全だった。

★030─────8角形も5角形もその辺の可知性はともに第8段階に属していたが、5角形の辺のほうには外中比という特性があった。

★031─────平面的造形性だけについていうと、8角形は5角形より優位にある。

★032─────このケプラーの注は、翻訳書である本書とは特に関係がない。

第3巻

★001─────12世紀パリのサン・ヴィクトル修道院のフゴ（Hugues de Saint Victor）による学問分類体系では、哲学つまりすべての学問的知識を理論的なもの、実用的なもの、技術的なもの、論理的なものに4分し、理論的なものをさらに神学、数学、自然学に3分する。そして数学をさらに算術、音楽つまり狭義の調和論、幾何学、天文学に区分す

る。ケプラーもこういう分類を念頭に置いているのであろう。

★002―――― ピュタゴラスに帰された神秘的な内容の詩。2世紀のシリアにおける新プラトン学派の創設者でもあるイアンブリコス（Iamblichos）の『ピュタゴラス伝』などにしばしば引かれている。

★003―――― クロトンのピロラオス（Philolaos）は紀元前5世紀のピュタゴラス学派の哲学者で、『バッカスの女信者たち』は今日では大部分が失われた著作であるが、主たる内容は調和論、宇宙論、数と霊魂についての教説だったようである。神的霊感から生まれた作としての性質を帯びていたので、こういう表題が付けられたのであろう。

★004―――― プラトン『法律』第2巻654以下を参照。

★005―――― ギリシア語の原文では、「数の内にあったり、形の内にあったり、音楽の調和の取れた響きの内にあったりする、さまざまな徳の比を提唱し」という訳になる。

★006―――― ケプラーがこの扉に引くプロクロスの文章は第I巻とは異なり、ラテン語訳である。このラテン語訳のもとになるギリシア語の原文は『ユークリッド原論第I巻注解』第I巻にも見えるが、ラテン語訳のほうは原典の離れた個所をつなぎ合わせるとともに、原典に必ずしも逐語的に対応していない部分もある。

★007―――― 「月下の自然」と訳したNatura sublunarisは、アリストテレス哲学の用語だが（第1巻注23）、ケプラーの用法では地球そのものないしはそこにある万物の霊魂のようなものである。この語は第4巻にしばしば出てくる。

★008―――― 複数はintervalla concinna。半音より小さな音程は「微小音程」ないし「微分音」といわれるが、ケプラーはその音程にも響きのよさと関連するもの（concinna）とそうでないもの（inconcinna）とを区別する。そこでここでは「諧調的」「非諧調的」としてこれを区別し、前者を諧調的音程と訳す。

★009―――― 創世記第4章20-22によると、初代アダムから数えて第7代のレメクにはアダとチラという2人の妻があり、アダとの間に生まれたのが兄のヤベルと弟のユバルで、チラとの間に生まれたのが兄のトバルカインと妹のナアマである。創世記では、ヤベルは天幕に住んで家畜を飼う者の先祖であり、ユバルは琴や笛を執る者の先祖とされている。したがって、ケプラーの言うこととは少し違っている。またユバルは音楽を司るので、これがギリシア神話で音楽や弓術などを司る神アポロンに当たると考えたようであるが、文字を少しくらい変えてもユバルはアポロンにならない。トバルカインは、創世記では青銅や鉄のすべての刃物を鍛える者とされている。したがって、ローマ神話のウルカヌス（ギリシア神話のヘパイストス）をこれに当てたのである。

★010―――― この伝承は、ボエティウス（Boethius 480-524）『音楽論』（De institutione musica 1492, ヴェネツィア：『音楽教程』とも訳される）第I巻第10章以下に見える。

★011―――― to hoti（事実）と to di' hoti（原因、理由）の相異は、アリストテレスの論理学で重視される観念である。例えば、『分析論後書』89b23-35参照。

★012―――― プラトン『ティマイオス』31C-32A参照。a^2とb^2の比例中項は abで、a^3 と

訳注

b^3 の比例中項は a^2b と ab^2 である。

★013————ヨアヒム・カメラリウス（Joachim Camerarius 1500-74）　ドイツの著名なユマニスト。宗教改革を支持し、メランヒトン（Melanchthon 1497-1560: 本名 Philipp Schwarzerd〔Schwarz-Erd「黒い大地」をギリシア語にすると「メランヒトン」になる〕）を助け、1530年のアウグスブルク信条書の起草に加わる。ホメロス、ソポクレス、クセノポンなどの古典をラテン語に訳し、テュービンゲンやライプツィヒの各大学でギリシア語およびラテン語教授の発展に尽くした。ケプラーがここに引く注釈付ピュタゴラス『金言集』（*Goldenen Sprüche*）は、著作集（*Libellus scolasticus* 1551, バーゼル）の中にある。

★014————エピパニウス（Epiphanius 315-403）はパレスティナのエレウテロポリス出身でサラミスやキプロスの司教となった。ギリシア文化を憎み、異教徒に激しく反対した。

★015————エイレナイオス（Eirenaios c.130-202）　小アジア出身の初期キリスト教神学者、リヨンの司教。『異端駁論』（*Adversus haereses*）をギリシア語で著す。この著作全体はラテン訳のみが現存するが、上掲のエピパニウスがそのギリシア語原文を伝えている。

★016————ウァレンティヌス（Valentinus ?-161）　エジプト出身のグノーシス派で、異端の主唱者として知られる。

★017————プルタルコス（Plutarchos 50-120）　カイロネイア出身の哲学者、『英雄伝』の著者。以下に引く語の典拠になったと思われる『哲学者たちの教説について』（*De placitis philosophorum*）は彼に仮託された偽書である。

★018————『哲学者たちの教説について』第I巻3参照。ただし必ずしも原典に忠実ではない。ギリシア語を逐語的に訳すと、「〔テトラクテュスは〕絶えず満ち満ち溢れる自然の源泉と根源をもつもの」となる。

★019————『ティマイオス注解』269B-C。カメラリウスのギリシア語原典では96D-Eが引かれていたが、ケプラーはラテン語に訳すに当たって若干変えたようである。ケプラーは1534年にバーゼルで刊行されたこの書のギリシア語版をもっていた。なお、後に見えるピュタゴラス派の語もやはりプロクロスから採ったものである。

★020————ヘルメス・トリスメギストス（Hermes trismegistos）は、エジプトの神トートが「非常に偉大なるトート」と言われていたのをギリシア語に訳したもので、『ヘルメス文書』（*Corpus Hermeticum*）と呼ばれる一連の哲学的宗教的著作の作者とされるが、実際はエジプトのいわゆる土着的な教義や慣習はほとんど含まれておらず、グノーシス説の影響のもとに300年頃に現れた新ピュタゴラス・プラトン哲学が語られている。以下の所説は、『ヘルメス文書』中の「ポイマンドレス」（牧者の意）と題された著作の第13章に見える。16世紀にはこの書のギリシア語版とラテン語版が刊行された。すなわち、1574年ボルドーで出たカンダラ（Franciscus Flussates Candalla）のものがあり、ケプラーもこれを引いているようである。またパトリキウス（Franciscus Patricius）が1591年にフェラーラで刊行した『宇宙についての新哲学』（*Nova de universis Philosophia*）という著作にも収

録されていた。

★021―――協和音程を、経験を考慮せずに数に関する純粋な思索のみに求めるという、このケプラーの批判は、ピュタゴラス派よりもむしろプラトンやその後継者たちに向けたほうがふさわしい。『国家』530D-531A参照。

★022―――装飾的な歌唱（cantus figuratus）。本巻第16章に「この数世紀、初期の作曲家は楽譜を今日のコラールのように単純に記さず、多声の歌唱法のためにさまざまな図形や色や点を用いたので、これを装飾的歌唱法と呼びはじめた」とある。

★023―――ラテン語を直訳すると「相対する同音」。アリストテレス『問題集』第19巻によると、オクターブの協和において低い音が高い音のアンティポノンと言われる。つまり、ちょうど1オクターブないしは数オクターブ離れた2つの音のうちの低いほうを指す。以下の命題Iを参照。

★024―――以下のような意味での部分と諸部分は、ギリシア語ではそれぞれ meros と mere という。これは部分という語の単数と複数の形であるが、同時に約数と約数和の意になる。ユークリッド『原論』第7巻定義3と4を参照。

★025―――定義により部分は半分を越えないことになっているから、部分としてあげた数はここに見えるものとなる。

★026―――音の高低が振動数つまり弦の張力によるというのは正しい。しかしケプラーのあげた理由には誤りがある。振幅は音の大きさを決めるだけで高低を決めないし、振幅は張力によって決まるわけでないからである。

★027―――「形象」と訳した species はスコラ哲学の認識論の用語。認識される物と認識との媒介として考えられた、知覚の直接の対象となるもので、物がそれを外部の刺激をとらえる感官に送ってくるとされる。第4巻第1章を参照。

★028―――ポルピュリオス（Porphyrios 234-c.305）　テュロス生まれの哲学者。ローマでプロティノス（第4巻注99・第5巻注119）の弟子となり、師の伝や著書に対する注のほか、プラトン、アリストテレス、テオプラストス、プトレマイオスなどの著作の注を著した。ここにあげた著作の手写本をケプラーはヘルヴァルト・フォン・ホーエンブルク（Herwart von Hohenburg）を介して入手し、読んだのである。

★029―――2世紀ローマの医学者ガレノスの生理学説では、脳から神経を通じて身体各部へと運ばれ運動と知覚を司るものとして spiritus animalis というものを想定する。この場合の animalis は「動物的」という意味ではなく「魂、精神の」という意味で、この気は神経の中を流れるとされる。ケプラーのここでの考えもその説に拠っていると見て、原語の spiritus を「神気」と訳した。なお、ここに見えるような認識論に関する思索は、第4巻に詳しく展開されているので、そちらを参考されたい。

★030―――ロクリスはイタリア半島南端に近い東海岸にあった都市。前6紀後半にはイタリアのクロトンにピュタゴラス派が栄え、エレアにはパルメニデス、ゼノンが生まれ、シケリアのアクラガスにはエンペドクレスが現れて前5世紀に活躍した。ティマイ

オスもピュタゴラス派の人とされている（第I巻注3）。

★031────プラトン『ティマイオス』35A-37Cおよび47Dを参照。

★032────アリストテレス『霊魂論』第I巻第2章403b20以下、特に第4章407b27-408a29を参照。

★033────以下、「図形」とは正則図形、ことに正多角形のことをいう。

★034────「同等」(identicum)か否かということは、協和音としては同音か否かを意味する。

★035────こういう数の相異については、アリストテレス『自然学』第4巻第11章219b3-9に見える。

★036────I：2, I：4, I：8, ……という形の比をいう。「連続的に2倍になる形の比」というのも、これと同じものである。

★037────すなわち、I：2：4＝2：4：8＝4：8：16＝……である。

★038────全体と協和する円の「部分」ないし「残り」は、分数にすると $\frac{m}{n}$ の形で表せる。ただし、ここでnは作図可能な正多角形の辺数で、mとnは共通の約数をもたず、mが作図できない正多角形の辺数であってはならない。

★039────この楽譜に示された音部記号は、ケプラーの当時のヘ音記号である。つぎの命題10の上段の楽譜には、ハ音記号が見える。

★040────フラットは当時の記号も現在のものとあまり変わらない。ここには見えないが、当時のシャープは現在のものを45度傾けたような記号を用いた。

★041────命題9-15までで、協和音程の8度、5度、4度、長3度、短3度、長6度、短6度がつくされている。

★042────第I巻注116参照。

★043────短3度、長3度、4度、5度、短6度、長6度、8度の協和音程。

★044────現在の本書にはこの訳はない。収載しなかったことについては付録の冒頭にケプラー自身の釈明が見える。なお、本文で言及されているヘルヴァルトは、生涯にわたるケプラーの友人。熱心なカトリックでイエズス会にも友人が多く、彼が年代学に関する問題をケプラーに書簡で問い合わせた1597年秋以来、何かにつけてケプラーを支援した。1599年に『宇宙の調和』の着想を得たケプラーが執筆計画をはじめて打ち明けた相手も、ヘルヴァルトだった。本巻注28、第5巻注2参照。

★045────現代の数学における調和比ないし調和平均は古代の人々の言うものと同じで、2つの数をm, nとし、その調和平均をxとすれば、$x = \frac{2mn}{m+n}$ で表される。すなわちここでは、m＝12, x＝15, n＝20である。しかし、ケプラーは調和平均としてそれとは異なるものを考えている。以下の本文にやがてその定義が見える。

★046────ケプラーは欄外に、フランスの政治家で社会思想家のジャン・ボダン(Jean Bodin 1530-96)が著した『国家論』(De republica 全6巻。1576年にパリでフランス語版を刊行したが、1586年にリヨンで大幅な改訂を加えたラテン訳の刊行をしようとした。ケプラー

が見たのは、1591年にフランクフルトで刊行されたもののようである)のみごとな個所(第6巻第6章)を参考するよう述べている。ボダンのこの章の表題は「幾何比、算術比、調和比によって構成された3種の社会正義について」である。

★047―――算術平均をA、幾何平均をG、調和平均をHで表すと、$H = \dfrac{G^2}{A}$ つまりA：G＝G：Hとなるから、HはAとGに対する第3の比例項である。

★048―――国家論と調和比の関係を論じたこの一節は原典のこの個所にはないが、第3巻末尾の「3つの平均についての政治論的余談」と題する所説の冒頭に、本来はこの場所にあるべき一文が不注意から脱落してしまったとして挿入されているので、ケプラーの意図に従って本来の個所に戻した。

★049―――この場合のmedietasという語は、ある2つの数ないしは比の中間に介在するものを広く指している。したがって、「平均」というよりもむしろ中間値というほうがよいかもしれないが、ケプラーが同一の用語を用いているので、それに従って「平均」とした。

★050―――以下、「a対b」と訳した比の表記法は、ケプラーの原典では「a.b.」(一般にa＜b)のように2つの数を並べる形になっている。カスパーの独訳ではこれを「$\dfrac{a}{b}$」と表記し、英訳では「a：b」とする。しかし、ケプラーはこの形の比の大きさをいうとき、われわれの習慣と異なり、「$\dfrac{b}{a}$」と読んで、1に近いとか遠いとかいう。複数の比に出てきた数から新たな比を導き出すときの計算も、基本的にはこの考え方による。しかし、ときにはむしろ「$\dfrac{a}{b}$」と読んだほうが理解しやすい場合もある。ケプラーは、協和音程を表す数が作図可能な正多角形による円の分割に由来すること、およびその他の多様な音程が、協和音程の比に出てきたこの基本的な数の操作から導かれることを明らかにしようとしているので、「a.b.」で示された比の大きさそのものにこだわると、かえってケプラーの議論がわかりにくくなる。したがって以下の訳でも、ケプラーの議論の主旨にあわせて「a.b.」を「$\dfrac{a}{b}$」と読んだり「$\dfrac{b}{a}$」と読んだりしている。また音程の比を注記する場合には、慣例に従って「a：b」(a＜b)とした。
「1対24」は $\dfrac{24}{1} = \dfrac{2}{1} \times \dfrac{2}{1} \times \dfrac{2}{1} \times \dfrac{3}{2}$ となる。

★051―――$\dfrac{24}{1} = \dfrac{2}{1} \times \dfrac{4}{2} \times \dfrac{8}{4} \times \dfrac{16}{8} \times \dfrac{24}{16}$ となる。

★052―――$\dfrac{24}{1} = \dfrac{24}{12} \times \dfrac{12}{6} \times \dfrac{6}{3} \times \dfrac{3}{2} \times \dfrac{2}{1}$ となる。

★053―――ギリシア語のhypateで、後にchordeが略されている。hypatosは「最も上の」という意(本巻注74)。

★054―――ギリシア語のneateで、neatosは「最も下の」という意(本巻注74)。

★055―――本巻注50で示したように、連続的に2倍になる比とは、1：2、1：4、1：8、……3倍になる比とは1：3、1：9、1：27、……である。ところが、一方の比が他方の比の2倍、3倍というのが、それぞれ2乗、3乗になることをいい、半分、3分の1が、それぞれ平方根、立方根を意味することがある。その場合、倍数は累乗、約数は累乗根と

解さなければならない。例えば2倍比1：2の半分が$\sqrt{\frac{1}{2}}$になる。ここで4対9と2対3が2対1の関係にあるというのは、$\frac{9}{4}=\left(\frac{3}{2}\right)^2$だからであり、3対8が1対4や2対3で測れないというのは、3対8がこれら2つの比と累乗もしくは累乗根の関係にないからである。また2つの比の和は2つの比例の積を、2つの比の差は商をいう。なお、比の大小については、「比が大きい」とは1から遠ざかって大きな値になること、「小さい」とは1に近い値になることである。

★056────ケプラーは原本末尾の誤植表の中で、＊以下の注を本文に加えるよう指示している。

★057────古代ギリシアの音楽論では人が聴き分けられる2音間の最小の音程を言う。いわゆるピュタゴラスのコンマは$\frac{531441}{524288}$とされる。ギリシア語のcommaはケプラーが後の本文で説明するように「切り取られた断片」の意である。

★058────$\frac{135}{128}=\frac{81}{80}\times\frac{25}{24}$であり、$\frac{135}{128}<\frac{16}{15}$となることをいう。

★059────計算してみればすぐにわかるが、$\frac{9}{8}\div\frac{256}{255}=\frac{135}{128}\div\frac{16}{15}$である。おそらくケプラーは、$\frac{9}{8}=1.125$、$\frac{256}{225}≒1.13777$、$\frac{135}{128}≒1.05468$、$\frac{16}{15}≒1.06666$ を代入して本文のような結論に至ったのであろう。

★060────正3角形と正方形は辺の可知性、作図可能性、造形性のいずれの点でも優れていた。

★061────ギリシアでは243：256をdiesisとする説もあった。

★062────ガリレオ・ガリレイの父のヴィンチェンツォ・ガリレイ（Vincenzo Galilei c.1520-91）のこと。本巻注69を参照。

★063────これらのギリシア音楽の用語は、例えば前4世紀後半から3世紀初め頃のアリストクセノス（Aristoxenos: 本巻注70参照）の『調和論』などに見える。ディアトニクム、クロマティクム、エンハルモニウムは古代ギリシアにおけるテトラコードの種類で、固定された4度関係の2音の間に2つの音をはさんだ場合に出てくる、次のような音程の配列をいう。

ディアトニクム：2つの全音とひとつの半音
クロマティクム：ひとつの全音半（ケプラーはこれもディトヌスと呼ぶ）と2つの半音
エンハルモニウム：ひとつの2全音（ディトヌス）と2つの4分音

これらのテトラコードを上端と下端を重複させて連結すればコンジャンクト、全音ひとつ分を置いて繋げればディスジャンクトになる。なお現在の音楽では、ディアトニックとクロマティックはそれぞれ全音階、半音階について用いられ、エンハーモニックは細分律もしくは転調等の異名同音に関する事柄に用いられる。
ケプラーの見解は、これらとは異なっている。

★064────原語のpanduraはアッシリア起源と考えられる首の長い3弦のギターに似た古代ギリシアの撥弦楽器だが、ここでは「パンドラ」（スペインのリュートの一種）と訳した。ケプラーは必ずしも古代ギリシアの楽器を考えたわけではなく、むしろ同時代

の撥弦楽器を指していると思われるからである。

★065―――ここに約束されたことは果たされなかった。第5巻付録冒頭のケプラーの説明を参照。

★066―――ジョゼッフォ・ツァルリーノ(Gioseffo Zarlino 1517-90) イタリアの作曲家で音楽理論家。1565年から死去するまでヴェネツィアのサン・マルコ大聖堂楽長だった。音楽理論家のヴィンチェンツォ・ガリレイ(本巻注62, 69)もツァルリーノの『音楽論』の注釈者として出発したが、後に彼を批判するようになった。『音楽論』(*Le institutioni harmoniche* 1558)、『音楽の証明』(*Dimonstrationi harmoniche* 1571)、『音楽的補足』(*Sopplimenti musicali* 1588)などの著作がある。

★067―――ラテン語の cantus mollis と cantus durus をそれぞれ「短調」と「長調」と訳したが、これは文字どおりには「柔らかい歌唱」「硬い歌唱」であり、後にあげた教会旋法から発展して、やがて現在の短調と長調になっていった。しかしケプラーの頃にはまだ教会旋法との関連が強いとされる。本巻注92参照。なお、「短調」「長調」と訳した語は、「短音階」「長音階」と解釈したほうがよい場合もあるので、必要に応じて訳し分ける。

★068―――フレクサ(flexus; flexa)とターン(anfractus)は、いずれも歌唱における装飾音。フレクサは息つぎの前の2度から3度下がる変化、ターン(回音)は、主要音の上の音からはじまって、主要音とその下の音を経て主要音に帰る装飾音をさす。

★069―――第3巻にときどき言及されるヴィンチェンツォ・ガリレイ(本巻注62)は、有名なガリレオ・ガリレイの父で、ツァルリーノ(本巻注66)の弟子として出発した。やがて彼はメーイ(Girolamo Mei 1519-94)との交際をきっかけに古代ギリシアの音楽理論の研究に従事し、その復興を支持した。ケプラーはガリレイの著書『古代音楽と現代音楽についての対話』(*Dialogo della musica antica et della moderna* 1581/1602, フィレンツェ)を熱心に研究し、1617年10月に魔女の嫌疑を受けた母親を援助するため、リンツから故郷のシュヴァーベンに向かう旅の途中でも、これを読んだという。

★070―――アリストクセノス(Aristoxenos) 前375-360年の間にイタリアのタレントゥムで生まれ、主にアテナイで活躍した古代ギリシアの音楽理論家・哲学者。初めピュタゴラス派、次いでアテナイでアリストテレスの教えを受けた。現存する著作は『音階基礎論〔調和論〕』(*Elementa harmonica*; ギリシア語 *Harmomika stoicheia*)全3巻と『リズム基礎論』(*Elementa rhythmica*; ギリシア語 *Rhythmika stoicheia*)の2書である。ただし、後書は断片。その他若干の著作の断片が現存する。ピュタゴラス派の数にもとづく半ば神秘的な音楽理論に対して、聴覚にもとづく論理的な説明を展開。ケプラーは、イタリアのゴガヴィヌス(Antonio Gogava)が1562年にヴェネツィアで出版した、プトレマイオスの『調和論』とアリストクセノスの『調和論』のラテン訳を合わせたものを読んだのであろう。ここでケプラーが参考にしたと思われる古典的な音楽理論の著書をあげておくと、ボエティウスの『音楽論』(本巻注10)、ユークリッドに仮託された『調和論』(*Harmonica*)〔ダシュポディウス(Konrad Dasypodius)がユークリッドの著作に添えて1571年にストラスブール

訳注

で刊行〕、1472年に刊行されたマクロビウス（Macrobius）の『スキピオの夢注解』（*Commentarii in Somnium Scipionis*）などである。

★071――――後の音綴による音名はフベルト・ヴァールラント（Hubert Waelrant）が16世紀末頃に導入して広まった。先の音名は1000年頃にイタリアの音楽理論家グイド・ダレッツォ（Guido d'Arezzo 991/92-1050）が、ランゴバルド人パウルス・ディアコヌス（Paulus Diaconus）の起草したバプテスマのヨハネのための晩祷の讃美歌の第I節の初めの音綴から取り出したものである。その個所は以下のようなことばである。

U̲t̲ queant laxis r̲e̲sonare fibris m̲i̲ra gestorum f̲a̲muli tuorum,

s̲o̲lve polluti l̲a̲bii reatum, Sancte Ioannes.

［聖ヨハネよ、僕らがあなたの奇蹟の数々を寛いだ心で歌い響かせることができるように、汚れた唇の罪を取り去ってください］。

なお、ケプラーはラ（la）までしかあげていないが、われわれの用いるシ（si）も、この歌詞の最後のことばであるSancte Ioannesの各冒頭の文字SIに由来する。

フランスでは現在でも音名としてこれを用いている。いわゆるドレミファは、イタリアの音名である。

★072――――ケプラーはここでは弦をplectra（爪：plectrumの複数）で弾くチェンバロ（ハープシコード）のような鍵盤楽器を念頭に置いているのであろう。カスパーの独訳では、Clavichordiumを文字どおりクラヴィコードと解し、plectraをHämmerchen（小ハンマー）と訳している。

★073――――G：d＝3：2でG：dρ＝8：5だから、d：dρ＝16：15になる。

★074――――ギリシア語のhypateはhypate chordeの略で、最上位の弦の意。古代ギリシアの楽器ではこの弦を最上位に張ることからの命名である。以下、meseはmese chordeの略で、中間に位置する弦の意。neteはneteもしくはneateでneate chordeの略。最下位、最端、最後の弦の意。para-はギリシア語で「側、近く」を意味する前置詞。lichanosはギリシア語で人差し指を意味する。常に人差し指で演奏されたことからlichanosと呼ばれた。triteはギリシア語で3番目の弦の意。各名称の由来については本文も参照。

★075――――$\frac{3}{4} \div \frac{8}{9} \div \frac{8}{9} = \frac{243}{256}$ となる。なお第4章では、243対256はプラトンのリンマと言われている。

★076――――プサルテリオンは、古代中世に用いられたハープのような弦楽器。

★077――――ディエシス（diesis）は「緩める、解放する、弛緩させる」を意味するギリシア語動詞のdiiemiからきた名詞で、音楽用語では「4分音」の意味になる。以下、必要に応じて訳し分けた。本巻第4章参照。

★078――――proslambanomenos tonosの略。proslambanoという動詞はギリシア語では「～に加えて取る、受け取る」を意味する。

★079――――第11章に見える各数値の表によれば、Gとb、h、c、d、dρ、eの音の音

程はそれぞれ $\frac{5}{6}$ $\frac{4}{5}$ $\frac{3}{4}$ $\frac{2}{3}$ $\frac{5}{8}$ $\frac{3}{5}$ となる。それに対してcとdρ、e、f、g、gρ、aの音の音程を見ると、最初の4つは前者と同じだが、後の2つは $\frac{256}{405}$ $\frac{16}{27}$ で異なっている。そして最初の音階では後の2つの音程の差が4分音 $\frac{24}{25}$ だが、後者の音階では半音 $\frac{15}{16}$ になる。

★080————DとF、Fρ、G、A、b、hの音の音程はそれぞれ $\frac{27}{32}$ $\frac{4}{5}$ $\frac{3}{4}$ $\frac{2}{3}$ $\frac{5}{8}$ $\frac{3}{5}$ になる。したがってGから始める場合と比較すると最初の音程が異なる。Dから始まる音階では最初の2つの音程の差がリンマだが、Gから始まるものは4分音である。なお、D(d)、Dρ(dρ)は半音であるのに対して、G、Gρではリンマとなる。第II章の数値の表を参照。

★081————下の音程の表は上の楽譜と必ずしも一致しないが、そのままにしておく。

★082————ケプラーは第5巻第9章の命題43で、この個所と以下に見える表に補足を加えている。

★083————アリストクセノス『調和論入門』。ただし現在ではその著者はアリストクセノスの弟子のクレオニデスとされる。

★084————ギリシア神話では、ハルモニアは軍神アレス（Ares）と美と愛の女神アプロディテ（Aphrodite）の娘で、後に初代テバイ王カドモス（Kadmos）の夫人となった女神の名である。

★085————非常に高いピッチのギリシアの伝統的な旋律。前7世紀頃のギリシアの音楽家テルパンドロス（Terpandros）が命名したもの。

★086————つまり、アクセントがある音節は長く、アクセントのない音節は短く発音されるようになった。

★087————音節の長短ではなくアクセントの有無が韻律を決定する、コンスタンティノポリスに初めて現れた近代ギリシア語の作詩法による詩文。したがって、この個所のポリスはコンスタンティノポリスの意。さらに意訳すると「通俗的詩文」である。

★088————長長格では各音節の長さが等しく、長短短格では短2つが長ひとつと等価で、長は短の2倍とされる。叙事詩に用いられるヘクサメトロスつまり六歩格では長短短、長短短（もしくは長長）の形を組み合わせて詩句を展開していく。

★089————ケプラーの遺稿に見える言語発展説によると、ギリシア語からラテン語とドイツ語が派生し、さらにラテン語から英語、フランス語、スペイン語、イタリア語が派生してきた。

★090————ケプラーは音楽用語としてのラテン語のmodusの意味として、音階を形成する一定の音組織、いわゆる教会旋法と、リズムの組織に用いられるもの、つまり持続的に反復される一定の型をもったリズムの2つを考えており、ここでの課題が前者にあることを明らかにしている。

★091————プラトン『法律』896C参照。『国家』や『法律』でプラトンは音楽が人間の性格に及ぼす影響や教育的な効果について述べているが、『法律』896Cでは魂の気質と

性格をこの2つの語で表しているので、ケプラーの論旨にはうまく合致しない。

★092────ケプラーが以下にあげる旋法は、スイスの音楽理論家グラレアヌスの説によっている。ヘンリクス・グラレアヌス（Henricus Glareanus; Heinrich Loriti; Loritz 1488-1563）は1506年にケルン大学で哲学と神学、後に数学と音楽を学び、1514年バーゼルでエラスムスに会う。イタリア、フランスを旅行したのちバーゼルに戻り、1529年フライブルク大学教授、1530-36年には近郊のベネディクト派修道院でギリシア・ローマの古典を研究した。主著『12の音階』（Dodecachordon 1547）全3巻の第2巻で、従来の8つの教会旋法とともに、新たにエオリア旋法とイオニア旋法の2つの旋法とその変格旋法（ヒュポエオリア旋法とヒュポイオニア旋法）を加え、当時すでに一般に使われていたイオニア旋法を理論付けた。ケプラーがここで言及しなかったのは、伝統的な旋法だけに注目したからであろう。なお、エオリア旋法はa、イオニア旋法はcから始まる。これが現在の短調と長調になったとされる。ケプラーもグラレアヌスの用いた旋法の呼称に従っているので、フリュギア旋法とドーリア旋法を取り違えており、ヒュポリュディア旋法とリュディア旋法が入れ代わっていると指摘する研究者もあるが、ここではケプラーのあげたとおりにしておく。なおグラレアヌスの著書として他に『音楽入門』（Isagoge in musicen 1516）や『ボエティウスの音楽論』（Boethius: De musica 1546）などがある。

★093────この『問題集』（『自然学問題集』）は、現在ではアリストテレスの真作でないとされている。その第19巻は「音楽的調和に関する諸問題」である。

★094────ケプラーがこの自注で述べていることは、ボエティウスの『音楽論』第I巻第4章に見える。それによると、ここに見える作者は、ミレトスのティモテオス（Timotheos BC c.446-357）で、実際はエンハルモニウムを容認したからではなく、調子のよいクロマティクムを広めようとしたから追放されたようである。なお、アリストテレスが狂乱を催させると述べているのは、『政治学』第8巻1340bと1342bによるかぎり、フリュギア様式と呼ばれる旋法のことである。

★095────ここでケプラーの立てた数列、1，2，3，5，8，13，21，……は、$a_0 = a_1 = 1$、一般項$a_n = a_{n-1} + a_{n-2}$のフィボナッチ数列である。この数列の連続する2項の商$\frac{a_n}{a_{n+1}}$は、$n \to \infty$で、振幅しながら、黄金分割で全体を1としたときの大きい部分$\frac{\sqrt{5}-1}{2}$に限りなく近付いていく。

★096────ピュタゴラス派のいわゆる双欄表ないし反対概念表については、アリストテレス『形而上学』第I巻第5章986a22以下に見え、有限－無限、奇－偶、一－多、右－左、男－女、静－動、直－曲、明－暗、善－悪、正方形－長方形の10対の原理が掲げられている。このピュタゴラス派の反対概念表は、前5世紀のピロラオスに始まるとされる。

★097────AltusとBassusはそれぞれラテン語で「高い」と「低い」を意味する。Tenorは「保持する」を意味するラテン語のteneoに由来する。定旋律の担い手で主声部を保持するところからきている。Discantusはソプラノと同意で、disは分離を、cantusは歌唱、

旋律を意味する。主声部のテノールから離れた音域で歌われることに由来する。
★098────第5巻でケプラーは、全惑星の普遍的調和には6つの声部が必要とする。しかし当時の音楽家は4声部からなるものを理想的とし、グラレアヌスもそれを完璧な技法としている。
★099────quantitas「量」という語でケプラーは弦の長さを考えているので、「音の高さ」の意に取る。
★100────ここではケプラーはルター派の多声化したコラールなどを考えているのであろう。
★101────音程を表現する弦の長さが長いことをいうのであろう。ただし、これは心理的な印象について述べたものと解する説もある。
★102────アルトゥージ（Giovanni Maria Artusi 1540?-1613）　イタリアの音楽理論家、作曲家。ボローニャのサン・サルヴァトーレの修道会会員。一時期ツァルリーノ（本巻注66）に師事し、ヴィンチェンツォ・ガリレイ（本巻注62, 69）との論争に巻き込まれた。著作に『対位法の技術図解』（L'arte del contraponto ridotta in tavole 1586, ヴェネツィア）と『対位法の技術第2部』（Seconda parte dell'arte del contraponto...... 1589, ヴェネツィア）がある。ケプラーは後者の著書を「第2巻」としたようである。
★103────天体の軌道が描く球で、かつてはそれぞれの天体がこの球に固着しているものと考えられた。ただし、ケプラーがここで考えているのは惑星軌道のことである。
★104────カルヴィシウスの本名はゼト・カルヴィッツ（Seth Kallwitz 1556-1615）。ドイツの音楽理論家、作曲家、数学者、天文学者。また年代学者でもあった。ライプツィヒのトーマスカントルで、教会音楽の作曲があるほか、旧来の対位法に対し新しい和声学の創設に努めた。ケプラーとは数年にわたって文通があった。彼の音楽論『作曲法』（Melopoeia seu melodiae condendae Ratio 1592）もケプラーの参照した著述のひとつである。
★105────この余談の冒頭には第3巻第3章に入れるべき本文が掲げられていた。この訳ではそれはすでに該当個所に移してある。ボダンについては本巻注46参照。
★106────本巻注45で指摘したように、ケプラーのいう調和比は今日の数学でいう調和比と異なることに注意する必要がある。
★107────ソクラテスの友人だったアテネの軍人で著述家クセノポン（Xenophon BC 428/27-354）の『キュロスの教育』（Cyropaedia）第I巻3以下による。
★108────キュロス大王（Kyros 在位 BC 559-530/29）はアケメネス朝ペルシア帝国の創立者。カンビュセスI世の子。前550年にメディアのアステュアゲスを破ってイラン高原の覇権を確立した後、前547年にリュディアのクロイソスに対する遠征を行い、サルディスを占領し、さらにイオニアの諸都市を征服した。その後、前539年にはバビロニアにも侵入し、西アジア世界を包括する帝国の支配者となった。ペルシア人からは「父」、ギリシア人からは理想の王者、ユダヤ人からはバビロン捕囚の解放者とされた。人格が優れていたうえに、彼の帝国統治が諸民族の自治を尊重したゆるやかな連合国家

の形態をとったことにもよるとされる。

★109̶̶̶̶̶アリストテレスの正義論は、『ニコマコス倫理学』第5巻を中心に論じられている。アリストテレスは伝統的な考えに従い、正義をあらゆる徳を包括する完全な徳とし、すべての徳は個人における行為能力だが、これが他者との関係においてはたらくとき正義の性質をもつとする。この場合、正義はポリス的つまり共同体的な徳だが、狭い意味での正義は平等であるという。この平等に2種類ある。ひとつは算術的平等で、加害者に対する弁償のような、破壊された状態の復元をめざすものである。アリストテレスはこれを匡正的正義というが、ここでは交換的正義(justitia commutativa)とする。もうひとつは幾何学的平等で、各人にはそれぞれの価値に応じて富、名誉、地位などを配分すべきだとする。この場合の平等は、各人における価値ないし能力とそれに応じた財貨の取得量の比率が等しいことになる。これは、アリストテレスの場合と同様、配分的正義(justitia distributiva)とされる。

★110̶̶̶̶̶ヘロドトス『神統記』902 以下には、テミスの娘として、エウノミア、エイレネ、ディケ(正義)の3女神をあげるが、エピエイケイアのことは見えず、また比の守護神ともしていない。

★111̶̶̶̶̶ポリュクレイトス(Polykleitos)はアルゴス人で、紀元前5世紀の有名な彫刻家。彫像の男性の人体の比に算術的な調和を表現しようとしたようである。人体の比が厳密だったことから、その定規が折れ曲がることのない鉄製定規とされたのであろう。一方、アリストテレスの『ニコマコス倫理学』第5巻第10章1137b30以下によれば、レスボスの建築家は、石の形状に従って曲がりくねり、同じ形を保たないような鉛製の定規を用いたという。

★112̶̶̶̶̶市民の消費支出を規制する贅沢禁止令のようなものは、古代ギリシア・ローマ時代から時に公布されてきたが、ヨーロッパにおいては、社会的な地位に従って衣服への支出を規制する法令が、例えば、フランスでは1294年にフィリップ4世、イギリスでは1363年にエドワード3世、1463年にエドワード4世によって制定されている。ボダンはフランスの事例を考えたのであろう。

★113̶̶̶̶̶特定すれば、神聖ローマ帝国の選帝侯のことか。神聖ローマ帝国では古来の選挙原理が強力で王位世襲が確立せず、父王が息子を共同統治者に選出させ、死後に彼が支配者となる方式が堅持された。1289年には最終的に7名の選帝侯が皇帝選挙権を有した。すなわち、マインツ、ケルン、トリールの3大司教とライン宮中伯、ザクセン大公、ブランデンブルク辺境伯、ボヘミア王の7名である。

★114̶̶̶̶̶1タレントゥムは3オボルスの12000倍の額に相当する。

★115̶̶̶̶̶ヒポクラテスの誓いに見えるのは、貧しい病人から治療費を受け取らないのではなく、医術を教えてくれた先生の子息たちに、報酬も師弟誓約書もとらずに医術を教授することである。

★116̶̶̶̶̶第I巻に見るように、ケプラーにとっては幾何学的に作図された線分、特

に円に内接する正多角形の一辺が量を表す。そしてそれが円の半径を基準にしたときに「表現可能な線分」(effabilis)つまり有理線分であれば、そこに数が表れていることになる。

★117―――プラトン『ティマイオス』69C-71Aによると、魂の不死なる始原が丸い死すべき身体（頭）で覆われ、死すべき種類の魂と頸によって仕切られた。一方、神々は、後者の魂の中で勇気と血気と負けず嫌いの部分を頭に近い横隔膜と頸の間に住まわせ、魂の中で食物や飲物やその他、身体の本来の性質のために必要なものを欲求する部分を、横隔膜と臍に面した境界の間にあるところに住まわせた。

第4巻

★001―――ここで「配置」と訳したconfiguratioは、「星位」とも訳される。地球に到達する星の光線の作る角度は、星の位置によって決まるからである。

★002―――プロクロスのことばとしてここに引用されたラテン語訳は、第3巻の扉に引かれた前半のことばのすぐ後に続く部分である。第3巻のことばと同様、ギリシア語原典とはいくらか異なる。1873年にG. Friedleinの刊行した原典 *Procli diadochi in primum Euclidis Elementorum librum Commentarii* と比較すると、「適切な角度の配置」と訳したangulationes commodasが、ギリシア語ではeugonias（「多産なこと」ないしは本文に合わせると「多産になる時期」）となっている。したがって、ラテン語訳ではこれを誤って「角度の規則性」を意味するeugōniasと読んだようである。その他、途中の本文を「等々」として省略したことによって生じた若干の意味の相異もあるが、ここでは一応ラテン語訳をそのまま訳出した。

★003―――ケプラーが自注で言及するこの個所は、第3巻の扉に引くプロクロスのことばより少し前に見える。なお、そこではプラトンの著作として『パイドロス』（特に248D以下）をあげる。

★004―――キケロ（Marcus Tullius Cicero BC 106-43）　ローマの政治家、弁論家で、非常に多くの著作を残した。元老院議員として共和制を守るために尽力し、カエサルとも対立したり和睦したりしたが、カエサルの死後アントニウスと対立して暗殺された。思想的にはプラトン学派とストア派の影響を受け、彼のラテン語はルネサンス以降ラテン語の模範とされた。『スキピオの夢』という天文学的な著作の断片はキケロの『国家について』の中に含まれている。特にその第6巻を参照（第5巻注120）。

★005―――アリストテレス『天体論』第2巻第9章290b12-b30参照。ただしアリストテレスはピュタゴラス派の星による協和を否定している。

★006―――アリストテレス『形而上学』第10巻第2章1053a30で、本文のように定義されている。なお、アリストテレスの数に関する議論については同書の特に第13巻を参照。ただし、以下に見えるような所説については、適切な該当個所が見当たらない。

★007—————ここでケプラーが用いるspeciesは、スコラ哲学の認識論の用語。認識される物体と認識との媒介として考えられた、知覚の直接の対象となるもの。物体が形象を外官に送ってくるとされる。音についても言うから「形象」という訳語はあまり適切でないかもしれないが、もともとspeciesというラテン語そのものが「見る」を意味する動詞のspecioと同類のことばなので、この訳語を用いる。なお、この形象から知性のはたらきによって抽出された、一般的な本質の認識に関わるものもまた形象と言われることがあるので、前者を感性的ないし可感的形象（species sensilis）、後者を知性的ないし可知的形象（species mentalis）として区別する場合もある。

★008—————精神内で行われることは、事物そのものではなくて、その形象が直接の対象となるからであろう。

★009—————ケプラーの『天文学の光学的部分』（*Astronomiae pars optica*）第I章命題15によれば、色は潜勢的な光で、透明なものの素材の中に眠っており、光が当たると目覚める。なお、光を非物質的な形象と見るケプラーの考え方には、アラビアの幾何学、天文学、光学やギリシア古典の研究をしたオックスフォード学派のグロステスト（Robert Grosseteste c.1175-1253）およびベーコン（Roger Bacon c.1214-94）からの影響があるとされる。

★010—————「気」と訳したspiritusは、ガレノス生理学のspiritus animalis「神気」ないし「霊魂精気」であろう。ガレノスの説では、吸気は肺で精製され、心臓でspiritus vitalis「精気」となって、動脈を通じて身体各部に送られるが、その一部が頸動脈を通じて脳に送られ、脳室内で精製されてspiritus animalisになり、神経を通じて各器官に送られ、運動と知覚を司る。

★011—————ここで「共通感覚」と訳したsensus communisはアリストテレス『霊魂論』424b20-427a18に見える。それぞれの感覚器官に固有の感覚を同一の対象に関連付けて統合し、それによって知覚を与えることを機能とする、中心的な感覚をいう。

★012—————キケロ『弁論家について』（*De oratore*）第I巻162に見える表現。

★013—————ゼノン（Zenon BC 335-263）　キプロス島キティオンに生まれ、アテナイでさまざまな学派の哲学を学び、独自の哲学を形成してストア派の祖となる。「ストア」の名はアテナイのアゴラの彩色柱廊（ストア・ポイキレ）で教えを説いたことに由来する。なお、アテナイの人々がゼノンを非常に尊敬していたことはディオゲネス・ラエルティオス『ギリシア哲学者列伝』第7巻にも見えるが、特に迎賓館で生涯にわたって食事を供される特典を得た話は記されていない。

★014—————アリストテレス『カテゴリー論』第8章8b-10aでは、質を以下の4種に分類する。① 性状と状態。② 自然的能力あるいは無能力にもとづいて言われるもの。③ 受動的性質と様態。④ 形や姿。

★015—————先には円と円弧を数学の類概念（genus）としたが、ここでは種概念（species）とする。genusもspeciesも離れた個所に見えるので、上位概念と下位概念ということを

意識せず「概念」の意で用いているのであろう。カスパーもたんにBegriffと訳している。ここでも特に必要がないかぎり区別せず両方とも「概念」と訳した。

★016━━━以下、第I章末尾までの議論において、ケプラーは、数学的対象をめぐるプラトンとアリストテレスの教説を対比する。そしてプラトン学派のプロクロスの説に賛成しつつ、イデア説的議論によって、自らの調和論のための哲学的基礎を確立しようとする。

★017━━━『メノン』82B-85Bでは、ソクラテスがメノンの連れている召使いの少年に質問を繰り返して答えを引き出すことにより、ある正方形の2倍の正方形がもとの正方形の対角線を一辺として作られることを明らかにする。

★018━━━このことば自体は『形而上学』第13巻第7章1082b2-3に見えるが、ここでの問題は単位が比較可能かどうかということで、特に『メノン』の説を批判しているわけではない。『メノン』に見える学習想起説に対する批判は、『分析論前書』第2巻第21章67a22以下、あるいは『分析論後書』第I巻第1章71a 32以下に見える。なお『形而上学』第13巻第2章では、一種のアポリアとして、数学的対象が感覚的事物の内に存在することは不可能であり、また事物から離れて存在することも不可能なことが論じられている。

★019━━━アリストテレス『霊魂論』第3巻第4章429b30-430a9に見える。

★020━━━以下にプロクロスの引用がかなり長く続く。ここでケプラーが底本としているのはバーゼルで1533年に刊行されたシモン・グリュナエウス(Simon Grynaeus)のものである。この版のギリシア語の本文は、ライプツィヒで1873年に刊行されたフリードライン(G. Friedlein)校訂トイブナー版と比較すると誤りが多いようである。ここではプロクロスの原文の翻訳が目的ではないから、なるべくケプラーの引くラテン語訳を忠実に訳したいが、フリードラインの用いた読み方に従ったほうが明らかによくわかる場合にはそれを採用して訂正し、注で指摘することにした。

★021━━━ケプラーの引くラテン訳ではpartibilia(部分に分かれる)をomniaの属辞形容詞と解したようである。しかしフリードラインの読みに従うと、ラテン語の訳としてはむしろomnia sensiliaというひとつの主語となるので、それを採った。

★022━━━フリードラインの読みに従うと、ここもケプラーの採用するunita(ひとつにまとめられたもの)ではなく、motaないしはmobiliaである。

★023━━━ケプラーのsemper mutabilis(常に変わりうる)というラテン語訳では変わることを表面に出すが、それはすでに前文で強調されているし、前に厳密性の根拠を問う一文も見えるので、ここもフリードラインの読みに従ってimmutabilis(不変の)と訳したほうがよいように思われる。

★024━━━subsistentiaとあるが、ギリシア語本文のontaは、たんにtynchaneiという動詞が分詞を要求することから出てきただけで、しいて「実体」と訳す必要はない。またフリードラインの読み方ではgonimaとなっているので、この一文は、こうして生み出されたものが実り豊かなものか空しいものか、という選択を提示するものとなる。

★025────フリードラインの校訂したギリシア語のテキストでは2行ほどの文が後に入る。またケプラーのラテン訳では athrein を athroizein と読むので、原文にはない mendicato という語も入ってきている。ここでは一応ラテン訳を訳出した。

★026────ラテン訳では ipsis speciebus となっているが、ここの本文はフリードラインの校訂に従って改めるべきなので、species を materia と読み替えて訳出する。なお、ギリシア語の hyle は、アリストテレスの場合には形相に対する「質料」になるが、プロクロスの場合にはむしろ精神に対するものなので「物質」と訳す。ただし、文脈の中ではアリストテレス的な使い方をする場合もあるので、単純に「物質」という訳語に置き換えることはできない。

★027────フリードラインの読みに従って、primae Essentiae の primae を primum と副詞に訂正した上で訳出する。

★028────ラテン訳ではギリシア語の原文の区切り方を誤って、totius vitae specierum と訳しているが、この「全生命」はむしろ前の文に付けるべきなので、cognitionem inde consummatam et totam vitam habet と訂正した上で訳出した。

★029────フリードラインの読みに従って、ケプラーの引くラテン語訳の a seipsis genitis を et の後に置いて訳した。

★030────フリードラインに従い、ラテン語訳の omnibus の後に mathematicis speciebus を入れて訳す。

★031────ラテン語訳はギリシア語のテキストとやや意味が離れているので、circulos の後の qui sunt を取ってしまったほうがよい。

★032────『使徒言行録』第17章27以下参照。

★033────フリードラインの校訂したテキストに従えば、ラテン語訳には Numerorum omnium 以下に約2行ほどの文章が脱落していることになるが、ケプラーがそれを取り上げていないので、ここでは訳出していない。

★034────ラテン語訳では Anima となっているので一応「精神」と訳したが、ギリシア語原典のほうでは dianoia とあるから、むしろ「思考」あるいは「知性」と訳したほうがよいかもしれない。

★035────ケプラーの『新天体暦表』(Ephemerides novae 1618)のこと。リンツで公刊されたこの書の序説には、ケプラーがドイツの神学者、天文学者のファブリキウス(本巻注79)に宛てた1616年10月1日付の書簡が公開されている。すなわち、ファブリキウスは干満の原因について、6時間の上げ潮と6時間の引き潮が15分間の静止の後に続いて周期的に繰り返されることから、これを神秘数としての7に求めようとした。ケプラーはそれをピュタゴラス的迷信として斥けている。ケプラーはすでに1609年に公刊した『新天文学』の序で、干満は月の引力が大洋に作用した結果であることを明らかにしていたからである。本巻注78参照。

★036────ボダンの『歴史を容易に理解するための方法』(Methodus ad facilem historiarum

573　　　　　　　　　　　　　　　　　　　　　　　　　　　　　　　　　　　　第4巻

cognitionem) は、1566年に公刊された。

★037────ケプラーの初期の著作『宇宙の神秘』第2章では、父を球の中心に、子を球の表面に、聖霊を中心と球の表面との間の状態の均一性に比している。またそれとともに、ドイツの神秘主義的思想家クザーヌス (Nicolaus Cusanus 1401-64) などの、曲線を神に、直線を被造物にたとえる考えも見える。

★038────『光学』は『天文学の光学的部分』(第1章で三位一体の象徴に言及)、『火星注解』は『新天文学』(前著を参考するように指示)、『天球論』は『コペルニクス天文学概要』(第1巻で言及)のことである。

★039────ケプラーは最上位の知性をmens、理性が関与する高度な心的作用の主体をanimus、下位レベルの心的作用の主体をanimaとしているようである。しかし、この訳ではanimusとanimaに「精神」ないし「心」という語を当て、特に両者を厳密に訳し分けていない。animaは、本来は「気息」の意で、そこから「生気」も指す。この章でケプラーはこの語をギリシア語のpsyche (魂、霊魂) の訳語としてのみならず、こういう広い意味で用いているので、植物にもanimaがあるとする。植物に魂や精神があるのは奇異なので、訳語としては「生気」「生ある物」としたが、「生気」もやはりanimaである。

★040────2世紀のローマの医師ガレノスの『ヒポクラテスとプラトンの学説について』(*De placitis Hippocratis et Platonis*) に見える中期ストア派の哲学者ポセイドニオス (Poseidonios BC135-51/50) の説によれば、人々が差し迫った災難を恐れるのは、論理的に納得したからではなくて、感覚的に災難の鮮明な光景を思い描くためである。それは、非理性的な感情が理性ではなく、非理性的な衝動や情動によってしか動かされないからだという。ただし、ケプラーが古代の哲学者に言及する場合、特定の人であれば名をあげることから推すと、実際にストア派のどの哲学者のことをいっているのかは不明。

★041────以下、ケプラーは本文の欄外に通し番号を付し、調和が具体的に表現された、ないしはされるべき13の対象を記す。

★042────詩脚 (pes poeticus) とは、ギリシア・ラテンの詩における2-4音節の集合体で、リズムの単位をなすもの。1短音節をラテン語でmoraという。これは「所要時間」の意味である。これを単位とすると、1長音節は2mora (特に複数の形にはしないでおく) になる。最小の詩脚は3moraからなるトロカイオス (trochaeus: 長短)、イアンボス (iambus: 短長)、トリブラキュス (tribrachys: 短短短) で、最大の詩脚は6moraからなるが、これはすべて4音節である。

★043────本巻注10で述べた、ガレノスの生理学でいう神気ないし霊魂精気 (spiritus animalis) のこと。

★044────カスパーの独訳では「マンドリン」となっているが、むしろ15-18世紀のヨーロッパの弓奏弦楽器のリラもしくはリュラと見てよかろう。

★045────これも独訳では「リュート」とされるが、ここではチターの類なども念頭に置きつつ、一応「キタラ」としておく。

訳注 | 574

★046̶̶̶Aspectusのほうはよく「星相」と訳されるので、この訳でもそれを用いる場合もある。ケプラーによると、結局、星相も星位も同じようなものになるが、月下の世界に有効に作用するものについては、特にaspectusを用いるようである。

★047̶̶̶このケプラーのことばから知られるように、「月下の自然」というのは地球の精神、魂ないし生命の本体のことである。

★048̶̶̶399頁の正多角形とその星形による星相の図Iの中心で直径に接する円を考えている。

★049̶̶̶星相の図の、中心にくる図形と円に内接する図形を指す。

★050̶̶̶いわゆる正多面体だけでなく、第2巻命題26に見えるカキやウニのような特殊な正則立体図形も念頭に置いている。

★051̶̶̶メストリン（Michael Maestlin 1550-1631）　ドイツの天文学者・数学者。1584年から没するまで母校のテュービンゲン大学で数学と天文学を教授した。1572年の新星を観測し、新星は恒星に対して位置を変えないことを発見して、ティコ・ブラーエからも高く評価された。いわゆる天動説を批判し、コペルニクスの地動説を支持した。ケプラーはこのメストリンの影響でコペルニクス説の信奉者となった。またケプラーは終生メストリンを師として敬愛し、何かにつけて頼りにした。著書『天文学概要』（*Epitome Astronomiae*）は1582年から1629年の間に7版を重ねた教科書だったが、内容は初心者のために伝統的な学説に従っている。

★052̶̶̶ケプラーの『新天体暦表』（本巻注35）のこと。『宇宙の神秘』（1596）第12章では、星相として衝、3分のI対座、4分のI対座、6分のI対座を扱っているが、『新天体暦表』ではこれらに12分のI対座、5分のI対座、5分の2対座の3つを加えている。

★053̶̶̶実際には、15角形には辺が48度、96度、168度の弧に張る弦となる3つの星形しかなく、132度（112度ではない）と156度の弧に張る弦を一辺とする星形は30角形のものであり、20角形にも星形は3つしかなく、171度の弦に張る弦を一辺とする星形は40角形のものである。

★054̶̶̶黄道12宮を、正3角形を描くように3つずつ一組にして4元素に割り当てると、白羊宮、獅子宮、人馬宮が火の3角形、金牛宮、処女宮、磨羯宮が土もしくは地の3角形、双子宮、天秤宮、宝瓶宮が空気もしくは風の3角形、巨蟹宮、天蠍宮、双魚宮が水の3角形となる。これは占星術の基本的な枠組のひとつである。カルダーノ（第I巻注118）によれば、火の3角形に属する宮の中で生じる天象が最も重要で、さまざまな天象が火の3角形で生起する周期が重要視される。ケプラーは『新星について』第7章で、火の3角形の宮における木星と土星の大会合の周期800年によって人類の歴史を次頁のような表に分類した。

なお、カルダーノによると、ローマの支配が火の3角形の時代に当たっていたのに対して、アレクサンドロス大王の統治は風の3角形、ペルシアの権力は地の3角形、ムハンマドの統治は水の3角形に当たるとされる。

火の3角形の周年数	西暦年数	主要人物	歴史上のできごと
第1	BC 4000	アダム	世界創造
第2	BC 3200	エノク	軍隊、都市、芸術、専制支配
第3	BC 2400	ノア	大洪水
第4	BC 1600	モーセ	出エジプト、律法
第5	BC 800	イザヤ	ギリシア、バビロニア、ローマ人の時代
第6	キリスト以降	主キリスト	ローマ帝国、世界の改革
第7	AD 800	カール大帝	西洋とサラセン人の統治権
第8	AD 1600	ルドルフ2世	現代、運命と願望
第9	AD 2400		その時われわれはどこにいて、われわれの繁栄したドイツはどうなるのか。世界が続いているとしたら、われわれの思い出はあるのか

★055────ケプラーの『新星について』(正確には『蛇遣い座の足下の新星について、およびその出現の下に新たに始まった火の3角形について』*De stella nova in pede serpentarii, et qui sub ejus exortum de novo iniit, trigono igneo*)のこと。ケプラーが「火の3角形」といったのは、表題の最後にあるからである。この著書は1606年にプラハで刊行された。

★056────ピコ・デラ・ミランドラ (Giovanni Pico della Mirandola 1463-94) イタリアの人文学者、哲学者。彼の『予言占星術駁論』(*Disputationes adversus Astrologiam divinatricem*) は、当時の占星術的な決定論を打破して人間の自由を回復すべく占星術の根拠に批判を加えたものである。未完の大作だったが、彼の死後、1495年にボローニャで刊行された。

★057────『レスリンの論考に対する回答』(*Antwort auf Roeslini Diskurs*) は1609年にプラハで、『第三の調停者』(*Tertius Interveniens*) は1610年にフランクフルトで刊行された。先の書は、レスリン (Helisäus Röslin) が1609年に刊行した『今日の事情についての論考』(*Diskurs von heutiger Zeit Beschaffenheit*) で、迷信的占星術を盲信してケプラーの占星術に対する態度を非難していることに反論して、コペルニクス説を擁護したもの。後者は、医師のフェセリウス (Philipp Feselius) が『占星術論考』(*Diskurs von der Astrologia iudiciaria*) で占星術を真っ向から否定したのに対して、星位が人格形成に影響を及ぼすこと、星位がさまざまな事件に一種の触媒のような作用を及ぼすことを信じ、天の現象と地上の事柄との間に限定的なある種の関係があることを認めて、占星術の一面を擁護したものである。

★058────線分は作図によって任意に等分できるのに、円弧はできないからである。

★059────ケプラーが上に引いた例でいうと、調和的分割では3:8、5:8、3:5の3つの協和音程が出てくる。

★060────上述の例を順に式で示すと、
$\frac{1}{3} = \frac{1}{2} \times \frac{2}{3}$ $\frac{1}{4} = \frac{1}{2} \times \frac{1}{2}$ $\frac{1}{5} = \frac{4}{5} \times \frac{1}{2}$ $\frac{1}{6} = \frac{1}{2} \times \frac{2}{3}$ $\frac{2}{5} = \frac{4}{5} \times \frac{1}{2}$ $\frac{3}{8} = \frac{3}{4} \times \frac{1}{2}$

それぞれの協和音程の比はすでに本文中で示した。1オクターブを1:2と考えればよい。

★061―――ケプラーは欄外で、ここに述べる説から『新星について』第9章の所説を訂正し、さらに『第三の調停者』第59項の末尾に補足を加えるべきことを指摘しているが、本書には直接の関係がないので、訳出しない。

★062―――7人委員会 (Septemviratus) は、古代ローマにおいてルキウス・アントニウス (Lucius Antonius) 帝治下で前44年に設けられた、古参兵や貧窮者に公の土地を割り当てるための7人からなる委員会。この7が、1オクターブ内の7つの協和音程からの連想であることは、言うまでもない。

★063―――nobilitasは貴族階級のことだが、ケプラーは、このことばによって幾何学における可知性や造形性などの、図形としての顕著な特徴を表している。つまり、そういう顕著な特徴のない図形は貴族階級には入らないわけである。

★064―――つまり、$\frac{3}{4} \times \frac{1}{2} = \frac{3}{8}$ である。

★065―――『コペルニクス天文学概要』(Epitome Astronomiae Copernicanae) 全7巻のうち、第1-3巻は1618年にリンツで、第4巻は1620年に同じくリンツで、第5-7巻は1621年にフランクフルトで刊行された。

★066―――カスパー編『ケプラー全集』第11巻2には、"Calendaria et Prognostica" という、年ごとの天体の動きや気象を予測した著述が収録されている。これは1597年版から始まり1624年版まで続くが、年によっては一部しかないものやまったくないものもある。

★067―――全宇宙の精神 (totius universi Anima) については、第5巻注119「世界霊魂」(Anima mundi) 参照。

★068―――ロクリスはイタリア半島南端に近い東海岸にあった都市 (第3巻注30)。

★069―――ウェルギリウス (Vergilius BC 70-19) ローマ最大の詩人で、代表作に『アエネイス』(Aeneis) がある。本文に見える比喩は、ナポリ隠棲後に著した『農業論』(Georgica) 4巻の中の第2巻326以下に見える。

★070―――カルダーノ (第1巻注118) は、プトレマイオスの占星術書『テトラビブロス』(Tetrabiblos) 4巻に対する注解を1554年にバーゼルで刊行した。このプトレマイオスの占星術書は『占星四書』ともいわれる。第1巻に主として星辰の性質、相対的位置関係、影響力のことを述べ、第2巻では国や民族、都市の運命、戦争、流行病、洪水、天候、風、支配者などを対象とする世界占星術、第3巻と第4巻で個人占星術である誕生占星術を扱う。この書において惑星占星術と黄道12宮の占星術がはじめて結合され、同時に獣帯に属さない天体が占星術で無視されることになった。

★071―――天の亀裂 (chasma) は、空に裂け目が現れるという架空の現象。プリニウス『博物誌』(Naturalis historiae) 全37巻の第2巻96を参照。カスパーの独訳ではこれを「オーロラ」とする。

★072―――アグリコラ (Rodolphus Agricola 1443-85) オランダの人文主義者であり、ハイデルベルク大学で古典学の教授をしていた。アリストテレスの権威を否定して、

15世紀のいわば科学的人文主義への端緒となった。

★073―――アリストテレスも『気象学』第I巻341b-342b25で、地球から2種類の蒸発物が出ることを主張している。霧のようなものと風のようなものである。前者は大地の中と表面の湿ったものから出た水蒸気、後者は乾いた土自体から出た煙のようなものだという。それに対して、アグリコラとケプラーはこういう蒸発気が地球の内奥に起源をもつとするわけである。

★074―――以下の類比は、すでにケプラーの1605年10月11日付ダヴィッド・ファブリキウス（本巻注79）宛の書簡で披露されている。

★075―――プラトン『パイドン』108C以下に地球のあり方が詳しく語られている。また宇宙の体のことについては『ティマイオス』33A以下を参照。

★076―――アリストテレス『霊魂論』413a20以下では、霊魂つまりanimaは、栄養、感覚、思考、運動の4つの能力の原理であることが述べられている。

★077―――1602年12月2日付ファブリキウス（本巻注79）宛の書簡では、ケプラーはこの種の言い伝えに対する懐疑を表明している。すなわち、グラーツ北郊のシェッケル山（標高1446 m）に登ったときのことをあげ、この山をめぐって本文にいうような古来の言い伝えがあるが、実際に登ってみても小石を投げ込むと雹を引き起こすような穴もなかったし、おそらく山に登って刺激しなくても雹は降ったので、そういう言い伝えは誤りだとしている。

★078―――『火星注解』とは、いわゆる『新天文学』のこと。潮の干満のことは、『新天文学』序に以下のような厳密な科学的説明が見える（本巻注35）。

「月にそなわる引力の作用圏は地球にまで及ぶ。そこで月はその位置の頂点にくる合の状態になると、熱帯に海水を引き寄せる。これは閉ざされた海では感知されないが、大洋の澪が非常に広くて海水に広範な干満の自由があるところでは感知される。こういうことが起こると、かたわらの温暖な地帯や地方の海岸は海水が引いてあらわになり、また熱帯でも近接する大洋のために湾の水がかなり引いたりする。そこで、大洋の広い澪で水位が上昇すると、狭い湾では、狭く閉ざされすぎてさえいなければ、月が現れると水が月から逃げるように見えることがある。多量の水が湾外に引いてしまって水位が低下するからである。

ところが、月がすばやく天頂を通過しても、水のほうはそれほど速くついていくことができないので、熱帯の大洋の潮流は反対側の海岸にぶつかって方向を転ずるまで西方に向かうことになる。だが、月が遠ざかると、これまで引き寄せていた引力がなくなるので、熱帯に向かう途中の水の集まりないし大軍は四散する。そこで勢いがついて、水瓶の中の水のように戻ってもとの海岸に襲いかかり、覆い溢れることになる。これは、月が戻り、この勢いを制御し抑制して引き回すようになるまで続く。そこで、大洋から等しい近さにあって広がる海岸はすべて同じ時間に潮が満ち、もっと遠く離れた海岸はより遅れて満潮になり、他の海岸も大洋からの相異なる近さによってさまざまな仕方で満

潮になる」。

これは、以下の本文の比喩を交えた古来の考えの延長線上にあるような説明の仕方とは対照的である。『新天文学』で物理学的な近代科学の世界に足を踏み入れたケプラーは、『宇宙の調和』では古代ギリシア・ローマの哲学とキリスト教に支えられたヨーロッパの伝統的な思考にこの『新天文学』の成果を取り入れて、文字どおりあらゆる思想文化の宇宙の統合、調和を試みている。

★079―――ダヴィッド・ファブリキウス（David Fabricius 1564-1617） ドイツの神学者、天文学者。1596年にミラ星の変光（恒星の明るさが時間とともに変わる現象）を発見した。息子ヨハネス（Johannes Fabricius 1587-1615）とともに、ガリレオなどとは独立に、初めて望遠鏡を天体観測に用いて、太陽黒点と、その太陽面における移動から、太陽の自転を発見した。カスパー編『ケプラー全集』には、ファブリキウスからの1601年6月付の書簡から、ケプラーがファブリキウスに宛てた1616年10月付の書簡まで、2人の間に交わされた多数の書簡が収録されており、これまでにも注で何度か言及した。またケプラーは『新天文学』ではファブリキウスの観測結果をしばしば使用している。

★080―――ケプラーがここに取り上げた石は、ボローニャの靴職人で錬金術師になろうとしたというカスキオローラ（Vincenzo Casciorola）が、1602年頃にボローニャ近郊のパテルナ（Paterna）山で発見したことから、後に「ボローニャ石」（lapis Bononiensis）と呼ばれるようになった蛍光石のことであろう。カスキオローラは、太陽のように光ることから、この石を最初は「太陽石」（lapis solaris）と名付けたという。

★081―――ケプラーは「アクィロニウス」（Aquilonius）としているが、カスパーは独訳ではAguiloniusと訂正している。1613年にアントワープで『光学』（Optica）全6巻を刊行したイエズス会士アグィロニウス（François d'Aguilon 1567-1617）のことである。

★082―――ケプラーにとっては、立体のみが3次元的に存在する完全な量である。

★083―――レギオモンタヌス（第I巻注127）が天文学のために整備した3角法の研究は、『3角法』（De triangulis omnimedis）という表題で1533年に公刊された。なお、レギオモンタヌスは1461年以降ローマでギリシア語を学び、プトレマイオスの『アルマゲスト』のラテン語訳に取り組み、集約版『天文学概要』（Epitome）を1496年にヴェネツィアで刊行した。この書にはプトレマイオス以降の新しいデータも若干付け加えられ、月に関するプトレマイオスの誤りも指摘されているので、コペルニクスはこの書を読んでプトレマイオスが完璧ではないという確信を得たとされている。

★084―――対数を発明したスコットランドの貴族ジョン・ネーピア（John Napier 1550-1617）は、『対数の驚くべき体系の説明』（Mirifici logarithmorum canonis Descriptio 1614）で、正弦の対数を驚くべき計算法として世に紹介し、またブリッグス（Henry Briggs）と協力して常用対数表を作ろうとしたが、計算の完成前に没した。ケプラー自身も、対数に関する著書『千の対数』（Chilias logarithmorum 1624）とその補遺（Supplementum Chiliadis logarithmorum 1625）を刊行している。

★085────スカリゲル（Julius Caesar Scaliger; Giulio Cesare Scaligero 1484-1558） イタリアの古典学者。前半生を傭兵としてイタリア各地ですごした後、1526年に南フランスのアジャンに定住して医師となる。1531年に、キケロの全面的模倣を主唱しエラスムスを批判するラテン語文体論の小冊子 Pro M. Tullio Cicerone, contra Desiderium Erasmum Roterodanum を発表し、ギリシア語とラテン語の全韻文作品を対象とした『詩論』(Poetice 1561)では、一貫した原則にもとづいた文学史と文学論を展開する。以下の議論は、『顕教的演習』(Exotericae Exercitationes 1557, パリ)第15巻に見える。

★086────占星術の基礎となるホロスコープ (horoscopus) は、本来ギリシア語で「誕生時に観測される」という形容詞からきた語で、誕生時の星回りを意味する。地球の日周運動によって全天は1日に1回転する。ある時点、ある地点において東の地平線上に現れた黄道12宮上の位置を上昇点と呼び、西の地平線上に沈む位置を下降点と呼ぶ。誕生時のこの上昇点が狭い意味でのホロスコープである。占星術では、上昇点を第1の家の初端とする。家とは、天球をある地点における地平線と子午線およびその各々から30度ずつ隔たった4つの大円によって等分して得られた12の球面三日月形が、黄道を12の部分に区切ったものである。そして黄道が東の地平線と交わる個所を第1の家の初端と呼ぶ。家は地点ごとに固定しているので、宇宙の中心たる地球の周囲を巡る黄道12宮と対照的である。家によって黄道を区分するには緻密な数学的公式が必要になる。また黄道上の各家の広さは地点ごとに異なることも考慮しなければならない。30度ずつに等分した球面三日月形は、天球上を斜めに1周する黄道を長さの異なる弧に区切るからである。その広さは狭い家で15度、広い家で35度になる。12の家は各々4つずつの角の家、中央の家、下降の家に分類される。角の家は天頂、東の地平線、天底、および西の地平線に広がり、ここに位置する惑星は最も強く、最も積極的な影響力をもつ。中央の家(2、5、8、11)は角の家の東に隣接し、ここにある惑星の力は弱い。下降の家(3、6、9、12)は角の家の西側、中央の家の東側にあり、惑星がここにあると、その意味はさらに小さくなる。すなわち、強力な角の家として、上昇点の第1の家、天底の第4の家、下降点の第7の家、天頂の第10の家を取り、この12の各家にさまざまな活動領域を割り当て、ホロスコープ解釈の手がかりとする。

これとは別に各惑星の宿（これも Haus といわれるが、訳し分けたほうがよい）がある。これは惑星に帰属させられた12宮のことで、昼の宿と夜の宿に分かれる。太陽と月はそれぞ

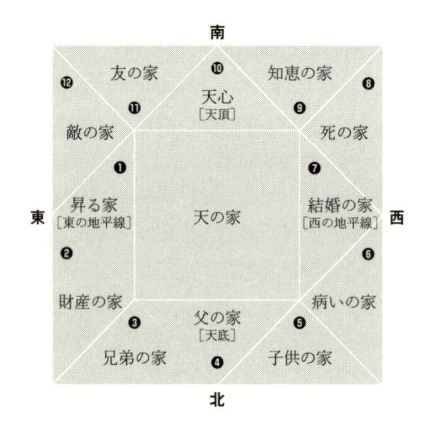

太陽、月、惑星	昼の宿	夜の宿
太陽	獅子宮	
月		巨蟹宮
土星	磨羯宮	宝瓶宮
木星	人馬宮	双魚宮
火星	天蠍宮	白羊宮
金星	天秤宮	金牛宮
水星	処女宮	双子宮

れひとつの宿（太陽は昼の宿、月は夜の宿）しかもたないが、5惑星は昼の宿と夜の宿をひとつずつもつ。自らの宿に宿ると惑星は力を増し、もっている影響力のすべてを発揮する。

この巻では、ケプラーは誕生時の星相が人の基本的性格に影響力をもつことを占星術の取るべきところとしており、こういう古来の占星術は斥けられる。しかし占星術の一応の知識がないと、ケプラーのこの個所の議論はわかりにくいので、基本的な考え方のみを同学社刊種村季弘監修の『図説占星術事典』を大まかに引用しながら説明した。

本巻に述べる占星術の限定的評価とは別に、ケプラーは実際には占星家としても知られていた。1594年に州数学官としてグラーツに赴任したときの職務のひとつとして予言暦の作成があったが、1599年度用の暦ですでに寒波の襲来とトルコ人のウィーン南部への侵入をみごとに当てている。またルドルフ皇帝も絶えずケプラーの占星術に心の平穏を求めたとされる。さらにケプラーは晩年（1628-30）、サガン侯となった皇帝軍総司令官ヴァレンシュタイン（Albrecht von Wallenstein 1583-1634）に仕えており、彼のために1624年からの天宮図を作成した。これは、1634年で終わっており、最後の年の3月には恐るべき混乱の起こることが予言された。実際、ヴァレンシュタインは1634年2月25日に皇帝の命を受けた配下の部将マティアス・ガラス（Matthias Gallas）に暗殺された。ひそかに新教派の諸侯と和平交渉したように疑われたためともされる。

★087————カスパー編『ケプラー全集』第1巻『新星について』第10章196頁。

★088————第7の家の水星は仕事嫌いと無分別を意味するが、土星と6分の1対座となった太陽は実直と粘り強さを意味する、と解される。ケプラーにおいては当然後の性質のほうがまさることになるが、それも斥けられる。

★089————ルドルフ2世（Rudolf II 1552-1612） ハプスブルク家出身の神聖ローマ皇帝（在位1576-1612）。ハンガリア王、ボヘミア王も兼ねた。スペインでカトリックの教育を受けたが、学芸を保護し、デンマークからプラハにやってきたプロテスタントのティコ・ブラーエを帝国数学官に任じて天文観測を継続させ、ティコの亡き後は、やはりプロテスタントのケプラーをティコの後継者に任じた。しかし優柔不断な性格で政治的な見識に欠けており、反宗教改革政策を推し進めて新旧両派諸侯の対立を激化させた。晩年は徐々に精神の安定を欠くようになり、ケプラーの占星術に頼ったようである。1607年にはオーストリア、ハンガリア、モラビアを弟マティアスに譲渡させられ、1609年にはボヘミアの諸侯に譲歩して信仰の自由を承認した。

★090————マティアス（Mathias 1557-1619） ルドルフ2世の弟でボヘミア王となり（1611）、神聖ローマ皇帝を継承した（在位1612-19）。反宗教改革の支持者だったが、皇帝即位後は帝国内の新旧両派の調停を試みるも果たせず、1617年にボヘミア王位を従弟のフェルディナント（後の神聖ローマ皇帝フェルディナント2世 Ferdinand II 1578-1637; 在位1619-37）に譲ったことが、ヨーロッパ諸国を巻き込んだ30年戦争（1618-48）の発端となった。

★091――――ホロスコープの「角の家」の意味をふまえて、実際に住んでいる家をさしている。占星術においては、「角の家」に位置する惑星の力が最も強いとされる（本巻注86）。下降点の角の家を出したのは、人生の下降期を迎えた自身の人生の投影であろう。

★092――――「時期予知法」(directiones)、たんに「指示」とも訳される。誕生ホロスコープ（誕生地と正確な誕生時間により算出される）から予期されるすべてのできごとを、時間の流れに沿って配列すること。つまり個人の誕生日の星位を、その人の未来の人生全体に投影すること。

★093――――「護衛型」と訳したギリシア語doryphoriaは「槍持ちの従者」(doryphoros)からきた占星術の用語。プトレマイオスの『テトラビブロス』にも見えるが、定義はされていない。ポルピュリオス（第3巻注28）などによれば、惑星ないし太陽、月が護衛ないし従者をもつ、とされるいくつかの場合がある。まず、太陽と月を主にして惑星が昼の系列と夜の系列に分けられる。昼の系列に入るのは、太陽、木星、土星、夜の系列に入るのは月、火星、金星で、水星は両者に共通する（『テトラビブロス』第Ⅰ巻7）。一般に、2惑星が影響力の最大となる固有の宿にあるとき、初めてその一方が他方の従者となることができる。しかし太陽と月は、上昇点もしくは天頂にあれば、固有の宿になくても従者をもつことができる。そのとき、日運動で従者が太陽の場合には先行し、月の場合には後続すれば、それと星相を形成する太陽や月は自身の系列に入るあらゆる惑星を従者としてもつ。その他に護衛型にはもうひとつの意味がある。ケプラーがここにあげるのはその場合であろう。すなわち、上昇点か天頂か天底にある惑星、太陽、月は、それと近接して先行するか後続する惑星を従者としてもつ。そのときに従者となる惑星は、誕生時に応じた系列のものでなければならない。つまり、昼に生まれたら、昼の系列のもの、夜に生まれたら夜の系列のものとなる。この場合には星相のことは考えなくてよい。したがってルターの例では、夜生まれたから、厳密には太陽の従者となるのは火星と金星である。

★094――――カルダーノの「誕生時の星回りの100の実例について」(De exemplis centum geniturarum)という論文（この論文を含む彼の著作は1547年にニュルンベルクで刊行された）は11番目の例として、ルターの星回りをあげる。それによるとルターの誕生時は1483年10月22日午後10時である。そのとき天頂は白羊宮14°、月は巨蟹宮29°16′、太陽は乙女座8°40′、土星は乙女座8°12′、水星は乙女座4°55′、月の降交点は天秤宮28°18′、木星は天秤座22°20′、金星は天秤座18°40′、火星は天秤座18°10′にあったという。ここに月の降交点つまり月が北から南へと通過する黄道上の点をあげたのは、これが占星術ではドイツ語で「龍の尾」(Drachenschwanz)と呼ばれ、凶運をもたらすとされるからである。反対に月の昇交点は「龍の点」(Drachenpunkt)とか「龍の頭」(Drachenkopf)と呼ばれ、一般に幸運をもたらすとされる。日蝕や月蝕が常にこの交点の付近で起こるので、太陽や月が龍に呑まれると考えられた。

カルダーノの解釈によれば、乙女座のスピカのそばで火星、金星、木星が完全に天底に

会合していることは、惑星が地の下にあるから王笏こそないが、王としての権力をもつことを示す。ルターの新たな教義が短期間に広くヨーロッパ世界に流布した一因もそこにあるという。こうして宗派の分裂によってヨーロッパ世界は激動したが、ルターのホロスコープで火星のそばに龍の尾があることによってこの激動が示されているとする。なお、1489年にアウグスブルクからラテン訳が刊行されたアブー・マーシャル、ラテン名アルブマサル (Albumasar) の『大会合について』(*De magnis conjunctionibus*) の影響を受けて、特に火星、木星、土星の上位惑星の合は、歴史上大きなできごとの起こる徴候でもあり原因でもあると考えられるようになった。ムハンマドの誕生や1348年のヨーロッパにおけるペストの大流行時にそれが起こったからである。ルター自身は占星術に手厳しい態度を取ったが、それでも1524年に起こった大会合を神からの警告と見なしたようである。

★095─────カスパー編『ケプラー全集』第11巻2所収『予知1618-1619』(*Prognosticum 1618-1619*) 184頁を参照。1618年9月4日、オーバーエンガディーンのプルスの町が土砂で埋まったという。なお、レティアというのはローマ風の言い方で、これは今日のスイスのグラウビュンデンに当たる、イン川の渓谷地帯である。

★096─────グレゴール・ホルスト (Gregor Horst 1578-1636) ヴィッテンベルクやギーセンで医学を教え、ヘッセン方伯の侍医となる。ケプラーとは晩年にいたるまで親しく交わり、ケプラーが1626年に『ルドルフ表』印刷のためウルムに赴いたときには、当地で町医者をしていたホルストのもとに滞在している。

★097─────ここに言及されているピコの著書については本巻注56を参照。なお、この意図は実現しなかった。

★098─────分利とは、病気が回復するか悪化するかを示すような顕著な症状が現れる分岐点をいう。ヒポクラテス全集中の医学説によると、発病してから特定の日数が経過すると、分利に至るとされている。

★099─────プロティノス (Plotinos 204/05-270) はエジプト生まれの新プラトン学派の哲学者で、プラトンの『パルメニデス』に説かれた一者をあらゆる存在の根拠とする。テミスティオス (Themistios c.317-388) はパプラゴニア生まれの哲学者で、プラトンを賛美しながら、実際にはアリストテレスの哲学に近い思想をもっていた。シンプリキオス (Simplikios) は6世紀のキリキア生まれの哲学者で、『自然学』を初めとするアリストテレスの著書に注解を加えたことで知られている。ポルピュリオスについては第3巻注28参照。アレクサンドロス (Alexandros) はアプロディシアス出身の2-3世紀初め頃の逍遥学派の哲学者で、アリストテレスの著書に対する注を著した。アヴェロエス (Averroes 1126-98) はコルドバ生まれのアラビアの哲学者で、アリストテレスの注解を著した。ボエティウス (第3巻注10) はローマ生まれの哲学者で東ゴート王国のテオドリック (Theodoric) 大王の執政官にもなった。アリストテレスの著書をラテン語に訳してラテン語の注を付ける一方で、アリストテレスとプラトンの哲学を調和させようとした。

第5巻

★001━━━━ガレノス (Galenos c.129-c.200) ペルガモン生まれのローマ時代最大の医学者。父はガレノスをローマ帝国の官吏にするつもりで教育したが、夢でギリシアの医神アスクレピオス (Asklepios) のお告げを受け、息子を医学へと導いた。ガレノスのいう造物主はアスクレピオスをさす。スミュルナやアレクサンドリアで医学だけでなく哲学も学んだ後、ペルガモンで剣闘士付き外科医となったが、やがてローマに移り、ローマ皇帝マルクス・アウレリウス (Marcus Aurelius 121-180; 在位161-180) の宮廷医となる。古代ギリシア以来のさまざまな医学派の説を集大成し、膨大なギリシア語の医学文献を残した。ヒポクラテス (Hippokrates BC460-c.370) 学派の医学を基本としつつ、動脈と静脈を異なる循環系ととらえる生理学を展開。静脈は肝臓を中心器官とし、栄養の運搬を担う血液により栄養補給を行う。動脈中には血液のほかに、呼吸によって取り入れた空気と血液の蒸発気から心臓で作られた精気ないし生命精気 (spiritus vitalis) が流れ、身体の各機能を司る。精気の一部は頸動脈を通じて脳内に送られ、神気ないし霊魂精気 (spiritus animalis) となり、脳から神経を通じて送られ知覚と運動を司るとした。グラーツ時代に医学を学んだケプラーがこのガレノス生理学の考えによっていることは、spiritusという語を時おり本書に用いていることから知られる。

★002━━━━例えば、ケプラーと親交のあったバイエルン宰相ヘルヴァルト・フォン・ホーエンブルク (Hans Georg Herwart von Hohenburg) 宛の1599年の書簡で、ケプラーは『宇宙の調和』という表題の5部からなる宇宙論執筆の計画を述べている。その第5部は惑星の周期的運動の起源ないし原因を明らかにすることになっていた。

★003━━━━エンス川上部のオーストリアの意で、現在のオーバーエスタライヒ州のこと。リンツはこの州の中心となる都市である。

★004━━━━天文学上の責務とは、『新天文学』で成し遂げた仕事のことであろう。

★005━━━━1607年に、ポルピュリオスの注解が付いたプトレマイオスの『調和論』の手写本を受け取ったとされる。

★006━━━━ケプラーは、キケロ『国家について』に見える『スキピオの夢』に、マクロビウスの注が付いたものを用いた。

★007━━━━ケプラーは1617年度の『天体暦表』を完成した1616年末に第3法則発見の第一歩を踏み出した。後の本文に見えるように、1618年3月8日にはこの法則を把握したものの、計算間違いの結果として斥けてしまった。しかしついに1618年5月15日にはこの法則を確信した。その数日後に、かなり興奮しながらこの序を書いたようである。

★008━━━━ここではケプラーは、『旧約聖書』出エジプト記第11-12章を念頭に置いている。しかし彼の仕事が、この少し前に自ら述べているように、エジプトで活躍した天文学者プトレマイオスの仕事を剽窃したものでないことは、言うまでもない。ここでは

神の栄光を明らかにするような学的建造物を建てることのほうが重要で、それが人間の気に入るかどうかは大した問題ではないので、こういう言い方をしたのであろう。

★009―――ケプラーはこの付録を省略したので、本書にはこの部分はない。

★010―――以下はプラトン『ティマイオス』(第I巻注3、4)27Cからの引用だが、現在流布している、例えばバーネット校訂のO. C. T.の本文とは読み方の異なるところがいくつか見える。しかしここでは、ケプラーの引用したギリシア語の本文をそのまま訳出した。

★011―――同じ図が第2巻命題25にもあった。

★012―――基本図形は、それぞれ面の形が異なるとともに、1立体角が立体角を作る最小数の3面からなる。副次的な図形は、面の形が同じ正3角形で、1立体角を作る面の数が4もしくは5である。

★013―――『宇宙の神秘』第5章には、立方体を削ったりそれに付加したりすることで他の多面体ができることを述べており、ここにもそれが少しく指摘されている。つまり立方体には正多面体全体の基準としての性質がある。

★014―――立体角が男性の、面が女性の象徴である。したがって、面の数より立体角の数の多い正多面体は男性、角より面の数の多い正多面体は女性で、両性具有の正多面体は立体角と面の数が等しい。そして男性の正多面体の角数と女性の正多面体の面数が等しいと、双対的となり、これがケプラーのいう結婚ないし夫婦の関係になる。

★015―――各々の正多面体の外接球と内接球の半径の比は、正4面体では3対1、立方体と正8面体では$\sqrt{3}$対1、正12面体と正20面体では$\sqrt{3(5-2\sqrt{5})}$対1である。星形立体図形の場合は、カスパーの注によると、実際には$\sqrt{5}$対1であるが、ケプラーが本文にあげた近似値は、星形立体の外接球と星形立体の核となっている正12面体の稜の中点を通る球の半径の比から計算したもので、これは$\frac{\sqrt{2(5+\sqrt{5})}}{2}$対1になるという。

★016―――ケプラーがここにあげた数は、いわゆるフィボナッチ数列で、その隣り合う数どうしの比 $\frac{a_n}{a_{n+1}}$ は黄金比に収束する。第3巻注95参照。

★017―――例えば、立方体と正4面体のそれぞれの比を結び付けてさらに比を作ると、$\frac{1}{3}:\frac{2}{3}=\frac{1}{3}\div\frac{2}{3}=2:1$ となる。

★018―――稜の自乗と直径の自乗の比は、12面体では$1:\frac{3}{2}(3+\sqrt{5})$となり、20面体では$1:\frac{5+\sqrt{5}}{2}$となる。

★019―――つまり比としては1:3になる。

★020―――立方体の組では$\frac{5}{3}<\sqrt{3}<\frac{2}{1}$、12面体の組では$\frac{6}{5}、\frac{5}{4}<\sqrt{3(5-2\sqrt{5})}<\frac{4}{3}$、$\frac{8}{5}$ということになる。

★021―――ゲオルク・ポイエルバッハ(Georg Peuerbach 1423-61)　オーストリアの数学者・天文学者。弟子のレギオモンタヌスが1474年に刊行した『惑星の新理論』(*Theoricae novae planetarum*)は、惑星に関する初等的な教科書だった。1496年にはレギオモンタヌスが後半部を補った『プトレマイオスのアルマゲスト概要』も刊行されている。

★022────コペルニクスの『天球の回転について』(*De revolutionibus orbium coelestium*) 全6巻はローマの検閲聖省によって1616年3月に禁書となった。『宇宙の調和』に先立って刊行された『コペルニクス天文学概要』第Ⅰ巻も、1619年5月10日に禁書目録 (Index) の中に入れられた。その知らせを帝国の侍医ヨハネス・レムス (Johannes Remus) からきいたケプラーは不安に陥ったが、皇帝の允許を受けていれば実際には心配することもなかった。またケプラーと親交のあったヴェネツィアのヴィンチェンツォ・ビアンキ (Vincenzo Bianchi) は、ドイツの著名な学者の著書なら、たとえ禁書になってもひそかに売られ、それだけ注意深く読まれるだろう、と助言してくれた。それでもケプラーはコペルニクス説支持の『宇宙の調和』の販路について、外国の書籍商、特にイタリアの書籍商に書簡を送っている。検閲者には、本書で示された新たな証拠を吟味するよう求め、読者は、高位の聖職者、優れた哲学者、経験豊かな数学者、深く思索する形而上学者に限定するよう求めている。後者の人たちが、調和の研究を、たんなる虚構か明晰判明な自然研究の成果か判定し、前者の聖職者たちが、ケプラーの説く神の御業の計り知れないみごとさを一般の人々に広めるべきか、検閲によって隠蔽すべきか、熟慮するためである。本書刊行前後のこういう経緯を考慮すると、自身の調和論が地球の運動を説くコペルニクス説だけでなく、地球の静止を説くブラーエ説でも成り立つことに敢えて言及した理由も納得されよう。実際、ケプラーは太陽から見た惑星の視運動に調和を求めるので、コペルニクス説でもブラーエ説でも結果は同じことになる。

★023────コペルニクスとティコの惑星軌道の系を図示すると次のようになる。以下のケプラーの議論もこれを考慮するとわかりやすい。

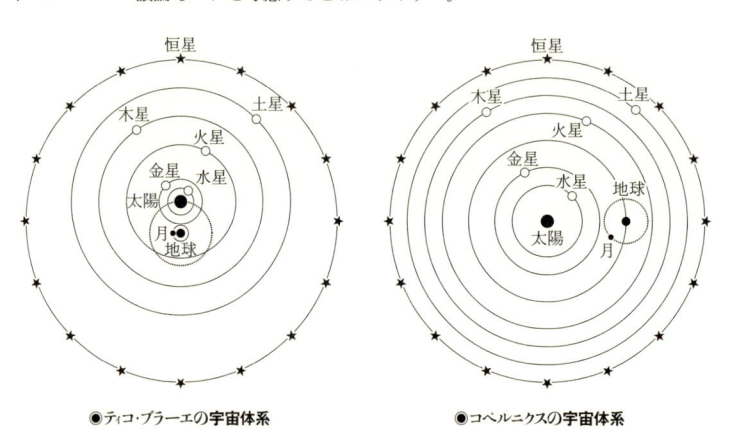

●ティコ・ブラーエの**宇宙体系** 　　　●コペルニクスの**宇宙体系**

★024────太陽のことを考えると、比喩はあまり正確ではない。ブラーエ説では、地球が宇宙の中心に静止し、その周りを太陽が公転する。そしてこの太陽を中心としてその周りを他の惑星が公転することになる。しかしコンパスの比喩では、太陽と地球が両方とも静止しているはずだからである。

訳注　　586

★025─────ピュタゴラスもサモス島出身だが、ここでは天動説と地動説のことが問題なので、サモスの人とは前3世紀前半のサモス出身の天文学者アリスタルコス(Aristarchos BC c.310-c.230)のことである。古代において地動説を提唱した人として知られている。

★026─────よく知られたプラトン風の「神は永遠に幾何学する」ということばであるが、この格言はプラトンの著作には見えないようである。

★027─────ここではケプラーの第2法則である面積速度一定の法則の代わりに、軌道上における惑星の速さは太陽からの距離に反比例するという、速度-距離反比例の規則をあげている。この規則は『新天文学』で指導的な役割を果たしてケプラーを法則の発見に導いたものだが、必ずしも面積速度一定の法則とは一致しない。『新天文学』では面積速度の法則は、実際の計算に合わなかった速度-距離規則のいわば代用として導入したのであって、ケプラー自身もその相異には気付いていた。そしてこの個所に見られるように、彼の考えの中には速度-距離規則のほうが生きていた。ケプラーが理論上も面積速度の法則に完全に移行したのは、『コペルニクス天文学概要』(1621)第5巻からである。ただし、現在の研究で主要な役割を果たす、長軸端における惑星運動においては、第2法則とこの速度-距離規則は一致する。

★028─────楕円では、焦点のひとつから短軸の一端までの線分の長さは、常に長軸の長さの半分に等しいので、当然このようになるわけである。

★029─────遠日点と、そこから4分円弧だけ離れた点とが太陽において作る角度は、直角よりも小さくなるので、正確な4分円弧よりも小さく見えることになる。

★030─────ケプラーのこの結論は、カスパーの注によると、近似的に成り立つにすぎない。その理由は以下のとおりである。任意の日弧2つをs_1、s_2、平均の日弧の大きさをsとし、一方、それらの太陽からの距離をr_1、r_2、太陽からの平均距離をrとした場合、先の公理によって、$\frac{r}{r_1}=\frac{s_1}{s}$ および $\frac{r}{r_2}=\frac{s_2}{s}$ またケプラーは$r_1+r_2=2r$とする。したがって、$\frac{s_1+s_2}{s}=\frac{r}{r_1}+\frac{r}{r_2}=\frac{2r^2}{r_1 r_2}$ しかしケプラーの前提によれば、rはr_1とr_2の算術平均であって幾何平均ではない。そこで$r_1+r_2=2r$ではあるが、$r_1 r_2=r^2$ではない。ところが、ケプラーが本文にいうように$s_1+s_2=2s$であるためには、rが幾何平均でなければならない。したがって、結論としてあげた上のような関係は厳密には成り立たない。しかし、離心率が小さい場合には近似的に成り立つ。

★031─────遠日点における日運動つまり見かけの日弧(本巻注36参照)と平均距離における見かけの日弧をm_a、mとし、それに対応する真の日弧をs_a、s、その距離をr_a、rとする。

$\frac{s_a}{s}=\frac{m_a}{m}\cdot\frac{r_a}{r}$ ところが第5番目の第2項により、$\frac{s_a}{s}=\frac{r}{r_a}$ したがって、$\frac{m_a}{m}=\frac{r^2}{r_a^2}$ 近日点の場合も同様にして、$\frac{m}{m_p}=\frac{r_p^2}{r^2}$ この2つの結果から、$\frac{m_a}{m_p}=\frac{r_p^2}{r_a^2}$

★032─────『宇宙の神秘』第20章の、惑星の公転周期と平均距離の比の問題である。そこではケプラーは2惑星の公転周期をT、tとし、平均距離をR、rただし$R>r$とし

た場合、$r:R=t:\frac{T+t}{2}$と考えていた。大槻・岸本訳『宇宙の神秘』(工作舎) 291-92頁 注11を参照。

★033―――ウェルギリウス『詩選』(*Eclogae*) I. 27および29のことば。主語の「それ」は、本来は Libertas (自由) をさすが、ケプラーは自ら発見した法則とする。したがって、あえて主語を考えれば Veritas となるだろう。なおケプラーは、楕円軌道を発見した『新天文学』においても第58章の冒頭に『詩選』のことばを引いている。

★034―――このケプラーの第3法則いわゆる調和法則の成り立つ理由について、1620年刊行の『コペルニクス天文学概要』第4巻第2部4で、ケプラーは『新天文学』で展開した考えにもとづきながら、詳しい物理学的な考察をしている。それによると、公転周期に作用する原因が4つある。① 惑星の描く行程の長さ。② 惑星の重さ。③ 太陽から発する惑星を動かす力。④ 惑星の体積。この体積は距離に比例して大きくなり、大きくなった分だけ太陽からの力を受けやすくなると見る。今、ケプラーの考えを簡単な数式を用いて表すと、次のようになる。公転周期をt、太陽からの距離をrとすると、公転周期を増す要因である行程はrに比例する。太陽の力は距離に比例して弱まるから、距離rが大きければ速さは遅くなるので、これもrに比例する。ケプラーによれば、惑星の体積は距離rに比例する。そして体積が大きいほど太陽の動かす力を強く受けるから速さは増す。したがって逆に、遅さはrに反比例する。遅さを増す要因である重さは距離の平方根$r^{\frac{1}{2}}$に比例する (重さと距離、体積と距離の関係については、『コペルニクス天文学概要』第4巻第1部4で類比をもとに演繹的に導き出している。なお、太陽から発する力が距離と単純な比例関係になる、とする点は注目される)。そこで、これらの要因をすべて掛け合わせると、$t \propto r \times r \times \frac{1}{r} \times r^{\frac{1}{2}}$で、$t \propto r^{\frac{3}{2}}$となる。こうして第3法則が得られる。

★035―――ケプラーはこの欄外の付記によって、平均距離の比を、軌道の比つまり楕円周の比に置き換えてもよいことを示している。なお『新天文学』第59章第5項では、楕円周が、長軸を直径とする円周と短軸を直径とする円周の算術平均の最近似値となることを証明している。正確にいうと、楕円の長半径を1とした場合、楕円周のほうが、両径を直径とする円周の算術平均より$\frac{\pi e^4}{32}$ (eは楕円の離心率) ほど大きい。つまり軌道の比は、楕円の長軸ではなくて、長軸と短軸の算術平均の比の最近似値である。

★036―――以下、頻繁に「弧」という語が出てくる。これは必ずしも円弧を指すわけではなくて、円弧に対する中心角をいうものと考えられる。実際の弧のほうは「行程」という語で表されることが多い。次の第4章でこの第9項の規則を用いるが、その場合も中心角の意である。ただし、ケプラーはそれによって「弧度」(ラジアン) を考えているわけではない。角度を表すのにはやはり一般的な度、分、秒を用いる。円弧の正確な長さを示すことではなくて相互の比を算出することが、ケプラーの意図だからである。

★037―――ケプラーの考え方は以下のとおりである。

訳注　　588

惑星の近日点距離……………………………R_p, r_p
惑星の平均距離………………………………R, r
惑星の遠日点距離……………………………R_a, r_a
近日点における運動…………………………M_p, m_p
近日点における平均運動……………………M, m
遠日点における運動…………………………M_a, m_a

とする。ただし、大文字は上位惑星の、小文字は下位惑星のものとする。

ここで与えられているのは、$\frac{M_a}{m_p}$と$\frac{M}{m}$で、求められるのは$\frac{r_p}{R_a}$である。

先の第6項によって、$\frac{M_a}{M} = \frac{R^2}{R_a^2}$ および $\frac{m_p}{m} = \frac{r^2}{r_p^2}$ そこで、$R_a^2 = \frac{MR^2}{M_a}$ および $r_p^2 = \frac{mr^2}{m_p}$ そしてそれぞれの比例中項をM_i、m_iとすると、$M_i^2 = M \cdot M_a$ および $m_i^2 = m \cdot m_p$ したがって、$R_a = \frac{MR}{M_i}$ および $r_p = \frac{mr}{m_i}$ ここでケプラーのあげた数値は、$M=8$、$m=27$、$M_a=2$、$m_p=\frac{100}{3}$ したがって比例中項は、$M_i=4$、$m_i=30$ そして第8項のいわゆる調和法則により$r=4$ および $R=9$ これらの数値を先の式に入れると、$R_a=18$、$r_p=\frac{18}{5}$ となる。したがって、$\frac{r_p}{R_a} = \frac{1}{5}$ となる。

★038————惑星の遠日点における運動をm_a、近日点における運動をm_p、平均運動をmとし、$m_a \cdot m_p = G^2$、$m_a + m_p = 2A$として、ケプラーの考えを式に表すと以下のようになる。

$G - m = \frac{G+A}{2} - G$ したがって、ケプラーが後半で具体的な数値をあげて示しているように、$m = G - \frac{A-G}{2}$ となる。

ただし、より厳密に考えると、以下のようになる。まず第6項から、

$\frac{m}{m_a} = \frac{r_a^2}{r^2}$ および $\frac{m}{m_p} = \frac{r_p^2}{r^2}$ ……(1)

したがって、$\frac{m}{m_a} + \frac{m}{m_p} = \frac{r_a^2 + r_p^2}{r^2}$ ……(2)

一方、$r_a + r_p = 2r$ そこで $r_a^2 + r_p^2 = 4r^2 - 2r_a r_p$

したがって、$\frac{m}{m_a} + \frac{m}{m_p} = 4 - \frac{2r_a r_p}{r^2}$ ……(3)

一方、(1) から $\frac{r_a r_p}{r^2} = \frac{m}{\sqrt{m_a m_p}} = \frac{m}{G}$ これを(3)に代入すると、$\frac{m}{m_a} + \frac{m}{m_p} = 4 - \frac{2m}{G}$

そこで $\frac{(m_a + m_p)m}{m_a m_p} = 4 - \frac{2m}{G}$ すなわち $\frac{Am}{G^2} = 2 - \frac{m}{G}$

したがって、$m = \frac{2G^2}{A+G} = \frac{G}{1 + \frac{A-G}{2G}}$

この $\frac{1}{1 + \frac{A-G}{2G}}$ にマクローリンの展開式を適用すると、

$m = G\left\{1 - \frac{A-G}{2G} + \left(\frac{A-G}{2G}\right)^2 - \left(\frac{A-G}{2G}\right)^3 + \cdots\right\}$ となる。

しかし、$(A-G)$が小さい場合には、近似的にここにケプラーの適用した式が妥当する。

★039————$\frac{T}{t} = \left(\frac{R}{r}\right)^{\frac{3}{2}}$ で、$\frac{T}{t} = \frac{m}{M}$ だから、$\frac{M}{m} = \left(\frac{r}{R}\right)^{\frac{3}{2}}$ となる。

★040————すでにこれまでも注の中で何回か指摘したように、また後の具体的な数

値を用いたところからも知られるように、ケプラーの比の不等式についてはわれわれの考えと異なる点がある。ふつう「a. b. もしくは a 対 b の比が c. d. もしくは c 対 d の比より大きい。」というとき、$\frac{a}{b} > \frac{c}{d}$ と考えるが、ケプラーにおいては $\frac{b}{a} > \frac{d}{c}$ つまり $\frac{a}{b} < \frac{c}{d}$ で、不等号の向きが逆になる。この項のケプラーの記述においては、この点に留意する必要がある。そこで、ここに述べられたケプラーの命題を数式で表すと以下のようになる。

① $\frac{M_p}{m_a} > \left(\frac{r_a}{R_p}\right)^{\frac{3}{2}}$

② $\frac{rR_p}{Rr_a} > \left(\frac{R}{r}\right)^{\frac{1}{2}}$ つまり $\frac{r_a}{R_p} < \left(\frac{r}{R}\right)^{\frac{1}{2}}$ であれば、$\frac{M_p}{m_a} < \frac{r_a}{R_p}$

逆に、$\frac{rR_p}{Rr_a} < \left(\frac{r}{R}\right)^{\frac{1}{2}}$ つまり $\frac{r_a}{R_p} > \left(\frac{r}{R}\right)^{\frac{1}{2}}$ であれば、$\frac{M_p}{m_a} > \frac{r_a}{R_p}$ 証明は以下のとおりである。

まず第6項から、$\frac{M_p}{M} = \frac{R^2}{R_p^2}$ および $\frac{m_a}{m} = \frac{r^2}{r_a^2}$ したがって、$\frac{M_p m}{m_a M} = \left(\frac{Rr_a}{rR_p}\right)^2$

一方、調和法則から、$\frac{M}{m} = \left(\frac{r}{R}\right)^{\frac{3}{2}}$ 故に、$\frac{M_p}{m_a} = \left(\frac{r}{R}\right)^{\frac{1}{2}} \cdot \left(\frac{r_a}{R_p}\right)^2$ ……(I)

ところで、常に $\frac{R}{r} > \frac{R_p}{r_a}$ したがって、$\left(\frac{R}{r}\right)^{\frac{1}{2}} > \left(\frac{R_p}{r_a}\right)^{\frac{1}{2}}$

これを(I)に代入すれば、$\frac{M_p}{m_a} > \left(\frac{r_a}{R_p}\right)^{\frac{3}{2}}$ よって命題①は証明された。

②では、前提より、$\left(\frac{R}{r}\right)^{\frac{1}{2}} < \frac{R_p}{r_a}$ これを(I)に代入すれば、$\frac{M_p}{m_a} < \frac{r_a}{R_p}$

一方、前提が $\left(\frac{R}{r}\right)^{\frac{1}{2}} > \frac{R_p}{r_a}$ であれば、同様にして、$\frac{M_p}{m_a} > \frac{r_a}{R_p}$ よって命題②も証明された。

なお、命題②から、いつでも命題①が成り立つけれども、惑星軌道の離心率が $\frac{r_a}{R_p} < \left(\frac{r}{R}\right)^{\frac{1}{2}}$ であるほど小さければ、$\frac{M_p}{m_a}$ は常に $\frac{r_a}{R_p}$ の範囲内にとどまることが知られる。

以下の本文でケプラーがあげている例を以上の式で用いた記号に当てると、
DH = R = 9　AE = r = 4　CG = R_p = 8　BF = r_a = 5 で、さらに HJ = M　EM = m
GK = M_p　FL = m_a である。

★041―――ここでは命題②の最初の前提から、命題①をも合わせて、

$\left(\frac{r_a}{R_p}\right)^{\frac{3}{2}} < \frac{M_p}{m_a} < \frac{r_a}{R_p}$ であることをいう。

★042―――この場合、不足分というのは、引き算で得たものではなくて2つの比の割り算の商を表す。以下、同様である。

★043―――ここでの説明は結論として同じ内容ながら上の証明とやや異なるところがあってわかりにくいので、以下に先の場合と同じ記号を用いてケプラーの考え方をたどると、次のようになる。

まずケプラーは $\frac{R_p r}{R r_a} > \left(\frac{r}{R}\right)^{\frac{1}{2}}$ を前提として、$\frac{m_a}{M_p} > \frac{R_p}{r_a}$ と $\frac{m_a}{M_p} < \left(\frac{R_p}{r_a}\right)^{\frac{3}{2}}$ について説明しようとする。

訳注

第6項により $\dfrac{M_p}{M} = \left(\dfrac{R}{R_p}\right)^2$ および $\dfrac{m}{m_a} = \left(\dfrac{r_a}{r}\right)^2$

したがって、$\dfrac{M_p m}{M m_a} = \left(\dfrac{R\, r_a}{R_p\, r}\right)^2$ ……（I）

また前提より、$\dfrac{R\, r_a}{R_p\, r} < \left(\dfrac{R}{r}\right)^{\frac{1}{2}}$　ところで、この不足分の差異は、

$\left(\dfrac{R}{r}\right)^{\frac{1}{2}} \div \left(\dfrac{R\, r_a}{R_p\, r}\right) = \left(\dfrac{r}{R}\right)^{\frac{1}{2}} \left(\dfrac{R_p}{r_a}\right)$　これをいま一定量の d とする。

そして前提の式を（I）に代入すると、$\dfrac{M_p m}{M m_a} < \left\{\left(\dfrac{R}{r}\right)^{\frac{1}{2}}\right\}^2 = \dfrac{R}{r}$

そしてこの不足分の差異は、$\left(\dfrac{R}{r}\right) \div \left(\dfrac{R\, r_a}{R_p\, r}\right)^2 = \left(\dfrac{r}{R}\right) \cdot \left(\dfrac{R_p}{r_a}\right)^2 = d^2$

一方、$\dfrac{m}{M} = \left(\dfrac{R}{r}\right)^{\frac{3}{2}}$　そこで $\dfrac{m}{M} \div \dfrac{M_p m}{M m_a} = \dfrac{m_a}{M_p}$

これは同時に、$\left(\dfrac{R}{r}\right)^{\frac{3}{2}} \div \left(\dfrac{R\, r_a}{R_p\, r}\right)^2 = \left(\dfrac{r}{R}\right)^{\frac{1}{2}} \left(\dfrac{R_p}{r_a}\right)^2$　そして $\dfrac{m_a}{M_p} > \left(\dfrac{R}{r}\right)^{\frac{1}{2}}$

この差異を取ると、超過分として $\left(\dfrac{r}{R}\right)^{\frac{1}{2}} \left(\dfrac{R_p}{r_a}\right)^2 \div \left(\dfrac{R}{r}\right)^{\frac{1}{2}} = \left(\dfrac{r}{R}\right) \cdot \left(\dfrac{R_p}{r_a}\right)^2 = d^2$

ところで、$\dfrac{R}{r} = \dfrac{r_a}{r} \times \dfrac{R_p}{r_a} \times \dfrac{R}{R_p}$ で、

前提から $\dfrac{R\, r_a}{R_p\, r} < \left(\dfrac{R}{r}\right)^{\frac{1}{2}}$　そしてこの不足分の差異が d であった。

一方、前提から $\dfrac{R_p}{r_a} > \left(\dfrac{R}{r}\right)^{\frac{1}{2}}$ が導かれる。この超過分の差異は

$\dfrac{R_p}{r_a} \div \left(\dfrac{R}{r}\right)^{\frac{1}{2}} = \left(\dfrac{r}{R}\right)^{\frac{1}{2}} \left(\dfrac{R_p}{r_a}\right) = d$

一方、$\dfrac{m_a}{M_p} > \left(\dfrac{R}{r}\right)^{\frac{1}{2}}$ の場合の差異は d^2。

そして $\dfrac{m_a}{M_p} > \dfrac{R_p}{r_a}$ では、当然、超過分の差異が d となる。

★044────$\dfrac{R_p}{r_a} > \left(\dfrac{R}{r}\right)^{\frac{1}{2}}$ で、また $\dfrac{m_a}{M_p} > \dfrac{R_p}{r_a}$ であり、かつそれぞれの超過分が等しいから、$\dfrac{R_p}{r_a} \div \left(\dfrac{R}{r}\right)^{\frac{1}{2}} = \dfrac{m_a}{M_p} \div \dfrac{R_p}{r_a}$ である。これを整理すると、$\left(\dfrac{R_p}{r_a}\right)^2 = \left(\dfrac{m_a}{M_p}\right) \cdot \left(\dfrac{R}{r}\right)^{\frac{1}{2}}$ で、$\dfrac{R_p}{r_a}$ が比例中項となる。

★045────収束する極限運動の比が、$\dfrac{m_a}{M_p} < \left(\dfrac{R_p}{r_a}\right)^{\frac{3}{2}} < \left(\dfrac{R}{r}\right)^{\frac{3}{2}}$ であるのに対して、発散する極限運動の比は、$\dfrac{m_a}{M_p} > \left(\dfrac{R_a}{r_p}\right)^{\frac{3}{2}} > \left(\dfrac{R}{r}\right)^{\frac{3}{2}}$ となる。

★046────2分のⅠにしていったり2倍にしていったりすることが、オクターブを変えて同じⅠオクターブ内に還元する操作となる。

★047────687÷120＝5.725となるので、同様に他の惑星の欄の最後の数値を 5.725 で割ると、本文に見える値が出てくる。以下、土星の672を120とする場合や木星の541ないしは542を120とする場合の数値の算出法も、同様である。

★048────ここではケプラーは、惑星本体の表面積が惑星の太陽からの距離に比例し、

惑星の体積は距離の2分の3乗、つまり第3法則に従えば、公転周期そのものに比例すると考えている。『コペルニクス天文学概要』第4巻第I部4ではこの説を放棄して、惑星の体積と距離の単純な比例を取るようになった。一説によると、そのほうが観測によく合うように見えたからだという。そしてこれが第3法則の物理学的な説明に用いられたのである。

★049────本文ではtardissimisとなっているが、先の本文から推して、parvissimisに改めて読むべきであろう。

★050────第3章第6項によると、$\frac{m_a}{m} = \frac{r^2}{r_a^2}$ もしくは $\frac{m_p}{m} = \frac{r^2}{r_p^2}$ が成り立つ。ここの計算はその式を用いて行っている。

★051────したがって、過剰分とされる分数をそれぞれ長3度と短3度の比に掛けると、土星と木星の極限運動の比になる。以下、計算の仕方については同様に考えられる。

★052────以下、この $\frac{34}{35}$ あるいは $\frac{35}{36}$ という数値が、辻褄を合わせるかのように敢えて繰り返し用いられる。これは後の本文に見るように、金星の極限運動に現れるIコンマだけ少ない4分音（つまり $\frac{24}{25} \div \frac{80}{81} = \frac{243}{250}$ の近似値）で、ケプラーは惑星の取る最小音として注目したようである。

★053────この場合も、実際はやはり掛け合わせるわけである。

★054────ここでは先の表に見える4分音の比ではなく、より実際の値に近いIコンマ減の4分音を金星の極限運動の比として用いている。

★055────ただし、収束する場合と発散する場合とでは、$\frac{35}{36}$ は不足分になるのと過剰分になるのとの相異がある

★056────弦が長ければその動きは遅くなるから、速さを表す数値は逆に小さくなる。

★057────ここに見える地球の運動の数値は、上に掲げた表の値を2倍にしてオクターブを合わせたものである。

★058────長音階で土星の遠日点運動をGとすると、土星の近日点運動はhになるが、短音階では土星の近日点運動をGとする。

★059────すなわち、次のようになる。

G	h	c	e
土星の遠日点運動	木星の遠日点運動	火星の近日点運動	金星の遠日点運動
地球の遠日点運動	土星の近日点運動		水星の近日点運動

★060────本文では近日点運動（perihelius）とあるが、英訳本の指摘するように、これは遠日点運動（aphelius）の誤りであろう。

★061────水星の場合には、土星の近日点運動に対応する短音階の高いGに対する音域である。以下の譜表だと水星は移調した音階でAからccの間を占める。これは土星の遠日点運動をGとする音階では、cρからeeまでの間に対応する。ただし、水星の音調は以下に示された音符より4オクターブ高い。

★062—————本文の説明からも明らかなように、以下の楽譜のいちばん下の音符はその惑星の遠日点運動、いちばん上は近日点運動を表す。

★063—————金星の極限運動の比は4分音に近い。なお、以下のケプラーの譜表では、木星と水星の音符は移調した音階で示される。

★064—————ギリシア神話における学問・芸術の女神ムーサの中で、天文学を司る女神。後に見えるクリオは、ムーサの中で歴史を司る女神。

★065—————対位法に代表されるようなポリフォニーの音楽が行われるようになったことを考えている。

★066—————惑星の数が6だからである。

★067—————ここに出てくる数値は、以下のようにして得たものである。まず、土星と木星のそれぞれの公転周期を30年と12年とする。2惑星が特定の相対的な位置を繰り返す年数をxとすると、$\frac{x}{12} = \frac{x}{30} + 1$で、$x$は20年となる。これがI飛躍（saltus）で、各惑星の円軌道つまり円周の3分の2、240度になる。したがって、2惑星が獣帯上の最初の飛躍の出発点と同じ位置にまで戻るには、3飛躍60年を要する。しかしもっと正確な公転周期を取ると、I飛躍は243度つまり円周の40分の27になる。したがって、最初の獣帯上の位置に戻るには40飛躍800年を要する。しかし、40分の27という値もまだ正確ではなく、また2惑星の軌道上での運動が均一でないために、飛躍の大きさも正確にいうと等しくはならない。そこでケプラーが言うように、小さなずれが累積してI飛躍の半分の大きさ、つまりそこからの飛躍によって最初の出発点に戻ることのできる円周の3分のIの大きさの近似値になるまで、800年ごとの周期が何度も繰り返されることになる。ケプラー『宇宙の神秘』（工作舎）「読者への序」32頁に見える図表を参照。

★068—————オクターブの相異を別にすれば、土星の最低音の鍵Gから木星の最高音の鍵dまでは5度になる。そして5度から短3度を除くと長3度になり、長3度を除くと短3度になる。また5度から大全音を除くと4度になる。これがケプラーの言う調弦なのであろう。

★069—————宇宙の始まりに関する議論は、『宇宙の神秘』第23章にも見える。

★070—————G、h、eからなる最初の協和は、ホ短調（E minor）で、土星はG、h、火星もg、h、水星はg、h、eのすべてを取る。木星、地球、金星はそれぞれh、g、eを取る。G、c、eからなる2番目の協和は、ハ長調（C major）で、土星はG、木星はc、火星はcとg、地球はg、金星はe、水星はg、c、eのすべてを取る。ケプラーがこれを長音階とするのは、長短が現在のような意味ではなく、もともとの意味に従って、h（ロ）を含む音階を長、b（変ロ）を含む音階を短とするからであろう。

★071—————G、b、dρ（変ホ）からなる最初の協和は変ホ長調（E flat major）、G、c、dρからなる2番目の協和はハ短調（C minor）である。

★072—————本文にはhとあるが、ここに記された調名や先の2つの注からも明らかなように、これはbの誤りである。

★073──────G、h、dからなるものはト長調（G major）、G、b、dからなるものはト短調（G minor）となる。

★074──────h、d、f♯からなるものはロ短調（h minor）、A、d、f♯からなるものはイ長調（A major）となる。

★075──────遠日点と近日点とにおける運動の相異。こういう隔たり（intervallum）が音程の形で表されるわけである。

★076──────『コペルニクス天文学概要』では自身の考えをさらに発展させて、公転周期を決定する4つの原因をあげた。本巻注34参照。

★077──────惑星が固有の極限運動の比をもつのは、その軌道が一定の離心率を有するからである。

★078──────最初の仮定から$\frac{M_p}{m_a} = \frac{3}{4}$だが、離心率がゼロで$\frac{M_p}{m_a} = \frac{M}{m}$となるので、いわゆるケプラーの第3法則$\frac{r}{R} = \left(\frac{M}{m}\right)^{\frac{2}{3}}$の$\frac{M}{m}$に$\frac{3}{4}$を代入して計算すると、この値になる。

★079──────正多面体の中ではその内外接球の比が最小になるのは正12面体と正20面体で、その比の近似値が、以下の795対1000である。

★080──────ケプラーのこの命題の説明については、以下のように考えることができる。本巻注37で用いた記号をここでも適用すると、まず前提から、$\frac{M_p}{m_a} = \frac{3}{4}$かつ$\frac{R_p}{r_a} = \frac{1000}{795}$

ここで問題になるのは、それぞれの惑星に固有の極限運動の比の積$\frac{M_a}{M_p} \times \frac{m_a}{m_p}$である。

しかしそれは特定できない。惑星軌道の離心値がわからず、$\frac{M_a}{m_p}$が計算できないからである。

ただし、ケプラーが命題6で述べているように、軌道の離心値があまり大きくないとすれば、惑星に固有の極限運動の比の積は、以下のようにして近似的に求められる。

すなわち、まず本巻注40であげた等式から、

$$\left(\frac{r}{R}\right)^{\frac{1}{2}} = \left(\frac{m_a}{M_p}\right) \cdot \left(\frac{r_a^2}{R_p^2}\right) \cdots\cdots (1)$$

ところで、2惑星の離心距離をE、eとすると、一般に$\frac{E}{R}$も$\frac{e}{r}$も十分に小さいから、マクローリンの展開式を用いると

$$\frac{r_a r_p}{R_a R_p} = \frac{(r+e)(r-e)}{(R+E)(R-E)} = \frac{r^2 - e^2}{R^2 - E^2} = \frac{r^2}{R^2} \cdot \frac{1 - \frac{e^2}{r^2}}{1 - \frac{E^2}{R^2}}$$

$$\fallingdotseq \frac{r^2}{R^2}\left(1 - \frac{e^2}{r^2}\right)\left(1 + \frac{E^2}{R^2}\right) \fallingdotseq \frac{r^2}{R^2}\left\{1 + \left(\frac{E^2}{R^2} - \frac{e^2}{r^2}\right)\right\}$$

そこで近似的に以下のように置いてよい。$\frac{r^2}{R^2} = \frac{r_a r_p}{R_a R_p}$

つまり $\frac{r_p R_p}{r_a R_a} = \frac{r^2}{R^2} \cdot \frac{R_p^2}{r_a^2} \cdots\cdots (2)$

ところが第3章第6項により、$\dfrac{M_a}{M_p} = \dfrac{R_p^2}{R_a^2}$ および $\dfrac{m_a}{m_p} = \dfrac{r_p^2}{r_a^2}$

したがって、$\dfrac{M_a}{M_p} \cdot \dfrac{m_a}{m_p} = \dfrac{R_p^2 \cdot r_p^2}{R_a^2 \cdot r_a^2}$ ……(3)

ここに(2)の式を入れると、$\dfrac{M_a m_a}{M_p m_p} = \left(\dfrac{r^2}{R^2} \cdot \dfrac{R_p^2}{r_a^2}\right)^2$ ……(4)

そしてさらにここに(I)の式から得られる $\dfrac{r}{R}$ を代入すると、

$\dfrac{M_a m_a}{M_p m_p} = \left(\dfrac{m_a^2}{M_p^2} \cdot \dfrac{r_a^3}{R_p^3}\right)^4$ ……(5)

(5)に先の数値を代入すると、$\dfrac{M_a m_a}{M_p m_p} = 0.636\cdots\cdots$

これは5度 $0.666\cdots\cdots$ より小さいが、これまで注で述べてきたケプラーの比ないしは音程の考え方からいうと、$\dfrac{M_p m_p}{M_a m_a} = 1.5707\ldots > \dfrac{3}{2}$ で、2惑星に固有の極限運動の積が5度より大きいということになる。

なお、ここにあげた式とケプラーの本文とを比較すると、ケプラーはまず(I)の式を用いて、$\dfrac{r_a}{R}$ を計算し、それを $\dfrac{r_a}{R_p}$ で割って、$\dfrac{m_a^2}{M_p^2} \cdot \dfrac{r_a^3}{R_p^3}$ を出し、この値を大全音の近似値とする。

$\dfrac{m_a^2}{M_p^2} \cdot \dfrac{r_a^3}{R_p^3} = \dfrac{r}{r_a} \cdot \dfrac{R_p}{R}$ であることは、(4)と(5)の等式を比較すれば明らかであろう。

また $\left(\dfrac{m_a^2}{M_p^2} \cdot \dfrac{r_a^3}{R_p^3}\right)^2 = \left(\dfrac{r}{r_a} \cdot \dfrac{R_p}{R}\right)^2 = \dfrac{R_p}{r_a} \cdot \dfrac{r_p}{R_p}$ であることは(2)から知られる。そしてさらに $\left(\dfrac{R_p}{r_a} \cdot \dfrac{r_p}{R_p}\right)$ が2惑星に固有の極限運動の比を掛け合わせたものであることは(3)から明らかである。

★081―――つまり、Dupla, Tripla などの語は、すでに指摘したように、たんに「2倍」「3倍」の意味だけでなく、2つの比の比例関係を表すために「2乗」「3乗」の意味にもなる。ここでは後者の意味で用いられているので、それに従って訳した。

★082―――$\dfrac{4}{5} \div \dfrac{5}{6} = \dfrac{24}{25}$ また $\dfrac{3}{5} \div \dfrac{5}{8} = \dfrac{24}{25}$ であることをいう。

★083―――$\dfrac{5}{12}$ は $\dfrac{5}{6} \times \dfrac{1}{2}$ で、短3度と1オクターブになる。

★084―――$\dfrac{3}{2} < \dfrac{8}{5} < \dfrac{5}{3} < \dfrac{2}{1} < \dfrac{12}{5}$ になる。

★085―――$\dfrac{2916}{3125} = \dfrac{576}{625} \div \dfrac{80}{81}$ であり、$\dfrac{243}{250} = \dfrac{24}{25} \div \dfrac{80}{81}$ である。つまり上位惑星では2ディエシスから1コンマ、下位惑星では1ディエシスから1コンマを除くと、ここにあげた数値が得られる。そして $\dfrac{2916}{3125} \div \dfrac{243}{250} = \dfrac{24}{25}$ だから、確かにこれらの差は4分音ひとつ分になる。

★086―――ケプラーは自然の万物に幾何学にもとづく神の意匠が表現されているとみる。そのいわば最善のものが、人間の知性によって把握される天体にほかならない。

★087―――土星については $\dfrac{4}{5} \times \dfrac{80}{81} = \dfrac{64}{81}$ 木星については $\dfrac{5}{6} \times \dfrac{19683}{20000} = \dfrac{6561}{8000}$ である。なお、$\dfrac{64}{81}$ は、第3巻第12章の不純な協和音の中で扱われており、そこではディトヌス

もしくは2重大全音と呼ばれていた。$\frac{64}{81} = \frac{8}{9} \times \frac{8}{9}$ だからである。

★088̶̶̶433頁に見える、調和的な音程と対比された距離の一覧表を参照。

★089̶̶̶$\frac{243}{2048} = \frac{1}{8} \times \frac{243}{256}$ である。

★090̶̶̶木星と火星では、$\frac{M_a}{m_p} = \frac{243}{2048}$　$\frac{M_p}{m_a} = \frac{5}{24}$ なので、$\frac{M_a}{M_p} \cdot \frac{m_a}{m_p} = \frac{729}{1280}$ となる。

★091̶̶̶極限運動に調和比がない代わりに、極限距離に見出されることになる。

★092̶̶̶$\frac{54}{125} = \frac{4}{9} \times \frac{243}{250}$ である。

★093̶̶̶54対125は608対1500ではなくて、648対1500である。これを音程として考えた場合には、ケプラーの言うように5対12より小さいが、その差は $\frac{625}{648}$ で、$\frac{27}{28}$ と $\frac{28}{29}$ の間にくる。ただし、これは約1ディエシスとも言える。

★094̶̶̶半音と1コンマは $\frac{15}{16} \times \frac{80}{81}$ で $\frac{25}{27}$ となる。これもケプラーの計算違いであろう。

★095̶̶̶近日点運動どうしと遠日点運動どうしの間ということ。

★096̶̶̶正多面体の配置が地球を境界として基本図形と副次的な図形に分けられたように、音楽的調和も地球から見ると対称性のあることを示して、地球に住む人間に対する神の特別な好意をほのめかしているのであろう。

★097̶̶̶ケプラーがここにあげたウニの外接球と、その図形の中に含まれる正12面体の内接球の半径の比は、$\frac{\sqrt{2(5+\sqrt{5})}}{2} : 1$ となるが、この内接球の半径はウニの角どうしの距離の半分である。

★098̶̶̶ケプラー自身の発見した第3法則による太陽から惑星までの距離と正多面体の挿入から得られた数値を比較するわけだが、当然、ブラーエの観測結果から得られるはずの数値も考慮している。

★099̶̶̶b列の数値は本巻注31で明らかにした公式 $\frac{m_a}{m_p} = \frac{r_p^2}{r_a^2}$ にもとづく算出値に一致する。ただし、各数値が整数になるように、10あるいは適当な数を掛けている。d列「離心値」とした数値をケプラーはEccentricitasと呼んでいる。e列「離心率」も整数にするため100000を掛けている。

★100̶̶̶第1 (f) 列の極限運動の値は、土星の遠日点運動 $139968 = 3^7 \times 2^6$ を基準単位としている。他の運動を整数の形で表すためである。また j_1 の数値は本巻注38で明らかにした公式 $m = G - \frac{A-G}{2}$ にもとづく算出値に一致する〔$A = h_1, G = h_2$〕。

★101̶̶̶ケプラーの第3法則、いわゆる調和法則の公式が用いられることになる。

★102̶̶̶第3 (l) 列は地球を天文単位とする各惑星の軌道半径。ケプラーはクラヴィウス表(クリストフ・クラウ『応用幾何学』第8巻収載)を用いて3分の2乗の値を算出している。

★103̶̶̶この順に遠日点距離、平均距離、近日点距離である。

★104̶̶̶外側の惑星軌道に内接する正多面体の内接球の半径 q_2 の値が、前表であげた内側の惑星の軌道半径とほぼ近い値となる。こうして、6つの惑星軌道間に5つの

正多面体を置いたときの外接球・内接球の半径と、観測結果をもとに調和比とその修正値とから求めた惑星の軌道半径とが、ほぼ一致することが確認される。つまりケプラーの第3法則は、正多面体にもとづく宇宙モデルと、音楽的調和にもとづく宇宙モデルとを結びつける鍵となっている。なお、水星の軌道を正8面体のもつ正方形に内接する円にまで広げる考え方は、すでに『宇宙の神秘』第13章や14章、ことに17章に詳述されている。なお、表では小数点のある数値を用いずにすませるために、本文の基準単位と桁数を変えている。

★105────正多面体の外接球と内接球の半径の比は、正4面体が $3:1$、立方体と正8面体が $\sqrt{3}:1$、正12面体と正20面体が $\sqrt{3(5-2\sqrt{5})}:1$ である。

★106────宇宙の中心に火を置くピュタゴラス派の説と「ゼウスの部署」という表現は、アリストテレス『天体論』第2巻第13章293b1以下に見える。またここにいう聖書翻訳家はヒエロニムス（Hieronymus c.345-420）のこと。彼の翻訳したラテン語聖書が、16世紀後半のトリエント公会議でカトリック教会の公認聖書と定められた、いわゆるヴルガータ版で、この詩句はその詩篇第18章6に見える。ただし、これはヘブライ語の原典には見えない。ギリシア語訳の旧約聖書いわゆるセプトゥアギンタには、この個所に相当する詩句がある。

★107────プロクロスの4つの賛歌が現存するが、その第1の賛歌が、ティタンという名で呼びかけている太陽に対するものである。カスパーの注によると、プロクロスの賛歌は伝説的なオルペウスの賛歌と関連付けてそれと合わせた形で、1500年にはフィレンツェで、1517年にはヴェネツィアで印刷されており、ケプラーが入手したのはそのいずれかであるという。

★108────この語も含め、以下「　」内のことばは、ケプラーがプロクロスの賛歌から引用したギリシア語である。

★109────「聴け」つまり「聴いて従え」という命令は、神だけが発することのできるものだからであろう。

★110────コンスタンティヌス（Constantinus I c.274-337; 在位324-337）　ローマ皇帝コンスタンティウス・クロルス（Constantius Chlorus c.250-306; 在位293-306）の子として生まれ、306年に副帝に任じられた。帝位を争う6人の競争者を、順次撃破する。ローマの北のミルヴィウス橋頭で強敵マクセンティウスと戦ったとき（312）、中空に光る十字架と「これにて勝て」の文字を示されて勝利を収めたと伝えられる。313年にミラノでリキニウス（Licinius ?-324; 在位308-324）と連名で宗教寛容令を発布し、キリスト教を公認した。次いでこの勅令を無視したリキニウスも降して独裁君主となった。325年にはニカイア公会議を開いてキリスト教の正統教理を定めた。330年にローマを去りビザンティウムに新都を建設してこれをコンスタンティノポリスと命名し、専制君主制を確立して官僚制度を整備した。臨終の床で洗礼を受けた。

★111────マクセンティウス（Maxentius 280-312; 在位306-312）　ローマ皇帝マク

シミアヌス（Maximianus ?-310; 在位286-305; 306-308）の子。306年に近衛兵やローマ市民に推されて副帝と称し、正帝と号したセウェルス（Severus ?-307）を敗死させ、308年には父も追放した。やがてコンスタンティヌスとティベル河のミルヴィウス橋で戦ったが、敗れて溺死した。

★112────ユリアヌス（Julianus 332-363; 在位361-363）　コンスタンティヌス帝の甥。生後すぐに母を亡くし、またコンスタンティヌス帝の死後に帝位を次いだコンスタンティウス2世（Constantius II 317-361; 在位337-361）に、ひとりの異母兄を除いて家族を殺される。キリスト教徒として育てられたが、孤独の中に古典研究と新プラトン哲学へと傾き、古代ギリシアの神々を奉じたため、「背教者」（Apostata）と呼ばれた。コンスタンティウス2世により副帝に任ぜられ（355）、ガリア統治に当たったが、帝がガリアの兵を東方のペルシアにそなえるべく転用しようとしたとき、反旗を翻した軍隊によって正帝に推戴された。結局、コンスタンティウス2世の急死により正式に即位。やがてローマの年来の敵ペルシア討伐のために深く敵地に侵入し、戦闘で深手を負い、没す。

★113────プロクロス（412-485）は5世紀の人だが、ここにあげた3帝は4世紀初頭の人であり、しかもコンスタンティヌス帝の治下ではキリスト教が公認されているので、これはケプラーの思い違いであろう。

★114────ここに見える『神々の母に関する書』は現存しない。なお、プロクロスの性格や考え方については、弟子マリノス（Marinos）の手になる伝記から知られる。ピロポヌス（Philoponus c.490-c.566）はアレクサンドリアのキリスト教徒の哲学者で、アリストテレスの著作の注解書を著している。プロクロスのキリスト教徒に対する駁論は、それを批判してピロポヌスが529年に著した『宇宙の永遠性について、プロクロスへの反論』（De aeternitate mundi contra Proclum）の中に残されている。ケプラーは1535年に刊行された版でこれを読んだらしい。

★115────『スイダス』（Suidas）、正確に言うとスダ（Suda）は、10世紀末頃にビザンティン帝国で編纂された古代ギリシア文化についての百科事典。ただし、その中にはモーセの項も収録されている。オルペウスという名の人は7人見えるが、ケプラーが言及しているのは、「モーセ」という名と関連付けられていることから推すと、最後に見えるオルペウスであろう。しかし、彼の項はやはりユダヤ的な天地創造に関わる事柄が中心になっている。そしてこれは、『スイダス』のオルペウスの項の中では最初に見える、古代ギリシアのいわゆるオルペウス教に関わるオルペウスではない。ケプラーの考え方の中には混乱があるらしい。

★116────ここに引かれたことばは、先にあげた17世紀中に刊行された版本の中に収録された、オルペウスの太陽賛歌に見える。

★117────「術の火」（pyr technikon「技術を有する火」でもよい）と訳したのは、万物に浸透して生命を与える火で、ストア派はこれを神格と同一視する。1-2世紀頃の学説誌家アエティオス（Aëtios）の『学説誌』第I巻7・33参照（H. Diels編, *Doxographi Graeci*

訳注

1879に含まれる)。

★118———「純粋知性」(Autonous)は、エジプトのリュコポリス生まれの新プラトン学派の創始者プロティノス(第4巻注99・次注119)に由来することばである。

★119———古代ギリシアにおける「自然」(physis)とは、生命原理につらぬかれた自然の総体をさしていた。この生命原理が「魂」と訳されることの多いpsyche (ラテン語：anima)である。例えば、イオニア自然学の開祖とされるミレトスのタレス(Thales BC 585年頃に活動)は万物の始原を水としたが、この水はたんなる物質としての水ではなく、生命原理としての魂であり、「世界霊魂」でもあった。またエペソスのヘラクレイトス(Herakleitos BC 504/501年頃に活動)は、宇宙の生命原理である魂(世界霊魂)を永遠に生きている「火」とし、人間の魂も生命原理であるとともに知的原理(知の主体)であり、宇宙の魂と同質の火的なものとした。アポロニアのディオゲネス(活動期はBC 440ないし430)は、空気を知性あるものとし、神と同一視して、神の一部としての人間の魂も空気と見なした。

プラトンの『ティマイオス』によると、本来の魂はそれ自体としては目に見えず、生成消滅しない非物質的なものである。宇宙は知性をそなえた生きたものであり、その身体は、火と土と、この2つを媒介する水と空気から構成される。神は宇宙をつくるために「万有の魂」(psyche tou pantos)にしかるべき造作を施した(41D)。神はこの世界霊魂をもとに生成された宇宙とともに、時間を永遠の似姿として作り、この時間を区分すべく、太陽と月と5つの天体つまり惑星を創出した。

ラテン語のanima mundiに相当するギリシア語psyche tou kosmouという表現は、ストア派によってはじめて用いられたようである。ストア派のpan(万有)はkosmosとそれを取り囲むkenon(空虚)を合わせたものだが、kenonには魂はありえないので、こういう表現にならざるをえない。ストア派はヘラクレイトスやディオゲネスの思想を発展させて、魂を物体とする。「自然」とは生成に向かって筋道立てて進む「技術的な火」であり、魂も空気と火の混合にもとづいて生じた気息、感覚能力をもつ「自然」である。宇宙全体の魂は不滅だが、その部分であるわれわれの魂や生きものの魂は滅びる。ストア派のいう「神」はこういう「自然」であり、宇宙そのものであり、さらにストア派のクレアンテス(Kleanthes BC 331-232)によれば、世界霊魂でもある。ストア派のクリュシッポス(Chrysippos BC 280-207)の説によれば、われわれの中にある魂の主導的(理性的能力の)部分は、心臓全体もしくは心臓部の気息にある。魂の他の部分は、この主導的な部分から身体の各器官まで延びている気息である。しかし、クレアンテスによれば、このわれわれの主導的な部分は「宇宙における太陽のように」われわれの頭の中で支配している。太陽を純粋な火、知的な燃える魂と考え、太陽を宇宙の主導的な部分と見なすからである。

ストア派の魂物体説は、新プラトン学派によって批判される。例えばプロティノス(第4巻注99)は『エネアデス』(Enneades)第4巻で、プラトンの『ティマイオス』を次のよう

に解説する。感性的なものは分割可能、知性的なものは分割不可能だが、その中間に第3のものがある。それは、知性から不可分性を得ているが、知性から発して物体の領域の分割可能なものと知性との中間に位置を占める。この第3のものが魂である。魂は、物体のあらゆる部分に内在している点では分割可能と考えられるが、物体のどの部分にも全体として内在している点では分割不可能と考えることができる。厳密にいうと、分割はあくまで物体の受ける作用で、魂の受ける作用ではないからである。つまり、魂は一であるとともに多で、万有の管理者として、すべての部分的なものに生命を与え導く。ケプラーの「世界霊魂」(anima mundi)は、第4巻第I章のキーワードにティマイオスの世界霊魂をあげているように、プラトンの説に由来し、魂をプロティノス風に多の面からとらえている。しかし、anima mundiという言い方や、太陽を宇宙の心臓とする考え方にはストア哲学からの影響もうかがえる。psyche tou pantosの訳なら、むしろ第4巻第7章に見えるtotius universi Anima (第4巻注67参照)のほうが近いはずだからである。なお、ケプラーが欄外にあげた『新星について』第24章では、議論の主たる対象は星のもつ性能(facultas)で、animaということばは、そういう性能をもつ星にそなわるものとしてただ一度見えるだけである。したがって、anima mundiはここでも各星がもつものということになろう。

★I20―――プラトンのアトランティスは『ティマイオス』冒頭に言及され、さらに詳しい国家としての記述は、未完の著作『クリティアス』に見える。『ティマイオス』によると、かつてギリシアの賢人ソロン(Solon BC 7-6世紀頃)がエジプトの神官から聞いた話として、はるか昔、ジブラルタル海峡(ヘラクレスの柱)のかなたにアトランティス島があり、巨大な王侯の勢力が出現して、ヨーロッパの一部やエジプトの近くまで支配下におさめた。この勢力が一団となってギリシアやエジプト、さらには海峡内の全地域を隷属させようとしたとき、アテナイはその侵入を阻止した。しかし後に異常な大地震と大洪水が度重なって起こり、一昼夜の間にアテナイの戦士は大地にのみ込まれ、アトランティス島も海中に没して姿を消した。

キケロの『国家について』は、BCI29年にスキピオ(Scipio Aemilianus Africanus Minor Numantinus BC 185/84-I29; 小アフリカヌス)を中心に行われた討論を再現する対話篇の形式で書かれている。語り手はスキピオをはじめとして、ファンニウス(Gaius Fannius ?-?)やマニリウス(Manius Manilius ?-?)など、第3次ポエニ戦争(BCI49-I46 この戦争によってローマは宿敵のカルタゴを完全に滅ぼした)に出征した者が多い。国家(res publica)とは国民の物(res populi)というスキピオの主張に見られるように、ローマの実態に即した国家論が展開される。最終(第6)巻では、語り手のスキピオの夢の中に、大アフリカヌス(Scipio Africanus Major BC 236-184; 小アフリカヌスは大アフリカヌスの長子の養子)が現れて、地上の国家をより高い宇宙から眺めた場合の国家論と、国家において果たすべき人間の仕事、さらに地上でなすべきつとめを果たした者は天の高みで永遠の生を許される、という主張を展開する。アトランティスもスキピオの夢も、

壮大な構想の架空の物語であり、ケプラー自身の太陽論もその系列に連なることになる。

★121―――黄金分割によって同じ比をもつ線分が生じることと親に似た子が産まれることとの間に対応を見たのであろう。

★122―――1582年から施行されたグレゴリオ暦は、プロテスタント圏ではあまり普及せず、相変わらずユリウス暦が使用された。ケプラーもふつうは後者を用いる。
( )内はユリウス暦に10日を加えたグレゴリオ暦の日付である。

第5巻付録

★001―――ホラティウス(Horatius)『詩論』(Ars poetica)第21-22行に見えることば。最初の意図と出てきた結果とが異なることの喩え。

★002―――ケプラーは1612年4月にそれまで住んでいたプラハからリンツに移った。

★003―――1618年5月にプラハ王宮の窓から2人の代官がプロテスタントによって投げ出された事件をきっかけとして、いわゆる30年戦争が始まった。

★004―――すでに第3巻の注109で述べたように、配分的正義とは、各人に名誉、財産、刑罰をその分に応じて配分すべきものとする、アリストテレスの法原理。逆に、平均的正義とは、万人に同じものを与えるべきだとする万人平等観。

★005―――第一の球とは、周転円の中心が描く、いわゆる導円のことであろう。

★006―――マクロビウス(Macrobius)は紀元400年頃のローマの著述家。新プラトン学派の影響が強く現れたキケロの『スキピオの夢注解』2巻などの著作がある。

★007―――ロバート・フラッド(Robert Fludd 1574-1637)　イギリスの医師、哲学者。オクスフォード大学在学中に新プラトン主義的な考え方にふれ、大陸に旅行してパラケルスス派の医学、錬金術を学んだ後、ロンドンで医師をしながらパラケルススの自然哲学をイギリスに移植した。またユダヤ教神秘主義のひとつであるカバラや錬金術とも関わるヘルメス文書に接近するとともに、新プラトン主義的神秘主義団体である薔薇十字会の普及にも力を注いだ。ケプラーは、フラッドが『形而上学的、自然学的および技術的な大小両宇宙誌』(Utriusque cosmi maioris scilicet et minoris, metaphysica, physica atque technica historia 1617-18)において、実際の天文学上の観測とは関係なく展開した大小両宇宙の調和論をこの付録で批判した。フラッドは1621年に小冊子を著して、ケプラーが事物の外面に言及したにすぎないと反論した。さらに、通俗的数学と理論的数学を区別して、後者に通じた賢人のみが真に自然を知覚すると主張し、錬金術を真の科学として掲げ、学者にプトレマイオスの体系を軽々しく放棄しないように忠告した。ケプラーはやむをえず『宇宙の調和という自作のための弁明』(Pro suo opere Harmonices Mundi Apologia 1622)を著して反論した。近代の自然科学に歩を進めたケプラーにとって、フラッドの主張の弱点を暴露するのは容易なことだったので、ユーモアを交えながら筆を進めている。ケプラー

は自身の思想を同時代のオカルト哲学とは峻別していたのである。フラッドは再びこの弁明に反論したが、ケプラーは今度は黙殺した。

★008————本来のルター派のコラールは、単声聖歌や民謡のように詞と単旋律という2つの要素だけで成り立っていた。

★009————ヘルメス主義は、エジプトでトート、ギリシアでヘルメス・トリスメギストス(第3巻注20)と呼ばれた神の教えとされるもの。2-3世紀頃地中海東部で成立し、ヨーロッパやイスラム世界で錬金術や占星術の思想として継承されてきたが、15-16世紀のヨーロッパで特に流行した。2-3世紀頃に大半が成立したといわれるヘルメス主義の基本文献『ヘルメス文書』には、天と地、宇宙と人の共感や感応を知って宇宙と一体になり魂の故郷に戻ろうとする神学的哲学的側面と、その感応を利用しようとする占星術ないし錬金術に関わる一種の科学的技術的側面とがうかがえる。

★010————パラケルスス(第2巻注15)は、中世の医学を支配してきたガレノス、アヴィケンナ等の体液病理説を打破する一方で、神秘的自然観を抱き、占星術の影響を受けて、外界の大宇宙に対して人体を小宇宙とし、硫黄、水銀、塩の3元素説を唱え、疾病は3元素の不均衡によるので無機物の調合によって癒しうるとした。

★011————この個所ではanalogus, analogiaという語が少しずつ異なる意味で用いられているので、一応「類比」と訳しながら、意味あいの相異を示す訳語を〔 〕内に示した。

★012————ギリシア語のempyros(火のある、燃えている)という形容詞に由来する語で、宇宙最外部の球面にある浄火の世界。霊的存在の住する場所とされる。

★013————エーテルは天上世界に満ちている一種の大気で、ここでいうエーテルの世界は先の天体の世界と同一。

★014————高さの比が$1:2:3$になる3つの正4面体では、その基底面である3角形の大きさの比は$1:2^2:3^2$つまり$1:4:9$であり、体積の比は$1:2^3:3^3$つまり$1:8:27$である。しかしそれらを重ね合わせた場合、大きなものの一部は小さなものによってすでに占有されていることになるから、面積ではそれぞれ1、$4-1=3$、$9-4=5$となり、体積では1、$8-1=7$、$27-8=19$となる。

★015————つまり、暗さが4分の1ずつ減ってその分だけ明るさが増すことになる。4つの段階を設けたのは、後に見えるように、土、水、空気、火の4元素に合わせるためであろう。

解説 .... 岸本良彦

I———ケプラーの生い立ちと思想的背景

　ケプラー (Johannes Kepler 1571.12.27-1630.11.15) は処女作『宇宙の神秘』(1596) を刊行して間もない26歳のとき、自身の運勢を占星術によって占いはじめ、また過去をふり返り自身や近親者の性格、生活上のできごとと星回りとの関連について記し、以後この日記ふうの覚書を書きついでいった。われわれはそのメモによって若い頃のケプラーの姿をたどることができる。

　覚書によると、母親が1571年5月16日午前4時37分に受胎し、224日9時間53分を経て、ケプラーは1571年12月27日午後2時30分に生まれた。この記述を、母親が結婚前に彼を身ごもったのではないことの弁明であるかのように意地悪く解釈する人もいる。しかしケプラーが常に数値に忠実で、それを詳細に検証しようとしていることや、彼が病弱だった原因のひとつが月足らずで生まれたためらしいことを思えば、この記述はそのまま信じてよかろう。

　生地は、南西ドイツの「黒い森」とネッカー川とライン川にはさまれた、ワインの産地シュヴァーベン地方の町ヴァイル・デァ・シュタット (Weil der Stadt) である。16世紀初頭にルターの始めた宗教改革運動は、ヨーロッパに激しい宗教対立をもたらした。神聖ローマ帝国においては、1555年、アウグスブルクの和議により、カルヴァン派は相変わらず非合法とされたものの、とりあえずカトリックとルター派プロテスタントの選択の自由が、帝国内領邦の支配者に与えられた。市民はそれに従うか他の領邦に亡命するかの選択を迫られたが、自由都市については、過去にカトリックとプロテスタントが併存していた場合、両者の共存が改めて承認された。ヴァイルを囲むヴュルテンベルク公国はルター派だが、自由都市ヴァイルの住民の大多数はカトリックで、ケプラー家はルター派という、宗教的にはきわめて複雑な環境にあった。

　父はハインリヒ・ケプラー、母は宿屋の娘だったカタリナ・グルデンマンで、ヨハネスは彼らの長子である。ケプラー家は先祖をたどると貴族の血を引く家柄らしく、祖父のゼバルトもヴァイルの市長になった。しかしすでにケプラー家は傾きつつあり、覚書によれば、ゼバルトは傲慢・短気で暴力的、妻も気性の激しい落ち着きのない女だった。しかもその子たちも早世するか、ほとんど性格破綻者といってよい者ばかりだった。その中で最も残忍なのが、ヨハネスの父ハインリヒだった。彼は商売の才覚も職人技もないが、若干の砲術の知識があり、傭兵としてあちこちに出かけ、最後は行方知れずになった。母のカタ

リナもやはりおしゃべりで喧嘩好きな女で、彼女を育てた叔母は魔女として生きながら火焙りにされた。カタリナも、この叔母から薬草を調合する方法を学んだ。これが夫が行方知れずになった後の生活のたしにもなったようである。

父のハインリヒは、ヨハネスが2歳のとき、彼と生まれたばかりの弟を残して、プロテスタントでありながらカトリックの皇帝側の傭兵として戦場に行ってしまった。母は伝染病にかかっていたが、癒えると彼ら兄弟を祖父母にあずけて夫の後を追い、家を出て行った。問題の多い祖父母の性格から推すと、彼らが手厚い養育を受けたとは思えない。ヨハネスは親に愛されず遺棄されたように感じただろう。両親はやがてヴァイルに戻り、再び家族で暮らすことになるが、父が家から出たり戻ったりで、落ち着きのなさは相変わらずだった。7歳で入学した初等ラテン語学校の3年課程を終了するのに5年かかったのも、そういう暮らしぶりのため「田舎で重労働」を課されていたからだという。ケプラーのように早くから才能に恵まれていた者にとっては、耐えがたかった心中がうかがわれる。以上のような家庭の事情に、生来の病弱が重なって、彼のメモに見られる自虐的なまでの自己卑下の性向になったのであろう。そういう暮らしの中でも後の彼の天職につながるような2つのできごとがあった。ひとつは1577年に母に連れられて小高い丘に登り、彗星を見たこと、もうひとつは1580年に父が夜遅く彼を戸外に連れ出して月蝕を見せてくれたことである。

当時のヴュルテンベルク公国には、プロテスタントの牧師や行政官を養成するための神学校が整備されていた。13歳になったケプラーも、自身の才能のおかげで進学できて惨めな家庭環境からは抜け出せたが、学校生活も決して快適ではなかった。神学校は全寮制で、スパルタ式の規律と、違反に対する厳しい懲罰が行われていた。しかも学友の違反行為の密告まで奨励された。ケプラーは当時の自分を3人称で記述し、犬のような性格だと評している。また学友とのさまざまなトラブルや自己の性格のあらゆる弱さ悪さを事細かに書き記す。知識人は、自己の欠点を書き出しても自己弁護しがちだが、ケプラーにはそれが認められない。ここにケプラーの精神のいわばエネルギーの源泉が認められる。すなわち、幼い頃から心の内に澱のようによどんでいた劣等感や自己の欠点を容赦なく書き連ね、あえて表出して精神の浄化をはかり、精神を活動的創造的なものに変えていったように思われる。

1577年の大彗星

テュービンゲン大学で天文学教授だったミカエル・メストリンからコペルニクス説を聴き、神学討論会の席上でもそれを擁護するようになっていたケプラーは、やがて処女作『宇宙の神秘』を書き上げて、以後の研究課題を見出した。覚書を記した当時のケプラーは、テュービンゲン大学で神学の勉強を終了して聖職者となる直前に、グラーツにあるプロテスタント神学校の数学・天文学の教師に推薦され、州数学官として任地に赴いていた。グラーツでは毎年の占星暦を作ることも仕事のひとつだったので、いわばそれに合わせるような形で自己に関する占星術的な記録を行い、厳しい自己反省を経て精神を純化し、新たな課題に取り組もうとしたのであろう。以後、揺り返しはあっても、ケプラーはしだいに自己を克服して研究を推進する忍耐力を獲得していったようである。そのためか、処女作刊行以降はさまざまな友人と親交を結び、終生、彼らの援助を受けることになる。

2 ── 『宇宙の神秘』と『新天文学』

　『宇宙の神秘』の主題は、巻頭の読者への挨拶に端的に述べられている。すなわち、神が宇宙を創造したときのモデルである。惑星軌道の球が6であること、その軌道間の距離が現にあるとおりになっていること、これはそのモデルからの帰結として説明されなければならない。ケプラーは学校での授業中に手がかりを得て、古来知られている5つの正多面体に注目した。これを各惑星軌道の球の間に配置してみた。こうして彼は、惑星の数が6であること、各軌道球の間隔が現にあるとおりであることの原因を発見したと信じた。幾何学を宇宙創造の原理とする神は、正多面体によってこの惑星系を創造したのである。しかし、数値にこだわるケプラーにとっては、これで有頂天になるわけにもいかなかった。誤差を吸収するため、軌道球に厚みを想定したが、正多面体は厚みをもつ球に食い込んだり、届かなかったりした。そこで彼はコペルニクスのデータに不備があるのではないかと考えた。実際、コペルニクスの地動説では、中心は太陽ではなく地球軌道の中心だった。太陽を宇宙の中心とする真の地動説は、このケプラーの発見に始まる。しかし、それでもやはりうまく行かなかった。こうしてケプラーはより精密な観測データを渇望するようになるが、それとともにグラーツでの最後の数年間に、正多面体による宇宙構造とは別に、音楽的調和に従った宇宙構造の着想も得た。このアイディアがやがて結実して『宇宙の調和』となる。

　ケプラーが『宇宙の神秘』で発見した重要なことがもうひとつある。惑星の公転周期は、古来かなりの精度で知られていた。太陽を中心にした場合、太陽

から遠い惑星ほど、その周期は長くなる。しかし両者の単純な数的関係は見出せなかった。そこで彼は、公転周期が遅くなるのは太陽の中心からある種の力が放射されており、それが光のように距離に比例して弱くなるからではないか、と想定した。この力はまだ霊的なものとして把握されているが、『新天文学』では、磁石の力と同様の物理的なものと考えられるようになっていく。physicaが自然学から物理学になっていく過程がここに認められる。

　ハプスブルク家のフェルディナント大公（後の皇帝フェルディナント2世）は、オーストリアからルター派を一掃すべく、1598年ルター派の説教師と学校教師の退去を命じた。ケプラーのグラーツでの生活もこれで終わった。『宇宙の神秘』を送って才能を認めてもらったティコ・ブラーエの招きに応じ、1600年、ケプラーはプラハのティコのもとに向かい、やがて共同研究を始めた。ケプラーが担当したのは火星軌道の研究だった。しかしティコは1601年に死去し、ケプラーの手元には渇望していた正確な観測データが残された。それにもとづく研究が、1609年に刊行された『新天文学』、すなわち『傑出した人士ティコ・ブラーエの観測にもとづく火星の運動に関する注解によって語られた天体物理学もしくは原因探究の可能な新しい天文学』である。表題から知られるように、天文学を哲学の一分野としての自然学から切り離し、物理学的な研究対象として扱うことにより、ケプラーは近代天文学の真の確立に至った。火星の運動という特定の現象を通じて、天体を支配する普遍的な関係についての正確で証明可能な記述をめざしたのである。太陽に近すぎて観測データを得にくい水星を除けば、火星は惑星の中で最大の離心率をもつ。それだけ円軌道とのずれが大きい。ケプラーはティコの観測データにもとづいて火星の位置を決定していき、軌道を忠実に再現しようとした。その過程でまず、太陽と惑星を結ぶ線分は一定時間に常に一定面積を描く、という面積速度一定の法則いわゆる第2法則を発見した。次いで、円軌道を火星に当てはめる最後の努力が失敗に終わった後、軌道は円ではなくて、遠日点で幅広く、近日点で尖った卵形ではないか、と考えた。しかし、卵形をめぐる幾何学的な問題は解けなかった。その過程でケプラーは、完全な楕円であればそれが解けるのに、と嘆いている。忍耐強い探究の末、ついに第58章（『新天文学』は全70章）に至って、火星軌道つまり一般に惑星軌道が楕円であることを確証した。この章の冒頭では喜びをウェルギリウスの詩句を引用して控えめに表している。そして以下に楕円軌道をめぐる詳しい論証を展開する。これが、惑星は太陽をひとつの焦点とする楕円軌道を描く、という第1法則である。なお、『新天文学』ではこの法則だけが注目されがちだが、ケプラーが天体運動の力として磁石の力と同様の物理的な力を想定し、「引

第2法則

第1法則

力」に近い観念に到達していることも重要である。潮の干満の説明に、それがよく表れている。

3———『宇宙の調和』

プラハでの最大の庇護者だったルドルフ2世が1612年に死去すると、ケプラーは帝位をめぐる争いを避け、オーストリアのリンツに移った。1618年5月にプラハのフラチャニー城の窓から2人の皇帝代官がプロテスタントによって投げ出された事件をきっかけに、30年戦争が始まったことを思えば、移住の決断は正しかったように思われる。しかし波乱は続き、1615年には母カタリナが魔女として訴えられ、また1618年2月には、生まれて1年もたたない娘カタリナが亡くなった。戦争に突入した時代の奔流と悲惨な境遇の中で、『宇宙の神秘』刊行後、グラーツでの最後の数年間に構想して温めてきた、調和による宇宙論の集大成が、『宇宙の調和』(1619)である。『新天文学』がひたすら観測データから惑星の運動と軌道を解明する、いわば近代自然科学の基礎を築き上げた著書であるのに対して、『宇宙の調和』は、いわばケプラーのあらゆる思索の総決算である。この書では、ケプラーが神学校時代から勉強してきた聖書、ピュタゴラス派、プラトン学派、アリストテレス、ストア哲学、幾何学、ガレノス医学さらにグラーツで占星暦の作成にたずさわって以来の占星術理論と、『新天文学』で実測データにもとづいて確立した近代天文学とが響きあい、まさに調和している。ケプラーより以前には、当然のことながら、近代天文学にもとづく宇宙論はありえなかった。ロバート・フラッドの宇宙論をケプラーが余裕をもって反論したのはそのためである。しかしまた、ケプラーの3法則から万有引力の法則を導き出したニュートンによって近代科学へとさらなる一歩を踏み出したケプラー以降には、古代・中世思想の伝統を継承したこのような宇宙論の構想はなくなっていった。すなわち、『宇宙の調和』は科学史の分水嶺に立つケプラーのみが書くことのできたヨーロッパ思想史上の至宝と言えよう。「惑星の公転周期の2乗と太陽からの平均距離の3乗とが比例する」という調和法則、いわゆる第3法則は、ケプラー研究者のカスパーが言うように、この至宝に輝きを添えるダイヤモンドのようなものであろう。

第3法則

　稚拙な内容解説をするより直接本書を読んでいただくほうがよいが、簡単にケプラーの調和に関する考えを述べておこう。本書第3巻第13章によれば、古人は単純な旋律の歌唱を調和(harmonia)といった。したがって調和論(harmoniceないしharmonica)は、音楽をめぐる研究をいう。しかし、ケプラーが手写本で精読したプトレマイオスの『調和論』以来、これには宇宙の考察も含まれていた。

ケプラーの中心課題は音程を構成する調和比である。彼は協和音程の起源を正多角形の内接による円の等分に求める。つまり調和比も幾何学に由来する。最も単純な等分は直径によって等分した半円と全体の比1：2で、これが1オクターブ（8度）である。この円弧の2等分を続けると2オクターブ、3オクターブとなる。その他の協和音程は、その比をm：n（m<n）で表したとき、nが定規とコンパスで作図可能な正多角形の総辺数で、mとnがたがいに素であり、mが作図不可能な正多角形の辺数でない場合である。これを弦の分割に適用し、8度の他に完全な協和音程として正3角形と正方形に由来する5度2：3、4度3：4、不完全な協和音程として正5角形に由来する長6度3：5、長3度4：5、正8角形に由来する短6度5：8、正6角形に由来する短3度5：6を取り出す。それに続いて、これらの協和音程の差となる比や、さらにこうして出てきた比の差となる比をもつ音程をあげる。こういう協和音程ないし調和比が、各惑星の遠日点と近日点における運動の比や、隣接する2惑星の一方が遠日点、他方が近日点にあるときの運動の比に見出されることを論証する。『宇宙の神秘』で構想した、太陽を中心とする惑星どうしの間隔が正多面体によって決定されているという考えは、相変わらず基本として立てられている。しかし、神は各惑星どうしの間隔やそれと連動した動きのいわば下書きとしてまず正多面体を用いただけで、細部の惑星の動きはこの調和比によって調整し、理性によってのみ把握されるみごとな天体の音楽を奏でた。これがケプラーのいう宇宙の調和にほかならない。神の宇宙創造の秘密がここに解き明かされる。

4───参考文献

原典を翻訳する場合、関連する多くの研究書を読破して著者と著書について一定の見解を得てから翻訳するやり方をとる人もあろう。しかし訳者は逆にまず原典を精読し、理解の及ばない個所に突き当たると関連する文献を調べながら進むという方法をとった。その結果として原著の訳注を多く参考することになったので、読んだ他の文献はそれほど多くない。

ケプラー全集については、*Johannes KEPLER Gesammelte Werke*, herausgegeben im Auftrag der Deutschen Forshungsgemeinschaft und der Bayerischen Akademie der Wissenschaften unter der Leitung von Walther von DYCK und Max CASPAR ; C.H.BECK'SCHE VERLAGSBUCHHANDLUNG, Münchenが、現在ではケプラーの著書の底本とされる。編纂者のフォン・ディックは1934年、この全集がまだ公刊されないうちに亡くなった。またカスパーが亡くなった後のBand II（1939）、Band V、Band IX、Band XはBand IVでカスパーに協力したFranz

HAMERが担当している。またBand XI-1はVolker BIALAS、Band XI-2はBIALASとHelmuth GRÖSSING、Band XIIはBIALASの下でJürgen HÜBNER、Helmuth GRÖSSING、Friederike BOOCKMANN、Friedrich SECKが編纂している。この全集の中では『新天文学』の収録されたBand IIIが1937年の刊行で、最も早い。訳者の研究室にある本全集の最後Band XIXは *Dokumente zu Leben und Werke* で、Martha LISTの編纂により1975年に刊行された。その後、1988年にはBand XX-1として *Manuscripta Astronomica*（1）が公刊され、Band XX-2の *Manuscripta Astronomica*（2）も出たようだが、訳者はBand XX-2は見ていない。

　ラテン語原著の翻訳のさいに参考したのは、以下の現代語訳である。

Max CASPAR, *Johannes Kepler, Weltharmonik*, R. Oldenbourg Verlag, München, 1990.
Jean PEYROUX, *L'harmonie du Monde*, Librairie A. Blanchard, Paris, 1979.
E.J. AITON, A.M. DUNCAN, J.V. FIELD, *The Harmony of the World by Johannes Kepler*, The American Philosophical Society , 1997.

　特に原典とていねいに比較したのは、カスパーの独訳本である。邦訳としては、河出書房から1963年に出た、島村福太郎編訳の世界大思想全集31『ヨハネス・ケプラー』があり、『新しい天文学』と『世界の調和』を収録している。これはカスパーの独訳本からの短い抄訳である。

　ケプラー伝は、カスパーの *Johannes Kepler*, Stuttgart, 1948 が基礎的なものだが、これは訳者も入手できなかった。読めたのは、その英訳本 C.Doris HELLMAN, *Kepler*, Abelard-Schuman, New York, 1959 である。

　詳細なビブリオグラフィは、全集の主たる編纂者カスパーとリストの手になる *Bibliographia Kepleriana* ; C.H.BECK'SCHE VERLAGSBUCHHANDLUNG, München, 1958であろう。ここにはケプラー自身の著作の詳細な改題と1616年から1967年までに書かれたケプラーに関する研究書が網羅されている。リストが引き続いてこの補遺を公刊したようであるが見ていない。

　日本語で読めるケプラー伝には、アーサー・ケストラー『ヨハネス・ケプラー』（小尾信弥・木村博訳、河出書房　1977；ちくま学芸文庫　2008）がある。同じくケストラーには『コペルニクス』（有賀寿訳、すぐ書房　1977）もあり、これもあわせて参照した。また渡辺正雄編訳『ケプラーと世界の調和』（共立出版　1991）の中に、エイトンの「休みなき60年　ケプラーの生涯とその時代」（原純夫訳）が収録されている。ケプラーの生涯、特に晩年については、この解説でふれなかったが、これらの伝記を参照されたい。

　ギルダー夫妻の『ケプラー疑惑』（山越幸江訳、地人書館 2006）も、ティコを顕彰

しつつケプラーの生涯の一面を描いている。ティコは1601年10月13日にプラハのローゼンベルク男爵邸の夕食会に招かれた後、排尿障害を起こして死亡した。この著者は、ティコの死因が水銀中毒で、ティコの観測データを盗むためにケプラーがティコを毒殺したと主張する。ケプラーがティコの観測データを彼の遺族に引き渡さず、ある意味で奪い取ったことはケプラーも認めている。しかし、ティコ殺害のほうは疑問である。状況証拠を列挙しても、事件からすでに400年以上経過しているので、アリバイや目撃者の証言を得られるはずもない。したがって有罪を確定することなどとてもできない。この書は、結局、「知の巨人」にまつわるスキャンダルを暴露して矮小化したような後味の悪さを感じさせる。

　本書の特に第I巻の翻訳に当たっては、中村幸四郎・寺坂英孝・伊東俊太郎・池田美恵訳および解説『ユークリッド原論』(共立出版 1971)、を参考にした。古代哲学関係で参照したのは、『プラトン全集』『アリストテレス全集』『キケロー選集』(以上岩波書店)、『プロティノス全集』(中央公論社)、『初期ストア派断片集』(京都大学学術出版会) などである。当然、必要に応じて原典も見た。

　事典辞書の類では、注にもあげた種村季弘監修『図説占星術事典』(同学社 1986) のほか、『天文・宇宙の辞典』(恒星社 1978)、廣松他編『岩波哲学・思想事典』(2003)、『平凡社大百科事典』(1985) などを参考にした。音楽に関しては、岡部博司編集『新音楽辞典 人名』(音楽之友社 2005)、堀内久美雄編集『新音楽辞典 楽語』(音楽之友社 2005)、下中邦彦編集『音楽大事典』(全6巻 平凡社 1981-83) にもとづいた。ラテン文字によるギリシア人の固有名詞の表記の仕方は、Der kleine Pauly, *Lexikon der Antike*; Alfred Drückenmüller Verlag, Stuttgart, 1964に従った。すなわち、*Oxford Classical Dictionary* のようなラテン語式の表記法によらなかった。なお以上の参考文献についても、特別の場合を除き、そのつど出典を明記はしていない。

5——結び

　『宇宙の調和』のことは、『宇宙の神秘』の翻訳以来ずっと頭にあった。しかし『宇宙の神秘』刊行後、ヒポクラテス全集やプリニウス『博物誌』の植物編の訳を手がけたので、時間がなかった。いくらか余裕のできた1993年頃から、少しずつ原著を読むことができるようになったが、その間に共訳者だった大槻先生の関心は博物学やホメオパシーに転じたので、結局、先生からアドバイスを受けながら今回は翻訳をひとりで進めることになった。天文学や音楽の専門家ではないので、解読に難渋したが、独訳や仏訳を入手できたので、それらを

参考にしつつ、1998年にはいったん訳業を完了した。その後、諸般の事情で刊行はのびのびになっていたが、2005年夏に、ようやく刊行できる見通しが立ったので、再度訳文の見直しを行った。そのときに英訳本も友人の澤本亙君を通じて入手できたので、新たに参考できた。その間、絶えず訳者を励まし援助してくれた大槻先生、および工作舎の十川治江氏に深く感謝したい。また私事になるが、もともと中国上代思想史を勉強していた訳者に、思想史研究のためにはギリシア語やラテン語の知識も必要なことを強調して、古典語の勉強を勧めてくれた恩師の故栗田直躬先生、およびカスパーの注に見える数式の理解を助けてくれた大学の同僚、打波守教授にも感謝したい。

2007年8月20日

『ルドルフ表』(1627) 扉
コペルニクスとティコ・ブラーエをこの天文学の殿堂の2大柱としている。
台座中央のパネルは、ティコの天文台があったフヴェーン島の地図。
その左隣に仕事中のケプラー自身が描かれている。

索引

(*は訳注・解説頁)

ア

アヴェロエス 402
アクィロニウス 385
アグリコラ 375
アダム 123
アプロディテ 21
アベル 255
アポトメ 180
アポロン 123, 515, 518
アリスタルコス 108
アリストクセノス 193, 226
アリストテレス 19-21, 106-08, 142, 201-02, 238, 240, 255, 264, 271, 275-76, 280-81, 289, 291, 293, 297, 299-304, 308-10, 372, 375, 402, 435, 516, 519-20
　『カテゴリー論』 310
　『形而上学』 301
　『自然学』 293
　『天体論』 20, 435
　『分析論後書』 304
　『問題集』 239, 255
アルキメデス 112, 117
アルキメデスの立体 112-17
アルトゥージ 251-52, 256-67
　『作曲の技法について』 251
アレクサンドロス 402
5つの正多面体 19-22, 106-09, 159, 256, 404, 408-15, 434, 462, 464, 502, 510-11, 528
イデア 107, 124, 131, 302, 305, 307, 313-14, 316-18, 325, 342, 346, 371, 380-81, 388-89, 395, 400, 462, 510, 526, 531
ヴァールランド 197, 208
ヴァレンティヌス 127
ヴィエト 83

ウェヌス 21, 453
ウェルギリウス 372
宇宙図形 106, 408
ウニ→星形多面体
ウラニア 453
ウルカヌス 123
エイレナイオス 127
(衛星) 555*
エイレネ 264
エウノミア 264
エピエイケイア 264
エピパニウス 127
黄金分割→神聖分割
オクターブ (ディアパソン) 126, 159, 165, 173, 176, 183-85, 187, 189-94, 200-01, 203, 205, 208, 210-11, 213-14, 216-21, 224-37, 240, 243, 246, 249, 251, 253, 255, 291, 360, 364, 433-34, 438-40, 442-49, 454, 461-62, 467-68, 470-73, 476-78, 483-86, 488-89, 492, 496-98 ,
オルペウス 517-18
オルランド 239, 255

カ

カデンツァ 252, 459
神 7-9, 24, 75, 91, 107, 121-22, 132, 138-39, 152, 165, 182, 187, 210, 242, 271, 274, 283, 285, 288, 303, 305-06, 310-14, 317-20-, 328, 360, 380-81, 396-98, 402, 404-05, 432, 449, 453, 459, 462-63, 468, 482, 499-500, 509-10, 513, 516-19, 521
カメラリウス 126, 129
ガリレイ, ヴィンチェンツォ 182, 190, 193-94, 196, 199-200, 203, 213, 224, 231, 239, 244-45, 248, 255,
カルヴィシウス 257
カルダーノ 66-67, 374, 395
ガレノス 403, 508
　『人体各部の有用性について』 403
完全音→全音
完全数 127
カンダラ 66, 76
カンパヌス 66, 85
　『ユークリッド著作集』 85
キケロ 289, 405, 521

615

『スキピオの夢』　289, 405, 521
ギター　201
キタラ　330, 518
キリスト（イエス）　216, 218, 463, 516-18
キリスト教徒（者）　7-8, 107, 216, 271, 291, 303, 305-06, 371, 406, 517-519
（クセノポン）
　『キュロスの教育』　263
クラヴィウス（クラウ）　52, 76, 81, 85, 506
　『応用幾何学』　52, 76, 81, 506
クリオ　453
クレオパトラ　22
ケプラー
　『宇宙の神秘』　19, 108, 159-60, 284, 318, 393, 404, 408, 418, 423, 464, 528
　『宇宙の調和』　6, 524
　『屈折光学』　23, 141, 325, 386
　『コペルニクス天文学概要』(『天球論』)　109, 284, 311, 370, 377, 408, 422, 464
　『新星について』　8, 359, 370, 377-78, 383, 387, 391-92, 399-400, 519
　『新天体暦表』(『天体暦表』)　308, 355, 359-61, 363, 367, 370, 378
　『新天文学』(『火星［運動］注解』)　311, 378, 393, 420-21 424, 431-32, 520
　『占星術のいっそう確実な基礎について』　404
　『第三の調停者』　359, 370, 400-01
　『天文学の光学的部分』(『光学』)　311, 370, 380, 384, 390, 393, 422, 520
　『予知』　370
　『レスリンの論考に対する回答』　359, 370
（ケプラーの第1法則）　421, 607*
（ケプラーの第2法則）　587*, 607*
（ケプラーの第3法則）　424, 588*, 608*
鍵盤楽器　198
　オルガン　188, 197-98, 201, 330-31
　クラヴィコード　201, 330
　ハープシコード（チェンバロ）　330
コスモス　510
五線譜　168-69, 197,
コドロス　22
コペルニクス（──説）　20, 70, 108, 284, 378, 393, 399, 403, 416-17, 423, 511, 517

コラール　248, 443, 530
コンスタンティヌス　516
コンマ　173, 179-80, 192, 207, 213-14, 231, 236-37, 245, 433, 438-41, 446, 480-81, 490-92, 494-96, 513

サ

シェーナー　19, 108
ジェームズ1世　6-9
潮の干満　378-79
4分音（ディエシス）　172-73, 177-80, 185, 192-93, 197-98, 200-01, 203, 211, 220, 226-32, 433, 438-40, 458, 461, 477-81, 486, 489-90, 494-96, 513, 530
　大きな4分音→リンマ
　減4分音　180
小全音　173, 177-78, 181-82, 189-90, 192, 198, 203, 206-07, 209, 212, 227-32, 243, 252, 433, 480, 482, 489, 491, 496, 530
シンコペーション　221, 252, 459
神聖分割（神聖比／黄金分割）　60, 62, 87, 152-53, 241, 355, 357, 366, 410-11, 413, 522
シンフォニー　294, 459
シンプリキオス　402
『スイダス』　517
スカリゲル　389, 402
スキピオ→キケロ『スキピオの夢』
ストア派　315, 519
スネル　21-23
聖書
　旧約聖書　396
　　モーセ五書　291
　　創世記　306
　　ヨブ記　396
　　ダニエル書　397
　新約聖書　396
　　マタイ伝　396
　　ルカ伝　396
ゼウス　516-17
世界霊魂（全宇宙の精神）　371, 519
ゼノン　298
全宇宙の精神→世界霊魂
全音（完全音／大全音）　172-73, 176-82, 189-90,

索引　616

192-94, 197-98, 202-03, 206-07, 209, 212-13, 220-21, 224, 227-33, 243, 245, 252-53, 433, 439, 483-84, 491, 496, 530
2重全音　213
旋法（トロポイ）　221, 224, 231, 234-36, 238-41, 243-45, 248, 251, 255, 282, 326, 451-52, 457, 527-29
　ドーリア［旋法；以下同］　231, 234, 244
　　ヒュポドーリア　234
　プリュギア　231, 234, 244
　　ヒュポピリュギア　234
　ミクソリュディア　235, 244
　　ヒュポミクソリュディア　235, 243
　リュディア　231, 235, 244
　　ヒュポリュディア　235
装飾的歌唱（音楽）　248, 443, 513, 529-30
創造主　91, 107-08, 122, 132, 138-39, 152, 182, 210, 242, 283, 288, 303, 305-07, 320, 328-29, 360, 397, 402, 420, 429, 432, 436, 449, 453, 459, 462, 513, 516, 522
ソクラテス　288, 377, 406

タ

大全音→全音
ダヴィデ　7, 453, 522
（惑星の）楕円軌道　421
タート　129-30
タブラ・ラサ→白紙の書板
ターン　192
ツァルリーノ　190
ディエシス→4分音
ティコ→ブラーエ
ティタン　517
ティマイオス　142, 287, 307, 371, 406
テトラクテュス　125-30
テトラコード（4音音譜）　205-09, 221, 225, 229, 243-44, 246, 527
テミス　264
テミスティオス　402
デューラー　76
トバルカイン　123

ナ

ニコメデス　81
ネメシス　397

ハ

パイアン→アポロン
白紙の書板（タブラ・ラサ）　302, 306
パッポス　16, 81-82, 84-85
『数学集成』　81
ハーブ　330
パラケルスス　109, 531
ハルモニア　218, 248
パン　123
半音　172-73, 177-82, 189, 192-94, 197-98, 201-04, 206-09, 211, 213-214, 220-21, 224, 225-33, 241, 243-45, 251-53, 255, 438, 445, 461, 480-81, 486, 496, 530
　増半音　180
パンドラ　188, 201, 255
ピコ・デラ・ミランドラ　359, 373-74, 387, 401
ピティクス　70
ヒポクラテス　277
ピュタゴラス（――派）　6, 18-21, 106, 108, 121, 123-31, 135-36, 160, 176, 242, 282, 289, 306, 308, 371, 405, 516-18, 521, 528
『金言集』　126-27
ピュルギ　69, 71-73, 79, 83
ピロポヌス　517
ピロラオス　121
『バッカスの女信者たち』　121
ファブリキウス　378
ファン・ケーレン　21
『問題集』　21
フェゼル　359
フーガ　248
プトレマイオス　70, 88, 130-31, 141, 159, 177, 188, 190, 210-11, 224-25, 282, 289, 300, 334, 356, 374, 403-04, 416, 524-29, 531
『アルマゲスト』　334
『調和論』　141, 159, 334, 404, 524
『テトラビブロス』　334
ブラーエ，ティコ　6, 393, 403-04, 416-20, 423-24,

432, 437, 442, 506, 521
フラッド　529, 532, 534
プラトン　6, 17, 106, 121, 126,, 128, 138, 180, 202, 214, 248, 283, 285, 288, 300-03, 305-08, 329, 371, 393, 402, 408, 420, 492, 516-17, 519-21
　『国家』　248, 329
　『ティマイオス』　285, 287, 306-07, 329, 371
　『パイドン』　126, 377
　『法律』　121
（プラトン立体）→5つの正多面体
プルタルコス　128
ブルーノ　85
フレクサ　192
プロクロス　15-17, 23, 106, 121, 128, 130, 287-88, 300, 302-11, 313, 317, 371, 387-88, 392-93, 395, 400, 516-18, 520-21
　『神々の母に関する書』　517
　『ユークリッド原論第I巻注解』　15, 121, 287-88, 302-07
プロティノス　402
ヘルヴァルト　159, 404
ヘルメス・トリスメギストス　129-30, 531
ポイエルバッハ　416
　『惑星の新理論』　416
ポイボス→アポロン
ポイマンドロス　130
ボエティウス　402
星形多面体（ウニ）　109, 411, 500-03, 507
ボダン　258-77, 279-84, 308
　『歴史の方法』　308
ポリュクレイトス　267
ホルスト　398
ポルピュリオス　141, 159, 402, 524-25

マ

マクセンティウス　516

マクロビウス　529
マティアス皇帝　9, 393
マラスピーナ　76
マリア　517, 519
マリアヌス　76
ムーサ　515
無理数　241-42, 281, 411, 431, 522
メストリン　355, 522
モーセ　130, 306, 517
モテット　239, 453
モノコード　193, 212, 366

ヤ

ヤベル　123
ユークリッド　16-19, 21-23, 26, 31-35, 37-41, 43-44, 49-56, 58-62, 76, 95, 104, 106, 108, 216, 249, 418, 422, 437
　『原論』（『ストイケイオシス』）　19, 22, 85, 173, 418, 462
　『光学』　422, 437
ユバル　123
ユリアヌス　516
ヨハネ　130

ラ

ラムス　17-23, 108
　『数学講義』　18-19
リュート　193-94, 197, 201
リュラ　201
リンマ　178, 180, 185, 192-93, 197, 200, 204, 208-09, 211, 214, 226-32, 438, 481, 492-93,
ルター　395
ルドルフ皇帝　393
レギオモンタヌス　70
レスリン　359, 372

索引　618

著訳者紹介

ヨハネス・ケプラー ● Johannes Kepler

1571年、ドイツのヴァイル・デァ・シュタット生まれ。テュービンゲン大学で学んだ後、グラーツの神学校で数学・天文学を教える。処女作『宇宙の神秘』(1596)に示された数学的才能を評価したティコ・ブラーエに招かれ、プラハで共同研究した成果を『新天文学』(1609)に発表。いわゆるケプラーの3法則のうちの楕円軌道の法則（第1法則）、面積速度一定の法則（第2法則）を確立。さらに本書『宇宙の調和』(1619)で第3法則（惑星の公転周期の2乗と太陽からの平均距離の3乗が比例する）を提示し、近代科学の基礎を築く。またガリレオが発見した木星の「衛星（satelles）」の命名者、星形多面体の発見者、最密充填問題の予想者としても科学史に名を残している。1630年、レーゲンスブルクにて客死。

岸本良彦 ● Yoshihiko Kishimoto

1946年生まれ。1975年、早稲田大学文学研究科博士課程修了（東洋哲学専攻）。現在、明治薬科大学教授（史学・医療倫理・薬学ラテン語担当）。
上代中国思想史および古典ギリシア語・ラテン語による哲学・医学・天文学関係の著作の翻訳研究に従事。訳書にケプラー『宇宙の神秘』（共訳、工作舎）、『ヒポクラテス全集』（共訳、エンタプライズ）、プリニウス『博物誌』「植物編」「植物薬剤編」（共訳、八坂書房）がある。

Harmonice Mundi by Johannes Kepler 1619
©2009 by Kousakusha. Tsukishima 1-14-7 4F, Chuo-ku, Tokyo 104-0052 Japan

宇宙の調和

発行日	2009年4月10日
著者	ヨハネス・ケプラー
訳者	岸本良彦
エディトリアル・デザイン	宮城安総＋小沼宏之
印刷・製本	文唱堂印刷株式会社
発行者	十川治江
発行	工作舎 editorial corporation for human becoming
	〒104-0052 東京都中央区月島1-14-7-4F
	phone: 03-3533-7051 fax: 03-3533-7054
	URL: http://www.kousakusha.co.jp
	e-mail: saturn@kousakusha.co.jp
	ISBN 978-4-87502-418-7

コスモロジーを追う ◉ 工作舎の本

宇宙の神秘 ◆ヨハネス・ケプラー
◆大槻真一郎+岸本良彦=訳

中世から近世への転換期、惑星軌道の数や大きさを科学的手法で追究したケプラーには、ピュタゴラス、プラトン以来の数秘的幾何学精神が脈打っていた。A・ケストラー絶賛の古典的名著。
◉A5判上製◉376頁◉定価 本体4800円+税

ガリレオの弁明 ◆トンマーゾ・カンパネッラ
◆澤井繁男=訳

17世紀初頭、検邪聖省の糾弾を受けたガリレオの地動説を、獄中の身も省みずに「自然の真理と聖書の真理は矛盾しない」と弁護したユートピストの世にも危険な論証。
◉A5判上製◉224頁◉定価 本体2800円+税

ケプラーの憂鬱 ◆ジョン・バンヴィル
◆高橋和久+小熊令子=訳

宇宙の調和は幾何学に端を発していると直観したケプラーは、天球に数学的図形を見出し宇宙模型を製作した。不遇で孤高の半生を綴るヒストリオグラフィック・メタフィクションの傑作。
◉四六判上製◉376頁◉定価 本体2500円+税

奇蹟の医書 ◆パラケルスス
◆大槻真一郎=訳

自然因、天体因、毒因、精神因、神因など、魂の健康と病の背景にある因果を明晰に指摘する16世紀の古典。ホリスティック・ヘルスの先駆として、病める現代医学に示唆的な書。
◉A5判上製◉258頁◉定価 本体3800円+税

奇蹟の医の糧 ◆パラケルスス
◆大槻真一郎+澤元 亙=解説・翻訳・注釈

錬金術を医薬を製造する術・自然を理解する術として捉え、近世医学の道を拓いたパラケルススが、まさに21世紀医療を予告する。本書はパラケルスス医学大系「パラ3部作」第2弾。
◉A5判上製◉243頁◉定価 本体3800円+税

地球外生命論争1750-1900 ◆マイケル・J・クロウ
◆鼓 澄治+山本啓二+吉田 修=訳

謹厳な批判哲学者カントから天文学者ハーシェル、数学者ガウス、進化論のダーウィン、火星狂いのロウエルまで、地球外生命に託してそれぞれの世界観を戦わせた熱き論争の全容。
◉A5判上製◉1008頁(3分冊・函入)◉定価 本体20000円+税

星界の音楽 ◆ジョスリン・ゴドウィン
◆斉藤栄一＝訳

プラトン、ケプラーからシュタイナーまで、バッハからケージまで。精神史の奥底に連綿と流れる神秘主義の伝統。つねに宇宙を映す鏡であろうとした音楽の世界に博識ゴドウィンが迫る。
◉A5判上製◉340頁◉定価 本体3200円＋税

薔薇十字の覚醒 ◆フランセス・イエイツ
◆山下知夫＝訳

新旧キリスト教の抗争渦巻く17世紀ヨーロッパに出現した薔薇十字宣言。魔術とカバラ、錬金術を内包したそのユートピア思想は、もうひとつのヨーロッパ精神史を形づくっていた……。
◉A5判上製◉444頁◉定価 本体3800円＋税

科学と宗教 ◆J・H・ブルック
◆田中靖夫＝訳

科学と宗教は対立するものと捉えられてきたが、実は互恵的な関係にあった。コペルニクス革命から現代にいたる精神史を概観した名著。ワトソン・デイヴィス賞、テンプルトン賞受賞。
◉A5判上製◉404頁◉定価 本体3800円＋税

ニュートンと魔術師たち ◆ピエール・チュイリエ
◆高橋 純＝訳

近代科学が理性の権化とは限らない。「やりすぎ」「いかがわしさ」が日常茶飯事だからこそ、科学はおもしろい！『反＝科学史』の著者が、豊富な話題で科学史の実像に迫る。
◉四六判上製◉268頁◉定価 本体1900円＋税

世界の複数性についての対話 ◆ベルナール・ル・ボヴィエ・ド・フォントネル
◆赤木昭三＝訳

時は17世紀末、美しき侯爵夫人の館の庭で月や土星、果ては銀河までの諸世界をめぐる洒落た対話がなされた。当時の知見と人間中心主義への風刺を含んでサロンの話題を独占した古典。
◉四六判上製◉228頁◉定価 本体1900円＋税

銀河の時代［上・下］ ◆ティモシー・フェリス
◆野本陽代＝訳

古代のプラトン、アリストテレスから現代のビッグバン、量子論、そしてホーキングの宇宙創成モデルまで、人間がどのように宇宙をとらえてきたかを語る壮大な宇宙論集大成。
◉四六判上製◉336頁／360頁◉定価 各本体2200円＋税

科学革命をリードした
バロックの哲人
ars inveniendi［発見術］の全容

全10巻

ライプニッツ著作集

✢ [監修]＝下村寅太郎＋山本 信＋中村幸四郎＋原 亨吉
✢ [造本]＝杉浦康平ほか
● A5判・上製・函入
● 全巻揃 本体100,453円＋税
● 各巻とも月報「発見術の栞」・ニーダーザクセン州立図書館提供の手稿6葉・注・解説・索引付き

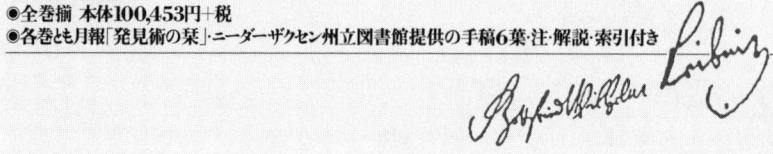

① 論理学 ★本体10,000円＋税 　　　　　　　　　　　　　　　　澤口昭聿──訳
「結合法論」「普遍的記号法の原理」など、記号論理学の形成過程を追う。

② 数学論・数学 ★本体12,000円＋税 　　　原 亨吉＋佐々木 力＋三浦伸夫＋馬場 郁＋斎藤 憲ほか──訳
普遍数学の構想から微積分学の創始、2進法や行列式の導入までを編む。

③ 数学・自然学 ★本体17,000円＋税 　　　　　原 亨吉＋横山雅彦＋三浦伸夫＋馬場 郁ほか──訳
幾何学、代数学の主要業績と動力学の形成プロセス、光学の論考を収録。

④ 認識論[人間知性新論]上 ★本体8,500円＋税 　　　　　谷川多佳子＋福島清紀＋岡部英男──訳
イギリス経験論の主柱ロックに対し、生得観念、無意識をもって反駁する。

⑤ 認識論[人間知性新論]下 ★本体9,500円＋税 　　　　　谷川多佳子＋福島清紀＋岡部英男──訳
テオフィルとフィラレートの対話は、言語と認識をめぐって白熱する。

⑥ 宗教哲学[弁神論]上 ★本体8,253円＋税 　　　　　　　　　　　　　　佐々木能章──訳
ライプニッツの聡明な弟子にして庇護者シャルロッテ追想のための一書。

⑦ 宗教哲学[弁神論]下 ★本体8,200円＋税 　　　　　　　　　　　　　　佐々木能章──訳
当時の流行思想家ベールの懐疑論に対し、予定説をもって神を弁護する。

⑧ 前期哲学 ★本体9,000円＋税 　　　西谷裕作＋竹田篤司＋米山 優＋佐々木能章＋酒井 潔──訳
「形而上学叙説」「アルノーとの往復書簡」を軸に、1702年までの小品収載。

⑨ 後期哲学 ★本体9,500円＋税 　　　　　　　　　　西谷裕作＋米山 優＋佐々木能章──訳
「モナドロジー」「クラークとの往復書簡」など、最晩年にいたる動的思索。

⑩ 中国学・地質学・普遍学 ★本体8,500円＋税 　　　山下正男＋谷本 勉＋小林道夫＋松田 毅──訳
「最新中国情報」「普遍学」「プロトガイア」など、17世紀精神の神髄を編成。

ライプニッツの普遍計画 ★本体5,340円＋税 　　E・J・エイトン／渡辺正雄＋原 純夫＋佐柳文夫──訳
文献学的考証と最新の研究成果を総合したバロックの天才の全貌。